普通高等教育"十三五"规划教材

水 力 学

（第二版）

刘亚坤　主编

中国水利水电出版社
www.waterpub.com.cn

内 容 提 要

本书是根据教育部高教司制定的水力学课程教学基本要求编写的。全书共 14 章。其内容为：液体的主要物理性质及作用力，水静力学，液体一元运动基本理论，相似原理与量纲分析，液体的流动型态及水头损失，恒定有压管流，明渠恒定流，堰流及闸孔出流，泄水建筑物下游水流的衔接与消能，液体运动的三元分析，渗流，波浪理论，管渠非恒定流，挟沙水流理论基础。各章均有例题、思考题和习题，习题附参考答案。本书注意加强基础理论和拓宽知识面；将控制体概念贯彻到全书的始终，使推演方法达到全书统一；压缩专业内容，充实共性内容；同时也注意内容的编排和讲述方法以便于教与学。

本书可作为水利类各专业（水利水电工程、水工结构工程、水文与水资源、港口航道与海岸工程、海洋工程、海洋资源开发技术、农田水利工程等）的教材，也可作为其他相近专业（土木工程、工程管理、交通工程、道路与桥梁工程、工业与民用建筑工程、建筑环境与能源应用工程等）的教材或参考书。本书对于从事水利水电工程和道路、桥梁、土木、矿业等相关工程的专业技术人员也有一定的参考作用。

图书在版编目（CIP）数据

水力学 / 刘亚坤主编. -- 2版. -- 北京：中国水利水电出版社，2016.2（2023.12重印）
普通高等教育"十三五"规划教材
ISBN 978-7-5170-4107-8

Ⅰ. ①水… Ⅱ. ①刘… Ⅲ. ①水力学－高等学校－教材 Ⅳ. ①TV13

中国版本图书馆CIP数据核字（2016）第026944号

书　　名	普通高等教育"十三五"规划教材 **水力学（第二版）**
作　　者	刘亚坤　主编
出版发行	中国水利水电出版社 （北京市海淀区玉渊潭南路 1 号 D 座　100038） 网址：www.waterpub.com.cn E-mail：sales@mwr.gov.cn 电话：（010）68545888（营销中心）
经　　售	北京科水图书销售有限公司 电话：（010）68545874、63202643 全国各地新华书店和相关出版物销售网点
排　　版	中国水利水电出版社微机排版中心
印　　刷	北京市密东印刷有限公司
规　　格	184mm×260mm　16 开本　26.75 印张　634 千字
版　　次	2008 年 3 月第 1 版　2008 年 3 月第 1 次印刷 2016 年 2 月第 2 版　2023 年 12 月第 4 次印刷
印　　数	6001—8000 册
定　　价	**67.00 元**

第二版前言

本书自 2008 年 3 月由中国水利水电出版社出版以来，主要作为本科生的水力学教材，也作为硕士研究生水力学入学考试的主要参考书。对工科院校的水利和土木有关专业，如水利水电工程、水工结构工程、水文与水资源、港口航道与海岸工程、海洋工程、农田水利工程、海洋资源开发技术、土木工程等专业，水力学是一门重要的技术基础课。全国各院校已编有多种水力学教材，这些教材在已往的教学中都发挥了重要作用。随着科学技术的不断发展，水力学学科也要补充、更新内容；同时通过多年教学实践，水力学教材也需要进一步修改及完善，因此决定出版《水力学（第二版）》。

本书的结构体系及主要内容承传了李鉴初、杨景芳主编的《水力学教程》（1995 年高等教育出版社出版），在 2008 年重编而成《水力学》（中国水利水电出版社出版）。这次再版，我们坚持深入推进党的创新理论进教材，构建中国特色高质量教材体系的重大原则，用心打造培根铸魂、启智增慧的精品教材，坚持全局站位、自信自立和守正创新，紧密对接国家重大发展战略需求，为开辟发展新领域新赛道、塑造发展新动能新优势提供基础支撑，加快推进中国自主知识体系构建，努力打造适应新时代新要求、体现中国特色的高水平原创性教材，同时注意吸收国内外教材的长处，使教材具有较高的思想性、科学性、启发性、先进性和适用性。此外，我们还注意加强基础理论和拓宽知识面；推演方法力求全书统一，将控制体概念贯彻全书的始终；为便于学生复习，每章增加了一定量的思考题；对例题、习题和图表进行了校核修正。

本书包含以下内容：液体的主要物理性质及作用力，水静力学，液体一元运动基本理论，相似原理与量纲分析，液体的流动型态及水头损失，恒定有压管流，明渠恒定流，堰流及闸孔出流，泄水建筑物下游水流的衔接与消能，液体运动的三元分析，渗流，波浪理论，管渠非恒定流，挟沙水流理论基础。

本书由大连理工大学刘亚坤主编。第 1、第 3、第 5、第 7、第 9、第 14 章及附图由杨景芳、刘亚坤编写；第2、第4章由崔莉编写；第6、第11章由赵君编写；第8、第13章由李鉴初、刘亚坤编写；第10章由杨景芳、艾丛芳、张运良编写；第12章由崔莉、张运良编写。水力学研究所的研究生为本书绘制全部插图。本书在编写过程中，曾得到校内外有关同志和专家的热情鼓励和支持，并吸收了他们的许多宝贵经验、意见和建议，尤其是倪汉根教授在本书的编写过程中曾提出了许多宝贵意见。在此一并致以衷心的感谢！

由于水平和时间所限，书中疏漏之处在所难免，恳请读者批评指正。

编 者

2015 年 11 月于大连

第一版前言

　　水力学是研究以水为主的液体的平衡和运动规律及其工程应用的一门学科。对工科院校的水利和土木相关专业，如水利水电工程、水工结构工程、水文与水资源、港口海岸与近海工程、海洋工程、农田水利工程、土木建筑工程等，本课程是一门重要的技术基础课。全国各院校已编有多种水力学教材，这些教材在以往的教学中都发挥了重要作用。随着科学技术的不断发展，水力学学科也要补充、更新内容。为了适应不断变化的社会需要，根据教育部水力学及流体力学课程指导小组审定的水力学课程教学基本要求，结合我们长期积累的教学实践，编写了本书。

　　本书的结构体系及主要内容传承了李鉴初、杨景芳主编的《水力学教程》教材（1995年，高等教育出版社）。这次重编，我们注意吸收国内外教材的长处，使本教材具有较高的思想性、科学性、启发性、先进性和适用性。此外，我们还注意了加强基础理论和拓宽知识面；推演方法力求全书统一，将控制体概念贯彻全书的始终；为便于学生复习，每章增加了一定量的思考题；对例题、习题和图表进行了校核修正。

　　本书包含下列内容：液体的主要物理性质及作用力，水静力学，液体一元运动基本理论，相似原理与量纲分析，液体的流动型态及水头损失，恒定有压管流，明渠恒定流，堰流及闸孔出流，泄水建筑物下游水流的衔接与消能，液体运动的三元分析，渗流，波浪理论，管渠非恒定流动，挟沙水流理论基础等。

　　本书由大连理工大学刘亚坤主编。第1、第3、第5、第7、第9、第10、第14章及附录由杨景芳、刘亚坤编写；第2、第4章由崔莉编写；第6、第11章由赵君编写；第8、第13章由李鉴初、刘亚坤编写；第12章由崔莉、金生、张运良编写。大连理工大学水力学教研室的研究生为本书绘制了全部插图。

　　本书在编写过程中，曾得到校内外有关同志和专家的热情鼓励和支持，并吸收了他们的许多宝贵经验、意见和建议，尤其是倪汉根教授在本书的编写过程中曾提出许多宝贵意见。在此，一并谨向他们表示衷心的感谢。

由于水平和时间所限，书中缺点和错误在所难免，恳请读者批评指正。

编者

2007 年 11 月

于大连理工大学

目录

第1章 液体的主要物理性质及作用力

1.1 水力学的任务与研究的对象

水力学主要研究水和其他液体在外力作用下的平衡与运动的规律，以及这些规律在工程实际中的应用。它是力学的一个分支，是一门技术基础课。

水力学在水利、港口、土建、道桥、环境、石油、化工、采矿、冶金等的勘测、设计、施工和管理等方面均有广泛的应用。

渠道上的闸孔泄流如图1.1.1所示。通过此例我们将提出工程中的主要水力学问题，这些问题可以归纳为如下5个方面：

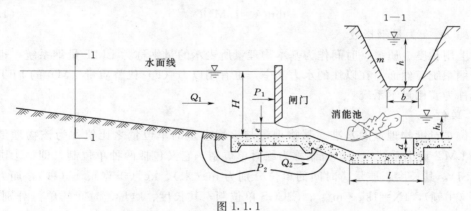

图 1.1.1

（1）管、渠、闸、堰的过流能力。如图 1.1.1 中闸孔的泄流量 Q_1 与闸孔开度 e、闸的上游水头 H 和下游水深 h_t 之间的关系，要通过水力学来确定。

（2）水流作用在建筑物的水力荷载。如闸门在关闭时受静水压力作用，在开启时受动水压力作用，在这两种情况下闸底板都要受到由渗流而引起的扬压力作用，而这些力都是设计闸门和闸底板的重要依据。

（3）建筑物的主要尺寸。如当闸孔的泄流量 Q_1、水头 H 和下游水深 h_t 一定时，要求确定闸孔开度 e、上游渠道的断面尺寸（b，h，m）以及下游消能池的尺寸（l，d）等。

（4）水流的流动形态。研究和改善水流通过河渠、水工建筑物及其附近的水流形态，为合理布置这些建筑物，保证其正常运行和充分发挥效益提供依据。

（5）水能利用和水能消耗。分析水流在能量转换中的能量损失规律，以便充分地利用水流的有效能量和高效率地消除高速水流中多余的有害动能。

此外，在工程中还会遇到许多特殊的水力学问题。如水工建筑物下面透水地基中的渗流运动、河渠中的泥沙运动、海洋中的波浪运动、高速水流中的气蚀与掺气问题等。

水力学研究的对象是液体，以水为主，但它的某些规律也可以应用到低黏性的油和不可压缩的气体运动中去。

1.2　量纲和单位

1.2.1　量纲

从物理学中知道，描述物理现象的物理量有两种：基本物理量和导出物理量。基本物理量是独立的，不能由其他物理量导出；而导出物理量可以由其他物理量导出。一般用量纲表示物理量的性质和类别。在国际单位制（SI）中，水力学中用到的基本物理量有长度、质量、时间，它们的相应量纲分别为 L、M、T。导出物理量可以由定义和物理公式导出，如速度定义为物体单位时间所走的距离，即速度＝长度/时间，相应的量纲为 $\dim v = LT^{-1}$，类推加速度的量纲为 $\dim a = LT^{-2}$；由牛顿第二运动定律得，力＝质量×加速度，相应的量纲为 $\dim F = MLT^{-2}$。因此，任何一个导出物理量的量纲可以表示为基本物理量量纲的指数乘积形式，即

$$\dim A = L^l M^m T^t \tag{1.2.1}$$

式中：l、m、t 为量纲指数。

以上用长度、质量、时间作为基本物理量所表示的量纲称为 LMT 量纲系统，也称为理论量纲系统。然而，在以往的水力学中，也有用以力（F）代替质量（M）的 LFT 量纲系统，称为实用量纲系统。

1.2.2　单位

单位是量度物理量的基准。某物理量与该物理量的单位量之比值称为该物理量的大小。在 LMT 量纲系统中的单位制称为绝对单位制，它又包括两种单位制，即：①国际单位制（SI），其长度、质量、时间的单位分别为 m（米）、kg（千克）、s（秒），而力的单位为 N（牛顿），$1N = 1kg \cdot m/s^2$；②CGS 单位制，其长度、质量、时间的单位分别为 cm（厘米）、g（克）、s（秒），而力的单位为 dyn（达因），$1dyn = 1g \cdot cm/s^2$。

水力学中也曾采用过工程单位制，其长度、力、时间的单位分别为 m、kgf（千克力）、s。

在水力学中主要采用国际单位制，国际单位制和工程单位制中力的换算关系为

$$1kgf = 1kg \times 9.8m/s^2 = 9.8N$$

或者

$$1N = 0.102kgf \tag{1.2.2}$$

1.3　液体的主要物理性质

液体的主要物理性质有以下几方面。

1.3.1　惯性与万有引力特性

物体所具有保持运动速度和方向不变或在特殊情况下保持静止状态的性质称为惯性。

惯性的大小用物体的质量来量度。质量愈大惯性也愈大。惯性力则是物体抵抗改变其静止或匀速直线运动状态的一种反作用力。当质量为 m 的物体以加速度 a 运动时，它所具有的惯性力为

$$F_i = -ma \tag{1.3.1}$$

式（1.3.1）中的负号说明惯性力的方向与物体加速度的方向相反。

质量为 m 的物体在地球上受到的万有引力称为重力，用 G 表示。设液体的体积为 V，质量为 m，则液体有下面三种密度。

1. 质量密度

单位体积液体的质量称为质量密度，简称为密度，用 ρ 表示，单位为 kg/m^3，对均质液体，则

$$\rho = \frac{m}{V} \tag{1.3.2}$$

2. 重量密度

单位体积液体具有的重量称为重量密度，简称为重度或容重，用 γ 表示，单位为 N/m^3，对均质液体，则

$$\gamma = \frac{G}{V} \tag{1.3.3}$$

或者

$$\gamma = \frac{mg}{V} = \rho g \tag{1.3.4}$$

3. 相对密度

液体的重量与和它同体积的 4℃ 水的重量之比称为相对密度，也称为比重，用 s 表示，无单位，即

$$s = \frac{\gamma}{\gamma_w} = \frac{\rho}{\rho_w} \tag{1.3.5}$$

式中：γ_w、ρ_w 为 4℃ 时水的重度、密度。

在国际单位制中

$$\rho_w = 1000 kg/m^3$$
$$\gamma_w = 9.8 kN/m^3$$
$$s_w = 1$$

不同温度下纯水的密度和重度见表 1.3.1。

表 1.3.1　　　　　　　　　水的物理性质

温度 /℃	重度 γ /(kN/m³)	密度 ρ /(kg/m³)	动力黏度 $\mu \times 10^{-3}$ /(N·s/m²)	运动黏度 $\nu \times 10^{-6}$ /(m²/s)	弹性系数 $E \times 10^9$ /(N/m²)	表面张力系数 σ /(N/m)
0	9.805	999.8	1.781	1.785	2.02	0.0756
5	9.807	1000.0	1.518	1.519	2.06	0.0749
10	9.804	999.7	1.307	1.306	2.10	0.0742
15	9.798	999.1	1.139	1.139	2.15	0.0735

续表

温度 /℃	重度 γ /(kN/m³)	密度 ρ /(kg/m³)	动力黏度 $\mu \times 10^{-3}$ /(N·s/m²)	运动黏度 $\nu \times 10^{-6}$ /(m²/s)	弹性系数 $E \times 10^{9}$ /(N/m²)	表面张力系数 σ /(N/m)
20	9.789	998.2	1.002	1.003	2.18	0.0728
25	9.777	997.0	0.890	0.893	2.22	0.0720
30	9.764	995.7	0.798	0.800	2.25	0.0712
40	9.730	992.2	0.653	0.658	2.28	0.0696
50	9.689	988.0	0.547	0.553	2.29	0.0679
60	9.642	983.2	0.466	0.474	2.28	0.0662
70	9.589	977.8	0.404	0.413	2.25	0.0644
80	9.530	971.8	0.354	0.364	2.20	0.0626
90	9.466	965.3	0.315	0.326	2.14	0.0608
100	9.399	958.4	0.282	0.294	2.07	0.0589

1.3.2　黏性

液体具有流动性，流动着的液体各流层间可产生内摩擦力以抵抗剪切变形，使各层流动速度不同，这种特性就是黏性。

现在考察如图 1.3.1 所示的一平面固体边壁处液体的流动。由实验发现，在固体壁面上液体流动的速度为零，随着离开固体壁面距离的增加，速度也增大。取 x 轴正向沿流动方向，取 y 轴垂直于 x 轴。考虑流动中相距为 $\mathrm{d}y$ 的两个液体层，下层的流动速度为 u，上层的流动速度为 $u + \mathrm{d}u$。由于上下两层间存在着速度差，因此开始在同一条铅垂线上的两个液体质点 1、点 2 经过 $\mathrm{d}t$ 时间后移动的距离分别为 $d_1 = u\mathrm{d}t$，$d_2 = (u + \mathrm{d}u)\mathrm{d}t$。由图 1.3.1 可知，液体微团产生的角变形为

$$\mathrm{d}\theta \approx \tan\mathrm{d}\theta = \frac{d_2 - d_1}{\mathrm{d}y} = \frac{\mathrm{d}u\mathrm{d}t}{\mathrm{d}y}$$

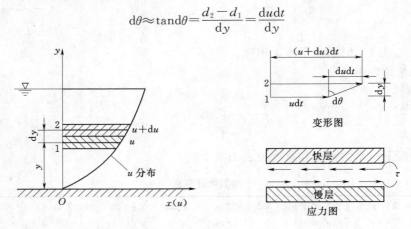

图 1.3.1

单位时间产生的角变形称为剪切变形速度，记为 $\dot{\theta}$，则

$$\dot{\theta} = \frac{\mathrm{d}\theta}{\mathrm{d}t} = \frac{\mathrm{d}u}{\mathrm{d}y} \tag{1.3.6}$$

由此可见，上述液流中的剪切变形速度等于速度梯度。又由于变形是与应力相关的，所以液层间存在着与剪切变形相应的剪切应力，这是由于运动快的上层带动运动慢的下层向前运动，运动慢的下层阻滞运动快的上层运动所引起的。

牛顿（I. Newton）首先提出计算相邻液层间切应力 τ 的公式为

$$\tau = \mu \frac{\mathrm{d}u}{\mathrm{d}y} \tag{1.3.7}$$

式（1.3.7）也称为牛顿内摩擦定律。

作用在相邻液层接触面积 A 上的总切力 T 为

$$T = \tau A = \mu A \frac{\mathrm{d}u}{\mathrm{d}y} \tag{1.3.8}$$

式中：μ 为液体的动力黏度（简称"黏度"），其大小与液体的种类和温度有关，其单位为 Pa·s。Pa 是压强单位帕斯卡（简称"帕"）的单位符号，$1\mathrm{Pa} = 1\mathrm{N/m^2}$。Pa·s 中文为"帕斯卡秒"。对于 20℃ 的水，$\mu = 1.002 \times 10^{-3} \mathrm{Pa \cdot s}$。

在水力学中，还常用运动黏度 υ 来表示液体的黏性，定义为

$$\upsilon = \frac{\mu}{\rho} \tag{1.3.9}$$

式中：υ 的单位为 $\mathrm{m^2/s}$。因为 υ 具有运动学的量纲，因此称为运动黏度。

水的运动黏度 υ 可以按下式计算

$$\upsilon = \frac{0.01775 \times 10^{-4}}{1 + 0.0337t + 0.000221t^2} (\mathrm{m^2/s}) \tag{1.3.10}$$

式中：t 为摄氏温度，℃。

温度对于流体的黏性有较大的影响。液体的黏性随温度的增加而减小，而气体的黏性则随温度的增加而增加。这是因为液体的黏性力取决于分子间的内聚力，当温度升高时液体分子间的内聚力减小，因此液体的黏性随温度的增加而减小。但是，气体分子的间距很大，内聚力极小，而分子运动非常剧烈，气体的黏性力主要来自分子间的动量交换。当气体的温度升高时，分子运动加剧，分子间的动量交换加大，所以黏性增大。在图 1.3.2 中给出了水和空气的运动黏度与温度之间的关系曲线。

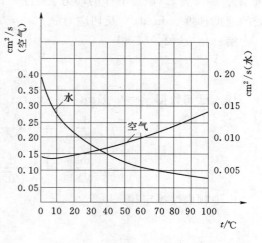

图 1.3.2

在水力学中，将不考虑黏性作用的液体称为理想液体，否则称为实际液体。在图 1.3.3 中水平线 OE 表示理想液体。

符合牛顿内摩擦定律，即 τ 与 $\mathrm{d}u/\mathrm{d}y$ 成正比且温度不变时，μ 为常数的液体称为牛顿液体，如水、酒精、汽油及水银等。这时切应力与速度梯度之间呈线性关系，如图 1.3.3 中 OA 线所示。非牛顿液体有下面三种：

（1）理想宾汉液体，如泥浆、油漆、牙膏等，切应力与速度梯度之间的关系如图

1.3.3 中 $O'B$ 线所示，这种液体只有当切应力达到初始屈服应力 τ_y 以后才产生变形，之后 $\tau \propto \mathrm{d}u/\mathrm{d}y$，$\mu$ 为常数。

（2）拟塑性液体，如黏土和石灰的悬浊液、血液及高分子化合物溶液等。随 $\mathrm{d}u/\mathrm{d}y$ 的增加 μ 值减小，如图 1.3.3 中 OC 线所示。

（3）膨胀性液体，如淀粉浆糊及浓糖溶液等。随 $\mathrm{d}u/\mathrm{d}y$ 的增加，μ 值亦增加，如图 1.3.3 中 OD 线所示。

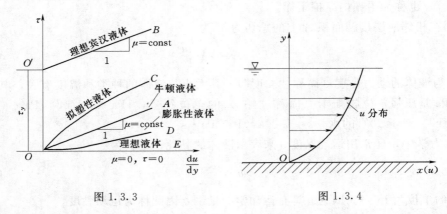

图 1.3.3　　　　　　　　　　　　　图 1.3.4

水力学中只研究理想液体和牛顿液体。非牛顿液体在化学工程、生物工程中较常遇到。

【例 1.3.1】　液体在平板上流动，如图 1.3.4 所示，速度 u 与距平板的垂直距离 y 的关系为 $u = 2y^{2/3}$。假设液体的动力黏度 $\mu = 1.14 \times 10^{-3} \mathrm{Pa \cdot s}$，试求：距平板 1cm 和 10cm 处的速度梯度（$\mathrm{d}u/\mathrm{d}y$）及切应力 τ。

解： 由 $u = 2y^{2/3}$，得

$$\frac{\mathrm{d}u}{\mathrm{d}y} = \frac{4}{3} \frac{1}{y^{1/3}}$$

代入已知数据 $y_1 = 0.01\mathrm{m}$，$y_2 = 0.1\mathrm{m}$，得

$$\frac{\mathrm{d}u}{\mathrm{d}y}\Big|_{y_1} = \frac{4}{3} \times \frac{1}{\sqrt[3]{0.01}} = 6.18(\mathrm{s}^{-1})$$

$$\frac{\mathrm{d}u}{\mathrm{d}y}\Big|_{y_2} = \frac{4}{3} \frac{1}{\sqrt[3]{0.1}} = 2.87(\mathrm{s}^{-1})$$

由牛顿内摩擦定律

$$\tau = \mu \frac{\mathrm{d}u}{\mathrm{d}y}$$

所以

$$\tau|_{y_1} = 1.14 \times 10^{-3} \times 6.18 = 7.05 \times 10^{-3}(\mathrm{N/m}^2)$$

$$\tau|_{y_2} = 1.14 \times 10^{-3} \times 2.87 = 3.27 \times 10^{-3}(\mathrm{N/m}^2)$$

1.3.3　压缩性

液体在密闭的容器中受压后体积减小，撤消压力后又恢复原状的性质称为压缩性。液体的压缩性可用压缩系数 k 表示。如图 1.3.5 所示，设活塞上的压强为 p 时液体的体积为

V，当活塞上的压强增加 $\mathrm{d}p$ 后，液体的体积减小 $\mathrm{d}V$。我们将增加单位压强时液体体积的相对减小值定义为压缩系数，即

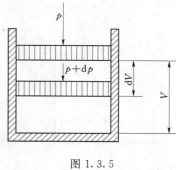

$$k = -\frac{\dfrac{\mathrm{d}V}{V}}{\mathrm{d}p} \qquad (1.3.11)$$

图 1.3.5

k 的单位为 m^2/N。因为压强增加时液体的体积减小，即 $\mathrm{d}p$ 为正值时，$\mathrm{d}V$ 为负值，为使 k 恒为正值，故在上式中加一负号。对于 $20℃$ 的水，$k = 0.46 \times 10^{-9}\,\mathrm{m}^2/\mathrm{N}$。

压缩系数的倒数定义为体积模量 K：

$$K = \frac{1}{k} = -\frac{\mathrm{d}p}{\dfrac{\mathrm{d}V}{V}} \qquad (1.3.12)$$

K 的单位为 Pa。对于 $20℃$ 的水，$K = 2.18 \times 10^9\,\mathrm{Pa}$，即每增加一个大气压强（一个大气压强为 $98\mathrm{kPa}$），水的体积的相对压缩值约为两万分之一，故本书中除水击问题外，一般都不考虑水的压缩性。

【例 1.3.2】 为了将某液体的体积压缩 0.03% 需要加 $700\mathrm{kPa}$ 的压强，试求此液体的体积模量。

解：

由式（1.3.12）计算液体的体积模量，即

$$K = -\frac{\mathrm{d}p}{\dfrac{\mathrm{d}V}{V}}$$

根据题意，$\mathrm{d}p = 700\mathrm{kPa} = 700000\mathrm{N}/\mathrm{m}^2$，$\dfrac{\mathrm{d}V}{V} = -\dfrac{0.03}{100}$，代入上式后得

$$K = -\frac{700000}{-\dfrac{0.03}{100}} = 2.33 \times 10^9\,(\mathrm{N}/\mathrm{m}^2)$$

1.3.4 表面张力

在两种不同流体介质的分界面（如液体与气体）以及液体同固体的接触面上，由于分界面两侧分子作用力的不平衡，常使分界面上的流体分子间存在一个微小拉力，从宏观上看就表现为表面张力，所以表面张力可以看作为作用于液体表面边线上的一个拉力。

现在来考察图 1.3.6（a）所示液体内部和自由表面上分子 1 和分子 2 的受力情况。若忽略分子的重量，由于液体内部的分子 1 受到各方向相等的液体分子引力作用，因此自身处于平衡状态。而自由表面处的分子 2 则只受自由表面下面液体分子的引力作用，致使分子 2 有向下移动的趋势，并使得表层液体受到相邻分子一个微弱的拉力。这个微弱的拉力有使液面尽可能收缩的性质，且与上述自由表面下面液体分子的引力形成平衡。

表面张力只发生在液面周界处，其作用方向垂直于周界线且与液面相切，其大小可由下式计算：

$$T_S = \sigma \pi d$$

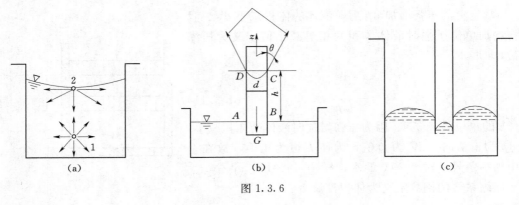

图 1.3.6

$$T_S = \sigma l (\text{N}) \tag{1.3.13}$$

式中：l 为周界的长度，m；σ 为表面张力系数，表示单位长度周界上的拉力，对于 20℃ 的水和水银，其值分别为 0.073N/m 和 0.514N/m。

一般情况下，表面张力很小，可以不计。但是，当小液滴、细小泥沙颗粒运动，以及水在孔隙介质中运动时，则应予考虑。

我们知道，将细的玻璃管插入水中，水将沿细管上升一定的高度，此现象称为毛细现象。水体沿玻璃管上升的原因是由于玻璃与水体之间的附着力大于水体的内聚力而使液面呈凹形面。这样液面周界处的表面张力将引起水体上升，如图 1.3.6（b）所示，高为 h 的液柱重量应与表面张力在铅直方向上的投影相平衡，即

$$\sigma \pi d \cos\theta = \gamma \frac{\pi d^2}{4} h$$

由此得毛细管上升的高度

$$h = \frac{4\sigma \cos\theta}{\gamma d} \tag{1.3.14}$$

式中：θ 为液体与固体的接触角，水与玻璃的接触角 $\theta_w = 0° \sim 9°$；σ 为液体的表面张力系数；γ 为液体的容重；d 为玻璃管的直径。

对于水银，由于内聚力比附着力大，所以细玻璃管中的水银面呈现凸形面，表面张力将产生指向水银内部的附加压强，因而压下一个毛细管高度，如图 1.3.6（c）所示。

【例 1.3.3】 实验室内采用内径为 4mm 的测压管测得某点的压力水柱高为 240mm，试求实际的压强水柱高度。

解： 取水与玻璃的接触角 $\theta_w = 0°$，所以 $\cos\theta_w = 1$，由式（1.3.14）计算毛细管的升高为

$$h = \frac{4\sigma}{\gamma d} = \frac{4 \times 0.073}{9800 \times 0.004} = 0.00745 (\text{m}) \approx 7 (\text{mm})$$

所以实际的压强水柱高度为 240−7＝233（mm）。相对误差约为 3%，因此，实验室中不能采用过细的玻璃管作为测压管。

1.3.5 液体的汽化压强

液体的分子逸出液面变为蒸气向空间扩散的过程称为汽化。当液面空间有限时，随气体分子的增加，压强逐渐增大，这时部分气体分子返回液体，气体凝结为液体，这一过程

称为凝结。在液体中，汽化与凝结过程同时存在，当这两个过程达到平衡时，宏观的汽化现象停止，此时液面的压强称为饱和蒸汽压强或汽化压强，用 p_b 表示。液体的汽化压强随温度的升高而增大。水的汽化压强随温度的变化见表 1.3.2。

表 1.3.2 水的汽化压强 p_b

水温/℃	0	5	10	15	20	25	30
汽化压强/kPa	0.61	0.87	1.23	1.70	2.34	3.17	4.24
水温/℃	40	50	60	70	80	90	100
汽化压强/kPa	7.38	12.33	19.92	31.16	47.34	70.10	101.33

当液体中某处的压强低于当时温度下的汽化压强时，在此处将产生汽泡，该现象称为空化。当空化形成的汽泡随流移动到高压区时迅速地破灭，这时将产生巨大的瞬间冲击力，使相接触的固体壁面产生剥蚀，此现象称为空蚀。工程中一定要避免空化、空蚀现象的出现，这就要求控制液体中的最低压强大于当时温度下的汽化压强。

1.4 连续介质和理想液体的概念

1.4.1 连续介质假定

所谓连续介质就是认为液体连续地无空隙地充满它所占据的空间。基于下面原因我们将液体作为连续介质。

水利工程中的水流运动，如管流、明渠流、闸孔出流及堰流等，均属于大尺度的宏观水流运动。

由于 $1cm^3$ 的水中就有 3×10^{22} 个水分子，分子间的距离为 $3 \times 10^{-8}cm$，所以采用由微观到宏观的研究方法来研究液体的运动几乎是不可能的，同时，用连续介质的观念来处理宏观问题，其精度已完全满足工程要求。

如果将液体作为连续介质看待，则液体中的任何物理量，如密度 ρ、压强 p 和速度 u 等均可视为空间坐标 (x, y, z) 的连续函数。于是，可以用数学分析的方法来研究水流的运动规律。

1.4.2 理想液体概念

自然界中的实际液体都具有一定的黏性，工程中的许多问题如果从实际液体入手研究，那是相当复杂的，甚至在数学上会遇到难以克服的困难。为此引入理想液体的概念，即忽略其黏性并将不具有黏性的液体称为理想液体。从理想液体入手来研究液体的运动规律在某些情况下可得到与实际非常吻合的结果，如水流绕过流线型物体的运动。对那些黏性不能忽略的实际液体的运动也往往可以理想液体运动规律作为基础，借以揭示实际液体运动的概貌和趋势，然后再将黏性影响考虑进去加以修正。这种修正多数是以试验资料为依据而进行的。因此，可以说研究理想液体是研究实际液体的一个台阶。

1.5 作用在液体上的力

作用在液体上的力可以分为表面力和质量力。

1.5.1　表面力

表面力作用在被研究液体的表面上，其大小与受作用面积成正比。表面力又分为作用在液体表面上的法向力（常称为压力）和切向力（常称为摩阻力）两种。单位面积上的法向压力称为压强，以 p 表示。单位面积上的切向力称为切应力或者摩阻应力，以 τ 表示。图 1.5.1 表示的是作用在液流中所取分离体 A 上的表面力。

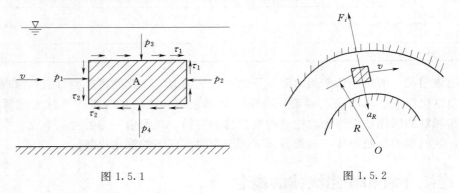

图 1.5.1　　　　　　　　　　　　　图 1.5.2

1.5.2　质量力

质量力作用在液体的每个质点上，其大小与液体的质量成正比。对于均质液体，质量力的大小与受作用液体的体积成正比，这时的质量力又称为体积力。

最常遇到的质量力是重力和惯性力。当液体作直线加速度运动时，惯性力是达朗伯力 $F_1 = -ma$。当液体作曲线运动时，惯性力是离心力 $F_i = -m\dfrac{v^2}{R}$。注意：惯性力的方向总与加速度的方向相反，如图 1.5.2 所示。

作用在单位质量上的质量力称为单位质量力，设质量力为 $\boldsymbol{F}(F_x, F_y, F_z)$，单位质量力为 $\boldsymbol{f}(X, Y, Z)$，则

$$f = \frac{\boldsymbol{F}}{m} \tag{1.5.1}$$

单位质量力在 x、y、z 轴上的分量为

$$X = \frac{F_x}{m},\ Y = \frac{F_y}{m},\ Z = \frac{F_z}{m} \tag{1.5.2}$$

单位质量力的单位与加速度的单位相同，为 m/s^2。

当质量力只有重力且取 z 轴向上为正时，则单位质量力 $X = Y = 0$，$Z = -g$。

1.6　水力学的研究方法

水力学的研究方法有 3 种：理论分析法、实验研究法和数值计算法。三种方法互相补充，相辅相成。

1.6.1　理论分析法

理论分析是根据机械运动的普遍规律，如质量守恒定律、能量守恒原理、动量定律及动量矩定律，结合液体运动的特点，运用数理分析的方法建立水力学的理论体系，如连续

方程、能量方程、动量方程等，加上一定的初始、边值条件后求解这些方程，就可以得到描述水流运动规律的具体表达式。由于水流运动的多样性，单纯的理论分析解决复杂水流问题在数学上还存在一定的困难。

1.6.2 实验研究法

1. 现场观测实验

如天然河道的水位、流速、闸、堰的过水能力，波浪要素（波长、波高、周期），土坝的浸润线观测等。现场观测也称为原型观测，它的优点是观测的结果能反映实际，比较可靠，缺点是难于实施人为控制，不易改变某些变化参数，因此有一定局限性，需要做室内系列实验。

2. 实验室模型实验

模型实验是按照一定的相似律将原型水流缩小为模型水流，在模型水流上重演或者预演水流现象，测量有关数据，然后再将实验结果按照一定的相似律换算到原型上去，用于指导设计和工程管理。它的优点是不受场地时间的限制，实验周期较短。但是，实验的精度与相似律的选取和量测技术密切相关。

另外，实验室内还可进行水电比拟实验。它是根据水流与电流相似原理，用电场来模拟流场，然后将测得的电学量按照一定的关系换算成水力学量，如水力学中常用电流来模拟地下水的渗流运动。优点是模型简单，实验时间短；缺点是应用范围窄。

1.6.3 数值计算法

水力学中的许多问题都是用偏微分方程来描述的，这些偏微分方程又很难求得理论上的解析解。但是，按照一定的数值计算方法可以将偏微分方程离散为线性代数方程组，通过计算机进行求解。随着电子计算机的普遍应用，求解多元的线性代数方程组已经不成问题。尤其是对边界条件的改变或者若干个设计方案的比较，对于计算机而言，只要改变输入数据或者修改程序中的部分计算语句即可，然后进行重复的或者相似的计算。同上面所讲述的实验方法相比，它可以推动理论分析的发展，提高实验的水平和资料分析的速度。

思 考 题 1

1.1　量纲与单位是同一概念吗？

1.2　液体的黏性引起的内摩擦力与固体间的摩擦力有何区别？

1.3　何谓液体的连续介质模型？

1.4　理想液体有无能量损失？为什么？

1.5　为什么说水通常可以看作是不可压缩的？

习　　题　　1

1.1　某油的容重为 8339N/m³，运动黏度为 $3.39 \times 10^{-6} \text{m}^2/\text{s}$，试求其动力黏度。

1.2　如习题图 1.1 所示，一个 0.8m×0.2m 的平板在油面上作水平运动，已知运动速度 $u=1\text{m/s}$，平板与固定边壁的距离 $\delta=1\text{mm}$，油的动力黏度为 1.15Pa·s，由平板所带动的油的速度成直线分布，试求平板所受的阻力。

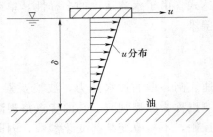

习题图 1.1

1.3　容积为 $4m^3$ 的水，当压强增加了 5 个大气压时容积减少 1L。

（1）试求该水的体积模量 K。

（2）为使水的体积相对压缩 1/1000，需要增大多少压强？

1.4　一直径为 5mm 的玻璃管铅直地插在 20℃ 的水银槽内，试问：

（1）管内液面较槽中液面低多少？

（2）为使水银测压管的读数误差控制在 1.2mm 之内，测压管的最小直径为多大？

1.5　如习题图 1.2 所示的盛水容器以等角速度 ω 绕中心轴旋转。试写出位于点 $A(x，y，z)$ 处单位质量的水所受的质量力分量表达式。

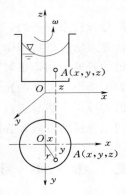

习题图 1.2

第 2 章　水　静　力　学

本章主要研究以水为代表的液体在外力作用下处于静止状态的平衡规律及其在工程上的应用。当液体处于静止状态时，液体质点之间没有相对运动，这时液体内部不存在切应力。因此，静止液体质点间的相互作用是通过压强的形式表现出来的。本章主要内容有：液体平衡的基本规律，静水压强特性及点压强计算，作用在平面及曲面上的静水总压力计算，浮体的平衡与稳定，液体的相对平衡。

2.1　静水压强及其特性

2.1.1　静水压强

在静止液体中，围绕某点取一微小受作用面，设其面积为 ΔA，作用于该面上的压力为 ΔP，那么平均压强 $\Delta P / \Delta A$ 的极限值就定义为该点的静水压强，用符号 p 表示，其数学表达式为

$$p = \lim_{\Delta A \to 0} \frac{\Delta P}{\Delta A} \qquad (2.1.1)$$

静水压强 p 具有应力的量纲。在国际单位制中，静水压强 p 的单位为 $Pa(N/m^2)$。

2.1.2　静水压强的特性

静水压强有两个重要的特性：

1. 静水压强的方向沿受作用面的内法线方向

在静止液体中取一块水体，以任一平面 $N—N$ 将水体切割成 Ⅰ 和 Ⅱ 两部分，在切割面上任取一点 A，如图 2.1.1 所示。假设其所受的静水压强 p 是任意方向的，则 p 可以被分解为法向分量 p_n 和切向分量 τ，而切向分量 τ 将使液层产生相对运动，这和静止液体的前提相矛盾；若静水压强指向外法线方向，这势必使液体受到拉力作用，而液体是不能承受拉力的。所以，只有受作用面的内法线方向才是静水压强唯一可能的作用方向。

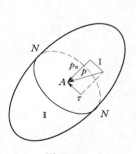

图 2.1.1

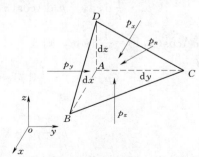

图 2.1.2

2. 静止液体中任一点上各方向压强的大小都相等

在静止液体中任一点 $A(x,y,z)$，并设直角坐标系如图 2.1.2 所示。在 A 点附近，取微小四面体 $ABCD$。为方便起见，三个正交面与坐标平面方向一致，棱长分别为 dx、dy、dz。设斜面 BCD 的面积为 dA，其外法线 n 的方向余弦分别为 $\cos(n,x)$、$\cos(n,y)$、$\cos(n,z)$，则

$$dA\cos(n,x)=\frac{1}{2}dydz$$

$$dA\cos(n,y)=\frac{1}{2}dzdx$$

$$dA\cos(n,z)=\frac{1}{2}dxdy$$

以 p_x、p_y、p_z、p_n 分别表示与坐标轴一致的平面和斜面上的平均压强，以 P_x、P_y、P_z、P_n 分别表示各面上的总压力（图 2.1.2），则有

$$P_x=p_x \cdot \frac{1}{2}dydz$$

$$P_y=p_y \cdot \frac{1}{2}dzdx$$

$$P_z=p_z \cdot \frac{1}{2}dxdy$$

$$P_n=p_n \cdot dA$$

四面体的体积为 $\frac{1}{6}dxdydz$，质量为 $\frac{1}{6}\rho dxdydz$。设单位质量的质量力在坐标轴方向上的分量分别为 X、Y、Z，则质量力在坐标轴方向的分量分别为 $X \cdot \frac{1}{6}\rho dxdydz$、$Y \cdot \frac{1}{6}\rho dxdydz$、$Z \cdot \frac{1}{6}\rho dxdydz$。

由力的平衡可知，作用于平衡体上的所有外力沿任一坐标轴方向投影的总和等于 0，故对 x、y、z 轴可写出下列平衡方程式：

$$\left. \begin{aligned} p_x \cdot \frac{1}{2}dydz-p_n dA\cos(n,x)+X \cdot \frac{1}{6}\rho dxdydz=0 \\ p_y \cdot \frac{1}{2}dzdx-p_n dA\cos(n,y)+Y \cdot \frac{1}{6}\rho dxdyd=0 \\ p_z \cdot \frac{1}{2}dxdy-p_n dA\cos(n,z)+Z \cdot \frac{1}{6}\rho dxdydz=0 \end{aligned} \right\} \quad (2.1.2)$$

注意到 $dA\cos(n,x)=\frac{1}{2}dydz$，则式（2.1.2）中的第一式可写为

$$(p_x-p_n) \cdot \frac{1}{2}dydz+X \cdot \frac{1}{6}\rho dxdydz=0$$

即

$$p_x-p_n+X \cdot \frac{1}{3}\rho dx=0$$

忽略含 dx 的微小量项，则上式可写为

$$p_x=p_n$$

同理，由式（2.1.2）中第二、第三式分别可得

$$p_y = p_n, \quad p_z = p_n$$

故

$$p_x = p_y = p_z = p_n \tag{2.1.3}$$

式（2.1.3）表明，静止液体中同一点上的压强大小与作用面的方位无关，即同一点上各个方向静水压强的大小是相等的。但不同点的静水压强则不一定相等，故静水压强是位置坐标的函数，即

$$p = p(x, y, z)$$

2.2 液体平衡微分方程及其积分

2.2.1 液体平衡微分方程

液体平衡微分方程描述的是液体处于平衡状态时作用于液体上各种力之间关系的方程式。

如图 2.2.1 所示，在静止液体中取一个微小六面体，各边长分别为 dx、dy、dz，并与相应的坐标轴平行。作用在平衡六面体上的力有质量力和表面力。设单位质量的质量力在 x、y、z 坐标轴方向上的三个分量分别为 X、Y、Z，则质量力在 x、y、z 坐标轴方向的三个分量分别为

$$X dM = X \rho dx dy dz$$

$$Y dM = Y \rho dx dy dz$$

$$Z dM = Z \rho dx dy dz$$

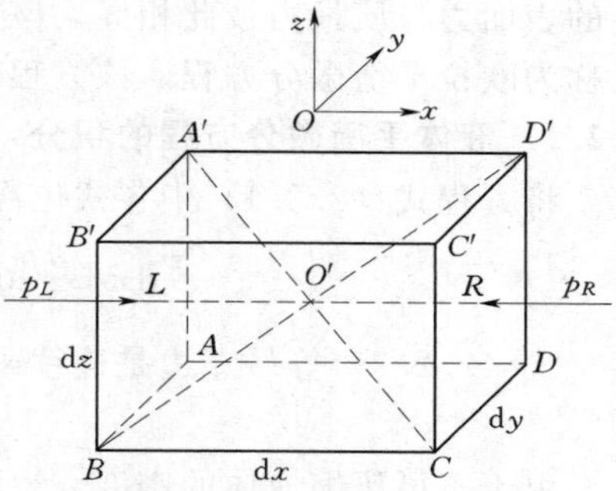

图 2.2.1

在液体静止的条件下，液体内部不存在切应力，表面力中只有沿法线方向的静水压力。根据液体连续性的假定，压强是坐标的连续函数，当六面体中心 O' 点的压强为 $p = p(x, y, z)$ 时，用泰勒级数展开得 L 点与 R 点的压强分别为

$$p_L = p - \frac{1}{2} \frac{\partial p}{\partial x} dx$$

$$p_R = p + \frac{1}{2} \frac{\partial p}{\partial x} dx$$

上两式忽略了级数展开后的高阶微量。

由于六面体中各面的面积微小，可以认为平面各点所受的压强与该面中点的压强一样。由此推出作用在左右两个平面上的压力分别为

$$P_L = \left(p - \frac{1}{2} \frac{\partial p}{\partial x} dx \right) dy dz$$

$$P_R = \left(p + \frac{1}{2} \frac{\partial p}{\partial x} dx \right) dy dz$$

根据液体平衡条件，作用在平衡微小六面体上一切外力在任一坐标轴上的投影总和应

为 0，对于 x 轴则有

$$\left(p-\frac{1}{2}\frac{\partial p}{\partial x}\mathrm{d}x\right)\mathrm{d}y\mathrm{d}z-\left(p+\frac{1}{2}\frac{\partial p}{\partial x}\mathrm{d}x\right)\mathrm{d}y\mathrm{d}z+X\rho\mathrm{d}x\mathrm{d}y\mathrm{d}z=0$$

或

$$-\frac{\partial p}{\partial x}\mathrm{d}x\mathrm{d}y\mathrm{d}z+X\rho\mathrm{d}x\mathrm{d}y\mathrm{d}z=0$$

以 $\rho\mathrm{d}x\mathrm{d}y\mathrm{d}z$ 除上式，整理后得

$$X-\frac{1}{\rho}\frac{\partial p}{\partial x}=0$$

同理，对 y、z 轴方向可推出类似结果，从而可得

$$\left.\begin{array}{l}X-\dfrac{1}{\rho}\dfrac{\partial p}{\partial x}=0\\[2mm]Y-\dfrac{1}{\rho}\dfrac{\partial p}{\partial y}=0\\[2mm]Z-\dfrac{1}{\rho}\dfrac{\partial p}{\partial z}=0\end{array}\right\} \tag{2.2.1}$$

式 (2.2.1) 称为液体平衡微分方程。它指出液体处于平衡状态时，单位质量液体所受的表面力与质量力彼此相等。该方程是 1775 年首先由瑞士学者欧拉（Euler）导出，故又称为欧拉平衡微分方程。该方程对于不可压缩液体和可压缩液体均适用。

2.2.2 液体平衡微分方程的积分

将方程式 (2.2.1) 中各式依次乘以 $\mathrm{d}x$、$\mathrm{d}y$、$\mathrm{d}z$ 并将它们相加，得

$$\frac{\partial p}{\partial x}\mathrm{d}x+\frac{\partial p}{\partial y}\mathrm{d}y+\frac{\partial p}{\partial z}\mathrm{d}z=\rho(X\mathrm{d}x+Y\mathrm{d}y+Z\mathrm{d}z) \tag{2.2.2}$$

式 (2.2.2) 等号左边是连续函数 $p(x,y,z)$ 的全微分 $\mathrm{d}p$，这样有

$$\mathrm{d}p=\rho(X\mathrm{d}x+Y\mathrm{d}y+Z\mathrm{d}z) \tag{2.2.3}$$

由于不可压缩液体的密度 ρ 为常数，式 (2.2.3) 右边括号内三项之和也应为某一力势函数 $\Omega(x,y,z)$ 的全微分，即单位质量力在各坐标轴上的投影 X、Y、Z 与力势函数 Ω 应具有以下关系：

$$\frac{\partial\Omega}{\partial x}=X,\frac{\partial\Omega}{\partial y}=Y,\frac{\partial\Omega}{\partial z}=Z \tag{2.2.4}$$

满足式 (2.2.4) 的质量力称为有势力。由此可见，只有在有势力作用下不可压缩液体才能处于平衡状态。由式 (2.2.4) 可得

$$X\mathrm{d}x+Y\mathrm{d}y+Z\mathrm{d}z=\frac{\partial\Omega}{\partial x}\mathrm{d}x+\frac{\partial\Omega}{\partial y}\mathrm{d}y+\frac{\partial\Omega}{\partial z}\mathrm{d}z=\mathrm{d}\Omega \tag{2.2.5}$$

于是式 (2.2.3) 可写成

$$\mathrm{d}p=\rho\mathrm{d}\Omega \tag{2.2.6}$$

对式 (2.2.6) 积分，得

$$p=\rho\Omega+C \tag{2.2.7}$$

式中积分常数 C 可由已知边界条件确定。式 (2.2.7) 为不可压缩液体平衡微分方程的积分式，其具体应用将在以后各节中展开。

2.2.3 等压面

静止液体中，静水压强是空间坐标 (x,y,z) 的连续函数，各点的静水压强都有一定

的数值。静止液体中压强相等的各点所组成的面（平面或曲面）称为等压面。

根据等压面的定义可知，在等压面上 $p=C$，C 为常数，因而 $\mathrm{d}p=0$，由式（2.2.3）可得到等压面方程式为

$$X\mathrm{d}x+Y\mathrm{d}y+Z\mathrm{d}z=0 \tag{2.2.8}$$

由式（2.2.8）可以得到等压面的性质：

（1）等压面也是等势面。由式（2.2.6）可见，当 $\mathrm{d}p=0$ 时，$\mathrm{d}\Omega=0$，所以等压面上各点的力势函数 Ω 也是常数。

（2）等压面与质量力正交。证明如下：设单位质量力 $f=Xi+Yj+Zk$，它与等压面上任意微小线段 $\mathrm{d}l=\mathrm{d}xi+\mathrm{d}yj+\mathrm{d}zk$ 的点积为

$$f\cdot\mathrm{d}l=(Xi+Yj+Zk)\cdot(\mathrm{d}xi+\mathrm{d}yj+\mathrm{d}zk)$$
$$=X\mathrm{d}x+Y\mathrm{d}y+Z\mathrm{d}z$$

由式（2.2.8）可知：$f\cdot\mathrm{d}l=0$，由于矢量 f 与 $\mathrm{d}l$ 都不为 0，所以质量力 f 与等压面上任一微小线段 $\mathrm{d}l$ 互相垂直，即质量力垂直于等压面。根据这一性质，我们可以通过质量力的方向确定出等压面的形状。例如当质量力只有重力时，由于重力的方向是铅直向下的，所以等压面是水平面。当除重力外还有其他质量力同时作用时，等压面与质量力的合力垂直。

2.3　重力作用下静水压强的分布规律

液体平衡微分方程式（2.2.1）及其全微分方程式（2.2.3）在任何有势质量力情况下都是适用的。现在研究质量力只有重力时的静水压强的分布规律。

2.3.1　水静力学基本方程

取坐标系如图 2.3.1 所示，令 xOy 平面与容器底面重合，设液面上压强为 p_0，在质量力只有重力时，作用在单位质量液体上的质量力在各坐标轴上的分量为

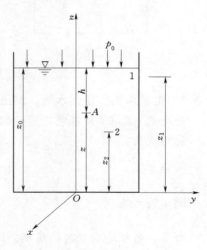

$$X=0,\ Y=0,\ Z=\frac{-Mg}{M}=-g$$

式中：M 为液体的质量。

将上式代入式（2.2.3）得

$$\mathrm{d}p=-\rho g\mathrm{d}z=-\gamma\mathrm{d}z$$

当液体的密度为常数时，积分后得

$$z+\frac{p}{\gamma}=C \tag{2.3.1}$$

图 2.3.1

式（2.3.1）就是重力作用下的水静力学基本方程。式中 C 为积分常数，可由边界条件确定。

当 $z=z_0$ 时，$p=p_0$，所以 $C=z_0+\dfrac{p_0}{\gamma}$，代入式（2.3.1）后得

$$p = p_0 + \gamma(z_0 - z)$$

由图 2.3.1 可见，$z_0 - z = h$，于是静止液体中任一点的压强为

$$p = p_0 + \gamma h \qquad (2.3.2)$$

式中：h 为该点的水深。

式（2.3.2）为水静力学基本方程的另一种形式。

由式（2.3.1），对液体中任意两点有

$$\frac{p_1}{\gamma} + z_1 = \frac{p_2}{\gamma} + z_2 \qquad (2.3.3)$$

由式（2.3.2）、式（2.3.3）可得出以下结论：在均匀的连续介质中，有

(1) 表面压强 p_0 对液体内部任何点的压强都有影响，也即 p_0 向液体内部的任何地方传递，这就是著名的帕斯卡（B. Pascal）定律。

(2) 静水压强与水深成正比，并沿水深按直线规律分布。

(3) 当 $z_1 = z_2$ 时，则 $p_1 = p_2$，即在均质连续的静止液体中，水平面是等压面。

(4) 当 $z_1 > z_2$ 时，则 $p_1 < p_2$，即位置较低点的压强大于位置较高点的压强。

如图 2.3.2（a）中，M—M 为等压面，N—N 则不是等压面（因非均质），图 2.3.2（b）中，1—1 也不是等压面（因非连续介质）。

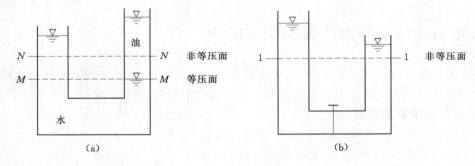

图 2.3.2

2.3.2 位置水头、压强水头、测压管水头

分析式（2.3.3）各项，其量纲如下：

位置水头：
$$\dim z = L$$

压强水头：
$$\dim \frac{p}{\gamma} = \frac{\dim(F/L^2)}{\dim(F/L^3)} = L$$

测压管水头：
$$\dim\left(z + \frac{p}{\gamma}\right) = L$$

可见，各项均为长度的量纲。因此各项均命名为相应的水头。z 称为位置水头，$\frac{p}{\gamma}$ 称为压强水头，$\left(z + \frac{p}{\gamma}\right)$ 称为测压管水头。

在容器的侧壁上开一个小孔，接上一开口的玻璃管与大气相通，就形成一根测压管，如图 2.3.3 所示。假设图中容器内液面上为大气压强 p_a，即 $p_0 = p_a$，则无论连在哪一点上，测压管内液面都与容器内液面齐平。如取基准面为 0-0，测压管液面到基准面的高

度由 z 和 $\dfrac{p}{\gamma}$ 两部分组成，z 表示某点位置到基准面的高

度，$\dfrac{p}{\gamma}$ 表示该点压强的液柱高度。由图 2.3.3 可见

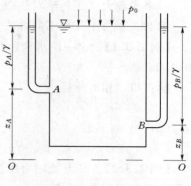

$$z_A + \frac{p_A}{\gamma} = z_B + \frac{p_B}{\gamma}$$

因此，在重力作用下，静止液体内各点的测压管

水头 $\left(z + \dfrac{p}{\gamma}\right)$ 总是一个常数。如果容器内液面压强 p_0

大于或小于大气压强 p_a，则测压管内液面会高于或低
于容器内的液面，但液体内各点的测压管水头仍然是
相等的。

图 2.3.3

下面进一步说明位置水头、压强水头和测压管水头的物理意义。

位置水头表示单位重量液体从某一基准面算起所具有的位置势能，简称位能。把质量
为 m 的物体从基准面举到高度 z 后，该液体所具有的位能为 mgz。对于单位重量液体而
言，位能就是 $mgz/mg = z$。基准面不同，z 值也不同。

压强水头 $\dfrac{p}{\gamma}$ 表示单位重量液体从压强为大气压强算起所具有的压强势能，简称压能。

压能是一种潜在的势能。由图 2.3.3 可见，在 A 处安置一测压管后，由于 A 点的压强为

p_A，在此压力作用下，液面会沿管上升，其高度为 $h_A = \dfrac{p_A}{\gamma}$，对于单位重量液体，压强势

能为 $\left[mg\left(\dfrac{p}{\gamma}\right)\right] / mg = h$，测压管水头 $\left(z + \dfrac{p}{\gamma}\right)$ 为位置水头和压强水头之和，它代表了总

势能。

在静止液体中，各点的测压管水头相等，说明单位重量液体的总势能是守恒的。

2.3.3　绝对压强、相对压强、真空度

压强 p 的大小可以根据起算点的不同，分别用绝对压强与相对压强来表示。

以物理上绝对真空状态下的压强为零点计量的压强称为绝对压强，以 p_{abs} 表示。以当
地大气压强 p_a 作为零点计量的压强称为相对压强，以 p_r 表示。

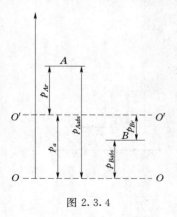

图 2.3.4

相对压强 p_r 与绝对压强 p_{abs} 之间存在如下关系：

$$p_r = p_{abs} - p_a \qquad (2.3.4)$$

绝对压强的数值总是正的，而相对压强的数值要根据该
压强高于或低于当地大气压强而决定其正负。如图 2.3.4 所
示，如果液体中某处的绝对压强小于大气压强，则相对压强
为负值，称为负压。负压的绝对值称为真空压强，以 p_v 表
示，即

$$p_v = |\, p_{abs} - p_a\,| = p_a - p_{abs} \qquad (2.3.5)$$

真空压强用水柱高度表示时称为真空度，记为 h_v，即

$$h_v = \frac{p_v}{\gamma} = \frac{p_a - p_{abs}}{\gamma} \text{（m 水柱）} \qquad (2.3.6)$$

一个工程大气压的绝对压强为 98kN/m², 或 10m 水柱高。

图 2.3.4 为用几种不同方法表示的液体内 A、B 两点处压强值的关系。

【例 2.3.1】 求一淡水池距自由水面 3m 处的相对压强与绝对压强。(当地大气压强为 98kN/m²)

解：(1) 相对压强。

$$p_r = \gamma h = 9.8 \times 3 = 29.4 (\text{kN/m}^2)$$

(2) 绝对压强。

$$p_{abs} = p_a + \gamma h = 98 + 29.4 = 127.4 (\text{kN/m}^2)$$

【例 2.3.2】 某点处绝对压强为 49kPa, 试将其换算成相对压强和真空度（当地大气压强的绝对压强为 98kN/m²）。

解：(1) 相对压强。

$$p_r = p_{abs} - p_a = 49 - 98 = -49\text{kN/m}^2 = -49 (\text{kPa})$$

(2) 真空度。

$$h_v = \frac{p_v}{\gamma} = \frac{p_a - p_{abs}}{\gamma} = \frac{49}{9.8} = 5 (\text{m 水柱})$$

2.3.4 静水压强图示

根据基本方程式 (2.3.2), 可以绘出作用在受压面上的各点压强方向及其大小的图示。

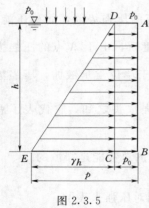

图 2.3.5

例如, 在液体内取一铅直壁面 AB, 以 p 为横坐标, h 为纵坐标, 如图 2.3.5 所示。作用在壁面 AB 上的静水压强分为两部分, 其中表面压强 p_0 按照帕斯卡定律等值传递, 压强图形为矩形 $ABCD$。另一部分为 γh。因为 γ 为常量, 故 p 与 h 成直线关系, 如图 2.3.5 中 DE 线所示, $ADEB$ 即铅直壁面 AB 上所受静水压强的图示。矢线的长短表示压强大小, 箭头的方向即压强的方向, 垂直于受压面。同理, 可绘出各种受压面上的静水压强分布图。

注意到静水压强的作用方向垂直于受压面, 用相对压强表示的斜面、折面及曲面上的静水压强分布图如图 2.3.6 所示。

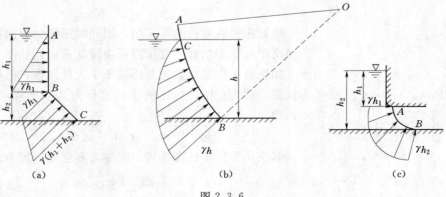

(a)   (b)   (c)

图 2.3.6

2.4 压强的量测

量测压强的仪器种类很多，常用的有液柱式压力计和金属压力表。

2.4.1 液柱式压力计

液柱式压力计的基本原理是用已知密度的液柱高度产生的压强与被测压强相等，由液柱高度或高差来确定被测压强的大小。常用的液柱式压力计有以下几种。

1. 测压管

测压管是一支两端开口的玻璃管，下端与被测液体相连，上端与大气相通。由于液体相对压强的作用，使测压管内液面上升。如图 2.4.1（a）所示，若要测量 A 点的压强，则由被测点 A 量起到测压管内液面高度 h_A 便可算出 A 点的相对压强 γh_A。若被测量点处压强较小，可使用倾斜的测压管，如图 2.4.1（b）所示。

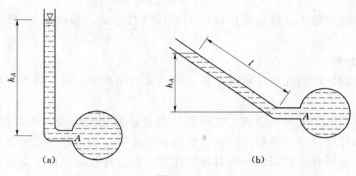

图 2.4.1

2. U 形压力计

U 形压力计为一 U 形管，如图 2.4.2 所示。U 形管内装与被测液体不相混的其他液体，根据 U 形管内液面的位置应用等压面原理换算出被测点的压强。如图 2.4.2 所示的 U 形管内装有水银，容器内液体为水，水银面之高差为 h_p，则

$$p_A = \gamma_m h_p - \gamma h_A \tag{2.4.1}$$

式中：γ_m 为水银的容重。可由等压面 N—N 推导出式（2.4.1）。

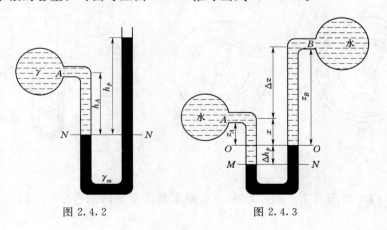

图 2.4.2   图 2.4.3

21

3. 压差计（比压计）

如图 2.4.3 所示为一水银压差计，用于测量两点的测压管水头差或压强差。水银比压计弯管内装有水银，两端分别与所测点 A、B 相连，A、B 均为水，管内水银液面差为 Δh_p，现在来推导 A、B 两点的测压管水头差。由图 2.4.3 可知 M—N 为等压面，因此，$p_N = p_M$。

$$p_B + \gamma(\Delta z + x) + \gamma_m \Delta h_p = p_A + \gamma(x + \Delta h_p)$$

整理简化为

$$\left(z_A + \frac{p_A}{\gamma}\right) - \left(z_B + \frac{p_B}{\gamma}\right) = \left(\frac{\gamma_m}{\gamma} - 1\right)\Delta h_p \qquad (2.4.2)$$

由于 U 形管中液体为水银，则式（2.4.2）可写为

$$\left(z_A + \frac{p_A}{\gamma}\right) - \left(z_B + \frac{p_B}{\gamma}\right) = 12.6\Delta h_p$$

式中 Δh_p 由水银压差计上测出。若 $z_A - z_B = -\Delta z$ 已知，可求得

$$p_A - p_B = \gamma(12.6\Delta h_p + \Delta z) \qquad (2.4.3)$$

若所测的压强差很小，则可采用较轻的液体代替水银，但这时 U 形管需倒置，或倾斜安置压差计。

2.4.2　金属压力表

上面介绍的测压计的优点是精确度高，缺点是量测范围有限，携带不便，多在实验室使用。

金属压力表有压力表和真空表。常用的压力表是弹簧压力表，构造如图 2.4.4 所示。表内有一根一端开口、另一端封闭的镰刀形黄铜管，开口端与测压点相连，封闭端有细链条与齿轮连接。测压时，黄铜管在相对压强作用下发生伸张，从而牵动齿轮旋转，齿轮上的指针便把压强大小在表盘上指示出来。压力表一般用（kN/m^2）作为压强的单位，其值为相对压强。

真空表是用来测量真空值的仪表，也可分为液柱式与金属式两种，其工作原理和上述各液压计与压力表相同。表盘读数单位常用（N/m^2）表示。

目前在实际工程中还沿用一些其他单位，例如液柱高表示，它们与法定计量单位之间的换算关系如下：

1 个工程大气压 = 10m 水柱 = 735.6mm 水银柱 = 98kN/m^2

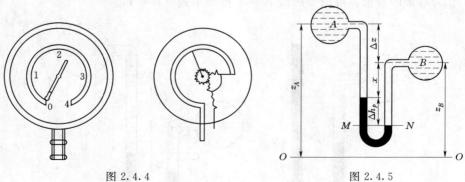

图 2.4.4　　　　　　　　　　　　　　　　　图 2.4.5

【**例 2.4.1**】　如图 2.4.5 所示，用一水银压差计量测两水管中 A 与 B 的压强差。A、

B 两点的高差为 $\Delta z = 1.0$m，水银压差计中液面差 $\Delta h_p = 1.0$m，求 A、B 两点的压差。

解： 应用等压面原理，$M—N$ 为等压面。

$$p_M = p_A + \gamma(\Delta z + x) + \gamma_m \Delta h_p$$
$$p_N = p_B + \gamma(x + \Delta h_p)$$
$$p_N = p_M$$

故

$$p_B - p_A = -\gamma(x + \Delta h_p) + \gamma(\Delta z + x) + \gamma_m \Delta h_p$$
$$= -\gamma(\Delta h_p - \Delta z) + \gamma_m \Delta h_p$$
$$= 9.8 \times (1.0 - 1.0) + 133.28 \times 1$$
$$= 133.28 (\text{kN/m}^2)$$

【例 2.4.2】 量测容器中 A 点压强的真空计如图 2.4.6 所示，已知 $h = 5$m，当地大气压强 $p_a = 98$kN/m² （绝对压强），求 A 点的绝对压强、相对压强及真空度。

解： 1、2 两点在同一等压面上，故

$$p_2 = p_1 = p_a$$

又

$$p_2 = p_3 + \gamma h$$

3 点以上为气体，忽略其密度，故 A 点绝对压强为

$$p_3 = p_A = p_2 - \gamma h = p_a - \gamma h$$
$$= 98 - 9.8 \times 5$$
$$= 49 \ (\text{kN/m}^2)$$

A 点相对压强为

$$p_{rA} = 49 - 98 = -49 (\text{kN/m}^2)$$

A 点真空度为

$$h_{vA} = \frac{98 - 49}{9.8} = 5 (\text{m 水柱})$$

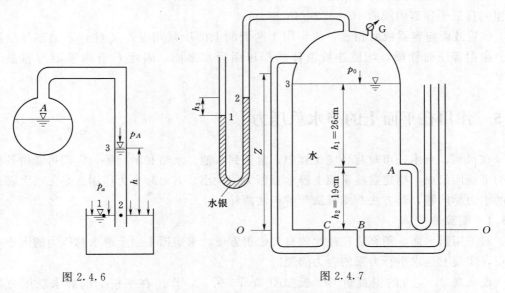

图 2.4.6   图 2.4.7

【例 2.4.3】 已知如图 2.4.7 所示的水银压力计中液面差 h_3 为 0.03m，其他尺寸如

图 2.4.7 所示。求：（1）图示压力表 G 读数为多少？（2）A、B、C 三点的压强水头是否相等，为什么？（3）A、B、C 三点的测压管水头是否相等，为什么？（4）A、B、C 三管水面位置如何？

解：（1）压力表 G 的读数。图 2.4.7 中 2 处的液面压强应与容器中 3 处的液面压强相等（忽略气体密度），由等压面原理可得

$$p_1 = p_2 + \gamma_m h_3$$

故

$$p_2 = p_1 - \gamma_m h_3 = 0 - 9.8 \times 13.6 \times 0.03 = -3.998 (\text{kN/m}^2)$$

因此，压力表读数为 -3.998kN/m^2

（2）A、B、C 三点的压强。A 点压强：$\dfrac{p_A}{\gamma} = h_1 + \dfrac{p_0}{\gamma} = 0.26 + \dfrac{-3.998}{9.8} = -0.148$（m 水柱）

B、C 两点处于同一水平面上，故两点压强相等：

$$\frac{p_B}{\gamma} = \frac{p_c}{\gamma} = 0.26 + 0.19 + \frac{-3.998}{9.8} = 0.042 (\text{m 水柱})$$

（3）A、B、C 三点的测压管水头。由于在静止液体中，各点的总能量是守恒的，即 $z + \dfrac{p}{\gamma} = c$，故 A、B、C 三点的测压管水头应是相等的。

（4）求解 A、B、C 三管中液面的位置。

若以 B、C 所在的平面为基准面，A 点的测压管水头为

$$\left(z + \frac{p}{\gamma}\right)_A = z_A + \frac{p_A}{\gamma} = 19 - 14.8 = 4.2 (\text{cm})$$

同样，B 点的测压管水头为 4.2cm。由于 A、B 两点均与大气相通，故两点的液面位置相同且低于容器中液面 $45 - 4.2 = 40.8$（cm）。

C 管液面与容器液面相通，故作用于两液面上的压强相等，又 C 管下端亦与容器相连。根据等压面性质，均质连续液体的等压面为水平面，因此 C 管内液面与容器液面齐平。

2.5 作用在平面上的静水总压力

在水利、土木、市政与环境工程中，常遇到水池、水箱和闸门等，它们可能由各种形状的平面所组成。确定这些平面上静水总压力的大小、方向和合力作用点是工程上必须解决的水力学问题，其方法有图算法与解析法两种。

2.5.1 图算法

对于矩形平面，图算法往往比较直观也很方便。求矩形平面上静水总压力的大小和作用点，实质上是求平行力系的合力问题。

现取高 a、宽 b 的铅直矩形平板如图 2.5.1 所示，作用在平板上的静水总压力的大小为

$$P = \int_A p \, \mathrm{d}A = A_p b$$

式中：A_P 为压强分布图的面积（图中箭头线所示）。

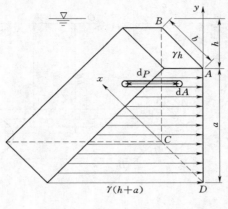

图 2.5.1

根据不同情况，矩形平面上压强分布图可能为梯形、矩形、三角形，其相应静水压力的大小及作用点见表 2.5.1。

表 2.5.1   静水压力的大小及作用点

压强分布图形	压强分布图形面积（A_P）	压力大小	压力作用点（距底缘）
	$\dfrac{\gamma}{2} Ha \, (a = H)$	$\dfrac{\gamma}{2} HA$	$\dfrac{a}{3}$
	$\gamma Ha \, (H = h_1 - h_2)$	γHA	$\dfrac{a}{2}$
	$\dfrac{\gamma}{2} (H + h) a$	$\dfrac{\gamma}{2} (H + h) A$	$\dfrac{2h + H}{h + H} \dfrac{a}{3}$

注 A 为矩形平板的面积，$A = ab$；b 为平板的宽度；a 为平板的高度。

2.5.2 解析法

对于任意形状平面，因形状复杂，不能简单地用压强分布图求合力，需要用解析法来确定静水总压力的大小和作用点。

25

设一平面 AB 承受水压力，如图 2.5.2 所示，在坐标平面 xOy 内，平面 AB 与水平面的夹角为 θ，其面积为 A，右侧承受水的作用，左侧有大气压力作用，水面上也作用着大气压，故只需计算相对压强引起的总压力。图中 xOy 平面与水平面的交线为 Ox。

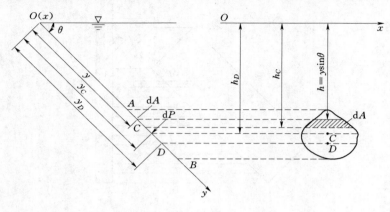

图 2.5.2

在 AB 平面内取任一微小面积 $\mathrm{d}A$，其中心点在水面以下的深度为 h。作用在 $\mathrm{d}A$ 上的压力为

$$\mathrm{d}P = p\mathrm{d}A = \gamma h\mathrm{d}A$$

其作用方向与 $\mathrm{d}A$ 的内法线方向一致。

作用在全部受压面 A 上的总压力大小为

$$P = \int \mathrm{d}P = \int_A \gamma h\,\mathrm{d}A = \int_A \gamma y\sin\theta\mathrm{d}A = \gamma\sin\theta\int_A y\mathrm{d}A$$

式中 $\int_A y\mathrm{d}A$ 为受压面 A 对 Ox 轴的静面矩，若设受压面的形心坐标为 y_c，则 $\int_A y\mathrm{d}A = y_c A$。

所以

$$P = \gamma\sin\theta y_c A = \gamma h_c A = p_c A \tag{2.5.1}$$

式中：h_c 为受压面形心在水面下的深度；p_c 为受压面形心处的相对压强。

总压力 P 的作用点 D 的位置可应用理论力学中"合力对任一轴的力矩等于各分力对该轴力矩之代数和"求出。对 Ox 轴取力矩：

$$y_D P = \int y\mathrm{d}P$$

$$左边 = y_D\gamma h_c A = y_D\gamma y_c\sin\theta \cdot A \tag{2.5.2}$$

$$右边 = \int_A y\gamma h\,\mathrm{d}A = \int_A y\gamma y\sin\theta\mathrm{d}A = \gamma\sin\theta\int_A y^2\mathrm{d}A$$

根据平行移轴定理

$$\int_A y^2\mathrm{d}A = I_x = I_C + y_c^2 A$$

式中：I_x 为绕 Ox 轴的惯性矩；I_c 为绕形心轴的惯性矩。

所以

$$\int y \mathrm{d}P = \gamma \sin\theta(I_C + y_C^2 A) \tag{2.5.3}$$

比较式（2.5.2）与式（2.5.3）得

$$y_D = y_C + \frac{I_C}{y_C A} \tag{2.5.4}$$

由此可见

$$y_D \geqslant y_C$$

当受压面水平时，$y_D = y_C$。一般来说作用点 D 在形心 C 点之下。

常见图形的面积 A、形心坐标 y_C 以及惯性矩 I_C 列于表 2.5.2。

表 2.5.2   **常见图形的面积 A、形心坐标 y_C 以及惯性矩 I_C 值**

几何图形	面积 A	形心坐标 y_C	惯性矩 I_C
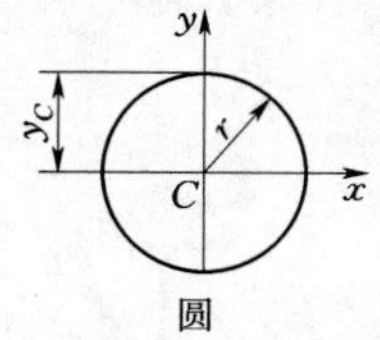 圆	πr^2	r	$\dfrac{1}{4}\pi r^4$
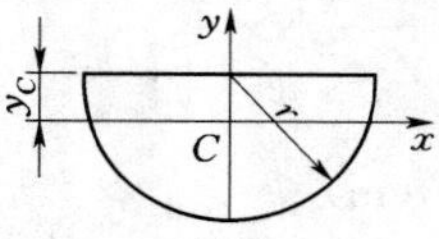 半圆	$\dfrac{1}{2}\pi r^2$	$\dfrac{4}{3}\dfrac{r}{\pi}$	$\dfrac{9\pi^2 - 64}{72\pi} r^4$
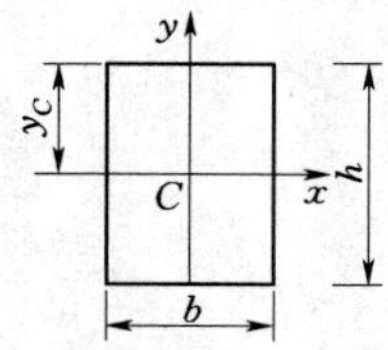 矩形	bh	$\dfrac{1}{2}h$	$\dfrac{1}{12}bh^3$
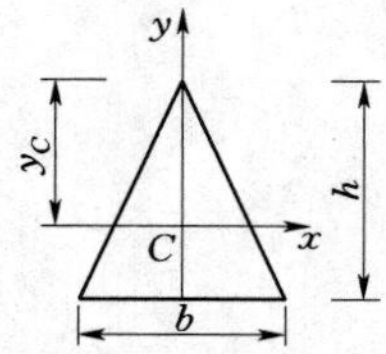 三角形	$\dfrac{1}{2}bh$	$\dfrac{2}{3}h$	$\dfrac{1}{36}bh^3$
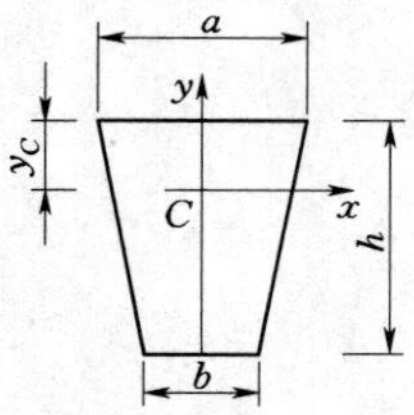 梯形	$\dfrac{1}{2}h(a+b)$	$\dfrac{h}{3}\left(\dfrac{a+2b}{a+b}\right)$	$\dfrac{1}{36}h^3\left(\dfrac{a^2+4ab+b^2}{a+b}\right)$

【例 2.5.1】 在一城市给水系统输水渠道中，有一平板矩形闸门，如图 2.5.3 所示。闸门宽度 $b=0.8\text{m}$，闸门前水深 $h=1.5\text{m}$，试求作用在闸门上的静水总压力及其作用点。

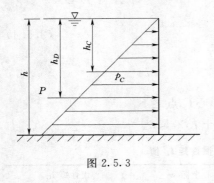

图 2.5.3

解：
$$h_c=\frac{1}{2}h=\frac{1}{2}\times1.5=0.75(\text{m})$$

$$\gamma=9.8\text{kN/m}^3$$

$$A=bh=0.8\times1.5=1.2(\text{m}^2)$$

由式 $P=p_cA=\gamma h_cA$ 可得

$$P=9.8\times0.75\times1.2=8.82(\text{kN})$$

求作用点的位置 h_D：

$$h_D=\frac{2}{3}h=\frac{2}{3}\times1.5=1.0(\text{m})$$

也可用 $y_D=y_c+\dfrac{I_c}{Ay_c}$

这里 $h_D=y_D$，$h_c=y_c$

故 $h_D=h_c+\dfrac{I_c}{Ah_c}$

式中 $h_C=0.75\text{m}$，$I_C=\dfrac{bh^3}{12}=\dfrac{0.8\times1.5^3}{12}(\text{m}^4)$

$$h_D=0.75+\frac{\dfrac{0.8\times1.5^3}{12}}{1.2\times0.75}=0.75+0.25=1.0(\text{m})$$

【例 2.5.2】 求如图 2.5.4 所示闸门逆时针打开时 z 的最小值。闸门为圆形，直径 $D=1\text{m}$（压力计的读数为 2.94N/cm^2）。

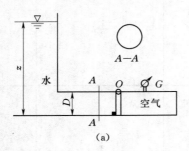 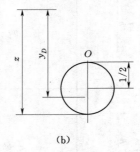

图 2.5.4

解： 闸门经受的水压力为

$$P_水=\gamma h_cA=9.8\times\left(z-\frac{1}{2}\right)\times\frac{\pi}{4}D^2\times10^3$$

$$=9.8\times\left(z-\frac{1}{2}\right)\times\frac{\pi}{4}\times10^3$$

闸门所受的气压为

$$P_气=p_cA=2.94\times10^4\times\frac{\pi}{4}\times1^2$$

静水压力作用点距水面的距离 y_D 为

$$\begin{aligned}y_D&=y_C+I_C/(y_CA)\\&=\left(z-\frac{1}{2}\right)+\frac{1}{4}\pi\times\left(\frac{1}{2}\right)^4\Big/\left[\left(z-\frac{1}{2}\right)\times\frac{\pi}{4}\times1^2\right]\\&=\left(z-\frac{1}{2}\right)+\left(\frac{1}{2}\right)^4\Big/\left(z-\frac{1}{2}\right)\end{aligned}$$

作用点到 O 的距离

$$y'=y_D-(z-1)=\left(z-\frac{1}{2}\right)+\frac{1}{16}\frac{1}{\left(z-\frac{1}{2}\right)}-z+1=\frac{1}{16\left(z-\frac{1}{2}\right)}+\frac{1}{2}$$

力对 O 取矩

$$P_{左}\,y'=P_{右}\times\frac{1}{2}$$

$$9.8\times\left(z-\frac{1}{2}\right)\times\frac{\pi}{4}\times10^3\times\left[\frac{1}{16\left(z-\frac{1}{2}\right)}+\frac{1}{2}\right]=2.94\times10^4\times\frac{\pi}{4}\times\frac{1}{2}$$

$$0.6125+4.9z-2.45=14.7$$

所以

$$z=3.375(\text{m})$$

2.6　作用在曲面上的静水总压力

水利工程中经常遇到受压面为曲面的情况，如弧形闸门、拱坝坝面、弧形闸墩等，这些曲面多数是二向曲面（母线互相平行的柱面），本节讨论的是实际工程中应用较广的二向曲面所受静水总压力的计算。

由于作用在曲面各微小面积上的压力方向是变化的，为了求出全部曲面上的总压力，可将此压力分解为铅直分力和水平分力，如图 2.6.1 所示。曲面 A 可看作由无数微小面积 $\mathrm{d}A$ 所组成，而作用在 $\mathrm{d}A$ 上的压力 $\mathrm{d}P$ 可分解为水平分力 $\mathrm{d}P_x$ 与铅直分力 $\mathrm{d}P_z$。这样

$$\mathrm{d}P_x=\mathrm{d}P\cos\theta$$

作用在整个曲面上压力的水平分力 P_x 为

$$P_x=\int\mathrm{d}P_x=\int\mathrm{d}P\cos\theta$$

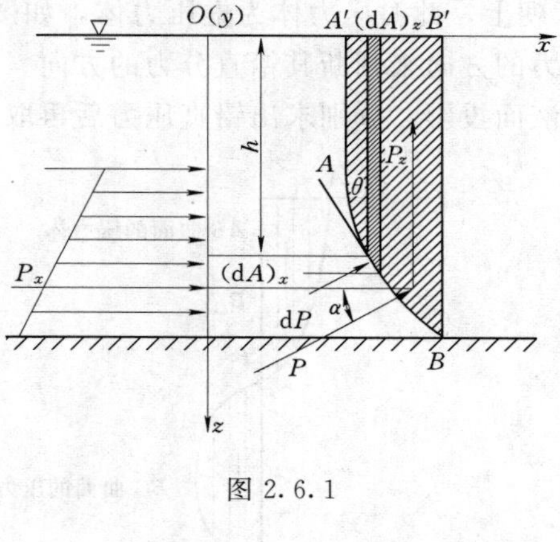

图 2.6.1

又

$$\mathrm{d}P=p\mathrm{d}A=\gamma h\mathrm{d}A,\ \mathrm{d}A\cos\theta=(\mathrm{d}A)_x$$

所以

$$P_x=\int\mathrm{d}P\cos\theta=\int_{A_x}\gamma h\,\mathrm{d}A\cos\theta=\gamma\int_{A_x}h(\mathrm{d}A)_x=\gamma h_cA_x\qquad(2.6.1)$$

式中：A_x 为曲面在铅直面 yOz 上的投影面积；h_c 为投影面 A_x 的形心在水面下的深度。

由式（2.6.1）可见，作用在曲面上的静水总压力的水平分力 P_x 等于作用于该曲面的铅直投影面上的静水总压力。

作用在曲面 AB 上的静水总压力的铅直分力 P_z：

$$P_z = \int \mathrm{d}P \sin\theta = \int_A \gamma h \, \mathrm{d}A \sin\theta = \gamma \int_{A_z} h(\mathrm{d}A)_z$$

从图 2.6.1 中可以看出：$h(\mathrm{d}A)_z$ 是微小曲面 $\mathrm{d}A$ 和它在自由水面延长面上的投影 $(\mathrm{d}A)_z$ 之间的液柱体积。而 $\int_{A_z} h(\mathrm{d}A)_z$ 就是整个曲面 AB 与其在自由水面延长面上投影 A_z 之间的铅垂柱体 $ABB'A'$ 的液体体积。柱体 $ABB'A'$ 称为压力体。压力体的体积用 V_p 表示。故

$$P_z = \gamma \int_{A_z} h(\mathrm{d}A)_z = \gamma V_p \tag{2.6.2}$$

式（2.6.2）说明，作用在曲面上的静水总压力 P 的铅直分力 P_z 等于其压力体内的液体重，而 P_z 作用线必然通过压力体的重心。

作用于曲面上的静水总压力 P 的大小与方向可由下式求出：

$$P = \sqrt{P_x^2 + P_z^2} \tag{2.6.3}$$

$$\alpha = \arctan \frac{P_z}{P_x} \tag{2.6.4}$$

式中：α 为总压力作用线与水平线间的夹角。

P 的作用线必通过 P_x 与 P_z 的交点，但这个交点不一定在曲面上。

值得注意的是 P_z 的方向，压力体是由受压曲面本身以及它在水面或水面延长面的投影和曲面周界向水面所作的铅直面所围成。当压力体与液体位于曲面的同侧时，铅直压力 P_z 方向朝下，此时压力体为实压力体；当压力体与液体分别在曲面的两侧时，铅直压力 P_z 朝上，此时压力体为虚压力体，如图 2.6.2 所示。其实也可以根据作用在曲面上静水压力的方向来判断其铅直分力的方向。当曲面是凸凹相间的复杂柱面时，可以将曲面分段向液面投影，分别求出铅直压力后再取其代数和。

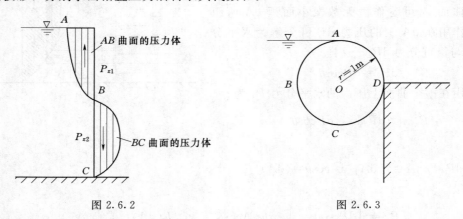

图 2.6.2　　　　　　　　　　　　　　图 2.6.3

【例 2.6.1】　用一圆筒闸门挡水（图 2.6.3），圆筒与墙面之间光滑接触。圆筒长度为 2m。试求：（1）圆筒的重量；（2）圆筒作用于墙上的力。

解：（1）圆筒的重量。由于圆筒处于平衡状态，所以，圆筒的重量必与水作用于圆筒的铅直分力相等。作用于 AB 面上的铅直力为

$$P_{zAB}=2\times\left[r^2-\frac{1}{4}\pi r^2\right]\gamma=2\times\left[1-\frac{1}{4}\pi\times1^2\right]\times9.8$$

$$=0.4292\times9.8=4.21(\mathrm{kN})\downarrow$$

作用于 BCD 面上的铅直力为

$$2\times\left(\frac{1}{2}\pi r^2+r\times2r\right)\times9.8=69.99(\mathrm{kN})\uparrow$$

因此，圆筒重为 $W=69.99-4.21=65.78(\mathrm{kN})$。

（2）圆筒作用于墙上的力。作用于 CD 与 BC 面上的水平分力相互抵消。因此，圆筒作用于墙上的水平分力为

$$P_x=2\times\frac{\gamma}{2}r^2=2\times\frac{1}{2}\times9.8=9.8(\mathrm{kN})$$

【例 2.6.2】 一内径为 10cm 的钢管，壁厚 4mm。若管壁许可的张应力 $[\sigma]$ 为 $1.5\times10^5\,\mathrm{kN/m^2}$，其管中最大许可压强为多少？

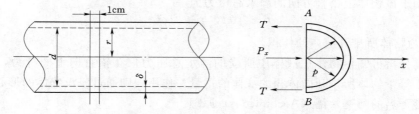

图 2.6.4

解： 由管道输送液体，圆管壁在内压力作用下承受着张力。假定纵向不产生应力，则管壁承受的张力如图 2.6.4 所示。现考虑 1cm 长的圆管段。取此环的一半为隔离体，假定受力为轴对称，管壁承受均布张力 T，水对单位长度圆环的压力等于轴中心处压强 p 与环的直径的乘积，即：

$$P_x=p\times2r$$

由力的平衡关系，有

$$2T=P_x=p\times2r$$

$$2\sigma\times0.4=p\times2\times5$$

$$p=\sigma\times\frac{0.4}{5}=1.5\times10^5\times\frac{0.4}{5}=1.2\times10^4(\mathrm{kN/m^2})$$

2.7 浮体的平衡与稳定

浸没或部分浸没于液体中的物体都受到液体的一种向上的作用力，这就是浮力。在工程实际中，例如沉箱、船舶、潜艇等物体的设计与使用，都需要有关浮力与浮体方面的知识。下面介绍其概念与分析计算方法。

2.7.1　浮力及物体的沉浮

静止液体作用于潜体或浮体上的合力称为浮力。设一浸没于液体中的物体如图 2.7.1

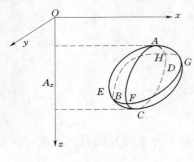

图 2.7.1

所示，为研究液体作用于此物体上的力，作一平行于 x 轴的柱面，此柱面与物体相切于 $ABCD$。由此曲线所围成的平面将物体分成左、右两部分。这两部分物体在 yOz 平面上的投影面积相等且均为 A_x，因此该物体左部表面所受沿 x 轴方向的静水压力 $P_{x左}$ 和右部表面所受 x 轴方向的静水压力 $P_{x右}$ 应相等，即 $P_{x左} = P_{x右}$，但方向相反。这样，浸没于液体中的物体受到的 x 轴方向静水总压力应为零，即 $\sum P_x = 0$。同理可证：y 轴方向的静水总压力也应为零，即 $\sum P_y = 0$。

为确定铅直方向的静水压力 P_z，作一平行于 z 轴的柱面，柱面与物体相切于 $EFGH$，且将物体分为上、下两部分。作用于上表面与下表面的铅直力分别为 $P_{z上} = \gamma V_{p上}$ 与 $P_{z下} = \gamma V_{p下}$，式中 $V_{p上}$ 与 $V_{p下}$ 分别为上表面与下表面的压力体，其方向分别为铅直向下与向上。因此，作用于该物体上铅直方向的静水总压力为

$$P_z = P_{z下} - P_{z上} = \gamma V_p \qquad (2.7.1)$$

式中：V_p 为物体所排开液体的体积。

由以上分析可知，物体在液体中所受的静水总压力仅有铅直向上的分力，这就是浮力。其大小等于物体所排开同体积的液体的重量。作用线则通过浸没物体的形心，也称浮心。这正是著名的阿基米德（Archimedes）原理。

由上可见，浸没或漂浮在静止液体中的物体受两个力的作用，即物体的重力 G 与浮力 P_z。它们的大小决定着物体的沉浮。

重力大于浮力的物体下沉至底部称为沉体；重力等于浮力，物体可以在液体内任意处维持平衡，称为潜体；当重力小于浮力时，物体上浮并减小浸没在液体中的体积，直至浮力与物体重力相等时才保持平衡，称为浮体，例如船舶。

2.7.2　潜体的平衡与稳定性

设一潜体，其重力与浮力分别为 G 与 P_z；重心与浮心分别为 C 与 D（对于均质物体二者是重合的）。潜体的平衡条件为

$$P_z = G$$

且重力与浮力对任一点的力矩代数和为零，即

$$\sum M_O = 0$$

以上要求重心与浮心在同一铅直线上。

所谓潜体平衡的稳定性是指潜体遇到外界干扰而发生倾斜后，所具有恢复到原来平衡状态的能力。这种能力因重心 C 与浮心 D 的相对位置不同而不同。如图 2.7.2（a）所示，如果重心 C 在浮心 D 之下，潜体发生倾斜时，重力 G 与浮力 P_z 形成一个使潜体恢复到原来平衡状态的力矩，这种状态下的平衡为稳定平衡；如果重心 C 在浮心 D 之上，见图 2.7.2（b），潜体发生倾斜之后，力 G 与 P_z 组成使物体继续倾斜的力矩，这种状态下的平衡为不稳定平衡。当重心 C 与浮心 D 重合时，潜体在液体中的方位是任意的，称为随

遇平衡。由此可见，要使潜体处于稳定状态，必须使其重心位于浮心之下。

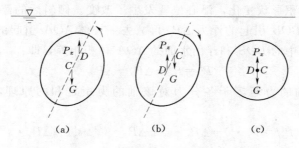

图 2.7.2

2.7.3　浮体的平衡与稳定性

只有部分体积浸没在液体中的物体称为浮体。浮体的平衡条件与潜体相同，但其平衡的稳定条件是不一样的。对于浮体而言，如果重心低于浮心，此时平衡是稳定的，但当重心高于浮心，浮体的平衡仍有稳定的可能。这是因为浮体倾斜之后，浸没在液体内的那部分体积形状有所改变，从而浮心从原来的 D 点移到 D' 点，如图 2.7.3（a）所示，但它的重心位置 C 则不因为倾斜而改变（如浮体内有液体且有自由液面例外）。这样，浮力 P_z 和重力 G 在一定条件下有可能形成恢复浮体原有平衡状态的力矩。为了进一步阐明这一问题，引入下述概念。

浮面——浮体正浮时液面与浮体表面的交线所围成的平面称为浮面。

浮轴——浮体处于平衡状态时，重心 C 与浮心 D 的连线称为浮轴。

定倾中心——浮体倾斜时，浮轴与浮力作用线的交点 M 称为定倾中心。

定倾半径——定倾中心 M 与浮心 D 间的距离称为定倾半径，记为 ρ。

偏心距——重心 C 与浮心 D 间的距离称为偏心距，记为 e。

定倾高度——定倾中心 M 与重心 C 间的距离称为定倾高度，记为 h_m，$h_m = \rho - e$。

浮体倾斜后能否恢复其原平衡位置，取决于重心 C 和定倾中心 M 的相对位置。若浮体倾斜后，$\rho > e$，重力 G 与倾斜后的浮力 P_z' 构成一个使浮体恢复到原来平衡位置的力矩，那么浮体处于稳定平衡状态；反之，若 $\rho < e$，重力 G 与倾斜后的浮力 P_z' 构成的力矩将使浮体继续倾倒，浮体处于不稳定平衡状态。当浮体倾斜后，定倾中心 M 点与重心 C 点重合，即 $\rho = e$，重力 G 与浮力 P_z 不会产生力矩，浮体处于随遇平衡。判断浮体在重心高于浮心情况下的平衡稳定性，可归纳为

$$\left. \begin{array}{l} \rho > e \text{ 稳定平衡} \\ \rho = e \text{ 随遇平衡} \\ \rho < e \text{ 不稳定平衡} \end{array} \right\} \tag{2.7.2}$$

由式（2.7.2）可见，重心、浮心和定倾中心的位置对浮体平衡的稳定性至关重要。下面推导定倾半径 ρ 的计算公式。

1. 浮体内没有自由表面的液体时

如图 2.7.3 所示，设浮体倾斜微小角度 θ 后，浮心由 D 移至 D'，其水平距离为 l，则

$$\rho = \frac{l}{\sin\theta} \tag{2.7.3}$$

为求得 ρ 首先要确定 l 的大小。浮体倾斜之后，重心的位置没变，浮力的大小亦不变，只是由于排水体积形状变化，浮心位置发生了改变。倾斜后的浮力 P'_z 可以看成是原浮力 P_z 加上三棱体 BOB' 引起的浮力 ΔP_z 再减去三棱体 AOA' 引起的浮力 ΔP_z。由于浮体的对称性，浸入水中的 BOB' 和浮出水面的 AOA' 体积相等，即：

$$P'_z = P_z + \Delta P_z - \Delta P_z$$

根据合力对某轴的力矩等于各分力对该轴的力矩之和的原理，对原浮心 D 取力矩，得

$$P'_z l = P_z \cdot 0 + \Delta P_z \cdot s' + \Delta P_z \cdot (s - s') = \Delta P_z \cdot s$$

故求得 l 为
$$l = \Delta P_z s / P'_z \tag{2.7.4}$$

下面的问题便是求出 $\Delta P_z s$。

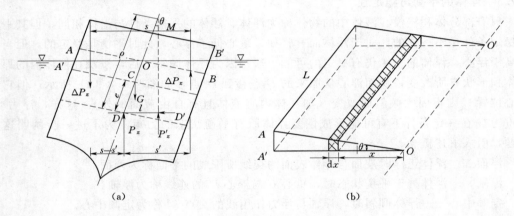

图 2.7.3

在三棱体中取出一微小体积 dV，见图 2.7.3（b），由于倾斜角 θ 很小，则 $\tan\theta \approx \theta$。故微小体积上的浮力为

$$dP_z = \gamma \cdot dV = \gamma \cdot dx \cdot x\theta L$$

式中：dx 为微小体积的底宽；L 为长度；x 为距 O 点距离。

dP_z 对 O—O 取矩得

$$dP_z \cdot x = \gamma \cdot dx \cdot x\theta Lx = \gamma\theta x^2 dA$$
$$dA = L dx$$
$$\Delta P_z s = 2\iint_0^{A/2} \gamma x^2 dA = 2\gamma\theta\iint_0^{A/2} x^2 dA = \gamma\theta I_y \tag{2.7.5}$$

式中：I_y 为全部浮面对中心纵轴 O—O 的惯性矩。

将式（2.7.5）代入式（2.7.4）且注意到 $P'_z = \gamma V$，得

$$l = \frac{\gamma\theta I_y}{\gamma V} = \frac{\theta I_y}{V} \tag{2.7.6}$$

将式（2.7.6）代入式（2.7.3）并注意到 $\sin\theta \approx \theta$，得

$$\rho = \frac{\theta I_y}{V\sin\theta} = \frac{I_y}{V} \tag{2.7.7}$$

式中：V 为浮体排开液体的体积。

2. 浮体内有自由液面的液体时

浮运有压舱水的沉箱、运输油的船只等都会遇到浮体内有自由液面液体的情形。为保证沉箱浮运及船舶航运的安全，必须考虑其稳定性。

如图 2.7.4 所示，设一具有压舱水的沉箱遇风浪倾斜时，舱内液面由正浮时的 ab 变为 $a'b'$（液面始终保持水平），这时不但浮心由原来的 D 变为 D'，而且重心也由原来的 C 变为 C'。设倾斜后重力作用线交浮轴于 N 点，这样定倾高度由原来没有压舱水时的 h_m 变为有压舱水时的 h'_m，减小了 CN 值，即

$$h'_m = \rho - e - CN \tag{2.7.8}$$

式中：h'_m 为有效定倾高度，可用来判断有自由表面液体时浮体的稳定性

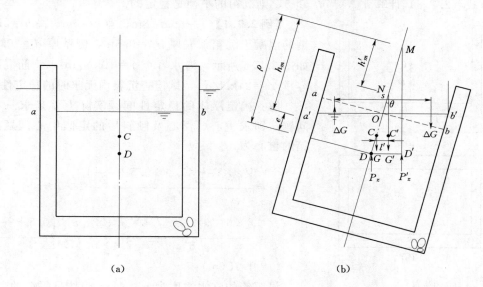

图 2.7.4

下面推求 CN 值的大小。设沉箱浮轴顺时针转动一微小角度 θ，箱中自由液面由正浮时的 ab 变为 $a'b'$，箱内液体在浮轴左侧减少了三棱柱体 aOa' 相应的水重 ΔG，右侧则增加了体积相同的三棱柱体 bOb' 相应的水重，故倾后浮体重量 G' 不变，即 $G' = G$。根据合力对某一轴的力矩等于各分力对同一轴力矩之和，对原来重心 C 点取力矩，得

$$G' \cdot l' = G \cdot 0 + \Delta G \cdot s = \Delta G \cdot s \tag{2.7.9}$$

又
$$G' = G = \gamma V$$

式中：V 为沉箱排水体积；γ 为沉箱外面水的容重。

于是
$$l' = \frac{\Delta Gs}{G'} = \frac{\Delta Gs}{\gamma V} \tag{2.7.10}$$

由于倾斜角度 θ 微小，因此 $\sin\theta \approx \theta$，这样

$$l' = CN\sin\theta = CN\theta \tag{2.7.11}$$

将式（2.7.11）代入式（2.7.10）得

$$CN = \frac{\Delta Gs}{\gamma V\theta} \tag{2.7.12}$$

采用与不带自由表面时求 $\Delta P_z s$ 相同的方法可求出

$$\Delta G \cdot s = \gamma' \theta I'_y \qquad (2.7.13)$$

将式（2.7.13）代入式（2.7.12），得

$$CN = \frac{\gamma' \theta I'_y}{\gamma \theta V} = \frac{\gamma' I'_y}{\gamma V} \qquad (2.7.14)$$

式中：γ' 为沉箱内液体的容重；I'_y 为沉箱内水面对该水面中心纵轴的惯性矩。

当沉箱分舱时，则

$$CN = \frac{\gamma' \sum I'_y}{\gamma V} \qquad (2.7.15)$$

由式（2.7.8）计算 h'_m，当 $h'_m > 0$，则沉箱的平衡是稳定的。

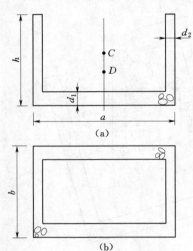

图 2.7.5

【例 2.7.1】　一长 $a = 8\text{m}$、宽 $b = 6\text{m}$、高 $h = 5\text{m}$ 的钢筋混凝土沉箱，底厚 $d_1 = 0.5\text{m}$，侧壁厚 $d_2 = 0.3\text{m}$，如图 2.7.5 所示。海水容重 $\gamma = 10\text{kN/m}^3$，钢筋混凝土容重 $\gamma' = 24\text{kN/m}^3$，试检查沉箱内无水时的稳定性。

解：确定浮体的稳定性问题实际上就是求三心的问题，即求重心、浮心及倾斜后的定倾中心问题。沉箱的重心为

$$
\begin{aligned}
h_c &= \frac{V_{外} \times \frac{5}{2} - V_{内} \times \left(0.5 + \frac{4.5}{2}\right)}{V_{混凝土}} \\
&= \frac{8 \times 6 \times 5 \times \frac{5}{2} - 7.4 \times 5.4 \times 4.5 \times \left(0.5 + \frac{4.5}{2}\right)}{8 \times 6 \times 5 - 7.4 \times 5.4 \times 4.5} \\
&= 1.75 (\text{m})
\end{aligned}
$$

设沉箱的吃水浓度为 y_D，由于浮体是平衡的，则

$$V_{混凝土} = 8 \times 6 \times 5 - 7.4 \times 5.4 \times 4.5 = 60.18 (\text{m}^3)$$

从而得到浮心高度为

$$
\begin{aligned}
h_D &= \frac{1}{2} y_D = \frac{1}{2} \gamma' \frac{V_{混凝土}}{ab\gamma} \\
&= \frac{1}{2} \times 24 \times \frac{60.18}{8 \times 6 \times 10} \\
&= 1.50 (\text{m})
\end{aligned}
$$

因此

$$e = h_c - h_D = 1.75 - 1.50 = 0.25 (\text{m})$$

吃水深度

$$y_D = 2 h_D = 2 \times 1.5 = 3.0 \ (\text{m})$$

定倾半径 ρ 为

$$\rho = \frac{I_y}{V} = \frac{8 \times \frac{6^3}{12}}{6 \times 8 \times 3} = 1.0 (\text{m})$$

$$h_m = \rho - e = 1.0 - 0.25 = 0.75 (\text{m}) > 0$$

故沉箱的平衡是稳定的。

2.8 在重力与惯性力同时作用下液体的相对平衡

以上讨论的是只有重力作用下液体的平衡，即液体相对于地球处于静止状态。现在研究在重力与惯性力同时作用下液体的相对平衡。这种平衡是指液体相对于地球来讲是运动的，但液体质点之间及液体与边界之间没有相对运动。这种情况下，液体内各处的切应力也为零，液体处于相对静止或相对平衡状态。例如，盛有液体的容器，相对于地球作匀加速直线运动或绕铅直轴作匀速旋转运动等，都是处于相对平衡（或称相对静止）状态的。

2.8.1 匀加速直线运动容器中的静止液体

如图 2.8.1 所示，设一盛有液体的容器沿与水平面成 θ 角的斜坡以等加速度 a 向下作直线运动。液体质点间无相对运动，取坐标系如图 2.8.1 所示，原点位于液面中点，取 x 轴水平向右，z 轴铅垂向上。根据达朗伯原理，液体除受重力外，还受惯性力作用。单位质量惯性力的大小与物体运动加速度相等但方向相反。故单位质量的质量力在三个轴方向上的分量为

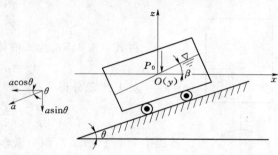

图 2.8.1

$$X = a\cos\theta$$
$$\left. \begin{array}{l} Y = 0 \\ Z = a\sin\theta - g \end{array} \right\} \tag{2.8.1}$$

将式 (2.8.1) 代入全微分方程式 (2.2.3) 得

$$dp = \rho[a\cos\theta dx + (a\sin\theta - g)dz]$$

对上式积分得

$$p = \rho[a\cos\theta \cdot x + (a\sin\theta - g)z] + C$$

式中 C 为常数，可利用下述边界条件确定：

$$p \mid \begin{array}{l} x=0 \\ z=0 \end{array} = p_0$$

故

$$C = p_0$$

于是得

$$p = p_0 + \rho[ax\cos\theta + (a\sin\theta - g)z] \tag{2.8.2}$$

式中：p_0 为容器内液面压强。

式 (2.8.2) 为液体内任一点的压强表达式。对上式分析可以得出，当 x 为常数 x_0 时，同一铅垂线上各点的压强分布规律为

$$p = p_0 + \rho a x_0 \cos\theta + \rho(a\sin\theta - g)z \tag{2.8.3}$$

由式 (2.8.3) 可见，压强沿水深呈线性分布。

现将式 (2.8.1) 代入等压面方程式 (2.2.8) 中可得到

$$\frac{dz}{dx} = -\frac{X}{Z} = -\frac{a\cos\theta}{a\sin\theta - g}$$

令 $dz/dx = \tan\beta$，则

$$\tan\beta = \frac{-a\cos\theta}{a\sin\theta - g} \qquad (2.8.4)$$

式（2.8.4）为等压面的斜率方程，可见等压面是一族与水平面成 β 角的平行平面。

当 $\theta = 0°$ 时，$\tan\beta = a/g$；当 $\theta = 90°$ 时，$\tan\beta = 0$，即当容器在铅垂方向上作匀加速运动时，等压面为水平面。

2.8.2　绕中心轴作旋转运动的容器内的静止液体

如图 2.8.2 所示，盛有液体的容器绕铅垂轴以等角速度作旋转运动，形成图示状况的相对平衡。此时液体受重力与离心惯性力的作用。取坐标系如图 2.8.2 所示。单位质量的质量力在三个轴方向的分量可表示如下：

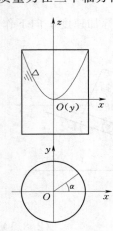

$$\left.\begin{array}{l} X = \omega^2 r\cos\alpha = \omega^2 x \\ Y = \omega^2 r\sin\alpha = \omega^2 y \\ Z = -g \end{array}\right\} \qquad (2.8.5)$$

将式（2.8.5）代入液体平衡全微分方程式（2.2.3）得

$$dp = \rho(\omega^2 x dx + \omega^2 y dy - g dz)$$

对上式积分得

$$p = \rho g\left(\frac{\omega^2 x^2}{2g} + \frac{\omega^2 y^2}{2g} - z\right) + C = \rho g\left(\frac{\omega^2 r^2}{2g} - z\right) + C$$

式中 $r^2 = x^2 + y^2$，积分常数 C 可用下列条件确定。在 $x = 0$，$y = 0$，$z = 0$ 处 $p = p_0$，故 $C = p_0$ 代入上式得

$$p = p_0 + \rho g\left(\frac{\omega^2 r^2}{2g} - z\right) \qquad (2.8.6)$$

图 2.8.2

由式（2.8.6）可见，在同一铅垂面上，压强沿水深呈线性分布。

当 $p = p_c$，p_c 为常数时，可得匀速圆周运动等压面方程式为

$$z = \frac{p_0 - p_c}{\rho g} + \frac{\omega^2 r^2}{2g} \qquad (2.8.7)$$

当 $p_c = p_0 = p_a$ 时，可得自由表面方程为

$$z = \frac{\omega^2 r^2}{2g} \qquad (2.8.8)$$

由式（2.8.7）、式（2.8.8）可见，等压面与自由表面均为旋转抛物面。

【例 2.8.1】　一洒水车以匀加速度在水平道路上行驶，行驶中测得车箱后缘 A 点的压强为 $p_A = 17.64\text{kN/m}^2$，求此时车内水面的斜率与加速度 a 的大小。已知车长 3.0m，宽 1.5m，高 2.0m，车未开动时车内水深为 1.2m，车箱为开敞式。

解：由题义知，液面为大气压强。将 $p_A = 17.64\text{kN/m}^2$ 代入下式

$$p_A = \rho g h_A = 9.8 h_A$$

求得

$$h_A = \frac{p_A}{(\rho g)} = \frac{17.64}{9.8} = 1.8(\text{m})$$

设坐标系如图 2.8.3 所示。由几何关系得

$$\tan\beta = -\frac{1.8-1.2}{\frac{3}{2}} = -\frac{0.6}{1.5} = -0.4$$

又由式（2.2.8），注意到 $\theta=0°$，则

$$\frac{\mathrm{d}z}{\mathrm{d}x} = \tan\beta = -\frac{a\cos\theta}{g+a\sin\theta} = -\frac{a}{g}$$

由此解得 $\qquad a=0.4g=3.92(\mathrm{m/s^2})$

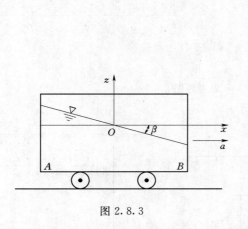

图 2.8.3   图 2.8.4

【例 2.8.2】 如图 2.8.4 所示的圆柱形容器，其半径为 0.15m，当旋转角速度 $\omega=$ 21rad/s 时，液面中心恰好触底，试求：（1）若使容器中水旋转时不会溢出，容器高度需要多少？（2）容器停止旋转后，容器中的水深为多少？

解：建立如图 2.8.4 所示的坐标系。由公式

$$z = \frac{\omega^2 r^2}{2g}$$

可得

$$z_{\max} = \frac{\omega^2 r_{\max}^2}{2g} = \frac{21^2 \times 0.15^2}{19.6} = 0.5(\mathrm{m})$$

欲求容器内水深的问题，即是求旋转抛物体 V 的体积问题。由解析几何可知：

$$V = \int_0^r 2\pi rz\,\mathrm{d}r = \int_0^r 2\pi r\frac{\omega^2 r^2}{2g}\mathrm{d}r = \frac{\pi\omega^2}{g}\int_0^r r^3\,\mathrm{d}r = \frac{\pi\omega^2}{4g}r^4$$

故水深为 $\qquad h = \frac{V}{\pi r^2} = \frac{\pi\omega^2}{4g}r^4/(\pi r^2) = 21^2 \times 0.15^2/(4\times 9.8) = 0.25(\mathrm{m})$

思 考 题 2

2.1 试分析思考题图 2.1 中点压强分布图错在哪里？

2.2 如思考题图 2.2（a）所示两种液体盛在一个容器中，其中 $\gamma_1 < \gamma_2$，下面两个水静力学方程式：（1）$z_1 + \dfrac{p_1}{\gamma_1} = z_2 + \dfrac{p_2}{\gamma_2}$，（2）$z_2 + \dfrac{p_2}{\gamma_2} = z_3 + \dfrac{p_3}{\gamma_2}$，试分析哪个对？哪个错？说出对错的原因。

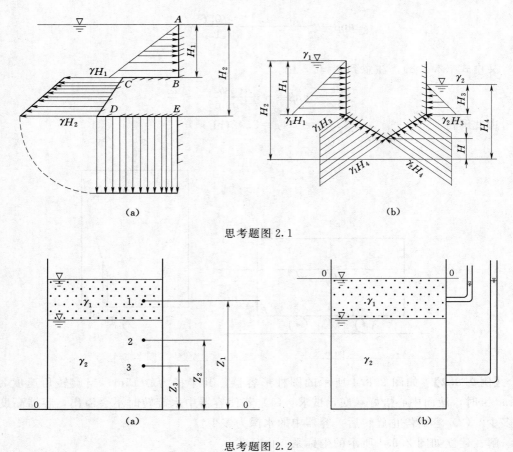

思考题图 2.1

思考题图 2.2

2.3 如思考题图 2.2（b）所示两种液体盛在同一容器中，且 $\gamma_1 < \gamma_2$，在容器侧壁装了两根测压管，试问：图中所标明的测压管中水位对否？为什么？

2.4 什么是等压面？等压面应具备什么样的条件？

2.5 使用图解法和解析法求平面总静水压力时，对受压面的形状有无限制？为什么？

2.6 如思考题图 2.3 所示，一平板闸门 AB 斜置于水中，当上下游水位均上升 1m

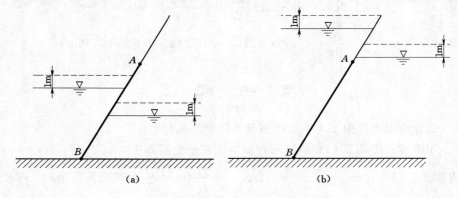

思考题图 2.3

（虚线位置）时，试问：思考题图 2.3（a）、（b）中闸门 AB 上所受的静水总压力及作用点是否改变？

习 题 2

2.1 画出习题图 2.1 所示壁面上的压强分布图。

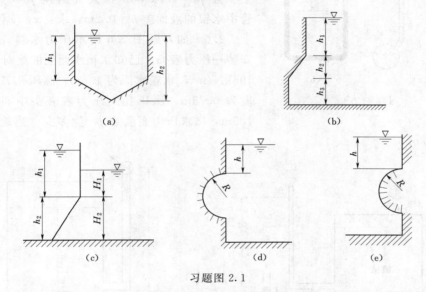

习题图 2.1

2.2 如习题图 2.2 所示容器内盛有三种不相混合的液体，各液体的比重分别为 s_1、s_2、s_3（设 $s_1 < s_2 < s_3$），深度各为 h_1、h_2、h_3。（1）画铅直面上的压强分布图；（2）定性画出 A、B、C、D 各测压管中液面的位置。

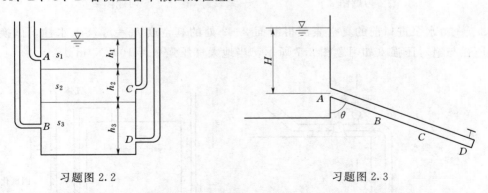

习题图 2.2　　　　　　　　　　　习题图 2.3

2.3 如习题图 2.3 所示管路，当阀门 D 关闭时，求其在下列条件下 A、B、C、D 各点的位置水头、压强水头与测压管水头。

（1）$H = 2\text{m}$；

（2）$AB = BC = CD = 2\text{m}$；

（3）$\theta = 60°$；

（4）基准面分别取在过 D 点与过 A 点的水平面。

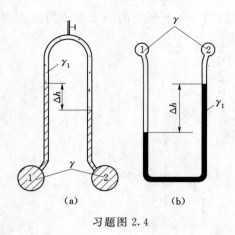

（a）　　　　（b）

习题图 2.4

2.4　在习题图 2.4（a）、（b）两种情况下，试确定容器 1、2 中的压强 p_1、p_2 哪个大？为什么？

2.5　如习题图 2.5 所示密封容器，内盛有比重 $s=0.9$ 的酒精，容器上方有一压力表 G，其读数为 15.1kN/m^2，容器侧壁有玻璃管接出，酒精液面上压强 $p_0=11 \text{kN/m}^2$，大气压强 $p_a=98 \text{kN/m}^2$，管中水银的液面差 $h=0.2 \text{m}$，求：x、y 各为多少？

2.6　如习题图 2.6 所示压力水箱，在侧壁上安装一压力表 G。已知水箱水面上的绝对压强 $p_0=196 \text{kN/m}^2$，水箱水深为 1.5m，测压孔 A 距箱底高度为 0.75m，测压孔距压力表表头中心高度 $h=1.5 \text{m}$，试求压力表读数 p_G 为多少（当地大气压强 $p_a=98 \text{kN/m}^2$）？

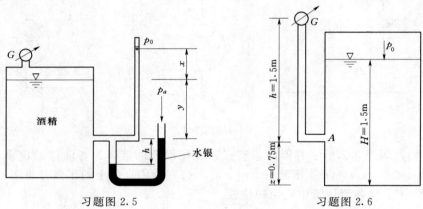

习题图 2.5　　　　　　　　　　习题图 2.6

2.7　由水泵进口前的真空表测得断面 2—2 处的真空度 $h_v=5.78 \text{m}$ 水柱，试换算成相对压强与绝对压强（如习题图 2.7 所示，当地大气压强 $p_a=100 \text{kN/m}^2$）。

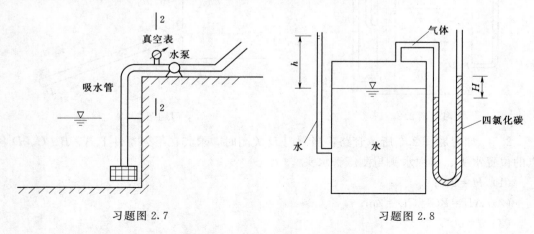

习题图 2.7　　　　　　　　　　习题图 2.8

2.8　欲测四氯化碳的比重，使用如习题图 2.8 所示的装置。试验测得 $h=32 \text{cm}$，H

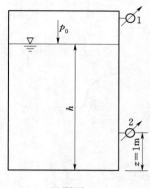

习题图 2.9

=20cm，试求四氯化碳的比重。

2.9 如习题图 2.9 所示，1、2 两块压力表读数分别为 -0.49N/cm^2 及 0.49N/cm^2，2 点距底高度 $z=1\text{m}$，求水深 h。

2.10 求作用于一混凝土重力坝侧面上的单宽静水总压力。已知条件如习题图 2.10 所示。

2.11 一倾斜装置的矩形平板闸门 AB，如习题图 2.11 所示，倾角 $\theta=60°$，宽度 $b=1\text{m}$，铰链 B 点位于水面以上 $H=1\text{m}$ 处，水深 $h=3\text{m}$。不计摩擦力，不计自重，求开启闸门所需之拉力 T。

2.12 一可在 O 点旋转的自动矩形翻板闸门，其宽度为 1m，如习题图 2.12 所示，门重 $G=10\text{kN}$，求闸门能自动打开时的水深 h。

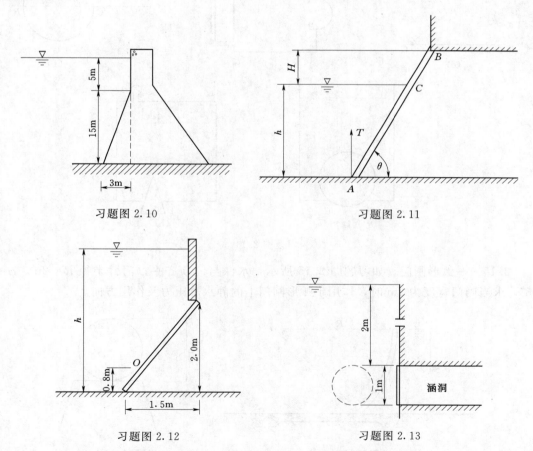

习题图 2.10

习题图 2.11

习题图 2.12

习题图 2.13

2.13 试求作用于如习题图 2.13 所示的圆形盖板上静水总压力及其作用点。考虑下游洞内无水和充满水但无压两种情况。

2.14 画出如习题图 2.14 所示曲面（AB 或 ABC 或 ACB）上的水平压力及铅直压力分量。

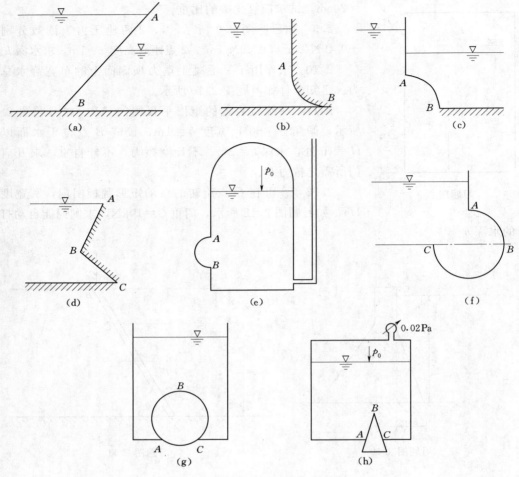

习题图 2.14

2.15　一弧形闸门，如习题图 2.15 所示，水深与门顶齐平，门臂半径 $R=2\mathrm{m}$，$\varphi=45°$，求当闸门宽度为 2m 时，作用于弧形闸门上的静水总压力及作用方向。

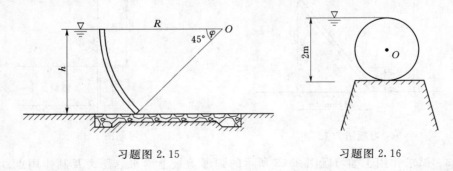

习题图 2.15　　　　　　　　习题图 2.16

2.16　如习题图 2.16 所示直径为 2m 的滚筒式闸门，求作用其上的单宽静水总压力及其作用线的方向。

2.17　如习题图 2.17 所示球形容器由两个半球面铆接而成，已知球形容器内盛水，

$H=1\text{m}$，$R=1.5\text{m}$。若由 12 个铆钉铆接，求每一个铆钉承接的拉力 T。

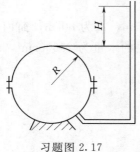

习题图 2.17

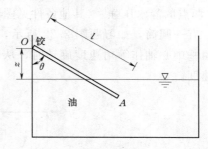

习题图 2.18

2.18　如习题图 2.18 所示一块薄木板 OA，在 O 处铰接，木板长 $l=250\text{cm}$，单位长度板重为 0.35N/cm，板的横截面面积 $S=45\text{cm}^2$，铰离液面高度 $z=100\text{cm}$，当 $\theta=60°$ 时，木板处于平衡状态，求液体容重为多少？不计铰的摩擦。

2.19　在如习题图 2.19 所示条件下校核沉箱的稳定性。

（1）沉箱长 $L=10\text{m}$，宽 $b=8\text{m}$，高 $h=6\text{m}$，侧壁与底厚 $d=0.5\text{m}$；

（2）钢筋混凝土沉箱的容重 $\gamma=23.52\text{kN/m}^3$；

（3）海水容重 $\gamma_w=10.06\text{kN/m}^3$。

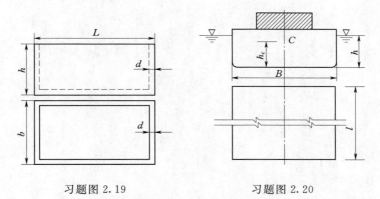

习题图 2.19　　　　　　　　习题图 2.20

2.20　如习题图 2.20 所示矩形平底船的水平截面积为 $8\text{m}\times4\text{m}$，船重为 88.2kN，船上载货后，船底在水下的深度 $h=0.5\text{m}$，求此船的排水量 V 及货物重量 G，并求定倾半径 ρ 的值。

2.21　如习题图 2.21 所示油罐车，在水平道路上以等加速度行驶。若车内自由表面

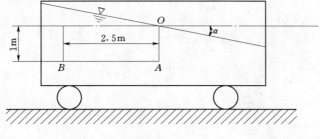

习题图 2.21

与水平面间的夹角 α 最大不得超过 $6°$，试求：（1）车的加速度 a 应控制在多大范围内；
（2）A、B 两点的静水压强。（其他条件见图示）

2.22　有一圆筒，如习题图 2.22 所示，直径为 60cm，高为 80cm，筒内盛满水。当
圆筒绕其铅垂中心轴作等角速度旋转时，从圆筒内溢出的水量为 $25600cm^3$，求此时圆筒
旋转的角速度。

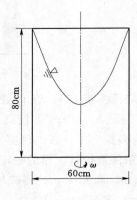

习题图 2.22

第3章　液体一元运动基本理论

在第 2 章中研究的是液体在静止状态下的平衡规律。但是，在工程实际中存在的液体更多的是运动着的，如在管道、渠道、闸孔、堰中流动的水。在水力学中是用运动要素这一术语来概括速度、加速度、压强及密度等参数的。本章将阐述液体运动中所遵循的基本规律，并建立液体运动要素之间的关系式，如连续方程、能量方程及动量矩方程。所谓一元运动指液体的运动要素只与一个位置坐标有关。实际液体运动中由于黏性而引起的能量损失在本章中是作为已知条件给出的，对能量损失的详细计算见第 5 章。

一般有两种研究液体运动的方法，它们是拉格朗日法（即质点系法）和欧拉法（即流场法）。为了全书在方法上的连续性，这里将采用控制体概念来建立液体运动的各主要方程。控制体概念对于一元流和三元流都是适用的。为了讲述由浅入深，本章讲述一元流的基本理论，而在第 10 章中讨论三元流的基本理论。

3.1　液体运动的若干基本概念

3.1.1　恒定流与非恒定流

如果在流场中任何空间点上所有的运动要素都不随时间而改变，这种水流称为恒定流，如图 3.1.1 所示的隧洞泄流，若在一段时间内水库水位是不变的，同时隧洞内任一空间点处的流速大小、方向及压强的大小均不随时间变化，则隧洞中的流动是恒定流。

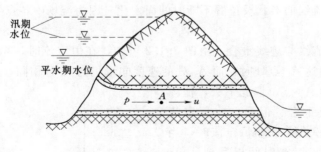

图 3.1.1

流场中任意一点处的任何运动要素的大小及方向随时间变化的流动称为非恒定流，仍以图 3.1.1 的隧洞泄流为例，在汛期，由于这时水库水位随时间而上升，隧洞内任意一点的流速和压强的大小均随时间变化，此时隧洞中的流动是非恒定流。

对于恒定流和非恒定流的速度场和压力场可以写出下面的表示式。

恒定流时

$$\boldsymbol{u}=\boldsymbol{u}(x,y,z),\quad \frac{\partial \boldsymbol{u}}{\partial t}=0$$

$$p=p(x,y,z),\quad \frac{\partial p}{\partial t}=0$$

非恒定流时

$$\boldsymbol{u}=u(x,y,z;t),\quad \frac{\partial \boldsymbol{u}}{\partial t}\neq 0$$

$$p=p(x,y,z;t),\quad \frac{\partial p}{\partial t}\neq 0$$

即恒定流的运动要素只是位置坐标(x,y,z)的函数，与时间t无关。而非恒定流的运动要素同时与位置坐标(x,y,z)和时间t有关。

3.1.2　迹线和流线

某液体质点在不同时刻所占据的空间点连线，也即某液体质点运动的轨迹线称为迹线。

在指定时刻，通过某一固定空间点在流场中画出一条瞬时曲线，在此曲线上各流体质点的流速向量都在该点与曲线相切，此曲线定义为流线。

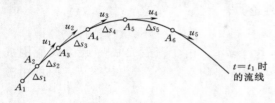

图 3.1.2

由流线的定义可以得出下面的流线作法。如图 3.1.2 所示，在指定的空间点 A_1 处，设 t_1 时的流速为 u_1，在 u_1 上取 Δs_1 微元线段得点 A_2；又 t_1 时 A_2 点处的流速为 u_2，在其上取 Δs_2 得 A_3 点；依此下去得 A_3，A_4，…各点，连接各点则得一折线。当取 $\Delta s_i (i=1,2,3,\cdots)\to 0$ 时，则此折线变成一条光滑曲线，此曲线就是在 t_1 时刻通过流场中 A_1 点的一条流线。

流线具有如下特点：

（1）恒定流的流线的形状及位置不随时间而变化，因为流场中各点处的速度向量不随时间变化。

（2）恒定流的流线与迹线重合，由图 3.1.2 可知，在恒定流时，A_1 点处的流体质点经过 Δt 时间以后到达 A_2 点处时，而 A_2 处的速度向量仍与 t_1 时相同，因此 A_2 处的流体质点仍沿 u_2 运动到 A_3 点，依此下去，流体质点的轨迹与流线重合。但是，非恒定流时，流线与迹线不重合。在非恒定流时，当 A_1 处的流体质点经过 Δt 时间以后到达 A_2 点处时，A_2 处的速度向量与 t_1 时刻不同了，因此，A_2 处的流体质点不能仍沿着 t_1 时刻的 u_2 运动到 A_3 点，而是沿着新的 u_2' 运动到新的 A_3' 点，于是流线与迹线不重合。非恒定流时的流线与迹线见图 3.1.3。

（3）一般情况下流线本身不能折曲，流

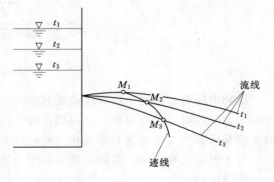

图 3.1.3

线彼此不能相交。否则在折曲点和相交点处将有两个不同方向的速度向量，这是不符合流线定义的。

如果一个流场的流线已经画出，如图3.1.4所示，则由流线的形状和分布可以看出如下几点：

（1）由流线上各点处切线的方向可以确定流速的方向。

（2）由流线的疏密可以了解流速的相对大小，密处流速大，疏处流速小。

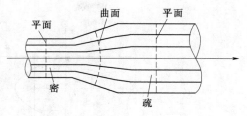

图 3.1.4

（3）由流线弯曲的程度可以反映出边界对流动影响的大小，以及能量损失的类型和相对大小。

另外，流线也是今后分析液体流动的基础。

3.1.3　过水断面、流管、元流、总流

与流线正交的液流横断面称为过水断面，过水断面的面积称为过水断面积。过水断面的形状可为平面也可为曲面，见图3.1.4。

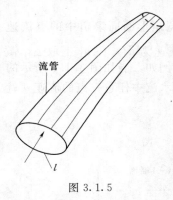

图 3.1.5

在流场中取一非流线的任意闭曲线 l，然后通过此封闭曲线 l 上的每一点作流线，由这些流线所构成的管状曲面称为流管，如图3.1.5所示。由于流管是由一族流线所围成的，因此流管内外的液体不能穿越它流出或流入，只能由流管的一端流入而从另外一端流出，这样流管就可以看作为管壁。恒定流时流管的形状不随时间变化。当封闭曲线 l 所包围的面积无限小时，充满微小流管内的液流称为元流。由于元流的过水断面面积很小，因此可以认为元流过水断面上的流速、动水压强等运动要素是均匀分布的。元流的过水断面面积记为 dA。当曲线 l 所包围的面积具有一定尺度时，充满流管内的液流称为总流。总流可以看作为无数元流的总和，其过水断面面积记为 A。

3.1.4　流量和断面平均流速

单位时间内通过某一过水断面的液体体积为流量，记为 Q，单位为 m^3/s 或 L/s。

设元流过水断面上的流速为 u，则元流的流量为

$$dQ = udA \tag{3.1.1}$$

而总流的流量为

$$Q = \int dQ = \int_A udA \tag{3.1.2}$$

断面平均流速指过水断面上流速的平均值，这是一个假想的流速，用此流速计算的通过过水断面的流量等于用实际不均匀分布流速 u 计算的通过该断面的流量。断面平均流速用 v 表示，见图3.1.6。由断面平均流速定义可知：

$$Q = \int_A udA = vA \tag{3.1.3}$$

由此得

$$v = \frac{Q}{A} \tag{3.1.4}$$

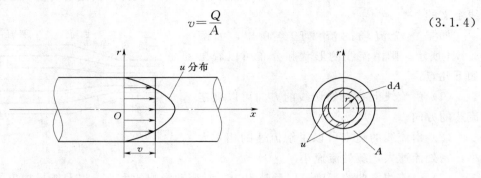

图 3.1.6

由式（3.1.3）看出：通过某一过水断面的流量等于断面平均流速乘以过水断面面积。由式（3.1.4）看出：断面平均流速等于通过该断面的流量除以过水断面面积。

3.1.5　一元流、二元流、三元流

在水流中若运动要素只与一个位置坐标有关的流动称为一元流，如管流和渠道流动中的断面平均流速 v 就只与流程 s 有关，即 $v = f(s)$。

凡运动要素与两个位置坐标有关的流动称为二元流，如宽矩形断面渠道中的点流速 u，在忽略边壁影响时，则 u 只是位置坐标 s、z 的函数，即 $u = f(s, z)$。

凡运动要素与三个位置坐标都有关的流动称为三元流动，例如，当如图 3.1.7 所示的渠道不是宽矩形断面时，边壁对流速分布的影响不能忽略，则水流中任意一点的流速 u 就是三个位置坐标 s、y、z 的函数，即 $u = f(s, y, z)$。

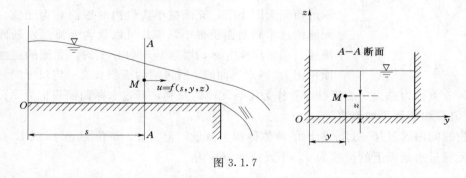

图 3.1.7

3.1.6　均匀流与非均匀流，渐变流与急变流

1. 均匀流

流线是相互平行直线的流动称为均匀流，如液体在直径不变的直线管道中的运动。均匀流具有如下特点：

（1）过水断面为平面，其形状和尺寸沿程不变。

（2）各过水断面上的流速分布相同，各断面上的平均流速相等。

（3）过水断面上的动水压强分布规律与静水压强分布规律相同，即在同一过水断面上 $z + \frac{p}{\gamma} = 常数$，但是，不同过水断面上这个常数不相同，它与流动的边界形状变化和水头

损失等有关。

证明：在如图 3.1.8 所示的均匀流中，垂直于流线方向取断面面积为 dA、高为 dn 的小柱体研究其平衡。在与流线垂直的 n—n 方向上只有两个断面上的动水压力 pdA、$(p+dp)dA$，以及重力的分量 $dG\cos\alpha$。α 为 n—n 线与铅垂线的夹角，柱体侧表面上的动水压力及摩擦力在 n—n 方向上没有分量。同时，柱体在 n—n 方向上也没有加速度。故 n—n 方向的平衡方程式为

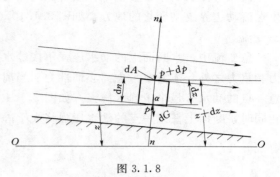

图 3.1.8

$$\sum F_n = pdA - (p+dp)dA - dG\cos\alpha = 0$$
$$-dpdA - \gamma dAdn\cos\alpha = 0$$

因为： $$dn\cos\alpha = dz$$

所以： $$\gamma dz + dp = 0$$

积分得

$$z + \frac{p}{\gamma} = C \qquad\qquad (3.1.5)$$

因为 n—n 线在过水断面上，所以式（3.1.5）就说明了过水断面上的动水压强按静水压强规律分布。

2. 非均匀流

流线不是相互平行直线的流动称为非均匀流。根据流线弯曲的程度和彼此间的夹角大小又将非均匀流分为渐变流和急变流。

如流线几乎是平行的直线（如果有弯曲其曲率半径很大，如果有夹角其夹角很小），这样的流动称为渐变流。由于流线近乎是平行直线，则流动近似于均匀流，所以可以近似地认为：渐变流过水断面上的动水压强也近似按静水压强规律分布，即 $z + \frac{p}{\gamma} =$ 常数。但是需要注意：此结论只适合于有固体边界约束的水流，如图 3.1.9（a）所示。在图3.1.9（b）中管路出口断面上的动水压强就不符合静水压强分布规律，即 $z + p/\gamma \neq C$，这时断面上各点处的动水压强均等于大气压强 p_a。

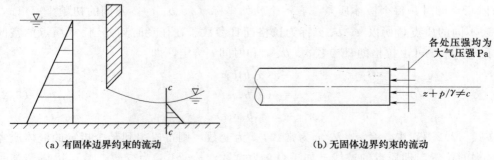

（a）有固体边界约束的流动　　　　　　（b）无固体边界约束的流动

图 3.1.9

流线弯曲的曲率半径很小，或者流线间的夹角很大的流动均称为急变流。急变流多发生在流动边界急剧变化的地方，如图 3.1.10（a）所示，溢流坝面上 Ⅰ 和 Ⅱ 处的流动就是急变流。

急变流中过水断面上的动水压强不按静水压强规律分布。因为这时作用力除了动水压力和重力之外，还需要考虑离心惯性力。当离心力的方向与重力的方向相反时，断面上任意一点的动水压强小于静水压强，如图 3.1.10（b）所示。当离心力的方向与重力的方向相同时，断面上任意一点的动水压强将大于静水压强，如图 3.1.10（c）所示。

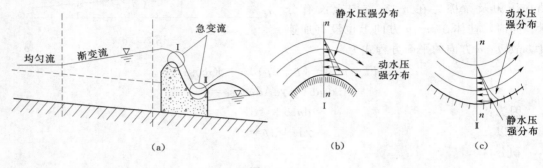

图 3.1.10

上面介绍了均匀流、渐变流和急变流的定义及其特点，这样就可以根据实际情况将液体流动加以归纳分类。由以后的讲述可以知道，不同的流动应该采用不同的研究方法和计算方法。

3.2　描述液体运动的两种方法

在研究液体运动时，常采用两种方法：一为拉格朗日（Lagrange）法，二为欧拉（Euler）法。

3.2.1　拉格朗日法

拉格朗日法是以个别液体质点为研究对象，描述出每个质点的运动状况，综合所有质点的运动就可获得整个液体的运动规律。这种方法又称为质点系法。

为描述每个液体质点的运动，首先必须区分各个质点。在拉格朗日方法中，规定某一起始时刻 $t=t_0$ 时，每个液体质点都有一个初始坐标 $(a、b、c)$，不同的初始坐标 $(a，b，c)$ 代表不同的质点，所以 $a、b、c$ 称为拉格朗日参数。在任意时刻 t，任意质点的空间位置坐标 $x、y、z$ 可由拉格朗日参数 $a、b、c$ 和时间 t 给定，即

$$\left.\begin{array}{l} x=x(a,b,c;t) \\ y=y(a,b,c;t) \\ z=z(a,b,c;t) \end{array}\right\} \tag{3.2.1}$$

在式（3.2.1）中，令 $a、b、c$ 为常数，t 为变数，则可以得到某个指定的液体质点在不同时刻的位置，即质点的迹线；如果令 t 为常数，$a、b、c$ 为变数，就可以得到某一固定时刻不同质点的空间分布情况。

将式（3.2.1）对时间 t 取偏导数，可以得到某一液体质点在任一时刻的速度：

$$\left.\begin{aligned} u_x &= \frac{\partial x}{\partial t} = \frac{\partial x(a,b,c;t)}{\partial t} \\ u_y &= \frac{\partial y}{\partial t} = \frac{\partial y(a,b,c;t)}{\partial t} \\ u_z &= \frac{\partial z}{\partial t} = \frac{\partial z(a,b,c;t)}{\partial t} \end{aligned}\right\} \tag{3.2.2}$$

将式（3.2.2）再对时间 t 取偏导数，就可以得到某一液体质点在任一时刻的加速度：

$$\left.\begin{aligned} a_x &= \frac{\partial u_x}{\partial t} = \frac{\partial^2 x}{\partial t^2} = \frac{\partial^2 x(a,b,c;t)}{\partial t^2} \\ a_y &= \frac{\partial u_y}{\partial t} = \frac{\partial^2 y}{\partial t^2} = \frac{\partial^2 y(a,b,c;t)}{\partial t^2} \\ a_z &= \frac{\partial u_z}{\partial t} = \frac{\partial^2 z}{\partial t^2} = \frac{\partial^2 z(a,b,c;t)}{\partial t^2} \end{aligned}\right\} \tag{3.2.3}$$

液体质点运动的迹线微分方程可由式（3.2.2）得到：

$$\frac{\mathrm{d}x}{u_x(x,y,z;t)} = \frac{\mathrm{d}y}{u_y(x,y,z;t)} = \frac{\mathrm{d}z}{u_z(x,y,z;t)} = \mathrm{d}t \tag{3.2.4}$$

拉格朗日法与经典力学中研究质点和质点系运动的方法是相同的。但是，若将此法应用到水力学中，则需要对许许多多的液体质点写出式（3.2.1），这是非常困难的。而工程上往往只需弄清楚流动空间中各运动要素之间的关系，不需要知道每个液体质点的运动情况。因此更多情况下是采用下面介绍的欧拉法。

3.2.2 欧拉法

与拉格朗日法不同，欧拉法的着眼点不是单个的液体质点，而是液体运动所通过的空间点。水力学中将运动液体质点所充满的空间称为流场。那么欧拉法就是考察流场中不同空间点上液体质点的运动规律，进而获得整个流场的运动规律。这里包含了两个内容：一是分析流场中某个固定空间点处液体质点的运动要素随时间的变化规律；二是分析流场中由于空间点发生变化所引起的液体质点运动要素的变化。可见欧拉法不是考虑单个液体质点的运动情况，而是着眼于整个流场，因此欧拉法又称为流场法。

用欧拉法研究液体运动时，流场中各运动要素是位置坐标（x，y，z）和时间 t 的函数，流场中任一点的速度分量可以表示为

$$\left.\begin{aligned} u_x &= u_x(x,y,z;t) \\ u_y &= u_y(x,y,z;t) \\ u_z &= u_z(x,y,z;t) \end{aligned}\right\} \tag{3.2.5}$$

式中（x，y，z）是流场中空间点的坐标，称为欧拉参数。如果令式（3.2.5）中 x、y、z 为常数，则可以得到某一空间点处不同液体质点在不同时刻通过该点的流速变化规律；若令 t 为常数时，则可以得到同一时刻不同空间点处的流速分布。

流场中任一点处的加速度分量为

$$a_x = \frac{\mathrm{d}u_x}{\mathrm{d}t}, \quad a_y = \frac{\mathrm{d}u_y}{\mathrm{d}t}, \quad a_z = \frac{\mathrm{d}u_z}{\mathrm{d}t} \tag{3.2.6}$$

u_x 的全微分为

$$du_x = \frac{\partial u_x}{\partial t}dt + \frac{\partial u_x}{\partial x}dx + \frac{\partial u_x}{\partial y}dy + \frac{\partial u_x}{\partial z}dz$$

方程两端同除以 dt，得

$$\frac{du_x}{dt} = \frac{\partial u_x}{\partial t} + \frac{\partial u_x}{\partial x}\frac{dx}{dt} + \frac{\partial u_x}{\partial y}\frac{dy}{dt} + \frac{\partial u_x}{\partial z}\frac{dz}{dt}$$

而 $\dfrac{dx}{dt} = u_x$，$\dfrac{dy}{dt} = u_y$，$\dfrac{dz}{dt} = u_z$，所以

同理

$$\left.\begin{aligned}
a_x &= \frac{du_x}{dt} = \frac{\partial u_x}{\partial t} + u_x\frac{\partial u_x}{\partial x} + u_y\frac{\partial u_x}{\partial y} + u_z\frac{\partial u_x}{\partial z} \\
a_y &= \frac{du_y}{dt} = \frac{\partial u_y}{\partial t} + u_x\frac{\partial u_y}{\partial x} + u_y\frac{\partial u_y}{\partial y} + u_z\frac{\partial u_y}{\partial z} \\
a_z &= \frac{du_z}{dt} = \frac{\partial u_z}{\partial t} + u_x\frac{\partial u_z}{\partial x} + u_y\frac{\partial u_z}{\partial y} + u_z\frac{\partial u_z}{\partial z}
\end{aligned}\right\}\qquad(3.2.7)$$

将速度用向量表示为

$$\boldsymbol{u} = u_x\boldsymbol{i} + u_y\boldsymbol{j} + u_z\boldsymbol{k}$$

而微分算子

$$\nabla = \frac{\partial}{\partial x}\boldsymbol{i} + \frac{\partial}{\partial y}\boldsymbol{j} + \frac{\partial}{\partial z}\boldsymbol{k}$$

$\boldsymbol{u}$ 与 ∇ 作点乘积，得

$$u \cdot \nabla = u_x\frac{\partial}{\partial x} + u_y\frac{\partial}{\partial y} + u_z\frac{\partial}{\partial z}$$

于是加速度的向量表达式为

$$a = \frac{d\boldsymbol{u}}{dt} = \frac{\partial \boldsymbol{u}}{\partial t} + (\boldsymbol{u} \cdot \nabla)\boldsymbol{u} \qquad (3.2.8)$$

式（3.2.8）中的 $\dfrac{\partial \boldsymbol{u}}{\partial t}$ 项是时间加速度，$(\boldsymbol{u} \cdot \nabla)\boldsymbol{u}$ 是位移加速度。

这样，在欧拉法中，流场中任意一点的全加速度是由时间加速度和位移加速度两项组成。

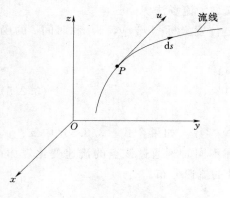

图 3.2.1

在欧拉法中，运动的几何特征是流线。设在如图 3.2.1 所示的流场中点 P 处的速度向量为

$$\boldsymbol{u} = u_x\boldsymbol{i} + u_y\boldsymbol{j} + u_z\boldsymbol{k}$$

通过点 P 流线的微元弧向量为

$$d\boldsymbol{s} = dx\boldsymbol{i} + dy\boldsymbol{j} + dz\boldsymbol{k}$$

由于速度 $\boldsymbol{u}$ 的方向与微元弧向量 $d\boldsymbol{s}$ 相切，即方向相同，因此，它们的方向系数应该成比例，故得流线的微分方程为

$$\frac{dx}{u_x(x,y,z;t)} = \frac{dy}{u_y(x,y,z;t)} = \frac{dz}{u_z(x,y,z;t)}$$

$$(3.2.9)$$

注意：迹线微分方程式（3.2.4）中的 t 是自变量，而在流线微分方程式（3.2.9）中的 t 是参变量，即在积分的过程中是作为常数看待的。

【例 3.2.1】 已知平面不可压缩流体的速度分量为

$$u_x = 1 - y$$
$$u_y = t$$

试求：（1）$t=0$ 时过（0，0）点的迹线方程；（2）$t=1$ 时过（0，0）点的流线方程。

解：（1）迹线方程。

迹线的微分方程为 $\dfrac{\mathrm{d}x}{u_x} = \dfrac{\mathrm{d}y}{u_y} = \mathrm{d}t$，即

$$\frac{\mathrm{d}x}{u_x} = \mathrm{d}t \tag{3.2.10}$$

$$\frac{\mathrm{d}y}{u_y} = \mathrm{d}t \tag{3.2.11}$$

由式（3.2.11）得 $\qquad \mathrm{d}y = u_y \mathrm{d}t = t\mathrm{d}t$

积分得 $\qquad y = \dfrac{1}{2}t^2 + c_1$

已知 $t=0$ 时，$y=0$，得 $c_1=0$，所以

$$y = \frac{1}{2}t^2 \tag{3.2.12}$$

由式（3.2.10）得 $\qquad \mathrm{d}x = u_x\mathrm{d}t = (1-y)\mathrm{d}t$

将式（3.2.12）代入得 $\qquad \mathrm{d}x = \left(1 - \dfrac{t^2}{2}\right)\mathrm{d}t$

积分得 $\qquad x = t - \dfrac{1}{6}t^3 + c_2$

已知 $t=0$ 时，$x=0$，得 $c_2=0$，则

$$x = t - \frac{1}{6}t^3 \tag{3.2.13}$$

式（3.2.12）、式（3.2.13）为迹线的参数方程。若消去时间 t，则由式（3.2.12）得 $t = \sqrt{2y}$，代入式（3.2.13）得

$$x = \sqrt{2y} - \frac{1}{6}(\sqrt{2y})^3$$

化简后得 $\qquad 2y^3 - 12y^2 + 18y - 9x^2 = 0$

（2）流线方程。

流线的微分方程为 $\dfrac{\mathrm{d}x}{u_x} = \dfrac{\mathrm{d}y}{u_y}$，即

$$\frac{\mathrm{d}x}{1-y} = \frac{\mathrm{d}y}{t}$$

或者 $\qquad t\mathrm{d}x = (1-y)\,\mathrm{d}y$

将 t 作为参数积分得

$$tx = \left(y - \frac{1}{2}y^2\right) + c$$

已知 $t=1$ 时，$x=y=0$ 得 $c=0$，所以

$$tx = y - \frac{1}{2}y^2$$

$$x = \frac{1}{t}\left(y - \frac{1}{2}y^2\right) \tag{3.2.14}$$

式 (3.2.14) 即为所求流线方程，由于流线的坐标与时间 t 有关，因此是非恒定流。

3.3　用控制体概念分析液体运动的基本方程

3.3.1　质点系和控制体

在 3.2 节中介绍了描述液体运动的两种方法。其中拉格朗日法是以个别的液体运动质点为对象，研究这些给定的液体质点在整个运动过程中的轨迹和运动要素随时间的变化规律。而欧拉法则是以流场中的空间点为对象，研究各时刻流场中诸空间点上不同液体质点的运动要素的分布和变化的规律。在应用这两种基本方法研究水流的运动时，研究的对象常须扩大。质点扩大为有限的液体团，空间点扩大为有限体积的空间。

应该指出，液流是物质的一种运动状态，除了有运动学方面的问题外，还有动力学方面的问题，也就是说必须考虑作用在液体上的各种力、液体与周围物体之间的相互作用以及液体运动所应遵循的某些普遍规律，例如质量守恒原理、牛顿第二运动定律、能量守恒原理等。根据液体受力及与其他物体相互作用的情况，应用这些普遍规律就能够建立起液体流动参数之间的关系式，这就是液体动力学的基本方程，然后求解这些基本方程就能够得出液体的参数及液体运动的具体行为。但是，在讲到液体受力和与其他物体的相互作用时就会涉及几何尺度问题，也就是说只有针对有一定几何尺度的液体团受力和运动时才有意义。而且液体运动所遵循的某些普遍规律的建立也要针对具有一定质量的液体团而言。液体团的几何尺度可大可小，小到质量为 dm 的任意小的液体质点，大到有限几何尺度的质点集合或称质点系。所以跟踪有一定几何尺度和具有相应质量的液体团，分析其受力情况，建立有关的方程式，研究其运动状况，这就是拉格朗日法的基本途径。但是，由于液体团在运动中不断地变形，跟踪液体团的行为非常困难，所以取有一定几何尺度的固定空间，该空间称为控制体。研究流经这一固定空间液体的受力情况和运动情况，建立有关液体运动的基本方程，从而研究液体流经这一固定空间的行为，这是欧拉法的基本途径。控制体的选取是人为的，根据研究问题的需要而选取形状和大小。

根据上述，有必要对质点系和控制体作进一步的描述，并且还要阐明如何将针对质点系所建立的有关液体运动的基本方程转变成针对控制体的方程。

包含着确定不变的连续的液体质点的液体团称为质点系，或称为系统，上述定义的质点系的边界有如下特点：

(1) 质点系的边界随着液体一起运动，边界面的形状和大小可以随时间变化。

(2) 质点系的边界处没有质量交换，即没有液体流进或流出边界。

(3) 质点系的边界上受到外界作用的表面力。

(4) 质点系的边界上可以有能量交换，即有能量（热或功）流入或流出边界。

被液体流过的，相对某个坐标系来说固定不变的任何几何形状的空间称为控制体。控制体的边界面称为控制面，它应是封闭的表面。占据控制体的各液体质点是随时间而改变的。

根据上述定义，控制面有以下特点：

（1）控制面相对于坐标系是固定不变的。

（2）控制面上可以有液体的质量交换，即有液体流进或流出控制面。

（3）控制面上受到控制体以外物体加在控制体内液体上的力。

（4）在控制面上可以有能量交换，即可以有热或功流入或流出控制面。

控制体可以取有限体积，如图 3.3.1（a）所示管中 *ABCD* 体积，也可以取如图 3.3.1（b）所示的微元六面体。*ABCD* 是固定空间，如果取位于此空间的液体为质点系，则经过某时段后，此质点系将位于图中的 *abcd* 的位置。

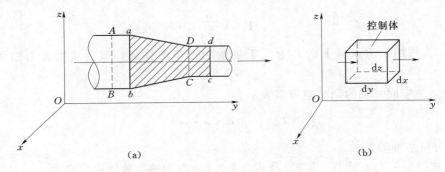

图 3.3.1

3.3.2 关于质点系运动的基本方程

在如图 3.3.2 所示的坐标系中，在 t 时刻有一质点系 s_0，在 $t+\delta t$ 时刻该质点系运动到新的位置 s。s_0 就相当于图 3.3.1 中的 *ABCD*，s 相当于 *abcd*。现在我们分别针对质点系和控制体建立质量守恒定律、动量定律及动量矩定律。

1. 质量守恒定律

若将 $t+\delta t$ 时的质点系 s 同 t 时的质点系 s_0 相比较，它们的位置不同，形状也可能不同，但是由于质点系的边界是封闭的，没有液体流进或流出，所以 s 和 s_0 内的质量是相同的，即质点系内没有质量变化，或者说质点系中的质量对时间的导数等于零，即

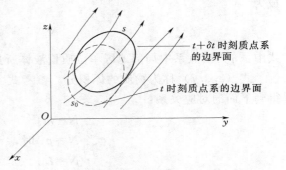

图 3.3.2

$$\frac{\mathrm{D}m_{sy}}{\mathrm{D}t}=0 \tag{3.3.1}$$

符号"sy"表示系统。而质点系中的质量为

$$m_{sy} = \int_{sy} \rho \mathrm{d}V \tag{3.3.2}$$

式中：ρ 为液体的密度；V 为质点系的体积。

2. 动量定律

作用在质点系上的所有外力的向量和，等于质点系所具有的动量对时间的导数，即

$$\boldsymbol{F}_{sy} = \frac{\mathrm{D}\boldsymbol{p}_{sy}}{\mathrm{D}t} \qquad (3.3.3)$$

式中：$\boldsymbol{F}_{sy}$ 为作用在质点系上外力的向量和，包括质量力和表面力。

质点系的动量可以表示为

$$\boldsymbol{p}_{sy} = \int_{sy} \boldsymbol{u} \cdot \rho \mathrm{d}V \qquad (3.3.4)$$

3. 动量矩定律

作用在质点系上的外力关于某轴力矩向量和，等于该质点系关于同一轴的动量矩对时间的导数，即

$$\boldsymbol{T}_{q_{sy}} = \frac{\mathrm{D}\boldsymbol{L}_{sy}}{\mathrm{D}t} \qquad (3.3.5)$$

式中：$\boldsymbol{T}_{q_{sy}}$ 为作用在质点系上的外力关于某轴的力矩向量和，包括质量力力矩和表面力力矩。

质点系关于同一轴的动量矩可以表示为

$$\boldsymbol{L}_{sy} = \int_{sy} \boldsymbol{r} \times \boldsymbol{u} \cdot \rho \mathrm{d}V \qquad (3.3.6)$$

式中：r 为对某轴的矢径。

现将式（3.3.1）、式（3.3.3）及式（3.3.5）右端的导数统一写成为

$$\frac{\mathrm{D}N_{sy}}{\mathrm{D}t}$$

N_{sy} 为质点系所具有的某一物理量，如质量 m、动量 $\boldsymbol{P}$ 及动量矩 $\boldsymbol{L}$，并且可以将它表示成为

$$N_{sy} = \int_{sy} \eta \cdot \rho \mathrm{d}V \qquad (3.3.7)$$

式中：η 为质点系中局部地区单位质量液体所具有的相应于 N 的物理量。

式（3.3.7）称为物质的体积分。参考式（3.3.2）、式（3.3.4）及式（3.3.6）可以得到下面的对应关系：

$$\text{当 } \left.\begin{array}{l} N=m \\ N=\boldsymbol{p} \\ N=\boldsymbol{L} \end{array}\right\} \text{时，} \quad \text{则} \left.\begin{array}{l} \eta=1 \\ \eta=\boldsymbol{u} \\ \eta=\boldsymbol{r} \times \boldsymbol{u} \end{array}\right\}$$

3.3.3　物质体积分的随体导数

上面讲的导数 $\dfrac{\mathrm{D}N_{sy}}{\mathrm{D}t}$ 是对质点系而言的。现在我们来建立这个导数与控制体相联系时的表达式。这可由物质体积分的随体导数来实现。

图 3.3.3（a）为在管路中取的质点系和控制体，图 3.3.3（b）为一般情况下的质点系和控制体，前者为后者在管路水流运动时的特例。假设在 t 时刻质点系与控制体相重合，如图 3.3.3 中虚线所示，经过 δt 时段后，质点系向前移动到实线所示的位置。在 δt 时段内质点系的物理量 N 发生变化，由 $N_{sy,t}$ 变到 $N_{sy,t+\delta t}$，其变化率 $\mathrm{D}N_{sy}/\mathrm{D}t$ 可写为

$$\frac{\mathrm{D}N_{sy}}{\mathrm{D}t} = \lim_{\delta t \to 0} \frac{N_{sy,t+\delta t} - N_{sy,t}}{\delta t} \qquad (3.3.8)$$

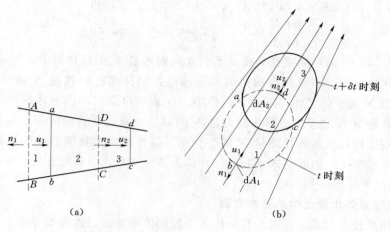

图 3.3.3

由于时段 δt 很短，两个瞬时质点系的位置有一部分相重叠，如图 3.3.3 中的区域 2。这样就可以将每一瞬时的质点系看作两个区域之和，t 时刻质点系占据区域 1 和 2，也就是控制体所占的区域 cv，$t+\delta t$ 时刻占据区域 2 和区域 3，也即是占据区域 cv－区域 1＋区域 3。所以

$$N_{sy,t} = N_{1,t} + N_{2,t} = N_{cv,t} \qquad (3.3.9)$$

$$N_{sy,t+\delta t} = N_{2,t+\delta t} + N_{3,t+\delta t} = N_{cv,t+\delta t} - N_{1,t+\delta t} + N_{3,t+\delta t} \qquad (3.3.10)$$

将式（3.3.9）、式（3.3.10）代入式（3.3.8），整理后得

$$\frac{\mathrm{D}N_{sy}}{\mathrm{D}t} = \lim_{\delta t \to 0} \frac{N_{cv,t+\delta t} - N_{cv,t}}{\delta t} + \lim_{\delta t \to 0} \frac{N_{3,t+\delta t} - N_{1,t+\delta t}}{\delta t} \qquad (3.3.11)$$

下面分别讨论式（3.3.11）右端两项的意义。

第一项表示控制体中的物理量 N_{cv} 的时间变化率 $\dfrac{\partial N_{cv}}{\partial t}$。又根据式（3.3.7）得

$$N_{cv} = \int_{cv} \eta \cdot \rho \mathrm{d}V$$

$$\lim_{\delta t \to 0} \frac{N_{cv,t+\delta t} - N_{cv,t}}{\delta t} = \frac{\partial N_{cv}}{\partial t} = \frac{\partial}{\partial t} \int_{cv} \eta \cdot \rho \mathrm{d}V \qquad (3.3.12)$$

参见图 3.3.3，第二项中的 $N_{3,t+\delta t}$ 相当于在 δt 时段内通过图 3.3.3（a）中控制面 C—D 或图 3.3.3（b）中控制面 $adc(cs_2)$ 流出控制体的物理量 N，而 $N_{1,t+\delta t}$ 相当于在 δt 时段内通过图 3.3.3（a）中控制面 A—B 或图 3.3.3（b）中控制面 $abc(cs_1)$ 流入控制体的物理量 N，注意到控制体表面 cs_2 和 cs_1 的微元面积 $\mathrm{d}A_2$ 和 $\mathrm{d}A_1$ 上的流速分别为 u_2 和 u_1，且 $cs_1 + cs_2 = cs$（整个控制体的表面积），则式（3.3.11）的右端第二项可写为

$$\lim_{\delta t \to 0} \frac{N_{3,t+\delta t} - N_{1,t+\delta t}}{\delta t} = \lim_{\delta t \to 0} \frac{\int_{cs_2} \eta \cdot \rho \boldsymbol{u}_2 \cdot \delta t \cdot \mathrm{d}\boldsymbol{A}_2 + \int_{cs_1} \eta \cdot \rho \boldsymbol{u}_1 \cdot \delta t \cdot \mathrm{d}\boldsymbol{A}_1}{\delta t} = \int_{cs} \eta \cdot \rho \boldsymbol{u} \cdot \mathrm{d}\boldsymbol{A} \qquad (3.3.13)$$

注意：由图 3.3.3 可知，由于速度 $\boldsymbol{u}_1$ 与面积 $\mathrm{d}\boldsymbol{A}_1$ 的外法线 n_1 的夹角大于 $90°$，所以

式（3.3.13）分子中的 $\int_{cs_1} \eta \rho \boldsymbol{u}_1 \delta t \mathrm{d}\boldsymbol{A}_1$ 是负值。

将式（3.3.12）、式（3.3.13）代入式（3.3.11），最后得

$$\frac{\mathrm{D}N_{sy}}{\mathrm{D}t} = \frac{\partial}{\partial t}\int_{cv} \eta \cdot \rho \mathrm{d}V + \int_{cs} \eta \cdot \rho \boldsymbol{u} \cdot \mathrm{d}\boldsymbol{A} \tag{3.3.14}$$

式（3.3.14）中的左端项是对质点系而言的物理量 N 的随体导数，它描述物理量 N 的体积分变化的过程；而该式右端的第一项描述控制体内的物理量 N 随时间的变化率，反映了物理量 N 的非恒定性；该式右端的第二项表示单位时间内液体通过控制体表面流出与流入的物理量 N 之差，也称为物理量 N 的通量。总之，右端的两项是对控制体而言的，也就是用欧拉法表示的物理量 N 的变化率。这样就将拉格朗日法的表示式与欧拉法的表示式联系起来了，因此将式（3.3.14）称为系控关系式或系控方程，或简称为控制体方程（Control Volume Equation）。

3.3.4　关于控制体水流运动的基本方程

下面应用系控方程式（3.3.14）导出关于控制体水流运动的连续方程、动量方程及动量矩方程。

1. 连续方程

对于质量守恒定律，系控方程中的 $N_{sy} = m_{sy}$，$\eta = 1$，且 $\mathrm{D}m_{sy}/\mathrm{D}t = 0$，于是得连续方程

$$\frac{\partial}{\partial t}\int_{cv} \rho \mathrm{d}V + \int_{cs} \rho \boldsymbol{u} \cdot \mathrm{d}\boldsymbol{A} = 0 \tag{3.3.15}$$

2. 动量方程

对于动量守恒定律，系控方程中的 $N_{sy} = P_{sy}$，$\eta = u$，且 $\mathrm{D}P_{sy}/\mathrm{D}t = F_s$，注意到，在建立系控方程时曾取 $\delta t \rightarrow 0$，这就意味着此时质点系几乎与控制体相重合，因此认为作用在质点系上的外力的向量和 F_{sy} 就是作用在控制体上的外力的向量和 F_{cv}，于是得动量方程

$$F_{cv} = \frac{\partial}{\partial t}\int_{cv} \boldsymbol{u} \cdot \rho \mathrm{d}V + \int_{cs} \boldsymbol{u} \cdot \rho \boldsymbol{u} \cdot \mathrm{d}\boldsymbol{A} \tag{3.3.16}$$

3. 动量矩方程

对于动量矩守恒定律，系控方程中的 $N_{sy} = \boldsymbol{L}_{sy}$，$\eta = \boldsymbol{r} \times \boldsymbol{u}$，且 $\mathrm{D}L_{sy}/\mathrm{D}t = T_{q_{sy}}$，理由同前，令 $T_{q_{sy}} = T_{q_{cv}}$，于是得动量矩方程

$$T_{q_{cv}} = \frac{\partial}{\partial t}\int \boldsymbol{r} \times \boldsymbol{u} \cdot \rho \mathrm{d}V + \int_{cs} \boldsymbol{r} \times \boldsymbol{u} \cdot \rho \boldsymbol{u} \cdot \mathrm{d}\boldsymbol{A} \tag{3.3.17}$$

3.4　连续方程

质量守恒定律在水力学中的具体表现形式为连续方程。其一般形式为式（3.3.15），即

$$\frac{\partial}{\partial t}\int_{cv} \rho \mathrm{d}V + \int_{cs} \rho \boldsymbol{u} \cdot \mathrm{d}\boldsymbol{A} = 0$$

对于不可压缩液体的非恒定流，ρ 为常数，则得

$$\frac{\partial}{\partial t}\int_{cv} \mathrm{d}V + \int_{cs} \boldsymbol{u} \cdot \mathrm{d}\boldsymbol{A} = 0 \tag{3.4.1}$$

对于可压缩液体的恒定流 $\dfrac{\partial}{\partial t}\displaystyle\int_{cv}\rho\,\mathrm{d}\boldsymbol{V}=0$，所以得

$$\int_{cs}\rho\boldsymbol{u}\cdot\mathrm{d}\boldsymbol{A}=0 \tag{3.4.2}$$

对于不可压缩液体的恒定流，式（3.4.2）变为

$$\int_{cs}\boldsymbol{u}\cdot\mathrm{d}\boldsymbol{A}=0 \tag{3.4.3}$$

式（3.4.2）和式（3.4.3）说明：在恒定流时流出与流入控制体表面的质量流量（可压缩液体）或体积流量（不可压缩液体）之差为 0。

【例 3.4.1】 有一如图 3.4.1 所示的管道中的恒定水流运动，设断面 1—1、断面 2—2 的过水断面面积分别为 A_1、A_2，其断面平均流速分别为 v_1、v_2，试建立该总流的连续方程。

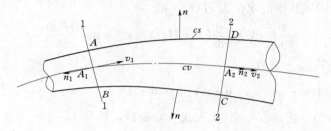

图 3.4.1

解： 取图 3.4.1 中断面 1—1、断面 2—2 与管壁所围空间 $ABCD$ 为控制体，由于流动是恒定的，所以连续方程为式（3.4.2），即

$$\int_{cs}\rho\boldsymbol{u}\cdot\mathrm{d}\boldsymbol{A}=0$$

控制体的表面是断面 1—1、断面 2—2 及管路的侧壁，若考虑到各面的单位法线向量 n，在断面 1—1 处与流速方向相反，在断面 2—2 处与流速方向相同，在侧壁处与流速垂直，则式（3.4.2）就变为

$$\int_{A_1}-\rho u_1\mathrm{d}A_1+\int_{A_2}\rho u_2\mathrm{d}A_2=0$$

式中：u_1、u_2 分别为过水断面 1—1 和断面 2—2 上各点的流速。

设 v_1 和 v_2 为各断面的断面平均流速，则由式（3.1.3）得

$$\rho_1 v_1 A_1=\rho_2 v_2 A_2 \tag{3.4.4}$$

式（3.4.4）说明：在恒定流中单位时间内通过各个断面的质量相等。对不可压缩性液体 $\rho_1=\rho_2=\rho$，于是得

$$v_1 A_1=v_2 A_2=Q \tag{3.4.5}$$

或者：

$$\frac{v_1}{v_2}=\frac{A_2}{A_1} \tag{3.4.6}$$

式（3.4.5）及式（3.4.6）说明了在恒定流中，当液体不可压缩时，各断面通过的流量相同，并且断面平均流速与过水断面面积成反比。

【例 3.4.2】 如图 3.4.2 所示为一隧洞中的调压井。设进水及出水隧洞的过水断面积

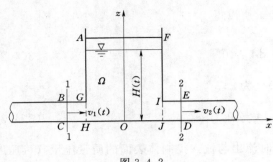

图 3.4.2

分别为 A_1、A_2，断面平均流速分别为 v_1、v_2，调压井的横断面积为 Ω。试建立调压井中水位随时间的变化规律。

解： 当进水隧洞和出水隧洞的流量不相等，即 $v_1 A_1 \neq v_2 A_2$ 时，调压井中的水位将随时间变化，此问题属于不可压缩液体的非恒定流问题，取如图 3.4.2 中 $ABCDEF$ 空间为控制体，并应用非恒定流的连续方程式（3.4.1），即

$$\frac{\partial}{\partial t}\int_{cv} \mathrm{d}V + \int_{cs} \boldsymbol{u} \cdot \mathrm{d}\boldsymbol{A} = 0$$

设在时刻 t 时调压井中的水位为 $H(t)$，则

$$\frac{\partial}{\partial t}\int_{cv} \mathrm{d}V = \frac{\mathrm{d}}{\mathrm{d}t}[\Omega \cdot H(t) + C] = \Omega\frac{\mathrm{d}H(t)}{\mathrm{d}t} \tag{3.4.7}$$

式中：$C = V_{BCHG} + V_{IJDE} = $ 常数。

而

$$\int_{cs} \boldsymbol{u} \cdot \mathrm{d}\boldsymbol{A} = \int_{BC} \boldsymbol{u} \cdot \mathrm{d}\boldsymbol{A} + \int_{DE} \boldsymbol{u} \cdot \mathrm{d}\boldsymbol{A} = -v_1 A_1 + v_2 A_2 \tag{3.4.8}$$

现将式（3.4.7）、式（3.4.8）代入式（3.4.1），得

$$\Omega\frac{\mathrm{d}H(t)}{\mathrm{d}t} - v_1 A_1 + v_2 A_2 = 0$$

或者

$$\frac{\mathrm{d}H(t)}{\mathrm{d}t} = \frac{1}{\Omega}(v_1 A_1 - v_2 A_2)$$

上式表达了调压井中的水深变化率与进、出隧洞的流量之间的关系。

【例 3.4.3】 试推导有压管路非恒定流和明渠非恒定流的连续方程。

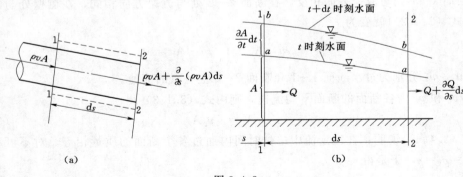

图 3.4.3

解： 图 3.4.3（a）为一有压管路非恒定流示意图。在有压管路非恒定流问题中应考虑液体的压缩性和管壁的膨胀性。取包括长度 $\mathrm{d}s$ 水体在内的周界为 1—2—2—1 的空间为控制体，如图 3.4.3（a）中虚线所示。设管路的横断面积为 $\boldsymbol{A}$，断面平均流速为 v，则由断面 1—1 流入的质量流量为 $\rho v A$，由断面 2—2 流出的质量流量为 $\rho v A + \dfrac{\partial}{\partial s}(\rho v A)\mathrm{d}s$。控制

体内液体的质量为 $\int_{cv}\rho\mathrm{d}V = \rho A\mathrm{d}s$，根据非恒定流的连续方程式（3.3.15），有

$$\frac{\partial}{\partial t}\int_{cv}\rho\mathrm{d}V + \int_{cs}\rho\boldsymbol{u}\cdot\mathrm{d}\boldsymbol{A} = 0$$

由前述可知：

$$\frac{\partial}{\partial t}\int_{cv}\rho\mathrm{d}V = \frac{\partial}{\partial t}(\rho A\mathrm{d}s) \tag{3.4.9}$$

$$\int_{cs}\rho\boldsymbol{u}\cdot\mathrm{d}\boldsymbol{A} = \left[\rho v A + \frac{\partial}{\partial s}(\rho v A)\mathrm{d}s\right] - \rho v \boldsymbol{A} = \frac{\partial}{\partial s}(\rho v A)\mathrm{d}s \tag{3.4.10}$$

将式（3.4.9）、式（3.4.10）代入式（3.3.15），并注意到式（3.4.9）中的 $\mathrm{d}s$ 不随时间变化，则得有压管路非恒定流的连续方程为

$$\frac{\partial(\rho \boldsymbol{A})}{\partial t} + \frac{\partial(\rho v \boldsymbol{A})}{\partial s} = 0 \tag{3.4.11}$$

对于如图 3.4.3（b）所示的明渠非恒定流，如果取断面 1—1、断面 2—2 间空间为控制体，依照有压管路非恒定流，可以导出连续方程。但是，注意到明渠非恒定流中的液体可作为不可压缩处理的特点，即 $\rho =$ 常数，可直接由式（3.4.11）导得连续方程。在式（3.4.11）中令 $\rho =$ 常数，并注意到 $v A = Q$，则得明渠非恒定流连续方程为

$$\frac{\partial \boldsymbol{A}}{\partial t} + \frac{\partial \boldsymbol{Q}}{\partial s} = 0 \tag{3.4.12}$$

【例 3.4.4】 有一如图 3.4.4 所示的压缩空气罐。已知罐内的容积 $V = 0.05\mathrm{m}^3$，压缩空气的密度 $\rho = 6\mathrm{kg/m}^3$，当罐的出口阀门突然打开时，喷出气体的瞬时速度 $u = 300\mathrm{m/s}$，出口断面积 $A = 70\mathrm{mm}^2$。试求：开启阀门瞬间罐内气体的密度随时间的变化率（设罐内气体的密度均匀分布）。

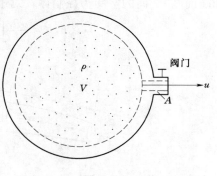

图 3.4.4

解：因为罐内气体的质量（或密度）随时间变化，故此问题属于非恒定流向题。取图中虚线所围成空间为控制体。对控制体应用非恒定流时的连续方程式（3.3.15）即

$$\frac{\partial}{\partial t}\int_{cv}\rho\mathrm{d}V + \int_{cs}\rho\boldsymbol{u}\cdot\mathrm{d}\boldsymbol{A} = 0$$

因为假设罐内的气体在任何时刻都是均匀分布的，故可以将上式中的密度 ρ 提到积分号外面，这时，第 1 项变为

$$\frac{\partial}{\partial t}\int_{cv}\rho\mathrm{d}V = \frac{\partial}{\partial t}\left(\rho\int_{cv}\mathrm{d}V\right) = \frac{\partial\rho}{\partial t}V \tag{3.4.13}$$

而第 2 项变为

$$\int_{cs}\rho\boldsymbol{u}\cdot\mathrm{d}\boldsymbol{A} = \rho u A \tag{3.4.14}$$

将式（3.4.13）、式（3.4.14）代入式（3.3.15），得

$$\frac{\partial \rho}{\partial t}\mathbf{V} + \rho u \mathbf{A} = 0$$

所以　　　　$\dfrac{\partial \rho}{\partial t} = -\dfrac{\rho u \mathbf{A}}{\mathbf{V}} = -\dfrac{6 \times 300 \times 70 \times 10^{-6}}{0.05} = -2.52[\mathrm{kg/(m^3 \cdot s)}]$

式中负号表示罐中气体的密度随时间增加而减小。

3.5　元流的能量方程

3.5.1　理想液体的元流能量方程

假设我们研究的液体是重力作用下的不可压缩的理想液体。下面我们应用控制体形式的动量方程式（3.3.16）来推导元流的能量方程。

$$F_{cv} = \frac{\partial}{\partial t}\int_{cv} \mathbf{u} \cdot \rho \mathrm{d}\mathbf{V} + \int_{cs} \mathbf{u} \cdot \rho\mathbf{u} \cdot \mathrm{d}\mathbf{A} \tag{3.5.1}$$

现在流场中取一如图 3.5.1 所示的微段元流 $\mathrm{d}s$。已知该元流在断面 1—1 和断面 2—2 处的位置水头分别为 z 和 $z+\mathrm{d}z$，动水压强分别为 p 和 $p+\dfrac{\partial p}{\partial s}\mathrm{d}s$，流速分别为 u 和 $u+\dfrac{\partial u}{\partial s}\mathrm{d}s$，过水断面积分别为 $\mathrm{d}A$ 和 $\mathrm{d}A+\dfrac{\partial \mathrm{d}A}{\partial s}\mathrm{d}s$。该微段元流与水平面的夹角为 α。取该元流断面 1—1 和断面 2—2 间的空间为控制体，对于 s 方向应用动量定律，则有

$$F_{cv_s} = \frac{\partial}{\partial t}\int_{cv} \mathbf{u}_s \cdot \rho \mathrm{d}\mathbf{V} + \int_{cs} \mathbf{u}_s \cdot \rho\mathbf{u} \cdot \mathrm{d}\mathbf{A} \tag{3.5.2}$$

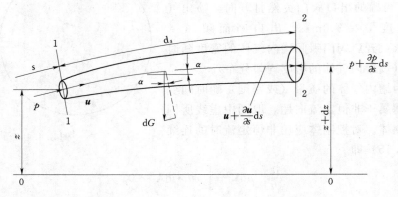

图 3.5.1

因为是理想液体，所以在元流侧壁上没有摩擦力作用。于是在 s 方向上作用在控制体上的外力，一为作用在两个过水断面上的动水压力，断面 1—1 上为 $p\mathrm{d}A$，当忽略过水断面面积 $\mathrm{d}A$ 的二阶微量后，断面 2—2 的过水断面积也可以认为是 $\mathrm{d}A$，这时断面 2—2 上的动水压力为 $-\left(p+\dfrac{\partial p}{\partial s}\mathrm{d}s\right)\mathrm{d}A$；二为重力在 s 方向上的分量，即 $-\sin\alpha \cdot \mathrm{d}G = -\gamma \cdot \sin\alpha \cdot \mathrm{d}A \cdot \mathrm{d}s$，注意到 $\sin\alpha \cdot \mathrm{d}s = \mathrm{d}z$，则得 s 方向的作用力为

$$F_{cv_s} = p\mathrm{d}A - \left(p+\frac{\partial p}{\partial s}\mathrm{d}s\right)\mathrm{d}A - \gamma \mathrm{d}z\mathrm{d}A = -\frac{\partial p}{\partial s}\mathrm{d}s\mathrm{d}A - \gamma \mathrm{d}z\mathrm{d}A \tag{3.5.3}$$

当忽略二阶微量后可以近似的认为整个控制体内液体的流速为 $u_s = u$，体积 $V = \mathrm{d}s\mathrm{d}A$，于是式（3.5.2）右端的非恒定项就可写为

$$\frac{\partial}{\partial t}\int_{cv} \boldsymbol{u} \cdot \rho \mathrm{d}\boldsymbol{V} = \frac{\partial \boldsymbol{u}}{\partial t}\rho \mathrm{d}s\mathrm{d}A \tag{3.5.4}$$

式（3.5.2）右端的第二项通量项，对于所取控制体可以写为

$$\int_{cs} \boldsymbol{u}_s \cdot \rho \boldsymbol{u} \cdot \mathrm{d}\boldsymbol{A} = \int_{cs①} \boldsymbol{u}_s \cdot \rho \boldsymbol{u} \cdot \mathrm{d}\boldsymbol{A} + \int_{cs②} \boldsymbol{u}_s \cdot \rho \boldsymbol{u} \cdot \mathrm{d}\boldsymbol{A} \tag{3.5.5}$$

而其中

$$\int_{cs①} \boldsymbol{u}_s \cdot \rho \boldsymbol{u} \cdot \mathrm{d}\boldsymbol{A} = -\rho \boldsymbol{u} \cdot u\mathrm{d}A \tag{3.5.6}$$

$$\int_{cs②} \boldsymbol{u}_s \cdot \rho \boldsymbol{u} \cdot \mathrm{d}\boldsymbol{A} = \rho\left(\boldsymbol{u} + \frac{\partial \boldsymbol{u}}{\partial s}\mathrm{d}s\right) \cdot \left(\boldsymbol{u} + \frac{\partial \boldsymbol{u}}{\partial s}\mathrm{d}s\right)\left[\mathrm{d}A + \frac{\partial(\mathrm{d}A)}{\partial s}\mathrm{d}s\right] \tag{3.5.7}$$

由连续方程可知：

$$u\mathrm{d}A = \left(u + \frac{\partial \boldsymbol{u}}{\partial s}\mathrm{d}s\right)\left[\mathrm{d}A + \frac{\partial(\mathrm{d}A)}{\partial s}\mathrm{d}s\right] = \mathrm{d}Q \tag{3.5.8}$$

将式（3.5.6）、式（3.5.7）和式（3.5.8）代入式（3.5.5），得

$$\int_{cs} \boldsymbol{u}_s \cdot \rho \boldsymbol{u} \cdot \mathrm{d}\boldsymbol{A} = -\rho \boldsymbol{u}^2 \mathrm{d}A + \rho\left(\boldsymbol{u} + \frac{\partial \boldsymbol{u}}{\partial s}\mathrm{d}s\right) \cdot u\mathrm{d}A = \rho \boldsymbol{u}\frac{\partial \boldsymbol{u}}{\partial s}\mathrm{d}s\mathrm{d}A \tag{3.5.9}$$

最后，将式（3.5.3）、式（3.5.4）和式（3.5.9）代入式（3.5.2），得

$$-\frac{\partial p}{\partial s}\mathrm{d}s\mathrm{d}A - \gamma \mathrm{d}z\mathrm{d}A = \frac{\partial \boldsymbol{u}}{\partial t}\rho \mathrm{d}s\mathrm{d}A + \rho \boldsymbol{u}\frac{\partial \boldsymbol{u}}{\partial s}\mathrm{d}s\mathrm{d}A$$

或者写成为

$$\left(\frac{\partial z}{\partial s} + \frac{1}{\gamma}\frac{\partial p}{\partial s} + \frac{1}{g}\boldsymbol{u}\frac{\partial \boldsymbol{u}}{\partial s} + \frac{1}{g}\frac{\partial \boldsymbol{u}}{\partial t}\right)\gamma \mathrm{d}s\mathrm{d}A = 0$$

将上式的两端除以该段元流的重量 $\gamma \mathrm{d}s\mathrm{d}A$，得

$$\frac{\partial}{\partial s}\left(z + \frac{p}{\gamma} + \frac{\boldsymbol{u}^2}{2g}\right) + \frac{1}{g}\frac{\partial \boldsymbol{u}}{\partial t} = 0 \tag{3.5.10}$$

此式是微分形式的能量方程，它在第 11 章非恒定流动中将有重要的应用。

对式（3.5.10）沿 s 轴从 s_1 积分到 s_2，得

$$z_1 + \frac{p_1}{\gamma} + \frac{u_1^2}{2g} = z_2 + \frac{p_2}{\gamma} + \frac{u_2^2}{2g} + \frac{1}{g}\int_{s_1}^{s_2}\frac{\partial \boldsymbol{u}}{\partial t}\mathrm{d}s \tag{3.5.11}$$

式中：z 为单位重量液体具有的位能；$\dfrac{p}{\gamma}$ 为单位重量液体具有的压能；$\dfrac{u^2}{2g} = \dfrac{1}{2}mu^2/(mg)$ 为单位重量液体具有的动能；$\dfrac{1}{g}\dfrac{\partial \boldsymbol{u}}{\partial t} = m\dfrac{\partial \boldsymbol{u}}{\partial t}/(mg)$ 为单位重量液体具有的惯性力；$\dfrac{1}{g}\dfrac{\partial \boldsymbol{u}}{\partial t}\mathrm{d}s$ 为单位重量液体的惯性力在 $\mathrm{d}s$ 距离上做的功；$h_i = \dfrac{1}{g}\int_{s_1}^{s_2}\dfrac{\partial \boldsymbol{u}}{\partial t}\mathrm{d}s$ 为单位重量液体的惯性力在距离 $s = s_2 - s_1$ 上做的功，它也是一种能量，储存在液体中，类似于弹性势能。

式（3.5.11）是理想不可压缩液体在重力作用下非恒定元流能量方程。

对于恒定流，$h_i = 0$，于是式（3.5.11）变为

$$z_1 + \frac{p_1}{\gamma} + \frac{u_1^2}{2g} = z_2 + \frac{p_2}{\gamma} + \frac{u_2^2}{2g} \tag{3.5.12}$$

式 (3.5.12) 也称为伯努利方程，因为它是瑞士科学家伯努利 (D. I. Bernoulli) 于 1738 年推导出来的。它表明：恒定流时，对于理想液体，在元流的任意两个过水断面 1—1 和断面 2—2 上，单位重量液体所具有的总机械能（位能、压能、动能之和）是相等的。

3.5.2　实际恒定液体的元流能量方程

实际液体总是具有黏性的，因此实际液体在运动时就会出现内摩擦力。由于内摩擦而产生的热量耗散在液体中，它相对于机械能而言是不可逆的，就等于损失掉了机械能。因此说实际液体在运动过程中总是有能量损失的。设元流中单位重量液体由断面 1—1 运动到断面 2—2 时的能量损失为 $h'_{w_{1-2}}$，$h'_{w_{1-2}}$ 也称为水头损失，因为在水力学中总是以水头表示单位重量液体具有的机械能，于是对于实际液体非恒定流的能量方程就变为

$$z_1 + \frac{p_1}{\gamma} + \frac{u_1^2}{2g} = z_2 + \frac{p_2}{\gamma} + \frac{u_2^2}{2g} + h'_{w_{1-2}} + \frac{1}{g}\int_{s_1}^{s_2}\frac{\partial u}{\partial t}\mathrm{d}s \qquad (3.5.13)$$

对于实际液体恒定流，式 (3.5.13) 中右端最后一项为零，能量方程为

$$z_1 + \frac{p_1}{\gamma} + \frac{u_1^2}{2g} = z_2 + \frac{p_2}{\gamma} + \frac{u_2^2}{2g} + h'_{w_{1-2}} \qquad (3.5.14)$$

【例 3.5.1】　试建立如图 3.5.2 所示 U 形管中水面振荡方程。

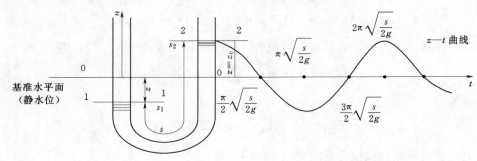

图 3.5.2

解： 设 U 形管为等截面管，面积为 A，则由连续方程式可知，各断面处流速相等。又假设断面内流速分布均匀，且均为 u，因此流速 u 只是时间 t 的函数。最后假设管中液体为理想液体，所以没有水头损失。如图 3.5.2 所示取坐标轴，z 轴向上为正，静水水面为基准面。初始时刻若使左管水面下降 z 时，则右管水面将上升 z。以后管中液体在重力和惯性力作用下将来回振荡。如果存在阻力，则振荡将随时间衰减，最后达到平衡，恢复到静止水位。

对于图 3.5.2 中断面 1—1 和断面 2—2，由连续方程得

$$u_1 = u_2 = u = F(t)$$

此问题可以应用理想液体非恒定元流能量方程求解，即

$$z_1 + \frac{p_1}{\gamma} + \frac{u_1^2}{2g} = z_2 + \frac{p_2}{\gamma} + \frac{u_2^2}{2g} + \frac{1}{g}\int_{s_1}^{s_2}\frac{\partial u}{\partial t}\mathrm{d}s$$

写断面 1—1 和断面 2—2 的能量方程，注意到 $p_1 = p_2 = p_a$，$u_1 = u_2 = u$，于是上式就变为

$$-z = z + \frac{1}{g}\int_{s_1}^{s_2}\frac{\partial u}{\partial t}\mathrm{d}s$$

由于 u 与距离 s 无关，所以得

$$\frac{\mathrm{d}u}{\mathrm{d}t} = -\frac{2g}{s}z$$

式中 $s = s_2 - s_1$，又 $u = \mathrm{d}z/\mathrm{d}t$，代入上式后得

$$\frac{\mathrm{d}^2 z}{\mathrm{d}t^2} = -\frac{2g}{s}z \tag{3.5.15}$$

即水体振荡的加速度与位移成正比，方向与位移方向相反，指向平衡位置。

式（3.5.15）为二阶常系数齐次常微分方程，其一般解为

$$z = C_1 \cos\left(\sqrt{\frac{2g}{s}}t\right) + C_2 \sin\left(\sqrt{\frac{2g}{s}}t\right)$$

设 $t = 0$ 时断面 2—2 处 $z = z_0$ 及 $\mathrm{d}z/\mathrm{d}t = u = 0$，则由上式确定积分常数 $C_1 = z_0$，$C_2 = 0$。再将 C_1 和 C_2 代回上式，得水面位移公式为

$$z = z_0 \cos\left(\sqrt{\frac{2g}{s}}t\right) \tag{3.5.16}$$

式中：z_0 为振幅，即振幅等于 $t = 0$ 时自由水面偏离平衡位置的高度。

令 $\omega = \sqrt{\dfrac{2g}{s}}$，$\omega$ 为角频率，则由周期定义得水体振荡的周期为

$$T = \frac{2\pi}{\omega} = 2\pi\sqrt{\frac{s}{2g}} \tag{3.5.17}$$

由式（3.5.16）所描绘的水面位移与时间的关系曲线如图 3.5.2 所示。

3.6 实际液体恒定总流的能量方程

3.6.1 重力作用下实际液体恒定总流的能量方程

3.5 节我们已经建立了元流的能量方程。但是，工程中的液体总是以总流的形式出现的，如管流、明渠流、堰流及闸孔出流等。现将元流的能量方程推广到总流。

重力作用下实际液体恒定元流的能量方程为式（3.5.14），即

$$z_1 + \frac{p_1}{\gamma} + \frac{u_1^2}{2g} = z_2 + \frac{p_2}{\gamma} + \frac{u_2^2}{2g} + h'_{w_{1-2}}$$

先将式（3.5.14）两端分别乘以 $\gamma\mathrm{d}Q$，并分别在过水断面 A_1、A_2 上积分，则得两个过水断面上的总机械能守恒关系式为

$$\int_Q \left(z_1 + \frac{p_1}{\gamma}\right)\gamma\mathrm{d}Q + \int_Q \frac{u_1^2}{2g}\gamma\mathrm{d}Q$$

$$= \int_Q \left(z_2 + \frac{p_2}{\gamma}\right)\gamma\mathrm{d}Q + \int_Q \frac{u_2^2}{2g}\gamma\mathrm{d}Q + \int_Q h'_{w_{1-2}}\gamma\mathrm{d}Q \tag{3.6.1}$$

式（3.6.1）中的积分可以分成三部分。

(1) $\displaystyle\int_Q \left(z + \frac{p}{\gamma}\right)\gamma\mathrm{d}Q$。

假设在渐变流中取过水断面，则在断面 A 上的动水压强按静水压强规律分布，即

$\left(z+\dfrac{p}{\gamma}\right)=$ 常数。故在断面 A 上积分时可以将 $\left(z+\dfrac{p}{\gamma}\right)$ 提到积分号外面，即

$$\int_Q \left(z+\frac{p}{\gamma}\right)\gamma \mathrm{d}Q = \left(z+\frac{p}{\gamma}\right)\gamma\int_Q \mathrm{d}Q = \left(z+\frac{p}{\gamma}\right)\gamma Q \tag{3.6.2}$$

（2）$\displaystyle\int_Q \frac{u^2}{2g}\gamma \mathrm{d}Q$

因为 $\mathrm{d}Q=u\mathrm{d}A$，所以

$$\int_Q \frac{u^2}{2g}\gamma \mathrm{d}Q = \int_A \frac{u^2}{2g}\gamma \cdot u\mathrm{d}A = \frac{\gamma}{2g}\int_A u^3 \mathrm{d}A \tag{3.6.3}$$

式中的 u 是断面上的点流速，为了作出上面的积分，必须知道 u 在断面上的分布。为此将总流按一元流处理，用断面平均流速 v 代替式中的 u 去积分。又由于 $\displaystyle\int_A u^3 \mathrm{d}A > \int_A v^3 A = v^3 A$，故需要引入一个修正系数 α 才能使之相等。

令

$$\int_A u^3 \mathrm{d}A = \alpha v^3 A$$

所以

$$\alpha = \frac{\displaystyle\int_A u^3 \mathrm{d}A}{v^3 A} \tag{3.6.4}$$

式中：α 称为动能校正系数，它表示在单位时间内用实际流速计算的总流过水断面上的总动能与用断面平均流速计算的总流过水断面上的总动能之比。它与断面上的流速分布有关，流速分布越均匀，α 值越接近于 1，对于一般的素流，常取 $\alpha=1.05\sim1.10$。通常为了计算方便近似取 $\alpha=1$，这样，式（3.6.3）就可以写成为

$$\int_Q \frac{u^2}{2g}\gamma \mathrm{d}Q = \frac{\gamma}{2g}\alpha v^3 A = \frac{\alpha v^2}{2g}\cdot\gamma\cdot vA = \frac{\alpha v^2}{2g}\gamma Q \tag{3.6.5}$$

（3）$\displaystyle\int_Q h'_{w_{1-2}}\gamma \mathrm{d}Q$

设过水断面上各元流单位重量液体由断面 1—1 流到断面 2—2 的能量损失 $h'_{w_{1-2}}$ 用某一平均值 $h_{w_{1-2}}$ 代替，则

$$\int_Q h'_{w_{1-2}}\gamma \mathrm{d}Q = \gamma h_{w_{1-2}}\int_Q \mathrm{d}Q = h_{w_{1-2}}\gamma Q \tag{3.6.6}$$

现将式（3.6.2）、式（3.6.5）、式（3.6.6）代入式（3.6.1），最后得

$$z_1+\frac{p_1}{\gamma}+\frac{\alpha_1 v_1^2}{2g}=z_2+\frac{p_2}{\gamma}+\frac{\alpha_2 v_2^2}{2g}+h_{w_{1-2}} \tag{3.6.7}$$

式中：z 为总流过水断面上单位重量液体具有的平均位能，又称为位置水头；$\dfrac{p}{\gamma}$ 为总流过水断面上单位重量液体具有的平均压能，又称为压强水头；$\left(z+\dfrac{p}{\gamma}\right)$ 为总流过水断面上单位重量液体具有的平均势能，又称为测压管水头；$\dfrac{\alpha v^2}{2g}$ 为总流过水断面上单位重量液体具有的平均动能，又称为流速水头；$z+\dfrac{p}{\gamma}+\dfrac{\alpha v^2}{2g}=H$ 为总流过水断面上单位重量液体具有的总机械能，又称为总水头；$h_{w_{1-2}}$ 为总流单位重量液体由断面 1—1 流到断面 2—2 时的平均能量损失，又称为水头损失。

式（3.6.7）就是重力作用下实际液体恒定总流的能量方程，它是水力学中非常重要的一个公式。许多水力学实际问题都可以用此式求解。它与元流中能量方程不同之处在于：动能用断面平均流速 v 表示，能量损失采用平均值 $h_{w_{1-2}}$ 表示。

用与推导恒定总流能量方程相同的方法，可以由非恒定元流能量方程式（3.5.13）推导出非恒定总流的能量方程为

$$z_1 + \frac{p_1}{\gamma} + \frac{\alpha_1 v_1^2}{2g} = z_2 + \frac{p_2}{\gamma} + \frac{\alpha_2 v_2^2}{2g} + h_{w_{1-2}} + \frac{1}{g}\int_{s_1}^{s_2}\frac{\partial v}{\partial t}ds \qquad (3.6.8)$$

式中：v 为断面平均流速，$v = f(s,t)$；其他符号与式（3.6.7）相同。

3.6.2 实际液体恒定总流能量方程的图示

若采用上面总水头的表示符号 H，则理想液体恒定总流的能量方程可以表示为

$$H_1 = H_2 \qquad (3.6.9)$$

而实际液体恒定总流的能量方程可以表示为

$$H_1 = H_2 + h_{w_{1-2}} \qquad (3.6.10)$$

因为式（3.6.7）中各项均具有长度量纲，所以可以用线段表示，如图 3.6.1 所示。

说明：

（1）对于管路，一般取断面形心的位置水头 z 和压强水头 $\frac{p}{\gamma}$ 为代表。

（2）各断面的 $\left(z + \frac{p}{\gamma}\right)$ 的连线称为测压管水头线。它可以是上升的，也可以是下降的；可以是直线，也可以是曲线。这取决于边界的几何形状。

（3）各断面 $z + \frac{p}{\gamma} + \frac{\alpha v^2}{2g}$ 连线称为总

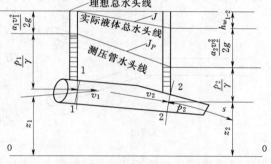

图 3.6.1

能线或者总水头线，它可以是直线，也可以是曲线，但总是下降的，因为实际液体流动时总是有水头损失的。而理想液体的总水头线是水平的。

（4）单位流程长度上总水头线的降低值称为水力坡度，记为 J。当总水头线为直线时

$$J = \frac{H_1 - H_2}{s} = \frac{h_{w_{1-2}}}{s} \qquad (3.6.11)$$

当总水头线为曲线时，J 不为常数，任意过水断面上的水力坡度为

$$J = -\frac{dH}{ds} = \frac{dh_w}{ds} \qquad (3.6.12)$$

3.7 实际液体恒定总流能量方程的应用

在应用实际液体恒定总流的能量方程式（3.6.7）之前，根据该方程的推导过程，总结出如下应用条件和注意事项。

1. 应用条件

（1）不可压缩液体。

（2）质量力只有重力。

（3）两个过水断面取在渐变流区，以确保 $z+\dfrac{p}{\gamma}=$ 常数，两个过水断面之间可以是急变流。

2. 注意事项

（1）基准面和压强标准可以任意选取，但是在同一个问题里要统一。

（2）计算点可以在过水断面上任意选取，一般管路取断面中心点，水池、明渠取自由水面上的点。

（3）选取已知量多的断面作为计算断面，例如常选取上游水池水面及管路出口断面，因为上游水池中速度常视为零，自由表面压强为大气压强 P_a，管路出口处的压强或为大气压强 P_a，或由管路出口处水深决定。

（4）当在能量方程式中同时出现两个未知量时，如压强 P 和流速 v 时，可以借助连续方程式联解。

（5）在没有特殊说明时，可以取过水断面上的能量校正系数 $\alpha=1$。

以下两点是对实际液体恒定总流能量方程推广使用的说明。

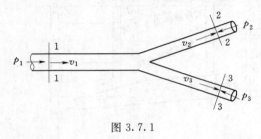

图 3.7.1

（6）当管路分叉时，能量方程仍可用。对于图 3.7.1 所示的管路可以写出下面两个方程。

$$\left.\begin{array}{l} H_1 = H_2 + h_{w_{1-2}} \\ H_1 = H_3 + h_{w_{1-3}} \end{array}\right\} \qquad (3.7.1)$$

式中：H_1、H_2、H_3 分别为断面 1—1、断面 2—2、断面 3—3 处的总水头；$h_{w_{1-2}}$、$h_{w_{1-3}}$ 分别为单位重量液体由断面 1—1 到断面 2—2 和由断面 1—1 到断面 3—3 的水头损失。

因为断面 1—1 上每个单位重量液体具有相同的机械能，而能量方程式又是对单位重量液体而言的，所以断面 1—1 的单位重量液体流到断面 2—2 和断面 3—3 时都应该服从能量方程。

（7）当列能量方程的两断面间有能量输入输出时能量方程也仍可应用。只不过当有能量输入（如管路中有水泵），方程式（3.6.8）左端需加上水泵的水头 H'，当有能量输出（如管路中有水轮机时），方程左端需减去水轮机的水头 H'，只有这样泵和水轮机左右两侧断面上的能量才能守恒。这时的能量方程应写为

$$z_1 + \frac{p_1}{\gamma} + \frac{\alpha_1 v_1^2}{2g} \pm H' = z_2 + \frac{p_2}{\gamma} + \frac{\alpha_2 v_2^2}{2g} + h_{w_{1-2}} \qquad (3.7.2)$$

式中：H' 前取正号相当于水泵，H' 前取负号相当于水轮机。图 3.7.2（a）是水泵装置图，图 3.7.2（b）是水轮机装置图。

设水泵和水轮机的效率分别为 η_p 和 η_t，水头分别为 H_p 和 H_t，则水泵和水轮机的功率分别为

$$N_p = \frac{\gamma Q H_p}{\eta_p} (\text{kW}) \qquad (3.7.3)$$

$$N_t = \eta_t \gamma Q H_t \, (\text{kW}) \tag{3.7.4}$$

下面我们通过几个具体问题来说明实际液体总流能量方程的应用。

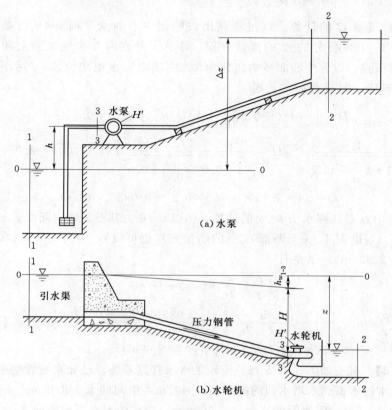

（a）水泵

（b）水轮机

图 3.7.2

【**例 3.7.1**】　有一如图 3.7.3 所示的管路向大气出流，已知：水头 $H = 4\text{m}$，管径 $d = 200\text{mm}$，管长 $l = 60\text{m}$，管路进口的局部水头损失 $h_{j\text{进}} \approx 0.5 \dfrac{v^2}{2g}$，管路的沿程水头损失随管长直线增加，与管径成反比，即 $h_f = \lambda \dfrac{l}{d} \dfrac{v^2}{2g}$，其中 λ 称为沿程水头损失系数，$\lambda = 0.025$，v 为管中断面平均流速，管轴线与水平夹角 $\theta = 5°$，试求：

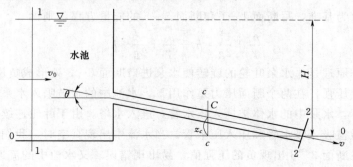

图 3.7.3

(1) 管中通过的流量 Q；

(2) 管路中点 C 的压强水头 $\dfrac{p_c}{\gamma}$。

解： (1) 流量 Q 的计算。以过管路出口断面中心的水平面 0—0 为基准面，写图 3.7.3 中断面 1—1 和断面 2—2 的能量方程，计算点分别取在水池水面上和出口断面中心，采用相对压强，设管中断面平均流速为 v，由于上游水池中流速 v_0 远小于管中流速 v，可以忽略不计，即 $v_0^2/2g \approx 0$，则

$$H+0+0=0+0+\frac{v^2}{2g}+h_{w_{1-2}}=\left(1+\lambda\frac{l}{d}+0.5\right)\frac{v^2}{2g}$$

$$v=\frac{1}{\sqrt{1+\lambda\dfrac{l}{d}+0.5}}\sqrt{2gH}=\frac{1}{\sqrt{1+0.025\dfrac{60}{0.2}+0.5}}\sqrt{2\times9.8\times4}=2.95(\text{m/s})$$

$$Q=vA=2.95\times0.785\times0.2^2=0.0926\ (\text{m}^3/\text{s})$$

(2) 管路中点 C 压强水头 p_c/γ 的计算。仍以 0—0 为基准面，写断面 c—c 与断面 2—2 的能量方程（写断面 1—1 与断面 c—c 的能量方程也可以），因为 $z_c=0.5l\sin5°=0.5\times60\times0.0872=2.62(\text{m})$，于是有

$$z_c+\frac{p_c}{\gamma}+\frac{v^2}{2g}=0+0+\frac{v^2}{2g}+h_{w_{c-2}}$$

$$\frac{p_c}{\gamma}=h_{w_{c-2}}-z_c=\lambda\frac{0.5l}{d}\frac{v^2}{2g}-z_c=\frac{0.025\times0.5\times60}{0.2}\times\frac{2.95^2}{19.6}-2.62$$

$$=-0.95(\text{m})(\text{出现负压，真空度为}0.95\text{m})$$

【例 3.7.2】 有一如图 3.7.2 (a) 所示的水泵管路系统。已知水泵管路中的流量 $Q=101\text{m}^3/\text{h}$，由水池水面到水塔水面的高差 $\Delta z=102\text{m}$，中间的水头损失 $h_{w_{1-2}}=25.4\text{m}$，水泵的效率 $\eta_p=75.5\%$，吸水管的直径 $d_s=200\text{mm}$，由水池至水泵前断面 3—3 的水头损失 $h_{w_{1-3}}=0.4\text{m}$，水泵的允许真空度 $h_v=6\text{m}$ 水柱。试求：(1) 水泵的安装高度 h_s；(2) 水泵的扬程水头 H_p；(3) 水泵的功率 N_p。

解： (1) 安装高度 h_s。吸水管中的断面平均流速为

$$v=\frac{Q}{A}=\frac{101}{3600}\times\frac{1}{0.785\times0.2^2}=0.89(\text{m/s})$$

$$\frac{v^2}{2g}=0.04\text{m}$$

以水池水面为基准，写断面 1—1 和断面 3—3 的能量方程，则得

$$\frac{p_a}{\gamma}+\frac{v_1^2}{2g}=h_s+\frac{p_3}{\gamma}+\frac{v^2}{2g}+h_{w_{1-3}}$$

水泵的工作原理是：水泵叶轮的旋转使水泵进口断面 3—3 处形成负压或真空，但是，水池水面为大气压强，在两个断面压力差作用下，水池中的水被吸入水泵。又在旋转叶轮的离心力作用下，水泵中的水体被压入压水管，进入水塔。由于叶轮连续旋转，所以水池中的水体连续地被吸入吸水管和压入压水管。当水流中出现真空时，我们习惯采用绝对压强标准，以免在断面 3—3 出现负的压强值，易出现错误。又水池中的流速 v_1 同吸水管中的流速 v 相比可以视为零。于是，上式变为

$$h_s = \frac{p_a - p_3}{\gamma} - \frac{v^2}{2g} - h_{w_{1-3}}$$

$$= h_v - \frac{v^2}{2g} - h_{w_{1-3}}$$

$$= 6 - 0.04 - 0.4$$

$$= 5.56 \; (\text{m})$$

（2）水泵的扬程水头 H_p。此问题属于有能量输入问题，仍以水池水面为基准，写断面 1—1 和断面 2—2 的能量方程，则有

$$z_1 + \frac{p_1}{\gamma} + \frac{v_1^2}{2g} + H_p = z_2 + \frac{p_2}{\gamma} + \frac{v_2^2}{2g} + h_{w_{1-2}}$$

采用相对压强 $p_1 = p_2 = 0$，$v_1 \approx v_2 \approx 0$，$v_2$ 为水塔中流速。于是

$$H_p = z_2 - z_1 + h_{w_{1-2}} = 102 + 25.4 = 127.4(\text{m})$$

（3）水泵的功率 N_p。由式（3.7.3），得

$$N_p = \frac{\gamma Q H_p}{\eta_p} = \frac{9800 \times \frac{101}{3600} \times 127.4}{0.755} = 46400(\text{W}) = 46.4(\text{kW})$$

【例 3.7.3】 如图 3.7.4 所示，有一矩形断面近似平底的渠道，已知底宽 $b = 2\text{m}$，渠道在某断面处有一上升坎，坎高 $P = 0.5\text{m}$，坎前渐变流断面处水深 $H = 2\text{m}$，坎后水面下降 $\Delta h = 0.3\text{m}$，底坎处的局部水头损失为 $0.5 \frac{v_2^2}{2g}$，v_2 为图 3.7.4 中断面 2—2 的平均流速，试求该渠道中通过的流量 Q。

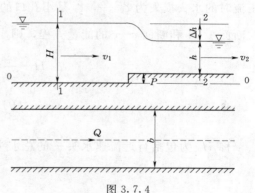

图 3.7.4

解： 以渠底为基准面，写图 3.7.4 中断面 1—1 和断面 2—2 的能量方程，则有

$$z_1 + \frac{p_1}{\gamma} + \frac{v_1^2}{2g} = z_2 + \frac{p_2}{\gamma} + \frac{v_2^2}{2g} + h_{w_{1-2}} \tag{3.7.5}$$

式中：$z_1 = H = 2\text{m}$；$z_2 = H - \Delta h = 2 - 0.3 = 1.7(\text{m})$；$p_1 = p_2 = p_a = 0$；$h = H - P - \Delta h = 2 - 0.5 - 0.3 = 1.2(\text{m})$。

设该渠道中流量为 Q，则断面 1—1 和断面 2—2 的流速平方分别为

$$v_1^2 = \frac{Q^2}{A_1^2} = \frac{Q^2}{(bH)^2} = \frac{Q^2}{(2 \times 2)^2} = \frac{Q^2}{16}$$

$$v_2^2 = \frac{Q^2}{A_2^2} = \frac{Q^2}{(bh)^2} = \frac{Q^2}{(2 \times 1.2)^2} = \frac{Q^2}{5.76}$$

将上面数据代入式（3.7.5），得

$$2 + \frac{Q^2}{19.6 \times 16} = 1.7 + \frac{Q^2}{19.6 \times 5.76} + 0.5 \frac{Q^2}{19.6 \times 5.76}$$

由上式解得

$$Q = \sqrt{\frac{0.3}{0.01}} = 5.48(\text{m}^3/\text{s})$$

【例 3.7.4】 试用能量方程导出小孔口和管嘴的泄流量公式。

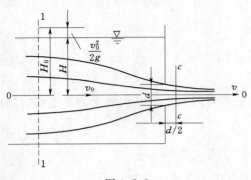

图 3.7.5

解：（1）小孔口泄流。在如图 3.7.5 所示的水箱侧壁上，开一直径为 d 的孔口，在水头 H 作用下，水自孔口泄出。当 $d/H \leqslant 1/10$ 时，可以认为出流断面上的流速与压强均匀分布。

现利用能量方程来推求小孔口的泄流量公式。若水箱较大，可以认为在孔口泄流时箱中水位不变，因此属于恒定流。以过孔口中心的水平面为基准面。选距孔口一定距离的上游断面作为断面 1—1，设断面平均流速为 v_0，计算点选在自由水面上，其相对压强为零。孔口泄流时，由于惯性作用水股首先逐渐缩细，然后由于空气阻力作用水股的断面又逐渐扩大。这中间水股最细断面 c—c 称为收缩断面，且认为是渐变流。此断面上的相对压强为零。设断面平均流速为 v_c，孔口出流时的水头损失为 $\zeta_0 \dfrac{v_c^2}{2g}$，$\zeta_0$ 是小孔口的局部水头损失系数，一般为 $0.04 \sim 0.06$。现在写断面 1—1 和断面 c—c 的能量方程，则

$$H + \frac{v_0^2}{2g} = \frac{v_c^2}{2g} + \zeta_0 \frac{v_c^2}{2g}$$

令

$$H + \frac{v_0^2}{2g} = H_0$$

称 H_0 为包括行近流速水头 $\dfrac{v_0^2}{2g}$ 的总水头，也称作用水头，于是

$$v_c = \frac{1}{\sqrt{1+\zeta_0}} \sqrt{2gH_0}$$

又令

$$\varphi = \frac{1}{\sqrt{1+\zeta_0}}$$

φ 称为流速系数，一般为 $0.97 \sim 0.98$，于是

$$v_c = \varphi \sqrt{2gH_0}$$

设孔口的断面面积为 A，收缩断面的断面面积为 A_c，定义 $A_c/A = \varepsilon$ 为小孔口的收缩系数，一般为 $0.63 \sim 0.64$，所以 $A_c = \varepsilon A$。而流量为

$$Q = v_c A_c = \varepsilon \varphi A \sqrt{2gH_0}$$

令

$$\mu = \varepsilon \varphi$$

μ 称为小孔口的流量系数，一般为 $0.60 \sim 0.62$。于是，最后得小孔口的流量公式为

$$Q = \mu A \sqrt{2gH_0} \tag{3.7.6}$$

（2）管嘴泄流。如果在图 3.7.5 的小孔口处外接一个长度 $l = (3 \sim 4)d$ 的短管，则这时在水头 H_0 作用下形成的出流称为管嘴出流，如图 3.7.6 所示。它与孔口出流的区别在

于：管嘴出口的过水断面面积 A 大于收缩断面 $c—c$ 的面积 A_c，由连续方程可知 $v_c > v$，又因为出口断面为大气压强 P_a，由能量方程可知，收缩断面处将产生真空现象。这样，同孔口相比，管嘴出流的作用水头除了 H_0 之外又增加了一个真空水头 $(p_a - p_c)/\gamma$。由实验测得 $(p_a - p_c)/\gamma = 0.75H_0$，此值应小于 7m，否则收缩断面处会因压强过低而出现汽化现象。

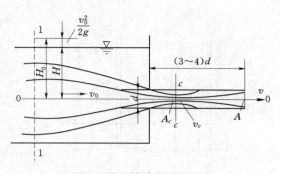

图 3.7.6

与前面求解小孔口问题时相同，仍写断面 1—1 和断面 $c—c$ 的能量方程，参考式（3.7.6），则得管嘴的泄流量公式为

$$Q = \mu A \sqrt{2g(H_0 + 0.75H_0)} = 1.32\mu A \sqrt{2gH_0}$$

式中：μ 为小孔口的流量系数，取 $\mu = 0.62$。

现引入管嘴的流量系数 μ_n，则 $\mu_n = 1.32\mu = 0.82$。于是，最后得管嘴的泄流量公式为

$$Q = \mu_n A \sqrt{2gH_0} \qquad (3.7.7)$$

又 $\mu_n = \varphi_n \varepsilon_n$，而管嘴的收缩系数 $\varepsilon_n = 1$，所以管嘴的流量系数 $\varphi_n = 0.82$，由此可见，管嘴的流量系数大于小孔口的流量系数。因此在相同的条件下管嘴的出流量约为孔口的 1.32 倍。

管嘴的工作条件包括以下两个方面。

（1）要求管嘴的长度 $l = (3 \sim 4)d$，d 为管嘴的直径。如果管嘴太短，收缩断面后的水流来不及扩散成满管，外面的空气就会进入管嘴内部而破坏真空，结果起不到管嘴的作用。如果管嘴过长，收缩断面后的沿程水头损失不可忽略，这就变成后面讲述的管道问题了。

（2）要求管嘴的作用水头 H_0 小于或者等于 9m，如果 $H_0 > 9m$，收缩断面处负压过大，液体将会气化，结果反而破坏了真空现象。

【例 3.7.5】　试用能量方程导出用皮托管测量流速的公式和用文丘里管测量管中流量的公式。

解：（1）皮托管。皮托管是用来测定流动水流中点流速的一种仪器。图 3.7.7（a）为皮托管的原理图，图 3.7.7（b）为实际的皮托管装置图。

图 3.7.7（a）中是将一根两端开口的细管弯成直角放在管道中，使其一端对准水流的方向，这时水流将进入细管中，水位将沿细管的铅直部分上升，当水位稳定到 $h_2 = p_2/\gamma$ 时，细管前端 2 点处的流速变为零，此点称为驻点。与此同时，在管道的侧壁上开一个小孔，装上测压管，水位将上升到 $h_1 = p_1/\gamma$。现对图 3.7.7 中的 1、2 点写能量方程，且基准面取在管道的轴线处，则得

$$\frac{p_1}{\gamma} + \frac{u^2}{2g} = \frac{p_2}{\gamma}$$

由图 3.7.7 中可知：$\dfrac{p_1}{\gamma} = h_1$，$\dfrac{p_2}{\gamma} = \dfrac{p_1}{\gamma} + \dfrac{u^2}{2g} = h_2$。可见 h_1 中不包含流速水头 $\dfrac{u^2}{2g}$，故称

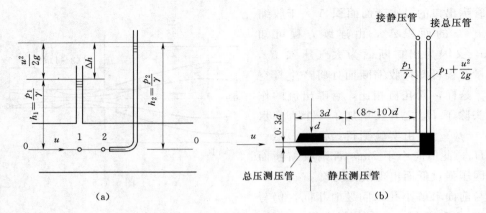

图 3.7.7

此管为静压管，而 h_2 中包含静压 $\dfrac{p_1}{\gamma}$ 和流速水头 $\dfrac{u^2}{2g}$，故此管称为动压管或总压管。这样，上式可以写成为

$$u = \sqrt{2g(h_2 - h_1)} = \sqrt{2g\Delta h} \tag{3.7.8}$$

由于在写能量方程时没有考虑水头损失，因此由式（3.7.8）算得的流速称为理论流速。实际上是有水头损失的。为了仍用式（3.7.8）计算实际流速，需在式中引入一个系数，即

$$u = \varphi\sqrt{2g\Delta h} \tag{3.7.9}$$

式中：φ 为流速系数，它表示实际流速与理论流速之比，由实验率定，一般取 $\varphi = 0.98 \sim 1.00$。

事实上，式（3.7.8）和式（3.7.9）都是由元流能量方程导出的。

（2）文丘里管。文丘里管是量测管道中流量的一种装置。如图 3.7.8 所示，为一装置在管道中的文丘里管。它由三部分组成：渐缩段、喉管及渐扩段。若欲测管道中的流量，则在管道和喉管处装上两根测压管（或者比压计），用以测得断面 1—1、断面 2—2 上的测压管中水位高差 Δh。当已知测压管中的水位差 Δh 时，应用能量方程就可以计算出管道中通过的流量。现分析如下。

选择水平面 0—0 为基准面，计算点选在断面 1—1 和断面 2—2 的中心。设断面 1—1 和断面 2—2 处的位置高度、压强和断面平均流速分别为 z_1、z_2、p_1、p_2 和 v_1、v_2，先不计水头损失，并且取动能校正系数 $\alpha_1 = \alpha_2 = 1$。这时，写断面 1—1 和断面 2—2 的能量方程得

$$z_1 + \frac{p_1}{\gamma} + \frac{v_1^2}{2g} = z_2 + \frac{p_2}{\gamma} + \frac{v_2^2}{2g}$$

$$\left(z_1 + \frac{p_1}{\gamma}\right) - \left(z_2 + \frac{p_2}{\gamma}\right) = \frac{v_2^2 - v_1^2}{2g}$$

由图 3.7.8 中可知：　　　　$\left(z_1 + \dfrac{p_1}{\gamma}\right) - \left(z_2 + \dfrac{p_2}{\gamma}\right) = \Delta h$

Δh 是断面 1—1、断面 2—2 间的测压管水头差，所以

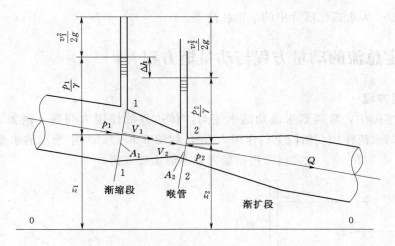

图 3.7.8

$$\frac{v_2^2 - v_1^2}{2g} = \Delta h \tag{3.7.10}$$

由连续方程，得

$$v_2 = v_1 \frac{A_1}{A_2} = v_1 \frac{d_1^2}{d_2^2} \tag{3.7.11}$$

A_1 和 A_2 分别为断面 1—1 和断面 2—2 断面的过水断面面积。将式（3.7.11）代入式（3.7.10），得

$$\frac{v_1^2}{2g}\left[\left(\frac{d_1}{d_2}\right)^4 - 1\right] = \Delta h$$

$$v_1 = \frac{1}{\sqrt{\left(\frac{d_1}{d_2}\right)^4 - 1}}\sqrt{2g\Delta h}$$

而流量为

$$Q = v_1 A_1 = \frac{\pi}{4} \frac{d_1^2}{\sqrt{\left(\frac{d_1}{d_2}\right)^4 - 1}}\sqrt{2g\Delta h}$$

所以

$$Q = \frac{\pi}{4} \frac{d_1^2 d_2^2}{\sqrt{d_1^4 - d_2^4}}\sqrt{2g\Delta h} \tag{3.7.12}$$

如果令

$$\frac{\pi}{4} \frac{d_1^2 d_2^2}{\sqrt{d_1^4 - d_2^4}}\sqrt{2g} = K = 常数$$

则

$$Q = K\sqrt{\Delta h} \tag{3.7.13}$$

请注意：

（1）当考虑水头损失时，应该在式（3.7.12）和式（3.7.13）中引入一个 $\mu = 0.95 \sim 0.98$ 的流量系数。μ 表示实际流量与理论流量之比。

（2）当用水银比压计测定断面 1—1、断面 2—2 间的测压管水头差时，式中的 $\Delta h =$

$12.6\Delta h_m$，Δh_m 为水银比压计中的水银柱高差。

3.8　恒定总流的动量方程与动量矩方程

3.8.1　动量方程

在工程实际中，常遇到求流动的水流对固体边界的作用力问题，例如求如图 3.8.1（a）中所示的水流作用在闸门上的作用力 R'_x，如图 3.8.1（b）中所示的水流作用在弯管上的作用力 R'_x 和 R'_z 等。此类问题用动量方程求解比较方便。

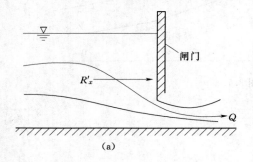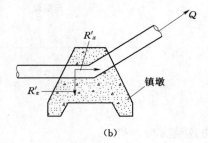

（a）　　　　　　　　　　　　　　（b）

图 3.8.1

控制体形式的动量方程的一般形式为

$$F_{cv} = \frac{\partial}{\partial t}\int_{cv} \boldsymbol{u} \cdot \rho \mathrm{d}V + \int_{cs} \boldsymbol{u} \cdot \rho \boldsymbol{u} \cdot \mathrm{d}\boldsymbol{A} \tag{3.8.1}$$

对于恒定流，式（3.8.1）右端的非恒定项为零，于是得

$$F_{cv} = \int_{cs} \boldsymbol{u} \cdot \rho \boldsymbol{u} \cdot \mathrm{d}\boldsymbol{A} \tag{3.8.2}$$

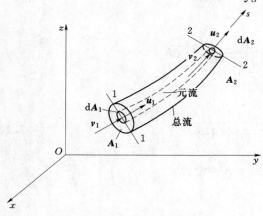

图 3.8.2

式（3.8.2）说明：对于恒定流，作用在控制体上外力的向量和等于单位时间内通过控制体表面流出与流入控制体的动量之差。

现在对于如图 3.8.2 所示的恒定总流应用式（3.8.2）。从总流中取出一元流。元流在过水断面 1—1 和过水断面 2—2 处的断面面积分别为 $\mathrm{d}\boldsymbol{A}_1$ 和 $\mathrm{d}\boldsymbol{A}_2$，流速分别为 $\boldsymbol{u}_1$ 和 $\boldsymbol{u}_2$。该元流单位时间流出与流入的动量差为

$$\boldsymbol{u}_2 \cdot \rho \boldsymbol{u}_2 \cdot \mathrm{d}\boldsymbol{A}_2 - \boldsymbol{u}_1 \cdot \rho \boldsymbol{u}_1 \cdot \mathrm{d}\boldsymbol{A}_1$$

对于该总流单位时间内流出与流入的动量差为：

$$\int_{A2} \boldsymbol{u}_2 \cdot \rho \boldsymbol{u}_2 \cdot \mathrm{d}\boldsymbol{A}_2 - \int_{A1} \boldsymbol{u}_1 \cdot \rho \boldsymbol{u}_1 \cdot \mathrm{d}\boldsymbol{A}_1 \tag{3.8.3}$$

式中的 u_2 和 u_1 用相应过水断面的断面平均流速 v_2 和 v_1 代替，但两者计算的动量有差异，为此需要修正。设断面 1—1 与断面 2—2 为均匀流或渐变流断面，u 与 v 的方向几乎相同，则可引入动量校正系数 α_0，它表示实际动量与按 v 计算的动量之比，即

$$\alpha_0 = \frac{\int_A u^2 \,\mathrm{d}A}{v^2 A} \tag{3.8.4}$$

α_0 值与断面上的流速分布有关，约为 $1.02 \sim 1.05$，为了简化可取 $\alpha_0 = 1$。

将式（3.8.4）代入式（3.8.3），并注意到 ρ 等于常数和 $v_1 A_1 = v_2 A_2 = Q$，得

$$\rho \alpha_{02} v_2^2 A_2 - \rho \alpha_{01} v_1^2 A_1 = \rho(\alpha_{02} v_2 \cdot v_2 A_2 - \alpha_{01} v_1 \cdot v_1 A_1)$$
$$= \rho Q(\alpha_{02} v_2 - \alpha_{01} v_1)$$

因为动量是向量，所以上式中保留了 v_2 和 v_1。

最后，得恒定总流动量方程的向量形式为

$$F_{cv} = \rho Q(\alpha_{02} v_2 - \alpha_{01} v_1) \tag{3.8.5}$$

其分量形式为

$$\left.\begin{array}{l} F_{cvx} = \rho Q(\alpha_{02} v_{2x} - \alpha_{01} v_{1x}) \\ F_{cvy} = \rho Q(\alpha_{02} v_{2y} - \alpha_{01} v_{1y}) \\ F_{cvz} = \rho Q(\alpha_{02} v_{2z} - \alpha_{01} v_{1z}) \end{array}\right\} \tag{3.8.6}$$

应用动量方程注意的事项：

（1）在渐变流断面间取控制体，便于用能量方程求压强 p。

（2）原则上压强标准可以采用相对压强或绝对压强，但多数情况下采用相对压强更方便些。

（3）视其方便选取坐标轴方向，注意作用力及速度的正负号。

（4）外力 F 应该包括作用在控制体上的所有质量力、表面力（主要指压力）和固体边界的反作用力。固体边界的反作用力的方向可以事先假设。解出为正时说明假设的反作用力方向与实际相符合，否则实际的反作用力方向与假设方向相反。

（5）应为流出控制体的动量减去流入控制体的动量。

（6）当问题中所需要的流速和压强均未知时，需要与连续方程和能量方程联解。

【例 3.8.1】 有一如图 3.8.3 所示的溢流坝，当通过的流量 Q 为 $50\mathrm{m}^3/\mathrm{s}$ 时，坝上游水深 $H = 10\mathrm{m}$，坝下游收缩断面的水深 $h_c = 0.5\mathrm{m}$，已知坝长（垂直于纸面方向）$L = 10\mathrm{m}$，试求水流对坝体的总作用力。

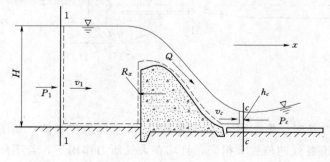

图 3.8.3

解： 取水平向右方向为 x 轴正向，水流对坝体只有 x 方向的作用力。取图 3.8.3 中虚线和自由水面线所围水体为控制体，在 x 方向上作用在控制体上的作用力，当忽略空气和床面与水体的摩擦力时，只有作用在断面 1—1 和断面 c—c 上的动水压力 P_1 和 P_C，以及坝对水体的反作用力 R_x。于是，对该控制体 x 方向的动量方程为

$$P_1 - P_C - R_x = \rho Q(v_c - v_1)$$
$$R_x = P_1 - P_C - \rho Q(v_c - v_1)$$

（3.8.7）

我们认为断面 1—1 和断面 c—c 处水流符合渐变流条件，因此，动水压强按静水压强规律分布，即

$$P_1 = \gamma h_{1c} A_1 = \gamma \frac{H}{2} HL = \frac{1}{2} \times 9.8 \times 10^2 \times 10 = 4900 (\text{kN})$$

$$P_c = \gamma h_{2c} A_c = \gamma \frac{h_c}{2} h_c L = \frac{1}{2} \times 9.8 \times 0.5^2 \times 10 = 12.25 (\text{kN})$$

由连续方程求断面 1—1 和断面 c—c 的平均流速分别为

$$v_1 = \frac{Q}{A_1} = \frac{Q}{HL} = \frac{50}{10 \times 10} = 0.5 (\text{m/s})$$

$$v_c = \frac{Q}{A_c} = \frac{Q}{h_c L} = \frac{50}{0.5 \times 10} = 10 (\text{m/s})$$

将上面各值代入式（3.8.7），因为动水压力是以 kN 为单位，所以式中 ρ 虽然为 1000kg/m^3，但只代入数值 1，于是得

$$R_x = 4900 - 12.25 - 1 \times 50 \times (10 - 0.5) = 4412.75 (\text{kN})$$

所求得的 R_x 为正值，说明我们假设的方向正确。那么，根据作用力与反作用力大小相等方向相反，则水流作用在坝体上的作用力 R_x' 为 4412.75kN，但方向沿 x 轴正向。

【例 3.8.2】 如图 3.8.4 所示喷嘴射流冲击弯曲叶片。已知射流流量为 Q，喷嘴出口流速为 v，叶片出口的流速与水平方向的夹角为 β，试求：（1）射流对弯曲叶片的作用力；（2）射流对平板叶片的作用力；（3）当叶片以速度 u 向右移动时，射流对弯曲叶片的作用力。

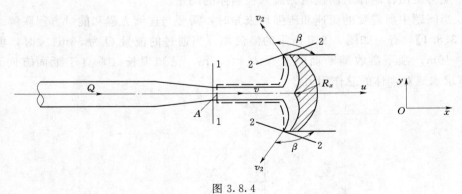

图 3.8.4

解：（1）弯曲叶片时。取断面 1—1 和断面 2—2 水体为控制体，如图 3.8.4 所示取 x 轴和 y 轴。因为射流各处的位置 z 相同，且均在大气压力作用下，若不计水头损失，由能量方程式得 $v = v_2$。又由于叶片对称，所以 y 方向的作用力总和为 0。

设叶片对控制体的作用力为 R_x，x 方向的动量方程为

$$-R_x = 2\left(\rho\,\frac{Q}{2}v_2\cos\beta\right) - \rho Q v = \rho Q v\cos\beta - \rho Q v$$

所以

$$R_x = \rho Q v (1 - \cos\beta) \tag{3.8.8}$$

当 $\beta = 180°$ 时 $\cos\beta = -1$，所以作用在弯曲叶片上的最大作用力为

$$R_{x\max} = 2\rho Q v \tag{3.8.9}$$

（2）平板叶片时。这时 $\beta = 90°$，$\cos\beta = 0$，所以由式（3.8.8）得

$$R_{x平} = \rho Q v \tag{3.8.10}$$

可见曲面叶片所受的最大作用力为平板所受作用力的 2 倍，这就是叶片机械做成曲面的原因。

（3）当弯曲叶片以速度 u 向右移动时。这时式（3.8.8）中的速度 v 应该用相对于叶片的速度 $v-u$ 代替，流量 Q 用 $(v-u)A$ 代替，这相当于用相对于叶片的流速和流量。于是

$$R_{xr} = \rho(v-u)A \cdot (v-u)(1-\cos\beta) = \rho A (v-u)^2 (1-\cos\beta)$$

【例 3.8.3】 在立体图上有一如图 3.8.5 所示的弯管段，已知：弯管段入口和出口的直径分别为 0.5m 和 0.25m；折角 $\theta = 60°$；管中通过的流量 $Q = 0.4\text{m}^3/\text{s}$；弯管入口处的相对压强 $p_1 = 147\text{kN/m}^2$；弯管段的水重 G = 5kN，进出口断面的高程差 $\Delta z = 2$m。试求水流对弯管的作用力。

解：

$$A_1 = 0.785 d_1^2 = 0.196\text{m}^2$$

$$A_2 = 0.785 d_2^2 = 0.049\text{m}^2$$

$$v_1 = \frac{Q}{A_1} = \frac{0.4}{0.196} = 2.04 \ (\text{m/s})$$

$$v_2 = \frac{Q}{A_2} = \frac{0.4}{0.049} = 8.16 \ (\text{m/s})$$

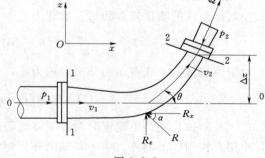

图 3.8.5

以图 3.8.5 中 0—0 为基准面，写进出口断面的能量方程，则

$$0 + \frac{p_1}{\gamma} + \frac{v_1^2}{2g} = z_2 + \frac{p_2}{\gamma} + \frac{v_2^2}{2g}, \quad z_2 = \Delta z$$

$$\frac{p_2}{\gamma} = \frac{p_1}{\gamma} + \frac{v_1^2}{2g} - \Delta z - \frac{v_2^2}{2g} = \frac{147}{9.8} + \frac{2.04^2}{19.6} - 2 - \frac{8.16^2}{19.6} = 9.82 \ (\text{m})$$

所以

$$p_2 = 96.24\text{kN/m}^2$$

断面 1—1 和断面 2—2 上作用的动水总压力分别为

$$P_1 = p_1 A_1 = 147 \times 0.196 = 28.81 (\text{kN})$$

$$P_2 = p_2 A_2 = 96.24 \times 0.049 = 4.72 (\text{kN})$$

现在，按图示坐标系，取断面 1—1 和断面 2—2 间水体为控制体。作用在控制体上的外力有：断面 1—1 和断面 2—2 上的动水总压力，水体的重量和弯管对水体的反作用力。设弯管对水体的反作用力的 x 和 z 方向的分量分别为 R_x 和 R_z。

x 方向的动量方程为

$$P_1 - P_2\cos\theta - R_x = \rho Q(v_2\cos\theta - v_1)$$

所以

$$\begin{aligned}
R_x &= P_1 - P_2\cos\theta - \rho Q(v_2\cos\theta - v_1)\\
&= 28.81 - 4.72\times\cos60° - 1\times0.4(8.16\times\cos60° - 2.04)\\
&= 25.63 \ (\text{kN})
\end{aligned}$$

z 方向的动量方程为

$$-P_2\sin\theta - G + R_z = \rho Q(v_2\sin\theta - 0)$$

所以

$$\begin{aligned}
R_z &= P_2\sin\theta + G + \rho Q(v_2\sin\theta - 0)\\
&= 4.72\times\sin60° + 5 + 0.4\times8.16\times\sin60° = 11.914(\text{kN})
\end{aligned}$$

因为求得的 R_x 和 R_z 均为正值，所以假设的反作用力的方向正确。反作用力的合力大小为

$$R = \sqrt{R_x^2 + R_z^2} = \sqrt{25.63^2 + 11.914^2} = 28.26(\text{kN})$$

合力与水平方向的夹角为

$$\alpha = \tan^{-1}\left(\frac{R_z}{R_x}\right) = \tan^{-1}\left(\frac{11.914}{25.63}\right) = 24.93°$$

最后，水流对弯管的作用力大小为 28.26kN，方向与 R 方向相反。

3.8.2　动量矩方程

控制体形式的动量矩方程的一般式为

$$T_{q_{cv}} = \frac{\partial}{\partial t}\int_{cv} \boldsymbol{r}\times\boldsymbol{u}\cdot\rho\mathrm{d}V + \int_{cs} \boldsymbol{r}\times\boldsymbol{u}\cdot\rho\boldsymbol{u}\cdot\mathrm{d}\boldsymbol{A} \qquad (3.8.11)$$

对于恒定流，上式右端的非恒定项为零，于是得

$$T_{q_{cv}} = \int_{cs} \boldsymbol{r}\times\boldsymbol{u}\cdot\rho\boldsymbol{u}\cdot\mathrm{d}\boldsymbol{A} \qquad (3.8.12)$$

式 (3.8.12) 就是恒定流时对控制体而言的向量形式的动量矩方程。它说明：恒定流时，作用在控制体上的外力关于某轴的外力矩的向量和等于单位时间内通过控制体表面流出与流入的动量矩之差。

【例 3.8.4】　如图 3.8.6 (a) 所示为水泵叶轮的平面图，①为进口断面，②为出口断面，进出口断面到转轴 O 的距离分别为 r_1 和 r_2；v_r 和 v_t 分别表示绝对速度 v 在径向和切向的速度分量。试用动量矩方程推导水泵扬程水头的表达式

$$H_P = \frac{1}{g}(u_2 v_2\cos\alpha_2 - u_1 v_1\cos\alpha_1) \qquad (3.8.13)$$

式中：u_1、u_2 为叶轮进出口处的牵连速度或者圆周速度；v_1、v_2 为叶轮进出口处的绝对速度；α_1、α_2 为叶轮进出口处的绝对速度和圆周速度间的夹角。

解：由于叶轮中水流的流动是恒定的，所以应用动量矩方程式 (3.8.12)，即

$$T_{q_{cv}} = \int_{cs} \boldsymbol{r}\times\boldsymbol{u}\cdot\rho\boldsymbol{u}\cdot\mathrm{d}\boldsymbol{A}$$

注意：式 (3.8.12) 中的速度 $\boldsymbol{u}$ 相当于图 3.8.6 中叶轮进出口处的绝对速度 $v(v_1$ 或 $v_2)$，所以

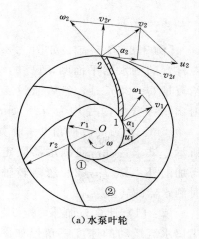 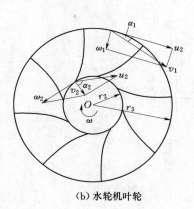

（a）水泵叶轮　　　　　　　　　　　（b）水轮机叶轮

图 3.8.6

$$\boldsymbol{r} \times \boldsymbol{u} = \boldsymbol{r} \cdot v_t , \quad \boldsymbol{u} \cdot \mathrm{d}\boldsymbol{A} = v_r \cdot \mathrm{d}\boldsymbol{A}$$

将上式代入式（3.8.12），得

$$\int_{cs} \boldsymbol{r} \times \boldsymbol{u} \cdot \rho \boldsymbol{u} \cdot \mathrm{d}\boldsymbol{A} = \int_{cs②} \rho \boldsymbol{r}_2 v_{2t} v_{2r} \mathrm{d}\boldsymbol{A}_2 - \int_{cs①} \rho \boldsymbol{r}_1 v_{1t} v_{1r} \mathrm{d}\boldsymbol{A}_1$$

$$= \rho \boldsymbol{r}_2 v_{2t} \underbrace{\int_{cs②} v_{2r} \mathrm{d}\boldsymbol{A}_2}_{Q} - \rho \boldsymbol{r}_1 v_{1t} \underbrace{\int_{cs①} v_{1r} \mathrm{d}\boldsymbol{A}}_{Q} = \rho Q (\boldsymbol{r}_2 v_{2t} - \boldsymbol{r}_1 v_{1t})$$

由图 3.8.6 中可知，式中 $v_{2t} = v_2 \cos\alpha_2$，$v_{1t} = v_1 \cos\alpha_1$，令 $T_{q_{cv}} = T$，所以得

$$T = \rho Q (r_2 v_2 \cos\alpha_2 - r_1 v_1 \cos\alpha_1)$$

从机械方面而言，水泵的功率为

$$N = \omega T = \rho Q (r_2 v_2 \cos\alpha_2 - r_1 v_1 \cos\alpha_1) \omega$$

式中：ω 为叶轮的旋转角速度。

又 $r_2 \omega = u_2$，$r_1 \omega = u_1$，u_1、u_2 为叶轮进出口处的圆周速度，所以

$$N = \rho Q (u_2 v_2 \cos\alpha_2 - u_1 v_1 \cos\alpha_1) \tag{3.8.14}$$

从水力学角度而言，水泵的功率为

$$N = \gamma Q H_p \tag{3.8.15}$$

令式（3.8.14）等于式（3.8.15），则最后得

$$H_p = \frac{1}{g} (u_2 v_2 \cos\alpha_2 - u_1 v_1 \cos\alpha_1) \tag{3.8.16}$$

又离心泵进口叶片的安置角常为 $\alpha_1 = 90°$，即 $\cos\alpha_1 = 0$，注意到 $v_2 \cos\alpha_2 = v_{2t}$，所以得

$$H_p = \frac{1}{g} u_2 v_{2t} \tag{3.8.17}$$

对于如图 3.8.6（b）所示的水轮机叶轮，由于液体是从叶轮的外缘流向内缘，即水泵叶轮的进口断面恰为水轮机叶轮的出口断面，水泵叶轮的出口断面恰为水轮机叶轮的进口断面，若水流流进断面为 1—1 断面，水流流出断面为 2—2 断面，当假设水轮机的水头为 H_t 时，用与上述完全相同的推导方法，则可以得到水轮机的水头公式为

$$H_t = \frac{1}{g}(u_1 v_1 \cos\alpha_1 - u_2 v_2 \cos\alpha_2) \tag{3.8.18}$$

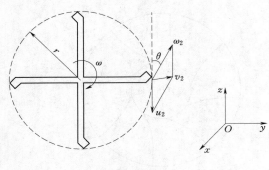

图 3.8.7

【例 3.8.5】　有一如图 3.8.7 所示的对称臂的洒水器平面图，已知：轴向总供给流量 $Q = 2.5\text{L/s}$，然后通过 4 个旋转臂射出，各臂的内径均为 $d = 1\text{cm}$，半臂长 $r = 0.5\text{m}$，射流的方向角 $\theta = 30°$如图 3.8.7 所示，试求：（1）使洒水器固定不动时所需加的外力矩 T；（2）忽略转轴的摩擦力时洒水器的转数 n。

解：（1）计算施加外力矩 T。设洒水器出口水流运动的速度三角形如图 3.8.7 所示，其中 u_2、ω_2 及 v_2 分别为圆周速度、相对速度及绝对速度。当洒水器不动时，即 $\omega = 0$，圆周速度 $u_2 = \omega r = 0$，这时 $v_2 = \omega_2$，且方向相同。

$$\omega_2 = \frac{Q}{4A} = \frac{0.0025}{4 \times 0.785 \times 0.01^2} = 7.96 \ (\text{m/s})$$

根据动量矩定律有

$$T = \rho Q v_{2t} \cdot r_2 - \rho Q v_{1t} \cdot r_1 \tag{3.8.19}$$

但是，由于水流是沿半径方向流入，故在 xOy 平面内 $v_{1t} = 0$，$v_{2t} = \omega_2 \cos\theta$，所以得

$$T = \rho Q \omega_2 \cdot r\cos\theta$$
$$= 1000 \times 0.0025 \times 7.96 \times \cos 30° \times 0.5$$
$$= 8.62(\text{N} \cdot \text{m})$$

（2）计算转数 n。当洒水器旋转时，圆周速度 u_2 不为零，但是外力矩 T 为 0，又这时式（3.8.19）中的 $\rho Q v_{1t} \cdot r_1 = 0$，同时由出口速度三角形可知：

$$v_{2t} = \omega_2 \cos\theta - u_2 = \omega_2 \cos\theta - \omega \cdot r$$

所以由式（3.8.19）得

$$\rho Q(\omega_2 \cos\theta - \omega \cdot r) \cdot r = 0$$

故

$$\omega = \frac{\omega_2 \cos\theta}{r} = \frac{7.96 \times \cos 30°}{0.5} = 13.79(\text{rad/s})$$

最后得转数为

$$n = \frac{60\omega}{2\pi} = \frac{60 \times 13.79}{6.28} \approx 132(\text{r/min})$$

思 考 题 3

3.1　有人认为均匀流和渐变流一定是恒定流，急变流一定是非恒定流，这种说法对否？并说明其理由。

3.2　如思考题图 3.1 所示。

（1）何为渐变流？在水力学中为什么要引入这一概念？

（2）在思考题图 3.1 渐变管流中哪两点可以写出 $z_1+\dfrac{p_1}{\gamma}=z_2+\dfrac{p_2}{\gamma}$？为什么？

（3）a 和 c，b 和 d 两点的动水压强是否相等？为什么？

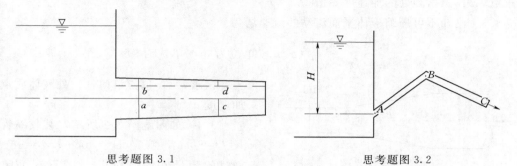

思考题图 3.1　　　　　　　　　　　　思考题图 3.2

3.3　在写总流的能量方程 $z_1+\dfrac{p_1}{\gamma}+\dfrac{\alpha_1 v_1^2}{2g}=z_2+\dfrac{p_2}{\gamma}+\dfrac{\alpha_2 v_2^2}{2g}+h_{w1-2}$ 时，过水断面上的代表点，所取基准面及压强标准是否可以任意选择？为什么？

3.4　有一如思考题图 3.2 所示的等直径弯管，试问：

（1）水流由低处流向高处的 AB 管段中断面平均流速 v 是否会沿程减小？在由高处向低处的 BC 管段中的断面平均流速 v 是否会沿程增大？为什么？

（2）如果不计管中的小头损失，何处压强最小？何处最大？进口内 A 点压强是否为 γH？

3.5　迹线的微分方程式与流线的微分方程式有何区别？在什么条件下迹线和流线重合？

3.6　恒定流、均匀流各有何特点？

3.7　总流伯努利方程与元流伯努利方程有什么不同点？

3.8　由动量方程求得的力若为负值，说明什么问题？应用中如何选取控制体？

习　题　3

3.1　如习题图 3.1 所示，已知圆管层流断面上的流速分布为

$$u=u_{\max}\left(1-\dfrac{r^2}{r_0^2}\right)$$

水管半径 $r_0=3\mathrm{cm}$，管中心处的流速 $u_{\max}=0.15\mathrm{m/s}$，试求

（1）管中流量 Q；

（2）断面平均流速 v。

3.2　已知液体质点的运动轨迹方程式为

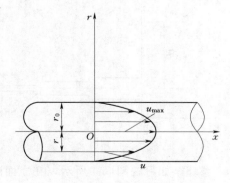

习题图 3.1

$$x=1+0.01\sqrt{t^5}$$
$$y=2+0.01\sqrt{t^5}$$
$$z=3$$

试求点 $A(10,11,3)$ 处的加速度 a 值。

3.3　已知不可压缩液体平面流动的流速场为

$$\left.\begin{array}{c}u_x=xt+2y\\u_y=xt^2-yt\end{array}\right\}(u、x、y\ 单位为\ m,t\ 单位为\ s)$$

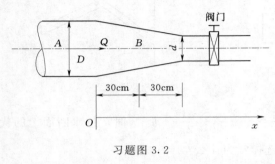

习题图 3.2

试求 $t=1s$ 时点 $A(1,2)$ 处液体质点的加速度 a。

3.4　如习题图 3.2 所示，某收缩管段长 $l=60cm$，管径 $D=30cm$，$d=15cm$，通过的流量 $Q=0.3m^3/s$。若逐渐关闭阀门，使流量在 30s 内直线地减小到零，并假设断面上的流速均匀分布，试求阀门关闭到第 20s 时 A、B 点处的加速度 a_A20 和 a_B20。

3.5　已知不可压缩液体平面流动的流速场为

$$(a)\ \left.\begin{array}{c}u_x=1\\u_y=t\end{array}\right\};\ (b)\ \left.\begin{array}{c}u_x=1+y\\u_y=at\end{array}\right\}a\ 为常数$$

试求：（1）（a）及（b）中 $t=0$ 时位于点（0，0）处液体质点的迹线方程式；（2）（a）及（b）中 $t=1s$ 时过点（0，0）处的流线方程式。

3.6　有一矩形断面风道，已知进口断面尺寸 300mm×400mm，出口断面尺寸为 150mm×200mm，进口断面的平均风速 $v_1=6.25m/s$，试求：（1）该风道的通风（流）量 Q；（2）出口断面的风速 v_2。

3.7　如习题图 3.3 所示的管路系统，已知 $d_1=0.3m$，$d_2=0.2m$，$d_3=0.1m$，$v_3=10m/s$，$q_1=50L/s$，$q_2=21.5L/s$，试求：（1）各管段的流量；（2）各管段的断面平均流速。

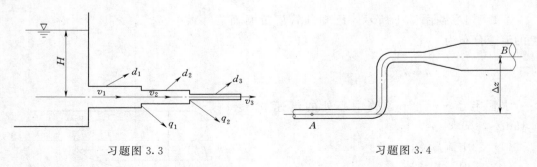

习题图 3.3　　　　　　　　　　　　　　习题图 3.4

3.8　如习题图 3.4 所示，在立面图上有一管路，A、B 两点的高程差 $\Delta z=1.0m$，点 A 处直径 $d_A=0.25m$，压强 $p_A=7.84N/cm^2$，点 B 处直径 $d_B=0.5m$，压强 $p_B=$

$4.9N/cm^2$，断面平均流速 $v_B = 1.2m/s$，试求管中水流的方向。

3.9　如习题图 3.5 所示，在直径 $d = 150mm$ 的输水管道中，装置一带有水银比压计的皮托管，比压计中水银面高差 $\Delta h = 20mm$，设管中断面平均流速 $v = 0.84u_{max}$，u_{max} 是管轴处的流速，试求管中的流量 Q。

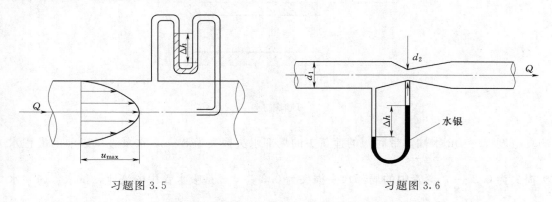

习题图 3.5　　　　　　　　　　　　　习题图 3.6

3.10　如习题图 3.6 所示为一装有文丘里流量计的输水管路，已知管径 $d_1 = 15cm$，文丘里管的喉部直径 $d_2 = 10cm$，水银比压计中的液面高差 $\Delta h = 20cm$，实测管中的流量 $Q_实 = 60L/s$，试求该文丘里流量计的流量系数 μ 值。

3.11　如习题图 3.7 所示，水流经过水箱侧壁的孔口流入大气中，已知孔口的直径 $d = 10mm$，水头 $H = 2m$，孔口的泄流量 $Q = 0.3L/s$，射流某一断面的中心坐标 $x = 3m$，$y = 1.2m$，试求：（1）流量系数 μ；（2）流速系数 φ；（3）收缩系数 ε；（4）阻力系数 ζ。

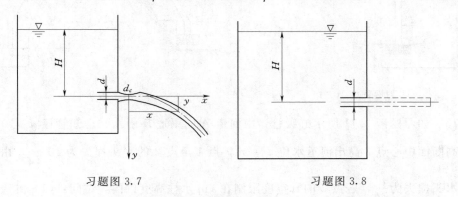

习题图 3.7　　　　　　　　　　　　　习题图 3.8

3.12　如习题图 3.8 所示水箱保持水位不变，其侧壁有一薄壁小孔口，直径 $d = 2cm$，水头 $H = 2m$，试求：（1）孔口的泄流量 Q_0；（2）在孔口处接一圆柱形外伸管嘴时的流量 Q_n；（3）管嘴内的真空度 h_v。

3.13　一般可近似认为多跨度桥下的水流是二元流动。如习题图 3.9 所示为 5 孔桥中的一孔，已知桥下河床底坡水平，桥孔跨度 $b = 8m$，桥墩厚 $d = 1.5m$，桥前水深 $h_1 = 1.6m$，桥墩间水深 $h_2 = 1.45m$，假设流速在各断面上均匀分布，试求 5 孔桥下通过的总流量。

3.14　如习题图 3.10 所示为水泵的吸水管装置，已知管径 $d = 0.25m$，水泵进口处

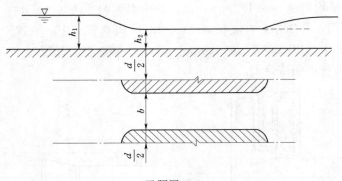

习题图 3.9

的真空度 $h_v = 4$m 水柱，带底阀的莲蓬头的局部水头损失为 $8\dfrac{v^2}{2g}$，水泵进口以前的沿程水头损失为 $0.2\dfrac{v^2}{2g}$，弯管中的局部水头损失为 $0.3\dfrac{v^2}{2g}$，v 是吸水管中的流速，试求：（1）水泵的流量 Q；（2）管中断面 1—1 处的相对压强。

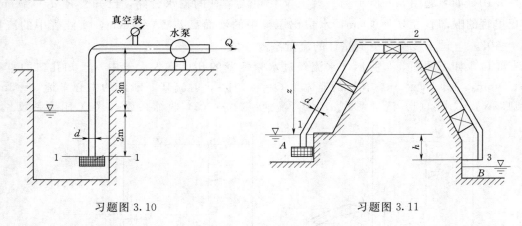

习题图 3.10　　　　　　　　　　习题图 3.11

3.15　如习题图 3.11 所示虹吸管，由河道 A 向渠道 B 引水，已知管径 $d=10$cm，虹吸管最高断面中心点 2 高出河道水位 $z=2$m，点 1 至点 2 的水头损失为 $10\dfrac{v^2}{2g}$，由点 2 至点 3 的水头损失为 $\dfrac{v^2}{2g}$，若点 2 的真空度限制在 7m 水柱高度以内，试问：（1）虹吸管的最大流量有无限制？如有，应为多大？（2）出水口到河道水面的高差 h 有无限制？如有，应为多大？

3.16　如习题图 3.12 所示混凝土溢流坝，已知上游水位高程为 35m，挑流鼻坎高程为 20m，挑射角 $\theta = 30°$，水流经过坝面的水头损失为 $0.1\dfrac{v^2}{2g}$，溢流单宽流量 $q=25$m²/s，试求：（1）鼻坎断面的流速 v；（2）鼻坎断面的水深 h。

3.17　一如习题图 3.13 所示的串联管路，已知 $H=2$m，各管段长度为 $l_1 = l_2 = l_3 = 1$m，各管段管径分别为 $d_1 = 60$mm，$d_2 = 30$mm，$d_3 = 40$mm，管轴线与水平面夹角 $\alpha = 15°$，

假设不计管中水头损失，试求：（1）管中流量 Q；（2）绘制整个管路的测压管水头线。

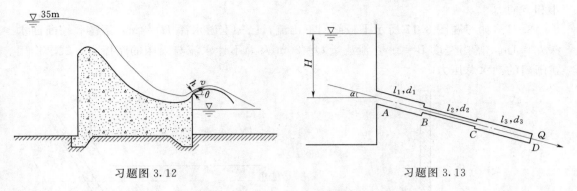

习题图 3.12　　　　　　　　　　　　习题图 3.13

3.18　如习题图 3.14 所示为一水电站压力管道的渐变段，已知直径 $d_1 = 1.5\text{m}$，$d_2 = 1\text{m}$，渐变段开始断面的相对压强 $p_1 = 4p_a$，p_a 为大气压强，管中通过的流量 $Q = 1.8\text{m}^3/\text{s}$，不计水头损失，试求渐变段支座所受的轴向力。

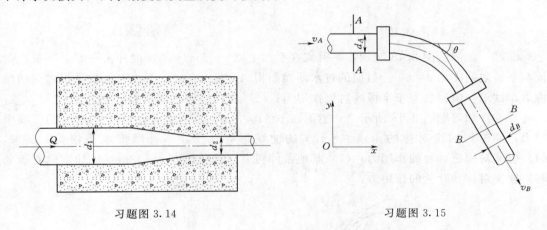

习题图 3.14　　　　　　　　　　　　习题图 3.15

3.19　如习题图 3.15 所示为一平面上的弯管，已知直径 $d_A = 25\text{cm}$，$d_B = 20\text{cm}$，A—A 断面的相对压强 $p_A = 17.66\text{N/cm}^2$，管中流量 $Q = 0.12\text{m}^3/\text{s}$，转角 $\theta = 60°$，不计水头损失，试求弯管所受的作用力。

3.20　有一在水平面上如习题图 3.16 所示的分叉管，其管径如图中所注，已知两管

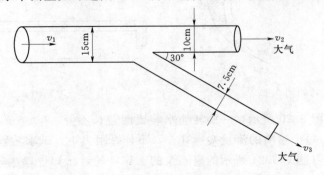

习题图 3.16

的出口流速均为 $v_2 = v_3 = 10\text{m/s}$，不计管中的水头损失，试求水流对此分叉管作用力的大小和方向。

3.21　如习题图 3.17 所示平板闸门下出流，已知上游水深 $H = 4\text{m}$，下游收缩断面水深 $h_c = 1\text{m}$，闸门宽度 $B = 3\text{m}$，泄流量 $Q = 20\text{m}^3/\text{s}$，不计水流与渠床的摩擦力，试求作用在闸门的动水总压力。

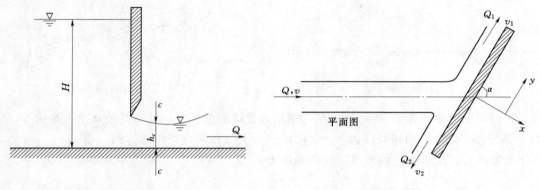

习题图 3.17　　　　　　　　　　　　　习题图 3.18

3.22　如习题图 3.18 所示，一射流在平面上以 $v = 5\text{m/s}$ 的速度冲击一斜置平板，射流与平板之间夹角 $\alpha = 60°$，射流的过水断面面积 $A = 0.008\text{m}^2$，不计水流与平板之间的摩擦力，试求：（1）垂直于平板的射流作用力；（2）如图中所示流量 Q_1 与 Q_2 之比。

3.23　如习题图 3.19 所示，一射流以 $v = 19.8\text{m/s}$ 的速度从直径 $d = 10\text{cm}$ 的管嘴中射出，冲击到固定对称的角度 $\beta = 135°$ 的曲线形叶片上，不计摩擦水头损失，试求：（1）射流对固定叶片的作用力；（2）其他条件同上，若叶片以 $u = 12\text{m/s}$ 的速度向右运动时，射流对移动叶片的作用力。

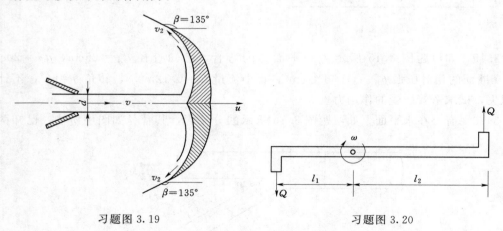

习题图 3.19　　　　　　　　　　　　习题图 3.20

3.24　如习题图 3.20 所示，一旋转喷水装置两臂长不等，$l_1 = 1\text{m}$，$l_2 = 1.5\text{m}$，若喷嘴直径 $d = 25\text{mm}$，每个喷嘴的流量 $Q = 3\text{L/s}$，不计摩阻力矩，试求转数 n。

3.25　有一如习题图 3.21 所示的离心泵的工作叶轮，已知进口半径 $r_1 = 100\text{mm}$，出口半径 $r_2 = 200\text{mm}$，进口宽度 $b_1 = 100\text{mm}$，出口宽度 $b_2 = 50\text{mm}$，叶片出口安装角 $\beta_2 =$

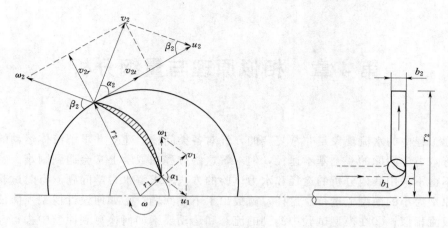

习题图 3.21

20°，流量 $Q=240$ L/s，转数 $n=1450$ r/min，试求：（1）作用在叶轮上的力矩 M_p；（2）水泵的扬程水头 H_p；（3）水泵的功率 N_p。

第 4 章　相似原理与量纲分析

实际工程中的水流现象是非常复杂的，针对各类问题，建立并求解液体运动的基本方程是解答水力学问题的一个基本途径，但求解这些方程在数学上常会遇到困难。鉴于上述情况，不得不采用其他分析的途径和水力试验的方法来求解水力学问题。有时试验研究还要在比原型为小的模型上进行。这样，就提出了下述问题：①如何设计模型才能使原型和模型的液流相似；②在模型试验中测到的流态和运动要素如何换算到原型中去；③对复杂问题怎样分析其物理量之间的关系并通过水力学试验来确定这些关系；④如何合理地组织水力学试验并整理成果。

相似理论和量纲分析可以帮助解决上述问题，是发展水力学理论、解决实际工程问题的有力工具。本章将讨论流动的相似、相似准数以及量纲分析。

4.1　流动的相似

如果模型和原型两个液流系统的同名物理量（流速、压强、作用力等）在所有相应点上都具有同一比例关系（对不同的物理量比例常数不一定相同），则这两个流动为相似流动。保持流动相似要求模型与原型之间具有几何相似、运动相似和动力相似，模型和原型的初始条件和边界条件也应保持相似。

1. 几何相似

几何相似指模型和原型两个液流系统的几何形状相似，要求两个流动系统中所有相应长度维持同一比例关系且相应夹角相等，即

$$\lambda_l = \frac{l_p}{l_m} \tag{4.1.1}$$

式中：l_p 为原型某一部位的长度；l_m 为模型上相应部位的长度；λ_l 为长度比尺。

原型中的物理量注以脚标"p"，模型中的物理量注以脚标"m"。

几何相似的结果必然使任何两个相应的面积 A 和体积 V 也都维持一定的比例关系，即

$$\lambda_A = \frac{A_p}{A_m} = \lambda_l^2 \tag{4.1.2}$$

$$\lambda_V = \frac{V_p}{V_m} = \lambda_l^3 \tag{4.1.3}$$

可以看出，几何相似是通过长度比尺 λ_l 来表达的。只要任何相应长度都维持固定的比尺关系 λ_l，就保证了两个流动的几何相似。

2. 运动相似

运动相似是指质点的运动情况相似，即在相应时间里作相应的位移。所以运动状态的

相似要求流速相似和加速度相似，或者两个流动的速度场和加速度场相似。换句话说模型液流与原型液流中任何对应质点的迹线是几何相似的，而且任何对应质点流过相应线段所需要的时间又具有同一比例，即

$$\lambda_t = \frac{t_p}{t_m} \tag{4.1.4}$$

如以 u_p 代表原型流动某点的流速，u_m 代表模型流动相应点的流速，则运动相似要求 u_p/u_m 维持一固定比例，即

$$\frac{u_p}{u_m} = \lambda_u \tag{4.1.5}$$

式中：λ_u 为流速比尺。

若流速用平均流速 v 表示，则流速比尺为

$$\lambda_v = \frac{v_p}{v_m} = \frac{l_p/t_p}{l_m/t_m} = \frac{l_p/l_m}{t_p/t_m} = \frac{\lambda_l}{\lambda_t} \tag{4.1.6}$$

式中：λ_t 为时间比尺。

所以运动状态相似要求有固定的长度比尺和固定的时间比尺。

流动相似也就是意味着各相应点的加速度相似，加速度比尺也取决于长度比尺和时间比尺，即

$$\lambda_a = \frac{a_p}{a_m} = \left(\frac{dv}{dt}\right)_p \Big/ \left(\frac{dv}{dt}\right)_m = \frac{dv_p}{dv_m} \Big/ \frac{dt_p}{dt_m} = \lambda_v/\lambda_t = \lambda_l/\lambda_t^2 \tag{4.1.7}$$

式中：λ_a 为加速度比尺。

3. 动力相似

动力相似是指作用于液流相应点各同名力均维持一定的比例关系。如以 F_p 代表原型流动中某点的作用力，以 F_m 代表模型流动中相应点的同样性质的作用力，则动力相似要求 F_p/F_m 为一常数，即

$$\frac{F_p}{F_m} = \lambda_F \tag{4.1.8}$$

式中：λ_F 为作用力比尺。

换句话说，原型与模型液流中任何对应点上作用着同名力，各同名力互相平行且具有同一比值，则称该两液流为动力相似，即

$$\lambda_{重力} = \lambda_{黏滞力} = \lambda_{表面张力} = \lambda_{弹性力} = \lambda_{压力} = \lambda_{惯性力}\left(即 \frac{M_p a_p}{M_m a_m}\right) \tag{4.1.9}$$

以上三种相似是相互联系的，几何相似是运动相似和动力相似的前提和依据，动力相似是决定两个水流运动相似的主导因素，运动相似则是几何相似和动力相似的表现。

初始条件和边界条件相似是指两个流动的初始情况和边界状况在几何、运动和动力三方面都应满足上述相似条件。

4.2　相似准则

液体流动由于惯性而引起惯性力。惯性力是维持液体原有运动状态的力。而万有引力

特性所产生的重力，流体黏滞性所产生的黏滞力，压缩性所产生的弹性力以及液体的表面张力等都是企图改变流动状态的力。液体运动的变化和发展则是惯性力和上述各种物理力相互作用的结果。完全的动力相似要求式（4.1.9）中各种同名力的比例常数一样，实际上，这是很难达到的。在实用中，常从其中选出某些对流动起决定作用的主要力予以满足，而不考虑其他力。这种近似相似又称为"部分相似"。这一点在下一节中还要详细讨论。

设对流动起作用的力为 F，这是改变运动状态的力。另一方面则是维持液体原有运动状态的惯性力 I。根据式（4.1.9），动力相似要求

$$\lambda_F = \lambda_I \tag{4.2.1}$$

注意到 $I = ma \propto \rho l^2 v^2$，$\lambda_I = \lambda_\rho \lambda_l^2 \lambda_v^2$，则式（4.2.1）可写成

$$\frac{F_p}{\rho_p l_p^2 v_p^2} = \frac{F_m}{\rho_m l_m^2 v_m^2} \tag{4.2.2}$$

$F/(\rho l^2 v^2)$ 称为牛顿准数（或牛顿数）。式（4.2.2）表示两相似流动对应的牛顿数应相等。这是流动相似的普遍准则，称为牛顿相似准则。

下面分别讨论作用力为重力、黏滞力、表面张力、弹性力、压力时的相似准则。

1. 弗劳德相似准则

若作用力为重力时，其大小可用 $\rho g l^3$ 来衡量，把它代入牛顿数中的 F 项，就得到惯性力与重力的比例关系为

$$\frac{\rho l^2 v^2}{F} = \frac{\rho l^2 v^2}{\rho g l^3} = \frac{v^2}{gl}$$

这个数的开方叫弗劳德数（Froude Number），用 Fr 表示，即

$$Fr = \frac{v}{\sqrt{gl}} \tag{4.2.3}$$

在外力只计重力作用时，由式（4.2.2）得原型和模型的弗劳德数应相等，即 $Fr_p = Fr_m$，称为重力相似准则，或弗劳德相似准则。

2. 雷诺相似准则

若作用力为黏滞力时，根据 $F = \mu A \dfrac{\mathrm{d}u}{\mathrm{d}y}$，黏滞力大小可用 $F = \mu l^2 \dfrac{v}{l} = \mu l v$ 来衡量，代入牛顿数中的 F 项，就得到惯性力与黏滞力的比例关系为

$$\frac{\rho l^2 v^2}{F} = \frac{\rho l^2 v^2}{\mu l v} = \frac{\rho l v}{\mu}$$

这个数称为雷诺数（Reynolds Number），以 Re 表示，即

$$Re = \frac{\rho l v}{\mu} = \frac{l v}{\nu} \tag{4.2.4}$$

由式（4.2.2）得原型与模型的雷诺数应相等，即 $Re_p = Re_m$，此条件称为黏滞力相似准则，或称为雷诺相似准则。

3. 欧拉相似准则

若作用力为压力时，由于压力可用 $p l^2$ 表征，可得表征水流运动的惯性力与压力之比的欧拉数（Euler Number）为

$$Eu = \frac{\rho v^2 l^2}{p l^2} = \frac{\rho v^2}{p} \qquad (4.2.5)$$

由式（4.2.2）要求 $Eu_p = Eu_m$，这个条件称为压力相似的欧拉相似准则。

4. 其他相似准则

若作用在相似液流上的力不只是上述三种力，则还会引出另外一些需要满足的准则。例如若考虑表面张力作用时，表面张力可用 σl 表征，σ 为表面张力系数，可得表征水流中惯性力与表面张力之比的韦伯数（Weber Number）为

$$We = \frac{\rho v^2 l^2}{\sigma l} = \frac{v^2 l}{\sigma / \rho} \qquad (4.2.6)$$

$We_p = We_m$ 称为表面张力相似的韦伯相似准则。

若作用力中要考虑弹性力时，由于弹性力可用 $K l^2$ 表征，K 为流体的体积模量，可得表征惯性力与弹性力之比的柯西数（Cauchy Number）为

$$Ca = \frac{\rho v^2 l^2}{K l^2} = \frac{v^2}{K / \rho} \qquad (4.2.7)$$

$Ca_p = Ca_m$ 称为弹性力相似的柯西相似准则。

对非恒定流，由于 $\partial v / \partial t \neq 0$，表明还有变力（周期性力）的影响，液流的相似还要求表征这个力与惯性力之比的斯特鲁哈数（Strouhal Number）相等，即

$$Sr = \frac{\rho l^3 v / t}{\rho v^2 l^2} = \frac{l}{v t} \qquad (4.2.8)$$

Sr 即为斯特鲁哈数，液流相似要求 $Sr_p = Sr_m$。

4.3 模型试验

现在来讨论本章一开始就提出的问题，即如何设计模型及如何将模型中测得的运动要素换算到原型中去。

根据前两节所述，如果液流受到多种作用力的作用，理论上讲，两个液流的相似除初始条件和边界条件相似外，还应满足全流场的几何相似、运动相似和动力相似，其中动力相似式（4.1.9），则要求模型和原型的弗劳德数 Fr、雷诺数 Re、韦伯数 We、柯西数 Ca、欧拉数 Eu、斯特鲁哈数 Sr 等均一一对应相等。当然这是很难做到的，为此，必须选择对液流起决定影响的作用力来考虑原型、模型之间的相似条件，对不同的液流，因其主要作用力不同，相似准数也相应不同。

1. 重力相似

若形成液流的主要作用力是重力，例如恒定流的孔口自由出流、坝上溢流、桥墩绕流等都属于这种类型。根据式（4.2.3），这时，液流相似只要求模型、原型弗劳德数相等，即 $Fr_m = Fr_p$。这就是重力相似准则，即

$$\frac{v_m}{\sqrt{g_m l_m}} = \frac{v_p}{\sqrt{g_p l_p}} \qquad (4.3.1)$$

由于重力加速度在各地变化很小，即 $g_m = g_p$，所以上式变为

$$\lambda_v = \lambda_l^{0.5} \qquad (4.3.2)$$

式（4.3.2）为重力相似情况下的流速比尺（即原型、模型间任一对应点流速间的比例值）。同理有：

流量比尺

$$\lambda_Q = \frac{Q_p}{Q_m} = \frac{A_p v_p}{A_m v_m} = \lambda_l^2 \lambda_v = \lambda_l^{2.5} \quad (4.3.3)$$

时间比尺

$$\lambda_t = \frac{t_p}{t_m} = \frac{l_p / v_p}{l_m / v_m} = \lambda_l / \lambda_v = \lambda_l^{0.5} \quad (4.3.4)$$

力的比尺

$$\lambda_F = \frac{F_p}{F_m} = \frac{M_p a_p}{M_m a_m} = \frac{\rho_p V_p \left(\dfrac{\mathrm{d}v}{\mathrm{d}t}\right)_p}{\rho_m V_m \left(\dfrac{\mathrm{d}v}{\mathrm{d}t}\right)_m} = \lambda_\rho \lambda_l^3$$

若 $\lambda_\rho = 1$（原型、模型同用水），则

$$\lambda_F = \lambda_l^3 \quad (4.3.5)$$

压强比尺

$$\lambda_p = \frac{\lambda_F}{\lambda_A} = \frac{\lambda_\rho \lambda_l^3}{\lambda_l^2} = \lambda_\rho \lambda_l = \lambda_l \quad (4.3.6)$$

进行模型设计时，只要模型与原型几何相似，并选择一定的线性比尺 λ_l 缩制模型，按式（4.3.3）的关系，保证通过模型的流量 Q_m 其比尺为

$$\lambda_Q = \frac{Q_p}{Q_m} = \lambda_l^{2.5} \quad (4.3.7)$$

通过的流量为
$$Q_m = Q_p \frac{1}{\lambda_l^{2.5}}$$

则可得到重力相似准则下的液流相似模型（如恒定的明渠流、坝上溢流等）。由于式（4.3.2）和式（4.3.1）是等价的，都是由重力相似准则 $Fr_m = Fr_p$ 导出的，所以使原模型流速符合式（4.3.2）关系就意味着重力相似准则得到了满足。而其他时间比尺、压强比尺等则是自行满足的，采用这些比尺可以将模型试验的结果换算到原型中去。

2. 黏滞力相似

如果对液流起主要影响的不是重力，是黏性阻力，并且黏性阻力是由牛顿内摩擦公式式（1.3.7）决定时，例如水平管在有黏性阻力时的流动等，根据式（4.2.4），这时液流相似要求原型、模型雷诺数相等，$Re_m = Re_p$，即

$$\frac{v_p l_p}{\dfrac{\mu_p}{\rho_p}} = \frac{v_m l_m}{\dfrac{\mu_m}{\rho_m}} \quad (4.3.8)$$

若原型与模型中都是同一种流体，如水（温度也相同），因此认为 $\mu_p = \mu_m$，$\rho_p = \rho_m$，所以按式（4.3.8）就要求

$$\frac{v_p}{v_m} = \frac{l_m}{l_p}$$

这样，就可得到：

速度比尺
$$\lambda_v = \frac{1}{\lambda_l} \qquad (4.3.9)$$

流量比尺
$$\lambda_Q = \lambda_A \lambda_v = \lambda_l^2 \frac{1}{\lambda_l} = \lambda_l \qquad (4.3.10)$$

时间比尺
$$\lambda_t = \lambda_l / \lambda_v = \lambda_l^2 \qquad (4.3.11)$$

力的比尺
$$\lambda_F = \frac{M_p a_p}{M_m a_m} = \frac{\rho_p V_p a_p}{\rho_m V_m a_m}$$

$$= \frac{\rho_p V_p \left(\dfrac{\mathrm{d}v}{\mathrm{d}t}\right)_p}{\rho_m V_m \left(\dfrac{\mathrm{d}v}{\mathrm{d}t}\right)_m}$$

$$= \lambda_\rho \lambda_l^3 \lambda_{\frac{\mathrm{d}v}{\mathrm{d}t}}$$

$$= \lambda_\rho \lambda_l^3 \frac{\lambda_v}{\lambda_t}$$

$$= \lambda_\rho \lambda_l^3 / \lambda_l^3 = \lambda_\rho = 1$$

压强比尺
$$\lambda_p = \frac{\lambda_F}{\lambda_A} = \frac{\lambda_\rho}{\lambda_l^2} = \lambda_\rho \lambda_l^{-2} = \lambda_l^{-2} \qquad (4.3.12)$$

进行模型设计时只要模型与原型几何相似并选择一定的线性比尺 λ_l 缩制模型，并按式（4.3.10）的关系，保证流量比尺为

$$\lambda_Q = \frac{Q_p}{Q_m} = \lambda_l$$

通过的流量为
$$Q_m = Q_p \frac{1}{\lambda_l} \qquad (4.3.13)$$

则可得到黏性阻力相似准则下的液流相似模型。其他压强比尺等都是自动满足的。

若重力和黏性阻力同时是液流的主要作用力，则液流相似要求保证模型和原型的弗劳德数和雷诺数一一对应相等。在这种情况下，若模型中用的是和原型中同样的液体，则由弗劳德数相等条件，有

$$\lambda_v = \lambda_l^{0.5}$$

由雷诺数相等条件，有

$$\lambda_v = 1 / \lambda_l$$

显然，要求同时满足式（4.3.2）及式（4.3.9）的条件只有在 $\lambda_l = 1$ 时才有可能，即模型不能缩小，这就失去了模型试验的意义。另一个办法是改变模型中所用的液体。由式（4.3.1）及式（4.3.8）可得

$$\frac{v_p}{\sqrt{g_p l_p}} \Big/ \frac{v_m}{\sqrt{g_m l_m}} = \frac{v_p l_p}{\nu_p} \Big/ \frac{v_m l_m}{\nu_m} = 1 \qquad (4.3.14)$$

满足上式的条件是

$$\lambda_\nu = \lambda_l^{1.5} \text{ 及 } \lambda_v = \lambda_l^{0.5} \qquad (4.3.15)$$

这就是说，实现流动相似有两个条件：一是模型流动的流速应为原型流动流速的 $\lambda_l^{-0.5}$ 倍；二是必须按线性比尺 λ_l 的 1.5 次方来选择液体的运动黏度的比尺 λ_ν。应该强调，后一条件实现起来相当困难。另一点必须强调的是：液体黏性引起的阻力只是当雷诺数比

较小时才占主要地位，当雷诺数大到一定程度时，边壁的粗糙度对液流阻力的影响是主要的。这时阻力相似不要求雷诺数相等，只要求弗劳德数相等。这一点在第 5 章中将做详细介绍。如果液流中还有其他作用力不能忽略时，其处理方法是类同的，这里不一一赘述了。

3. 阻力平方区紊流阻力相似准则

曾论及到，如果液体黏性引起的阻力起主要作用时，为了使原型、模型水流相似必须做到黏滞力作用相似，也即要求原型、模型上雷诺数相等，所以在原型、模型都是层流情况下，必须考虑这一点。但是，对阻力平方区的紊流，液体黏性引起的阻力已微不足道，如果原型、模型都能保证在阻力平方区紊流状态下工作，则满足重力相似准则，也即原型、模型上弗劳德数相等且粗糙系数间成一比例关系就能保证原型、模型水流相似。原型、模型粗糙系数间的关系可由谢才公式导出。

由于水流中的边壁阻力 F_τ 可以表示为

$$F_\tau = \tau_0 \chi L \tag{4.3.16}$$

式中：χ 为边壁的湿周；L 为边壁的长度；τ_0 为边壁上的切应力。

$$\tau_0 = \gamma R J \tag{4.3.17}$$

式中：J 为水力坡度；R 为水力半径。

将式（4.3.17）代入式（4.3.16），得

$$F_\tau = \gamma R J \chi L \tag{4.3.18}$$

F_τ 的比尺为

$$\lambda_{F_\tau} = \lambda_\gamma \lambda_J \lambda_L^3 = \lambda_\rho \lambda_g \lambda_J \lambda_L^3 \tag{4.3.19}$$

又原型、模型水流相似要求牛顿数相等，即 $(Ne)_p = (Ne)_m$，$Ne = F/\rho L^2 v^2$，其比尺关系为

$$\lambda_F = \lambda_\rho \lambda_L^2 \lambda_v^2 \tag{4.3.20}$$

将式（4.3.19）代入式（4.3.20），得

$$\lambda_J = \frac{\lambda_v^2}{\lambda_g \lambda_L} \tag{4.3.21}$$

或

$$\frac{F_{rp}^2}{J_p} = \frac{F_{rm}^2}{J_m} \tag{4.3.22}$$

式（4.3.22）说明：在阻力相似时，原型、模型上的弗劳德数相等和水力坡度相等。相反，如果原型、模型上的弗劳德数相等和水力坡度相等，则两水流在阻力作用下相似。

在紊流阻力平方区，根据谢才公式

$$J = \frac{v^2}{C^2 R}$$

其比尺为

$$\lambda_J = \frac{\lambda_v^2}{\lambda_C^2 \lambda_L} \tag{4.3.23}$$

将式（4.3.23）代入式（4.3.22），注意到 $\lambda_g = 1$，得

$$\lambda_C = 1 \tag{4.3.24}$$

即

$$C_p = C_m \tag{4.3.25}$$

根据曼宁公式,谢才系数为

$$C = \frac{1}{n} R^{1/6}$$

其比尺为

$$\lambda_C = \lambda_R^{1/6} / \lambda_n = \lambda_L^{1/6} / \lambda_n \tag{4.3.26}$$

将式 (4.3.26) 代入式 (4.3.24),得

$$\lambda_n = \lambda_L^{1/6}$$

或

$$n_m = \frac{n_p}{\lambda_L^{1/6}} \tag{4.3.27}$$

从上面讨论可知:为使原型、模型上水流紊流阻力相似,只要按重力相似准则设计模型,然后使其两者的谢才系数相等,或者按式 (4.3.27) 选择模型材料的粗糙系数即可。在管中紊流、短隧洞、明渠流动及经坝溢流的模型实验中按照紊流阻力相似准则设计模型。

【例 4.3.1】 已知溢流坝的最大下泄流量为 $1000\text{m}^3/\text{s}$,取长度比尺 $\lambda_l = 60$ 的模型进行试验,试求模型中最大流量为多少?如在模型中测得坝上水头 H_m 为 8cm,测得模型坝脚处收缩断面的流速 v_m 为 1m/s,原型情况下相应的坝上水头和收缩断面流速各为多少?

解: 为了使原模型水流相似,首先必须做到几何相似。由于溢流现象中起主要作用的是重力,其他作用力,如黏滞力和表面张力等均可忽略,故要使模型系统与原型系统保持流动相似,必须满足重力相似准则。

根据重力相似准则,流量比尺为

$$\lambda_Q = \lambda_l^{2.5} = 60^{2.5} = 27900$$

则模型中的流量为

$$Q_m = Q_p / \lambda_Q = 1000/27900 = 0.0358(\text{m}^3/\text{s}) = 35.8(\text{L/s})$$

因为
$$\lambda_l = H_p / H_m$$

所以
$$H_p = \lambda_l H_m = 60 \times 8 = 480(\text{cm}) = 4.8(\text{m})$$

因为 $\lambda_v = \lambda_l^{0.5} = \sqrt{60} = 7.75$ 所以收缩断面处原型流速为

$$v_p = \lambda_v v_m = 1 \times 7.75 = 7.75(\text{m/s})$$

【例 4.3.2】 有一圆管直径为 20cm,输送 $v = 0.4\text{cm}^2/\text{s}$ 的油,流量为 12L/s。假如采用 20℃ 的水 ($v = 0.01003\text{cm}^2/\text{s}$) 和空气 ($v = 0.17\text{cm}^2/\text{s}$),在实验室中用 5cm 直径的圆管作模型试验,试求模型流量各为多少才满足黏滞力作用的相似?

解: 若满足黏滞力作用相似则必有 $Re_m = Re_p$,即

$$\frac{v_p d_p}{\nu_p} = \frac{v_m d_m}{\nu_m}$$

所以
$$v_{m1} = \frac{v_p d_p}{\nu_p} \frac{\nu_{m1}}{d_{m1}}$$

$$= \frac{12 \times 10^3 \left/ \left(\pi \times \frac{20^2}{4} \right) \right. \times 20 \times 0.01003}{0.4 \times 5}$$

$$= 3.83(\text{cm/s})$$

$$Q_{m1}=Av=\frac{\pi}{4}\times 5^2\times 3.83=75.2(\mathrm{cm^3/s})$$

$$v_{m2}=\frac{12\times 10^3\Big/\left(\pi\times\frac{20^2}{4}\right)\times 20\times 0.17}{0.4\times 5}=64.92(\mathrm{cm/s})$$

$$Q_{m2}=\frac{\pi}{4}\times 5^2\times 64.92=1274.6(\mathrm{cm^3/s})$$

4.4　量纲分析

4.4.1　量纲和谐原理

1. 量纲与单位

在水力学中涉及到各种不同的物理量，如长度、时间、质量、力、速度、加速度、黏性系数等等，所有这些物理量都是由自身的物理属性（或称类别）和为量度物理量而规定的量度标准（或称量度单位）两个因素构成的。例如长度，它的物理属性是线性几何量，量度单位则规定有米、厘米、英尺、光年等不同的单位。物理量一般构成因素为

$$\text{物理量 } q\begin{cases}\text{属性 } \dim q\\ \text{量度单位}\end{cases}$$

我们把物理量的属性（类别）称为量纲或因次。显然，量纲是物理量的实质，不含有人为的影响。通常以 L 代表长度量纲，M 代表质量量纲，T 代表时间量纲。采用 $\dim q$ 代表物理量 q 的量纲，则面积 A 的量纲可表示为

$$\dim A=\mathrm{L}^2$$

同样，密度的量纲表示为

$$\dim\rho=\mathrm{ML}^{-3}$$

不具有量纲的量称为无量纲量，如圆周率 $\pi=$（圆周长/直径）$=3.14159\cdots\cdots$，角度 $\alpha=$（弧长/曲率半径），都是无量纲量。

2. 基本量纲与导出量纲

水力学中的任何物理量均可由三个基本物理量——长度、质量和时间导出来，而它们的量纲也可以由上述基本物理量的量纲 L、M 和 T 组合而成。L、M 和 T 称为基本量纲，因为它们都具有独立性，它们之间任一量纲都不可能从其他基本量纲推导而得。当然，基本量纲的选定并不是固定不变的。例如 M、V 和 T 也可以同时选作基本量纲，但 L、V 和 T 就不能同时选作基本量纲，因为后者中 V＝L/T，V 与 L、T 之间不是互相独立的。这里的速度量纲 V 称为导出量纲。

设 A 代表任一物理量，若其量纲用基本量纲 L、M 和 T 的指数形式表达时，则有

$$\dim A=\mathrm{M}^m\mathrm{L}^l\mathrm{T}^t \tag{4.4.1}$$

于是：对几何量，$m=0$，$l\neq 0$，$t=0$；对运动学量，$m=0$，$l\neq 0$，$t\neq 0$；对动力学量，$m\neq 0$，$l\neq 0$，$t\neq 0$。

对无量纲数，例如前几节中的各种相似准数，则有

$$\dim A=\mathrm{M}^0\mathrm{L}^0\mathrm{T}^0=1 \tag{4.4.2}$$

3. 无量纲量

当量纲公式（4.4.1）中各量纲指数均为零，即 $m=l=t=0$，则 $\dim A = M^0 L^0 T^0 = 1$。物理量 A 是无量纲量。无量纲量可为两个具有相同量纲的物理量相比得到。如线应变 $\varepsilon = \Delta l / l$，其量纲 $\dim \varepsilon = L/L = 1$。无量纲量也可由几个有量纲物理量乘除组合，使组合量的各基本量纲指数为零得到，例如雷诺数 $Re = \dfrac{vd}{\nu}$，其量纲 $\dim Re = \dim\left(\dfrac{vd}{\nu}\right) = \dfrac{LT^{-1}L}{L^2 T^{-1}} = 1$，$Re$ 为无量纲量。

表 4.4.1 中是流体运动常见物理量用基本量纲 M、L、T 表达的量纲。

表 4.4.1   **水力学中常见的物理量的量纲和单位**

物 理 量		用 M、L、T 表达的量纲	单 位	物 理 量		用 M、L、T 表达的量纲	单 位
几何学量	长度 L	L	m	动力学量	质量 m	M	kg
	面积 A	L^2	m^2		力 F	MLT^{-2}	N
	体积 V	L^3	m^3		密度 ρ	ML^{-3}	kg/m^3
运动学量	时间 t	T	s		容重 γ	$ML^{-2}T^{-2}$	N/m^3
	速度 v	LT^{-1}	m/s		动力黏度 μ	$ML^{-1}T^{-1}$	$N \cdot s/m^2$
	重力加速度 g	LT^{-2}	m/s^2		表面张力系数 σ	MT^{-2}	N/m
	流量 Q	$L^3 T^{-1}$	m^3/s		压强 p	$ML^{-1}T^{-2}$	N/m^2
	环量 Γ	$L^2 T^{-1}$	m^2/s		弹性模量 E	$ML^{-1}T^{-2}$	N/m^2
	流函数 ψ	$L^2 T^{-1}$	m^2/s		功、能 W	$ML^2 T^{-2}$	$J = N \cdot m$
	势函数 φ	$L^2 T^{-1}$	m^2/s				
	运动黏度 ν	$L^2 T^{-1}$	m^2/s				

4. 量纲和谐原理

在每一具体的液体流动中，与之相联系的各物理量之间存在着一定的关系且可用物理方程式表示。凡是正确反映客观规律的物理方程式，其各项的量纲都必须是相同的或是一致的，换言之，只有方程式两边的量纲相同，方程式才成立，此称为量纲和谐原理。例如黏性流体运动方程，它在一个坐标方向（如 x 方向）的分式

$$x - \frac{1}{\rho}\frac{\partial p}{\partial x} + \nu \nabla^2 u_x = \frac{\partial u_x}{\partial t} + u_x \frac{\partial u_x}{\partial x} + u_y \frac{\partial u_x}{\partial y} + u_z \frac{\partial u_x}{\partial z}$$

式中各项的量纲一致，都是 LT^{-2}。又如前面导出的黏性流体总流的伯努利方程

$$z_1 + \frac{p_1}{\rho g} + \frac{\alpha_1 v_1^2}{2g} = z_2 + \frac{p_2}{\rho g} + \frac{\alpha_2 v_2^2}{2g} + h_w$$

式中各项的量纲均为 L。其他凡正确反映客观规律的物理方程，量纲之间的关系莫不如此。

由量纲和谐原理可引申出以下两点：

（1）凡正确反映客观规律的物理方程，一定能表示成由无量纲项组成的无量纲方程。因为方程中各项的量纲相同，只需用其中一项遍除各项，便得到一个由无量纲项组成的无

量纲式，仍保持原方程的性质。

（2）量纲和谐原理规定了一个物理过程中有关物理量之间的关系。因为一个正确完整的物理方程中，各物理量量纲之间的关系是确定的，按物理量量纲之间的这一确定性，就可建立该物理过程各物理量的关系式。量纲分析法就是根据这一原理发展起来的，它是20世纪初在力学上的重要发现之一。

应该指出，不同类型的物理量是不能相加减的，但是，可以相乘除。

另外，也有些方程式的量纲是不和谐的，这一般指单纯根据实验观测资料所建立的经验公式。例如水的运动黏度 ν 可按下述经验公式计算

$$\nu = \frac{0.01775 \times 10^{-4}}{1 + 0.0337t + 0.000221t^2}$$

上式分母中各项的量纲是不同的，方程两边的量纲也是不一致的。

4.4.2　量纲分析方法

利用量纲和谐原理可以分析液流物理量之间的关系并在一定程度上导得描述水流运动的物理方程式。这种方法称为量纲分析法。它是解决水力学问题的有效途径之一。

量纲分析的方法有许多，下面主要介绍两种方法：一是瑞利（Rayleigh）方法，二是布金汉（E. Buckingham）π 定理。前者适用于涉及的物理量较少的情况，后者的适用性则更广泛些。

1. 瑞利方法

瑞利方法是直接用量纲和谐原理建立物理量间的函数式。下面通过例题来说明。

【例 4.4.1】　试用瑞利方法推导圆形孔口出流的流速表达式。

解：根据对孔口出流现象的观察分析，可以认为通过孔口的流速与下列因素有关：孔口的作用水头 H，重力加速度 g，水的密度 ρ 及动力黏度 μ，即 $v = f(H, g, \rho, \mu)$。瑞利方法首先将上式表示为幂指数乘积的形式，即

$$v = kH^a g^b \rho^c \mu^d \tag{4.4.3}$$

式中：k 为无量纲常数；a、b、c、d 为待定指数。

然后将式中各物理量的量纲都用基本量纲 M、L、T 表示，得

$$LT^{-1} = (L)^a (LT^{-2})^b (ML^{-3})^c (ML^{-1}T^{-1})^d$$

根据量纲和谐原理，得出下列关系：

$$M: c + d = 0$$
$$L: a + b - 3c - d = 1$$
$$T: -2b - d = -1$$

上面有三个方程式，其中包含有四个未知数，现将其中 d 作为待定值，于是得：

$$c = -d, \quad b = \frac{1}{2} - \frac{d}{2}, \quad a = 1 - b + 3c + d = \frac{1}{2} - \frac{3}{2}d$$

代入式（4.4.3）后有：

$$v = kH^{(1/2 - 3d/2)} g^{(1/2 - d/2)} \rho^{-d} \mu^d$$
$$= kH^{1/2} g^{1/2} (\nu/H^{3/2} g^{1/2})^d \tag{4.4.4}$$

令

$$\varphi = \frac{1}{\sqrt{2}}k(\nu/H^{3/2}g^{1/2})^d = \frac{k}{\sqrt{2}}\left[\frac{1}{\frac{(gH)^{1/2}H}{\nu}}\right] = \frac{k}{\sqrt{2}}Re^{-d}$$

$$v = \varphi\sqrt{2gH} \tag{4.4.5}$$

式中：φ 为流速系数，可由水力学试验确定其数值。

【例 4.4.2】 如图 4.4.1 所示圆管中水流，试用瑞利方法推导沿圆管壁面切应力 τ_0 的表达式。

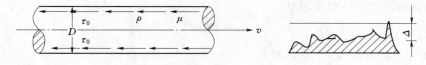

图 4.4.1

解： 通过观察分析可以认为圆管壁面上的切应力 τ_0 与下列物理量有关：圆管的直径 D，管中断面平均流速 v、液体的密度 ρ、动力黏度 μ 及用平均突出高度 Δ 表示的管壁的粗糙度。它们之间的关系可用函数表达如下：

$$\tau_0 = f(D, v, \rho, \mu, \Delta)$$

应用瑞利法时首先将上述函数关系表达为幂指数的乘积形式，即

$$\tau_0 = kD^a v^b \rho^c \mu^d \Delta^e \tag{4.4.6}$$

式中：k 为待定常数；a、b、c、d、e 为待定指数。

将式（4.4.6）中各物理量的量纲用基本量纲 M、L、T 表达，得

$$ML^{-1}T^{-2} = L^a(LT^{-1})^b(ML^{-3})^c(ML^{-1}T^{-1})^d L^e$$
$$= M^{c+d}L^{a+b-3c-d+e}T^{-b-d}$$

根据量纲和谐原理，等式两边同类基本量纲的指数应该相同，即

$$\left.\begin{array}{l} c+d=1 \\ a+b-3c-d+e=-1 \\ -b-d=-2 \end{array}\right\} \tag{4.4.7}$$

现以 b、e 为待定系数，将式（4.4.7）中 a、c、d 用 b、e 表示，则

$$\left.\begin{array}{l} a=b-e-2 \\ c=b-1 \\ d=2-b \end{array}\right\} \tag{4.4.8}$$

将式（4.4.8）代入式（4.4.6），得

$$\tau_0 = kD^{b-2-e}v^b\rho^{b-1}\mu^{2-b}\Delta^e$$

注意到

$$\mu^{2-b} = \rho^{2-b}\nu^{2-b}$$

$$v^b = v^2/v^{2-b}$$

故

$$\tau_0 = kD^{b-2-e}\frac{v^2}{v^{2-b}}\rho^{b-1}\rho^{2-b}\nu^{2-b}\Delta^e$$

$$= k\left(\frac{\Delta}{D}\right)^e \frac{D^{b-2}\nu^{2-b}}{v^{2-b}}\rho v^2$$

$$= k\left(\frac{\Delta}{D}\right)^e \frac{\nu^{2-b}}{D^{2-b}v^{2-b}}\rho v^2$$

$$= k\left(\frac{\Delta}{d}\right)^e \left(\frac{Dv}{\nu}\right)^{b-2}\rho v^2$$

令 $\qquad\qquad Re=\dfrac{Dv}{\nu}\quad \lambda=\left(\dfrac{\Delta}{D}\right)^e\dfrac{1}{R^{2-b}}=\left(\dfrac{\Delta}{D}\right)^e Re^{b-2}$

式中：λ 为圆管沿程水头损失系数。

得 $\qquad\qquad\qquad\qquad\qquad \tau_0 = k\lambda\rho v^2$

通过水力学试验测得 $k=\dfrac{1}{8}$，最后

$$\tau_0 = \frac{1}{8}\lambda\rho v^2 \tag{4.4.9}$$

由上面两个例题可以看出，由于基本量纲只有 3 个，当影响流动的因素也是 3 个时，应用瑞利方法十分方便。若影响流动因素多于 3 个时，不得不选取待定的指数。所以瑞利方法只适用于涉及的物理量较少的情况。

2. 布金汉 π 定理

π 定理指出：任何一个物理过程，如果存在 n 个物理量互为函数关系

$$f_1(A_1, A_2, A_3, \cdots, A_n) = 0$$

如这些物理量中有 m 个基本量，则这个过程可排列成 $(n-m)$ 个无量纲数 π_1，π_2，$\cdots$，π_{n-m} 的函数关系式

$$f(\pi_1, \pi_2, \cdots, \pi_{n-m}) = 0 \tag{4.4.10}$$

函数式中的无量纲数 π_1，π_2，$\cdots$，π_{n-m} 可按以下步骤得出：

（1）确定与所研究对象有关的 n 个物理量，如 A_1，A_2，$\cdots A_n$。这一步是分析结果正确与否的关键，这要靠研究者对所研究对象的深刻认识与全面理解。在水流运动中涉及的物理量应包括水的物理特性、运动特性及边界的几何特性。

（2）从 n 个物理量中选取 m 个基本物理量，m 一般为 3，如 A_1，A_2，A_3。这三个基本物理量在量纲上应是独立的，即是指其中任何一个物理量的量纲不能从其他两个物理量的量纲中诱导出来。如果用

$$\mathrm{dim}A_1 = \mathrm{M}^{a_1}\,\mathrm{L}^{b_1}\,\mathrm{T}^{c_1}$$

$$\mathrm{dim}A_2 = \mathrm{M}^{a_2}\,\mathrm{L}^{b_2}\,\mathrm{T}^{c_2}$$

$$\mathrm{dim}A_3 = \mathrm{M}^{a_3}\,\mathrm{L}^{b_3}\,\mathrm{T}^{c_3}$$

来表示基本物理量的量纲式，则 A_1，A_2，A_3 不能形成无量纲量的条件是量纲式中的指数行列式不等于零，即

$$\begin{vmatrix} a_1 & b_1 & c_1 \\ a_2 & b_2 & c_2 \\ a_3 & b_3 & c_3 \end{vmatrix} \neq 0 \tag{4.4.11}$$

由式（4.4.11）可验证 A_1，A_2，A_3 是否为基本物理量。

（3）确定无量纲量的个数 $k=n-m$。

（4）从 m 个基本物理量以外的（$n-m$）个物理量中每次轮取一个，与基本物理量组成一个无量纲的 π 数，共写出（$n-m$）个，即

$$\left.\begin{aligned}\pi_1 &= A_4/(A_1^{a_1} A_2^{b_1} A_3^{c_1}) \\ \pi_2 &= A_5/(A_1^{a_2} A_2^{b_2} A_3^{c_2}) \\ &\vdots \\ \pi_{n-m} &= A_n/[A_1^{a_{(n-m)}} A_2^{b_{(n-m)}} A_3^{c_{(n-m)}}]\end{aligned}\right\} \tag{4.4.12}$$

（5）将上述各项右端的各物理量用基本量纲（M，L，T）表示，因为 π 是无量纲数，故其量纲 $\dim\pi = M^0 L^0 T^0 = 1$，这样，根据量纲和谐原理就可求出各 π 项的指数 a_i, b_i, c_i（$i=1,2,\cdots,n-m$）。即式（4.4.12）中第一式物理量 A_4 的量纲应与 $A_1^{a_1} A_2^{b_1} A_3^{c_1}$ 的量纲一样，其他各式依此类推。

（6）组成无量纲表达式。

$$f=(\pi_1, \pi_2, \cdots, \pi_{n-m})=0$$

下面通过例题来说明这一过程。

【例 4.4.3】 试用布金汉 π 定理推求船体以速度 v 在水中行进时的阻力表达式。

解：（1）根据观察和分析，确定与本问题有关的物理量。与阻力 F 有关的物理量有船体的吃水深度 h、船的运动速度 v、重力加速度 g、水的密度 ρ 及动力黏度 μ，写成下述函数式：

$$f(h, F, v, g, \rho, \mu)=0 \tag{4.4.13}$$

（2）选取基本物理量为 h、v、ρ。根据三个基本物理量的量纲公式：

$$\dim h = M^0 L^1 T^0$$
$$\dim v = M^0 L^1 T^{-1}$$
$$\dim \rho = M^1 L^{-3} T^0$$

各指数的行列式不为零

$$\begin{vmatrix} 0 & 1 & 0 \\ 0 & 1 & -1 \\ 1 & -3 & 0 \end{vmatrix} = -1 \neq 0$$

所以上列三个基本物理量的量纲是独立的。

（3）无量纲量的个数为 $6-3=3$。

（4）将 h、v、ρ 以外的三个物理量 F、g、μ 分别与 h、v、ρ 组成 π 项：

$$\pi_1 = F/(h^{a_1} v^{b_1} \rho^{c_1})$$
$$\pi_2 = g/(h^{a_2} v^{b_2} \rho^{c_2})$$
$$\pi_3 = \mu/(h^{a_3} v^{b_3} \rho^{c_3})$$

（5）由量纲和谐原理求出 a_i、b_i、c_i。

$$\pi_1: \dim F = MLT^{-2} = L^{a_1}(LT^{-1})^{b_1}(ML^{-3})^{c_1} \tag{4.4.14}$$

由式（4.4.14）解得：$a_1=+2$，$b_1=+2$，$c_1=+1$。于是

$$\pi_1 = F/h^2 v^2 \rho$$

$$\pi_2: \dim g = M^0 L^1 T^{-2} = L^{a_2}(LT^{-1})^{b_2}(ML^{-3})^{c_2} \tag{4.4.15}$$

由式 (4.4.15) 解得：$a_2=-1$，$b_2=+2$，$c_2=0$。于是
$$\pi_2=gh/v^2$$

$$\pi_3:\ \dim\mu=ML^{-1}T^{-1}=L^{a_3}\ (LT^{-1})^{b_3}\ (ML^{-3})^{c_3} \tag{4.4.16}$$

由式 (4.4.16) 解得：$a_3=+1$，$b_3=+1$，$c_3=+1$。于是
$$\pi_3=\mu/(hv\rho)$$

（6）组成无量纲表达式。

$$f_1\left(\frac{F}{\rho h^2 v^2},\frac{\mu}{\rho hv},\frac{gh}{v^2}\right)=0 \tag{4.4.17}$$

式 (4.4.17) 可以写成

$$\frac{F}{\rho h^2 v^2}=f_2\left(\frac{\mu}{\rho hv},\frac{gh}{v^2}\right) \tag{4.4.18}$$

由于 h^2 具有面积的量纲，故式 (4.4.18) 写成

$$F=C_D A\,\frac{\rho v^2}{2} \tag{4.4.19}$$

式中 $C_D=2f_2\left(\dfrac{\mu}{\rho hv},\dfrac{gh}{v^2}\right)=2f_2(Re,Fr)$，称为绕流阻力系数。

由水力学试验可求出各具体情况的 C_D 值。

【例 4.4.4】　试应用布金汉 π 定理求出水平等直径有压圆管中液体流动压强降落的表达式。

解：（1）经观察分析可知有压管内液体流动压强降落 Δp 与以下因素有关：管径 d、管长 l、管壁粗糙高度 Δ、流体速度 v、液体的密度 ρ 及液体的动力黏度 μ。写出函数表达式为

$$f(\Delta p,d,l,\Delta,v,\rho,\mu)=0 \tag{4.4.20}$$

（2）选取基本物理量为 d、v、ρ，这三个基本物理量的量纲公式：

$$\dim d=M^0L^1T^0$$
$$\dim v=M^0L^1T^{-1}$$
$$\dim\rho=M^1L^{-3}T^0$$

各指数行列式不为零：

$$\begin{vmatrix} 0 & 1 & 0 \\ 0 & 1 & -1 \\ 1 & -3 & 0 \end{vmatrix}=-1\neq0$$

（3）无量纲量的个数为 $7-3=4$。

（4）将 d、v、ρ 以外的 4 个物理量 Δp、l、Δ、μ 分别与 d、v、ρ 组成 4 个 π：π_1，π_2，π_3，π_4。

$$\pi_1=\Delta p/(d^{a_1}v^{b_1}\rho^{c_1})$$
$$\pi_2=l/(d^{a_2}v^{b_2}\rho^{c_2})$$
$$\pi_3=\Delta/(d^{a_3}v^{b_3}\rho^{c_3})$$
$$\pi_4=\mu/(d^{a_4}v^{b_4}\rho^{c_4})$$

（5）由量纲和谐原理求得

$$a_1=0, \quad b_1=2, \quad c_1=1$$
$$a_2=1, \quad b_2=0, \quad c_2=0$$
$$a_3=1, \quad b_3=0, \quad c_3=0$$
$$a_4=1, \quad b_4=1, \quad c_4=1$$

于是
$$\pi_1=\Delta p/(v^2\rho) \tag{4.4.21}$$
$$\pi_2=l/d \tag{4.4.22}$$
$$\pi_3=\Delta/d \tag{4.4.23}$$
$$\pi_4=\mu/(dv\rho) \tag{4.4.24}$$

（6）组成无量纲表达式。

$$f_1\left(\frac{\Delta p}{v^2\rho}, \frac{l}{d}, \frac{\Delta}{d}, \frac{\mu}{dv\rho}\right)=0 \tag{4.4.25}$$

或写成
$$f_2\left(\frac{\Delta p}{v^2\rho}, \frac{l}{d}, \frac{\Delta}{d}, \frac{dv}{\nu}\right)=0 \tag{4.4.26}$$

由式（4.4.26）写出压差表达式为

$$\frac{\Delta p}{v^2\rho}=f_3\left(\frac{l}{d}, \frac{\Delta}{d}, \frac{dv}{\nu}\right) \tag{4.4.27}$$

压强的降落与管长成正比与管径成反比，于是

$$\frac{\Delta p}{v^2\rho}=\frac{l}{d}f_4\left(\frac{\Delta}{d}, Re\right)$$

即
$$\frac{\Delta p}{\gamma}=f_5\left(\frac{\Delta}{d}, Re\right)\frac{l}{d}\frac{v^2}{2g} \tag{4.4.28}$$

令 $f_5\left(\dfrac{\Delta}{d}, Re\right)=\lambda$，称 λ 为沿程水头损失系数，可由试验确定。

由上述可见，量纲分析作为一种工具已被广泛地应用到水力学和模型试验等领域。然而量纲分析毕竟是一种数学分析方法，正确利用它的前提是要求人们正确理解流动的物理现象和影响因素。尤其是最后确定物理公式具体形式时，还要靠理论分析和试验的成果。

思 考 题 4

4.1 两液流相似应满足哪些条件？

4.2 量纲分析有何作用？

4.3 瑞利法和 π 定理这两种量纲分析方法有何异同？

4.4 溢洪道陡槽的模型设计一般采用什么相似准则？为什么？

习 题 4

4.1 一平板闸下出流模型试验，采用重力相似准则设计模型，其长度比尺为 20，如习题图 4.1 所示。试求：（1）如原型中闸前水深 $H_p=4$m，模型 中相应水深 H_m 为多少？（2）如在模型中测得收缩断面平均流速 $v_m=2.0$m/s，流量 $Q_m=0.045$m³/s，则原型中相

应流速与流量为多少？（3）模型中测得水流作用在闸门上的力 $P_m = 78.5\text{N}$，原型中作用力应是多少？

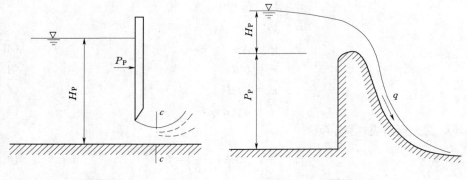

习题图 4.1　　　　　　　　　　　习题图 4.2

4.2　一溢流坝，泄流量为 $250\text{m}^3/\text{s}$，现按重力准则设计模型，如习题图 4.2 所示。如实验室供水流量为 $0.08\text{m}^3/\text{s}$。（1）试为这个模型选取几何比尺，（2）若原型坝高 $P_p = 30\text{m}$，坝上水头 $H_p = 4\text{m}$，问模型场地最低应为多少？

4.3　以一比例尺为 1∶50 的溢流坝模型进行水力试验。假定设计流量为 $15000\text{m}^3/\text{s}$，那么模型中流量为多大？若在模型中测得一点的流速 $v = 1.2\text{m/s}$，在原型中相应点的速度应为多少？（应用重力相似准则）

4.4　运动黏度 $v = 4 \times 10^{-2}\text{cm/s}$ 的油液以 2m/s 的速度流过直径 $d = 200\text{mm}$ 的导管，问在 15℃ 时（$\nu = 1.15 \times 10^{-2}\text{cm/s}$）时通过直径为 50mm 的导管中的水流速度为多大才能满足雷诺相似准则？

4.5　有一直径为 15cm 的输油管，管中要通过的流量为 $0.18\text{m}^3/\text{s}$，现用水来作模型试验，当模型管径和原型一样，水温为 10℃（原型上油的运动黏度 $\nu_p = 0.13\text{cm}^2/\text{s}$，密度 $\rho_p = 800\text{kg/m}^3$），问水的模型流量应为多少才能达到相似？若测得 10m 长模型输水管两端的压强水头差为 6cm，试求在 100m 长输油管两端的压强差应为多少（用油柱高表示）？

4.6　水平管道中的水流（10℃），平均流速为 3m/s；管径 7.5cm；12m 长的管道上的压强差为 1.4N/cm^2。现在用一根几何相似的直径为 2.5cm 的水平管作为模型，管中流动的是汽油（20℃），$v_m = 0.006\text{cm}^2/\text{s}$，$\rho_m = 670\text{kg/m}^3$。试求：（1）模型流速应为多少？（2）4m 长模型上的压强差。

4.7　以 1.5m/s 的速度拖曳一个几何比尺为 50 的船舶模型航行所需的力为 9N，如果原型船舶航行主要受（1）重力；或（2）黏滞力；或（3）表面张力的作用，试分别计算原型船舶的相应速度和所需的力。

4.8　试用瑞利量纲分析法求水泵功率的计算公式。

提示：水泵功率 N 与水的容重 γ、水泵的扬程 H 及提水流量 Q 有关。

4.9　一文丘里流量计水平放置，如习题图 4.3 所示，由试验观测可知，影响喉道处流速 v_2 的因素有：文丘里管进口断面直径 d_1、喉道断面直径 d_2、水的密度 ρ、动力黏度 μ 及两个断面间的压强差 Δp。试用 π 定理确定流量表达式。

4.10　液体中一光滑球面上所受的阻力为 F，球的直径为 D，液体流速为 v，密度为

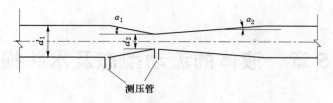

习题图 4.3

ρ 及黏度 μ。求出描述这一现象的无量纲表达式。

4.11 如习题图 4.4 所示，一根细玻璃管插入液体槽内，由于表面张力在自由表面形成弯月面，液面上升或下降取决于液体固体分界面的接触角。设液面在管内上升 Δh，管的直径 D，液体容重 γ 及表面张力系数 σ，应用 π 定理求出 Δh 的数学表达式。

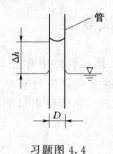

习题图 4.4

第 5 章　液体的流动型态及水头损失

由于实际液体中存在着黏性，因此当实际液体运动时一定有能量损失。在水力学中将能量损失称为水头损失。在第 3 章中，实际液体能量方程中的水头损失是直接给出的。在本章中我们将研究：液体的两种型态——层流和紊流——以及在两种液流型态下沿程水头损失和局部水头损失产生的原因及其计算方法。

5.1　水头损失产生的原因及分类

如图 5.1.1 所示为一输水管路系统。管路中有进口、转弯、突然扩大、突然缩小和阀门。假设水头 H 一定，整个管路中的水头损失为 $h_{w_{1-2}}$，管路出口断面积和断面平均流速分别为 A 和 v，现在列水箱中断面 1—1 和管路出口断面 2—2 的能量方程，得

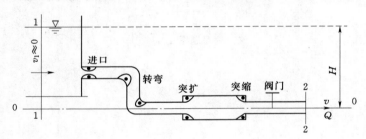

图 5.1.1

$$H = \frac{v^2}{2g} + h_{w_{1-2}}$$

$$v = \sqrt{2g\left(H - h_{w_{1-2}}\right)}$$

$$Q = Av = A\sqrt{2g\left(H - h_{w_{1-2}}\right)}$$

由上式可以看出，当水头 H 一定时，流量随管路中水头损失的增加而减小。如果要求流量 Q 一定，随水头损失的增加则应提高水箱中的水位或增大管径。由此可见，管路中的水头损失直接影响着过水能力、水箱或水塔的高度、管路的断面尺寸，同时也影响管路各断面处压强的变化。为此，正确地计算管路中的水头损失是至关重要的。

从图 5.1.1 中可见，管路中的水头损失有两类。

（1）在管径沿程不变的直管段内的沿程水头损失，记为 h_f，其大小和管长成比例，它是由液体的黏滞性和液体质点间的动量交换而引起的。

（2）在水流方向、断面形状和尺寸改变以及障碍处的局部水头损失，记为 h_j。在这些局部地区产生许许多多的漩涡。漩涡的产生及维持漩涡的旋转，漩涡水体与主流之间的

动量交换，漩涡间的冲击与摩擦等均需消耗能量而引起水头损失。因为这些损失均发生在管路的局部地区，所以称为局部水头损失。管路中各个管段产生的沿程水头损失及各局部地区产生的局部水头损失之总和可以用下式表示

$$h_w = \sum h_f + \sum h_j \qquad (5.1.1)$$

影响水头损失的内因是水流的型态，外因是管长、壁面的粗糙度、断面形状和尺寸。下面先说明过水断面的形状和尺寸（断面积）对沿程水头损失的影响。如图 5.1.2（a）所示，圆形、正方形和矩形的过水断面积均为 A，但它们的周界与液体接触的长度不同。我们将过水断面上被液体湿润的固体周界长度定义为湿周，记为 χ。但是由于三者的湿周不同，即 $\chi_1 < \chi_2 < \chi_3$，因此三者所引起沿程水头损失不同，在同样的条件下，例如通过同样的流量，同样的管材、过水断面积等，则 $h_{f1} < h_{f2} < h_{f3}$。又如图 5.1.2（b）所示，过水面积 $A_1 > A_2$，显然湿周 $\chi_1 > \chi_2$，但由于断面平均流速 $v_1 \ll v_2$，在相同的流量等条件下，总的来说还是 $h_{f1} < h_{f2}$。由此可见，单纯用过水断面积和湿周的大小不能完全反映出它们对沿程水头损失的影响。水力学中是用水力半径来综合反映过水断面积和湿周对沿程水头损失的影响的。过水断面积与湿周之比定义为水力半径 R，即

$$R = \frac{A}{\chi} \qquad (5.1.2)$$

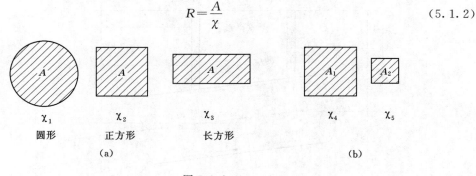

圆形　正方形　长方形

(a)　　　　　　　　(b)

图 5.1.2

可见水力半径大者沿程水头损失小，在其他条件相同时，过水能力也大，否则相反。

对于半径为 r 或者直径为 d 的圆形过水断面管道的水力半径为

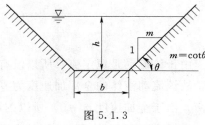

图 5.1.3

$$R = \frac{A}{x} = \frac{\frac{\pi}{4} d^2}{\pi d} = \frac{d}{4} = \frac{r}{2} \qquad (5.1.3)$$

对于如图 5.1.3 所示的底宽为 b，水深为 h，边坡系数为 m 的梯形过水断面渠道的水力半径为

$$R = \frac{bh + mh^2}{b + 2h\sqrt{1 + m^2}} \qquad (5.1.4)$$

对于矩形过水断面渠道的水力半径，可在上式中令 $m = 0$，则得

$$R = \frac{bh}{b + 2h} \qquad (5.1.5)$$

对于 $\dfrac{h}{b}<\dfrac{1}{10}$ 的宽矩形过水断面渠道的水力半径，由上式为

$$R=\frac{h}{1+2\dfrac{h}{b}}\approx h \tag{5.1.6}$$

即宽矩形断面渠道的水力半径近似等于水深。

5.2　均匀流中沿程水头损失的计算公式

由于实际液体在运动时存在有切应力，故液体在运动过程中摩擦生热并将其耗散在水流中，对于机械能而言，这部分热能是不可逆的，因此水流中产生机械能损失，也就是水头损失。可见沿程水头损失 h_f 是直接与水流同固体壁面接触处的切应力 τ_0 有关系的。下面将先建立均匀流中的沿程水头损失 h_f 与切应力 τ_0 之间的关系。

现在，如图 5.2.1 所示圆管总流中取出长度为 s 的一段作为控制体，研究其平衡。假设流动是恒定的均匀流，且液体是不可压缩的。

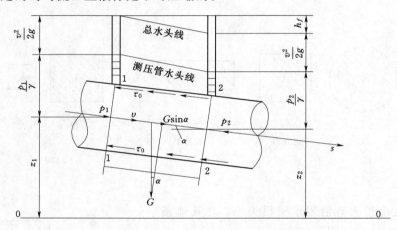

图 5.2.1

由于该流动是恒定流，所以没有时间加速度，又由于是均匀流，所以也没有位移加速度，故该流动液体的全部加速度为零。我们用牛顿第二定律 $\sum F_s=ma_s$ 研究上述控制体的平衡。由于全加速度 $a_s=0$，所以 $\sum F_s=0$。脚标 s 表示沿管轴方向。

设过水断面 1—1 和断面 2—2 形心的位置高度分别为 z_1、z_2，作用的压强分别为 p_1、p_2，管轴线与水平面间的夹角为 α，水的容重为 γ，过水断面面积为 A，湿周为 χ，则作用在控制体上的表面力，其一是作用在两端过水断面上的动水总压力，即

$$P_1=p_1A，\quad P_2=p_2A$$

其二是作用在控制体侧面上的摩擦力，即

$$T=\tau_0\chi s$$

作用在控制体上的质量力在 s 方向上的分量为

$$Gsin\alpha = \gamma Assin\alpha = \gamma As \frac{z_1 - z_2}{s} = \gamma A(z_1 - z_2)$$

根据 $\sum F_s = 0$，得

$$P_1 - P_2 - T + Gsin\alpha = 0$$

即

$$p_1A - p_2A - \tau_0 \chi s + \gamma A(z_1 - z_2) = 0$$

两端除以 γA，得

$$\left(z_1 + \frac{p_1}{\gamma}\right) - \left(z_2 + \frac{p_2}{\gamma}\right) - \frac{\tau_0}{\gamma}\frac{\chi}{A}s = 0 \qquad (5.2.1)$$

写断面 1—1 和断面 2—2 的能量方程式，得

$$z_1 + \frac{p_1}{\gamma} + \frac{v^2}{2g} = z_2 + \frac{p_2}{\gamma} + \frac{v^2}{2g} + h_f$$

故

$$h_f = \left(z_1 + \frac{p_1}{\gamma}\right) - \left(z_2 + \frac{p_2}{\gamma}\right) \qquad (5.2.2)$$

又

$$\frac{\chi}{A} = \frac{1}{R} \qquad (5.2.3)$$

将式（5.2.2）、式（5.2.3）代入式（5.2.1），得

$$h_f - \frac{\tau_0}{\gamma}\frac{s}{R} = 0$$

或者

$$h_f = \frac{\tau_0}{\gamma}\frac{s}{R} \qquad (5.2.4)$$

或者

$$\tau_0 = \gamma R \frac{h_f}{s}$$

式中：$\frac{h_f}{s} = J$ 为水力坡降。

所以

$$\tau_0 = \gamma R J \qquad (5.2.5)$$

对于水力半径为 R' 的同心圆筒式元流，其元流表面的切应力 τ 为

$$\tau = \gamma R' J \qquad (5.2.6)$$

由式（5.2.5）和式（5.2.6），得

$$\frac{\tau}{\tau_0} = \frac{R'}{R}$$

又 $R = \frac{d}{4} = \frac{r_0}{2}$，$R' = \frac{r}{2}$，所以得

$$\tau = \tau_0 \frac{r}{r_0} \qquad (5.2.7)$$

式（5.2.7）说明圆管均匀流过水断面上的切应力按直线规律分布，管壁处最大为 τ_0，管轴线处为零，如图 5.2.2 所示。

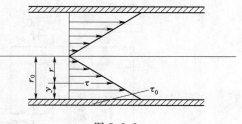

图 5.2.2

由量纲分析我们可以得到切应力 τ_0 的表达式 $\tau_0 = \frac{\lambda}{8}\rho v^2$。现将该式代入式（5.2.4），

得均匀流情况下的沿程水头损失公式为

$$h_f = \frac{\tau_0}{\gamma} \frac{l}{R} = \frac{\frac{\lambda}{8}\rho v^2}{\gamma} \frac{l}{R} = \lambda \frac{l}{4R} \frac{v^2}{2g} \tag{5.2.8}$$

式中：l 为管段长度；λ 为沿程水头损失系数，它与液流型态等有关。

此式对任意形状的过水断面都适用。

对于圆管，因为 $R = \dfrac{d}{4}$，所以

$$h_f = \lambda \frac{l}{d} \frac{v^2}{2g} \tag{5.2.9}$$

式（5.2.9）称为达西-威斯巴赫（Darcy - Weisbach）公式。

【例 5.2.1】　水流在直径 $d = 30\text{cm}$ 的圆管中流动时，在 $l = 100\text{m}$ 管长上测得水头损失 $h_f = 2\text{m}$。试求：（1）管壁上的切应力 τ_0；（2）当沿程水头损失系数 $\lambda = 0.025$ 时的断面平均流速 v。

解：（1）τ_0 计算。由式（5.2.5）

$$\tau_0 = \gamma R J = \gamma \frac{d}{4} \frac{h_f}{l} = 9800 \times \frac{0.3}{4} \times \frac{2}{100} = 14.70(\text{N/m}^2)$$

（2）断面平均流速计算。由式（4.4.9）

$$\tau_0 = \frac{1}{8} \lambda \rho v^2$$

得

$$v = \sqrt{\frac{8\tau_0}{\lambda\rho}} = \sqrt{\frac{8 \times 14.7}{0.025 \times 1000}} = 2.17(\text{m/s})$$

5.3　液体流动的两种型态

5.3.1　雷诺实验

人们从实践中早已观察到实际液体运动时有两种不同的型态。但是，直到 1883 年英国的雷诺（O. Reynolds）才通过实验揭示出这两种不同流动型态的本质。

如图 5.3.1 所示为雷诺实验装置。上游是一个保持恒定水位的水箱 D，由侧壁引出一

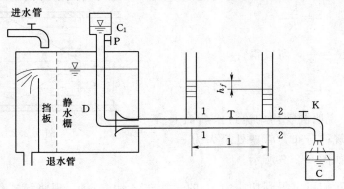

图 5.3.1

根进口为喇叭形的平直的玻璃管 T，为了量测水头损失，在其上装两根测压管，为了调节管中的流速，在管路的末端装有阀门 K，下游设有接水容器 C。为了显示水流的运动型态，在上游水箱顶部放一盛红颜色水的容器 C_1，在其下用针形细管引入到玻璃管的喇叭形进口处，针形管的上端装一阀门 P。

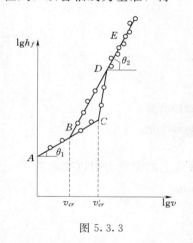

试验时先将阀门 K 微微打开，液体从玻璃管中流出，然后将阀门 P 打开，红颜色水流入玻璃管 T 中。这时在玻璃管中有一条平直的红颜色线束，此线并不与周围水体混掺，如图 5.3.2 (a) 所示。再将阀门 K 逐渐开大，玻璃管中的流速就逐渐增大，这时就可以看到红颜色的流束开始颤动并弯曲，有波状外形，如图 5.3.2 (b) 所示。以后流束开始破裂，失去清晰的形状。最后当流速达到一定值时，带红颜色的流束完全破裂，形成许许多多的小漩涡充满整个玻璃管，如图 5.3.2 (c) 所示。它说明此时流体质点间互相混掺。

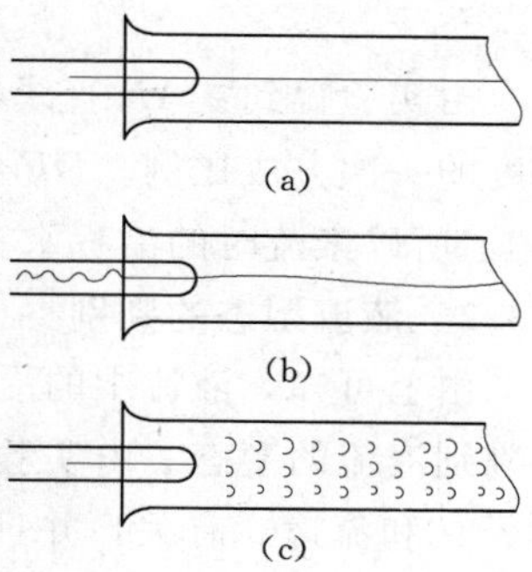

图 5.3.2

上面实验说明：同一种液体在同一管道中流动，当流速不同时液体有两种不同的运动型态：

（1）当流速较小时，各液层的质点互不混掺，做有条不紊的直线运动，此种流动型态称为层流。

（2）当流速较大时，管中形成涡体，各液层质点互相混掺，做杂乱无章的运动，此种流动型态称为紊流。

当实验以相反的程序进行时，则流动从紊流转变成层流。但是，由紊流转变为层流时的流速比由层流转变为紊流时的流速小。

雷诺又在上面的试验设备上量测了沿程水头损失 h_f 与管中断面平均流速 v 之间的变化关系。通过两测压管中的水位差可得到水头损失 h_f。写断面 1—1、断面 2—2 的能量方程式，以管轴线为基准，得

$$\frac{p_1}{\gamma} = \frac{p_2}{\gamma} + h_f$$

$$h_f = \frac{p_1}{\gamma} - \frac{p_2}{\gamma}$$

即两根测压管中的水位差就是断面 1—1 和断面 2—2 间的水头损失。通过容器 C 量测流量 Q，进而可计算管中的断面平均流速 v。

假如以 $\lg v$ 为横坐标轴，以 $\lg h_f$ 为纵坐标轴，将测得的数据绘出，如图 5.3.3 所示。将液体流动型态转变时的流速称为临界流速。当实验流速由小变大时，变化曲线为 $ABCDE$，层流维持到 C 点，以后转变为紊流。C 点所对应的流速称为上临界流速，记为 v'_{cr}。当实验流速

图 5.3.3

由大变小时，变化曲线为 $EDBA$，紊流维持到 B 点，以后转变为层流。B 点所对应的流速称为下临界流速，记为 v_{cr}。B、C 点之间称为过渡区，可能是层流也可能是紊流，依实

验程序而定。线段 AC 和 DE 都是直线，可以用下面的方程式表示。

$$\lg h_f = \lg k + m \lg v$$

式中：$\lg k$ 为截距；m 为直线的斜率。

上式的指数形式为

$$h_f = k v^m \tag{5.3.1}$$

由实验得到：AB 直线与水平轴夹角 $\theta_1 = 45°$，即 $m = 1$，所以层流时沿程水头损失与速度的一次方成比例。DE 线与水平轴夹角 $\theta_2 > 45°$，约为 $60°15' \sim 63°26'$，即 $m = 1.75 \sim 2.0$，所以紊流时的沿程水头损失与速度的 $1.75 \sim 2.0$ 次方成比例。

5.3.2　液流型态的判别

由上可知，液流中的沿程水头损失与液流型态有关。因此在计算沿程水头损失以前必须判别液流的型态。由实验发现：圆管中液流的型态与液体的密度 ρ、动力黏滞系数 μ、管径 d 和流速 v 有关，并且它们的综合作用可以用下面的无量纲数表示：

$$Re = \frac{\rho v d}{\mu} = \frac{v d}{\nu} \tag{5.3.2}$$

Re 称为雷诺数。相应于流态转变时的雷诺数称为临界雷诺数。相应于下临界流速 v_{cr} 的雷诺数称为下临界雷诺数，记为 Re_{cr}。相应于上临界流速 v'_{cr} 的雷诺数称为上临界雷诺数，记为 Re'_{cr}，实用上采用下临界雷诺数作为判别流态的准数，因为它比较稳定。而上临界雷诺数与液流的平静程度及来流有无干扰有关，其变化范围为 $1 \times 10^4 \sim 5 \times 10^4$。当流动的雷诺数 Re 小于下临界雷诺数 Re_{cr} 时肯定是层流。当流动的雷诺数 Re 介于上下临界雷诺数 Re'_{cr} 和 Re_{cr} 之间时，可能是层流也可能是紊流，但当层流受到外界干扰后也会变为紊流。而实际上液流总是不可避免地受到各种外界干扰的。也就是说，下临界雷诺数以上的液流最终总是紊流，下临界雷诺数以下的液流总是层流，所以一般都用下临界雷诺数作为判别流态的标准，也称它为临界雷诺数。

对于圆管中的流动，临界雷诺数为

$$Re_{cr} = \frac{v_{cr} d}{\nu} \approx 2300 \tag{5.3.3}$$

对于明渠及天然河道中流动，临界雷诺数为

$$Re_{cr} = \frac{v_{cr} R}{\nu} \approx 500 \tag{5.3.4}$$

式中：R 为明渠及天然河道过水断面的水力半径。

5.3.3　雷诺数的物理意义

下面将阐明雷诺数作为判别液流型态的理由。作用在液流上的惯性力可以表示为

$$F_i = Ma = \rho V \frac{\mathrm{d}u}{\mathrm{d}t} = \rho V \frac{\mathrm{d}u}{\mathrm{d}x} \frac{\mathrm{d}x}{\mathrm{d}t} = \rho V \frac{\mathrm{d}u}{\mathrm{d}x} u$$

其量纲为

$$\dim F_i = \dim \left(\rho L^3 \frac{v}{L} v \right) = \dim \left(\rho L^2 v^2 \right)$$

作用在液流上的黏滞力为

$$T = \mu A \frac{\mathrm{d}u}{\mathrm{d}y}$$

其量纲为

$$\dim T = \dim\left(\mu L^2 \frac{v}{L}\right) = \dim(\mu L v)$$

惯性力与黏滞力之比的量纲为

$$\dim\left(\frac{F_i}{T}\right) = \dim\left(\frac{\rho L^2 v^2}{\mu L v}\right) = \dim\left(\frac{\rho L v}{\mu}\right) = \dim\left(\frac{vL}{\nu}\right)$$

式中：v、L 为液流中的特征流速和特征长度。

对于圆管管流，习惯上 v 就用断面平均流速，L 可以是管径 d。因此 $\dim\left(\frac{vL}{\nu}\right)$ 就是雷诺数的量纲。所以，雷诺数表示作用在液流上的惯性力与黏性力的比值。当雷诺数较小时，表明作用在液流上的黏性力起主导作用，黏性力约束液流质点的运动，故成层流型态。当雷诺数大时，表明作用在液流上的惯性力起主导作用，黏滞力再也约束不住液流的质点，液体质点在惯性力作用下可以互相混掺而呈紊流型态。这就是用雷诺数作为判别液流型态的理由。

【例 5.3.1】 假设圆管流动的临界雷诺数 $Re_{cr} = 2300$，今有 15℃ 的水在内径为 2.5cm 的圆管中流动。试求：管内流动为层流时的最大流量。

解： 由临界雷诺数

$$Re_{cr} = \frac{v_{cr}d}{\nu} = 2300$$

求得下临界流速为

$$v_{cr} = \frac{2300\nu}{d} = \frac{2300 \times 1.139 \times 10^{-6}}{0.025} = 0.105(\mathrm{m/s})$$

所以管内流动为层流时的最大流量为

$$Q_{max} = v_{cr}A = v_{cr}\frac{\pi d^2}{4} = 0.105 \times 0.785 \times 0.025^2 = 5.152 \times 10^{-5}(\mathrm{m^3/s}) = 0.0515(\mathrm{L/s})$$

5.4 圆管层流运动沿程水头损失的计算

假设在如图 5.4.1 所示的圆管中发生液体的层流运动，这时，我们可以将圆管中的层流看作是许多无限薄的同心圆筒液层间的相对运动。每一层表面上的切应力由牛顿内摩擦定律确定，取管轴线方向为 x，则

$$\tau = -\mu \frac{\mathrm{d}u_x}{\mathrm{d}r} \qquad (5.4.1)$$

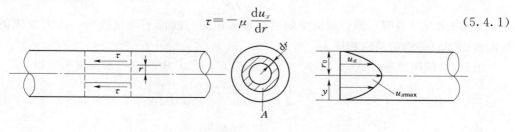

图 5.4.1

式中：u_x 为沿管轴线方向的点流速，加负号是因为 $\dfrac{\mathrm{d}u_x}{\mathrm{d}r}<0$。

又在均匀流中元流面上的切应力与沿程水头损失的关系为

$$\tau=\gamma R'J \tag{5.4.2}$$

令式（5.4.1）和式（5.4.2）相等，得

$$-\mu\,\frac{\mathrm{d}u_x}{\mathrm{d}r}=\gamma R'J=\gamma\,\frac{r}{2}J$$

$$\mathrm{d}u_x=-\frac{\gamma J}{2\mu}r\,\mathrm{d}r$$

积分得

$$u_x=-\frac{\gamma J}{4\mu}r^2+C$$

在 $r=r_0$（管壁）处，$u_x=0$，所以 $C=\dfrac{\gamma J}{4\mu}r_0^2$，代入上式，得圆管层流中的流速分布为

$$u_x=\frac{\gamma J}{4\mu}(r_0^2-r^2) \tag{5.4.3}$$

可见圆管层流中的流速是抛物型分布。

在 $r=0$（管轴心）处流速最大，即 $u_x=u_{x\max}$，所以

$$u_{x\max}=\frac{\gamma J}{4\mu}r_0^2=\frac{\gamma J}{16\mu}d^2 \tag{5.4.4}$$

圆管层流中的断面平均流速由下式求得，即

$$v=\frac{\displaystyle\int_A u_x\,\mathrm{d}A}{A}=\frac{\displaystyle\int_0^{r_0}u_x\times2\pi r\,\mathrm{d}r}{\pi r_0^2}=\frac{\gamma J}{4\mu}\cdot\frac{\displaystyle\int_0^{r_0}(r_0^2-r^2)\times2\pi r\,\mathrm{d}r}{\pi r_0^2}$$

故

$$v=\frac{\gamma J}{8\mu}r_0^2=\frac{\gamma J}{32\mu}d^2 \tag{5.4.5}$$

由式（5.4.4）和式（5.4.5）可知：在圆管层流中，断面平均流速是断面上最大流速的 1/2，即

$$v=\frac{1}{2}u_{x\max} \tag{5.4.6}$$

由式（5.4.5），得

$$J=\frac{h_f}{l}=\frac{32\mu v}{\gamma d^2}$$

故

$$h_f=\frac{32\mu l}{\gamma d^2}v \tag{5.4.7}$$

式（5.4.7）表明：圆管层流中的沿程水头损失与断面平均流速的一次方成比例，这与由雷诺实验得到的结论相同。

由达西-威斯巴赫公式（5.2.9）与上面式（5.4.5）中的沿程水头损失可得

$$h_f=\lambda\,\frac{l}{d}\cdot\frac{v^2}{2g}=\frac{32\mu lv}{\rho g d^2}=\frac{64\mu}{\rho v d}\cdot\frac{l}{d}\cdot\frac{v^2}{2g}$$

故

$$\lambda=\frac{64\mu}{\rho v d}=64\,\frac{\nu}{vd}$$

即
$$\lambda = \frac{64}{Re} \tag{5.4.8}$$

上式表明：圆管层流中的沿程水头损失系数只与雷诺数有关且成反比例关系。

【例 5.4.1】 动力黏度为 $3.5 \times 10^{-2} \text{N} \cdot \text{s/m}^2$，密度为 830kg/m^3 的油，以流量为 $3 \times 10^{-3} \text{m}^3/\text{s}$ 在内径为 5cm 的圆管中流动。试求：（1）该流动是层流还是紊流；（2）管长 50m 上的水头损失；（3）距离壁 1.5cm 处的点流速。

解：（1）此流动的雷诺数为

$$Re = \frac{vd}{\nu}$$

式中：

$$v = \frac{Q}{A} = \frac{3 \times 10^{-3}}{0.785 \times 0.05^2} = 1.53 (\text{m/s})$$

$$\nu = \frac{\mu}{\rho} = \frac{3.5 \times 10^{-2}}{830} = 4.22 \times 10^{-5} (\text{m}^2/\text{s})$$

$$Re = \frac{1.53 \times 0.05}{4.22 \times 10^{-5}} = 1812 < 2300, \text{为层流}$$

（2）水头损失 h_f 计算。

$$h_f = \frac{32\mu l}{\gamma d^2} v = \frac{32 \times (3.5 \times 10^{-2}) \times 50}{(830 \times 9.8) \times 0.05^2} \times 1.53$$

$$= 4.21 (\text{m 油柱高})$$

（3）距管壁 1.5cm 处的点流速计算。由式（5.4.3）

$$u_x = \frac{\gamma J}{4\mu} (r_0^2 - r^2)$$

式中：

$$\gamma = \rho g = 830 \times 9.8 = 8134 (\text{N/m}^3)$$

$$J = \frac{h_f}{l} = \frac{4.21}{50} = 0.0842$$

$$r = r_0 - y = 2.5 - 1.5 = 1 (\text{cm})$$

$$u_x = \frac{8134 \times 0.0842}{4 \times (3.5 \times 10^{-2})} \times (0.025^2 - 0.01^2) = 2.57 (\text{m/s})$$

5.5 紊流的特征

5.5.1 运动要素的脉动

我们知道，紊流中有许许多多的小旋涡，每个小旋涡都有各自的物理特征和力学特征。当流场中某个空间点处不同时刻由不同的小旋涡占据时，该空间点处的物理特征和力学特征也将随时间而变化。将紊流中某一空间点处的运动要素（速度 u、压强 p）随时间而变化称为脉动现象。将流体质点在某一瞬间通过某一空间点的流速称为该空间点的瞬时流速。它可以分解成为 u_x、u_y、u_z。在图 5.5.1 上给出了紊流流场中某空间点处瞬时流速 u_x 随时间 t 的变化的曲线。

由图 5.5.1 可以看出，该空间点处的瞬时流速 u_x 是随时间变化的，但是，在足够长的时间过程中，对于恒定流来讲，它的时间平均值是不变化的，如图 5.5.1（a）所示，

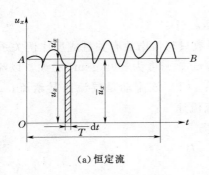
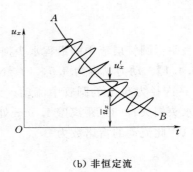

（a）恒定流　　　　　　　　（b）非恒定流

图 5.5.1

时间平均流速曲线 AB 是平行于 t 轴的一条直线。取足够长的时间为 T，则在此时间 T 过程的时间平均流速用下式定义

$$\overline{u}_x = \frac{1}{T}\int_0^T u_x \mathrm{d}t \tag{5.5.1}$$

对于非恒定流，时间平均流速是指在某一时段内流速的平均值，但这一时段的流速平均值和另一时段流速的平均值一般讲是不相同的，若规定了时段的长短后，则可得其时间平均流速，这时时间平均流速曲线如图 5.5.1（b）所示。

紊流流场中某空间点处的瞬时流速与时间平均流速之差值称为脉动流速，记为 u'_x（或 u'_y，u'_z），即

$$u'_x = u_x - \overline{u}_x \tag{5.5.2}$$

或者

$$u_x = \overline{u}_x + u'_x \tag{5.5.3}$$

图 5.5.2

即某点的瞬时流速等于时间平均流速与脉动流速之和。

脉动流速的时间平均值为零。例如对于脉动流速 $u'_x = u_x - \overline{u}_x$ 在时间 T 过程中的时间平均值为

$$\overline{u'}_x = \frac{1}{T}\int_0^T u'_x \mathrm{d}t = \frac{1}{T}\int_0^T u_x \mathrm{d}t - \frac{1}{T}\int_0^T \overline{u}_x \mathrm{d}t$$

$$= \overline{u}_x - \frac{\overline{u}_x}{T}\int_0^T \mathrm{d}t = \overline{u}_x - \overline{u}_x = 0 \tag{5.5.4}$$

式中 $\frac{1}{T}\int_0^T u_x \mathrm{d}t = \overline{u}_x$ 是时间平均流速的定义式（5.5.1）。

在层流中因为没有脉动流速，因此时间平均流速与瞬时流速相等。

在水力学中常用脉动流速的均方根表示脉动幅度的大小，记为 σ，即

$$\sigma = \sqrt{\overline{u'^2_x}} \tag{5.5.5}$$

而用脉动流速的均方根与时均特征流速 v 之比表示紊动强度，并记为 T_u，即

$$T_u = \frac{\sigma}{v} = \frac{\sqrt{\overline{u'^2_x}}}{v} \tag{5.5.6}$$

对于管流和明渠，以断面平均流速作为时均特征流速；对于绕流物体，以远离物体的

来流速度作为时均特征流速。

对于动水压强类似地有

$$p = \overline{p} + p'$$

$$\overline{p'} = \frac{1}{T}\int_0^T p' \mathrm{d}t = 0$$

水流的脉动现象对工程的影响是：①增加能量损失，这时水头损失约与速度的平方成比例；②增加作用荷载，因为动水压强的瞬时值有时大于时均压强值；③易引起共振现象；④脉动流速可以加剧河底泥沙的运动，减小淤积；⑤使流速分布趋于均匀化等。

5.5.2 紊动产生的附加切应力

1. 紊流附加切应力与脉动流速的关系

由于紊流中液体质点的混掺作用，所以，实际液体中某固定空间点处除具有纵向速度 u_x 以外，还存在横向脉动流速 u_y'。该横向脉动流速将某一层中的液体搬运到另一层，并与另一层液体相混合。如图 5.5.2 所示，设在两层液体之间取一微元面积 $\mathrm{d}A$，设下层液体的横向脉动流速为 u_y'，则单位时间内从下层流入上层的液体质量为 $\rho u_y' \mathrm{d}A$。又设下层处的纵向流速为 $u_x = \overline{u}_x + u_x'$，则在单位时间内流经 $\mathrm{d}A$ 截面的 x 方向的动量为

$$\rho u_y' \mathrm{d}A \cdot u_x = \rho(\overline{u}_x + u_x')u_y' \mathrm{d}A$$

对上式在相当长一段时间内进行平均，则得动量的时均值为：

$$\rho \overline{u_x u_y'} \mathrm{d}A = \rho \overline{(\overline{u}_x + u_x')u_y'} \mathrm{d}A = \rho(\overline{\overline{u}_x u_y'} + \overline{u_x' u_y'})\mathrm{d}A = \rho \overline{u_x' u_y'} \mathrm{d}A$$

其中：

$$\overline{\overline{u}_x u_y'} = \frac{1}{T}\int_0^T \overline{u}_x u_y' \mathrm{d}t = \overline{u}_x \frac{1}{T}\int_0^T u_y' \mathrm{d}t = 0$$

由此可知，只要存在脉动流速 u_y'，在时间平均意义上就有动量从截面 $\mathrm{d}A$ 的下层向截面的上层传递。根据恒定流的动量定律，单位时间内的动量传递等于在该截面上作用一个同样大小的力。由于紊流运动传递的是纵向动量，故在截面积 $\mathrm{d}A$ 上产生一个纵向作用力，其大小等于 $\rho \overline{u_x' u_y'} \mathrm{d}A$。而单位面积上产生的纵向力称为紊流附加切应力，记为 τ'，则

$$\tau' = \rho \overline{u_x' u_y'}$$

由图 5.5.2 可知：对同一流层，u_x' 与 u_y' 总为异号，即正的 u_y' 总伴随着负的 u_x'，为了使上面的紊流附加切应力永远为正，需在上式右端加一负号，即

$$\tau' = -\rho \overline{u_x' u_y'} \tag{5.5.7}$$

至于 τ' 的具体方向可以这样确定：当液体质点由低速层向高速层脉动时，τ' 与 $\overline{u}_x$ 的方向相反，并作用在高速层上；当液体质点由高速层向低速层脉动时，τ' 与 $\overline{u}_x$ 的方向相同，并作用在低速层上。

这样，当用时间平均概念研究紊流流动时，其切应力应该由牛顿的黏滞切应力和紊流附加切应力组成，即

$$\tau = \mu \frac{\mathrm{d} \overline{u}_x}{\mathrm{d}y} - \rho \overline{u_x' u_y'} \tag{5.5.8}$$

在高雷诺数的紊流中，由于液体质点混掺强烈，所以动量交换也强烈。因此，式 (5.5.8) 中右边的第二项远大于第一项，所以紊流时的水头损失远比层流时的水头损失大。

2. 紊流附加切应力与时均流速的关系

因为紊流附加切应力中的脉动流速 u'_x 和 u'_y 是不易确定的量，所以，我们设法建立脉动流速与时均流速 $\overline{u}_x$ 的关系。为此，普朗特（Prandtl）提出了混合长度的假说。该假说

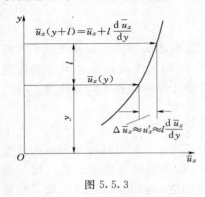

认为紊流状态下液体质点的混合长度类似于分子运动中的平均自由程。在气体中，一个分子在撞击另一个分子之前所行进的平均距离称为平均自由程。与此相类似，当液体质点从具有某一速度的液层进入具有另一速度的液层时，在液体质点相互撞击而使其具有的动量改变之前，液体质点沿垂直于时均流速 $\overline{u}_x$ 的方向移动了距离 l，然后该液体质点与另一层液体具有相同的物理性质，这个横向距离 l 就称为混合长度，如图 5.5.3 所示。

图 5.5.3

假设图 5.5.3 中时均流速为 $\overline{u}_x(y)$ 液体层中的液体质点经过距离 l 后的时均流速为

$$\overline{u}_x(y+l)=\overline{u}_x(y)+l\frac{\mathrm{d}\,\overline{u}_x}{\mathrm{d}y}$$

两层之间的时均流速之差为

$$\overline{u}_x(y+l)-\overline{u}_x(y)=l\frac{\mathrm{d}\,\overline{u}_x}{\mathrm{d}y}$$

普朗特认为：u'_x 与 u'_y 是相关的，且为同一量级，这由连续原理可以说明，而 u'_x 和 u'_y 与两液层间的时均流速之差具有相同量级，也就是说它们彼此之间成比例，即

$$\overline{|u'_x|}\propto\overline{|u'_y|}\propto l\frac{\mathrm{d}\,\overline{u}_x}{\mathrm{d}y}$$

尽管 $\overline{u'_x u'_y}$ 与 $\overline{|u'_x|}\cdot\overline{|u'_y|}$ 不相等，但是，可以认为两者成比例。又考虑到 u'_x 与 u'_y 的正负号相反，所以有

$$\overline{u'_x u'_y}\propto\left[-\overline{|u'_x|}\cdot\overline{|u'_y|}\right]\propto\left[-l^2\left(\frac{\mathrm{d}\,\overline{u}_x}{\mathrm{d}y}\right)^2\right]$$

或者

$$-\overline{u'_x u'_y}=Cl^2\left(\frac{\mathrm{d}\,\overline{u}_x}{\mathrm{d}y}\right)^2$$

式中 C 为常数，由于 l 还是一个待定的数值，所以，可以将 C 包括在 l 内。于是，紊流附加切应力的式（5.5.7）可以写成

$$\tau'=-\rho\,\overline{u'_x u'_y}=\rho l^2\left(\frac{\mathrm{d}\,\overline{u}_x}{\mathrm{d}y}\right)^2$$

或者

$$\tau'=\rho l^2\left|\frac{\mathrm{d}\,\overline{u}_x}{\mathrm{d}y}\right|\left(\frac{\mathrm{d}\,\overline{u}_x}{\mathrm{d}y}\right) \tag{5.5.9}$$

这样表示的方法可以使紊流附加切应力的方向与速度梯度一致，即当 $\dfrac{\mathrm{d}u_x}{\mathrm{d}y}>0$ 时作用于下层液体上的切应力方向与流速方向相同。

由于脉动流速 u'_x 和 u'_y 越靠近边壁处越小，而在边壁处 $u'_x=u'_y=0$，所以普朗特假设混

合长度 l 正比例于到边壁的距离 y，即

$$l = \kappa y \tag{5.5.10}$$

其中 κ 称为卡门（T. vonKárman）常数，由实验得靠近壁面处 $\kappa = 0.4$。

若令式（5.5.9）中的 $l^2 \left| \dfrac{\mathrm{d}\overline{u}_x}{\mathrm{d}y} \right| = \varepsilon$，$\rho l^2 \left| \dfrac{\mathrm{d}\overline{u}_x}{\mathrm{d}y} \right| = \eta$，则得

$$\tau' = \rho\varepsilon \frac{\mathrm{d}\,\overline{u}_x}{\mathrm{d}y} = \eta \frac{\mathrm{d}\,\overline{u}_x}{\mathrm{d}y} \tag{5.5.11}$$

式中：ε 为紊动运动黏滞系数，类似层流中的运动黏度 ν；η 为紊动动力黏滞系数，类似层流中的动力黏度 μ。

当均采用时均值描述紊流运动，并且以 u 表示 x 方向的流速时，可以省去时均流速 $\overline{u}_x$ 中的平均符号"—"和脚标"x"于是，紊流中的总切应力可以表示为

$$\tau = \mu \frac{\mathrm{d}u}{\mathrm{d}y} + \rho l^2 \left(\frac{\mathrm{d}u}{\mathrm{d}y} \right)^2 \tag{5.5.12}$$

5.6 紊流中的流速分布

5.6.1 层流底层

紊流流动中，在靠近壁面处由于壁面的约束，流速的横向脉动很小，$u'_y \approx 0$，故紊流附加切应力 $\tau' \approx 0$，但是，梯度流速 $\mathrm{d}u/\mathrm{d}y$ 却很大，故黏滞切应力起主要作用。我们将靠近固体壁面黏滞力起主要作用的作层流运动的极薄层称为层流底层或黏性底层，其厚度记为 δ_l，如图 5.6.1 所示。由于层流底层很薄，故假设其内的流速按直线规律分布。由牛顿内摩擦定律得

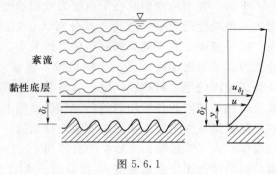

图 5.6.1

$$\tau_0 = \mu \frac{\mathrm{d}u}{\mathrm{d}y} = \mu \frac{u}{y} = \rho\nu \frac{u}{y}$$

两端除以密度 ρ，并令 $\sqrt{\dfrac{\tau_0}{\rho}} = u_*$，$u_*$ 具有流速量纲，称为摩阻流速。于是得

$$u_*^2 = \frac{\nu u}{y}$$

$$\frac{u}{u_*} = \frac{u_* y}{\nu} \tag{5.6.1}$$

式（5.6.1）就是层流底层中的流速分布公式。

设 $y = \delta_l$ 时 $u = u_{\delta_l}$，由式（5.6.1）得

$$\frac{u_{\delta_l}}{u_*} = \frac{u_* \delta_l}{\nu}$$

注意到上式等号右边是以 u_* 为特征流速 δ_l 为特征长度的雷诺数，可用以判别层流底层和紊流的转换点，根据实验分析，在紊流和层流底层流速分布曲线交点处有

$$\frac{u_* \delta_l}{\nu} = \frac{u_{\delta_l}}{u_*} = N = 11.6$$

于是

$$\delta_l = \frac{\nu N}{u_*} \tag{5.6.2}$$

又由式(4.4.9)

$$\tau_0 = \frac{\lambda}{8} \rho v^2$$

所以

$$u_* = \sqrt{\frac{\tau_0}{\rho}} = \sqrt{\frac{\lambda}{8}} v \tag{5.6.3}$$

将式（5.6.3）代入式（5.6.2），得

$$\delta_l = \frac{Nd}{\sqrt{\frac{\lambda}{8}}} \frac{\nu}{vd} = \frac{\sqrt{8} \times 11.6 d}{Re \sqrt{\lambda}}$$

故

$$\delta_l = 32.8 \frac{d}{Re \sqrt{\lambda}} \tag{5.6.4}$$

式（5.6.4）是计算层流底层厚度的公式。

下面介绍壁面的粗糙度问题。一般工业生产管道（简称"工业管道"）的壁面总是凹凸不平的。我们称壁面的凸出高度为壁面的绝对粗糙度，用 Δ 表示，见图 5.6.2（a）。壁面绝对粗糙度的大小、形状及其分布状态制约着其上水流的型态和水流的阻力或水头损失。同一壁面上的不同处绝对粗糙度的大小、形状及其分布状态是不尽相同的，因此说工业管道的绝对粗糙度 Δ 是一个随机量，也是一个难以确定的量。这样就出现如何表示工业管道壁面的绝对粗糙度问题。水力学中还有一种管道，那就是人工管道。所谓人工管道就是将粒径相同的砂粒均匀的黏在管道壁面上的管道，见图 5.6.2（b）。许多管流中的基本规律就是在人工管道中通过实验而得到的，如流速分布规律，沿程水头损失系数 λ 的变化规律。人工管道壁面上砂粒的直径用 k_s 表示，即人工管道的绝对粗糙度 $\Delta = k_s$。工业管道的粗糙度是用当量粗糙度 k_s 表示的。所谓当量粗糙度是在水头、管径及管长与工业管道相同的条件下，具有相同的沿程水头损失或沿程水头损失系数时人工管道的绝对粗糙度。通过实验得到的各种工业管道的当量粗糙度见表 5.6.1。这样只要将适于人工管道的各种规律表达式中的粗糙度用工业管道的当量粗糙度 k_s 代替就可以用于工业管道。请注意：在以后的公式中只出现符号 k_s，对于人工管道它表示砂粒的直径，即绝对粗糙度，对于工业管道它表示当量粗糙度。

根据层流底层的厚度 δ_l 与当量粗糙 k_s 的对比关系可以将紊流中的壁面分为以下三种情况：

（1）当 $\delta_l > k_s$ 时，称为水力光滑面，如图 5.6.2（c）所示，若为管道则称为水力光滑管。这时壁面上粗糙突出高度完全淹没在层流底层的下面，而紊流核在层流底层上运动，粗糙突出高度对流动没有影响，式（5.5.12）中右端第一项（黏性切应力）相对第二项（由紊动引起的紊流附加切应力）不是无穷小量，不可忽略。

（2）当 $\delta_l < k_s$ 时，称为水力粗糙面，如图 5.6.2（d）所示，若为管道则称为水力粗

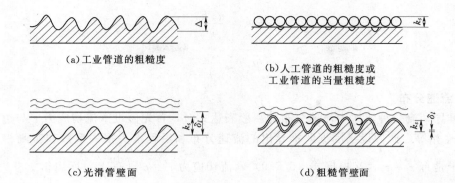

（a）工业管道的粗糙度　　　　　　　（b）人工管道的粗糙度或
工业管道的当量粗糙度

（c）光滑管壁面　　　　　　　　　　（d）粗糙管壁面

图 5.6.2

糙管。这时壁面上的粗糙突出高度已不能被层流底层完全淹没，在粗糙突出高度的背后形成许多小漩涡，式（5.5.12）中右端第二项紊流附加切应力起主要作用，而黏性切应力项相对较小，可以忽略。

（3）介于（1）和（2）两种情况之间的壁面称为过渡粗糙面，若为管道则为过渡粗糙管。这时壁面的粗糙突出高度仍然被层流底层完全淹没。但是，在粗糙突出高度的后面并不形成明显的小漩涡，黏性切应力和紊流附加切应力同时起作用。

应当指出：上面的水力光滑管和水力粗糙管是对某一具体管道在一定流量下而言的。当该管道的流量增大后水力光滑管可以变成水力粗糙管；当流量减小后水力粗糙管可以变成水力光滑管。

一般按下述两种指标对紊流进行分区。

水力光滑面 $\qquad \dfrac{k_s}{\delta_l} < 0.4$　或　$Re_* < 5$

过渡区 $\qquad 0.4 \leqslant \dfrac{k_s}{\delta_l} \leqslant 6$　或　$5 \leqslant Re_* \leqslant 70$

水力粗糙管 $\qquad \dfrac{k_s}{\delta_l} > 6$　或　$Re_* > 70$

其中 k_s 是壁面的当量粗糙度，可由表 5.6.1 查得，δ_l 是层流底层的厚度，由式（5.6.4）计算。Re_* 称为摩阻雷诺数，可由下式计算

表 5.6.1　　　　　　　　　　管壁的当量粗糙度 k_s 值

序号	边　壁　种　类	当量粗糙度 k_s /mm	序号	边　壁　种　类	当量粗糙度 k_s /mm
1	铜或玻璃的无缝管	0.0015～0.01	8	磨光的水泥管	0.33
2	涂有沥青的钢管	0.12～0.24	9	未刨光的木槽	0.35～0.7
3	白铁皮管	0.15	10	旧的生锈金属管	0.60
4	一般状况的钢管	0.19	11	污秽的金属管	0.75～0.97
5	清洁的镀锌铁管	0.25	12	混凝土衬砌渠道	0.8～9.0
6	新的生铁管	0.25～0.4	13	土渠	4～11
7	木管或清洁的水泥面	0.25～1.25	14	卵石河床（d＝70～80mm）	30～60

$$Re_* = \frac{u_* k_s}{\nu} \tag{5.6.5}$$

而

$$u_* = \sqrt{\frac{\tau_0}{\rho}}$$

5.6.2　流速分布

在推导紊流三种流区中流速分布的一般表达式时，首先假设紊流切应力 τ' 与边壁上的切应力 τ_0 相等，此假设已因据此推导出的流速分布和沿程水头损失系数和实测相符而被认可。于是有 $\tau' = \tau_0$，又根据式（5.5.9）紊流切应力 $\tau' = \rho l^2 \left(\dfrac{\mathrm{d}u}{\mathrm{d}y} \right)^2$，所以得

$$\rho l^2 \left(\frac{\mathrm{d}u}{\mathrm{d}y} \right)^2 = \tau_0$$

此式两端除以 ρ 后开方，并引入 $\sqrt{\tau_0/\rho} = u_*$，$l = \kappa y$，则得

$$u_* = \kappa y \frac{\mathrm{d}u}{\mathrm{d}y} \tag{5.6.6}$$

或者

$$\frac{\mathrm{d}u}{u_*} = \frac{1}{\kappa} \frac{\mathrm{d}y}{y} \tag{5.6.7}$$

积分后得

$$\frac{u}{u_*} = \frac{1}{\kappa} \ln y + C \tag{5.6.8}$$

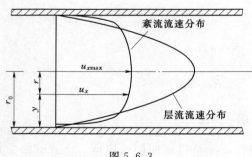

图 5.6.3

式（5.6.8）就是紊流中流速分布的一般公式。由此可见，紊流中的流速 u 按对数规律分布，而层流中流速按抛物线型规律分布。两种流速分布如图 5.6.3 所示。由图可见过水断面上紊流中的流速分布比层流中的流速分布均匀。

流速分布式（5.6.8）中的 C 可由边界条件得出，但由于不同紊流区层流底层的厚度和流速不同，所以边界条件不同，据此得出的 C 值也不同。这里将不一一推导而直接给出各紊流区流速分布式并按照平均流速定义求出断面平均流速的公式。

1. 水力光滑管区

下面各式中的 r_0 是圆管半径，y 是由下管壁向上量得的纵坐标。

当 $\dfrac{k_s}{\delta_l} < 0.4$ 或者 $Re_* < 5$ 时

$$\frac{u}{u_*} = 5.75 \lg \frac{u_* y}{\nu} + 5.5 \tag{5.6.9}$$

$$\frac{v}{u_*} = 5.75 \lg \frac{u_* r_0}{\nu} + 1.75 \tag{5.6.10}$$

2. 水力粗糙管区

当 $\dfrac{k_s}{\delta_l}>6$ 或者 $Re_*>70$ 时：

$$\frac{u}{u_*}=5.75\lg\frac{y}{k_s}+8.5 \tag{5.6.11}$$

$$\frac{v}{u_*}=5.75\lg\frac{r_0}{k_s}+4.75 \tag{5.6.12}$$

3. 过渡区

当 $0.4\leqslant\dfrac{k_s}{\delta_l}\leqslant6$ 或者 $5\leqslant Re_*\leqslant70$ 时，属于由水力光滑管区向水力粗糙管区的过渡区。这时，由于黏性力和紊流附加切应力同时起作用，因此难于用理论分析方法推求流速公式等。工程上是借用水力光滑管区的流速分布公式（5.6.9）和断面平均流速公式（5.6.10）。

紊流中的流速分布除了上面介绍的对数分布规律外，对于水力光滑管中的流速分布还可以用指数公式表示，即

$$\frac{u}{u_{\max}}=\left(\frac{y}{r_0}\right)^n \tag{5.6.13}$$

式中的指数 n 随雷诺数 Re 而变化，可以按表 5.6.2 选取。

表 5.6.2　　　　　　　幂指数 n 与 Re 关系

Re	4×10^3	$10^4\sim3\times10^4$	1.2×10^5	3.5×10^5	3.2×10^6
n	1/6	1/7	1/8	1/9	1/10

【例 5.6.1】 有一直径 $d=200\text{mm}$ 的新的铸铁管，已知其当量粗糙度 $k_s=0.35\text{mm}$，水温 $T=15℃$，管长 $l=500\text{m}$，试求：（1）维持水力光滑管紊流的最大流量；（2）此时管轴处的流速。

解：（1）维持水力光滑管紊流时最大流量的计算。水力光滑管时，最大摩阻雷诺数为

$$Re_*=\frac{u_*k_s}{\nu}=5$$

$T=15℃$ 时水的运动黏滞系数 $\nu=1.139\times10^{-6}\text{m}^2/\text{s}$。由上式可以求出此时的摩阻流速为

$$u_*=\frac{5\nu}{k_s}=\frac{5\times1.139\times10^{-6}}{0.00035}=0.0163(\text{m/s})$$

此时的断面平均流速可由式（5.6.10）计算，即

$$v=u_*\left(5.75\lg\frac{u_*r_0}{\nu}+1.75\right)$$

$$=0.0163\times\left(5.75\lg\frac{0.0163\times0.1}{1.139\times10^{-6}}+1.75\right)$$

$$=0.32(\text{m/s})$$

故　　　　　$Q=vA=0.32\times0.785\times0.2^2=0.01(\text{m}^3/\text{s})$

（2）管轴线处的流速计算。

此流速可由式（5.6.9）计算。此时式中 $y=d/2=0.1\mathrm{m}$，则

$$u=u_*\left(5.75\lg\frac{u_* y}{\nu}+5.5\right)=0.0163\times\left(5.75\lg\frac{0.0163\times0.1}{1.139\times10^{-6}}+5.5\right)=0.385(\mathrm{m/s})$$

5.7　圆管紊流沿程水头损失的计算

计算一般断面管道沿程水头损失的公式为式（5.2.8），对于圆管，水力半径 $R=d/4$，则得出计算圆管沿程水头损失的达西-威斯巴赫公式

$$h_f=\lambda\frac{l}{d}\frac{v^2}{2g}$$

由此式可以看出：当管径、管段长度和断面平均流速一定时，管中的沿程水头损失就主要取决于沿程水头损失系数 λ。因此，在计算圆管中的沿程水头损失时，准确而迅速地确定沿程水头损失系数 λ 是至关重要的。

5.7.1　沿程水头损失系数 λ 的变化规律

尼古拉兹（J. Nikuradse）对不同相对粗糙度的人工管道，在不同流量下对沿程水头损失系数 λ 进行了实验。所谓人工管道，就是将粒径相同的砂粒贴附在管壁上的管道。设砂粒的直径为 k_s，管道半径为 r_0，则 k_s/r_0 称为管壁的相对粗糙度，而 r_0/k_s 称为管壁的相对光滑度。尼古拉兹实验中管壁粗糙度的范围为 $\dfrac{k_s}{r_0}=\dfrac{1}{15}$、$\dfrac{1}{30.6}$、$\dfrac{1}{60}$、$\dfrac{1}{126}$、$\dfrac{1}{252}$、$\dfrac{1}{507}$。实验结果表明沿程水头损失系数 λ 与雷诺数 Re 和管壁相对粗糙度 k_s/r_0 有关，即 $\lambda=f\left(Re,\dfrac{k_s}{r_0}\right)$，若以 Re 为横坐标，λ 为纵坐标，k_s/r_0 为参变数绘制在对数坐标上，如图 5.7.1 所示。

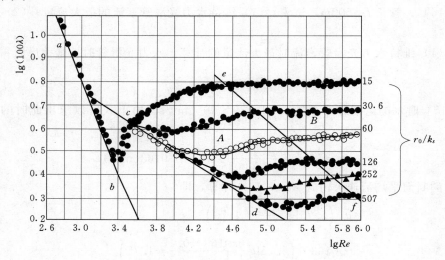

图 5.7.1

现在，对该图的分析如下：

（1）当雷诺数 $Re<2300$ 时，流动为层流，相对粗糙度不同的各实验点均落在直线 ab

上。它表明此时沿程水头损失系数 λ 只与雷诺数 Re 有关，而与相对粗糙度 k_s/r_0 无关，并且此直线满足下面关系式：

$$\lambda = \frac{64}{Re}$$

这与前面按层流理论分析得到的结果完全一致。同时也说明层流时的沿程水头损失与速度的一次方成比例。

（2）当 $2300 < Re < 4000$ 时，流动由层流向紊流过渡，相对粗糙度不同的各实验点均落在曲线 bc 上。它说明此时沿程水头损失系数 λ 只与雷诺数有关。但是，由于此范围很窄，实际意义不大，一般不予考虑。

（3）当雷诺数 $Re > 4000$ 时，流动为紊流中的水力光滑管流，相对粗糙度不同的各实验点均落在直线 cd 上。它表明此时沿程水头损失系数 λ 只与雷诺数有关，而与相对粗糙度 k_s/r_0 无关，此时粗糙突出高度淹没在层流底层的下面，因此对紊流流动区的流动没有任何影响。但是，相对粗糙度大的实验点首先离开这条直线。此直线满足下面关系式

$$\lambda = \frac{0.3164}{Re^{1/4}}$$

由此可知：水力光滑管时沿程水头损失与速度的 1.75 次方成比例。

（4）cd 线与虚线 ef 之间的 A 区，称为由水力光滑管向水力粗糙管的过渡区。相同相对粗糙度的各实验点均落在同一条曲线上，且上面曲线长，下面曲线短，各曲线由低变高。它说明在此区沿程水头损失系数 λ 同时与雷诺数 Re 和相对粗糙度 k_s/r_0 有关。

（5）虚线 ef 右侧的 B 区，称为水力粗糙管区。相对粗糙度不同的各实验点分别落在不同的水平线上。它说明在此区沿程水头损失系数 λ 只与相对粗糙度 k_s/r_0 有关。同时沿

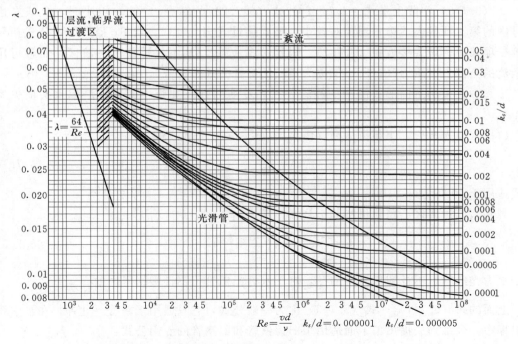

图 5.7.2

程水头损失与速度的平方成比例，因此常将此区称为阻力平方区。

图 5.7.1 虽然基本上反映了管路中沿程水头损失系数 λ 的变化规律，但是，由于它是在人工粗糙管道上进行的实验，因此它的结果具有特殊性，而一般实际的商品管道的粗糙度、粗糙形状和分布状态都是不规则的，因此，用尼古拉兹图求沿程水头损失系数 λ 是有局限性的。莫迪（L. F. Moody）针对工业管道 λ 的变化规律绘制了沿程水头损失系数图线，即如图 5.7.2 所示的莫迪图。在实际管道的计算时就是用莫迪图确定沿程水头损失系数 λ 值。莫迪图和尼古拉兹图中的 λ 变化规律基本相似，但是，由水力光滑管向水力粗糙管的过渡区中两者的 λ 变化规律不相同，在尼古拉兹图中 λ 随 Re 的增大而连续地增大，而在莫迪图中 λ 随 Re 的增大而连续地减小。

5.7.2　沿程水头损失系数 λ 的计算

在层流中沿程水头损失系数 λ 用式（5.4.8）计算的。在紊流中，对不同的流区，λ 有不同的计算公式。将 $u_* = \sqrt{\lambda/8}\,v$ 代入式（5.6.10）及式（5.6.12），并适当调整系数则得计算水力光滑管区和水力粗糙管区沿程水头损失系数 λ 的尼古拉兹公式，即

水力光滑管区
$$\frac{1}{\sqrt{\lambda}} = 2\lg(Re\sqrt{\lambda}) - 0.8 \tag{5.7.1}$$

水力粗糙管区
$$\frac{1}{\sqrt{\lambda}} = 2\lg\frac{r_0}{k_s} + 1.74 \tag{5.7.2}$$

对于过渡区，其沿程水头损失系数采用柯尔勃洛克公式，即

$$\frac{1}{\sqrt{\lambda}} = 1.74 - 2\lg\left(\frac{k_s}{r_0} + \frac{18.7}{Re\sqrt{\lambda}}\right) \tag{5.7.3}$$

式（5.7.3）实际上是式（5.7.1）和式（5.7.2）的结合。当 Re 很小时，公式右边括号内的第二项很大，第一项相对较小，该式接近式（5.7.1）；当 Re 很大时，公式括号内第二项很小，该式接近式（5.7.2），因此，式（5.7.3）不仅适用于过渡区，而且可用于紊流的全部三个阻力区，所以又称为紊流的综合公式。

工程中常采用下面形式简单的经验公式和莫迪图计算圆管中紊流时沿程水头损失系数 λ：

（1）水力光滑管，用布拉休斯（P. R. H. Blasius）公式，即

$$\lambda = \frac{0.3164}{Re^{1/4}} \tag{5.7.4}$$

此式适用于 $4000 < Re < 10^5$。

（2）紊流过渡区，用阿里特苏里公式，即

$$\lambda = 0.11\left(\frac{68}{Re} + \frac{k_s}{d}\right)^{1/4} \tag{5.7.5}$$

对于水力光滑管可不计圆括号中的 $\frac{k_s}{d}$，对于水力粗糙管可不计圆括号中的 $\frac{68}{Re}$。

上面的式（5.7.1）～式（5.7.5）称为一般公式，它只适用于新管。此外，在给水管道工程中，舍维列夫提出了下面适用于旧铸铁管和旧钢管的专用公式：

（1）紊流过渡区，当 $v < 1.2\text{m/s}$ 时

$$\lambda = \frac{0.0179}{d^{0.3}}\left(1+\frac{0.867}{v}\right)^{0.3} \tag{5.7.6}$$

（2）水力粗糙管区，当 $v \geqslant 1.2\text{m/s}$ 时

$$\lambda = \frac{0.021}{d^{0.3}} \tag{5.7.7}$$

【例 5.7.1】 运动黏度为 $1.139 \times 10^{-6}\,\text{m}^2/\text{s}$ 的水，以断面平均流速 2.5m/s，在内径为 0.25m，长 500m 管道中流动。已知管道的相对粗糙度 $k_s/d = 0.002$。试求：（1）按新铸铁管计算的沿程水头损失 h_{f1}；（2）按旧铸铁管计算的沿程水头损失 h_{f2}。

解： 所谓新旧铸铁管，只是计算沿程水头损失系数 λ 所选用的公式不同而已。

（1） h_{f1} 计算。

$$Re = \frac{vd}{\nu} = \frac{2.5 \times 0.25}{1.139 \times 10^{-6}} = 5.5 \times 10^5$$

根据 $Re = 5.5 \times 10^5$ 和 $k_s/d = 0.002$，由莫迪图 5.7.2 查得沿程水头损失系数 $\lambda = 0.024$，且知此流动在阻力平方区，即属于水力粗糙管。

若根据尼古拉兹公式 (5.7.2)，则得

$$\frac{1}{\sqrt{\lambda}} = 2\lg\frac{r_0}{k_s} + 1.74 = 2\lg\frac{1}{2 \times 0.002} + 1.74 = 6.536$$

故 $\lambda = 0.0234$

若根据经验公式 (5.7.5)，则得

$$\lambda \approx 0.11\left(\frac{k_s}{d}\right)^{1/4} = 0.11 \times 0.002^{1/4} = 0.0233$$

可见由上面三种方法求得的沿程水头损失系数相差无几。我们取 $\lambda = 0.024$。于是，沿程水头损失为

$$h_{f1} = \lambda\frac{l}{d}\frac{v^2}{2g} = 0.024\frac{500}{0.25}\frac{2.5^2}{19.6} = 15.31(\text{m 水柱})$$

（2） h_{f2} 计算。对于旧铸铁管，当流速 $v > 1.2\text{m/s}$ 时，可应用舍维列夫公式 (5.7.7) 计算沿程水头损失系数 λ，即

$$\lambda = \frac{0.021}{d^{0.3}} = \frac{0.021}{0.25^{0.3}} = 0.03183$$

沿程水头损失为

$$h_{f2} = \lambda\frac{l}{d}\frac{v^2}{2g} = 0.03183\frac{500}{0.25}\frac{2.5^2}{19.6} = 20.30(\text{m 水柱})$$

5.8 计算沿程水头损失的谢才公式

上述计算沿程水头损失系数的公式和图解均是针对圆管而言的，且在确定沿程水头损失系数 λ 时需要知道管壁的当量粗糙度 k_s。在工程实际中，常需要计算渠道和天然河道流动中的沿程水头损失。然而对渠道和天然河道的沿程水头损失系数的变化规律和当量粗糙度的研究成果甚少。但是，在二百年前，工程师们在大量实测资料基础上，总结出了计算渠道流动中沿程水头损失的经验公式。尽管是经验公式，但是它能满足工程上的要求，因

此，至今仍被广泛地应用。这里主要介绍由法国工程师谢才（A. de. Chezy）于 1769 年总结出的计算均匀流沿程水头损失的公式。

5.8.1　谢才公式

事实上，下面介绍的谢才公式也可以由达西-威斯巴赫公式推导出来，也可以说，它和达西-威斯巴赫公式是一致的。达西-威斯巴赫公式的一般形式为

$$h_f = \lambda \frac{l}{4R} \frac{v^2}{2g}$$

由此得

$$v = \sqrt{\frac{8g}{\lambda}} \sqrt{R \frac{h_f}{l}}$$

令

$$C = \sqrt{\frac{8g}{\lambda}} \qquad (5.8.1)$$

又　　　　　　　　　　水力坡度 $J = \dfrac{h_f}{l}$

于是，得断面平均流速为

$$v = C \sqrt{RJ} \qquad (5.8.2)$$

流量为

$$Q = CA \sqrt{RJ} \qquad (5.8.3)$$

式（5.8.2）称为谢才公式。

式中：v 为均匀流的断面平均流速；$R = \dfrac{A}{\chi}$ 为水力半径；J 为水力坡度，对于明渠均匀流，$J = i$（渠底坡度）；C 为谢才系数，$m^{1/2}/s$，可由下面经验公式确定。

5.8.2　谢才系数

1. 曼宁（R. Manning）公式

$$C = \frac{1}{n} R^{1/6} \qquad (5.8.4)$$

式中：n 为壁面的粗糙系数或者糙率，由实测得到，见表 5.8.1。

表 5.8.1　　　　　　　　　　　　各种壁面的粗糙系数 n 值

序号	壁面性质及状况	n
1	特别光滑的黄铜管、玻璃管	0.009
2	精致水泥浆抹面，安装及连接良好的新制的清洁铸铁管及钢管，精刨木板	0.011
3	正常情况下无显著水锈的给水管，非常清洁的排水管，最光滑的混凝土面	0.012
4	正常情况的排水管，略有积污的给水管，良好的砖砌体	0.013
5	积污的给水管和排水管，中等情况下渠道的混凝土砌面	0.014
6	良好的块石坞工，旧的砖砌体，比较粗制的混凝土砌面，特别光滑、仔细开挖的岩石面	0.017
7	坚实黏土的渠道，不密实淤泥层（有的地方是中断的）覆盖的黄土、砾石及泥土的渠道，良好养护情况下的大土渠	0.0225

续表

序号	壁面性质及状况	n
8	良好的干砌坞工，中等养护情况的土渠，情况极良好的河道（河床清洁、顺直、水流畅通、无塌岸深潭）	0.025
9	养护情况中等标准以下的土渠	0.0275
10	情况较坏的土渠（如部分渠底有杂草、卵石或砾石、部分岸坡崩塌等），情况良好的天然河道	0.030
11	情况很坏的土渠（如断面不规则，有杂草、块石，水流不畅等），情况较良好的天然河道，但有不多的块石和野草	0.035
12	情况特别坏的土渠（如有不少深潭及塌岸，杂草丛生，渠底有大石块等），情况不大良好的天然河道（如杂草、块石较多，河床不甚规则而有弯曲，有不少深潭和塌岸）	0.040）

2. 巴甫洛夫斯基公式

$$C=\frac{1}{n}R^{y} \tag{5.8.5}$$

式中：

$$y=2.5\sqrt{n}-0.13-0.75\sqrt{R}(\sqrt{n}-0.10) \tag{5.8.6}$$

也可以近似地采用下面二式

当 $R<1$m 时
$$y=1.5\sqrt{n} \tag{5.8.7}$$

当 $R>1$m 时
$$y=1.3\sqrt{n} \tag{5.8.8}$$

巴甫洛夫斯基公式的适用范围为

$$0.1\text{m}\leqslant R\leqslant 3\text{m},\ 0.011\leqslant n\leqslant 0.04$$

注意：

（1）上面各公式均以 m 为单位。

（2）从原则上讲谢才公式对层流和紊流均适用。但是，由于粗糙系数 n 是从阻力平方区总结出来的，因此它只适用于均匀粗糙紊流。

（3）当不知道管道的沿程水头损失系数 λ，但知道粗糙系数 n 时，这时可以直接用谢才公式计算沿程水头损失。如果仍想用达西-威斯巴赫公式，可以先通过式（5.8.1）由 C 求出 λ，然后再代入达西-威斯巴赫公式。

（4）巴甫洛夫斯基公式常用于上下水道的水力计算中，而曼宁公式则常用于明渠和其他管道。

【例 5.8.1】　一如图 5.8.1 所示的梯形断面土渠中发生的均匀流动。已知：底宽 $b=$

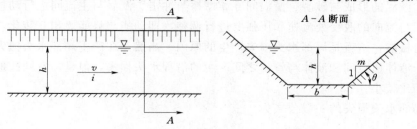

图 5.8.1

2m，边坡系数 $m=\cot\theta=1.5$，水深 $h=1.5$m，土壤的粗糙系数 $n=0.0225$，渠中通过的流量 $Q=5.12$m³/s，试求：（1）渠中的断面平均流速；（2）1km 长渠道上的水头损失。

解：断面平均流速为

$$v=\frac{Q}{A} \tag{5.8.9}$$

由谢才公式

$$v=C\sqrt{RJ}$$

得

$$J=\frac{h_f}{l}=\frac{v^2}{C^2R}$$

故

$$h_f=\frac{v^2}{C^2R}l \tag{5.8.10}$$

而

$$C=\frac{1}{n}R^{1/6} \tag{5.8.11}$$

式中：

面积　　　　$A=bh+mh^2=2\times1.5+1.5\times1.5^2=6.38(\text{m}^2)$

湿周　　　　$\chi=b+2h\sqrt{1+m^2}=2+2\times1.5\times\sqrt{1+1.5^2}=7.41(\text{m})$

水力半径　　$R=\dfrac{A}{\chi}=\dfrac{6.38}{7.41}=0.86(\text{m})$

谢才系数　　$C=\dfrac{1}{n}R^{1/6}=\dfrac{1}{0.0225}\times0.86^{1/6}=43.3(\text{m}^{1/2}/\text{s})$

将上面的数据代入式（5.8.9），得

$$v=\frac{5.1}{6.38}=0.80(\text{m/s})$$

代入式（5.8.10），得

$$h_f=\frac{0.80^2}{43.3^2\times0.86}\times1000=0.40(\text{m})$$

5.9　局部水头损失

在过水断面形状、尺寸或流向改变的局部地区产生的水头损失称为局部水头损失，如在管路中的突扩、突缩、渐扩、渐缩、阀门、三通及转弯等处均产生局部水头损失。

在过水断面形状、尺寸或流向改变的局部地区往往会产生主流脱离固体边壁并形成漩涡的现象。漩涡的形成与破裂、漩涡间互相摩擦与冲击、漩涡与主流间进行动量交换、过水断面面积与流向的改变处流速和压强要进行调整，即动能与势能要相互转化，这些过程都要消耗机械能，这就是局部水头损失产生的原因。当然，在产生局部水头损失的局部地区也有由于液体质点间和液体与管壁之间产生的沿程水头损失，但是，它同此地区的局部水头损失相比较小。

计算局部水头损失的一般公式为

$$h_j=\zeta\frac{v^2}{2g} \tag{5.9.1}$$

式中：ζ 为局部水头损失系数，由实验确定，见
表 5.9.1；v 一般指产生局部水头损失处后面的
断面平均流速（或有专门说明），m/s。

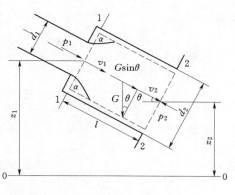

断面突然扩大的局部水头损失可以由能量
方程、动量方程和连续方程推导出来。如图
5.9.1 所示，断面突然扩大水流的示意图。设细
管和粗管的直径分别为 d_1 和 d_2，断面 1—1 和
断面 2—2 的断面平均流速分别为 v_1 和 v_2，形心
点压强分别为 p_1 和 p_2。又假设忽略断面 1—1
和断面 2—2 间的沿程水头损失 h_f，则 $h_w = h_j$。
现在写断面 1—1 和断面 2—2 的能量方程，则

图 5.9.1

$$z_1 + \frac{p_1}{\gamma} + \frac{v_1^2}{2g} = z_2 + \frac{p_2}{\gamma} + \frac{v_2^2}{2g} + h_j$$

$$h_j = (z_1 - z_2) + \left(\frac{p_1}{\gamma} - \frac{p_2}{\gamma}\right) + \left(\frac{v_1^2}{2g} - \frac{v_2^2}{2g}\right) \tag{5.9.2}$$

式（5.9.2）中的 p_1、p_2 可由写断面 1—1 和断面 2—2 间虚线所示控制体的动量方程
求得。由于整个断面 1—1 上液体质点的径向加速度很小，故可以认为该断面上的动水压
强分布与静水压强分布相同。这时注意：断面 1—1 真正过水的断面积为 A_1，而动水压强
的作用面积与 A_2 相等。作用在控制体上的表面力为 $p_1 A_2$ 和 $p_2 A_2$。质量力为水体重量在
流动方向上的分量 $G\sin\theta = \gamma A_2 l \sin\theta = \gamma A_2 (z_1 - z_2)$，式中 θ 为管轴线与水平面夹角。假设
忽略作用在控制体侧壁上的切应力。控制体内的动量变化为

$$\rho Q(v_2 - v_1) = \frac{\gamma}{g} A_2 v_2 (v_2 - v_1)$$

于是由动量方程得

$$p_1 A_2 - p_2 A_2 + \gamma A_2 (z_1 - z_2) = \frac{\gamma}{g} A_2 v_2 (v_2 - v_1)$$

两端除以 γA_2，得

$$(z_1 - z_2) + \left(\frac{p_1}{\gamma} - \frac{p_2}{\gamma}\right) = \frac{v_2}{g}(v_2 - v_1) \tag{5.9.3}$$

式（5.9.3）代入式（5.9.2），得

$$h_j = \frac{v_2 (v_2 - v_1)}{g} + \frac{v_1^2 - v_2^2}{2g} = \frac{v_1^2 - 2v_1 v_2 + v_2^2}{2g}$$

故

$$h_j = \frac{(v_1 - v_2)^2}{2g} \tag{5.9.4}$$

式（5.9.4）就是计算突然扩大局部水头损失的公式。

如果将式（5.9.4）也表示成式（5.9.1）的形式，可将连续方程中的速度 $v_2 = v_1 \dfrac{A_1}{A_2}$

或 $v_1 = v_2 \dfrac{A_2}{A_1}$ 代入式（5.9.4），则得

$$h_j = \left(1 - \frac{A_1}{A_2}\right)^2 \frac{v_1^2}{2g}$$

或者
$$h_j = \left(\frac{A_2}{A_1} - 1\right)^2 \frac{v_2^2}{2g}$$

如果令
$$\zeta_1 = \left(1 - \frac{A_1}{A_2}\right)^2 \tag{5.9.5}$$

$$\zeta_2 = \left(\frac{A_2}{A_1} - 1\right)^2 \tag{5.9.6}$$

则最后得
$$h_j = \zeta_1 \frac{v_1^2}{2g} \tag{5.9.7}$$

或者
$$h_j = \zeta_2 \frac{v_2^2}{2g} \tag{5.9.8}$$

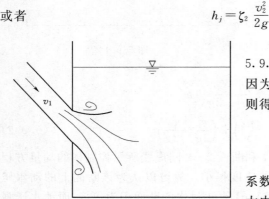

图 5.9.2

当断面面积 A_2 与 A_1 相比很大时，如图 5.9.2 所示的管道突然扩大到某一容器或水池时，因为 $A_1/A_2 \approx 0$，由式（5.9.5）和式（5.9.7）则得此时的局部水头损失为

$$h_j = \frac{v_1^2}{2g} \tag{5.9.9}$$

它说明 A_2 很大时突然扩大的局部水头损失系数等于1，且整个管路中的动能全部在突然扩大中损失掉。

管路中的总局部水头损失可以由叠加法求得。但是，在匀直圆管中的流速分布会因局部损失的存在而改变，这种速度分布的改变能影响到产生局部损失地方的上下游的一定范围。液体通过产生局部水头损失的地方后要经过一段距离后才能消除局部水头损失对流速分布的影响，重新建立起正常的流速分布。局部水头损失影响的长度约为

$$l = (20 - 40)d \tag{5.9.10}$$

式中：d 为管径。

当两个局部水头损失之间的距离小于上述长度时，实际的总局部水头损失比按叠加法求得的总局部水头损失大些。

【例 5.9.1】　有一如图 5.9.3 所示的由水箱引出的串联管路向大气泄流。已知管径 d_1

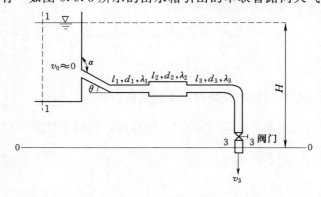

图 5.9.3

$=d_3=100mm$，管长 $l_1=l_3=10m$，相应沿程水头损失系数 $\lambda_1=\lambda_3=0.03$，管径 $d_2=200mm$，管长 $l_2=5m$，相应的沿程水头损失 $\lambda_2=0.025$；折角 $\theta=30°$；$90°$弯管 $d/R=1$；插板阀门的开度 $e/d=0.5$；管中流量 $Q=31.4L/s$，试求所需的水头 H。

解：

1. 水头损失 h_w 计算

管路中流速为

$$v_1=v_3=\frac{Q}{A_1}=\frac{31.4\times10^{-3}}{0.785\times0.1^2}=4(\text{m/s})$$

$$\frac{v_1^2}{2g}=\frac{v_3^2}{2g}=0.816(\text{m})$$

$$v_2=v_1\frac{A_1}{A_2}=4\times\frac{0.1^2}{0.2^2}=1(\text{m/s})，\frac{v_2^2}{2g}=0.05\text{m}$$

管路中沿程水头损失为

$$h_{f1}=h_{f3}=\lambda_1\frac{l_1}{d_1}\frac{v_1^2}{2g}=0.03\times\frac{10}{0.1}\times0.816=2.45(\text{m})$$

$$h_{f2}=\lambda_2\frac{l_2}{d_2}\frac{v_2^2}{2g}=0.025\times\frac{5}{0.2}\times0.05=0.03(\text{m})$$

故 $$\sum h_f=h_{f1}+h_{f2}+h_{f3}=2\times2.45+0.03=4.93(\text{m})$$

管路中局部水头损失：

首先按表 5.9.1 查出各局部水头损失系数为

进口 $$\zeta_e=0.5+0.3\cos\alpha+0.2\cos^2\alpha$$

$$=0.5+0.3\cos120°+0.2\cos^2120°$$

$$=0.4$$

折角 $$\zeta_{b\approx}=0.2$$

突扩 $$\zeta_{\approx}=\left(1-\frac{A_1}{A_2}\right)^2=\left[1-\left(\frac{d_1}{d_2}\right)^2\right]^2=\left[1-\left(\frac{0.1}{0.2}\right)^2\right]^2=0.56，用\ v_1$$

突缩 $$\zeta_{\approx}=0.5\left(1-\frac{A_3}{A_2}\right)=0.5\left[1-\left(\frac{0.1}{0.2}\right)^2\right]=0.38，用\ v_3$$

弯管 $$\zeta_{b1}=0.294$$

阀门 $$\zeta_v=2.06$$

故 $$\sum h_j=(\zeta_e+\zeta_{b\approx}+\zeta_{\approx}+\zeta_{\approx}+\zeta_{b1}+\zeta_v)\frac{v_1^2}{2g}$$

$$=(0.4+0.2+0.56+0.38+0.294+2.06)\times0.816$$

$$=3.18\ (\text{m})$$

总水头损失为

$$h_w = \sum h_f + \sum h_j = 4.93 + 3.18 = 8.11 \ (\text{m})$$

2. 水头 H 的计算

以过管路出口的水平面为基准面，写上游水箱水面和管路出口断面的能量方程，则

$$H + 0 + 0 = 0 + 0 + \frac{v_3^2}{2g} + h_w$$

$$H = \frac{v_3^2}{2g} + h_w = 0.816 + 8.11 = 8.93(\text{m})$$

即水箱水面到管路出口断面的铅垂距离为 8.93m。

表 5.9.1　　　　　　　　　　　管路的局部水头损失系数 ζ 值

名称	简　图		ζ
进口		完全修圆 $\frac{r}{D} \geqslant 0.15$	0.10
		稍加修圆	0.20～0.25
		不加修圆的直角进口	0.50
		圆形喇叭口	0.05
		方形喇叭口	0.16
		斜角进口	$0.5 + 0.3\cos\alpha + 0.2\cos^2\alpha$
闸门槽		平板门槽（闸门全开）	0.20～0.40
		弧形闸门门槽	0.20
断面突然扩大			$\zeta_1 = \left(1 - \dfrac{A_1}{A_2}\right)^2$，用 v_1 $\zeta_2 = \left(\dfrac{A_2}{A_1} - 1\right)^2$，用 v_2

名称	简 图	ζ
断面突然缩小		$\zeta = 0.5\left(1 - \dfrac{A_2}{A_1}\right)$，用 v_2

断面逐渐扩大 — — $\zeta = k\left(\dfrac{A_2}{A_1} - 1\right)^2$，用 v_2

$\theta/(°)$	8	10	12	15	20	25
k	0.14	0.16	0.22	0.30	0.42	0.62

断面逐渐缩小 — — $\zeta = k_1\left(\dfrac{1}{k_2} - 1\right)^2$，用 v_2

$\theta/(°)$	10	20	40	60	80	100	140
k_1	0.40	0.25	0.20	0.20	0.30	0.40	0.60

A_2/A_1	0.1	0.3	0.5	0.7	0.9
k_2	0.40	0.36	0.30	0.20	0.10

折管 —

圆形

$\alpha/(°)$	10	20	30	40	50	60	70	80	90
ζ	0.04	0.1	0.2	0.3	0.4	0.55	0.7	0.9	1.1

矩形

$\alpha/(°)$	15	30	45	60	90
ζ	0.025	0.11	0.26	0.49	1.20

弯管 —

90°

d/R	0.2	0.4	0.6	0.8	1.0
ζ_1	0.132	0.138	0.158	0.206	0.294

d/R	1.2	1.4	1.6	1.8	2.0
ζ_1	0.440	0.660	0.976	1.406	1.975

任意角度 — $\zeta = \zeta_1 \zeta_2$

$\alpha/(°)$	20	40	60	80	90	120	140	160	180
ζ_2	0.47	0.66	0.82	0.94	1.00	1.16	1.25	1.33	1.41

板式闸门 —

e/d	0	0.125	0.2	0.3	0.4	0.5	0.6	0.7	0.8	0.9	1.0
ζ	∞	97.3	35	10	4.6	2.06	0.98	0.44	0.17	0.06	0

名称	简　图	ζ							
蝶阀		$\alpha/(°)$	5	10	15	20	25	30	35	40
		ζ	0.24	0.52	0.90	1.54	2.51	3.91	6.22	10.8
		$\alpha/(°)$	45	50	55	60	65	70	90	全开
		ζ	18.7	32.6	58.8	118	256	751	∞	0.1~0.3

名称	简　图	ζ							
截止阀		d/cm	15	20	25	30	35	40	50	≥80
		ζ	6.5	5.5	4.5	3.5	3.0	2.5	1.8	1.7

名称	简　图		ζ					
滤水网（莲蓬头）		无底阀	2~3					
		有底阀	d/cm	4.0	5.0	7.5	10	15	20
			ζ	12	10	8.5	7.0	6.0	5.2
			d/cm	25	30	35	40	50	75
			ζ	4.4	3.7	3.4	3.1	2.5	1.6

名称	简　图		ζ
水泵入口			1.0
渐变段		方变圆	0.05
		圆变方	0.1
出口		流入渠道	$\left(1-\dfrac{A_1}{A_2}\right)^2$
		流入水库（池）	1.0

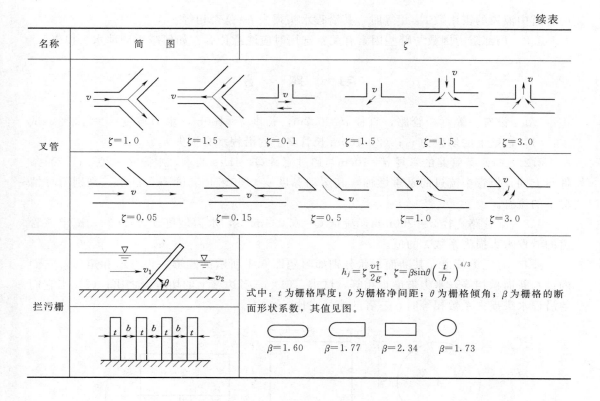

名称	简 图	ζ

叉管: $\zeta=1.0$ $\zeta=1.5$ $\zeta=0.1$ $\zeta=1.5$ $\zeta=1.5$ $\zeta=3.0$

$\zeta=0.05$ $\zeta=0.15$ $\zeta=0.5$ $\zeta=1.0$ $\zeta=3.0$

拦污栅:

$$h_j = \zeta \frac{v_1^2}{2g}, \quad \zeta = \beta \sin\theta \left(\frac{t}{b}\right)^{4/3}$$

式中：t 为栅格厚度；b 为栅格净间距；θ 为栅格倾角；β 为栅格的断面形状系数，其值见图。

$\beta=1.60$ $\beta=1.77$ $\beta=2.34$ $\beta=1.73$

思 考 题 5

5.1　（1）雷诺数 Re 有什么物理意义？为什么它能起到判别流态的作用？（2）为什么用下临界雷诺数判别流态，而不用上临界雷诺数判别流态？（3）两个不同管径的管道，通过不同黏性的液体，它们的临界雷诺数是否相等？

5.2　（1）水平管道中的均匀流沿程水头损失 h_f 与边壁的切应力 τ_0 之间有什么关系？（2）在倾斜管道的均匀流中 h_f 与压强水头差 $\frac{\Delta p}{\gamma}$ 又有什么关系？

5.3　既然在层流中沿程水头损失与速度一次方成正比，那么如何解释管流公式 $h_f = \lambda \frac{l}{d}\frac{v^2}{2g}$？

5.4　（1）层流与紊流中的切应力各由什么原因引起？（2）他们与时均流速又有什么关系？

5.5　（1）为什么要研究圆管中的流速分布？（2）在紊流中能否根据流速分布确定管壁当量粗糙度 k_s？怎样确定？（3）又如何用实验方法确定管壁的 k_s 和粗糙系数 n？

5.6　直径为 d，长度为 l 的管路，通过恒定的流量 Q，试问：（1）当流量 Q 增大时沿程阻力系数 λ 如何变化？（2）当流量 Q 增大时沿程水头损失 h_f 如何变化？

5.7　有两根直径为 d，长度为 l 和绝对粗糙度 Δ 相同的管道，一根输送水，另一根输送油，试问：（1）当两管道中液体的流速相等时，其沿程水头损失 h_f 是否相等？（2）当两管道中液体的雷诺数 Re 相等时，其沿程水头损失 h_f 是否相等？

5.8　局部阻力因数与哪些因素有关？选用时应注意什么？如何减小局部水头损失？

习　题　5

5.1　设有一等直径管路，直径 $d＝0.2\text{m}$，长度 $l＝100\text{m}$，水力坡度 $J＝0.8\%$，试求：(1) 边壁上的切应力 τ_0；(2) 100m 长管路上的沿程水头损失 h_f。

5.2　(1) 某管路的管径 $d＝10\text{cm}$，通过流量 $Q＝4\text{L/s}$ 的水，水温 $T＝20℃$；(2) 条件与上同，但管中流过的是重燃油，其运动黏度 $\nu＝150×10^{-6}\text{m}^2/\text{s}$，试求：判别两种情况下的流态。

5.3　某管路直径 $d＝200\text{mm}$，流量 $Q＝0.094\text{m}^3/\text{s}$，水力坡度 $J＝4.6\%$，试求该管道的沿程水头损失系数 λ 的值。

5.4　有三条管道，其断面形状分别如习题图 5.1 所示的圆形、正方形和矩形，它们的过水断面积相等，水力坡度也相等，试求：(1) 三者边壁上的切应力之比；(2) 当它们的沿程水头损失系数相等时，三者的流量之比。

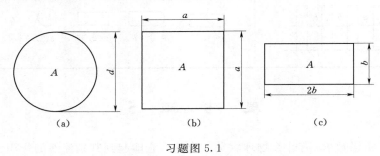

习题图 5.1

5.5　欲一次测到半径为 r_0 的圆管层流中的断面平均流速 v，试求皮托管的测头应该放的位置。

5.6　做沿程水头损失实验的管道直径 $d＝1.5\text{cm}$，量测段长度 $l＝4\text{m}$，水温 $T＝5℃$，试求：(1) 当流量 $Q＝0.03\text{L/s}$ 时，管中的流态；(2) 此时的沿程水头损失系数 λ；(3) 量测段的沿程水头损失 h_f；(4) 为保持管中为层流，量测段的最大测管水头差 $\dfrac{p_1－p_2}{\gamma}$。

5.7　用高度灵敏的流速仪测得河流中某点 A 处的纵向及铅垂方向的瞬时流速 u_x 及 u_y 见习题表 5.1。表中数值每隔 0.5s 测得的结果。

习题表 5.1　　　　　　　　　　　　　　　　　　　　　　　　　　　　　　　　　单位：m/s

流速 测次	1	2	3	4	5	6	7	8	9	10
u_x	1.88	2.05	2.34	2.30	2.17	1.74	1.62	1.91	1.98	2.19
u_y	0.10	-0.06	-0.21	-0.19	0.12	0.18	0.21	0.06	-0.04	-0.10

试求：（1）时均流速 $\overline{u}_x$，$\overline{u}_y$；　（2）脉动流速 u_x'、u_y' 的均方根 $\sigma_x=\sqrt{\overline{u_x'^2}}$，$\sigma_y=\sqrt{\overline{u_y'^2}}$；

（3）紊流附加切应力 τ'；　（4）若该点的流速梯度 $\dfrac{\mathrm{d}\overline{u}_x}{\mathrm{d}y}=0.26\mathrm{s}^{-1}$，该点的混掺长度 l；

（5）紊动运动黏度 ε 及紊动动力黏度 η，并同运动黏度 ν 及动力黏度 μ 比较。

　　5.8　有一直径 $d=200\mathrm{mm}$ 的旧铸铁管路，输水时在 $100\mathrm{m}$ 长度上的水头损失为 $1\mathrm{m}$，水温为 $20℃$，旧铸铁管的当量粗糙度 $k_s=0.6\mathrm{mm}$，试判别管路中的流态。

　　5.9　比重为 0.85，运动黏度 $\nu=0.125\mathrm{cm^2/s}$ 的油在当量粗糙度 $k_s=0.04\mathrm{mm}$ 的无缝钢管中流动，管径 $d=30\mathrm{cm}$，流量 $Q=0.1\mathrm{m^3/s}$，试求：（1）判别流态；（2）沿程水头损失系数 λ；（3）层流底层的厚度 δ_l；（4）管壁上的切应力 τ_0。

　　5.10　如习题图 5.2 所示的实验装置，用来测定管路的沿程阻力系数 λ 和当量粗糙度 k_s，已知：管径 $d=200\mathrm{mm}$，管长 $l=10\mathrm{m}$，水温 $T=20℃$，测得流量 $Q=0.15\mathrm{m^3/s}$，水银比压计读数 $\Delta h=0.1\mathrm{m}$，试求：（1）沿程阻力系数 λ；（2）管壁的当量粗糙度 k_s。

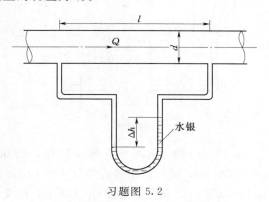

习题图 5.2

　　5.11　有一直径 $d=200\mathrm{mm}$ 的新的铸铁管，其当量粗糙度 $k_s=0.35\mathrm{mm}$，水温 $T=15℃$，试求：（1）维持光滑管紊流的最大流量；（2）维持粗糙管紊流的最小流量。

　　5.12　有一旧铸铁管路，已知：管径 $d=300\mathrm{mm}$，长度 $l=200\mathrm{m}$，流量 $Q=0.25\mathrm{m^3/s}$，取当量粗糙度 $k_s=0.6\mathrm{mm}$，水温 $T=10℃$，试分别用查图法和公式法计算沿程水头损失 h_f。

　　5.13　有一梯形断面坚实的黏土渠道，已知：流量 $Q=39\mathrm{m^3/s}$，底宽 $b=10\mathrm{m}$，水深 $h=3\mathrm{m}$，边坡系数 $m=1$，土壤的粗糙系数 $n=0.020$，试求在 $1\mathrm{km}$ 渠道长度上的水头损失。

　　5.14　一如习题图 5.3 所示的钢筋混凝土渡槽断面，下部为半圆形 $r=1\mathrm{m}$，上部为矩形 $h=0.5\mathrm{m}$，槽长 $l=200\mathrm{m}$，进出口槽底高程差 $\Delta z=0.4\mathrm{m}$，槽中发生均匀流动，试求通过渡槽的流量 Q。

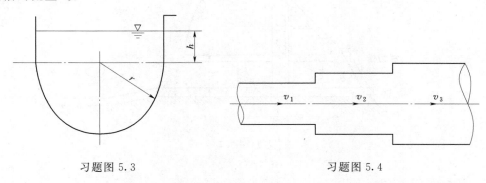

习题图 5.3　　　　　　　　　　　　　习题图 5.4

　　5.15　如习题图 5.4 所示，在流速由 v_1 变为 v_2 的突然扩大中，如果中间加一中等粗细的管段使形成两次突然扩大,试求:(1)中间管段中的流速取何值时总的局部水头损失最小;(2)计算两次突扩时总的局部水头损失与一次突扩时的局部水头损失之比。

5.16 如习题图 5.5 所示 A、B、C 三个水箱由两段普通钢管相连接,经过调节,管中产生恒定流动。已知 A、C 箱水面差 $H=10$m,$l_1=50$m,$l_2=40$m,$d_1=250$mm,$d_2=200$mm,$\zeta_b=0.25$,假设流动在阻力平方区,沿程阻力系数可近似地用公式 $\lambda=0.11\times\left(\dfrac{k_s}{d}\right)^{1/4}$ 计算,管壁的当量粗糙度 $k_s=0.2$mm,$\zeta_{进}=0.5$,试求:(1)管中流量 Q;(2)图中 h_1 及 h_2。

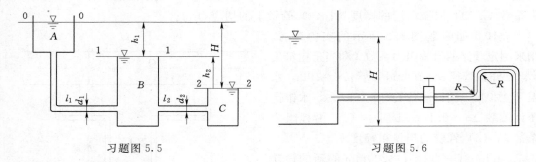

习题图 5.5   习题图 5.6

5.17 一如习题图 5.6 所示管路,已知管径 $d=10$cm,管长 $l=20$m,当量粗糙度 $k_s=0.20$mm,圆形直角转弯半径 $R=10$cm,闸门相对开度 $e/d=0.6$,水头 $H=5$m,水温 $T=20$℃,试求管中流量 Q。(提示:因流量未知,事先无法计算或由莫迪图查得 λ,故只能采用试算法,可先假设 $\lambda=0.023\sim0.025$,由此求得流量 Q 后再检查所设 λ 是否合适)

5.18 一如习题图 5.7 所示的钢筋混凝土衬砌隧洞,糙率 $n=0.014$,喇叭形入口,入口前有一拦污栅,倾角 $\theta=60°$,栅条为直径 $\varphi=15$mm 的圆钢筋,间距 $b=10$cm,设隧洞前明挖段中的流速为隧洞中流速的 $\dfrac{1}{4}$,平板闸门前后分别为圆变方和方变圆的渐变段,洞径 $d=2$m,洞长 $l=100$m,洞中通过流量 $Q=40$m³/s,下游出口处沿底高程 $\nabla_2=50.00$m,试求上游水库水位高程 ∇_1。

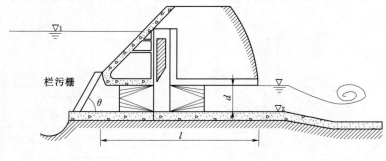

习题图 5.7

第6章 恒定有压管流

6.1 概述

在土木工程中，经常需要铺设各种管路或开凿隧洞输送液体或气体，如水电站的压力引水隧洞和压力钢管；水库的有压泄洪隧洞；居民生活用水及厂矿生产用水也需管道输送；另外，离心泵管路系统和虹吸管也是常用的给水、排水设施。所以，研究管流的水力计算在工程上具有十分重要的意义。

管流可分为恒定管流和非恒定管流。对于恒定管流，应用恒定流能量方程、连续方程、以及水头损失的计算方法即可进行水力计算，对于非恒定管流，将在第11章中介绍。

如果水流充满整个管路的断面而没有自由水面，这种管路称为有压管路，有压管路中的水流称为有压管流。如果管内存在自由水面，管内表面压强为零的管路称为无压管路，无压管路中的水流称为无压管流。无压管流属于明渠水流，将在第7章介绍。

恒定有压管流的水力计算主要有以下三个方面的问题：

（1）确定管道的输水能力，即在给定作用水头、管线布置和断面尺寸的情况下，确定输送的流量；或在确定了管线布置、输送流量及作用水头时，确定管路的直径。

（2）已知管线布置、断面尺寸和必要输送的流量，确定相应的水头。

（3）确定了流量及相应的作用水头及管径后，计算沿管线各断面的压强。若出现真空，应校核是否在允许范围内，否则将影响管路的正常工作和引起管路壁面空蚀。

恒定有压管流计算主要根据能量方程、连续方程以及水头损失的计算公式。水头损失包括沿程水头损失和局部水头损失。为了便于工程上的计算，常按这两类水头损失在总水头损失中所占的比重而将管路分为长管和短管。

所谓长管是指管流的流速水头和局部水头损失的总和与沿程水头损失比较起来很小，大约为 $[\alpha v^2/(2g)+\sum h_j] \leqslant 5\% \times \sum h_f$，因而计算时流速水头和局部水头损失均可忽略。如供给居民生活用水的自来水管路、厂矿的给水管路及离心水泵管路系统的压水管均可按长管计算。

所谓短管是指管流的流速水头和局部水头损失的总和与沿程水头损失相比占相当比例，即 $[\alpha v^2/(2g)+\sum h_j] > 5\% \times \sum h_f$，计算时流速水头和局部水头损失均不能忽略，如泄洪隧洞、虹吸管、铁路涵管、离心水泵系统的吸水管等均应按短管计算。

将管流分为长管和短管，是为了简化水力计算而不是简单地按管路的长度来区分。当不能明确判断是长管还是短管时，按短管计算总是不会错的。

根据管路的布置，又可分为简单管路和复杂管路。前者指单一直径没有分支的管路，后者是指由两根或两根以上不同特性的管路组成的管系。在管系中，除串联管路和并联管路外，还有枝状管网和环状管网。

6.2　短管的水力计算

如前所述，凡是局部水头损失和沿程水头损失均不能忽略的管流称为短管，如虹吸管、离心泵吸水管、泄洪隧洞、铁路或公路涵管等。

短管的水力计算可分为自由出流与淹没出流。

6.2.1　自由出流

如果管路出口水流直接流入大气，这种管流称为自由出流，如图 6.2.1 所示为一简单管路自由出流。设管路长度为 l，管径为 d，在管路中还装有两个相同的弯头和一闸阀。设通过管路出口断面中心线的水平面为基准面。选取上游水池距进口一定距离的渐变流断面为断面 1—1，管路出口断面为断面 2—2。对断面 1—1 和断面 2—2 列能量方程，则

$$H+0+\frac{\alpha_0 v_0^2}{2g}=0+0+\frac{\alpha v^2}{2g}+h_{w_{1-2}}$$

令

$$H_0=H+\frac{\alpha_0 v_0^2}{2g}$$

则

$$H_0=\frac{\alpha v^2}{2g}+h_{w_{1-2}} \tag{6.2.1}$$

式中：v_0 为水池中的流速，称为行近流速；H 为管路出口断面中心与水池水面的高差，称为管路的总水头；H_0 为包括行近流速水头在内的总水头；v 为管中流速。

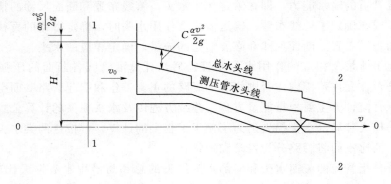

图 6.2.1

式（6.2.1）表明管路的全部水头都消耗于管路的水头损失和保持出口的动能。水头损失 $h_{w_{1-2}}$ 为全部的沿程水头损失和局部水头损失之和，即

$$h_{w_{1-2}}=h_f+\sum h_j$$

而

$$h_f=\lambda\,\frac{l}{d}\frac{v^2}{2g}$$

$$\sum h_j=\sum\zeta\,\frac{v^2}{2g}$$

式中：$\sum\zeta$ 为管中各局部水头损失系数之和。

这样式（6.2.1）可改写为

$$H_0 = \left(\alpha + \lambda \frac{l}{d} + \Sigma \zeta \right) \frac{v^2}{2g}$$

取 $\alpha \approx 1.0$，则

$$H_0 = \left(1 + \lambda \frac{l}{d} + \Sigma \zeta \right) \frac{v^2}{2g}$$

管中流速为

$$v = \frac{1}{\sqrt{1 + \lambda \dfrac{l}{d} + \Sigma \zeta}} \sqrt{2g H_0} \qquad (6.2.2)$$

管中流量为：

$$Q = vA = \frac{1}{\sqrt{1 + \lambda \dfrac{l}{d} + \Sigma \zeta}} A \sqrt{2g H_0}$$

令

$$\mu_c = \frac{1}{\sqrt{1 + \lambda \dfrac{l}{d} + \Sigma \zeta}}$$

则

$$Q = \mu_c A \sqrt{2g H_0} \qquad (6.2.3)$$

式中：μ_c 为管路的流量系数；A 为管道断面面积；H_0 为包括行近流速水头在内的总水头。

式（6.2.3）为短管自由出流流量计算公式。

当水池面积较大，池中行近流速相对管中流速很小时，则行近流速水头可以忽略。即

$$H_0 \approx H$$

故式（6.2.3）可改写为

$$Q = \mu_c A \sqrt{2g H} \qquad (6.2.4)$$

6.2.2 淹没出流

若管路出口淹没在水面以下则称为淹没出流。如图 6.2.2 所示，取下游水池水面为基准面，列断面 1—1 和断面 2—2 的能量方程，则

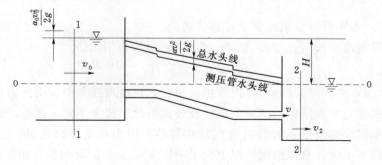

图 6.2.2

$$H+0+\frac{\alpha_0 v_0^2}{2g}=0+0+\frac{\alpha_2 v_2^2}{2g}+h_{w_{1-2}}$$

式中：H 为上下游水位差。

若下游水池中的流速 v_2 比管中流速小得多，则流速水头 $\alpha_2 v_2^2/2g$ 可忽略。令

$$H_0=H+\frac{\alpha_0 v_0^2}{2g}$$

则

$$H_0=h_{w_{1-2}} \tag{6.2.5}$$

式（6.2.5）表明短管水流在淹没出流情况下，管路的全部水头都消耗于沿程水头损失及局部水头损失。式中的水头损失为

$$h_{w_{1-2}}=h_f+\sum h_j=\left(\lambda\frac{l}{d}+\sum\zeta\right)\frac{v^2}{2g}$$

将 $h_{w_{1-2}}$ 代入式（6.2.5）可得

$$H_0=\left(\lambda\frac{l}{d}+\sum\zeta\right)\frac{v^2}{2g}$$

管中流速为

$$v=\frac{1}{\sqrt{\lambda\dfrac{l}{d}+\sum\zeta}}\sqrt{2gH_0} \tag{6.2.6}$$

管中流量为

$$Q=Av=\frac{1}{\sqrt{\lambda\dfrac{l}{d}+\sum\zeta}}A\sqrt{2gH_0}$$

令

$$\mu_c=\frac{1}{\sqrt{\lambda\dfrac{l}{d}+\sum\zeta}}$$

则

$$Q=\mu_c A\sqrt{2gH_0} \tag{6.2.7}$$

式中：μ_c 为管路的流量系数；A 为管路断面面积；H_0 为包括行近流速水头在内的总水头。

式（6.2.7）为短管淹没出流流量计算公式。

若忽略行近流速水头 $\alpha_0 v_0^2/2g$，则式（6.2.7）可写作

$$Q=\mu_c A\sqrt{2gH} \tag{6.2.8}$$

由式（6.2.4）和式（6.2.8）可以看出，短管在自由出流和淹没出流的情况下，流量计算公式的形式是完全相同的。流量系数计算公式虽然形式上不同，但是，若管路其他参数及布置完全相同，则流量系数的数值也是相等的。因为在淹没出流时，μ_c 的计算公式中的分母根号式下虽然比自由出流情况下少了一项 1（$\alpha\approx1.0$），但淹没出流的 $\sum\zeta$ 项却比自由出流的 $\sum\zeta$ 项多了一个出口局部水头损失系数 $\zeta_{出}$，在淹没出流情况下，若下游水池较大，出口局部水头损失系数 $\zeta_{出}=1.0$。其他条件相同时，流量系数 μ_c 实际上也是相等

的。只是两者的水头不同。自由出流时总水头是上游水面至管路出口断面中心的距离，淹没出流时总水头是上下游水位差。

6.2.3 总水头线与测压管水头线

管路的总水头线是管路各个断面的总水头的连线，测压管水头线是各个断面的测压管水头的连线。

短管自由出流的总水头线和测压管水头线如图 6.2.1 所示。由于局部水头损失的存在，使总水头线不是一条直线，而是由几条折线组成，在有局部损失的地方，总水头线出现集中跌落。由图 6.2.1 可以看出，总水头线在进口处比水池总水头线下降了一段距离，该距离等于进口局部水头损失；总水头线在管路转弯及闸阀处均有集中下降，下降的距离分别等于转弯和闸阀的局部水头损失，在出口处保持一个流速水头。在管路管径不变的情况下，测压管水头线就是总水头线平行下移一个管路流速水头的距离。当管路中某点出现真空时，即该点的相对压强小于大气压强时，那么该点的测压管水头线在该点管轴线之下。因为该点的相对压强 $p<0$，则该点测压管水头 $z+\dfrac{p}{\gamma}<z$，即测压管水头小于位置水头。所以该点的测压管水头线低于该点的管轴线。

短管淹没出流的总水头线和测压管水头线如图 6.2.2 所示。淹没出流的总水头线在出口处有一个集中跌落，跌落的高度等于一个流速水头，因为淹没出流的局部水头损失系数等于 1.0，测压管水头线是总水头线平行下移一个流速水头的高度，在淹没出流的出口处，总水头等于测压管水头，即都等于零。

6.2.4 短管水力计算实例

短管的水力计算主要有三种：①输水能力计算；②确定总水头；③确定管道直径。下面举几个例子。

1. 虹吸管

虹吸管一部分管线高于上游自由水面，如图 6.2.3 所示。若在虹吸管内造成真空，使作用在上游水面的大气压强与虹吸管内的压强之间产生压差，则水流即能通过虹吸管最高点流向下游。只要虹吸管内真空不被破坏，就能持续输水。虹吸管顶部的真空值不能太大，因为当虹吸管内压强低于液体温度相应的汽化压强时，液体将产生汽化，破坏水流的连续性。工程上限制虹吸管的最大真空度不超过允许的真空度 $h_{v允}$，最大的允许真空度一般为 $7\sim 8\mathrm{m}$ 水柱。

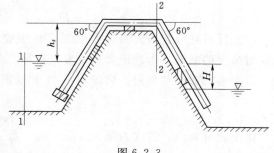

图 6.2.3

虹吸管的水力计算主要是确定虹吸管的输水能力，即通过的流量 Q，并根据允许真空度 $h_{v允}$ 确定它的安装高度。虹吸管管轴线的最高点到上游水面的高差称虹吸管的安装高度，以 h_s 表示。

【例 6.2.1】 某渠道用直径 d 为 0.5m 的钢筋混凝土管从河道引水灌溉，如图 6.2.3

所示。上下游水位差 H 为 1.5m。虹吸管全长 l 为 30m，其中第二个弯管至出口的管长为 15m。进口装滤水阀，管的顶部有 60° 折角弯管两个。又已知该管的粗糙系数 n 为 0.0138，最大允许真空度为 7m，试求：

(1) 虹吸管通过的流量；

(2) 虹吸管最大的安装高度 h_s。

解： (1) 计算虹吸管流量。因为虹吸管出口在水下面以下，故为淹没出流。由式 (6.2.7) 可知

$$Q = \mu_c A \sqrt{2gH}$$

而

$$\mu_c = \frac{1}{\sqrt{\lambda \dfrac{l}{d} + \Sigma \zeta}}$$

因 $\lambda = \dfrac{8g}{C^2}$，由曼宁公式，计算谢才系数：

$$C = \frac{1}{n} R^{1/6} = \frac{1}{n} \left(\frac{d}{4} \right)^{1/6} = \frac{1}{0.0138} \times (0.5/4)^{1/6} = 51.23$$

故

$$\lambda = \frac{8 \times 9.8}{51.23^2} = 0.03$$

式中：λ 为沿程水头损失系数。

查局部水头损失系数表，得无底阀的滤水阀的 $\zeta_{阀} = 2.5$；60° 折角弯管的 $\zeta_{弯} = 0.55$，出口淹没在水下的 $\zeta_{出} = 1.0$，则局部水头损失系数之和 $\Sigma \zeta = \zeta_{阀} + 2\zeta_{弯} + \zeta_{出} = 2.5 + 2 \times 0.55 + 1.0 = 4.6$，忽略行近流速水头，将已知数据代入流量公式，则得

$$Q = \frac{1}{\sqrt{\lambda \dfrac{l}{d} + \Sigma \zeta}} A \sqrt{2gH} = \frac{1}{\sqrt{0.03 \times \dfrac{30}{0.5} + 4.6}} \times \frac{3.14}{4} \times 0.5^2 \times \sqrt{2 \times 9.8 \times 1.5} = 0.421 (\text{m}^3/\text{s})$$

$$v = \frac{Q}{A} = \frac{4Q}{\pi d^2} = \frac{4 \times 0.421}{3.14 \times 0.5^2} = 2.15 (\text{m/s})$$

(2) 计算虹吸管最大安装高度 h_s。虹吸管最大真空发生在管轴线位置最高且水头损失相对最大的断面。本题最大真空发生在第二个弯头处，即断面 2—2。

以上游水面为基准面，列断面 1—1 和断面 2—2 的能量方程式，则

$$0 + 0 + 0 = h_s + \frac{p_2}{v} + \frac{\alpha v^2}{2g} + h_{w1-2}$$

由上式可看出，等式右端 h_s、$\alpha v^2/2g$，h_{w1-2} 均为正值，p_2/γ 必为负值，也就是说虹吸管内产生真空，才能使水流持续流入下游，即

$$\frac{p_2}{\gamma} = -\left(h_s + \frac{\alpha v^2}{2g} + h_{w_{1-2}} \right)$$

虹吸管的真空度为

$$h_v = -\frac{p_2}{\gamma} = h_s + \frac{\alpha v^2}{2g} + h_{w_{1-2}} = h_s + \left(\alpha + \lambda \frac{l}{d} + \Sigma \zeta \right) \frac{v^2}{2g}$$

由已知条件知虹吸管内的真空度不能超过最大的允许真空度 $h_{v允}$，按最大真空度计算，则

$$h_v = h_{v允}$$

即

$$h_s + \left(\alpha + \lambda \frac{l}{d} + \sum \zeta\right)\frac{v^2}{2g} = h_{v允}$$

$$h_s = h_{v允} - \left(\alpha + \lambda \frac{l}{d} + \sum \zeta\right)\frac{v^2}{2g}$$

又

$$\sum \zeta = \zeta_{阀} + 2\zeta_{弯} = 2.5 + 2 \times 0.55 = 3.60$$

故

$$h_s = 7.0 - \left(1 + 0.03 \times \frac{15}{0.5} + 3.60\right) \times \frac{2.15^2}{2 \times 9.8} = 5.7(\text{m})$$

为保证虹吸管正常工作,最大真空度 $h_{v\max} \leqslant h_{v允}$,则虹吸管最大安装高度为 5.7m。超过这个高度,最大真空度就要超过允许值,水流的连续条件就受到破坏。

2. 离心水泵管路系统

水泵是把水从低处引向高处的一种水力机械。如图 6.2.4 所示为一水泵抽水系统。离心水泵管路系统由吸水管和压水管组成。取水点到水泵进口断面 2—2 之间的管路称为吸水管;水泵出口断面 3—3 到水塔之间的管路称为压水管。水泵工作时,必须在它的进口处形成一定真空,水池的水在大气压力作用下流向吸水管,流经水泵时从水泵获得新的能量,然后沿压力水管流入水塔。离心水泵管路系统的水力计算主要是确定水泵的安装高度 h_s 和计算水泵扬程 H。

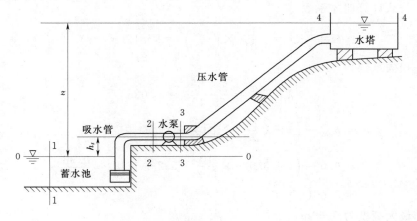

图 6.2.4

【例 6.2.2】 有一水泵装置如图 6.2.4 所示。吸水管和压水管均为铸铁管,粗糙系数 n 为 0.011,吸水管管径为 200mm,吸水管长 10m,进口有滤水网并附有底阀,有一个 90°弯头,进口局部水头损失系数为 5.2,弯管处局部水头损失系数为 1.10。压水管管径为 150mm,长度为 500m,设有两个 60°弯头,每个弯头局部损失系数为 0.55;水塔水面与蓄水池水面高差 z 为 20m,水泵流量为 30L/s,水泵最大允许真空值 $h_{v允}$ 为 6m,电动机效率为 0.9,水泵效率为 0.75。试确定:(1) 水泵安装高度 h_s;(2) 水泵扬程 H;(3) 水泵的装机容量 N。

解:(1)确定水泵安装高度 h_s。水泵进口断面 2—2 的形心点到蓄水池水面的高差称为水泵的安装高度,以 h_s 表示,吸水管最大真空发生在水泵进口断面,进口断面的真空度不能超过最大的允许真空度 $h_{v允}$,否则水泵不能正常工作。为保证水泵的真空度不超过允许值，就必须按水泵最大允许真空度确定水泵的安装高度。

选取蓄水池水面为基准面，列断面 1—1 和断面 2—2 的能量方程，则

$$0 + 0 + 0 = h_s + \frac{p_2}{\gamma} + \frac{\alpha v^2}{2g} + h_{w_{1-2}}$$

即

$$-\frac{p_2}{\gamma} = h_s + \left(\alpha + \lambda \frac{l}{d} + \sum \zeta \right) \frac{v^2}{2g}$$

吸水管真空度 $h_v = -\frac{p_2}{\gamma}$，则

$$h_v = h_s + \left(\alpha + \lambda \frac{l}{d} + \sum \zeta \right) \frac{v^2}{2g}$$

为保证水泵正常工作，吸水管的真空度应取允许值 $h_{v允}$，即 $h_v = h_{v允}$，则水泵的安装高度为

$$h_s = h_{v允} - \left(\alpha + \lambda \frac{l}{d} + \sum \zeta \right) \frac{v^2}{2g} \tag{6.2.9}$$

由已知条件流量 $Q = 0.03\text{m}^3/\text{s}$，吸水管直径 $d = 0.2$，计算吸水管管中流速

$$v = \frac{Q}{A} = \frac{4Q}{\pi d^2} = \frac{4 \times 0.03}{3.14 \times 0.2^2} = 0.96(\text{m/s})$$

由曼宁公式计算谢才系数

$$C = \frac{1}{n} R^{\frac{1}{6}} = \frac{1}{0.011} \times \left(\frac{0.2}{4} \right)^{\frac{1}{6}} = 55.12(\text{m}^{\frac{1}{2}}/\text{s})$$

得沿程水头损失系数

$$\lambda = \frac{8g}{C^2} = \frac{8 \times 9.8}{55.12^2} = 0.026$$

故

$$h_s = h_{v允} - \left(\alpha + \lambda \frac{l}{d} + \sum \zeta \right) \frac{v^2}{2g}$$

$$= 6.0 - \left(1 + 0.026 \times \frac{10}{0.2} + 5.2 + 1.1 \right) \times \frac{0.96^2}{2 \times 9.8}$$

$$= 5.60(\text{m})$$

水泵的最大高度为 5.60m。

(2) 计算水泵扬程 H。单位重量的水体通过水泵所获的能量称为水泵的扬程，以 H 表示，选取水塔水面为断面 4—4，列断面 1—1 和断面 4—4 的能量方程，忽略蓄水池的行近流速和水塔内的流速，则

$$0 + 0 + 0 + H = z + 0 + 0 + h_{w_{1-4}}$$

$$H = z + h_{w_{1-4}} \tag{6.2.10}$$

式中：H 为水泵的扬程；z 为水泵的提水高度；$h_{w_{1-4}}$ 为水流从断面 1—1 流至断面 4—4 的全部水头损失。

式 (6.2.10) 为水泵扬程的计算公式。

式 (6.2.10) 表明水泵扬程一部分用于将水提高一个几何高度 z，另一部分用于消耗全部的水头损失 h_{w1-4}：

$$h_{w_{1-4}} = h_{w_{1-2}} + h_{w_{3-4}}$$

式中：$h_{w_{1-2}}$为吸水管的水头损失；$h_{w_{3-4}}$为压水管的水头损失。

$$h_{w_{1-2}} = \left(\lambda \frac{l}{d} + \Sigma \zeta\right)\frac{v^2}{2g}$$
$$= \left(0.026 \times \frac{10}{0.2} + 5.2 + 1.1\right) \times \frac{0.96^2}{2 \times 9.8}$$
$$= 0.36 \text{(m)}$$

压水管管中流速：$\quad v = \dfrac{4Q}{\pi d^2} = \dfrac{4 \times 0.03}{3.14 \times 0.15^2} = 1.7 \text{(m/s)}$

谢才系数：$\quad C = \dfrac{1}{n}R^{1/6} = \dfrac{1}{0.011} \times \left(\dfrac{0.15}{4}\right)^{1/6} = 52.60 \text{(m}^{\frac{1}{2}}\text{/s)}$

沿程水头损失系数：$\quad \lambda = \dfrac{8g}{C^2} = \dfrac{8 \times 9.8}{52.6^2} = 0.028$

$$h_{w_{3-4}} = \left(0.028 \times \frac{500}{0.15} + 2 \times 0.55 + 1.0\right) \times \frac{1.7^2}{2 \times 9.8} = 14.07 \text{(m)}$$
$$h_{w_{1-4}} = 0.36 + 14.07 = 14.43 \text{(m)}$$

水泵扬程为

$$H = z + h_{w_{1-4}} = 20 + 14.43 = 34.43 \text{(m)}$$

若已知水泵的流量 Q 和水泵的扬程 H，便可查水泵产品目录，选择水泵型号。

改例题压水管局部水头损失只占全部水头损失的 2.2%，可见当压水管较长时，也可按长管计算水头损失。

（3）确定水泵的装机容量 N。若令输入电动机的功率为 N，电动机和水泵的总机械效率为 η，则

$$N = \frac{\gamma QH}{\eta} \tag{6.2.11}$$

式中：N 为电动机输入功率，通常称为水泵的装机容量，W（瓦特，也常采用马力，1 马力 $= 735\text{W} = 0.735\text{kW}$）；$\gamma$ 为液体的容重；Q 为水泵的流量；H 为水泵的扬程。

由式（6.2.11）可知水泵的装机容量为

$$N = \frac{\gamma QH}{\eta} = \frac{9.8 \times 0.03 \times 34.07}{0.90 \times 0.75} = 14.84 \text{(kW)}$$

3. 倒虹吸管

倒虹吸管是穿过道路或者河渠等障阻物的一种输水管道，如图 6.2.5 所示。倒虹吸管中一般不产生真空，只是由于它的外形像倒置的虹吸管。倒虹吸管的水力计算主要是计算流量或确定管径。

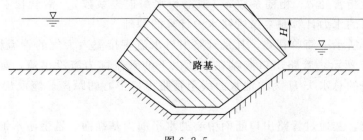

图 6.2.5

【例 6.2.3】 某道路与一河渠相交，采用钢筋混凝土倒虹吸管横穿路基，使水流通过该涵管流向下游。如图 6.2.5 所示，管长 l 为 50m，河道上下游水位差 H 为 3m，流量 Q 为 3m³/s，沿程水头损失系数 λ 为 0.03，局部水头损失系数 $\zeta_进 = 0.5$，$\zeta_弯 = 0.65$，$\zeta_出 = 1.0$，试确定管径。

解：

因出口在水面以下，故为淹没出流，忽略行近流速，由式（6.2.8）得

$$Q = \mu_c A \sqrt{2gH} \text{ 及 } \mu_c = \frac{1}{\sqrt{\lambda \frac{l}{d} + \Sigma\zeta}}，\text{则}$$

$$Q^2 = 2gHA^2\mu_c^2$$

$$\Sigma\zeta = \zeta_进 + 2\zeta_弯 + \zeta_出 = 0.5 + 2 \times 0.65 + 1.0 = 2.80$$

将已知数据代入上式得

$$3.0^2 = 2 \times 9.8 \times 3 \times \left(\frac{\pi}{4}d^2\right)^2 \times \frac{1}{0.03 \times \frac{50}{d} + 2.80} = 36.23d^4 \times \frac{d}{1.5 + 2.8d}$$

整理后得

$$36.24d^5 - 25.2d = 13.5$$

对一元高次方程，可采用试算法求解。即令 $36.24d^5 - 25.2d = f(d)$，设计一系列 d 值，可计算一系列相应的 $f(d)$ 值，计算结果列于表 6.2.1 中，最后由插值法确定管径 $d = 1.015$m。

表 6.2.1

d/m	d^5	$36.24d^5$	$25.2d$	$f(d)$
1.00	1	36.24	25.2	11.04
1.01	1.05	38.09	25.45	12.64
1.02	1.10	40.01	25.70	14.30
1.03	1.16	42.01	25.96	16.04

6.3 长管的水力计算

长管按管路布置可分为简单管路和复杂管路。

6.3.1 简单管路

简单管路是指管径 d、粗糙系数 n（或沿程水头损失系数 λ）沿管长不变且无分支的管路。简单管路的水力计算是复杂管路水力计算的基础。

如图 6.3.1 所示一简单管路，凡是管路出口水流直接流入大气的管流称为自由出流，如图 6.3.1（a）所示，管路出口淹没在水面以下的管流称为淹没出流，如图 6.3.1（b）所示。自由出流的总水头 H 为水池水面线至管路出口中心的距离。淹没出流的总水头 H 为上下游水位差。

对自由出流，选通过管路出口断面中心的水平面为基准面。选上游水池距进口一定距

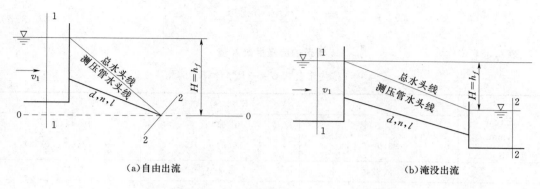

(a)自由出流 　　　　　　　　　　　　(b)淹没出流

图 6.3.1

离的渐变流断面为断面 1—1，选管路出口断面为断面 2—2。对淹没出流，基准面选在下游水面，断面 2—2 选在下游渐变流断面。

列断面 1—1 和断面 2—2 的能量方程式，则

$$H+0+\frac{\alpha_1 v_1^2}{2g}=0+0+\frac{\alpha_2 v_2^2}{2g}+h_{w_{1-2}} \tag{6.3.1}$$

上游水池中的流速 v_1 称为行近流速，相对管中流速，水池断面较大，行近流速较小，故行近流速水头可以忽略。因为是长管，不计流速水头，而且水头损失仅考虑沿程水头损失，即 $h_{w_{1-2}}=h_{f_{1-2}}$，则上式简化为

$$H=h_{f_{1-2}} \tag{6.3.2}$$

式中：H 为总水头；$h_{f_{1-2}}$ 为水流从断面 1—1 流至断面 2—2 的沿程水头损失。

式（6.3.2）表明长管的全部水头 H 几乎都消耗于沿程水头损失 h_f 上。由进口断面处的自由水面到出口断面 2—2 的形心作一直线，该线为简单管路的总水头线。对淹没出流的总水头线为进口处的自由水面与出口处的自由水面的连线。如图 6.3.1 所示。因为长管的流速水头 $av^2/2g$ 可以忽略，所以长管的总水头线与测压管水头线重合。

当管流属于紊流阻力平方区时，其沿程水头损失可按谢才公式计算。

由谢才公式 $v=C\sqrt{RJ}$，可得 $Q=vA=CA\sqrt{RJ}$，令 $K=CA\sqrt{R}$，则 $Q=K\sqrt{J}=K\sqrt{h_f/l}$，将其代入式（6.3.2），可得

$$H=\frac{Q^2}{K^2}l \tag{6.3.3}$$

式中：H 为总水头；Q 为管中流量；l 为管长；K 为流量模数或特性流量。

由 $Q=K\sqrt{J}$ 可知，当水力坡度 $J=1$ 时，$Q=K$，故 K 具有与流量相同的量纲。它综合反映管道断面形状、尺寸及边壁粗糙对输水能力的影响。不同直径不同糙率所相应的流量模数 K 值列于表 6.3.1 中。

给排水管路水力计算常采用比阻 S_0 计算水头损失。在式（6.3.2）中

$$H=h_{f_{1-2}}=\lambda\frac{l}{d}\frac{v^2}{2g}=\lambda\frac{l}{d}\frac{Q^2}{2g\left(\frac{\pi}{4}d^2\right)^2}=\frac{0.0827\lambda}{d^5}Q^2 l=S_0 Q^2 l \tag{6.3.4}$$

由比阻 S_0 的定义可得

$$S_0 = \frac{0.0827\lambda}{d^5} \tag{6.3.5}$$

表 6.3.1　　　　　　　　　　**管道的流量模数 K 值**

$$\left(\text{按曼宁公式 } C = \frac{1}{n} R^{1/6} \text{ 计算}\right)$$

直径 d /mm	$K/(\text{L/s})$		
	清 洁 管 $\frac{1}{n}=90(n=0.011)$	正 常 管 $\frac{1}{n}=80(n=0.0125)$	污 秽 管 $\frac{1}{n}=70(n=0.0143)$
50	9.624	3.460	7.403
75	28.37	24.94	21.83
100	61.11	53.72	47.01
125	110.80	97.40	85.23
150	180.20	158.40	138.60
175	271.80	238.90	209.00
200	388.00	341.10	298.50
225	531.20	467.00	408.60
250	703.50	618.50	541.20
300	1.144×10^3	1.006×10^3	880.00
350	1.726×10^3	1.517×10^3	1.327×10^3
400	2.464×10^3	2.166×10^3	1.895×10^3
450	3.373×10^3	2.965×10^3	2.594×10^3
500	4.467×10^3	3.927×10^3	3.436×10^3
600	7.264×10^3	6.386×10^3	5.587×10^3
700	10.96×10^3	9.632×10^3	8.428×10^3
750	13.17×10^3	11.58×10^3	10.13×10^3
800	15.64×10^3	13.57×10^3	12.03×10^3
900	21.42×10^3	18.83×10^3	16.47×10^3
1000	28.36×10^3	24.93×10^3	21.82×10^3
1200	46.12×10^3	40.55×10^3	35.48×10^3
1400	69.57×10^3	61.16×10^3	53.52×10^3
1600	99.33×10^3	87.32×10^3	76.41×10^3
1800	136.00×10^3	119.50×10^3	104.60×10^3
2000	180.10×10^3	158.30×10^3	138.50×10^3

对于给水工程中的旧钢管和旧铸铁管，常选用舍维列夫公式计算沿程水头损失系数 λ，即式 (5.7.7)、式 (5.7.6)。

当 $v \geqslant 1.2\text{m/s}$（紊流粗糙区）时：

$$\lambda = \frac{0.0210}{d^{0.3}}$$

当 $v < 1.2 \text{m/s}$（紊流过渡区）时：

$$\lambda = \frac{0.0179}{d^{0.3}} \left(1 + \frac{0.867}{v} \right)^{0.3}$$

以上公式中管径均以 m 计，流速 v 以 m/s 计。将上述沿程水头损失系数 λ 的计算公式代入式（6.3.5），便得到比阻 S_0 的计算公式为

当 $v \geqslant 1.2 \text{m/s}$ 时：

$$S_0 = \frac{0.001736}{d^{5.3}} \tag{6.3.6}$$

当 $v < 1.2 \text{m/s}$ 时：

$$S_0 = 0.852 \left(1 + \frac{0.867}{v} \right)^{0.3} \frac{0.001736}{d^{5.3}}$$

$$= k \frac{0.001736}{d^{5.3}}$$

其中：

$$k = 0.852 \left(1 + \frac{0.867}{v} \right)^{0.3} \tag{6.3.7}$$

式中：k 为修正系数。

根据上述舍维列夫公式，当 $v \geqslant 1.2 \text{m/s}$ 时，可用式（6.3.6）计算 S_0；当 $v < 1.2 \text{m/s}$ 时，应将式（6.3.6）乘以修正系数 k 得出相应的 S_0。

按式（6.3.6）、式（6.3.7）可编制成各直径钢管、铸铁管的比阻 S_0 计算表 6.3.2 及修正系数 k 计算表 6.3.3。表 6.3.2 中第 5 列为按式（6.3.6）计算的结果；第 2～4 列为按曼宁公式算出的 S_0 值。

表 6.3.2   **钢管和铸铁管的比阻 S_0 计算表**

水管直径 /mm	比阻 S_0 值（Q 以 m³/s 计）阻力平方区			
	曼 宁 公 式			舍维列夫公式
	$n = 0.012$	$n = 0.013$	$n = 0.014$	
75	1480	1740	2010	1709
100	319	375	434	365.3
150	36.7	43.0	49.9	41.85
200	7.92	9.30	10.8	9.029
250	2.41	2.83	3.28	2.752
300	0.911	1.07	1.24	1.025
350	0.401	0.471	0.545	0.4529
400	0.196	0.230	0.267	0.2232
450	0.105	0.123	0.143	0.1195
500	0.0598	0.0702	0.0815	0.06839
600	0.0226	0.0265	0.0307	0.02602
700	0.00993	0.0117	0.0135	0.01150
800	0.00487	0.00573	0.00663	0.005665
900	0.00260	0.00305	0.00354	0.003034
1000	0.00148	0.00174	0.00201	0.001736

表 6.3.3　　　　　　　　　　钢管和铸铁管比阻 S_0 的修正系数 k

$v/(\text{m/s})$	0.20	0.25	0.30	0.35	0.40	0.45	0.50	0.55	0.60
k	1.41	1.33	1.28	1.24	1.20	1.175	1.15	1.13	1.115
$v/(\text{m/s})$	0.65	0.70	0.75	0.80	0.85	0.90	1.0	1.1	$\leqslant 1.2$
k	1.10	1.085	1.07	1.06	1.05	1.04	1.03	1.015	1.00

6.3.2　简单管路水力计算类型

1. 输水能力计算

已知管路长度 l、管径 d 或流量粗糙系数 n 及总水头 H，确定管路通过的流量。

2. 确定总水头

已知管路长度 l、管径 d 和粗糙系数 n，为保证通过一定流量 Q，确定所需要的总水头 H。

3. 确定管路直径

管路长度 l 已确定，已知总水头 H 和通过的流量 Q，确定管路的直径 d。

下面举例说明简单管路的计算。

【例 6.3.1】　由水塔向某工厂供水，如图 6.3.2 所示。采用旧铸铁管，管长 l 为 900m，管径 d 为 250mm，管路末端所需要的剩余水头 H_2 为 25m，水塔水面距地面高度 H_1 为 18m，水塔处地面标高为 61m，工厂地面标高为 45m，即 z_t 为 16m，求通过管路的流量 Q。

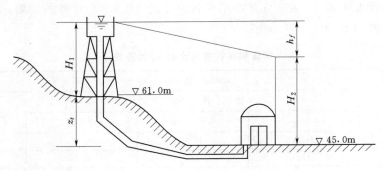

图 6.3.2

解：这是一个长管的简单管路，全部水头 H 除消耗于沿程水头损失 h_f 之外，在管路末端还剩余水头 H_2，剩余水头也称为自由水头。若以工厂地面高程为基准线，列水塔水面与管路末端的能量方程，则

$$H_1 + z_t = H_2 + h_f$$

得　　　　　　　　　$h_f = (H_1 + z_t) - H_2 = 18 + 16 - 25 = 9(\text{m})$

管路的输水能力按式（6.3.3）计算，即

$$H = h_f = \frac{Q^2}{K^2} l$$

设管中水流为阻力平方区，由公式 $K = AC\sqrt{R}$ 计算或查表 6.3.1，当 d 为 250mm 时，正常管的流量模数 K 为 618.5L/s。代入式（6.3.3）得

$$Q=\sqrt{\frac{HK^2}{l}}=\sqrt{\frac{9\times618.5^2}{900}}=61.85(\text{L/s})$$

管中通过的流量为 61.85L/s。

若采用比阻计算，先假设管中水流 $v\geqslant1.2\text{m/s}$，查表 6.3.2，得 $S_0=2.752$。

由式（6.3.4）得

$$Q=\sqrt{\frac{H}{S_0l}}=\sqrt{\frac{9}{2.752\times900}}=60.3(\text{L/s})$$

验算管中流速 v

$$v=\frac{Q}{A}=\frac{4Q}{\pi d^2}=\frac{4\times60.3\times10^{-3}}{3.14\times0.25^2}=1.23(\text{m/s})>1.2(\text{m/s})$$

管中流速 $v>1.2\text{m/s}$，与假设相符。

管中通过的流量为 60.3L/s，与采用流量模数法计算所得结果是很接近的。

6.3.3 复杂管路

复杂管路是由多条简单管路组成的。按布置的不同可分为串联管路、并联管路、分叉管路、管网等。下面将分别加以介绍。为便于分析，假定流动均在阻力平方区。

1. 串联管路

由直径不同的管路依次连接而组成的管路，称为串联管路，如图 6.3.3 所示。串联管路常用于向各处供水，经过一段距离就有一定的流量分出，图中 q_1、q_2 即为分出的流量。随着流量的减少，所采用管径也相应减小。有时流量虽然不变，但为了节约钢材，充分利用水头，也采用串联管路，即将不同管径的管段串联起来。

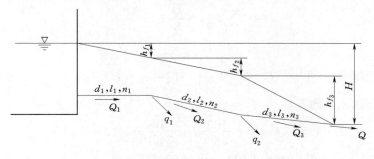

图 6.3.3

串联管路各管段虽然串联在一个管路系统中，但因各管段的管径、流量、流速各不相同，所以应分段计算其沿程水头损失。

设串联管路各管段长度、直径、管中流量及各段末端分出的流量分别用 l_i、d_i、Q_i、q_i 表示。串联管路总水头损失等于各管段水头损失之和，即串联管路的总水头为

$$H=\sum_{i=1}^{n}h_{f_i}=\sum_{i=1}^{n}\frac{Q_i^2}{K_i^2}l_i \tag{6.3.8}$$

或

$$H=\sum_{i=1}^{n}h_{f_i}=\sum_{i=1}^{n}S_{0i}Q_i^2l_i \tag{6.3.9}$$

式中：n 为管段总数目。

串联管路的流量计算应满足连续方程，即

$$Q_i = Q_{i+1} + q_i \qquad (6.3.10)$$

式（6.3.8）～式（6.3.10）是串联管路水力计算的基本公式。

与简单管路一样，利用这两个公式可以解决串联管路水力计算中的三类基本问题，即确定输水能力、确定总水头或者确定管径。

串联管路的测压管水头线与总水头线是重合的。由于各管段流速不同。所以水力坡度不相同，因此整个管路的总水头线呈折线形，如图 6.3.3 所示。

【例 6.3.2】 某工厂管路系统如图 6.3.2 所示。若水塔向工厂供水的流量为 40L/s，水塔水面距地面的高度 H_1 为 44m，水塔与工厂地面标高差 z_t 为 16m，管路末端剩余水头 H_2 为 25m，管线全长 l 为 2500m。为了充分利用水塔的水头和节省钢材，决定采用管径 d 为 300mm 和 d 为 200mm 的两种管道串联，求每根管道的长度 l_1 和 l_2。

解： 设 $d_1 = 300$mm，管长为 l_1，$d_2 = 200$mm，管长为 l_2。

管中流速

$$v_1 = \frac{4Q}{\pi d_1^2} = \frac{4 \times 100 \times 10^{-3}}{3.14 \times 0.3^2} = 1.42(\text{m/s})$$

$$v_2 = \frac{4Q}{\pi d_2^2} = \frac{4 \times 100 \times 10^{-3}}{3.14 \times 0.2^2} = 3.18(\text{m/s})$$

查管道流量模数系数表 6.3.1 得

当 $d = 300$mm 时：$K_1 = 1.006 \times 10^3$ L/s

当 $d = 200$mm 时：$K_2 = 341.1$ L/s

代入式（6.3.8）得

$$H = \sum_{i=1}^{n} h_{f_i} = \frac{Q^2}{K_1^2} l_1 + \frac{Q^2}{K_2^2} l_2$$

$$l_2 = l - l_1$$

由能量方程得

$$H = \sum_{i=1}^{n} h_{f_i} = H_1 + z_t - H_2$$

将已知数据代入，则有

$$44.0 + 16 - 25 = \frac{100^2}{1006^2} l_1 + \frac{100^2}{341.1^2} \times (2500 - l_1)$$

$$35 = 0.01 l_1 + 0.086 \times (2500 - l_1)$$

解得

$$l_1 = 2367(\text{m})$$

$$l_2 = 2500 - 2367 = 133(\text{m})$$

最后采用管径 $d = 300$mm 的管段长为 2367m，$d = 200$mm 的管段长为 133m。

2. 并联管路

两条或两条以上管段从一点分叉又在另一点汇合的管路称为并联管路，管段分叉或汇合点称为节点。如图 6.3.4 所示，A、B 为节点。如在 A、B 两点安装测压管，由于是长管，测压管水头差可视为总水头差，测压管内水面差就是 A、B 两点之间的水头损失 $h_{f_{AB}}$。单位重量的液体通过 AB 之间任意一个管段水头损失都是相等的。即并联管路中的每一管段两端的水头差都是相等的，这就如同并联电路中每一导线两端的电压差都是相等

的一样。若以 h_{f_1}、h_{f_2}、h_{f_3} 分别表示并联管路各管段的水头损失，则有

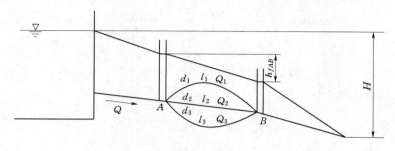

图 6.3.4

$$h_{f_1} = h_{f_2} = h_{f_3} = h_{f_{AB}} \tag{6.3.11}$$

由式（6.3.3），得并联管路各管段的水头损失为

$$\frac{Q_1^2}{K_1^2} l_1 = \frac{Q_2^2}{K_2^2} l_2 = \frac{Q_3^2}{K_3^2} l_3 \tag{6.3.12}$$

或

$$S_{01} Q_1^2 l_1 = S_{02} Q_2^2 l_2 = S_{03} Q_3^2 l_3 \tag{6.3.13}$$

因并联管路各管段直径、长度、粗糙系数可能不同，所以，虽然水头损失相同，但通过的流量却会是不同的，各管段的流量与总流量应满足连续方程，即

$$Q = Q_1 + Q_2 + Q_3 \tag{6.3.14}$$

式（6.3.12）~式（6.3.14）是并联管路水力计算的基本公式。若已知 Q 及各并联管段的直径、长度和粗糙系数，由以上两式联立求解，可得到各管段的流量 Q_1、Q_2、Q_3 及并联管路水头损失 $h_{f_{AB}}$。

【**例 6.3.3**】 三根并联铸铁管路由节点 A 分出，在节点 B 汇合，如图 6.3.5 所示。已知 $Q = 280\text{L/s}$，$d_1 = 300\text{mm}$，$l_1 = 500\text{m}$，$d_2 = 250\text{mm}$，$l_2 = 800\text{m}$，$d_3 = 200\text{mm}$，$l_3 = 1000\text{m}$，各管段的粗糙系数 n 均为 0.0125。

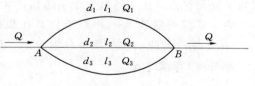

图 6.3.5

试求并联管路各管段的流量 Q_1、Q_2、Q_3 及水头损失 $h_{f_{AB}}$。

解： 由题意根据并联管路水力计算基本公式可得

$$\frac{Q_1^2}{K_1^2} l_1 = \frac{Q_2^2}{K_2^2} l_2 = \frac{Q_3^2}{K_3^2} l_3$$

由公式 $K = AC\sqrt{R}$ 计算或查表 6.3.1 得流量模数

$$d_1 = 300\text{mm}, K_1 = 1.006 \times 10^3 \text{L/s}$$

$$d_2 = 250\text{mm}, K_2 = 618.5\text{L/s}$$

$$d_3 = 200\text{mm}, K_3 = 341.1\text{L/s}$$

将已知数据分别代入上式，得

$$\frac{Q_1^2}{(1.006 \times 10^3)^2} \times 500 = \frac{Q_2^2}{618.5^2} \times 800 = \frac{Q_3^2}{(341.1)^2} \times 1000$$

化简得

$$22.2Q_1 = 45.7Q_2 = 92.7Q_3$$

即

$$Q_1 = 4.21Q_3, \quad Q_2 = 2.03Q_3$$

将 $Q=280\text{L/s}$ 代入连续方程 $Q=Q_1+Q_2+Q_3$ 中，化简得

$$280=(4.21+2.03+1)Q_3$$
$$Q_3=38.68\text{L/s}$$
$$Q_1=162.82\text{L/s}$$
$$Q_2=78.52\text{L/s}$$

AB 间水头损失为

$$h_{f_{AB}}=\frac{Q_1^2}{K_1^2}l_1=\frac{162.82^2}{(1.006\times10^3)^2}\times500$$
$$=13.1(\text{m})$$

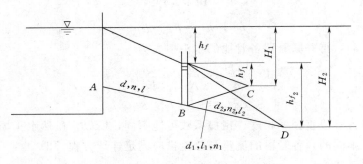

图 6.3.6

3. 分叉管路

由主干管段分出两条以上支管，分叉后不再汇合的管路称为分叉管路。如图 6.3.6 所示为一分叉管路。主干管自水池引出后，在 B 点分叉，支管为 BD 和 BC。由 A 点至任一分叉的支管都可看作为一串联管路，所以分叉管路的水力计算可按串联管路计算。设 AB、BC、BD 管段的水头损失分别为 h_f、h_{f_1}、h_{f_2}，流量分别为 Q、Q_1、Q_2。

对 ABC 管路应有

$$H_1=h_f+h_{f_1}=\frac{Q^2}{K^2}l+\frac{Q_1^2}{K_1^2}l_1 \tag{6.3.15}$$

对 ABD 管路应有

$$H_2=h_f+h_{f_2}=\frac{Q^2}{K^2}l+\frac{Q_2^2}{K_2^2}l_2 \tag{6.3.16}$$

若按比阻计算，可写成下列形式

$$H_1=h_f+h_{f_1}=S_0Q^2l+S_{01}Q_1^2l_1 \tag{6.3.17}$$
$$H_2=h_f+h_{f_2}=S_0Q^2l+S_{02}Q_2^2l_2 \tag{6.3.18}$$

满足连续性方程，应有

$$Q=Q_1+Q_2 \tag{6.3.19}$$

若管道的基本参数都是已知的，联立求解式 (6.3.15)、式 (6.3.16) 和式 (6.3.19) 三个方程，就可以求得 Q、Q_1 和 Q_2 三个未知数。

【例 6.3.4】 水电站引水钢管在 B 点分出两个支管，供两台水轮机用水，如图 6.3.7 所示。干管长 l 为 40m，直径 d 为 400mm，支管 BC 长 l_1 为 55m，直径 d_1 为 200mm；支

管 BD 长 l_2 为 60m，直径 d_2 为 200mm，粗糙系数按清洁管考虑取 n 为 0.011。求各台机组所通过的流量 Q_1 及 Q_2。

解： 由公式 $K = AC\sqrt{R}$ 计算或查表 6.3.1 得流量模数

$$d = 400\text{mm} \quad K = 2.46 \times 10^3 \text{L/s} = 2.464\text{m}^3/\text{s}$$

$$d = 200\text{mm} \quad K = 388.0\text{L/s} = 0.388\text{m}^3/\text{s}$$

由式（6.3.15）和式（6.3.16）得

$$H_1 = h_f + h_{f_1} = \frac{Q^2}{K^2}l + \frac{Q_1^2}{K_1^2}l_1$$

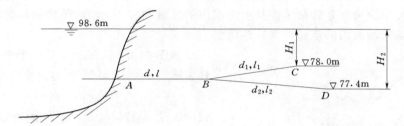

图 6.3.7

则

$$Q_1 = \frac{K_1}{\sqrt{l_1}}\sqrt{H_1 - \frac{Q^2}{K^2}l}$$

$$H_2 = h_f + h_{f_2} = \frac{Q^2}{K^2}l + \frac{Q_2^2}{K_2^2}l_2$$

则

$$Q_2 = \frac{K_2}{\sqrt{l_2}}\sqrt{H_2 - \frac{Q^2}{K^2}l}$$

由连续方程得

$$Q = Q_1 + Q_2 = \frac{K_1}{\sqrt{l_1}}\sqrt{H_1 - \frac{Q^2}{K^2}l} + \frac{K_2}{\sqrt{l_2}}\sqrt{H_2 - \frac{Q^2}{K^2}l}$$

代入已知数据得

$$Q = \frac{0.388}{\sqrt{55}} \times \sqrt{98.6 - 78.0 - \frac{Q^2}{2.464^2} \times 40}$$

$$+ \frac{0.388}{\sqrt{60}} \times \sqrt{98.6 - 77.4 - \frac{Q^2}{2.464^2} \times 40}$$

化简得

$$Q = 0.0523 \times \sqrt{20.6 - 6.59Q^2} + 0.050 \times \sqrt{21.2 - 6.59Q^2}$$

采用逐次逼近法，可求得 $Q = 0.452\text{m}^3/\text{s}$

于是

$$Q_1 = \frac{K_1}{\sqrt{l_1}}\sqrt{H_1 - \frac{Q^2}{K^2}l}$$

$$= \frac{0.388}{\sqrt{55}} \times \sqrt{98.6 - 78.0 - \frac{0.452^2}{2.464^2} \times 40}$$

$$= 0.229(\text{m}^3/\text{s})$$

$$Q_2 = \frac{K_2}{\sqrt{l_2}}\sqrt{H_2 - \frac{Q^2}{K^2}l}$$

$$= \frac{0.388}{\sqrt{60}} \times \sqrt{98.6 - 77.4 - \frac{0.452^2}{2.464^2} \times 40}$$

$$= 0.223(\text{m}^3/\text{s})$$

4. 沿程均匀泄流管路

给水工程中，有些配水管需沿着管长泄出流量。一般说来，沿程泄出的流量是不均匀的。其中最简单的情况是管路单位长度上泄出的流量均等于 q，这种管路称为沿程均匀泄流管路。管路末端流出的流量称为转输流量。

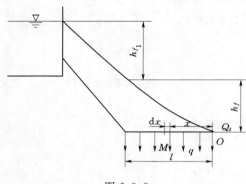

图 6.3.8

如图 6.3.8 所示为一均匀泄管管路，设距管末端为 x 的断面 M 处的流量为 Q_M，则

$$Q_M = Q_t + qx$$

式中：Q_t 为转输流量；q 为单位长度均匀泄出的流量；x 为该断面距管末端的距离。

由于流量沿程变化，管中水流是非均匀流，不能直接用均匀流公式计算水头损失。但在 M 处取一微小管段 dx，由于 dx 无限小，在这一微小管段中水流可以看作为均匀流，可按均匀流公式计算该段沿程水头损失，然后对全管进行积分，即可得整个均匀泄流管路的沿程水头损失。设 dx 段的流量为 Q_M，则 dx 管段内的水头损失为

$$dh_f = \frac{Q_M^2}{K^2}dx$$

或

$$dh_f = S_0 Q_M^2 dx$$

则

$$h_f = \int_0^l dh_f = \frac{1}{K^2}\int_0^l (Q_t + qx)^2 dx$$

$$= \frac{1}{K^2}\int_0^l (Q_t^2 + 2Q_t qx + q^2 x^2) dx$$

故

$$h_f = \frac{l}{K^2}\left(Q_t^2 + Q_t ql + \frac{1}{3}q^2 l^2\right) \tag{6.3.20}$$

上式可近似写为

$$h_f = \frac{l}{K^2}(Q_t + 0.55ql)^2 \tag{6.3.21}$$

令　$Q_r = Q_t + 0.55ql$，Q_r 称为折算流量。

因此，式（6.3.21）可以写为

$$h_f = \frac{Q_r^2}{K^2}l \tag{6.3.22}$$

或

$$h_f = S_0 Q_r^2 l \tag{6.3.23}$$

若转输流量 $Q_t = 0$，则由式（6.3.20）可得沿程均匀泄流管路的沿程水头损失为

$$h_f = \frac{1}{3}\frac{(ql)^2}{K^2}l \tag{6.3.24}$$

或

$$h_f = \frac{1}{3}S_0(ql)^2l \tag{6.3.25}$$

式（6.3.24）和式（6.3.25）表明，当流量全部沿程均匀泄出时，即转输流量 Q_t 等于零时，均匀泄流管路的沿程水头损失，只等于全部泄出的流量集中在末端泄出时的沿程水头损失的 1/3。

由于沿程均匀泄流管路流量沿程减少，在断面不变的情况下，流速沿程减小，水力坡度 J 沿程变化，所以总水头线是一条坡度逐渐变缓的曲线，如图 6.3.8 所示。

【例 6.3.5】 由水塔供水的输水管路，如图 6.3.9 所示。全管路包括三段，中间 AB 为沿程均匀泄流管路，每米长度上连续分泄的流量 $q = 0.1\text{L/s}$，第一段和第二段管接头处要求泄出流量 $Q_1 = 15\text{L/s}$，第三段管末端的流量 $Q_t = 10\text{L/s}$，各管段的长度和直径分别为 $l_1 = 300\text{m}$，$l_{2(AB)} = 200\text{m}$，$l_3 = 100\text{m}$，$d_1 = 200\text{mm}$，$d_2 = 150\text{mm}$，$d_3 = 100\text{mm}$，管路均为铸铁管，试求需要的水头 H。

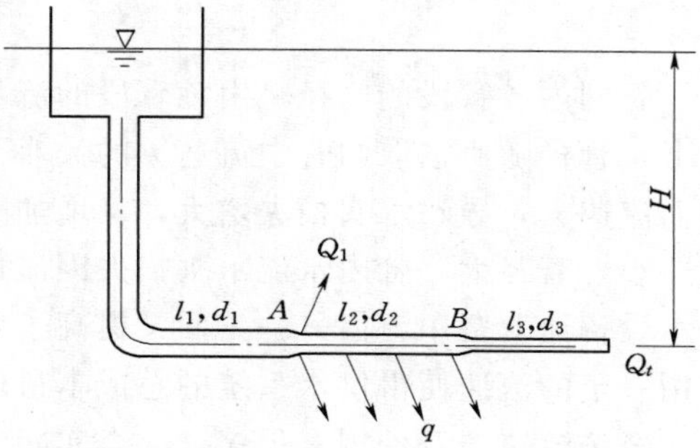

解： 首先求出各管段的流量模数 K 值，查表 6.3.1 得

图 6.3.9

$$d_1 = 200\text{mm}，K_1 = 341.1\text{L/s}$$

$$d_2 = 150\text{mm}，K_2 = 58.4\text{L/s}$$

$$d_3 = 100\text{mm}，K_3 = 53.72\text{L/s}$$

由式（6.3.8），串联管路得总水头为

$$H = \sum_{i=1}^{n} h_{fi} = \sum_{i=1}^{n} \frac{Q_i^2}{K_i^2}l_i$$

其中

$$h_{f_1} = \frac{Q^2}{K_1^2}l_1 = \frac{1}{K_1^2}(Q_t + ql_2 + Q_1)^2l_1 = \frac{1}{341.1^2}\times(10 + 0.1\times200 + 15)^2\times300 = 5.22(\text{m})$$

$$h_{f_2} = \frac{Q^2}{K_2^2}l_2 = \frac{1}{K_2^2}(Q_t + 0.55ql)^2l_2 = \frac{1}{158.4^2}\times(10 + 0.55\times0.1\times200)^2\times200 = 3.52(\text{m})$$

$$h_{f_3} = \frac{Q_t^2}{K_3^2}l_3 = \frac{10^2}{53.72^2}\times100 = 3.47(\text{m})$$

$$H = h_{f_1} + h_{f_2} + h_{f_3} = 5.22 + 3.52 + 3.47 = 12.21(\text{m})$$

该输水管路所需总水头为 12.21m。

6.4 管网的水力计算

为了向更多的用户供水，在给水工程中往往将许多管路组合成为管网。管网按其布置可分为枝状管网及环状管网，如图 6.4.1 所示。

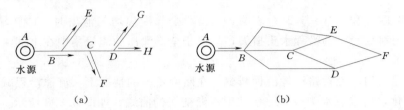

图 6.4.1

管网内各管段的管径是由该管段的流量 Q 及流速 v 两者决定的。在流量 Q 一定的条件下，管径随所选取的管中流速 v 的大小而不同。如果流速大，则管径小，管路造价低，然而流速大，导致水头损失增大，又增加了水塔高度及抽水设备的运营费用；相反，如果流速小，管径大，管内水流水头损失因流速的降低而减少，水塔高度可减少，从而减少了抽水设备运营费用，但另一方面又提高了管路造价。所以在确定管径时，应作经济比较，采用一定的流速使得供水系统的总成本最低。这种流速称为经济流速 v_e。

经济流速涉及的因素很多，综合实际的设计经验及技术经济资料，对于中小直径的给水管路可以参考下述数据：

当直径 $d=100\sim200$mm 时，$v_e=0.6\sim1.0$m/s。

当直径 $d=200\sim400$mm 时，$v_e=1.0\sim1.4$m/s。

下面分别介绍枝状管网和环状管网的水力计算。

6.4.1 枝状管网

枝状管网是由多条管段串联而成的干管与干管相联的多条支管组成，如图 6.4.1（a）所示。它的特点是管网内任一点只能向一个方向供水。若在管网内某一处出现故障，那么该点后面各管段供水就出现断流，因此枝状管网供水可靠性差，但节约管材，造价低是其优点。

枝状管网的设计，一般是先根据工程要求、建筑物布置、地形条件等进行整个管线的布置，确定各管段长度和通过各管段的流量以及管段末端要求的剩余水头 H_s（也称自由水头），然后确定各管段的直径 d 和水塔应有的高程（水泵扬程）。

一般取距水源远、地形高、建筑物层数多、流量大的供水点为最不利点或控制点。把水塔到控制点的管段作为干管，其余为支管。由于干管是由通过不同流量、不同管径的管段串联而成，因此枝状管网可按串联管路计算。

计算时，首先在已知流量下参考经济流速选择管径，按式（6.3.3）或式（6.3.4）：

$$h_{f_i} = \frac{Q_i^2}{K_i^2}l_i \qquad \text{或} \qquad h_{f_i} = S_{0i}Q_i^2l_i$$

计算各段的水头损失。然后按串联管路计算从水塔到管网的控制点的总水头损失。设水塔

水面距地面的高度为 H_t，如图 6.4.2 所示，则水塔高度 H_t 为

$$H_t = \sum h_f + H_s + z_0 - z_t \qquad (6.4.1)$$

式中：H_t 为水塔高度；$\sum h_f$ 为从水塔到管网控制点的水头损失；H_s 为控制点的剩余水头；z_0 为控制点的地形标高；z_t 为水塔处的地形标高。

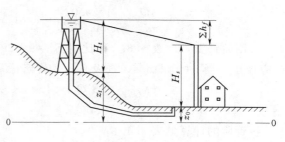

图 6.4.2

若水塔已经建成，要求扩建已有的给水系统。这种情况相当于已知总水头 H、管线布置图和各管段通过的流量，需求管径 d。此时，在水头已确定的情况下，如果用经济流速确定管径，将不能保证供水要求。一般可按下面介绍的方法确定支管的管径。

支管起点的水头，由于干管上各节点的水头已求出，所以是已知的。支管终点的水头则根据工程要求、终点地面高程等确定。

当支管起点、终点水头及管长已确定后，可按下式求出任一支管的平均水力坡降 $\overline{J_{ij}}$：

$$\overline{J_{ij}} = \frac{H_i - H_j}{l_{ij}} \qquad (6.4.2)$$

式中：H_i 为同一支管起点水头；H_j 为同一支管终点水头；l_{ij} 为该支管的长度。

由支管的平均水力坡降 $\overline{J_{ij}}$ 及该支管通过的流量 Q_{ij}，可由式（6.3.4）求得该支管的比阻 S_{0ij}：

$$S_{0ij} = \frac{\overline{J_{ij}}}{Q_{ij}^2} \qquad (6.4.3)$$

由上式求得比阻 S_{0ij} 值后，可由舍维列夫公式最终求出该支管管径。

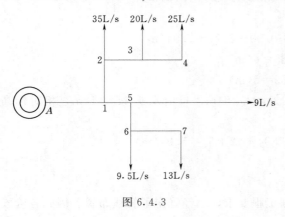

图 6.4.3

【例 6.4.1】 一枝状管网从水塔 A 沿 A—1 线向各处输送用水，各节点要求供水量如图 6.4.3 所示。已知每一段管路长度（表 6.4.1）。地面标高：水塔处为 65m，点 4 为 70m，点 7 为 71m。点 4 和点 7 要求的自由水头 H_s 为 2m，试求各管段的直径，水头损失及水塔应有的高度 H_t。

解：根据经济流速选择各管段的直径，例如对于管段 3—4 $Q=25$L/s，采用经济流速 $v_e=1$m/s，则管径为

$$d = \sqrt{\frac{4Q}{\pi v_e}} = \sqrt{\frac{0.025 \times 4}{3.14 \times 1.0}} = 0.178(\text{m})$$

采用 $d=200$mm。

管中实际流速

$$v=\frac{4Q}{\pi d^2}=\frac{4\times 0.02}{3.14\times 0.2^2}=0.8(\text{m/s})(\text{在经济流速范围内})$$

采用铸铁管，由表 6.3.2 得比阻 $S_0=9.029$。因平均流速 $v=0.8\text{m/s}<1.2\text{m/s}$，比阻 S_0 应修正。当 $v=0.8\text{m/s}$，查表 6.3.3 得修正系数 $k=1.06$，则管段 3—4 的水头损失

$$h_{f_{3-4}}=kS_0Q^2l=1.06\times 9.029\times 0.025^2\times 350$$
$$=2.09(\text{m})$$

各管段的计算见表 6.4.1。

表 6.4.1

管　　段		管段长度 l /m	管段中的流量 q /(L/s)	管路直径 d /mm	流速 v /(m/s)	比阻 S_0 /(s^2/m^6)	修正系数 k	水头损失 h_f /m
		已　知　数　值			计　算　所　得　数　值			
左侧支线	3-4	350	25	200	0.80	9.029	1.06	2.09
	2-3	350	45	250	0.92	2.752	1.04	2.03
	1-2	200	80	300	1.13	1.015	1.01	1.31
右侧支线	6-7	500	13	150	0.74	41.85	1.07	3.78
	5-6	200	22.5	200	0.72	9.029	1.08	0.99
	1-5	300	31.5	250	0.64	2.752	1.10	0.90
水塔至分叉点	0-1	400	111.5	350	1.16	0.4529	1.01	2.27

从水塔到最远的用水点 4 和 7 的沿程水头损失分别如下。

沿 4—3—2—1—A 线为

$$\sum h_f=2.09+2.03+1.31+2.27=7.70(\text{m})$$

沿 7—6—5—1—A 线为

$$\sum h_f=3.78+0.99+0.90+2.27=7.94(\text{m})$$

点 7 相对水塔的地面高差为　　　　$71-65=6(\text{m})$

点 4 相对水塔的地面高差为　　　　$70-65=5(\text{m})$

最后选定点 7 为控制点。总水头损失 $\sum h_f=7.94\text{m}$，自由水头 $H_t=12\text{m}$，相对标高 $z=6\text{m}$，则 A 点的水塔高度为

$$H_t=\sum h_f+H_s+z=7.94+12+6=25.94(\text{m})$$

取水塔高度 H_t 为 26m。

6.4.2　环状管网

进行环状管网水力计算时，通常是根据工程要求，已经确定了管线布置。因此各管段的长度和各节点的流出流量是已知的。这样，环状管网水力计算的任务是确定各管段通过的流量和各管段的直径 d，进而求出各管段的水头损失 h_f 及节点水头。有了水头损失 h_f 再根据控制点的地面标高和所需的自由水头以及总水头损失，即可推求水塔高度。

研究任一环状管网，可以发现管网的管段数目 n_g 和环数 n_k 及节点数目 n_p 存在下列关系：

$$n_g = n_k + n_p - 1$$

如果能够列出 n_g 个方程，就可以解出 n_g 个管段所通过的流量。

根据环状管网的水流特点，对其水力计算提供了三个条件：

（1）根据连续性条件，在各个节点上，流向节点的流量应等于由此节点流走的流量。如以流向节点的流量为正值，离开节点的流量为负值，则二者的和应该等于零，即在各节点上：

$$\sum Q_i = 0 \tag{6.4.4}$$

通常称该方程为水量平衡方程。

（2）对任一闭合的环路，由分流节点沿不同管线流向汇流节点的水头损失应相等（这相当于并联管路中，各并联管段的水头损失应相等）。因此，在任一环路内，如以顺时针方向水流所引起的水头损失为正值，逆时针方向水流的水头损失为负值，则任一闭合环路内的水头损失的代数和应等于零，即在各环内：

$$\sum h_{f_i} = \sum S_{0i} Q_i^2 l_i = 0 \tag{6.4.5}$$

式中：h_{f_i} 为环内某一管段的沿程水头损失；S_{0i} 为环内某一管段的比阻；Q_i 为环内某一管段通过的流量；l_i 为环内某一管段的长度。

根据第一个水力条件，可列出 $(n_p - 1)$ 个

$$\sum Q_i = 0$$

的方程式，对每个节点均有独立的水量平衡方程 $\sum Q_i = 0$，但不包括最后一个节点。

根据第二个水力条件，可列出 n_k 个

$$\sum h_{f_i} = \sum S_{0i} Q_i^2 l_i = 0$$

的方程。

对环状管网共可列出 $(n_k + n_p - 1)$ 个方程，方程数目正好等于管段数。但每个管段有流量 Q 和管径 d 两个未知数，总未知数共有 $2(n_k + n_p - 1)$ 个。因此在实际计算时，有时参照经济流速确定管径，从而使未知数减少一半。这样未知数的数目和方程的数目一致，方程就有确定解。

工程上，多采用逐次近似方法求解环状管网，具体步骤如下：

（1）首先按各节点供水情况初步拟定各管段的水流方向，通常整个管网的供水趋势应指向大用户集中的节点，并按每一节点满足

$$\sum Q_i = 0$$

的条件，第一次分配各管段通过的流量 Q_i（脚标 i 表示 i 管段中的量）。

（2）按所分配流量，参照经济流速确定各管段直径，即

$$d_f = \sqrt{\frac{4Q_i}{\pi v_{0i}}}$$

并按初步分配的流量 Q_i 和管径 d_i 计算各管段的水头损失，即

$$h_{f_i} = S_{0i} Q_i^2 l_i$$

（3）校核每一环路的水头损失之和，即

$$\sum h_{f_i} = \sum S_{0i} Q_i^2 l_i$$

是否等于零，如不等于零，说明初步分配的流量不满足环状管网的第二个水力条件，需对

第一次分配的流量进行调整。

当最初分配的流量，不满足每一环路内的水头损失之和等于零时，即称为不满足闭合条件，应在所计算的环路中加入校正流量 ΔQ，下面推导校正流量 ΔQ 的方程。

设最初分配的流量不满足闭合条件，令

$$\Delta h = \sum h_{f_i}$$

式中：Δh 为闭合差。

若令校正流量为 ΔQ，则校正后的单环闭合差应为零，即

$$\Delta h = \sum h_{f_i} = \sum S_{0i}(Q_i + \Delta Q)^2 l_i \tag{6.4.6}$$

将式（6.4.4）改写为

$$\sum S_{0i}(Q_i + \Delta Q)^2 l_i = \sum S_{0i} Q_i^2 l_i \left(1 + \frac{\Delta Q}{Q_i}\right)^2$$

然后将上式按两项式展开，取前两项，则得

$$\sum S_{0i} Q_i^2 l_i \left(1 + \frac{\Delta Q}{Q_i}\right)^2 = \sum S_{0i} Q_i^2 l_i \left(1 + 2\frac{\Delta Q}{Q_i}\right) = \sum h_{f_i} + 2\sum S_{0i} Q_i l_i \Delta Q = 0$$

由此解得

$$\Delta Q = -\frac{\sum h_{f_i}}{2\sum S_{0i} Q_i l_i} = -\frac{\sum h_{f_i}}{2\sum \dfrac{S_{0i} Q_i^2 l_i}{Q_i}}$$

$$\Delta Q = -\frac{\sum h_{f_i}}{2\sum \dfrac{h_{f_i}}{Q_i}} \tag{6.4.7}$$

式中 Q_i 与 h_{f_i} 应取一致符号，规定环内水流以顺时针方向流动为正，逆时针方向流动为负。

将校正流量 ΔQ 与环内各管段第一次分配的流量相加得各管段第二次的分配流量，再按上述步骤重复计算，直至环内闭合差 Δh 满足所允许的误差为止。

上面所介绍的方法也称为哈迪-克劳斯（Hardy - Croos）方法。

近年来，随着电子计算机进行管网计算的愈来愈广泛，特别是对多环管网，更显示了既准确又迅速的优越性。关于这方面的知识可参看本书附录。

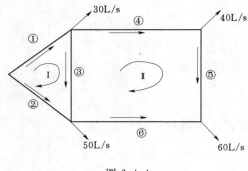

图 6.4.4

（2）按经济流速确定管径。

【例 6.4.2】 有一环状管网的管长、管段编号及节点分出流量如图 6.4.4 所示，管道为铸铁管，允许的单环闭合差 $\Delta h = 0.25$m。试求各管段通过的流量和管径。

解：

计算步骤如下：

（1）按管网供水趋势指向大用户集中的节点，初拟管网水流方向，并按节点水量平衡条件 $\sum Q_i = 0$ 第一次分配坏内各段流量列于表内。

表 6.4.2 [例 6.4.2]计算结果

环号	管段	管长 l/m	管径 d/mm	比阻 S_0/(s²/m⁶)	第一次分配流量 Q_i/(L/s)	h_{f_i}/m	h_{f_i}/Q/(s/m²)	$\Delta h=\Sigma h_{f_i}$/m	$\Sigma Q=-\dfrac{\Sigma h_{f_i}}{2\Sigma \frac{h_{f_i}}{Q_i}}$/(L/s)	各管段校正流量 ΔQ/(L/s)	第二次分配流量 Q_i/(L/s)	h_{f_i}/(m)	h_{f_i}/Q/(s/m²)	$\Delta h=\Sigma h_{f_i}$/m	$\Sigma Q=-\dfrac{\Sigma h_{f_i}}{2\Sigma \frac{h_{f_i}}{Q_i}}$/(L/s)	各管段校正流量 ΔQ/(L/s)
I	①	700	300	1.025	90	5.81	64.56	1.68	-2.16	-2.16	87.84	5.54	63.03	0.471	-0.66	-0.66
	②	800	300	1.025	-90	-6.64	73.8			-2.16	-92.16	-6.965	75.58			-0.66
	③	600	150	41.85	10	2.51	251.1			-2.16 +0.85	8.69	1.896	218.21			-0.66 +0.709
II	④	1200	250	2.752	50	8.25	165.0	1.37	-0.85	-0.85	49.15	7.98	162.31	-0.709	-0.709	-0.709
	⑤	600	150	41.85	10	2.51	251.1			-0.85	9.15	2.10	229.51			-0.709
	⑥	1000	250	2.752	-50	-6.88	137.6			-0.85	-50.85	-7.12	139.94			-0.709
	③	600	150	41.85	-10	-2.51	251.1			-0.85 +2.16	-8.63	-1.896	218.21		-0.709	+0.70 +0.66

环号	管段	管长 l/()	管径 d/mm	比阻 S_0/(s²/m⁶)	第三次分配流量 Q_i/(L/s)	h_{f_i}/m	h_{f_i}/Q/(s/m²)	$\Delta h=\Sigma h_{f_i}$/m	$\Sigma Q=-\dfrac{\Sigma h_{f_i}}{2\Sigma \frac{h_{f_i}}{Q_i}}$/(L/s)	各管段校正流量 ΔQ/(L/s)	第四次分配流量 Q_i/(L/s)	h_{f_i}/(m)	h_{f_i}/Q/(s/m²)	$\Delta h=\Sigma h_{f_i}$/m
I	①	700	300	1.025	87.18	5.45	62.55	0.303	-0.423	-0.423	86.757	5.4	62.24	0.225
	②	800	300	1.025	-92.82	-7.065	76.115			-0.423	-92.397	-7.0	75.76	
	③	600	150	41.85	8.739	1.918	219.44			-0.423 +0.209	8.525	1.825	214.08	
II	④	1200	250	2.752	48.441	7.749	159.97	0.307	-0.209	-0.209	48.232	7.68	159.23	0.182
	⑤	600	150	41.85	8.441	1.789	211.90			-0.209	8.232	1.702	206.75	
	⑥	100	250	2.752	-51.559	-7.313	141.84			-0.209	-51.768	-7.375	142.46	
	③	600	150	41.85	-8.739	-1.918	219.43		-0.209	-0.209 +0.423	-8.525	-1.825	214.08	

$$d=\sqrt{\frac{4Q}{\pi v_e}}$$

以管段①为例，初拟流量 Q 为 90L/s，经济流速 v_e 采用 1.2m/s，则

$$d=\sqrt{\frac{4\times90\times10^{-3}}{3.14\times1.2}}=0.309(\text{m})$$

选取接近的 $d=300\text{mm}$。

其余各管段计算结果列于表中。联结管③和管⑤的臀段，采用的管径比计算值稍大些，因为当干管损坏时，管③和管⑤要输送较大流量到被损坏的管段以后的地点。

（3）按管径由表 6.3.2 得各管段比阻 S_{0i}，并计算相应各管段的水头损失 h_{f_i}，仍以管段①为例。

$$d=300\text{mm}，S_0=1.025，l=700\text{m}，Q=90\text{L/s}$$

$$h_{f_1}=S_{01}Q_1^2l_1=1.025\times0.090^2\times700=5.81(\text{m})$$

$$h_{f_1}/Q_1=5.81/0.090=64.56(\text{s/m}^2)$$

将其余各段计算结果列子表 6.4.2 中。

（4）计算各环路的闭合差。

以第Ⅰ环路为例， $\quad \Delta h=\sum h_{f_i}=h_{f_1}+h_{f_2}+h_{f_3}$
$$=5.81-6.64+2.51=1.68(\text{m})$$

闭合差 $\Delta h=1.68m>\varepsilon=0.25\text{m}$ 应重新进行流量分配。

（5）计算各环路的校正流量 ΔQ。

以第Ⅰ环路为例， $\quad \Delta Q=-\dfrac{\sum h_{f_i}}{2\sum\dfrac{h_{f_i}}{Q_i}}=-0.66\text{L/s}$

将校正流量 ΔQ 分别与各段流量相加，得第二次的分配流量。

按上述多骤，重复计算，直到闭合差满足允许的精度。本例题第四次计算的最大闭合差 $\Delta h=0.225\text{m}<\varepsilon=0.25\text{m}$，不再进行计算，以第四次分配的流量为各管段的流量 Q。

思 考 题 6

6.1 （1）何谓短管和长管？判别标准是什么？在水力学中为什么引入这个概念？（2）如果某管为短管，但欲采用长管计算公式，怎么办？

6.2 当边界条件相同时，短管自由出流与淹没出流的流量计算式中，流量系数值是否相等？为什么？

6.3 其他条件一样，但长度不等的并联管道，其沿程水头损失是否相等？为什么？

6.4 如思考题图 6.1 所示，思考题图 6.1（a）为自由出流，思考题图 6.1（b）为淹没出流，若在两种出流情况下作用水头 H、管长 l、管径 d 及沿程阻力系数均相同，试问：（1）两管中的流量是否相等？为什么？（2）两管中各相应点的压强是否相同？为什么？

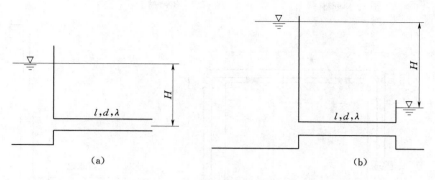

(a)   (b)

思考题图 6.1

习 题 6

6.1 如习题图 6.1 所示混凝土坝内有一泄水管,已知管长 $l_1=10\mathrm{m}$, $l_2=2\mathrm{m}$, $H=10\mathrm{m}$;管径 $d=0.5\mathrm{m}$,沿程水头损失系数 $\lambda=0.025$,进口为喇叭口形,其后装一阀门,相对开度 $\dfrac{e}{d}=0.8$,试求:(1) 管中通过的流量 Q;(2) 阀门后断面 2—2 处的压强水头。

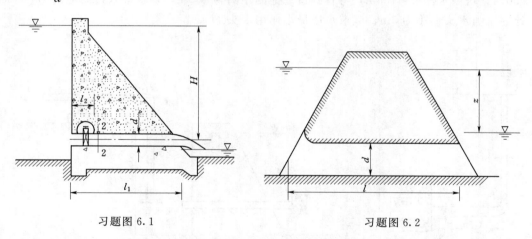

习题图 6.1   习题图 6.2

6.2 有一如习题图 6.2 所示混凝土圆形涵洞,已知糙率 $n=0.014$,洞长 $l=10\mathrm{m}$,上下游水位差 $z=2\mathrm{m}$,要求涵洞中通过流量 $Q=4.3\mathrm{m}^3/\mathrm{s}$,试求管径 d。

6.3 如习题图 6.3 所示虹吸管连接两水池,已知上下游水位差 $z=2\mathrm{m}$,管长 $l_1=2\mathrm{m}$, $l_2=5\mathrm{m}$, $l_3=3\mathrm{m}$,和管径 $d=200\mathrm{mm}$,上游水面至管顶高度 $h=1\mathrm{m}$,沿程水头损失系数 $\lambda=0.026$,进口莲蓬头的局部水头损失系数 $\zeta_1=5$,每个弯头的局部水头损失系数 $\zeta_2=0.2$,试求:(1) 虹吸管中的流量 Q;(2) 压强最低点位置及最大真空度。

6.4 如习题图 6.4 所示管路系统由水泵供水,已知水泵中心线至管路出口高度 $H=20\mathrm{m}$,水泵的流量 $Q=113\mathrm{m}^3/\mathrm{h}$,管长 $l_1=15\mathrm{m}$,管径 $d_1=200\mathrm{mm}$,管长 $l_2=10\mathrm{m}$,管径 $d_2=100\mathrm{mm}$,沿程水头损失系数 $\lambda=0.025$,转弯的局部水头损失系数 $\zeta_{弯}=0.2$,突然收缩的局部水头损失系数 $\zeta_{缩}=0.38$,试求水泵出口断面 A—A 的压强水头。

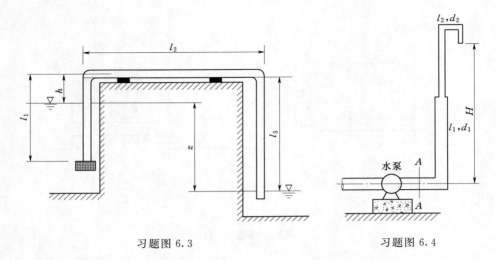

习题图 6.3　　　　　　　　　　习题图 6.4

6.5　如习题图 6.5 所示为一过滤水池及冲洗水塔，当过滤池滤水时间较长后，滤料积垢增多，需将水塔中水放进过滤池底部反冲洗。已知冲洗流量 $Q=550\mathrm{L/s}$，冲洗水管直径 $d=400\mathrm{mm}$，局部水头损失系数 $\zeta_{进}=0.5$，$\zeta_{弯}=0.2$，$\zeta_{阀}=0.17$，沿程水头损失系数 $\lambda=0.024$，塔中水深 $h=1.5\mathrm{m}$，弯管到过滤池的距离为 1.5m，要求进入过滤池前 $B-B$ 断面处的压强水头最小为 5m，试求水塔最小作用水头 H。

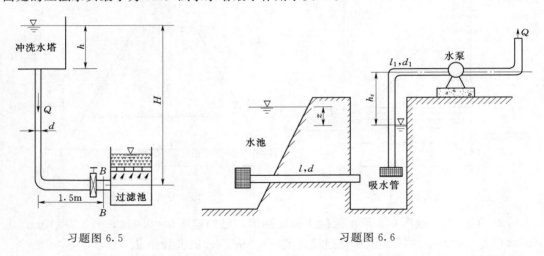

习题图 6.5　　　　　　　　　　习题图 6.6

6.6　如习题图 6.6 所示，某水泵自吸水井中抽水，吸水井与水池间用自流管相接，其水位均保持不变。水泵安装高度 $h_s=4.5\mathrm{m}$，自流管长 $l=20\mathrm{m}$，管径 $d=150\mathrm{mm}$，水泵吸水管长 $l_1=10\mathrm{m}$，直径 $d=150\mathrm{mm}$，自流管与水泵吸水管的沿程水头损失系数 $\lambda=0.028$，自流管滤网的局部水头损失系数 $\zeta_{fv1}=2$，水泵底阀的局部水头损失系数 $\zeta_{fv2}=6$，90°弯头的局部水头损失系数 $\zeta_b=0.3$，要求水泵进口的真空度不超过 6m 水柱。试求：(1) 水泵的最大流量 $Q_{\max}$；(2) 在此流量下水池与吸水井间的水位差 z。

6.7　如习题图 6.7 所示水轮机装置，已知：水头 $H=180\mathrm{m}$，引水钢管长度 $l=2200\mathrm{m}$，直径 $d=1.2\mathrm{m}$，水轮机的效率 $\eta_T=88\%$，因管道较长可不计局部水头损失，沿

程水头损失系数 $\lambda=0.02$，试求：（1）水轮机获得最大功率所相应的流量 Q；（2）水轮机获得的最大功率 $N_{\max}$。

提示：由 $\dfrac{\mathrm{d}N}{\mathrm{d}Q}=0$ 求流量 Q，相应于此 Q 值的功率最大。

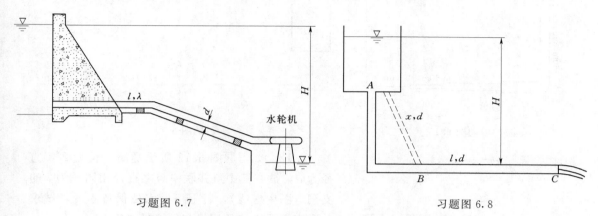

习题图 6.7　　　　　　　　　　　习题图 6.8

6.8　如习题图 6.8 所示管路系统，出口流入大气中，已知水头 $H=15\mathrm{m}$，管长 $l=150\mathrm{m}$，为了使出口流量增加 30%，如图中虚线所示加一根直径相同的支管，支管的起始端接在水塔底部，终端接在原管道中点 B 处，试求该支管的长度 x。

6.9　如习题图 6.9 所示水库引水管路，出口流入大气中，已知水头 $H=49\mathrm{m}$，管径 $d=1\mathrm{m}$，管路进口管轴线距水面 $h=15\mathrm{m}$；管长 $l_1=50\mathrm{m}$，$l_2=200\mathrm{m}$，沿程水头损失系数 $\lambda=0.02$，进口局部水头损失系数 $\zeta_{进}=0.5$，折角弯管局部水头损失系数 $\zeta_{be}=0.5$，试求：（1）引水流量 Q；（2）定量绘制总水头线及测压管水头线；（3）管路中压强最低点的位置及其压强值。

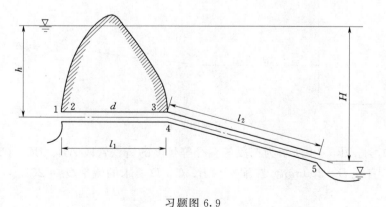

习题图 6.9

6.10　如习题图 6.10 所示串联供水管路，各段管路尺寸见图，管路为正常铸铁管，$n=0.0125$，试求水塔高度 H。

6.11　一如习题图 6.11 所示水塔输水钢管向 B、C、D 处供水，已知 $Q_B=18\mathrm{L/s}$，$Q_C=13\mathrm{L/s}$，$Q_D=12\mathrm{L/s}$，管长 $l_1=800\mathrm{m}$，$l_2=600\mathrm{m}$，$l_3=700\mathrm{m}$，要求 D 点保持 $10\mathrm{m}$ 的自由水头，假设各管段的水力坡降 J 相同，各管的粗糙系数 $n=0.0125$，水塔水面高程为

30m。试求各管段的管径。

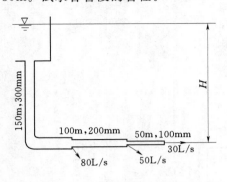

习题图 6.10

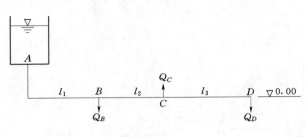

习题图 6.11

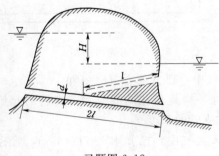

习题图 6.12

6.12　如习题图 6.12 所示隧洞，长为 $2l$，直径为 d，欲在其中点并联一与之直径相同长为 l 的支洞（图中虚线），若上下游水位保持不变，试求并联支管后系统的流量与原流量之比。

6.13　如习题图 6.13 所示为旧铸铁管的分叉管路，已知主管直径 $d = 300mm$，管长 $l = 200mm$；支管 1 的直径 $d_1 = 200mm$，管长 $l_1 = 300m$，支管 2 的直径 $d_2 = 150mm$，管长 $l_2 = 200m$，主管中流量 $Q = 0.1 m^3/s$，试求：（1）各支管中流量 Q_1 及 Q_2；（2）支管 2 的出口高程 $\triangledown_2$。

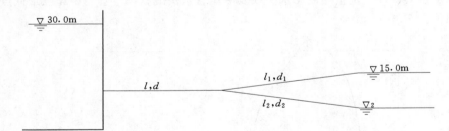

习题图 6.13

6.14　如习题图 6.14 所示为三段等直径等长度的铸铁管段 AB、BC、CD，已知总长度 $L = 600m$，直径 $D = 250mm$，在配水点 B、C、D 要求的流量 $Q_B = 20L/s$，$Q_C = 40L/s$，

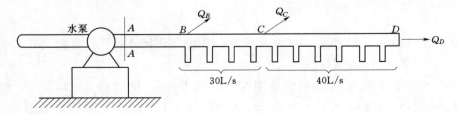

习题图 6.14

176

$Q_D = 50\text{L/s}$，BC 段要求的均匀泄流量共 30L/s，CD 段的均匀泄流量共 40L/s，要求 D 点保持自由水头 $h_F = 8\text{m}$，试求水泵出口断面 $A—A$ 的压强水头 $\dfrac{p_A}{\gamma}$。

6.15 如习题图 6.15 所示枝状管网，已知管长 $l_{0-1} = 400\text{m}$，$l_{1-2} = 200\text{m}$，$l_{2-3} = 350\text{m}$，$l_{1-4} = 300\text{m}$，$l_{4-5} = 200\text{m}$，5 点的地面标高为 5.00m，水塔处地面标高为 0.00m，其他各点标高与水塔处相同，各点要求的自由水头均为 $h_F = 10\text{m}$，各管段均采用普通铸铁管，各点要求的流量见习题图 6.15，试求各管段直径及水塔的高度。

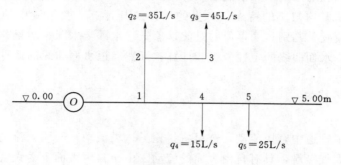

习题图 6.15

6.16 有一如习题图 6.16 所示三角形管网，已知流入 A 点的流量 $Q_A = 0.1\text{m}^3/\text{s}$，流出 B、C 点的流量 $Q_B = 0.06\text{m}^3/\text{s}$，$Q_C = 0.04\text{m}^3/\text{s}$，各管段长度相等，$l_1 = l_2 = l_3 = l = 2.00\text{m}$，$d_1 = 0.2\text{m}$，$d_2 = 0.1\text{m}$，$d_3 = 0.15\text{m}$，粗糙系数 $n = 0.012$，假设流动在阻力平方区，试求管网中的流量分配。

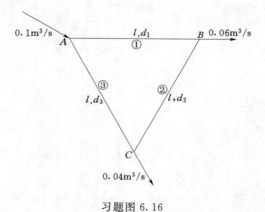

习题图 6.16

第 7 章 明 渠 恒 定 流

水面与大气接触的渠槽中的水流运动称为明渠水流。本章只研究明渠流中的恒定流。具体内容包括：明渠均匀流的特点、产生的条件及其计算；明渠流中的三种类型——缓流、临界流、急流及其判别；明渠流的过渡现象——水跌与水跃；明渠非均匀渐变流的特点、产生的条件、水面曲线的定性分析和计算；天然河道水面曲线的计算原理。

7.1 明渠均匀流

前面曾讨论了管道中有压流动，这里将讨论另一类流动——明渠流动。明渠流动是水流的部分周界与大气接触，具有自由表面的流动。由于自由表面上受大气压作用，相对压强为零，所以又称为无压流。水在渠道、无压管道（表 7.1.1）以及江河中的流动都是明渠流动，如图 7.1.1 所示。明渠水力学将为航运、输水、排水、灌溉渠道等的设计和运行管理、控制提供科学的依据。

表 7.1.1　　　　　　　　　　　矩形、梯形、U 形及圆形断面的几何要素

断面形状	水面宽度 B	过水断面 A	湿周 χ	水力半径 R
矩形 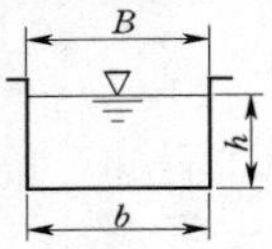	b	bh	$b+2h$	$\dfrac{bh}{b+2h}$
梯形 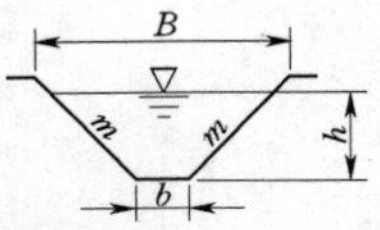	$b+2mh$	$(b+mh)h$	$b+2h\sqrt{1+m^2}$	$\dfrac{(b+mh)h}{b+2h\sqrt{1+m^2}}$
U 形 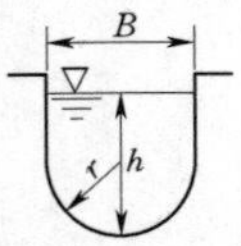	$2r$	$\dfrac{1}{2}\pi r^2+2r(h-r)$	$\pi r+2(h-r)$	$\dfrac{r}{2}\left[1+\dfrac{2(h-r)}{\pi r+2(h-r)}\right]$
圆形 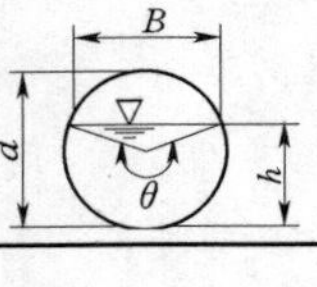	$2\sqrt{h(d-h)}$	$\dfrac{d^2}{8}(\theta-\sin\theta)$	$\dfrac{1}{2}\theta d$	$\dfrac{d}{4}\left(1-\dfrac{\sin\theta}{\theta}\right)$

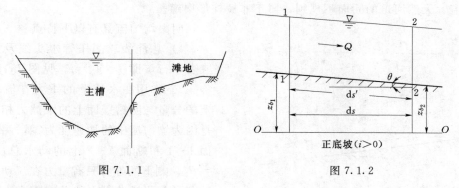

图 7.1.1

图 7.1.2

7.1.1 基本概念

1. 均匀流与非均匀流

过水断面形状、尺寸以及过水断面上的流速分布沿程不变且流线为平行直线的流动称为明渠均匀流动，否则为非均匀流动。在明渠非均匀流中，根据水流过水断面的面积和流速沿程变化的程度，分为渐变流动和急变流动。

2. 底坡

渠底与水平面夹角的正弦，或者沿渠底单位距离上渠底高程的降低或升高值称为底坡，记为 i。如图 7.1.2 所示设渠底的倾斜距离为 $\mathrm{d}s'$，水平距离为 $\mathrm{d}s$，两端的渠底高程分别为 z_{b_1}、z_{b_2}，渠底与水平面的夹角为 θ，当 θ 较小时，底坡 i 可以表示为

$$i = \sin\theta = \frac{z_{b_1} - z_{b_2}}{\mathrm{d}s'} \approx \frac{z_{b_1} - z_{b_2}}{\mathrm{d}s} = \tan\theta \tag{7.1.1}$$

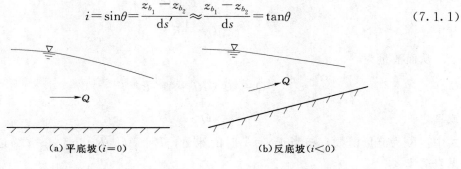

（a）平底坡（$i=0$）   （b）反底坡（$i<0$）

图 7.1.3

3. 明渠的分类

由于过水断面形状、尺寸与底坡的变化对明渠水流运动有重要影响，因此在水力学中把明渠分为以下类型：

（1）顺底坡、平底坡与反底坡。①顺底坡，渠底沿程降低的底坡，$i>0$，如图 7.1.2 所示；②平底坡，渠底水平的底坡，$i=0$，如图 7.1.3（a）所示。③反底坡，渠底沿程上升的底坡，$i<0$，如图 7.1.3（b）所示。

（2）规则断面和非规则断面。规则断面有矩形、梯形、U 形和圆形断面等，其断面形状及几何要素见表 7.1.1。非规则断面如天然河道的断面。

（3）棱柱形渠道与非棱柱形渠道。断面形状、尺寸和底坡沿程不变的渠道称为棱柱形渠道，上述三者之一沿程变化的渠道称为非棱柱形渠道。渠道的连接过渡段是典型的非棱

柱形渠道。天然河道的断面不规则，属于非棱柱形渠道。

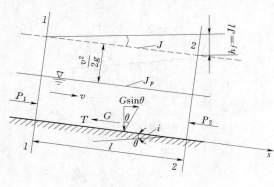

图 7.1.4

明渠均匀流具有以下特点。

1）总能线、测压管水头线及底坡线三者平行，即 $J=J_p=i$，见图 7.1.4。

2）作用在水流上的重力在流动方向上的分量与明槽壁面上的摩擦力相等，这是因为均匀流中的加速度为零，两过水断面 1—1 和断面 2—2 上的动水总压力 $P_1=P_2$，剩下的外力只有重力在流动方向上的分量与明槽壁面上的总摩擦力，它们应该平衡，即 $G\sin\theta=T$。

3）渠底高程的降低值等于沿程水头损失，即 $\Delta z_b=h_f$，也就是说均匀流运动的能源来自渠底高程的降低，因此平底坡和反底坡渠道中不能产生均匀流。

均匀流只能在下面条件下产生：①沿程流量不变的恒定流；②棱柱形、正底坡、渠中无建筑物的长渠道中；③沿程粗糙系数 n 不变。

可见产生均匀流的条件很苛刻，但均匀流的理论却是渠道设计的基础。

7.1.2 基本公式、问题类型及解法

明渠均匀流计算中最基本的公式是谢才公式和曼宁公式，即

$$v=C\sqrt{Ri} \tag{7.1.2}$$

其中：

$$C=\frac{1}{n}R^{1/6} \tag{7.1.3}$$

从而流量为

$$Q=AC\sqrt{Ri}=A\frac{1}{n}R^{2/3}i^{1/2} \tag{7.1.4}$$

或者

$$Q=K\sqrt{i} \tag{7.1.5}$$

式中：K 为流量模数，相当于 $i=1$ 时的流量，$K=AC\sqrt{R}$，$\mathrm{m^3/s}$；n 为边壁粗糙系数，见表 7.1.2。

表 7.1.2　　　　　　　　　各种渠壁的粗糙系数 n

等级	渠 壁 特 征	n	$\frac{1}{n}$
1	涂复珐琅或釉质的表面，极精细刨光而拼合良好的木板	0.009	111.1
2	刨光的木板，纯粹水泥的粉饰面	0.010	100.0
3	水泥（含 $\frac{1}{3}$ 细沙）粉饰面，安装和接合良好（新）的陶土、铸铁管和钢管	0.011	90.9
4	未刨的木板，拼合良好；在正常情况下内无显著积垢的给水管；极洁净的排水管，极好的混凝土面	0.012	83.3
5	琢石砌体；极好的砖砌体，正常情况下的排水管；略微污染的给水管，非完全精密拼合的，未刨的木板	0.013	76.9

等级	渠 壁 特 征	n	$\dfrac{1}{n}$
6	"污染"的给水管和排水管，一般的砖砌体，一般情况下渠道的混凝土面	0.014	71.4
7	粗糙的砖砌体，未琢磨的石砌体，有洁净修饰的表面，石块安置平整，极污垢的排水管	0.015	66.7
8	普通块石砌体，其状况满意的；旧破砖砌体；较粗糙的混凝土；光滑的开凿得极好的崖岸	0.017	58.8
9	覆有坚厚淤泥层的渠槽，用致密黄土和致密卵石做成而为整片淤泥薄层所覆盖的均无不良情况的渠槽	0.018	55.6
10	很粗糙的块石砌体；用大块石的干砌体；碎石铺筑面；纯由岩山中开筑的渠槽。由黄土、卵石和致密泥土做成而为淤泥薄层所覆盖的渠槽（正常情况）	0.020	50.0
11	尖角的大块乱石铺筑；表面经过普通处理的岩石渠槽；致密黏土渠槽。由黄土、卵石和泥土做成而为非整片的（有些地方断裂的）淤泥薄层所覆盖的渠槽，大型渠槽受到中等以上的养护	0.0225	44.4
12	大型土渠受到中等养护的；小型土渠受到良好的养护。在有利条件下的小河和溪涧（自由流动无淤塞和显著水草等）	0.025	40.0
13	中等条件以下的大渠道，中等条件的小渠槽	0.0275	36.4
14	条件较坏的渠道和小河（例如有些地方有水草和乱石或显著的茂草，有局部的坍坡等）	0.030	33.3
15	条件很坏的渠道和小河，断面不规则，严重地受到石块和水草的阻塞等	0.035	28.6
16	条件特别坏的渠道和小河（沿河有崩崖的巨石、绵密的树根、深潭、坍岸等）	0.040	25.0

在均匀流渠道的设计中，有时还应用到水力最佳断面的知识。这是指在流量、底坡、粗糙系数已知时，要求设计的过水断面具有最小的面积；或者说，在过水断面面积、底坡和粗糙系数等已知时，能使渠道通过的流量最大，这种断面就是水力最佳断面。

由于均匀流渠道中的流量为

$$Q=\frac{1}{n}AR^{2/3}i^{1/2}=\frac{i^{1/2}}{n}\frac{A^{5/3}}{\chi^{2/3}}$$

故从此式中可以看出：当渠床的粗糙系数 n、底坡 i 及过水断面面积 A 一定时，湿周 χ 愈小流量 Q 愈大。根据以上所述，圆形或半圆形应是水力最佳断面，但在天然土质渠道中，采用圆形或半圆形断面是不可能的，而梯形断面是工程上最常采用的形式。下面就以常用的梯形断面为例，推求水力最佳断面时宽深比 b/h 与边坡系数 m 之间的关系。

根据前述，水力最佳断面的条件为面积 A 等于常数和湿周 χ 最小，即 $\mathrm{d}\chi/\mathrm{d}h=0$。由梯形断面渠道的几何关系，得

$$A=(b+mh)h$$
$$\chi=b+2h\sqrt{m^2+1}$$

从中解得

$$b=\frac{A}{h}-mh$$

代入湿周关系式中得出：

$$\chi=\frac{A}{h}-mh+2h\sqrt{m^2+1}$$

则

$$\frac{\mathrm{d}\chi}{\mathrm{d}h}=-\frac{A}{h^2}-m+2\sqrt{m^2+1}$$

将 $A = bh + mh^2$ 代入上式, 并令 $d\chi/dh = 0$, 则得

$$-\frac{b}{h} - m - m + 2\sqrt{1+m^2} = 0$$

令 $b/h = \beta_m$, β_m 是水力最佳断面的宽深比, 最后得

$$\beta_m = b/h = 2(\sqrt{m^2+1} - m) \tag{7.1.6}$$

式 (7.1.6) 中取边坡系数 $m = 0$, 即得最佳矩形断面的宽深比:

$$\beta_m = 2$$

式 (7.1.6) 只是从水力学角度出发而导出的, 一般只适用于流量或水深较小的渠道, 否则按此式设计出的渠道会成为窄深式, 这时既不易施工, 且造价也会升高。所以一条渠道的设计除了考虑水力最佳条件以外, 还要结合具体情况考虑经济等其他方面的多种因素。

均匀流有以下几种解法。

1. 直接解法

(1) 当其他量已知, 求流量 Q 或底坡 i 或粗糙系数 n 时, 可直接由式 (7.1.4) 解得。

(2) 对于宽矩形断面渠道求正常水深时, 也可以直接求解。在水力学中称均匀流水深为正常水深, 记为 h_0。因为对于宽矩形断面渠道, 水力半径 $R \approx h_0$, $A = bh_0$, 若令 $q = Q/b$, q 是单宽流量, 代入式 (7.1.4) 后, 得

$$Q = \frac{1}{n} A R^{2/3} i^{1/2} = \frac{1}{n} b h_0 h_0^{2/3} i^{1/2}$$

$$q = \frac{Q}{b} = \frac{1}{n} h_0^{5/3} i^{1/2}$$

所以

$$h_0 = \left(\frac{nq}{i^{1/2}}\right)^{3/5} \tag{7.1.7}$$

(3) 当已知渠道的宽深比时, 也可以直接求解渠中的正常水深。梯形断面渠道的过水断面面积为

$$A = bh_0 + mh_0^2 = (b + mh_0)h_0$$

湿周为

$$\chi = b + 2h_0 \sqrt{1+m^2}$$

将 A 和 χ 代入式 (7.1.4) 后, 得

$$Q = \frac{i^{1/2}}{n} \frac{[(b+mh_0)h_0]^{5/3}}{(b+2h_0\sqrt{1+m^2})^{2/3}}$$

令 $\beta = b/h_0$, β 为渠道的宽深比, 将 $b = \beta h_0$ 代入上式, 得

$$Q = \frac{i^{1/2}}{n} \frac{(\beta+m)^{5/3} h_0^{8/3}}{(\beta+2\sqrt{1+m^2})^{2/3}}$$

所以

$$h_0 = \frac{(nQ)^{3/8}(\beta+2\sqrt{1+m^2})^{1/4}}{i^{3/16}(\beta+m)^{5/8}} \tag{7.1.8}$$

或者

$$h_0 = \frac{(nQ)^{0.375}(\beta+2\sqrt{1+m^2})^{0.25}}{i^{0.1875}(\beta+m)^{0.625}} \tag{7.1.9}$$

2. 试算法或图解法

（1）当已知 Q、i、n、m、b（或 h_0）求 h_0（或 b）时，理论上是可以由式（7.1.4）求解的，但是，由于此式是 h_0 和 b 的隐函数，因此不能直接求出它们，只能采用试算法，或者应用附图Ⅰ的图解曲线求解。试算法是从小到大假设一系列水深 h_1，h_2，…（或者底宽 b_1，b_2，…），计算相应的流量 Q_1，Q_2，…（或者流量模数 K_1，K_2，…），然后以水深 h（或 b）作为纵坐标，流量 Q（流量模数 K）作为横坐标，绘出 $h-Q$（或 K）或 $b-Q$（或 K）曲线，最后从曲线上找出对应已知 Q（或 K）的水深 h_0（或底宽 b）即为所求，如图 7.1.5 所示。

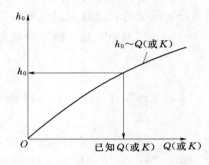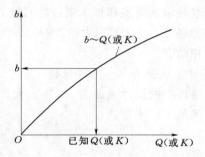

图 7.1.5

（2）当已知宽深比 $\beta=b/h_0$ 或者最佳宽深比 β_m，可以用附图Ⅰ图解曲线求解。

3. 联解

当限制渠中流速 v 和水深 h_0（或 b）求底坡 i 和底宽 b（或 h_0）时，或当限制渠中流速 v 和底坡 i 求水深 h_0 和底宽 b 时，这两种情况下均需补充下面方程式：

$$A=bh_0+mh_0^2=\frac{Q}{v} \tag{7.1.10}$$

然后与式（7.4.1）联解。

7.1.3 渠道设计中的若干问题

1. 渠道设计中的典型问题

明渠均匀流理论是渠道设计中的主要理论依据。一般讲，渠道设计有以下几方面问题：

（1）已知底坡 i（常根据地形情况，适当调整后决定）、过水断面参数（包括形状、尺寸）及渠床材料等，求该渠道可能通过的流量大小。

（2）已知底坡 i、渠床材料及要求通过的流量，求应有的过水断面参数。

（3）已知要求通过的流量、过水断面参数及渠床材料，要求决定底坡 i。这种情况常发生在设计陡槽、渡槽等情况下。

当然必须注意到，设计流量、断面参数及底坡这三个方面问题是互相关联的，例如通过同样的流量坡度 i 用得大一点，断面尺寸就可以小一点等。

2. 边坡系数与底坡

渠道的边坡系数由渠床土壤的性质确定，可参照表 7.1.3 选取。

表 7.1.3　　　　　　　　　　　　梯形渠道边坡系数 m 值

序号	渠壁土壤种类	边坡系数 m 值	序号	渠壁土壤种类	边坡系数 m 值
1	粉　砂	3.0～3.5	5	砾石和卵石	1.25～1.5
2	细砂、中砂、粗砂	2.0～2.5	6	半岩性土	0.5～1.0
3	黏质砂土	1.5～2.0	7	风化岩石	0.25～0.5
4	砂质黏土或黏土	1.25～1.5	8	岩　石	0.1～0.25

　　从水力学角度认为底坡 i 应该尽量小，这样沿程水头损失 h_f 小，控制的灌溉面积就大。从施工角度要求底坡 i 尽量与地形坡度一致，这样易于使挖方与填方平衡，降低施工造价。一般是山区渠道和排水渠道的底坡 i 陡些，而平原渠道和灌溉渠道的底坡缓些。又一般土渠的底坡 i 变化范围大约为 $i=0.0001～0.001$。当然渠道底坡 i 的最终选取还要与断面设计相结合。

　　3. 不冲不淤流速——允许流速

　　假设渠道中的设计流速为 v，不淤允许流速为 v''，不冲允许流速为 v'，则要求设计流速 v 应该满足下面不等式

$$v''<v<v' \tag{7.1.11}$$

　　一般取 $v''\geqslant0.5\text{m/s}$。关于 v'，水深 $h=0.4～1.0\text{m}$ 时，见表 7.1.4。当水深 $h>1.0\text{m}$ 时，将表中的流速乘以下列系数 k 值后作为该水深下的最大允许流速。$h\geqslant1.0\text{m}$ 时，$k=1.25$；$h\geqslant2.0\text{m}$ 时，$k=1.4$。

表 7.1.4　　　　　　　　　　　　渠道最大允许流速 v' 值　　　　　　　　　　单位：m/s

序号	渠道壁面材料性质	水　深/m			
		0.4	1.0	2.0	3.0
1	轻壤土	0.6～0.8			
2	中壤土	0.65～0.85			
3	重壤土	0.70～1.00			
4	黏　土	0.75～0.95			
5	砾岩、泥灰岩、页岩	2.0	2.5	3.0	3.5
6	石灰岩、致密的砾岩、砂岩、白云石灰岩	3.0	3.5	4.0	4.5
7	白云砂岩、致密的石灰岩、硅质石灰岩、大理岩	4.0	5.0	5.5	6.0
8	花岗岩、辉绿岩、玄武岩、安山岩、石英岩、斑岩	15	18	20	22
9	110 号混凝土护面	5.0	6.0	7.0	7.5
10	140 号混凝土护面	6.0	7.0	8.0	9.0
11	170 号混凝土护面	6.5	8.0	9.0	10.0
12	光滑的 110 号混凝土槽	10	12	13	15
13	光滑的 140 号混凝土槽	12	14	16	18
14	光滑的 170 号混凝土槽	13	16	19	20

　　4. 综合粗糙系数

　　如图 7.1.6 所示的渠道断面，是由三种护面组成：混凝土、光滑岩面和粗糙岩面。设它们的粗糙系数和湿周分别为 n_1、χ_1，n_2、χ_2，n_3、χ_3；则整个断面的综合粗糙系数 n 可

分别按下面两种情况之一计算，即

当 $n_{max}/n_{min} < 1.5$ 时

$$n = \frac{\sum \chi_i n_i}{\sum \chi_i} \qquad (7.1.12)$$

当 $n_{max}/n_{min} > 1.5$ 时

$$n = \left[\frac{\sum \chi_i n_i^{3/2}}{\sum \chi_i} \right]^{2/3} \qquad (7.1.13)$$

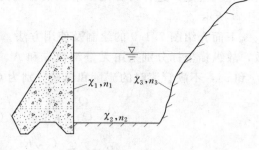

图 7.1.6

5. 复式断面

如图 7.1.7 所示的由折线边坡组成的过

水断面称为复式断面，例如洪水期的河道断面就是复式断面，如图 7.1.1 所示，因为它是由主河槽与滩地组成的。其特点是：主河槽的水力半径大（因为相对滩地湿周较小）、粗糙系数小，而滩地的水力半径小，粗糙系数大，但可以认为两者的水力坡度相等。据此，计算流量公式为

$$Q = \left(\sum_{j=1}^{n} K_j \right) \sqrt{i} \qquad (7.1.14)$$

式中：K_j 为复式断面各组成部分的流量模数；i 为渠道或河道的底坡。

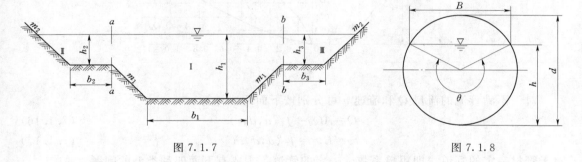

图 7.1.7   图 7.1.8

7.1.4 圆形断面内的无压均匀流

管道内的流动具有自由表面，且表面压强为大气压强时，这种流动也是无压流，当管道为坡度沿程不变的直线管道时，管道内的流动就是无压均匀流。如城市的排水管道、无压涵管等，它们的水力计算近似按照明渠均匀流进行的。

如图 7.1.8 所示，为圆形断面无压均匀流的过水断面，我们定义 $\alpha = h/d$ 为充满度，θ 为充满角。由几何关系得各水力要素之间的关系如下：

$$\left.\begin{array}{ll} \text{过水断面面积：} & A = \dfrac{d^2}{8}(\theta - \sin\theta) \\[2mm] \text{湿周：} & \chi = \dfrac{d}{2}\theta \\[2mm] \text{水力半径：} & R = \dfrac{d}{4}\left(1 - \dfrac{\sin\theta}{\theta}\right) \\[2mm] \text{水面宽度：} & B = d\sin\dfrac{\theta}{2} \end{array}\right\} \qquad (7.1.15)$$

圆形断面无压均匀流可按式（7.1.4）进行计算，其中各水力要素按式（7.1.15）进

行计算。但是，这种计算是很麻烦的。因此，工程中常用预先作好的图进行计算，如图7.1.9 所示。

下面介绍图 7.1.9 的绘制及使用方法。为了使该图能适用于不同管径和不同的粗糙系数，故纵横坐标分别采用无量纲数 α 和 A、B 表示。假设满管流时的流量和流速分别为 Q_d 和 v_d，不满管流时的流量和流速分别为 Q 和 v，则

$$A=\frac{Q}{Q_d}=\frac{K\sqrt{i}}{K_d\sqrt{i}}=\frac{f(h)}{f(d)}=f_1\left(\frac{h}{d}\right)=f_1(\alpha)$$

$$B=\frac{v}{v_d}=\frac{C\sqrt{Ri}}{C_d\sqrt{R_d i}}=\frac{f(h)}{f(d)}=f_2\left(\frac{h}{d}\right)=f_2(\alpha)$$

假设一系列的 α 值，就可以按上面两式求得一系列的 A 和 B 值，绘成图后就如图7.1.9 所示。

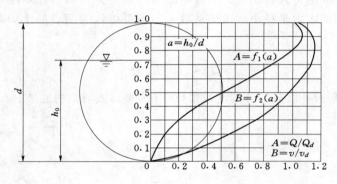

图 7.1.9

对于不满管流的流量 Q 和流速 v 可分别按下面两式计算。

$$Q=AQ_d=f_1(a,d,i) \tag{7.1.16}$$

$$v=Bv_d=f_2(a,d,i) \tag{7.1.17}$$

对于管材一定的管道，即粗糙系数 n 一定的管道，主要有下面四种类型的问题：

(1) 已知 d、α、i 求 Q；

(2) 已知 Q、d、i 求 h；

(3) 已知 Q、α、i 求 d；

(4) 已知 Q、d、α 求 i。

上面问题均可以由图 7.1.9、式 (7.1.16) 和式 (7.1.4) 联合求解。

从图 7.1.9 中可以看出：管中的最大流量和最大流速并不发生在满管流时，而是当 α ≈ 0.94，即 $h\approx0.94d$ 时，$A_{max}\approx1.08$，即 $Q_{max}\approx1.08Q_d$；当 $\alpha\approx0.81$，即 $h\approx0.81d$ 时，$B_{max}\approx1.14$，即 $v_{max}\approx1.14v_d$。其原因是由于圆管断面上部充水时，经过某个水深后，其湿周比过水断面面积增长得快，从而水力半径减小，因此导致流量和流速反而减小。

【例 7.1.1】 有一浆砌石护面的梯形断面渠道，边坡系数 $m=1.5$，粗糙系数 $n=$ 0.025，底坡 $i=0.0004$，底宽 $b=5\mathrm{m}$，渠中通过的流量 $Q=8\mathrm{m^3/s}$，该渠道的不冲允许流速 $v'=3\mathrm{m/s}$，试求：

(1) 渠道中的正常水深 h_0；

（2）该渠道是否满足不冲不淤条件。

解：（1）正常水深 h_0 计算。

1）试算法。假设一系列水深 h，根据 $K = CA\sqrt{R} = \dfrac{1}{n}AR^{2/3}$ 计算一系列 K 值，见表 7.1.5，然后根据表中数据绘制 $K\text{-}h$ 曲线，如图 7.1.10 所示。

表 7.1.5　　　　　　　　　　　　　正常水深 h_0 试算

h/m	A	χ	R	$K = \dfrac{1}{n}AR^{2/3}$
1.0	6.50	8.61	0.755	15.6
1.2	8.16	9.33	0.875	298.6
1.4	9.94	10.05	0.989	394.7
1.6	11.84	10.77	1.099	504.4

根据已知数据计算 $K_0 = \dfrac{Q}{\sqrt{i}} = \dfrac{8}{\sqrt{0.0004}} = 400$，再根据 $K_0 = 400$ 由图 7.1.10 查得 $h_0 \approx 1.38\mathrm{m}$。

2）图解法。利用附图 Ⅰ 进行图解。首先计算横坐标 $\dfrac{b^{2.67}}{nK} = \dfrac{5^{2.67}}{0.025 \times 400} = 7.35$，然后由横坐标轴 7.35 处向上作垂线交 $m=1.5$ 直线上于一点，再由此点向左引水平线与坐标轴的交点即为所求，这时 $h_0/b = 0.281$，所以 $h_0 = 0.281 \times 5 = 1.41(\mathrm{m})$。可见两种算法求得的正常水深非常一致，只差 3cm。

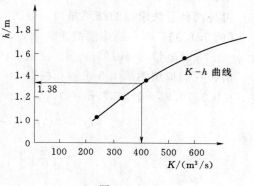

图 7.1.10

（2）不冲不淤检查。

$$A = bh_0 + mh_0^2 = 5 \times 1.38 + 1.5 \times 1.38^2 = 9.76(\mathrm{m}^2)$$

$$v = \frac{Q}{A} = \frac{8}{9.76} = 0.82(\mathrm{m/s})$$

因为　　　　　　　　　　　$0.5\mathrm{m/s} < v(=0.82\mathrm{m}) < 3\mathrm{m/s}$

所以该渠道满足不冲不淤条件。

【例 7.1.2】　欲修一混凝土护面的梯形断面渠道，已知底坡 $i = 0.001$，边坡系数 $m = 1.5$，粗糙系数 $n = 0.017$，要求渠道中通过的流量 $Q = 5\mathrm{m}^3/\mathrm{s}$，试按水力最佳断面设计此渠道的断面尺寸。

解：（1）正常求解。根据题意要求，此断面应该同时满足下面两式

$$\beta_m = b/h_0 = 2(\sqrt{1+m^2} - m) \tag{7.1.18}$$

$$Q = \frac{1}{n}AR^{2/3}i^{1/2} \tag{7.1.19}$$

由式（7.1.18）得

$$b=2(\sqrt{1+m^2}-m)h_0=2(\sqrt{1+1.5^2}-1.5)h_0=0.606h_0$$

即　$\beta=b/h_0=0.606$

将 $\beta=0.606$ 和 $m=1.5$ 代入式（7.1.9）得

$$h_0=\frac{(nQ)^{0.375}(\beta+2\sqrt{1+m^2})^{0.25}}{i^{0.1875}(\beta+m)^{0.625}}$$

$$=\frac{(0.017\times5)^{0.375}\times(0.606+2\sqrt{1+1.5^2})^{0.25}}{0.001^{0.1875}\times(0.606+1.5)^{0.625}}=1.303(\mathrm{m})$$

梯形断面渠道的底宽　$b=\beta h_0=0.606\times1.303=0.79(\mathrm{m})$

（2）用附图 I 求解。因为 $b/h_0=0.606$，所以 $h_0/b=1.65$。根据 $h_0/b=1.65$ 和 $m=1.5$ 由附图 I 查得 $b^{2.67}/nK=0.2$，从而

$$b^{2.67}=0.2nK=0.2n\frac{Q}{\sqrt{i}}=0.2\times0.017\frac{5}{\sqrt{0.001}}=0.5376$$

所以　　　　　　　　　　　$b=0.79\mathrm{m}$，$h_0=1.31\mathrm{m}$

可见两种方法求得的结果相当一致。

【例 7.1.3】 有一圆形混凝土污水管，已知底坡 $i=0.005$，粗糙系数 $n=0.014$，充满度 $\alpha=0.75$ 时流量 $Q=0.25\mathrm{m}^3/\mathrm{s}$，试求：该管的管径 d。

解： 我们拟用图 7.1.9 求解。根据 $\alpha=0.75$ 由图中查得 $A=Q/Q_d=0.91$，所以 $Q_d=Q/A=0.25/0.91=0.2747(\mathrm{m}^3/\mathrm{s})$，又

$$Q_d=\frac{1}{n}AR^{2/3}i^{1/2}=\frac{1}{n}\frac{\pi d^2}{4}\left(\frac{d}{4}\right)^{2/3}i^{1/2}$$

$$=\frac{1}{n}\frac{\pi}{4}\left(\frac{1}{4}\right)^{2/3}i^{1/2}d^{8/3}$$

$$=\frac{1}{0.014}\frac{\pi}{4}\left(\frac{1}{4}\right)^{2/3}\times\sqrt{0.005}d^{8/3}$$

$$=1.573d^{8/3}$$

即　　　　　　　　　　　$1.573d^{8/3}=0.2747$

所以　　　　　　　　　　$d=0.52（\mathrm{m}）$

7.2　明渠恒定流的流动类型及其判别

明渠均匀流是明渠恒定流中的较简单的情况，它的产生条件在 7.1 节中已阐明。在实际工程中，由于渠中有建筑物或者渠道底坡变化等，使得渠中常有非均匀流动产生，如图 7.2.1 所示，渠中有一坝，渠道末端有一跌坎。这时由于坝的壅水作用，坝上游的水位将抬高并影响一定范围，这个范围内的流动可视为非均匀渐变流，在其上游则可视为均匀流。在紧接坝址下游也常形成非均匀渐变流以及水跃、水跌等。

明渠非均匀流的特点是：①水深 h 和断面平均流速 v 沿程变化；②流线间互相不平行；③水力坡度线、测压管水头线和底坡线彼此间不平行。

非均匀流产生的原因是：①渠道的断面形状、尺寸、粗糙系数 n 及底坡 i 沿程有变化；②渠道较短或者渠中有水工建筑物存在。非均匀流又分为非均匀渐变流和非均匀急变

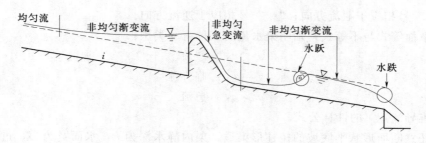

图 7.2.1

流两种情况。

研究非均匀流的主要任务是：①定性分析水面曲线；②定量计算水面曲线。为完成这两项任务，首先要介绍与此有关的内容：明渠水流的流动类型及其判别和明渠水流流动类型转变时的局部水力现象——水跌和水跃。本节将先讲述前一部分内容。

凭感性知识我们知道水流有缓流和急流。一般缓流中水深较大，流速较小，当在缓流渠道中有突出物时，如图 7.2.2（a）所示，将产生干扰波，这时干扰波既能向上游传播也能向下游传播。急流中水深较浅，流速较大，当在急流渠道中有突出物时，如图 7.2.2（b）所示，同样也产生干扰波，但这时的干扰波只能向下游传播。可以想象在缓流和急流之间一定还存在一种临界流，但此种流动型态不稳定。下面介绍定量判别三种流动类型的方法。

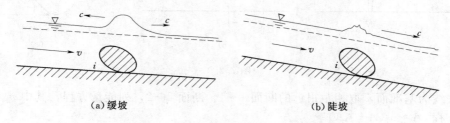

(a)缓坡   (b)陡坡

图 7.2.2

7.2.1 波速法

波速法是通过渠中的断面平均速度 v 与干扰波在静水中的传播速度 c 的对比确定流动类型的。

一般断面渠道静水中波速 c 的公式为

$$c = \sqrt{g\overline{h}} \qquad\qquad (7.2.1)$$
$$\overline{h} = A/B$$

式中：$\overline{h}$ 为渠中平均水深；A 为过水断面面积；B 为水面宽度。

矩形断面渠道静水中波速 c 公式为

$$c = \sqrt{gh} \qquad\qquad (7.2.2)$$

式中：h 为渠中水深。

在断面平均流速为 v 的水流中，干扰波的绝对传播速度为

$$c_{绝} = c \pm v = \sqrt{g\overline{h}} \pm v \qquad\qquad (7.2.3)$$

式中："+"号相应于顺流方向；"-"号相应于逆流方向。

根据下面等式与不等式判别明渠水流的三种流动类型：

$$
\left.\begin{array}{ll}
v < c, & \text{缓流} \\
v = c, & \text{临界流} \\
v > c, & \text{急流}
\end{array}\right\}
\tag{7.2.4}
$$

下面推导波速 c 的计算公式。

设有任意断面形状平底坡的棱柱形渠道，渠内静水深为 h，水面宽为 B，过流断面面积为 A，如用直立薄板向左拨动一下，使水面产生一个波高为 Δh 的微波，以速度 c 传播，波形所到之处，引起水体运动，渠内形成非恒定流〔图 7.2.3（a）〕。为将非恒定流化为恒定流问题处理，将参照系取在波顶上，该坐标系随波顶做匀速直线运动，因而仍为惯性坐标系。对于这个动坐标系而言，水是以波速 c 由左向右运动，渠内水流转化为恒定流〔图 7.2.3（b）〕。

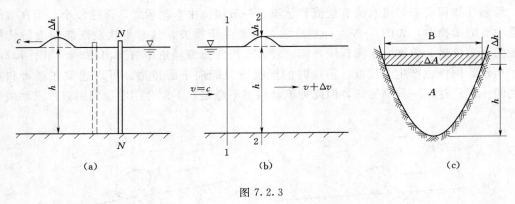

图 7.2.3

以底线为基准面，取相距很近的断面 1—1、断面 2—2，列能量方程，其中 $v_1 = c$，由连续性方程 $cA = v_2(A + \Delta A)$

得

$$
v_2 = \frac{cA}{A + \Delta A}
$$

于是

$$
h + \frac{c^2}{2g} = h + \Delta h + \frac{c^2}{2g}\left(\frac{A}{A + \Delta A}\right)^2
$$

展开 $(A + \Delta A)^2$ 忽略 ΔA^2，由图 7.2.3（c）可知 $\Delta h \approx \Delta A / B$，化简得

$$
c = \sqrt{g\frac{A}{B}\left(1 + \frac{2\Delta A}{A}\right)}
$$

微幅波条件下 $\Delta h \ll h$，$\dfrac{\Delta A}{A} \ll 1$，又令 $\overline{h} = A/B$，$\overline{h}$ 称为渠中平均水深，则上式近似简化为：

$$
c = \sqrt{g\overline{h}}
$$

对矩形断面渠道 $A = Bh$，于是得波速公式为

$$
c = \sqrt{gh}
$$

7.2.2 弗劳德（W. Froude）数法

注意到流速 v 与波速 c 之比正好就是 4.2 节中论述的弗劳德（W. Froude）数 Fr，即

$$\frac{v}{c}=\frac{v}{\sqrt{gh}}=Fr \qquad (7.2.5)$$

于是上述波速法的判别式（7.2.4）可以用式（7.2.6）来代替，实质上这两种方法是一回事。

$$\left.\begin{array}{ll} Fr<1, & 缓流 \\ Fr=1, & 临界流 \\ Fr>1, & 急流 \end{array}\right\} \qquad (7.2.6)$$

7.2.3 断面比能法

我们将单位重量流体相对于任意水平面 $O\!-\!O$ 的总能量表示为

$$E=Z_b+h+\frac{\alpha v^2}{2g}$$

并将单位重量水体相对于过水断面最低点处的水平面的总能量定义为断面比能，也称为断面单位能量，记为 E_s，见图 7.2.4（a），即

$$E_s=h+\frac{\alpha v^2}{2g}=h+\frac{\alpha Q^2}{2gA^2} \qquad (7.2.7)$$

式中：z_b 为过水断面最低点的高程；h 为水深，当底坡角 $\theta>6°$ 时用 $h\cos\theta$ 代替；A 为过水断面面积；Q 为断面平均流量；v 为断面平均流速；α 为动能校正系数。

从式（7.2.7）可以看出：当流量、断面形状及尺寸一定时，断面比能 E_s 只是水深 h 的函数，即 $E_s=f(h)$。我们称 $E_s=h+\alpha Q^2/2gA^2$ 为断面比能函数。由此函数画出的曲线称为断面比能曲线。下面分析此函数的变化规律。在式（7.2.7）中，当 $h\to 0$ 时 $A\to 0$，于是 $E_s\to\infty$，即断面比能函数曲线与水平轴渐近相切；当 $h\to\infty$ 时 $A\to\infty$，于是 $E_s\to h$，即断面比能曲线与过坐标原点的 $45°$ 线渐近相切。根据上面分析画出的断面比能曲线如图 7.2.4（b）所示。由图中可以看出：当水深在 0 与 h 之间变化时存在着一个水深 $h=h_{cr}$，相应于该水深的断面比能最小，即 $E_s=E_{smin}$。我们定义断面比能最小时的水深为临界水深，记为 h_{cr}。又

$$\frac{dE_s}{dh}=1-\frac{\alpha Q^2}{gA^3}\frac{dA}{dh}$$

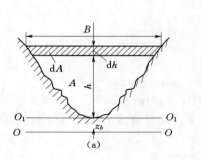
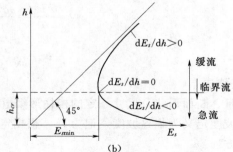

图 7.2.4

由图 7.2.4（a）可知，$dA=Bdh$，所以 $dA/dh=B$，于是上式变为

$$\frac{\mathrm{d}E_s}{\mathrm{d}h}=1-\frac{\alpha Q^2 B}{gA^3}=1-\frac{\alpha v^2}{g\left(\dfrac{A}{B}\right)}=1-\frac{\alpha v^2}{g\,\bar{h}}$$

因为 $\alpha v^2/g\,\bar{h}=Fr^2$，所以得

$$\frac{\mathrm{d}E_s}{\mathrm{d}h}=1-\frac{\alpha Q^2 B}{gA^3}=1-Fr^2 \tag{7.2.8}$$

从前面分析可知：缓流时 $Fr<1$，临界流时 $Fr=1$，急流时 $Fr>1$，于是用断面比能法判别流动类型的标准为

$$\left.\begin{array}{l} \mathrm{d}E_s/\mathrm{d}h>0,\ 缓流 \\ \mathrm{d}E_s/\mathrm{d}h=0,\ 临界流 \\ \mathrm{d}E_s/\mathrm{d}h<0,\ 急流 \end{array}\right\}$$

7.2.4 水深法

由图 7.2.4（b）可得用水深法判别流动类型的标准为

$$\left.\begin{array}{l} h>h_{cr},缓流 \\ h=h_{cr},临界流 \\ h<h_{cr},急流 \end{array}\right\}$$

水深法的关键是得先计算出渠道中的临界水深 h_{cr}。根据临界水深对应的断面比能最小，得

$$\frac{\mathrm{d}E_s}{\mathrm{d}h}=1-\frac{\alpha Q^2 B}{gA^3}=0$$

所以

$$\frac{A_{cr}^3}{B_{cr}}=\frac{\alpha Q^2}{g} \tag{7.2.9}$$

式中：A_{cr}、B_{cr} 为相应于临界水深 h_{cr} 时的过水断面面积和水面宽度。

式（7.2.9）称为临界方程。所以满足临界方程的水深就是临界水深。对于一般断面形状的渠道均可以通过试算法由式（7.2.9）求得临界水深 h_{cr}，求法见［例 7.2.1］。又矩形、梯形及圆形断面明渠中的临界水深可以用附图 Ⅱ 的图解曲线求解。对于矩形断面，$B_{cr}=b$，$A_{cr}=bh_{cr}$，令 $q=Q/b$ 为矩形断面渠道中的单宽流量。将这些代入临界方程式（7.2.9）中，得

$$\frac{b^3 h_{cr}^3}{b}=\frac{\alpha q^2 b^2}{g}$$

所以

$$h_{cr}=\sqrt[3]{\frac{\alpha q^2}{g}} \tag{7.2.10}$$

7.2.5 底坡法

在流量、断面形状及尺寸一定的棱柱形渠道中，均匀流水深 h_0 恰巧等于临界水深 h_{cr} 时的渠底坡度定义为临界坡度，记为 i_{cr}。根据定义，临界坡度 i_{cr} 应该由正常水深 h_0 满足的均匀流方程

$$Q=C_{cr}A_{cr}\sqrt{R_{cr}i_{cr}} \tag{7.2.11}$$

和 h_{cr} 满足的临界方程

$$\frac{A_{cr}^3}{B_{cr}}=\frac{\alpha Q^2}{g} \tag{7.2.12}$$

联解求得。由式（7.2.11）得

$$Q^2 = C_{cr}^2 A_{cr}^2 R_{cr} i_{cr} \tag{7.2.13}$$

由式（7.2.12）得

$$Q^2 = \frac{g}{\alpha} \frac{A_{cr}^3}{B_{cr}} \tag{7.2.14}$$

令式（7.2.13）等于式（7.2.14），则得

$$i_{cr} = \frac{g}{\alpha C_{cr}^2} \frac{\chi_{cr}}{B_{cr}} \tag{7.2.15}$$

对于 $B > 10h$ 的宽矩形断面渠道，$\chi_{cr} \approx B_{cr}$，所以：

$$i_{cr} = \frac{g}{\alpha C_{cr}^2} \tag{7.2.16}$$

上面两式中带脚标"cr"的各水力要素均对应临界水深 h_{cr}，因此在计算临界坡度 i_{cr} 之前应该先计算出 h_{cr} 值。当渠道实际的坡度小于某一流量下的临界坡度，即 $i < i_{cr}$，从而 $h_0 > h_{cr}$ 时，称此渠道坡度为缓坡，当 $i = i_{cr}$，从而 $h_0 = h_{cr}$ 时，此渠道的坡度称为临界坡度；当 $i > i_{cr}$，从而 $h_0 < h_{cr}$ 时，此渠道的坡度称为陡坡。对于某一渠道，底坡一定，当流量变化时相应的临界水深要变化，因而临界坡度也有变化，所以该渠道底坡的缓陡之称也将随之变化。

综上所述，得出底坡法判别流动类型的标准为

$$\left. \begin{array}{l} i < i_{cr}，从而 \ h_0 > h_{cr}，缓流 \\ i = i_{cr}，从而 \ h_0 = h_{cr}，临界流 \\ i > i_{cr}，从而 \ h_0 < h_{cr}，急流 \end{array} \right\}$$

【例 7.2.1】 有一浆砌块石护面的梯形断面渠道，边坡系数 $m = 1.5$，粗糙系数 $n = 0.025$，底坡 $i = 0.0004$，底宽 $b = 5\text{m}$，当渠中通过流量 $Q = 8\text{m}^3/\text{s}$ 时渠道中的正常水深 $h_0 = 1.40\text{m}$（见 ［例 7.1.1］），试用所学的方法判别该渠道中的流动类型。

解：（1）波速法。渠中的断面平均流速为

$$v = \frac{Q}{(bh_0 + mh_0^2)} = \frac{8}{(5 \times 1.4 + 1.5 \times 1.4^2)} = 0.80(\text{m/s})$$

渠中的波速为

$$c = \sqrt{g\bar{h}} = \sqrt{g\frac{A}{B}} = \sqrt{g\frac{bh_0 + mh_0^2}{b + 2mh_0}} = \sqrt{9.8 \times \frac{5 \times 1.4 + 1.5 \times 1.4^2}{5 + 2 \times 1.5 \times 1.4}} = 3.25(\text{m/s})$$

因为 $v < c$，所以是缓流。

（2）弗劳德数法。弗劳德数为：

$$Fr = \frac{v}{c} = \frac{0.8}{3.25} = 0.246$$

因为 $Fr < 1$，所以是缓流。

（3）断面比能法。断面比能随水深的变化为

$$\frac{\text{d}E_s}{\text{d}h} = 1 - Fr^2 = 1 - 0.246^2 = 0.939$$

因为 $\text{d}E_s/\text{d}h > 0$，所以为缓流。

（4）水深法。渠中均匀水深已知为 $h_0 = 1.40\text{m}$，而梯形断面渠道中的临界水深 h_{cr} 却需要用试算法或图解法求解。

1）试算法。临界方程为

$$\frac{A_{cr}^3}{B_{cr}} = \frac{\alpha Q^2}{g}$$

上式右端为已知量，所谓试算法就是假设一系列临界水深 h_{cr} 值，从中找出使上式左右两端相等的 h_{cr} 值即为所求。对于本题应用下面两式计算左端项即

$$A_{cr} = bh_{cr} + mh_{cr}^2$$
$$B_{cr} = b + 2mh_{cr}$$

假设 $h_{cr} = 0.3\text{m}$、0.5m、0.7m，计算结果见表 7.2.1。以 A_{cr}^3/B_{cr} 为横坐标轴，h_{cr} 为纵坐标轴，根据表中数据绘制 $h_{cr} - A_{cr}^3/B_{cr}$ 曲线，如图 7.2.5 所示。计算 $\alpha Q^2/g$，令动能校正系数 $\alpha = 1$，则 $\alpha Q^2/g = 1 \times 8^2/9.8 = 6.53$。在横坐标轴上取 $A_{cr}^3/B_{cr} = 6.53$ 点。由此向上作铅直线交 $h_{cr} - A_{cr}^3/B_{cr}$ 曲线于一点，此点的纵坐标读数 $h_{cr} = 0.61\text{m}$ 即为所求。

表 7.2.1　　　　　　　　　　[例 7.2.1] 计算法计算结果

h_{cr}	A_{cr}	A_{cr}^3	B_{cr}	A_{cr}^3/B_{cr}
0.3	1.635	4.371	5.900	0.741
0.5	2.875	23.76	6.500	3.655
0.7	4.235	75.96	7.100	10.70

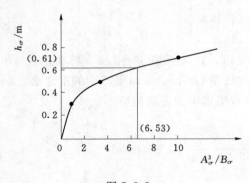

图 7.2.5

2）图解法。应用附图 Ⅱ 的图解曲线求解。图中横坐标为 $Q/b^{2.5}$ 或 $Q/d^{2.5}$（圆形断面），纵坐标为 h_{cr}/b 或 h_{cr}/d（圆形断面）以梯形断面渠道的边坡系数 m 为参数绘出了临界方程曲线族。本题为梯形断面渠道 $m = 1.5$，$Q/b^{2.5} = 8/5^{2.5} = 0.143$，由图中查得 $h_{cr}/b = 0.125$，所以 $h_{cr} = 0.125 \times 5 = 0.625$（m）。上面两种算法求得的结果只相差 1.5cm，这是由于绘图和查图而引起的误差。

因为 $h_0 > h_{cr}$，所以是缓流。

（5）底坡法。临界底坡公式为

$$i_{cr} = \frac{g}{\alpha C_{cr}^2} \frac{\chi_{cr}}{B_{cr}}$$

取式中动能校正系数 $\alpha = 1$，$h_{cr} = 0.61\text{m}$，其他水力要素计算如下：

$$A_{cr} = bh_{cr} + mh_{cr}^2 = 5 \times 0.61 + 1.5 \times 0.61^2 = 3.61(\text{m}^2)$$
$$\chi_{cr} = b_{cr} + 2h_{cr}\sqrt{1 + m^2} = 5 + 2 \times 0.61 \times \sqrt{1 + 1.5^2} = 7.20(\text{m})$$
$$R_{cr} = A_{cr}/\chi_{cr} = 0.5(\text{m})$$
$$B_{cr} = b + 2mh_{cr} = 5 + 2 \times 1.5 \times 0.61 = 6.83(\text{m})$$
$$C_{cr} = \frac{1}{n}R_{cr}^{1/6} = \frac{1}{0.025} \times 0.5^{1/6} = 35.64(\text{m}^{1/2}/\text{s})$$

所以
$$i_{cr} = \frac{9.81 \times 7.20}{1 \times 35.64^2 \times 6.83} = 0.0081$$

因为 $i < i_{cr}$，所以此渠道为缓坡渠道，当发生均匀流时为缓流。

7.3 水跌与水跃

7.3.1 水跌

由 7.2 节知道：缓坡渠道中的均匀流一定是缓流，陡坡渠道中的均匀流一定是急流。又由断面比能曲线图上看出：当水流由缓流向急流过渡时将经过临界流时的水深 h_{cr}。工程中经常遇到缓坡接陡坡的渠道，如图 7.3.1 所示。图 7.3.1（a）中前段渠道 $i_1 < i_{cr}$，后一段渠道 $i_2 > i_{cr}$，图 7.3.1（b）中缓坡渠道末端有一跌坎；可以将跌坎看作为 $i \rightarrow \infty$ 的陡坡渠道；图 7.3.1（c）是水库出口接一陡坡渠道，水库中的流动可以视为缓流。这样，根据前面的分析，当由缓流向急流过渡时一定经过临界水深 h_{cr}，且产生水面降落的局部水力现象，此现象称为水跌或跌水。水跌的位置就发生在缓坡渠段和陡坡渠段的交接断面处，此断面称为控制断面，因为只要渠中流量一定，此断面处的水深是唯一确定的 h_{cr} 值，这一点将在下节水面曲线的定性分析中详细阐述，控制断面是作为以后水面曲线分析和计算时的出发断面，也就是作为已知边界条件处理的。水跌上下游的渠道中都将产生水面沿程降落，形成非均匀流。

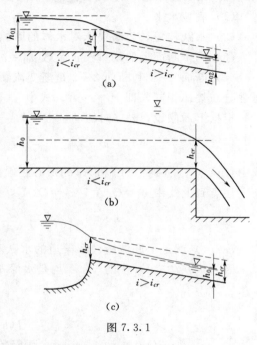

图 7.3.1

7.3.2 水跃

水利工程中经常遇到由急流向缓流过渡的情况，如图 7.3.2 所示的闸孔出流的下游，靠近闸门附近的流动是急流，而下游渠道中的流动是缓流，这时从急流向缓流过渡也经过临界水深 h_{cr}，但是根据 7.4 节对非均匀流水面曲线的分析可以知道，此时临界水深前后的水面不可能像水跌那样平顺衔接，而必然会发生不连续的水面衔接方式，因而有水面突然升高的局部水力现象，此现象称为水跃。溢流坝的下游也会发生类似的现象。

水跃由表面水滚和其下面的主流组成。表面水滚是若干具有水平轴的旋涡

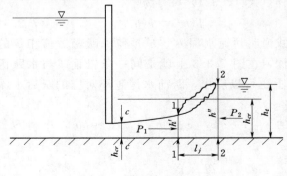

图 7.3.2

的集合体。由于旋涡的旋转、摩擦、冲击及其与主流之间的动量交换将上游急流的动能消除一部分，因此水跃有消能作用。

水跃前端和后端的断面分别称为跃前断面和跃后断面，其过水断面积记为 A_1 和 A_2，跃前断面和跃后断面的水深称为跃前水深和跃后水深，记为 h' 和 h''，跃后水深与跃前水深之差称为水跃高度，记为 a，$a = h'' - h'$；跃前断面与跃后断面之间的水平距离称为跃长，记为 l_j；跃前水深 h' 与跃后水深 h'' 称为彼此的共轭水深。

我们本节的主要任务就是建立共轭水深之间的关系。由于水跃中的能量损失尚不知道，因此将应用动量方程。取如图 7.3.2 所示的断面 1—1、断面 2—2 间水体为控制体。假设：

（1）底坡水平。

（2）水跃较短，忽略渠床对水体的摩擦力作用。

（3）两个断面上的动量校正系数 $\alpha_{01} = \alpha_{02} = 1$。

（4）断面 1—1 和断面 2—2 是渐变流断面，因此两断面上的动水压强分布规律与静水压强分布规律相同，即 $P = \gamma y_c A$，式中 y_c 是过水断面的形心在水面下的深度。

根据上面假设，x 方向的动量方程为

$$\gamma y_{c1} A_1 - \gamma y_{c2} A_2 = \frac{\gamma Q}{g}(v_2 - v_1)$$

式中：y_{c1}、y_{c2} 分别为 A_1 和 A_2 的形心在水面下的深度。

注意到上式中 $v_2 = Q/A_2$，$v_1 = Q/A_1$，移项整理后得

$$y_{c1} A_1 + \frac{Q^2}{gA_1} = y_{c2} A_2 + \frac{Q^2}{gA_2} \tag{7.3.1}$$

式（7.3.1）就是平底坡棱柱形渠道的水跃基本方程。

因为式（7.3.1）中的 y、A 均是水深 h 的函数，其余量均为常数，所以可写出下式：

$$y_c A + \frac{Q^2}{gA} = J(h) \tag{7.3.2}$$

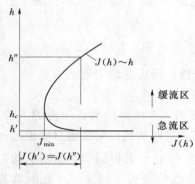

图 7.3.3

$J(h)$ 称为水跃函数，类似断面比能曲线可以画出水跃函数曲线，如图 7.3.3 所示。该曲线上对应水跃函数最小值的水深也是临界水深 h_{cr}；当 $h > h_{cr}$ 时，$J(h)$ 值随水深的增大而增大；当 $h < h_{cr}$ 时，$J(h)$ 值随水深增大而减小。

这样，式（7.3.1）可写为

$$J(h') = J(h'') \tag{7.3.3}$$

此式说明共轭水深 h'、h'' 是使水跃函数值相等的两个水深，在图 7.3.3 上就是同一条铅垂线与水跃函数曲线相交两点所对应的水深。同时从图上也可以看出，跃前水深越小对应的跃后水深越大。

对于矩形断面渠道，式（7.3.1）中的 $y_{c1} = h'/2$，$y_{c2} = h''/2$，$A_1 = bh'$，$A_2 = bh''$，$Q = bq$，q 为单宽流量，整理后得

$$\frac{\gamma h'^2}{2} - \frac{\gamma h''^2}{2} = \frac{\gamma q^2}{gh''} - \frac{\gamma q^2}{gh'}$$

$$\frac{h'^2 - h''^2}{2} = \frac{q^2}{gh''} - \frac{q^2}{gh'}$$

$$h'^2 h'' + h' h''^2 - \frac{2q^2}{g} = 0$$

此式是关于 h'、h'' 的一元二次方程，其解为

$$h' = \frac{h''}{2}\left(\sqrt{1 + \frac{8q^2}{gh''^3}} - 1\right) = \frac{h''}{2}\left(\sqrt{1 + 8Fr_2^2} - 1\right) \tag{7.3.4}$$

$$h'' = \frac{h'}{2}\left(\sqrt{1 + \frac{8q^2}{gh'^3}} - 1\right) = \frac{h'}{2}\left(\sqrt{1 + 8Fr_1^2} - 1\right) \tag{7.3.5}$$

式中：Fr_1、Fr_2 分别是跃前断面和跃后断面的弗劳德数，即 $Fr = \dfrac{v}{\sqrt{gh}}$。

式（7.3.4）和式（7.3.5）是求水跃共轭水深的基本关系式。从式可见：跃后水深愈大跃前水深越小；反之，跃后水深愈小跃前水深越大。

假设下游渠道的水深为 h_t，如图 7.3.4 所示的闸下收缩断面 $c-c$ 的水深为 h_c，h_c 的共轭水深为 h''_c，则根据 h_t 与 h''_c 的对比关系闸门下游可能会产生三种不同的水跃。

（1）当 $h_t < h''_c$ 时，产生远驱式水跃。这是因为跃后水深只能是 h_t，h_t 小要求的跃前水深就要大，这时只有水跃前驱，在收缩断面 $c-c$ 之后产生一段壅水曲线，当壅水深度与 h_t 共轭时才能产生水跃，如图 7.3.4 中的①所示。

（2）当 $h_t = h''_c$ 时，产生临界式水跃。因为这时 h_t 与 h_c 共轭，跃前断面就发生在收缩断面 $c-c$ 处，如图 7.3.4 中的②所示。

（3）当 $h_t > h''_c$ 时，产生淹没式水跃。这是因为跃后水深只能是 h_t，h_t 大要求的跃前水深就要小，但是跃前水深最小也只能是收缩断面水深 h_c，其结果是动水压力较大的下游水体将水跃压向闸门，使收缩断面 $c-c$ 被淹没，如图 7.3.4 中③所示。

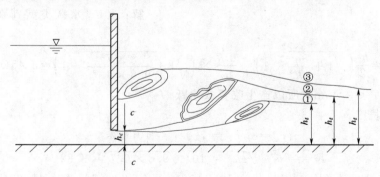

图 7.3.4

矩形断面水平底坡渠道中自由水跃的长度 l_j 一般是由下面的经验公式确定。

$$l_j = 10.8h'(Fr_1 - 1)^{0.93} \tag{7.3.6}$$

或 $$l_j = 6.9(h'' - h') \tag{7.3.7}$$

或 $$l_j = 6.1h'' \tag{7.3.8}$$

式（7.3.8）式只适用于 $4.5 < Fr_1 < 10$。

跃前断面与跃后断面单位重量水体的总机械能之差定义为水跃中消除的能量，记为 ΔE_j。假设跃前与跃后断面的水深和流速分别为 h'、v_1 和 h''、v_2，则

$$\Delta E_j = \left(h' + \frac{\alpha_1 v_1^2}{2g}\right) - \left(h'' + \frac{\alpha_2 v_2^2}{2g}\right) = \frac{(h''-h')^3}{4h'h''} \text{(m)} \tag{7.3.9}$$

水跃的消能功率为

$$N_j = 9.8Q\Delta E_j \text{(kW)} \tag{7.3.10}$$

我们将水跃中消除的能量与跃前断面单位重量水体的总机械能之比定义为水跃的消能系数，记为 K_j，则

$$K_j = \frac{\Delta E_j}{h' + \frac{\alpha_1 v_1^2}{2g}} (\%) \tag{7.3.11}$$

当 $4.5 < Fr_1 < 9.0$ 时，水跃稳定，消能效率也高，$K_j = 45\% \sim 70\%$，跃后水面也较平稳。

底坡等于 0 的非矩形断面渠道中的水跃共轭水深计算公式也可以从式 (7.3.1) 导出，这里就不赘述了。

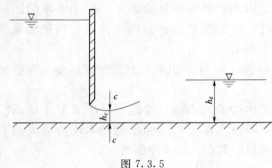

图 7.3.5

【例 7.3.1】　如图 7.3.5 所示为一在平底坡段上的平板闸门下出流，已知闸孔下泄的单宽流量 $q = 7.00\text{m}^2/\text{s}$，收缩断面 $c-c$ 处的水深 $h_c = 0.70\text{m}$，下游渠道中的水深 $h_t = 3.45\text{m}$，收缩断面下游渠道宽度 $b = 4\text{m}$，试求：（1）判别闸下游发生水跃的类型；（2）该水跃的长度；（3）该水跃的消能功率及消能系数。

解：（1）水跃类型判别。h_c 的共轭水深为

$$h_c'' = \frac{h_c}{2}\left(\sqrt{1 + \frac{8q^2}{gh_c^3}} - 1\right) = \frac{0.7}{2} \times \left(\sqrt{1 + \frac{8 \times 7^2}{9.8 \times 0.7^3}} - 1\right) = 3.45 \text{(m)}$$

因为 $h_t = h_c'' = 3.45\text{m}$，所以产生临界式水跃。

（2）水跃长度。

$$v_1 = q/h_c = 7/0.7 = 10 \text{(m/s)}$$

$$Fr_1 = v_1/\sqrt{gh_c} = 10/\sqrt{9.8 \times 0.7} = 3.82$$

$$l_j = 10.8h_c(Fr_1 - 1)^{0.93} = 10.8 \times 0.7 \times (3.82 - 1)^{0.93} = 19.83 \text{(m)}$$

或者　　　　　$l_j = 6.9(h'' - h') = 6.9 \times (3.45 - 0.7) = 18.98 \text{(m)}$

（3）水跃的消能功率及消能系数。水跃中消除的水头为

$$\Delta E_j = \frac{(h'' - h')^3}{4h'h''} = \frac{(3.45 - 0.7)^3}{4 \times 0.7 \times 3.45} = 2.15 \text{(m)}$$

水跃的消能功率为

$$N_j = 9.8Q\Delta E_j = 9.8qb\Delta E_j = 9.8 \times 7 \times 4 \times 2.15 = 589.96 \text{(kW)}$$

水跃的消能系数为

$$K_j = \frac{\Delta E_j}{h' + \dfrac{v_1^2}{2g}} = \frac{2.15}{0.7 + \dfrac{10^2}{19.6}} = 37.1\%$$

7.4 明渠渐变流的基本微分方程

为了定性分析水面曲线和定量计算水面曲线，需要先建立明渠恒定渐变流的基本微分方程。

如图 7.4.1 所示，在明渠恒定渐变流中取相距 ds 两过水断面 1—1 和断面 2—2，断面 1—1 到某起始断面的距离为 s。设断面 1—1 和断面 2—2 渠底到基准面 0—0 的距离、水深、断面平均流速分别为 z、h、v 和 $z + dz$、$h + dh$、$v + dv$。又设渠中流量为 Q，底坡为 i，两断面的动能校正系数 $\alpha_1 = \alpha_2 = \alpha = 1$，忽略两断面间的局部水头损失 dh_j，则 $dh_w = dh_f$。以 0—0 为基准面，写两个断面的能量方程，并注意到：

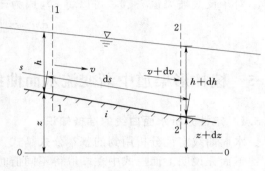

图 7.4.1

$dz = -ids$；用均匀流公式近似地计算非均匀流中的沿程水头损失，设均匀流的流量模数为 K，则 $dh_f = Q^2 ds / K^2$；忽略 $(v+dv)^2/2g$ 展开后的二阶微量 $(dv)^2/2g$，则得

$$z + h + \frac{v^2}{2g} = (z + dz) + (h + dh) + \frac{(v+dv)^2}{2g} + dh_f$$

$$= z - ids + h + dh + \frac{v^2 + 2v dv + (dv)^2}{2g} + \frac{Q^2}{K^2}ds$$

化简后得

$$d\left(h + \frac{v^2}{2g}\right) = \left(i - \frac{Q^2}{K^2}\right)ds$$

注意到 $E_s = h + v^2/2g$，最后得

$$\frac{dE_s}{ds} = i - \frac{Q^2}{K^2} \tag{7.4.1}$$

式 (7.4.1) 就是明渠恒定渐变流的基本微分方程。但是，为了定性分析水面曲线和定量计算水面曲线，还要将它变成水深 h 与距离 s 之间的函数关系。我们在 7.2 节中已得出式 (7.2.8)

$$\frac{dE_s}{dh} = 1 - \frac{\alpha Q^2 B}{g A^3} = 1 - Fr^2$$

由式 (7.2.8) 除以式 (7.4.1)，得

$$\frac{dh}{ds} = \frac{i - \dfrac{Q^2}{K^2}}{dE_s/dh} = \frac{i - \dfrac{Q^2}{K^2}}{1 - Fr^2} \tag{7.4.2}$$

式 (7.4.2) 是明渠恒定渐变流的基本微分方程的另一种表达形式。此式反映了明渠

水流水深的沿程变化规律。

式（7.4.2）是对正底坡渠道而言的。又知 $Q^2/K^2 = J_f$，J_f 为渠中的水力摩阻坡度。令 $\mathrm{d}E_s/\mathrm{d}h = E_s'$，$E_s'$ 是断面比能对水深的导数。于是式（7.4.2）又可以写成为

$$\frac{\mathrm{d}h}{\mathrm{d}s} = \frac{i - J_f}{E_s'} \tag{7.4.3}$$

对于平底坡渠道 $i = 0$，所以有

$$\frac{\mathrm{d}h}{\mathrm{d}s} = -\frac{J_f}{E_s'} \tag{7.4.4}$$

对于反底坡渠道 $i < 0$，可以将 i 写成为 $-|i|$，所以有

$$\frac{\mathrm{d}h}{\mathrm{d}s} = \frac{-|i| - J_f}{E_s'} \tag{7.4.5}$$

7.5 棱柱形渠道中渐变流水面曲线的定性分析

7.5.1 定性分析水面曲线的准备知识

水面曲线定性分析用到的基本公式是式（7.4.3）、式（7.4.4）及式（7.4.5）。

下面先说明上面三式中左端取得不同值时的几何意义：

$\mathrm{d}h/\mathrm{d}s > 0$ 时，水深沿程增加，产生雍水曲线。

$\mathrm{d}h/\mathrm{d}s < 0$ 时，水深沿程减小，产生降水曲线。

$\mathrm{d}h/\mathrm{d}s \to 0$ 时，水深趋于正常水深，即水面线与均匀流水面线渐近相切。

$\mathrm{d}h/\mathrm{d}s \to +\infty$ 时，水深突然增大，即渠中产生水跃。

$\mathrm{d}h/\mathrm{d}s \to -\infty$ 时，水深突然减小，即渠中产生水跌。

$\mathrm{d}h/\mathrm{d}s \to i$ 时，水面线与水平线渐近相切。

式（7.4.2）可以写成为

$$\mathrm{d}h/\mathrm{d}s = i(1 - K_0^2/K^2)/(1 - Fr^2) \tag{7.5.1}$$

式中 K_0 与 h_0 有关，K 与 h 有关，即左端分子与 i 及 h_0/h 有关；分母的正负号取决于 h_{cr}/h，$h_{cr}/h > 1$ 时为急流，$Fr > 1$，分母为负，$h_{cr}/h < 1$ 时为缓流，$Fr < 1$，分母为正，所以式（7.4.3）～式（7.4.5）可统一写成下面函数形式：

$$\frac{\mathrm{d}h}{\mathrm{d}s} = f\left(i, \frac{h_0}{h}, \frac{h_{cr}}{h}\right) \tag{7.5.2}$$

式（7.5.2）说明，对于一定底坡的棱柱形渠道中的恒定渐变流，其水深沿程的变化规律与正常水深 h_0 与水深 h 之比，临界水深 h_{cr} 与水深 h 之比有关。因此在具体分析水面曲线以前，需先将渠底以上的空间以 h_{cr} 的轨迹线 $K—K$ 和 h_0 的轨迹线 $N—N$ 分成 a、b、c 三个区。$N—N$ 线与 $K—K$ 线以上的区域为 a 区，$N—N$ 线与 $K—K$ 线之间的区域为 b 区，$N—N$ 线与 $K—K$ 线以下的区域为 c 区。

由 7.1 节可知，渠道底坡分正底坡、平底坡和反底坡三种。而正底坡渠道又包括缓坡、陡坡和临界坡。在缓坡和陡坡渠道中，正常水深和临界水深都存在，即 $N—N$ 线和 $K—K$ 线都存在，因此各有 a、b、c 三个区；在临界坡渠道中，因为正常水深与临界水深相等，即 $N—N$ 线与 $K—K$ 线重合，所以没有 b 区，只有 a、c 两个区。在平底坡和反底

坡渠道中，没有正常水深，即没有 N—N 线，只有 K—K 线。这时可以理解为 h_0 为无穷大，即 N—N 线位于无穷远处，相当于排除了 a 区，故只剩下 b、c 两个区。这样，五种底坡的渠道中共有 12 个区，如图 7.5.1 所示，每个区中有一条水面曲线，共有 12 条水面曲线类型。五种底坡中的水面曲线依次加脚标 1、2、3、0 以示区别，例如正底坡 a 区的水面曲线为 a_1，平底坡 b 区的水面曲线为 b_0，反底坡 c 区的水面曲线为 c' 等。

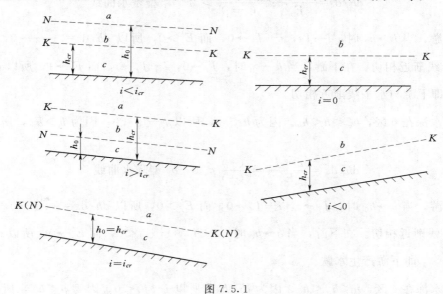

图 7.5.1

为了分析式（7.4.3）～式（7.4.5）右端的取值情况，先分析 J_f 和 E'_s（$E'_s = \mathrm{d}E_s/\mathrm{d}h$）随水深变化的取值情况：

均匀流（$h = h_0$）时，$i = J_f$，即 $i - J_f = 0$。

$h > h_0$ 时，$J_f = Q^2/K^2 = iK_0^2/K^2 < i$，即 $i - J_f > 0$。

$h < h_0$ 时，$J_f = Q^2/K^2 = iK_0^2/K^2 > i$，即 $i - J_f < 0$。

$h \to \infty$ 时，$J_f = (Q^2/K^2) \to 0$。

$h > h_{cr}$ 时，$E'_s > 0$。

$h < h_{cr}$ 时，$E'_s < 0$。

$h = h_{cr}$ 时，$E'_s = 0$。

$h \to \infty$ 时，$E'_s = 1 - \dfrac{\alpha Q^2 B}{g A^3}$。

7.5.2 定性分析水面曲线

定性分析水面曲线有两个任务：

（1）根据已知水深 h 在具体渠道中所处的区，确定水面曲线的类型，是壅水曲线还是降水曲线，是哪种类型的壅水曲线和哪种类型的降水曲线。

（2）指出 $\mathrm{d}h/\mathrm{d}s$ 的极限情况，即水面曲线两端的变化趋势。

下面对五种底坡，根据 h 与 h_0、h_{cr} 之间的关系，用式（7.4.3）～式（7.4.5）进行具体的水面曲线分析。正底坡用式（7.4.3），平底坡用式（7.4.4），反底坡用式

(7.4.5)。

1. $i<i_{cr}(h_0>h_{cr})$ 的情况

(1) 水深在 a 区，$h>h_0>h_{cr}$。因为 $h>h_0$，所以 $i-J_f>0$；因为 $h>h_{cr}$，所以 $E'_s>0$，由式（7.4.3）得

$$\mathrm{d}h/\mathrm{d}s=\frac{i-J_f}{E'_s}=\frac{(+)}{(+)}>0 \quad a_1 \text{ 型壅水曲线}$$

在上游，当 $h\to h_0$ 时，$i\to J_f$，$i-J_f\to 0$，而 $E'_s>0$，所以 $\mathrm{d}h/\mathrm{d}s=\dfrac{\to 0}{(+)}\to 0$，即上游与 $N-N$ 线渐近相切。在下游，当 $h\to\infty$ 时，$J_f\to 0$，$i-J_f\to i$，而 $E'_s\to 1$，所以 $\mathrm{d}h/\mathrm{d}s=\dfrac{\to i}{\to 1}\to i$，即下游与水平线渐近相切。

(2) 水深在 b 区，$h_{cr}<h<h_0$。因为 $h<h_0$，所以 $i-J_f<0$；因为 $h>h_{cr}$，所以 $E'_s>0$，故

$$\mathrm{d}h/\mathrm{d}s=\frac{i-J_f}{E'_s}=\frac{(-)}{(+)}<0 \quad b_1 \text{ 型降水曲线}$$

在上游，当 $h\to h_0$ 时，$J_f\to i$，$i-J_f\to 0$，而 $E'_s>0$，所以 $\mathrm{d}h/\mathrm{d}s=\dfrac{\to 0}{(+)}\to 0$，即上游与 $N-N$ 线渐近相切。在下游，当 $h\to h_{cr}$ 时，$i<J_f$，$i-J_f<0$，而 $E'_s\to 0$，所以 $\mathrm{d}h/\mathrm{d}s=\dfrac{(-)}{\to 0}\to -\infty$，即下游产生水跌。

(3) 水深在 c 区，$h<h_{cr}<h_0$。因为 $h<h_0$，所以 $i-J_f<0$；因为 $h<h_{cr}$，所以 $E'_s<0$，故

$$\mathrm{d}h/\mathrm{d}s=\frac{i-J_f}{E'_s}=\frac{(-)}{(-)}>0 \quad c_1 \text{ 型壅水曲线}$$

上游始于某一控制水深，如 h_c。在下游，当 $h\to h_{cr}$ 时，$i-J_f<0$，而 $E'_s\to(-0)$，

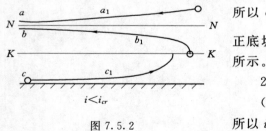

$i<i_{cr}$

图 7.5.2

所以 $\mathrm{d}h/\mathrm{d}s=\dfrac{(-)}{\to(-0)}\to\infty$，即下游产生水跌。正底坡 $i<i_{cr}$ 中时的三种水面曲线如图 7.5.2 所示。

2. $i>i_{cr}(h_{cr}>h_0)$ 情况

(1) 水深在 a 区，$h>h_{cr}>h_0$。因为 $h>h_0$，所以 $i-J_f>0$；因为 $h>h_{cr}$，所以 $E'_s>0$，故

$$\mathrm{d}h/\mathrm{d}s=\frac{i-J_f}{E'_s}=\frac{(+)}{(+)}>0 \quad a_2 \text{ 型壅水曲线}$$

在上游，当 $h\to h_{cr}$ 时，$i-J_f>0$；而 $E'_s\to 0$，所以 $\mathrm{d}h/\mathrm{d}s=\dfrac{(+)}{\to 0}\to\infty$，即上游产生水跃。在下游，当 $h\to\infty$ 时，$J_f\to 0$，$i-J_f\to i$，而 $E'_s\to 1$，所以 $\mathrm{d}h/\mathrm{d}s=\dfrac{\to i}{\to 1}\to i$，即下游与水平线渐近相切。

(2) 水深在 b 区，$h_{cr}>h>h_0$。因为 $h>h_0$，所以 $i-J_f>0$；因为 $h<h_{cr}$，所以 $E'_s<0$，故

$$\mathrm{d}h/\mathrm{d}s = \frac{i-J_f}{E'_s} = \frac{(+)}{(-)} < 0 \quad b_2 \text{ 型降水曲线}$$

在上游，当 $h \to h_{cr}$ 时，$i - J_f > 0$，而 $E'_s \to (-0)$，所以 $\mathrm{d}h/\mathrm{d}s = \dfrac{(+)}{\to(-0)} \to -\infty$，即上游产生水跌。在下游，当 $h \to h_0$ 时，$i - J_f \to 0$，而 $E'_s < 0$，所以 $\mathrm{d}h/\mathrm{d}s = \dfrac{\to 0}{(-)} \to 0$，即下游与 N—N 线渐近相切。

（3）水深在 c 区，$h_{cr} > h_0 > h$。因为 $h < h_0$，所以 $i - J_f < 0$；因为 $h < h_{cr}$，所以 $E'_s < 0$，故

$$\mathrm{d}h/\mathrm{d}s = \frac{i-J_f}{E'_s} = \frac{(-)}{(-)} > 0 \quad c_2 \text{ 型壅水曲线}$$

上游始于某一控制水深，如 h_c。在下游，当 $h \to h_0$ 时，$i - J_f \to 0$，而 $E'_s < 0$，所以 $\mathrm{d}h/\mathrm{d}s = \dfrac{\to 0}{(-)} \to 0$，即下游与 N—N 线渐近相切。

在底坡中 $i > i_{cr}$ 时的三种水面曲线如图 7.5.3 所示。

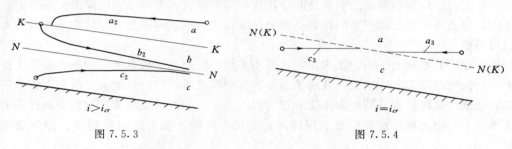

图 7.5.3   图 7.5.4

3. $i = i_{cr}$（$h_0 = h_{cr}$）的情况

在此种情况下，因为 $h_0 = h_{cr}$，N—N 线与 K—K 线重合，即没有 b 区，只有 a 区和 c 区，也就只有 a_3 型和 c_3 型水面曲线。又由于 $i = i_{cr}$ 介于 $i < i_{cr}$ 和 $i > i_{cr}$ 之间，所以 a_3 型曲线的变化规律介于 a_1 和 a_2 之间，c_3 型曲线的变化规律介于 c_1 和 c_2 之间，即 a_3 和 c_3 曲线只能是两条水平线，如图 7.5.4 所示。

4. $i = 0$ 的情况

对于 $i = 0$ 的情况，不存在正常水深 h_0，即没有 N—N 线，也就不存在 a 区，只存在 b 区和 c 区，故只能产生 b_0 和 c_0 水面曲线。水面曲线分析用式（7.4.4），分析方法同前，故省略。b_0 型水面曲线是降水曲线，上游与水平线渐近相切，下游水深 h 接近 h_{cr} 时产生水跌。c_0 型曲线是壅水曲线，上游始于某一控制水深，如 h_c。下游水深 h 接近 h_{cr} 时产生水跃。b_0 和 c_0 曲线如图 7.5.5 所示。

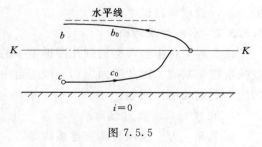

图 7.5.5

5. $i < 0$ 的情况

对于 $i < 0$ 的情况，同样不存在正常水深 h_0，即没有 N—N 线，也就不存在 a 区，只

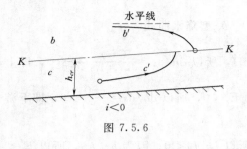

图 7.5.6

有 b 区和 c 区，故只能产生 b' 和 c' 水面曲线。水面曲线分析用式（7.4.5），分析方法同前，故省略。b' 型水面曲线也是降水曲线，上游与水平线渐近相切，下游水深 h 接近 h_{cr} 时产生水跃。c' 型水面曲线也是壅水曲线，上游始于某一控制水深，如 h_c。下游水深 h 接近 h_{cr} 时产生水跃。b' 和 c' 曲线如图 7.5.6 所示。

7.5.3 棱柱形渠道中水面曲线的变化规律与衔接

7.5.3.1 水面曲线的变化规律

上面从数学分析角度，得到了 12 种类型的水面曲线。为了加深对水面曲线变化规律的理解，下面将从能量角度总结其变化规律。

不论缓坡渠道还是陡坡渠道，a、c 区的水面曲线恒为壅水曲线，b 区的水面曲线恒为降水曲线。这是水面曲线的基本变化规律。下面将以缓坡渠道为例作分析。

我们知道，水流具有的机械能是由位能、压能和动能组成，当以横断面最低点的水平面为基准面时，压能与动能之和就是断面比能；均匀流时，渠底高程的降低值等于沿程水头损失，即流动中的能量损失与渠底高程降低所提供的位能相平衡，因此均匀流时断面比能沿程不变。

由于 a 区的水深大于均匀流水深，流速小于均匀流流速，所以流动中的沿程水头损失小于均匀流时的沿程水头损失，其结果是渠底高程降低所提供的位能大于沿程水头损失所耗损的能量。这将使水流的断面比能沿程增加。又 a 区的流动是缓流，根据断面比能的变化规律——断面比能增加对应着水深增加，于是 a 区的水深将沿流程增加，即形成壅水曲线。

因为在缓坡渠道中 b 区和 c 区的水深均小于均匀流水深，流速大于均匀流流速，所以流动中的沿程水头损失大于均匀流时的沿程水头损失，也即大于由渠底高程降低所提供的位能。故沿流程水流的断面比能将减小。又 b 区是缓流，缓流中的断面比能随水深减小而减小，于是 b 区的水深沿程减小，即形成降水曲线。而 c 区是急流，急流中的断面比能随水深增加而减小，于是 c 区的水深沿流程增加，即形成壅水曲线。对陡坡渠道也可作类似的分析，请读者自试之。

7.5.3.2 水面曲线的衔接

在实际工程中经常会遇到几段渠道中的水面曲线衔接的问题。其中两段渠道中水面曲线的衔接是基础。因此下面应用一段渠道中水面曲线的变化规律来分析两底坡不同渠道中的水面曲线的衔接问题。

1. 由缓流向急流过渡时产生水跌

图 7.5.7 为一缓坡与陡坡连接的渠道。根据前述，由于渠道底坡的变化一定会产生非均匀流，且长渠道干扰的远端一定是均匀流。这样，由上渠的均匀流水深 h_{01} 过渡到下渠的均匀流水深 h_{02} 水面曲线总的变化趋势是降水。上渠中的水深从等于 h_{01} 逐渐变为小于 h_{01}，形成降水曲线。问题的关键是两渠的连接断面 M—M 处的水深为多少。下面我们用试探法来回答这一问题。假设在断面 M—M 处水面衔接于 A 点或 B 点。当在 A 点衔接

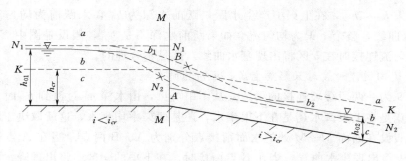

图 7.5.7

时，上渠的 c 区将出现一段降水曲线，根据前述 c 区只能壅水，故在 A 点衔接是不合理的。又当在 B 点衔接时，下渠的 a 区将出现一段降水曲线，又据前述 a 区只能壅水，故在 B 点衔接也是不合理的。只有当断面 $M—M$ 的水深 $h=h_{cr}$ 时才是唯一正确的。这时上渠中的水深由 h_{01} 渐降到临界水深 h_{cr}，整个降水范围在 b 区，这是合理的。与此同时下渠中的水深由 h_{cr} 逐渐降到 h_{02}，整个降水范围也在 b 区，这也是合理的。这样，上渠中将形成 b_1 降水曲线，下渠中将形成 b_2 降水曲线。水流由缓流过渡到急流且在断面 $M—M$ 处水深为 h_{cr}，这正是水跌的定义。

2. 由急流向缓流过渡时产生水跃

图 7.5.8 为一陡坡与缓坡连接的渠道。由于渠道有底坡的变化将产生非均匀流，且长渠道中底坡变化的远端应为均匀流。这样由上渠的均匀流水深 h_{01} 过渡到下渠的均匀流水深 h_{02} 时，水面曲线变化总的趋势是壅水，而且由急流向缓流过渡还要产生水跃。问题是在上渠中壅水还是在下渠中壅水。这取决于水跃发生的位置，而水跃发生的位置又取决于 h_{01} 的共轭水深 h''_{01} 与 h_{02} 之间的对比关系。

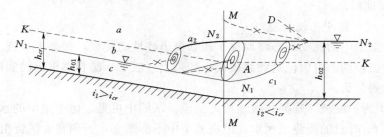

图 7.5.8

（1）如果 $h''_{01}=h_{02}$，则水跃就发生在断面 $M—M$ 处，上、下渠中均为均匀流。如果不是这样，假设在断面 $M—M$ 处两渠水面的衔接点是图中的 A 点或 B 点，则在 A 点衔接时，在上渠的 b 区中将出现壅水曲线，在 B 点衔接时，在下渠的 a 区中将出现降水曲线，这些都是违背水面曲线变化规律的。因而这样的衔接方式是不存在的。

（2）如果 $h''_{01}>h_{02}$，在下渠的 c 区将产生远驱式水跃，水跃前有一 c_1 壅水曲线，跃后断面的水深为 h_{02}，其后为均匀流，整个上渠为均匀流。如果跃后断面的水深不是 h_{02} 而为图中 C 点或 D 点的水深，则与下游均匀流连接时将在 b 区出现壅水曲线或 a 区出现降水曲线，这些是不合理的。

（3）如果 $h''_{01} < h_{02}$，在上渠中产生水跃，跃前水深为 h_{01}，水跃前为均匀流，水跃后有一 a_2 壅水曲线，整个下渠为均匀流。如果跃前水深不是 h_{01}，假设是图中 E 点的水深，则与上游均匀流连接时在 b 区将出现壅水曲线，这是不合理的。

3. 由缓流向缓流过渡时只影响上游，下游为均匀流。

图 7.5.9 为一两段缓坡连接的渠道。从图中可见，由水深 h_{01} 过渡到 h_{02} 时总的趋势是壅水。但究竟是在上渠壅水还是在下渠壅水，还是两渠中均壅水，这就取决于断面 $M—M$ 处的水深。假设在断面 $M—M$ 处的水面衔接点分别为 A、B 两点。当在 A 点衔接时，在下渠的 b 区中将出现壅水曲线，当在 B 点衔接时，在下渠的 a 区中将出现降水曲线，这些都是不合理的。因此断面 $M—M$ 的水深只能是 h_{02}，上渠中产生 a_1 壅水曲线，下渠中为均匀流。

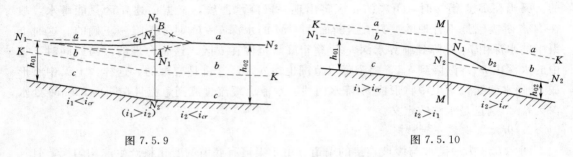

图 7.5.9　　　　　　　　　　　图 7.5.10

4. 由急流向急流过渡时只影响下游，上游为均匀流

图 7.5.10 为一两陡坡连接的渠道。从图中可见，由上渠的水深 h_{01} 过渡到下渠的水深 h_{02} 时总的趋势是降水，但水面在上渠中不能降落，否则将在 c 区出现降水曲线，这是不可能的。上渠中只能是均匀流。这样断面 $M—M$ 的水深是 h_{01}。对于下渠，h_{01} 在 b 区，因此产生 b_2 降水曲线。

5. 临界底坡渠道中的流动型态

临界底坡渠道中的流动型态将取决于相邻渠道底坡的陡缓，如果上（或下）游相邻渠道的底坡是缓坡，则为由缓流过渡到缓流，如果上（或下）游相邻渠道的底坡是陡坡，则为由急流过渡到急流。

图 7.5.11 为一陡坡与临界底坡连接的渠道。从图中可见，由上渠中的水深 h_{01} 过渡到下渠中的水深 h_{02} 时总的趋势是壅水，但在上渠中不能壅水，否则在 b 区将出现壅水曲线，这是不合理的。上渠中只能是均匀流。这样，断面 $M—M$ 的水深是 h_{01}。对于下渠，水深 h_{01} 在 c 区，因此在下渠中产生 c_3 壅水曲线。其他（三种）衔接情况的分析与此相似。

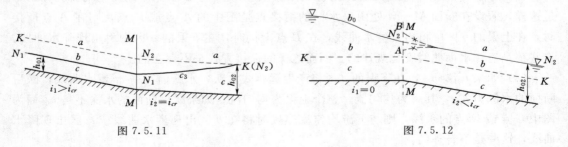

图 7.5.11　　　　　　　　　　　图 7.5.12

6. 平底坡和反底坡渠道可视为缓坡渠道，水库中的流动可视为缓流

图 7.5.12 为一平底坡与缓坡连接的渠道。当上渠中的水深大于临界水深时，上渠中只能发生 b_0 降水曲线，且在断面 M—M 的衔接水深只能是 h_{02}，下渠中为均匀流。如果在断面 M—M 处水面的衔接点是图中的 A 点或 B 点，则在下渠的 b 区中将出现壅水曲线或在 a 区中出现降水曲线，这是不合理的。反底坡渠道时的分析与此类似，故从略。

7.5.4　定性分析水面曲线步骤

（1）求正常水深 h_0 和临界水深 h_{cr}，然后将渠道纵断面分区。注意：正底坡渠道中底坡 i 大正常水深 h_0 小，平底坡和反底坡渠道中无正常水深；临界水深 h_{cr} 与底坡 i 无关，随流量增大而增大。

（2）确定控制水深。跌坎处及由缓坡向陡坡转折处的水深为临界水深 h_{cr}。闸坝上游断面的水深由闸孔出流公式和堰流公式确定，见第 8 章。闸坝下游是收缩断面水深 h_c，确定方法见 9.2 节。注意：急流的控制水深在上游，缓流的控制水深在下游。图 7.5.2～图 7.5.6 中每条水面曲线上的圆圈"°"表示控制水深，箭头方向表示非均匀流影响的方向，也是水面曲线定量计算的方向。

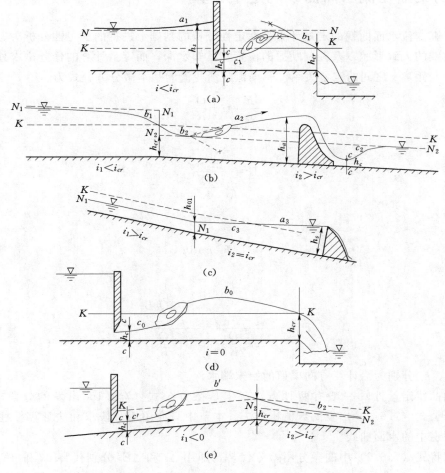

图 7.5.13

207

（3）由控制水深所处的区确定水面曲线的类型，由水面曲线变化规律确定水面曲线的变化趋势。

【例 7.5.1】 试定性画出如图 7.5.13 所示的棱柱形长渠道中的水面曲线。

解： 解题步骤如下。

（1）首先画出各渠道的 N—N 线和 K—K 线分区。

（2）找出各渠道的所有控制水深，如 h_{cr}、h_c、h_s，图 7.5.13（c）中的 h_{01} 也可以视为控制水深，图中的控制水深均标以圆圈"。"，又长渠道干扰的远端为正常水深，图中标以倒三角形"▽"表示。这样，根据两已知水深连线所在的区就可以确定线型，再注意由急流向缓流过渡要形成水跃，由缓流向急流过渡要产生水跌，这样，就可以画出全渠道中的水面曲线。

（3）图中虚线画叉"×"是表示不可能出现的连接，否则将在 a 区出现降水，b 区出现壅水。

7.6 明渠渐变流水面曲线的定量计算

明渠渐变流水面曲线的定量计算是在定性分析的基础上进行的。定性分析决定了各渠段水面曲线的大致形状以及控制断面的位置和已知水深，而定量计算的任务是求具体的渠中水深 h 与距离 s 之间的定量关系。明渠恒定渐变流的基本微分方程式为

$$\frac{\mathrm{d}E_s}{\mathrm{d}s} = i - \frac{Q^2}{K^2}$$

或者

$$\mathrm{d}s = \frac{\mathrm{d}E_s}{i - \dfrac{Q^2}{K^2}} \tag{7.6.1}$$

由积分式（7.4.2）得

$$s = \int_{h_s}^{h_e} F(h)\,\mathrm{d}h \tag{7.6.2}$$

其中：

$$F(h) = \frac{1 - Fr^2}{i - \dfrac{Q^2}{K^2}} = \frac{1 - \dfrac{\alpha Q^2 B}{g A^3}}{i - \dfrac{Q^2}{K^2}} \tag{7.6.3}$$

式中：h_s、h_e 分别为沿计算方向渠道的始末端水深。

水面曲线定量计算一般有两种方法：①从微分公式（7.6.1）出发的分段求和法；②从积分公式（7.6.2）出发的数值积分法。本节中只介绍用分段求和法计算棱柱形和非棱柱形渠道中的水面曲线。

我们将式（7.6.1）中的微分用差分代替，即用 Δs 和 ΔE_s 分别代替 $\mathrm{d}s$ 和 $\mathrm{d}E_s$，并注意到 $E_s = h + v^2/2g$，$Q^2/K^2 = J$，J 是水力坡度，用微段内的平均水力坡度 $\overline{J}_f$ 代替，于是

式（7.6.1）的差分形式为

$$\Delta s = \frac{\Delta E_s}{i - \overline{J}_f} = \frac{E_{sd} - E_{su}}{i - \overline{J}_f} = \frac{\left(h_d + \frac{v_d^2}{2g}\right) - \left(h_u + \frac{v_u^2}{2g}\right)}{i - \overline{J}_f} \tag{7.6.4}$$

其中

$$\overline{J}_f = \frac{Q^2}{\overline{K}^2} = \frac{Q^2}{\overline{A}^2 \, \overline{C}^2 \, \overline{R}} = \frac{\overline{v}^2}{\overline{C}^2 \, \overline{R}} \tag{7.6.5}$$

式中：u、d 分别为微段 Δs 上游、下游断面的水力要素，如图 7.6.1 所示；$\overline{K}$、$\overline{A}$、$\overline{C}$、$\overline{R}$ 及 $\overline{v}$ 分别为相应于微段平均水深 $\overline{h} = (h_u + h_d)/2$ 的各水方要素。

对于非棱形渠道，因为 $\overline{h}$ 失去代表性的作用，所以

$$\overline{J}_f = \frac{1}{2}(J_{fu} + J_{fd}) \tag{7.6.6}$$

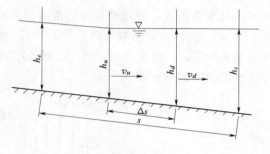

图 7.6.1

式中：J_{fu}、J_{fd} 分别为微段 Δs 上下游断面的摩阻坡度。

当然，棱柱形渠道的 $\overline{J}_f$ 也可以用式（7.6.6）计算。

既然式（7.6.4）是对微段 Δs 而言的，因此在计算之前就应该根据对计算精度的要求将整个渠道分成为若干个微小流段，在每一个流段上应用此式求解。然后将各段的计算结果累加起来，就可以得到整个渠道的水面曲线 $s = f(h)$。这也就是所谓分段求和法。下面对棱柱形渠道和非棱柱形渠道分别介绍分段求和法的具体解法。

7.6.1 棱柱形渠道的水面曲线计算

在计算之前先定性分析水面曲线，确定水面曲线的类型和已知的边界水深 h_s，从而也就知道了水深的变化范围和计算的起始断面和计算方向。假设图 7.6.1 中的水面曲线是 a_1 型壅水曲线，则下游断面（闸坝前断面）水深 h_s 已知。计算时就由此断面开始向上游进行。对于第一个微段，首先令 $h_d = h_s$，其次假设微段上游断面的水深 h_u，计算微段的平均水深 $\overline{h} = (h_u + h_d)/2$ 及相应的 $\overline{v}$、$\overline{C}$、$\overline{R}$。利用式（7.6.5）计算出 $\overline{J}_f$，最后用式（7.6.4）算出 Δs，第一微段到此结束；对于第二微段，第一微段的 h_u 就是第二微段的 h_d，重复前面的步骤就可以算出第二微段的 Δs。依此类推，直到接近且大于正常水深为止。当求固定距离处的水深时，可以从上面计算的结果中内插求得。

7.6.2 非棱柱形渠道的水面曲线计算

对于非棱柱形渠道，如溢洪道陡槽中的收缩段和扩散段，其过水断面面积随水深和距离而变化，即 $A = f(h, s)$，因此在微段计算中只假设水深就不够了，同时还要先划分好微段距离。这时对于每个微段都要采用试算法，其步骤如下。

（1）根据与非棱柱形渠道相接的棱柱形渠道中水面曲线的分析，先找出控制断面或计算起始断面的水深 h_s。

（2）将非棱柱形渠道分成若干个微段 Δs。

（3）如果令 $h_u = h_s$（意味是急流，否则令 $h_d = h_s$），计算 A_u、v_u、χ_u、R_u、C_u 及 J_{fu}。

（4）根据已知的 Δs 和假设的水深 h_d 计算 A_d、v_d、χ_d、R_d、C_d 及 J_{fd}。

（5）根据式（7.6.6）计算 J_f，根据式（7.6.4）计算 Δs，如果算出的 Δs 与已知的 Δs 不相等，需从新假设 h_d，直到算出的 Δs 与已知的 Δs 相等为止。然后将此微段的 h_d 作为下一微段的 h_u，重复步骤（3）～（5），依此类推，逐段计算。

【例 7.6.1】 如图 7.6.2 所示，为一水库正堰式溢洪道，其设计流量 $Q=300\mathrm{m^3/s}$，水流由宽顶堰流入，经过渐变段后由陡槽末端挑出。整个溢洪道均为混凝土矩形断面，粗糙系数 $n=0.014$。宽顶堰处的底坡 $i_0=0$，渐变段长度 $s_1=20\mathrm{m}$，始端底宽 $b_1=20\mathrm{m}$，末端底宽 $b_5=15\mathrm{m}$，底坡 $i_1=0.15$。陡槽长度 $s_2=100\mathrm{m}$，底坡 $i_2=0.20$，试用分段求和法计算全溢洪道中的水面曲线。

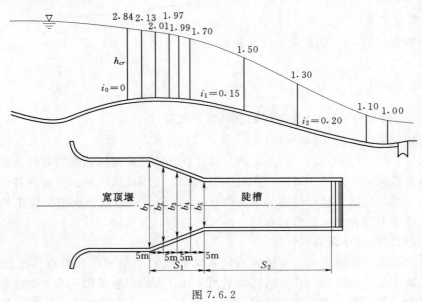

图 7.6.2

解：（1）渐变段中的水面曲线计算。由于渐变段和陡槽均为陡坡，所以由宽顶堰进入渐变段处的水深为临界水深 h_{cr}，水面曲线计算由此处开始向下游进行。应用的公式为

$$\Delta s=\frac{E_{sd}-E_{su}}{i-\overline{J}_f}$$

而

$$J=\frac{v^2}{C^2R}=\frac{n^2v^2}{R^{4/3}}$$

$$\overline{J}_f=\frac{1}{2}(J_{fd}+J_{fu})$$

将渐变段分成四段，各段长度均为 5m，相应的底宽分别为 20m，18.75m，17.5m，16.25m 及 15m。

第一微段计算，这时 $h_1=h_{cr}$，$b_1=20\mathrm{m}$，单宽流量

$$q=Q/b_1=300/20=15(\mathrm{m^2/s})$$

$$h_{cr}=\sqrt[3]{q^2/g}=\sqrt[3]{15^2/9.8}=2.84(\mathrm{m})$$

$$v_1=q/h_1=15/2.84=5.28(\mathrm{m/s})$$

$$E_{s1}=h_1+v_1^2/2g=2.84+5.28^2/19.6=4.26(\mathrm{m})$$

$$A_1 = b_1 h_1 = 20 \times 2.84 = 56.8 (\text{m}^2)$$

$$\chi_1 = b_1 + 2h_1 = 20 + 2 \times 2.84 = 25.68 (\text{m}^2)$$

$$R_1 = A_1/\chi_1 = 56.8/25.68 = 2.21 (\text{m})$$

$$J_{f1} = n^2 v_1^2/R_1^{4/3} = 0.014^2 \times 5.28^2/2.21^{4/3} = 0.0019$$

设 $h_2 = 2.15\text{m}$，则

$$A_2 = b_2 h_2 = 18.75 \times 2.15 = 40.31 (\text{m}^2)$$

$$v = Q/A_2 = 300/40.31 = 7.44 (\text{m/s})$$

$$E_{s2} = h_2 + v_2^2/2g = 2.15 + 7.44^2/19.6 = 4.97 (\text{m})$$

$$\chi_2 = b_2 + 2h_2 = 18.75 + 2 \times 2.15 = 23.05 (\text{m})$$

$$R_2 = A_2/\chi_2 = 40.31/23.05 = 1.75 (\text{m})$$

$$J_{f2} = n^2 v_2^2/R_2^{4/3} = 0.014^2 \times 7.44^2/1.75^{4/3} = 0.00516$$

$$\overline{J}_f = (J_{f1} + J_{f2})/2 = (0.0019 + 0.00516)/2 = 0.00353$$

所以

$$\Delta s = \frac{E_{sd} - E_{su}}{i - \overline{J}_f} = \frac{4.97 - 4.26}{0.15 - 0.00353} = 4.85 \neq 5$$

又设 $h_2 = 2.13\text{m}$，则 $A_2 = 39.94\text{m}^2$，$v_2 = 7.51\text{m/s}$，$E_{s2} = 5.00\text{m}$，$\chi_2 = 23.01\text{m}$，$R_2 = 1.74\text{m}$，$J_{f2} = 0.00531$，$\overline{J}_f = 0.00360$。

所以

$$\Delta s = \frac{5.00 - 4.26}{0.15 - 0.0036} = 5.05 \approx 5$$

第一微段计算结束，将 $h = 2.13\text{m}$ 作为第二微段的 h_1，依次计算下去，见表 7.6.1。最后得各断面水深分别为 2.84m、2.13m、2.01m、1.97m 及 1.99m。

表 7.6.1   **非棱柱形渠道水面线计算**

断面	底宽 b /m	水深 h /m	面积 A /m²	流速 v /(m/s)	断面比能 E_s /m	湿周 χ /m	水力半径 R /m	水力坡度 J_f	平均水力坡度 $\overline{J}_f$	计算距离 Δs /m
1—1	20.00	2.84	56.80	5.28	4.26	25.68	2.21	0.00190		
2—2	18.75	2.15	40.31	7.44	4.97	23.05	1.75	0.00516	0.00353	4.85
		2.13	39.94	7.51	5.00	23.01	1.74	0.00531	0.00360	5.05≈5
3—3	17.50	2.00	35.00	8.57	5.74	21.50	1.63	0.00751	0.00641	5.15
		2.01	35.18	8.53	5.72	21.52	1.63	0.00744	0.00638	5.01≈5
4—4	16.25	1.98	32.18	9.32	6.41	20.21	1.59	0.00918	0.00778	4.85
		1.97	32.07	9.35	6.43	20.19	1.59	0.00923	0.00781	4.99≈5
5—5	15.00	2.00	30.00	10.00	7.10	19.00	1.58	0.01070	0.00997	4.97
		1.99	29.85	10.05	7.14	18.98	1.57	0.01090	0.01007	5.07≈5

（2）陡槽中的水面曲线计算。采用水深法判别底坡的陡缓。

$$q = Q/b = 300/15 = 20 (\text{m}^2/\text{s})$$

$$h_{cr} = \sqrt[3]{q^2/g} = \sqrt[3]{20^2/9.8} = 3.44 (\text{m})$$

此题不能用图解法求正常水深，因为超出了图中的数据范围，只能采用试算法。

$$K = Q/\sqrt{i} = 300/\sqrt{0.20} = 671(\text{m}^3/\text{s})$$

设

$$h_0 = 0.79\text{m}$$

则

$$A = 0.79 \times 15 = 11.85(\text{m}^2)$$

$$\chi = 15 + 2 \times 0.79 = 16.58(\text{m})$$

$$R = 11.85/16.58 = 0.698(\text{m})$$

$$K = AR^{2/3}/n = 11.85 \times 0.698^{2/3}/0.014 = 666(\text{m}^3/\text{s})$$

接近于 671，故取 $h_0 = 0.79\text{m}$。因为 $h_0 < h_{cr}$，所以为陡坡渠道。又知上游端水深为 $h_2 = 1.99\text{m}$，大于 h_0 小于 h_{cr} 在 b 区，因此产生 b_2 降水曲线。

陡槽中的水面曲线计算见表 7.6.2。

表 7.6.2 棱柱形渠道水面曲线计算

断面	水深 h /m	面积 A /m²	流速 v /(m/s)	断面比能 E_s /m	断面比能差 ΔE_s /m	湿周 χ /m	水力半径 R /m	水力坡度 J_f	平均水力坡度 $\bar{J}_f$	微段距离 Δs /m	至 1—1 断面的距离 s/m
1—1	1.99	29.85	10.05	7.143		18.98	1.576	0.0108			0.00
2—2	1.80	27.00	11.11	8.098	0.955	18.60	1.452	0.0147	0.01275	5.10	5.10
3—3	1.70	25.50	11.76	8.756	0.658	18.40	1.386	0.0175	0.01610	3.58	8.63
4—4	1.50	22.50	13.33	10.566	1.810	18.00	1.3250	0.0259	0.02170	10.15	18.83
5—5	1.30	19.50	15.38	13.369	2.803	17.60	1.108	0.0404	0.03315	16.80	35.63
6—6	1.10	16.50	18.18	17.963	4.594	17.20	0.959	0.0685	0.05445	31.56	67.19
7—7	1.00	15.00	20.00	21.408	3.445	17.00	0.882	0.0927	0.08060	28.85	96.04
8—8	0.99	14.85	20.20	21.813	0.405	16.98	0.875	0.0956	0.09413	3.83	99.87

7.7 天然河道的水面曲线计算

在很多情况下需要计算天然河道的水面曲线。例如当在河道上修建壅水建筑物，如闸、坝等时，这时壅水建筑物将抬高河道中的水位，为了估计淹没损失，需要计算水面曲线。当整治河道，如疏浚、裁弯取直、分流等时，这时也将改变河流的水力条件，为了正确地确定堤防的高程和断面尺寸，也需要计算水面曲线。本节只介绍恒定流情况下天然河道的水面曲线计算的基本原理。

天然河道有如下特点：①河道在平面图上曲曲弯弯，曲直相间；②河道的过水断面形状、尺寸、底坡及粗糙系数沿流程变化；③在同一断面内水面宽度及粗糙系数随高程不同而变化。因此，在作河道的水面曲线计算之前，根据河道的平面图和纵剖面图，需要将整个河道分成若干个平面尺寸和底坡大致相同的计算流段，使每个计算流段的水力要素平均值能够近似地反映实际水流的情况。

研究天然河道的水面曲线仍可用伯努利能量方程。但是，由于河道的底坡沿程变化，因此水深也沿程变化，故应用以水位表示的能量方程式更方便些。对如图 7.7.1 所示的流

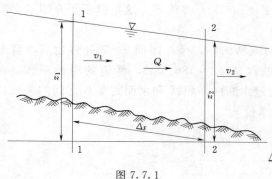

图 7.7.1

量为 Q 相距为 Δs 的断面 1—1 和断面 2—2 写伯努利方程, 得

$$z_1 + \frac{v_1^2}{2g} = z_2 + \frac{v_2^2}{2g} + \Delta h_f + \Delta h_j$$

(7.7.1)

其中沿程水头损失可以用微段的平均水力坡度表示成为

$$\Delta h_f = \overline{J}_f \Delta s = \frac{1}{2}(J_{f1} + J_{f2})\Delta s = \frac{1}{2}\left(\frac{Q^2}{K_1^2} + \frac{Q^2}{K_2^2}\right)\Delta s$$

(7.7.2)

局部水头损失可以用流速水头变化表示成为

$$\Delta h_j = \zeta\left(\frac{v_2^2 - v_1^2}{2g}\right)$$

(7.7.3)

式中: ζ 为河道的局部水头损失系数, 对于逐渐扩散段为 $-0.55 \sim -0.33$, 对于急剧扩散段为 $-1.0 \sim -0.5$, 对于收缩段为 0。

将式 (7.7.2)、式 (7.7.3) 代入式 (7.7.1), 得

$$z_1 + \frac{v_1^2}{2g} = z_2 + \frac{v_2^2}{2g} + \zeta\left(\frac{v_2^2 - v_1^2}{2g}\right) + \frac{Q^2}{2}\left(\frac{1}{K_1^2} + \frac{1}{K_2^2}\right)\Delta s$$

将上式中脚标为 1 的各项移至等号的左端, 脚标为 2 的各项留在等号的右端, 并注意到 $v = Q/A$, 则得

$$z_1 + (1+\zeta)\frac{Q^2}{2gA_1^2} - \frac{\Delta s}{2}\frac{Q^2}{K_1^2} = z_2 + (1+\zeta)\frac{Q^2}{2gA_2^2} + \frac{\Delta s}{2}\frac{Q^2}{K_2^2}$$

(7.7.4)

式 (7.7.4) 就是天然河道水面曲线计算的基本公式。

当忽略局部水头损失和两断面的流速水头差时, 式 (7.7.4) 才可以简化为

$$z_1 - \frac{\Delta s}{2}\frac{Q^2}{K_1^2} = z_2 + \frac{\Delta s}{2}\frac{Q^2}{K_2^2}$$

(7.7.5)

计算天然河道水面曲线的式 (7.7.4) 或式 (7.7.5) 和计算人工渠道水面曲线的式 (7.6.4) 在本质上没有区别。不同的是式 (7.7.4) 或式 (7.7.5) 不用水深 h 而用水面高程 z 作参数, 直接计算水位 z 随距离 s 的变化。因此式中的流量模数 $K = CA\sqrt{R}$ 不用水深 h 去求出, 而应由 $R = A/\chi$ 直接求出, 为此必须对河道各计算断面测量出面积 A 和湿周 χ 与水面高程 z 的关系曲线, 即 $A = A(z)$ 和 $\chi = \chi(z)$。当用水面宽度 B 代替湿周 χ 时则 $B = B(\chi)$。

式 (7.7.4) 和式 (7.7.5) 的左端是水位 z_1 的函数, 右端是水位 z_2 的函数。在天然河道的水面曲线计算中, 一般是已知计算流段下游断面的水位 z_2, 故上面两式的右端是某个已知量。从而可知: 天然河道水面曲线的基本解法是试算法, 即假设一系列计算流段上游断面的水位 z_1, 从中找出满足上面两式的 z_1 作为解。然后将此 z_1 作为其上游计算流段的 z_2, 重复上述步骤就可以求得整个河道的水位与距离的关系曲线 $z = f(s)$。

对于式 (7.7.5), 除了试算法外, 还有各种不同的图解法, 如拉哈曼诺夫

213

（A. H. PaxMaHoB）方法，艾斯考弗（F. F. Esc‑offer）方法等。这里就不予介绍了。需要时可参考有关书籍。

【例 7. 7. 1】 如图 7.7.2 所示为某河道的纵断面图，今在断面 5—5 处修建高坝蓄水后，流量 $Q=26500\mathrm{m^3/s}$ 时，断面 5—5 处的水位 $z_5=186.65\mathrm{m}$，河道的粗糙系数 $n=0.04$，各断面间距离 Δs 和各断面的水位 z 与过水断面面积 A 和水面宽度 B 之间的关系见表 7.7.1。试求：用试算法计算断面 4—4 的水位 z_4。

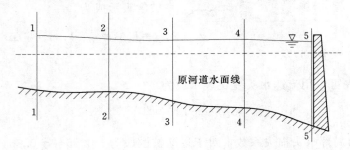

图 7.7.2

表 7.7.1 各断面参数表

要　素	测站 5	测站 4	测站 3	测站 2	测站 1
z/m	186	186	187	187	188
	187	187	188	188	189
	188	188	189	189	190
$A/\mathrm{m^2}$	18100	13500	18100	19000	14000
	19000	14200	19100	20500	14500
	20000	15000	20000	22000	15300
B/m	830	687	988	1170	738
	833	690	995	1180	743
	836	695	1000	1190	750
s/m	0	6000	10500	15000	24000

解： 为了试算用，首先需要给出断面 5—5 和断面 4—4 的水位 z 与过水断面面积 A 和水面宽度 B 的关系曲线，如图 7.7.3 所示。

当 $z=186.65\mathrm{m}$ 时，从图 7.7.3 中查得（或内插计算）$A_5=18685\mathrm{m^2}$，$B_5=832\mathrm{m}$，又 $\Delta s_{4-5}=6000\mathrm{m}$，$Q=26500\mathrm{m^3/s}$，$n=0.04$，$\zeta_4=0$。于是

$$E_2=z_2+(1+\zeta)\frac{Q^2}{2gA_2^2}+\frac{Q^2n^2\Delta s}{2R_2^{4/3}A_2^2}$$

$$=186.65+(1+0)\times\frac{26500^2}{19.6\times18685^2}+\frac{26500^2\times0.04^2\times6000}{2\times\left(\frac{18685}{832}\right)^{4/3}\times18685^2}$$

$$=186.65+0.103+0.153$$

$$=186.906(\mathrm{m})$$

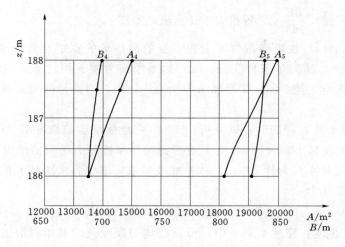

图 7.7.3

假设 $z_4 = 187$m，则 $A_4 = 14200$m²，$B_4 = 690$m。于是

$$E_1 = (1+\zeta)\frac{Q^2}{2gA_1^2} - \frac{Q^2 n^2 \Delta s}{2R_1^{4/3} A_1^2}$$

$$= (1+0) \times \frac{26500^2}{19.6 \times 14200^2} - \frac{26500^2 \times 0.04^2 \times 6000}{2 \times \left(\frac{14200}{690}\right)^{4/3} \times 14200^2} = 0.178 - 0.297$$

$$= -0.119(\text{m})$$

所以 $z_4 = E_2 - E_1 = 186.906 + 0.119 = 187.025(\text{m})$。

假设的 $z_4 = 187$m，计算出的 $z_4 = 187.025$m，两者相差只有 2.5cm，这对于试算方法精度已足够了，故此断面不再继续试算，取两者之中哪一个值均可。用类似的方法可以求得 z_3、z_2 及 z_1。当然，试算的范围的选取需要经验，同时这种试算也是相当麻烦的。如果采用电算，将很容易得到计算结果。

思 考 题 7

7.1 今欲将产生均匀流的渠道中的流速减小，以减小冲刷，但是，流量仍然保持不变，试问：有几种可能的方法可以达到此目的？

7.2 有两条梯形断面长渠道，已知流量 $Q_1 = Q_2$，边坡系数 $m_1 = m_2$，但是下列参数不同：(1) 粗糙系数 $n_1 > n_2$，其他条件均相同；(2) 底宽 $b_1 > b_2$，其他条件均相同；(3) 底坡 $i_1 > i_2$，其他条件均相同。

试问：这两条渠道中的均匀流水深哪个大？哪个小？为什么？

7.3 有三条矩形断面的长渠道，其过水断面面积 A、粗糙系数 n 及底坡 i 均相同，但是，底宽 b 和均匀水深 h_0 不同，已知：$b_1 = 4$m，$h_{01} = 1$m；$b_2 = 2$m，$h_{02} = 2$m；$b_3 = 2.83$m，$h_{03} = 1.41$m。试问：哪条渠道的流量最大？哪两条渠道的流量相等？为什么？

7.4 (1) 弗劳德数 F_r 有什么物理意义？怎样应用它判别水流的型态（缓流或急流）？

(2) $\dfrac{\mathrm{d}E_s}{\mathrm{d}h}>0$，$\dfrac{\mathrm{d}E_s}{\mathrm{d}h}=0$，$\dfrac{\mathrm{d}E_s}{\mathrm{d}h}<0$ 各相应于什么流动型态？

7.5 试分析：(1) 在粗糙系数 n 沿程不变的棱柱形的宽矩形断面渠道中，当底坡 i 一定时，临界底坡 i_{cr} 随流量怎样变化？(2) 如果原来为缓流均匀流，当流量增加或减少时，能否变成急流均匀流？(3) 如果原来为急流均匀流，当流量增加或减少时，能否变成缓流均匀流？

7.6 当跃前水深 h' 一定时，试分析：(1) 在考虑底坡影响情况下 $(i>0)$，跃后水深 h'' 比不考虑时是大还是小？为什么？(2) 在考虑槽壁摩擦阻力影响的情况下，跃后水深 h'' 比不考虑时是大还是小？为什么？(3) 水平底坡扩散渠道中的水跃与不扩散相比，跃后水深 h'' 是大还是小？为什么？

7.7 (1) 试说明：棱柱形渠道中，恒定非均匀渐变流的基本微分方程式 $\dfrac{\mathrm{d}h}{\mathrm{d}s}=\dfrac{i-\dfrac{Q^2}{K^2}}{1-F_r^2}$ 中分子分母的物理意义？(2) 从分析 $\dfrac{\mathrm{d}h}{\mathrm{d}s}$ 的极限值说明：当 h 趋于 h_0 及 h 趋于 h_{cr} 时水面曲线的变化趋势。

7.8 为什么只有在正底坡渠道上才能产生均匀流，而平底坡和反底坡则没有可能？

7.9 水力最佳断面有何特点？它是否一定是渠道设计中的最佳断面？为什么？

7.10 如果正底坡棱柱形明渠水流的 E_s 沿程不变，那么水流是否为均匀流？如果 E_s 沿程增加，那么水力坡度和底坡是否相同？

7.11 流量、渠道断面形状尺寸一定时，随底坡的增大，正常水深和临界水深分别如何变化？

习　题　7

7.1 作洪水调查时，在一清洁平直的河段上，发现一次洪水两处的洪痕相距 $l=2000\mathrm{m}$，分别测得上下游洪痕的高程为 $\nabla_1=40.00\mathrm{m}$，$\nabla_2=36.00\mathrm{m}$；过水断面面积 $A_1=350\mathrm{m}^2$，$A_2=400\mathrm{m}^2$；湿周 $\chi_1=125\mathrm{m}$，$\chi_2=150\mathrm{m}$，平直河段的粗糙系数 $n=0.03$。试求该次洪水的洪峰流量 Q_{max}。

7.2 有一坚实的长土渠，已知通过流量 $Q=10\mathrm{m}^3/\mathrm{s}$，底宽 $b=5\mathrm{m}$，边坡系数 $m=1$，粗糙系数 $n=0.02$，底坡 $i=0.0004$，试分别用试算法和图解法求正常水深 h_0。

7.3 有一梯形断面渠道，已知通过流量 $Q=12\mathrm{m}^3/\mathrm{s}$，边坡系数 $m=1.5$，粗糙系数 $n=0.0225$，底坡 $i=0.0004$，试按宽深比 $\beta=5$ 设计渠道断面。

7.4 欲修一浆砌块石小渠道，要求通过的流量 $Q=4.7\mathrm{m}^3/\mathrm{s}$，粗糙系数 $n=0.025$，底坡 $i=0.001$，试按水力最佳断面条件设计矩形断面尺寸。

7.5 有一梯形断面渠道，已知流量 $Q=15.6\mathrm{m}^3/\mathrm{s}$，底宽 $b=10\mathrm{m}$，边坡系数 $m=1.5$，粗糙 $n=0.02$，土壤的不冲允许流速 $v'=0.85\mathrm{m}/\mathrm{s}$，试求：(1) 正常水深 h_0；(2) 底坡 i。

7.6 一直径 $d=1.2\mathrm{m}$ 的混凝土无压排水管道，粗糙系数 $n=0.017$，底坡 $i=0.008$，管中通过的流量 $Q=2.25\mathrm{m}^3/\mathrm{s}$，试求管中的均匀流水深 h_0。

7.7　有一按水力最佳条件设计的浆砌石的矩形断面长渠道，已知底宽 $b=4$m，底坡 $i=0.0009$，粗糙系数 $n=0.017$，通过的流量 $Q=14.1$m^3/s，动能校正系数 $\alpha=1.1$，试分别用水深法、波速法、弗劳德数法、断面比能法及底坡法判别渠中流动是缓流还是急流？

7.8　有一矩形断面渠道，已知流量 $Q=15$m^3/s，底宽 $b=5$m，产生水跃时跃前水深 $h'=0.3$m，试求：（1）跃后水深 h''；（2）水跃长度；（3）单位重量水体消除的能量 ΔE_j 及消能系数 K_j；（4）水跃的消能功率 N_j。

7.9　在下列各种情况中：哪些可能发生？哪些不可能发生？（可能画√号，不可能画×号）

$$(1)\ 缓坡上 \begin{cases} 均匀流 \begin{cases} 缓流 \\ 急流 \end{cases} \\ 非均匀流 \begin{cases} 缓流 \\ 急流 \end{cases} \end{cases} \qquad (2)\ 陡坡上 \begin{cases} 均匀流 \begin{cases} 缓流 \\ 急流 \end{cases} \\ 非均匀流 \begin{cases} 缓流 \\ 急流 \end{cases} \end{cases}$$

$$(3)\ 临界坡上 \begin{cases} 均匀流 \begin{cases} 缓流 \\ 临界流 \\ 急流 \end{cases} \\ 非均匀流 \begin{cases} 缓流 \\ 急流 \end{cases} \end{cases} \qquad (4)\ 平坡上 \begin{cases} 均匀流 \begin{cases} 缓流 \\ 急流 \end{cases} \\ 非均匀流 \begin{cases} 缓流 \\ 急流 \end{cases} \end{cases}$$

7.10　习题图 7.1 中各图均为两段缓坡相连接的长渠道，底坡各为 i_1 和 i_2，且 $i_1 < i_2$，两渠段的断面形状、尺寸及粗糙系数 n 均相同，通过的流量为 Q，试判别：图中所画的水面曲线哪个是正确的？哪个是错误的？为什么？

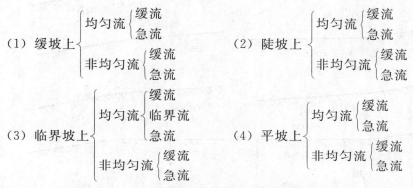

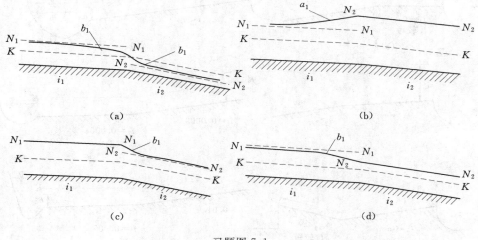

(a)　　　　　　　　　　　　　　　　(b)

(c)　　　　　　　　　　　　　　　　(d)

习题图 7.1

7.11　已知习题图 7.2 各分图中相接的两段渠道均为断面形状尺寸相同的长棱柱形渠道，其粗糙系数和流量亦均相同，试定性分析各渠道里可能产生的水面曲线。

7.12　试定性分析习题图 7.3 中各图流量 Q 和粗糙系数 n 沿程不变的长棱柱形渠道中可能产生的水面曲线。

7.13　试定性分析习题图 7.4 中各图流量 Q 和粗糙系数 n 沿程不变的长棱柱形渠道

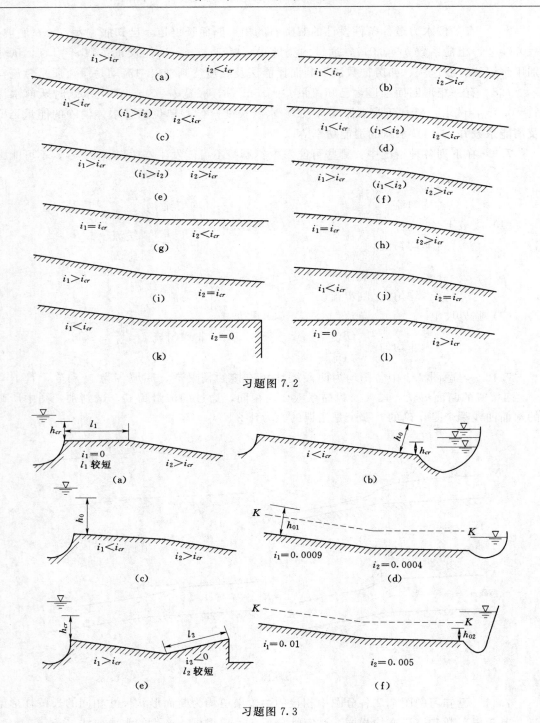

习题图 7.2

习题图 7.3

中可能产生的水面曲线。

　　7.14　试定性分析习题图 7.5 中各图流量 Q 和粗糙系数 n 沿程不变的长棱柱形渠道中可能产生的水面曲线（对于 $i<0$ 底坡分别讨论 l_1 较长和 l_1 较短的两种情况）。

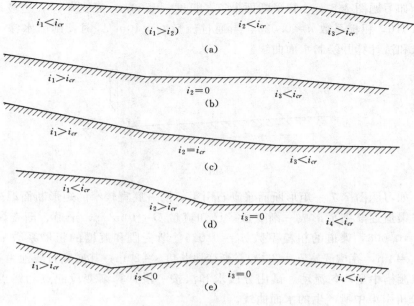

$i_1 < i_{cr}$ $(i_1 > i_2)$ $i_2 < i_{cr}$ $i_3 > i_{cr}$

(a)

$i_1 > i_{cr}$ $i_2 = 0$ $i_3 < i_{cr}$

(b)

$i_1 > i_{cr}$ $i_2 = i_{cr}$ $i_3 < i_{cr}$

(c)

$i_1 < i_{cr}$ $i_2 > i_{cr}$ $i_3 = 0$ $i_4 < i_{cr}$

(d)

$i_1 > i_{cr}$ $i_2 < 0$ $i_3 = 0$ $i_4 < i_{cr}$

(e)

习题图 7.4

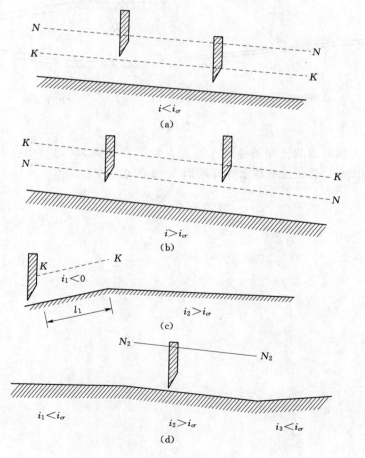

$i < i_{cr}$

(a)

$i > i_{cr}$

(b)

$i_1 < 0$ l_1 $i_2 > i_{cr}$

(c)

$i_1 < i_{cr}$ $i_2 > i_{cr}$ $i_3 < i_{cr}$

(d)

习题图 7.5

7.15 如习题图 7.6 有一梯形断面渠道，长度 $s=500\text{m}$，底宽 $b=6$，边坡系数 $m=2$，底坡 $i=0.0016$，粗糙系数 $n=0.025$，当通过流量 $Q=10\text{m}^3/\text{s}$ 时，闸前水深 $h_s=1.5\text{m}$，试按分段求和法计算并绘制水面曲线。

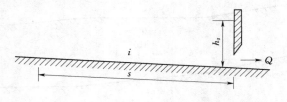

习题图 7.6

7.16 如习题图 7.7 一矩形断面浆砌石引渠，同一底宽较窄的矩形断面混凝土渡槽相连接，故将渠道逐渐缩窄形成一渐变段。已知流量 $Q=10\text{m}^3/\text{s}$，渠道、渐变段和渡槽的底坡均为 $i=0.005$，渠道的粗糙系数 $n_1=0.025$，渐变段和渡槽的粗糙系数 $n_2=0.014$，前渠底宽 $b_1=4\text{m}$，渡槽底宽 $b_2=2.6\text{m}$，渐变段长度 $s=20\text{m}$，其底宽直线地由 b_1 减到 b_2。设计时要求渡槽中呈均匀流动。试用分段求和法按一段计算渐变段起点和终点的水深 h_b 和 h_c，并分析引渠中所产生的水面曲线。

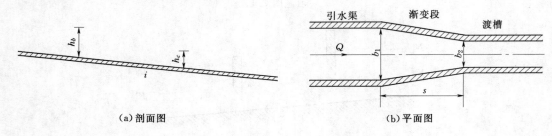

（a）剖面图　　　　　　　　　　　　　（b）平面图

习题图 7.7

7.17 某天然河道的已知条件同 [例 7.7.1]。在 [例 7.7.1] 中已求得断面 4—4 的水位 $z_4=187.03\text{m}$，试在此基础上计算断面 3—3 的水位 z_3。

第8章 堰流及闸孔出流

8.1 概述

8.1.1 堰流和闸孔出流现象

在水利等工程中，为了泄水或引水等目的，常在河道或渠道中修建诸如溢流坝、泄水闸等水工建筑物以控制水流的水位及流量。当河道或渠道建有这些建筑物时，河渠中的水位被壅高，一般情况下，建筑物的水流是缓流。当水流通过这些建筑物时，有两种基本情况：一种是如图 8.1.1（a）、（b）所示的情况，即水流在通过被建筑物缩小了的过水断面时流线收缩、流速增加、水位降落，但水流表面不受闸门约束而保持连续的自由水面，这就是堰流现象；另一种是如图 8.1.1（c）、（d）所示的情况，即水流表面受到闸门下缘的约束，水流从闸门下的孔口中流出，这时水流没有连续降落的自由水面，过水断面的面积取决于闸门开度，这就是闸孔出流现象。水力学中把这种从顶部溢流而水面不受约束的壅水建筑物称为堰，通过堰的水流称为堰流，而把由闸门控制水流的泄水建筑物称为闸，通过闸孔的水流称为闸孔出流。

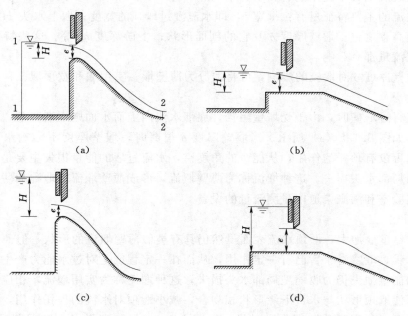

图 8.1.1

堰流和闸孔出流都是由于建筑物将水流的过水断面缩小而形成的。堰流多因侧向宽度被缩窄或底部被抬高而形成，闸孔出流则因闸门开度较小使水流受到约束而形成。

以上是从水流现象的角度看堰流和闸孔出流。从能量的角度分析，无论是有压管流或明渠流、堰流或闸孔出流，都必然遵循客观的自然规律，其中之一就是能量守恒定律，即在水流的两个渐变流过水断面之间列能量方程，对恒定流都具有以下形式：

$$z_1 + \frac{p_1}{\gamma} + \frac{\alpha_1 v_1^2}{2g} = z_2 + \frac{p_2}{\gamma} + \frac{\alpha_2 v_2^2}{2g} + h_{w1-2} \tag{8.1.1}$$

式中：z_1、p_1 为断面 1—1 上代表点水面处的高程和压强；z_2、p_2 为断面 2—2 上代表点水面处的高程和压强；v_1、v_2 和 α_1、α_2 为断面 1—1 和断面 2—2 的平均流速和动能校正系数；h_{w1-2} 为单位重量水体自断面 1—1 流至断面 2—2 过程中的水头损失。

对堰流和闸孔出流来讲，有以下两点必须强调。

（1）水流过堰、闸时，能量的转换形式主要是从位能转换为动能。也即单位重量水体在断面 1—1 处具有的位能 z_1 比较大而动能 $\frac{\alpha_1 v_1^2}{2g}$ 比较小，在断面 2—2 处则位能 z_2 比较小而动能 $\frac{\alpha_2 v_2^2}{2g}$ 比较大，两断面的位能差 $z_1 - z_2$ 中的大部分转变成动能的增加，从而使断面 2—2 处的流速 v_2 加大，其他部分在流动过程中以能量耗损的形式失去。

（2）两过水断面间水流的能量耗损主要是局部水头损失，沿程水头损失是次要的。这一点与有压管流和明渠流不同，后两者的沿程水头损失往往是主要的。

8.1.2　堰流和闸孔出流的分类及判别标准

研究堰流和闸孔出流的主要目的在于探讨流经堰、闸的流量 Q 与其他特征量之间的关系，从而解决工程中提出的有关水力学问题。

影响堰流的主要特征量有：堰宽 b，即水流漫过堰顶的宽度；堰上水头 H，即堰上游水位与堰顶高程之差；堰壁厚度 δ 及它的剖面形状；下游深度 h_t 等。这些特征量对堰流形态和过堰流量都有影响。

按照堰壁厚度 δ 对堰流的影响，可将堰分为薄壁堰、实用堰和宽顶堰三种。

1. 薄壁堰

当水流行近堰壁时，由于受堰壁阻挡，底部水流向上而水面则逐渐降落，使过堰水流形如舌状，如图 8.1.2（a）所示。当堰壁厚度 δ 很薄时，堰壁厚度不影响水舌形状，堰壁对自由水舌没有顶托的作用，从能量的角度讲，水流过堰的能量损失主要是过水断面缩小而引起的局部水头损失。这种堰流称为薄壁堰流，形成薄壁堰流的堰称为薄壁堰。这种堰常用作实验室和灌溉渠道中量测流量的设备。

2. 实用堰

当堰壁厚度 δ 加大，堰顶水流表面虽然仍具有类似薄壁堰流的形状，但薄壁厚度已经影响到了水舌，堰壁对水舌已有一定作用，从而在一定程度上对过水能力产生影响。这时水流过堰的能量损失仍为收缩型局部水头损失，这种堰流称为实用堰流，相应的堰称为实用堰。为了使堰顶形状与水舌下缘形状相吻合，减小堰顶对水流的顶托作用，增加堰的过流能力，实用堰的剖面常做成曲线形状，如图 8.1.2（c）所示，因此实用堰有折线型和曲线型两种。

实用堰的堰面形状对过水能力有一定的影响，如图 8.1.3 所示的一曲线型实用堰，其堰面设计的比自由水舌的下缘略低，如图 8.1.3（b）所示，这样，水流过堰时在堰顶和

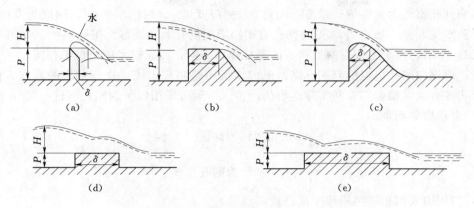

图 8.1.2

堰面间形成一定程度的真空，从而增加过水能力，这就是所谓的真空型实用堰。相反，如果堰面设计的比自由水舌的下缘略高，如图 8.1.3 (a) 所示，则自由水舌受到顶托，过水能力相应就小些。

水利工程中的大、中型溢流坝一般都采用曲线型实用堰，小型工程则常采用折线型实用堰。

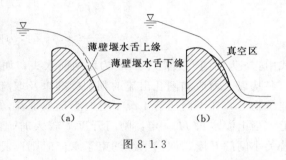

图 8.1.3

3. 宽顶堰

当堰壁厚度 δ 继续增大，水舌受到堰顶的顶托作用加大，水流表面甚至出现下凹的形状，堰壁对过水能力的影响也相应加大，其水流现象如图 8.1.2 (d)、(e) 所示。这时水流过堰的能量损失虽然仍以局部水头损失为主，但沿程水头损失已占一定比重。这种堰流就是宽顶堰流，形成这种堰流的堰就是宽顶堰。工程上有许多堰流属于宽顶堰流，例如闸门全开放时泄水闸上的水流；河渠中通过桥孔、无压涵管的水流。

当堰壁厚度 δ 继续增大时，从能量的角度看，沿程水头损失逐渐占据主要地位，这时堰流就逐渐过渡到明渠流了。

以上是根据堰壁的厚度对堰流产生的影响来分类。根据堰的形状还可分为矩形堰、三角堰、梯形堰等。根据堰与渠道水流的相对位置还能分为正交堰（堰与渠道水流方向正交）、斜堰（堰与渠道水流方向不正交）和侧堰（堰与渠道水流方向平行）。

(1) 堰流类型的判别标准。

$$
\left.
\begin{aligned}
&\frac{\delta}{H}<0.67 \text{ 时，为薄壁堰流}\\[2mm]
&2.5>\frac{\delta}{H}>0.67 \text{ 时，为实用堰流}\\[2mm]
&10>\frac{\delta}{H}>2.5 \text{ 时，为宽顶堰流}\\[2mm]
&\frac{\delta}{H}>10 \text{ 时，过渡为明渠流}
\end{aligned}
\right\}
\tag{8.1.2}
$$

影响闸孔出流的主要特征量有：闸宽 b、闸门开度 e、闸前水头 H、闸底板及闸墩结构、下游水深 h_t 等。工程中常见的闸孔有实用堰上闸孔和宽顶堰上闸孔两种，如图 8.1.1 (c)、(d) 所示，由于底板对闸后水舌的顶托作用不同，因而过水能力也不相同。

（2）堰流和闸孔出流的判别标准。形成堰流还是闸孔出流，这与闸坝的形式、位置、结构形式等有关，根据实验和实际运行的经验，一般可采用以下判别式来进行区分。

1）宽顶堰式闸坝。

$$\left.\begin{aligned}&\frac{e}{H}>0.65 \text{ 时，为堰流}\\&\frac{e}{H}\leqslant 0.65 \text{ 时，为闸孔出流}\end{aligned}\right\} \tag{8.1.3}$$

2）实用堰式闸坝（闸门位于堰顶最高点处）。

$$\left.\begin{aligned}&\frac{e}{H}>0.75 \text{ 时，为堰流}\\&\frac{e}{H}\leqslant 0.75 \text{ 时，为闸孔出流}\end{aligned}\right\} \tag{8.1.4}$$

式中：e 为闸门开启高度；H 为堰闸前水头，如图 8.1.1 所示。

从以上堰流和闸孔出流的判别标准以及堰流类型的判别标准可以看到，即使在同一个建筑物上，在不同运行工况下有时会形成堰流，有时则会形成闸孔出流。例如在同一闸坝上，当上游水头 H 一定，闸门开度 e 较大时，闸门下缘不触及水流表面，形成了堰流；若关小闸门开度，堰门下缘约束了水流时则形成闸孔出流。同样的道理，当闸门开度 e 一定，上游水头 H 较小时，闸门下缘不触及水流表面，形成堰流；若上游水头 H 增大，水面将触及闸门下缘，水流将受到闸门约束而形成闸孔出流。

对于堰流来讲，即使是同一个堰，当堰前水头 H 变化时，堰流类型也会相应变化。当 H 较大即 δ/H 较小时可能是实用堰流；当 H 变小即 δ/H 变大时就可能转为宽顶堰流。究竟是哪种堰流取决于堰宽 δ 与堰前水头 H 之比。当 $\delta/H>10$ 时，则逐渐失去堰流流态而过渡到明渠流态了。

8.1.3　自由溢流和淹没溢流，侧收缩影响

当水流通过堰、闸时，水流的大部分位能转为动能，因而堰闸出流速度很大，常在堰下游和闸后形成急流和水跃，如图 8.1.4 所示。水跃的位置和下游水深 h_t 有关，h_t 比较

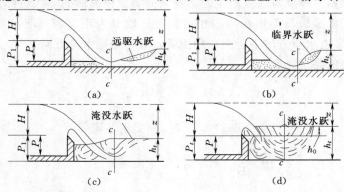

图 8.1.4

小时，急流向下游冲得比较远，水跃的位置远离堰、闸，称为远驱水跃。h_t 越大，水跃的位置离堰、闸越近。当下游水深 h_t 高到一定程度时，水跃就发生在紧靠堰、闸处，称为临界水跃，但这时下游水深 h_t 对堰、闸的过水能力还没有影响。当下游水深 h_t 更高时，堰、闸后的自由水舌和水跃被淹没，称为淹没水跃。下游水深高到一定程度后，对堰、闸的过水能力会产生影响。这时，下游水深越高，淹没程度越严重，堰、闸的过水能力也越小。

下游水深 h_t 不影响堰、闸过水能力时的堰流和闸孔出流称为自由溢流。反之，下游水深 h_t 高到已影响堰、闸过水能力时的堰流和闸孔出流则称为淹没溢流。在相同的上游水头作用和闸门开度情况下，淹没溢流的流量比自由溢流的流量小。

当水流通过堰顶时，如果存在边墩和闸墩，则堰的净宽和上游来水的水面宽度是不相等的。这时边墩和闸墩将迫使过堰水流产生横向收缩，如图 8.1.5 所示，从而使水流的有效溢流宽度 b_1 小于堰的净宽度 b，降低了堰的过水能力，这就是侧收缩影响。

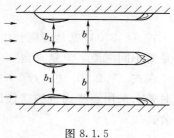

图 8.1.5

有无侧收缩影响的判别标准为

$$\left.\begin{array}{l} B > nb \text{ 时,有侧收缩影响} \\ B = b \text{ 且 } n = 1 \text{ 时,无侧收缩影响} \end{array}\right\} \qquad (8.1.5)$$

式中：B 为堰前水面宽度；n 为堰的孔数；b 为每孔的净宽。

闸孔出流虽然也有一点侧收缩影响，但比堰流情况时的侧收缩影响小得多。所以在一般情况下，闸孔出流可不计侧收缩系数。

8.2 堰流的基本公式

薄壁堰流、实用堰流和宽顶堰流具有一个共同的特点：水流的能量都是由堰前的以位能为主转变为堰后的以动能为主，而且在流动过程中，局部水头损失是主要的，沿程水头损失较小。这一点决定了所有堰流具有同一形式的计算过水能力的基本公式。但是不同堰流也有各自的特性，即它们的局部水头损失以及水舌受到堰顶的顶托程度不同，这个差别是各堰流的边界条件不完全相同引起的，这将表现在某些系数的数值有所不同上。

8.2.1 基本公式

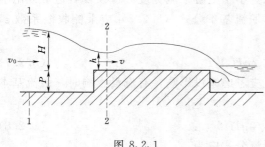

图 8.2.1

下面以图 8.2.1 所示的无侧收缩影响和淹没影响的宽顶堰为例推导堰流的基本公式。

取堰顶为基准面，对图上的断面 1—1 和断面 2—2 列能量方程得

$$H + \frac{\alpha_0 v_0^2}{2g} = \beta h + \frac{\alpha v^2}{2g} + \zeta \frac{v^2}{2g} \qquad (8.2.1)$$

式中：β 为动水压强分布修正系数。

225

令 $H_0 = H + \dfrac{\alpha_0 v_0^2}{2g}$，$\varphi = \dfrac{1}{\sqrt{\alpha + \zeta}}$，$k = h/H_0$

由式 (8.2.1) 得

$$v = \varphi \sqrt{2g(H_0 - \beta k H_0)} \tag{8.2.2}$$

对无侧收缩影响的单孔宽顶堰流，设堰宽为 b，则流量为

$$Q = bhv = k\varphi \sqrt{1 - \beta k b} \sqrt{2g} H_0^{3/2}$$

令 $m = k\varphi \sqrt{1 - \beta k}$，$m$ 为流量系数，则得宽顶堰流量公式：

$$Q = mb \sqrt{2g} H_0^{3/2} \tag{8.2.3}$$

式 (8.2.3) 就是堰流自由溢流时的基本公式，它对薄壁堰、实用堰和宽顶堰均适用，只是对不同堰流，流量系数 m 的变化规律和表达式不同而已。

在式 (8.2.3) 中，H_0 中含有与流量 Q 有关的行近流速值 v_0，在用该式计算过堰流量时要求采用逐步逼近的迭代运算法，为了简化计算，在薄壁堰情况下，习惯上将堰流基本公式改写为

$$Q = m_0 b \sqrt{2g} H^{3/2} \tag{8.2.4}$$

其中：

$$m_0 = m \left(1 + \frac{\alpha_0 v_0^2}{2gH}\right)^{3/2} \tag{8.2.5}$$

m_0 中虽仍含有与 Q 有关的行近流速项，但可以在实验基础上对 m 值进行修正而得出 m_0 值的经验公式，见式 (8.2.10)。

根据 H. W. 金的实验研究，如采用如图 8.2.2 所示直角三角形薄壁堰，流量公式为

$$Q = 1.343 H^{2.47} \tag{8.2.6}$$

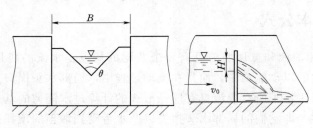

图 8.2.2

式中：H 以 m 计，Q 以 m³/s 计，该式适用范围为 $H = 0.06 \sim 0.55\text{m}$。

不论是薄壁堰还是实用堰或宽顶堰，当堰宽小于上游来流宽度或堰顶设有边墩或闸墩时，都应考虑侧收缩影响。有侧收缩影响时，堰流基本公式 (8.2.3) 应乘侧收缩系数 ε，$\varepsilon < 1$，设孔数为 n，每孔净宽为 b，则

$$Q = \varepsilon m n b \sqrt{2g} H_0^{3/2} \tag{8.2.7}$$

当下游水深较大以致形成淹没溢流时，还应考虑淹没影响，有淹没影响时，堰流基本公式还应乘淹没系数 σ_s，$\sigma_s < 1$，则

$$Q = \sigma_s m n b \sqrt{2g} H_0^{3/2} \tag{8.2.8}$$

当同时存在侧收缩影响和淹没影响时，堰流公式应为

$$Q = \sigma_s \varepsilon m n b \sqrt{2g} H_0^{3/2} \qquad (8.2.9)$$

8.2.2 流量系数、侧收缩系数及淹没系数

对不同的堰流，流量系数 m、侧收缩系数 ε、淹没系数 σ_s 的变化规律是不同的。这些系数的确定主要依靠实验基础上得出的经验公式。

8.2.2.1 薄壁堰流

式（8.2.4）是常用的薄壁堰流基本公式，对有侧收缩影响但无淹没影响且水舌下通气良好的矩形薄壁堰，爱格利根据实验提出流量系数 m_0 的经验公式为

$$m_0 = \left(0.405 + \frac{0.0027}{H} - 0.03 \frac{B_0 - b}{B_0} \right) \left[1 + 0.55 \left(\frac{H}{H+P} \right)^2 \left(\frac{b}{B_0} \right)^2 \right] \qquad (8.2.10)$$

式中：B_0 为引水渠宽；b 为堰宽；P 为堰顶高程与上游堰底高程之差。

对于无侧收缩的单孔矩形薄壁堰，令 $(B_0-b)/B_0=0$，$b/B_0=1$ 即可，这时得到的公式即为巴赞公式。

矩形薄壁堰在自由溢流时，流量系数 m_0 大体上为 0.42 左右。

薄壁堰在形成淹没溢流时，下游水面波动较大，溢流很不稳定，一般情况下量水用的薄壁堰不宜在淹没条件下工作。

8.2.2.2 实用堰流

1. 流量系数

实用堰在水利工程中常用作泄水建筑物，根据堰的用途和建筑物本身稳定性的要求，其剖面可设计成曲线型或折线型，称曲线型实用堰和折线型实用堰。

曲线型实用堰堰顶曲线常根据矩形薄壁堰自由溢流水舌的下缘形状来构造，一般是按设计水头 H_d 时的水舌形状来确定堰顶曲线。由于研究者不断地实验和实践，不断地完善，目前有许多种曲线型剖面的实用堰可供采用。20 世纪 50 年代起，我国曾广泛采用克-奥Ⅰ型剖面堰，70 年代以后开始采用 WES 剖面堰。前者是 30 年代苏联奥费采洛夫对美国工程师克里格的堰面曲线形状作了修正后提出的，后者是 40 年代由美国陆军工程兵团研究成功的。WES 剖面堰的流量系数比克-奥Ⅰ型剖面堰的略大，堰的剖面形状则略瘦。我国学者也提出了多种剖面形状，这里不一一赘述。

克-奥剖面堰在设计水头 H_d 时的流量系数 $m = 0.49$，WES 剖面堰在设计水头 H_d 时的流量系数 $m = 0.502$，计算自由出流时的流量公式均为式（8.2.3），式中堰前水头 H 指上游水位与堰顶高程（曲线的最高点高程）之差。

当实用堰的堰面与设计水头自由溢流的水舌下缘几乎吻合时，则在设计水头时堰面和溢流水舌间的压力很小，如果上游水位上升，即堰上实际水头大于设计水头时，水舌将偏离堰面并与堰面间形成一定程度的真空，如图 8.1.3（b）所示，这时流量系数会相应增大。反

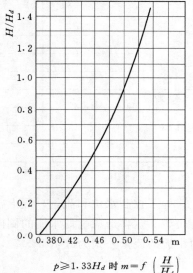

$p \geqslant 1.33 H_d$ 时 $m = f\left(\dfrac{H}{H_d} \right)$

图 8.2.3

之，如果实际水头小于设计水头，则溢流水舌将贴压堰面并使堰面压力增大，流量系数相应减小。

图 8.2.3 是上游面垂直的 WES 剖面，当堰高 $P \geqslant 1.33 H_d$ 时流量系数 m 与 H/H_d 的关系曲线。

对克-奥剖面堰，当堰高 $P \geqslant 3H_d$ 时，流量系数 m 可按罗查诺夫公式计算：

$$m = 0.49 \left[k + (1-k)^3 \sqrt{\frac{H}{H_d}} \right] \tag{8.2.11}$$

其中：
$$k = 0.778 - 0.00175\theta_1$$

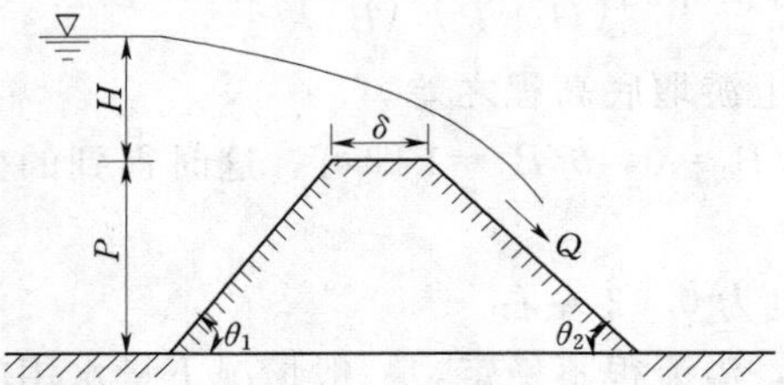

式中：θ_1 为堰的上游面倾角，以度计。

此式适用范围为

$$H/H_d = 0.2 \sim 2.0 \text{ 及 } \theta_1 = 15° \sim 19°$$

折线型实用堰中以梯形实用堰用得最多，梯形实用堰的流量系数 m 与 P/H（相对堰高）、δ/H（相对堰宽）以及上下游堰面倾斜角 θ_1、θ_2 有关，如图 8.2.4 所示，流量系数 m 值可由表 8.2.1 查得。

图 8.2.4

折线型实用堰的流量系数 m 约为 $0.36 \sim 0.42$。见表 8.2.1。

表 8.2.1　　　　　梯形实用堰流量系数 m 值

P/H	堰上游面 $\cot\theta_1$	堰下游面 $\cot\theta_2$	m		
			$\delta/H < 0.5$	$\delta/H = 0.5 \sim 1.0$	$\delta/H = 1.0 \sim 2.0$
$2 \sim 5$	0.5	0.5	$0.42 \sim 0.43$	$0.38 \sim 0.40$	$0.35 \sim 0.36$
	1.0	0	0.44	0.42	0.40
	2.0	0	0.43	0.41	0.39
$2 \sim 3$	0	1	0.42	0.40	0.38
	0	2	0.40	0.38	0.36
	3	0	0.42	0.40	0.38
	4	0	0.41	0.39	0.37
	5	0	0.40	0.38	0.36
$1 \sim 2$	10	0	0.38	0.36	0.35
	0	3	0.39	0.37	0.35
	0	5	0.37	0.35	0.34
	0	10	0.35	0.34	0.33

2. 侧收缩系数

为了控制水位和流量，堰上常设置多孔闸门，因而设有闸墩。为使堰和两岸连接还设有边墩。这将造成过堰水流的侧向收缩，减小了堰的过流能力。有侧收缩影响时实用堰自由出流的流量公式为式（8.2.7），根据弗朗西斯的建议，实用堰侧收缩系数 ε 可采用下式计算：

$$\varepsilon = 1 - 0.2 \left[\zeta_{cr} + (n-1)\zeta_0 \right] \frac{H_0}{nb} \tag{8.2.12}$$

式中: n 为孔数; b 为每孔净宽; ζ_{cr}、ζ_0 为根据边墩和中敦形状决定的系数,可由图 8.2.5 及表 8.2.2 查得。

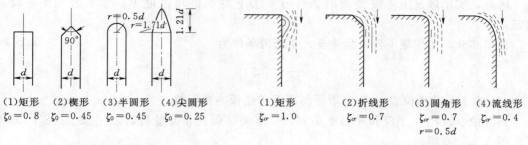

(a)闸墩形状系数　　　　　　　　　　　　　　(b)边墩形状系数

图 8.2.5

表 8.2.2　　　　　　　　　　　闸墩形状系数 ζ_0 值

闸墩头部平面形状	顶端伸出上游壁面 $a=0.5H_0$	顶端与上游壁面齐平 $a=0$					附注
		$\dfrac{h_s}{H_0}\leqslant 0.75$	$\dfrac{h_s}{H_0}=0.8$	$\dfrac{h_s}{H_0}=0.85$	$\dfrac{h_s}{H_0}=0.9$	$\dfrac{h_s}{H_0}=0.95$	
1. 矩形	$\zeta_0=0.4$	0.8	0.86	0.92	0.98	1.00	墩子尾部形状与头部形状相同,如图 8.2.5 所示。h_s 为下游水位超过堰顶的高度
2. 楔形或半圆形	$\zeta_0=0.3$	0.45	0.51	0.57	0.63	0.69	
3. 尖圆形	$\zeta_0=0.15$	0.25	0.32	0.39	0.46	0.53	

如果只有部分堰孔开启,则应根据具体情况处理。例如当中间有部分堰孔开启,两侧的堰孔关闭,则开启孔两端的闸墩可作边墩看待。

式 (8.2.12) 适用于下列情况

$$\left.\begin{array}{l}\dfrac{h_s}{H_0}\leqslant 0.85\sim 0.90 \\[2mm] \dfrac{H_0}{b}<1.0 \text{ 及 } B_0\geqslant nb+(n-1)d\end{array}\right\} \tag{8.2.13}$$

$$\left(当\dfrac{H_0}{b}>1.0 时,可按\dfrac{H_0}{b}=1.0 计算\right)$$

式中: B_0 为堰上游引渠(槽)的宽度; d 为闸墩厚度。

3. 淹没溢流判别及淹没系数

流经实用堰后的水流一般为急流,和下游水流衔接时可能发生远驱式水跃、临界式水跃或淹没式水跃。试验表明,当下游发生远驱式或临界式水跃时,下游水位不影响堰的过水能力。当下游发生淹没式水跃,但下游水位尚未超过堰顶时,下游水位仍不影响堰的过水能力。如图 8.2.6 所示,当下游发生淹没式水跃,且下游水

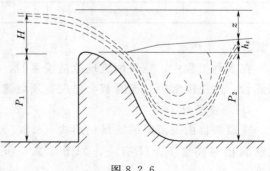

图 8.2.6

位已超过堰顶时，下游水位将影响堰的过水能力，当其他条件相同时，下游水位越高，过水能力越小。

因此，实用堰发生淹没溢流的条件有：①下游水位超过堰顶；②下游发生淹没式水跃。

根据实验，实用堰下游发生淹没式水跃的条件为

$$\frac{z}{P_2} < \left(\frac{z}{P_2}\right)_{\sigma} \tag{8.2.14}$$

式中：z 为上下游水位差；P_2 为堰顶与堰下游底板的高程差。

临界值 $(z/P_2)_{\sigma}$ 不仅和相对水头 H/P_2 有关，而且和流量系数 m 有关。$(z/P_2)_{\sigma}$ 值可由图 8.2.7 查得。

实用堰在淹没溢流时的流量按式（8.2.8）计算，式中淹没系数 σ_s 可由表 8.2.3 查得，表中 h_s 为下游水面超过堰顶的高度，此表对曲线型实用堰和折线型实用堰都适用。

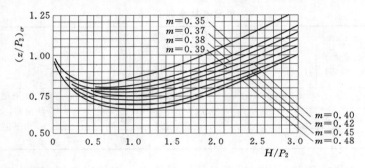

图 8.2.7

当实用堰在既有侧收缩影响又有淹没影响时应采用式（8.2.9），其中侧收缩系数 ε 和淹没系数 σ_s 仍按式（8.2.12）和表 8.2.3 得出。

表 8.2.3 实用堰淹没系数 σ_s 值

$\frac{h_s}{H_0}$	0.00	0.05	0.10	0.15	0.20	0.25	0.30	0.35	0.40	0.45	0.50
σ_s	1.00	0.996	0.991	0.986	0.981	0.976	0.97	0.963	0.956	0.948	0.937
$\frac{h_s}{H_0}$	0.55	0.60	0.65	0.70	0.75	0.80	0.85	0.90	0.95	1.00	
σ_s	0.923	0.907	0.886	0.856	0.821	0.778	0.709	0.621	0.438	0.00	

8.2.2.3 宽顶堰流

在水利工程中，宽顶堰流现象是很多的，例如水库溢洪道进口，各种水闸、桥孔、无压涵管、施工围堰等过流时都会出现宽顶堰流现象，如图 8.2.8 所示。

1. 流量系数

宽顶堰自由溢流时的流量仍用式（8.2.3）计算，其中流量系数 m 和堰的进口形式以及堰的相对高度 P_1/H 有关，如图 8.2.9 所示，不同进口形式应采用不同的经验公式计算。

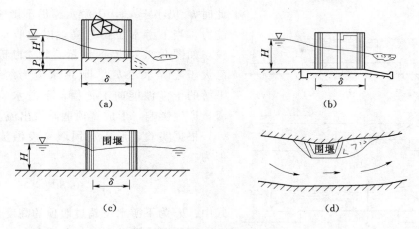

图 8.2.8

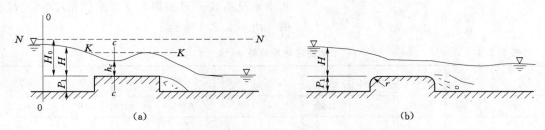

图 8.2.9

对矩形有直角前沿进口的宽顶堰,如图 8.2.9 (a) 所示,别列津斯基公式为

$$m=0.32+0.01\frac{3-P_1/H}{0.46+0.75P_1/H} \tag{8.2.15}$$

对矩形带圆角前沿进口的宽顶堰,如图 8.2.9 (b) 所示,别列津斯基公式为

$$m=0.36+0.01\frac{3-P_1/H}{1.2+1.5P_1/H} \tag{8.2.16}$$

式中:P_1 为上游坎高。

由以上两式可知,当 $P_1/H=3.0$ 时,m 值最小,m 分别为 0.32 和 0.36;当 $P_1=0$ 时(侧收缩影响另计),m 值最大,都为 0.385。式 (8.2.15) 和式 (8.2.16) 的适用范围均为 $0 \leqslant P_1/H \leqslant 3.0$。当 $P_1/H>3.0$ 时,带直角前沿进口的宽顶堰的流量系数仍用 $m=0.36$。

2. 侧收缩系数

当宽顶堰堰顶设有边墩和闸墩时,则有侧收缩影响,当没有淹没影响时,计算自由溢流的流量公式为式 (8.2.7),式中侧收缩系数 ε 的计算方法和实用堰相同,为式 (8.2.12)。

3. 淹没溢流判别及淹没系数

宽顶堰的淹没过程如图 8.2.10 所示。当下游水位较低时,堰顶收缩水深 h_c 小于临界水深 h_σ,堰顶水流为急流,下游水深不影响堰的过水能力,为自由溢流,如图 8.2.10 (a) 所示。当下游水位稍高于 $k-k$ 线时,堰顶出现波状水跃,如图 8.2.10 (b) 所示,

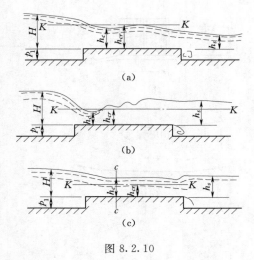

图 8.2.10

此时 h_c 仍小于 h_{cr}，下游水深仍不影响堰的过水能力。当下游水位再升高，以致收缩断面被淹没，如图 8.2.10（c）所示，收缩断面处水深 h_c 已大于临界水深 h_{cr}，堰顶水流为缓流，这时，下游的干涉波能向上传播，下游水位已对过堰流量产生影响，形成宽顶堰淹没出流。

根据实验，形成宽顶堰淹没溢流的条件近似为

$$\frac{h_s}{H_0} > 0.80 \qquad (8.2.17)$$

式中：h_s 为下游水位超过堰顶的高度。

宽顶堰淹没溢流时的公式仍为式（8.2.8），式中淹没系数 σ_s 可根据与下游水位相应的 h_s/H_0 值，由表 8.2.4 查得。

表 8.2.4 宽顶堰淹没系数 σ_s 值

$\frac{h_s}{H_0}$	0.8	0.81	0.82	0.83	0.84	0.85	0.86	0.87	0.88	0.89
σ_s	1.00	0.995	0.99	0.98	0.97	0.96	0.95	0.93	0.90	0.87
$\frac{h_s}{H_0}$	0.90	0.91	0.92	0.93	0.94	0.95	0.96	0.97	0.98	
σ_s	0.84	0.81	0.78	0.74	0.70	0.65	0.59	0.50	0.40	

8.2.3 无坎宽顶堰流

无坎宽顶堰流，是由于堰孔宽度小于上游引渠宽度，水流受平面上的束窄产生侧向收缩，引起水面跌落而形成的水流现象，具有和宽顶堰流相类似的性质。表 8.2.5 是对不同进口形式、不同堰孔宽与引水渠宽比值的无坎宽顶堰在自由溢流时的流量系数 m，其中已包括侧收缩影响，故在用式（8.2.3）计算流量时，不必再乘侧收缩系数。

对于多孔无坎宽顶堰流，流量系数 m 按下式计算：

$$m = \frac{m_m(n-1) + m_s}{n} \qquad (8.2.18)$$

式中：n 为堰孔数目；m_m 为中孔的流量系数；m_s 为边孔的流量系数。

如图 8.2.11 所示，将中墩的一半当成边墩，然后按墩的形状，从表 8.2.5 中查出的流量系数即为 m_m，表中的 b/B_0 用 $b/(b+d)$ 代替，b 为堰孔宽，d 为敦厚。m_s 则直接按边墩的形状从表 8.2.5 中查出。表中的 b/B_0 用 $b/(b+2\Delta b)$ 代替。Δb 为边墩边缘线与上游引水渠边线之间的距离。

无坎宽顶堰淹没溢流的判别标准仍可采用式

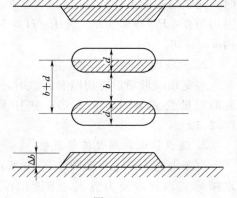

图 8.2.11

(8.2.17)。淹没系数 σ_s 可近似由表 8.2.4 查出。

表 8.2.5 $m_m(m_s)$ 值

进口形式			b/B_0										
			0.0	0.1	0.2	0.3	0.4	0.5	0.6	0.7	0.8	0.9	1.0
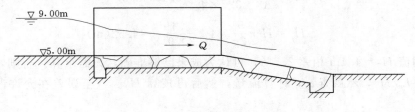	$\cot\theta$	0.0	0.320	0.322	0.324	0.327	0.330	0.334	0.340	0.346	0.355	0.367	0.385
		0.5	0.343	0.344	0.346	0.348	0.350	0.352	0.356	0.360	0.365	0.373	0.385
		1.0	0.350	0.351	0.352	0.354	0.356	0.358	0.361	0.364	0.369	0.375	0.385
		2.0	0.353	0.354	0.355	0.357	0.358	0.360	0.363	0.366	0.370	0.376	0.385
		3.0	0.350	0.351	0.352	0.354	0.356	0.358	0.361	0.364	0.369	0.375	0.385
	$\dfrac{e}{b}$	0.0	0.320	0.322	0.324	0.327	0.330	0.334	0.340	0.346	0.355	0.367	0.385
		0.02	0.335	0.337	0.338	0.341	0.343	0.346	0.350	0.355	0.362	0.371	0.385
		0.05	0.340	0.341	0.343	0.345	0.347	0.350	0.354	0.358	0.364	0.372	0.385
		0.1	0.345	0.346	0.348	0.349	0.351	0.354	0.357	0.361	0.366	0.374	0.385
		$\geqslant 0.2$	0.350	0.351	0.352	0.354	0.356	0.358	0.361	0.364	0.369	0.375	0.385
	$\dfrac{r}{b}$	0.0	0.320	0.322	0.324	0.327	0.330	0.334	0.340	0.346	0.355	0.367	0.385
		0.05	0.335	0.337	0.338	0.340	0.342	0.346	0.350	0.355	0.362	0.371	0.385
		0.10	0.342	0.344	0.345	0.347	0.349	0.352	0.354	0.359	0.365	0.373	0.385
		0.20	0.349	0.350	0.351	0.353	0.355	0.357	0.360	0.363	0.365	0.375	0.385
		0.30	0.354	0.355	0.356	0.357	0.359	0.361	0.363	0.366	0.371	0.376	0.385
		0.40	0.357	0.358	0.359	0.360	0.362	0.363	0.365	0.365	0.372	0.377	0.385
		$\geqslant 0.50$	0.360	0.361	0.362	0.363	0.364	0.366	0.368	0.370	0.373	0.378	0.385

【例 8.2.1】 某河进水闸底板高程与上游河床高程相同（图 8.2.12），均为 5.0m，闸孔共 28 个，孔宽 10.0m，闸墩厚 $d=1.6$m，墩头为半圆形，边墩为 1/4 圆弧，圆弧半径 $r=1.9$m，闸上游河宽 $B_0=327.0$m，闸全开，上游水位 9.0m，当下游水位为 5.0m 时，求过闸流量。（含侧收缩的流量系数 $m=0.3688$）

```
        ▽ 9.00m
                  ┌──────────────┐
                  │               \      → Q
        ▽ 5.00m   │                \
```

图 8.2.12

解： 闸门全开，下游水位与堰顶齐平，故过闸水流为无坎宽顶堰自由溢流，无坎宽顶堰侧收缩系数已计入在流量系数内。因流量未知，可近似用 H 代替 H_0。

$$Q=mnb\sqrt{2g}H_0^{3/2}=0.3688\times28\times10\times\sqrt{2\times9.8}\times4^{3/2}=3657.35(\text{m}^3/\text{s})$$

按 $Q=3657.35\text{m}^3/\text{s}$ 推算行近流速：

$$v_0 = \frac{Q}{A} = \frac{3657.35}{327 \times 4} = 2.80 (\text{m/s})$$

$$H_0 = H + \frac{v_0^2}{2g} = 4 + \frac{2.80^2}{2 \times 9.8} = 4.4 (\text{m})$$

与原采用值 $H = 4.0$m 相差 10%，误差较大，需重算。按 $H_0 = 4.4$m 计算流量。

$$Q = mnb \sqrt{2g} H_0^{3/2} = 0.3688 \times 28 \times 10 \times \sqrt{2 \times 9.8} \times 4.4^{3/2} = 4219.46 (\text{m}^3/\text{s})$$

按 $Q = 4219.46$m³/s 推算行近流速

$$v_0 = \frac{Q}{A} = \frac{4219.46}{327 \times 4} = 3.23 (\text{m/s})$$

$$H_0 = H + \frac{v_0^2}{2g} = 4 + \frac{3.23^2}{2 \times 9.8} = 4.53 (\text{m})$$

与拟采用值 $H_0 = 4.4$m 相差 3%，误差在允许范围内，无需再重算。

最后采用无坎宽顶堰自由溢流流量 $Q = 4219.46$m³/s，$H_0 = 4.4$m（若精度不满足要求，可再按 $H_0 = 4.53$m 迭代计算一次）。

【例 8.2.2】 同例 8.2.1，求下游水位升至 8.6m 时流量为多少？

解： 由式（8.2.17）知 $h_s \geqslant 0.8 H_0$ 为宽顶堰淹没溢流的判别式。

$$h_s = 8.6 - 5.0 = 3.6 (\text{m})$$

由例 8.2.1 知 $H_0 = 4.4$m，$0.8 H_0 = 3.52$m

$h_s = 3.6$m$> 0.8 H_0 = 3.52$m，故为宽顶堰淹没溢流：

$$\frac{h_s}{H_0} = \frac{3.6}{4.4} = 0.82$$

由表 8.2.4 查得 $h_s/H_0 = 0.82$ 时，淹没系数 $\sigma_s = 0.99$，堰上总水头仍用自由溢流的 $H_0 = 4.4$m，

按式（8.2.7）计算流量，得

$$Q = \sigma_s mnb \sqrt{2g} H_0^{3/2} = 0.99 \times 0.3688 \times 28 \times 10 \times \sqrt{2 \times 9.8} \times 4.4^{3/2} = 4177.26 (\text{m}^3/\text{s})$$

核算总水头 H_0 值：

$$v_0 = \frac{Q}{A} = \frac{4177.26}{327 \times 4} = 3.19 (\text{m/s})$$

$$H_0 = H + \frac{v_0^2}{2g} = 4 + \frac{3.19^2}{2 \times 9.8} = 4.52 (\text{m})$$

与采用值 $H_0 = 4.4$m 相差 2.7%，可认为成果已够准确，无需重算。否则，应按新得的 H_0 计算 h_s/H_0，然后查 σ_s，计算流量，然后再核算 H_0。直至误差在允许误差范围内为止。

8.3　闸孔出流的基本公式

8.3.1　宽顶堰上的闸孔出流

宽顶堰上的闸孔出流有两种情况：当下游水位较低时，闸孔下游发生远驱式水跃，这时下游水位不影响闸孔流量，为自由出流，如图 8.3.1 所示；当下游水位较高时，闸孔下

游发生淹没式水跃，以致影响闸孔出流，为淹没出流，如图 8.3.2 所示。

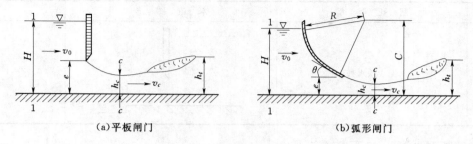

(a)平板闸门　　　　　　　　　(b)弧形闸门

图 8.3.1

8.3.1.1 自由出流

如图 8.3.1 所示，闸前水深为 H，闸门开度为 e，水流由闸门底缘流出，因惯性作用，水流发生垂向收缩，并在距闸门 $(0.5\sim1.0)e$ 的下游收缩断面 $c—c$ 处的水深 h_c 达到最小，形成收缩断面。收缩断面处的流线近似平行，可认为是渐变流。对断面 1—1 和收缩断面 $c—c$ 列能量方程式，得

$$H+\frac{\alpha v_0^2}{2g}=h_c+\frac{\alpha v_c^2}{2g}+\zeta\,\frac{v_c^2}{2g}$$

式中：v_0 为闸前行近流速；v_c 为收缩断面流速；ζ 为闸孔局部阻力系数。

令
$$H_0=H+\frac{\alpha v_0^2}{2g}$$

则
$$v_c=\frac{1}{\sqrt{\alpha+\zeta}}\sqrt{2g(H_0-h_c)}=\varphi\,\sqrt{2g(H_0-h_c)} \tag{8.3.1}$$

其中
$$\varphi=\frac{1}{\sqrt{\alpha+\zeta}}$$

式中：H_0 为闸前总水头；φ 为闸孔流速系数。

宽顶堰式闸孔流速系数 φ 值可查表 8.3.1。

表 8.3.1　　　　　　　　　　流 速 系 数 φ

类别	闸 孔 类 型	水 流 图 形	φ
1	闸底板与引水渠道齐平，无坎		$0.95\sim1.00$
2	闸底板高于引水渠底，具有宽顶堰		$0.85\sim0.95$

类别	闸孔类型	水流图形	φ
3	无坎跌水处		0.97~1.00

收缩断面水深 h_c 按下式确定

$$h_c = \varepsilon_1 e \tag{8.3.2}$$

式中：ε_1 为垂向收缩系数，表示过闸水流垂向收缩的程度。

平板闸门的 ε_1，可由表 8.3.2 查得。表中的垂向收缩系数 ε_1 是儒可夫斯基根据流体力学理论求得的解答。弧形闸门的垂向收缩系数 ε_1 由表 8.3.3 查得。

表 8.3.2 平板闸门的垂向收缩系数 ε_1 值

相对开度 e/H	0.10	0.15	0.20	0.25	0.30	0.35	0.40
收缩系数 ε_1	0.615	0.618	0.620	0.622	0.625	0.628	0.630
相对开度 e/H	0.45	0.50	0.55	0.60	0.65	0.70	0.75
收缩系数 ε_1	0.638	0.645	0.650	0.660	0.675	0.690	0.705

表 8.3.3 弧形闸门的垂向收缩系数 ε_1 值

θ	35°	40°	45°	50°	55°	60°	65°	70°	75°	80°	85°	90°
ε_1	0.789	0.766	0.742	0.720	0.698	0.678	0.662	0.646	0.635	0.627	0.622	0.620

设闸孔宽度为 b，由连续方程得

$$Q = A_c v_c = b h_c v_c = \varphi \varepsilon_1 b e \sqrt{2g(H_0 - h_c)}$$

令 $\mu = \varphi \varepsilon_1$，$\mu$ 为流量系数，则单孔闸孔自由出流流量公式为

$$Q = \mu b e \sqrt{2g(H_0 - h_c)} \tag{8.3.3}$$

式（8.3.3）可以改写为更简单的形式：

$$Q = \left(\mu \sqrt{1 - \frac{h_c}{H_0}}\right) b e \sqrt{2gH_0} = \mu_0 b e \sqrt{2gH_0} \tag{8.3.4}$$

其中：

$$\mu_0 = \varepsilon_1 \varphi \sqrt{1 - \frac{h_c}{H_0}}$$

式中：μ_0 为流量系数，由试验确定。

下面分别讨论平板闸门和弧形闸门的流量系数。

1. 平板闸门的流量系数

当按式（8.3.3）计算流量时，流量系数 $\mu = \varphi \varepsilon_1$，流速系数 φ 和垂向收缩系数 ε_1 均由表查得。当按式（8.3.4）计算时，流量系数 μ 可按下列经验公式确定：

$$\mu_0 = 0.60 - 0.176 \frac{e}{H} \tag{8.3.5}$$

2. 弧形闸门的流量系数

弧形闸门自由出流的流量一般按式（8.3.4）计算。其流量系数 μ_0 与闸门相对开度 e/H 和闸门底缘切线与水平线的夹角 θ 有关，可按下列经验公式计算：

$$\mu_0 = \left(0.97 - 0.81 \frac{\theta}{180°}\right) - \left(0.56 - 0.81 \frac{\theta}{180°}\right)\frac{e}{H} \tag{8.3.6}$$

上式的适用范围是：$25° < \theta \leqslant 90°$。

应用式（8.3.4）计算闸孔流量较式（8.3.3）简便。当行近流速较小时，式（8.3.4）中的 H_0 可用 H 代替。对闸孔出流，起控制作用的断面是闸孔断面，由于水深大，流速小，不考虑边墩和闸墩对水流的侧收缩影响。

8.3.1.2 淹没出流

图 8.3.2 说明当下游水深 h_t 大于收缩断面水深 h_c 的共轭水深 h_c'' 时，闸孔下游发生淹没水跃，下游水深影响闸孔流量，即为淹没出流，因此，宽顶堰闸孔淹没出流的条件为

$$h_t > h_c'' \tag{8.3.7}$$

h_c'' 按矩形断面明渠水跃共轭水深公式计算，为

$$h''_c = \frac{h_c}{2}\left(\sqrt{1 + \frac{8q^2}{gh_c^3}} - 1\right) = \frac{h_c}{2}\left(\sqrt{1 + \frac{8v_c^2}{gh_c}} - 1\right)$$

式中：$h_c = \varepsilon_1 e$，v_c 按式（8.3.1）计算。

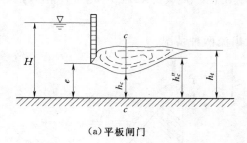

（a）平板闸门　　　　　　　　（b）弧形闸门

图 8.3.2

单孔闸孔淹没出流公式为

$$Q = \sigma_s \mu_0 be \sqrt{2gH_0} \tag{8.3.8}$$

式中：μ_0 为宽顶堰闸孔自由出流流量系数；σ_s 为宽顶堰闸孔出流的淹没系数，由图 8.3.3 查得。

式（8.3.8）中的 H_0 在流量较小的情况下，可用 H 代替。

【例 8.3.1】 有一渠道上的节制闸，装有平板闸门，闸前水深 $H = 3.0\text{m}$，闸孔净宽 $b = 3.0\text{m}$，闸门开启高度 $e = 0.60\text{m}$，下游渠道水深 $h_t = 2.50\text{m}$，流速系数 $\varphi = 0.95$，求过闸流量（不计行近流速）。

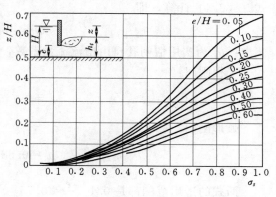

图 8.3.3

解：$\dfrac{e}{H}=\dfrac{0.60}{3.0}=0.2<0.65$，为闸孔出流

查表 8.3.2 得垂向收缩系数 $\varepsilon_1=0.62$，故收缩水深

$$h_c=\varepsilon_1 e=0.62\times0.60=0.372(\text{m})$$

$$v_c=\varphi\sqrt{2g(H_0-h_c)}=0.95\times\sqrt{2\times9.8\times(3.0-0.372)}=6.82(\text{m/s})$$

共轭水深

$$h''_c=\dfrac{h_c}{2}\left(\sqrt{1+\dfrac{8v_c^2}{gh_c}}-1\right)=\dfrac{0.372}{2}\times\left(\sqrt{1+\dfrac{8\times6.82^2}{9.8\times0.372}}-1\right)=1.7(\text{m})$$

$h_t=2.5\text{m}>h''_c=1.7\text{m}$，故为闸孔淹没出流

$$z=H-h_t=3.0-2.5=0.5\ （\text{m}）$$

$$\dfrac{z}{H}=\dfrac{0.5}{3.0}=0.167$$

由 $\dfrac{z}{H}=0.167$ 及 $\dfrac{e}{H}=0.2$ 查图 8.3.3 得 $\sigma_s=0.48$

流量系数按式（8.3.5）计算，$\mu_0=0.6-0.176\dfrac{e}{H}=0.6-0.176\times0.2=0.565$

闸孔淹没出流流量按式（8.3.8）计算

$$Q=\sigma_s\mu_0 be\sqrt{2gH_0}=0.48\times0.565\times3.0\times0.6\times\sqrt{2\times9.8\times3.0}=3.74(\text{m}^3/\text{s})$$

8.3.2 实用堰上的闸孔出流

实用堰上的闸孔出流也有自由出流和淹没出流两种情况。

1. 自由出流

当下游水位低于堰顶、不影响闸孔出流时，为自由出流。图 8.3.4 为实用堰上的闸孔自由出流。实用堰上的闸孔自由出流因实用堰堰顶为曲线的原因，水流越过堰顶，即沿堰面下泄，因此不会出现像宽顶堰闸孔那样的收缩断面。

实用堰单孔闸孔自由出流流量公式按式（8.3.4）计算，即

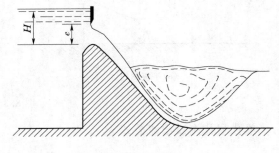

图 8.3.4

$$Q=\mu_0 be\sqrt{2gH_0}$$

式中：μ_0 为实用堰闸孔自由出流流量系数，μ_0 可用下列经验公式计算。

平板闸门：

$$\mu_0=0.745-0.274\dfrac{e}{H} \tag{8.3.9}$$

弧形闸门：

$$\mu_0=0.685-0.19\dfrac{e}{H} \tag{8.3.10}$$

两式的适用范围都是 $0.1<\dfrac{e}{H}<0.75$。

2. 淹没出流

当下游水位超过实用堰的堰顶时，下游水位将影响闸孔的泄流量，如图 8.3.5 所示。实用堰上单孔闸孔淹没出流流量可近似按下式计算：

$$Q = \mu_0 be \sqrt{2g(H_0 - h_s)} \qquad (8.3.11)$$

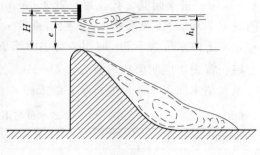

图 8.3.5

式中：μ_0 为实用堰闸孔自由出流的流量系数；h_s 为下游水位超过堰顶的高度。

【例 8.3.2】 某水库溢流坝采用实用堰，堰顶设平板闸门，共七孔，每孔宽 $b = 10\text{m}$，闸门开启高度 $e = 2.5\text{m}$，堰顶高程为 43.36m，水库水位 50.00m，下游水位低于堰顶，求通过溢流坝的流量（不计行近流速水头）。

解： 闸前水头 $H = 50.00 - 43.36 = 6.64$ （m）

$$\frac{e}{H} = \frac{2.5}{6.64} = 0.38 < 0.75，为闸孔出流$$

下游水位低于堰顶，故为自由出流。

实用堰上闸孔自由溢流按式（8.3.4）计算（注意应乘以孔数 n）

$$Q = \mu_0 nbe \sqrt{2gH_0}$$

$$\mu_0 = 0.745 - 0.274 \frac{e}{H} = 0.745 - 0.274 \times \frac{2.5}{6.64} = 0.642$$

不计行近流速水头，则 $H_0 = H = 6.64$ （m）

通过溢流坝的流量 $Q = 0.642 \times 7 \times 10 \times 2.5 \times \sqrt{2 \times 9.8 \times 6.64} = 1282$ （m³/s）

8.4 堰流、闸孔出流的典型问题

在工程中关于堰流、闸孔出流的问题多种多样。一般可以归纳为三类典型问题。

（1）已知水工建筑物的形状及尺寸，在一定的上游水位情况下，求堰、闸的过水能力。

（2）已知堰、闸的形状及尺寸，在 Q 一定时，求相应的上游水头 H。

（3）已知堰、闸的上游水位，在要求通过一定流量 Q 的情况下，对堰、闸形状和尺寸（孔数 n 及净宽 b 等）进行设计。

在求解以上问题时，首先要对出流的类型进行判别，然后看是否受侧收缩以及淹没等因素的影响。通过以上的判断，最后选择相应的公式和系数。在对出流类型等情况判断时，往往会涉及待求问题本身，这样就会涉到试算和迭代的问题，同时还会涉及到跟试算和迭代相关的精度问题。下面通过两个例题来进行说明。

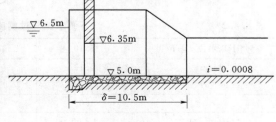

图 8.4.1

【例 8.4.1】 某灌溉渠道进水闸如图

8.4.1 所示。进水闸共 2 孔，每孔宽 3.0m，闸后接一引水渠，渠底坡 $i=0.0008$，梯形断面的底宽 7.0m，边坡系数 1.5，粗糙系数 $n=0.03$，若考虑侧收缩影响后的流量系数为 0.32，求上游水位为 6.5m 时引入渠中的流量 Q。

解： 首先按照明渠均匀流公式 $Q=AC\sqrt{R}$，算出渠道能通过的流量与堰、闸下游水位的关系。结果如表 8.4.1 中所示。绘成图 8.4.2 中的曲线 a。

表 8.4.1 下游水位与渠中流量关系表

（闸下）水位 $z_下$/m	6.1	6.2	6.3	6.4	6.6
正常水深 h_0/m	1.1	1.2	1.3	1.4	1.6
$K_0=A_0C_0\sqrt{R_0}$/（m³/s）	286	340	384	441	551
$\sqrt{i}$	0.0283				
Q/（m³/s）	8.1	9.6	10.8	12.6	15.6

然后按照以下步骤进行计算：

(1) 如图 8.4.1 所示，闸门开度 $e=1.35$m，水头 $H=6.5-5.0=1.5$（m），则 $e/H=0.9>0.65$，故为堰流。

(2) 由于 $\delta/H=10.5/1.5=7$，故为宽顶堰流。

(3) 考虑侧收缩影响后的流量系数为 0.32，即 $\varepsilon m=0.32$。

(4) 按宽顶堰自由溢流公式计算 $Q_自$（忽略行近流速水头的影响）。

$$Q_自=\varepsilon mnb\sqrt{2g}H_0^{3/2}=0.32\times2\times3\times4.43\times(6.5-5.0)^{3/2}=15.6(\text{m}^3/\text{s})$$

(5) 在渠中，可求得通过流量 $Q=15.6$m³/s 时的正常水深 $h_0=1.6$m，故要求堰闸下水位为 $\overline{z_下}=5.0+1.6=6.6$m，这意味着比上游水位还高，故此堰流不可能是自由出流。

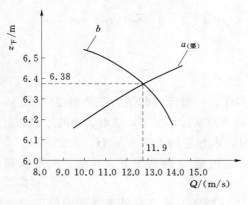

图 8.4.2

(6) 设下游水位 $\overline{z_下}=6.1$m、6.2m、6.3m、6.4m，按照宽顶堰淹没溢流公式 $Q=\sigma_s\varepsilon mnb\sqrt{2g}H_0^{3/2}$（式中淹没系数由表 8.2.4 查得）计算出相应的流量见表 8.4.2，并绘成图 8.4.2 中的曲线 b。曲线 a 和曲线 b 交点所对应的 $Q=11.9$m³/s 和 $z_下=6.38$m，这就是引入下游渠道的流量和相应的堰下水位。

表 8.4.2 下游水位与过闸流量关系表

（闸下）水位 $z_下$/m	6.10	6.20	6.30	6.40
h_s/m	1.10	1.20	1.30	1.40
h_s/H	0.73	0.80	0.865	0.935
σ_s	1.00	1.00	0.84	0.72
Q/（m³/s）	15.60	15.60	14.66	11.23

【例 8.4.2】 某水库的泄洪闸如图 8.4.3 所示。共 4 孔每孔宽 6.0m，闸底板高程为 20m，设计流量为 845m³/s，相应的下游水位为 25.78m，设上游水位已定为 35.0m，问胸墙下缘的高程应为多少？

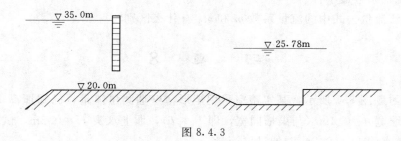

图 8.4.3

解： 计算步骤如下：

（1）判别是堰流还是闸孔出流，首先假定 $e=3.5$m、4.0m、4.5m，注意到闸前水头 $H=35.0-20.0=15.0$（m），则有

闸孔开度 $e=3.5$m、4.0m、4.5m

闸孔相对开度 $e/H=0.233$、0.267、0.30

因为 e/H 均小于 0.65，故均为闸孔出流。

（2）按宽顶堰上闸孔出流选用相应的公式以及系数。垂向收缩系数 ε_1 及流速系数 φ 可分别由表 8.3.2 和表 8.3.1 查得。当 $e=3.5$m、4.0m、4.5m 时，$\varepsilon_1=0.621$、0.623、0.625。流速系数均取 $\varphi=0.9$。

（3）判别属于自由出流还是淹没出流。为此，对各种 e 计算下述数据：

闸孔开度 $e=3.5$m、4.0m、4.5m

收缩水深 $h_c=\varepsilon_1 e=2.174$m、$2.492$m、$2.813$m

单宽流量 $q=845/(4\times6)=35.2$(m²/s)、35.2 (m²/s)、35.2 (m²/s)

下游水深 $h_t=25.78-20.0=5.78$(m)、5.78(m)、5.78(m)

共轭水深 $h''=\dfrac{h_c}{2}\left(\sqrt{1+\dfrac{8q^2}{gh_c^3}}-1\right)=9.75$m、$8.9$m、$8.18$m

因为 h'' 均大于下游水深 $h_t=5.78$m，故均为闸孔自由出流。

（4）按宽顶堰上闸孔自由出流相应流量计算公式（8.3.3）计算各种闸孔开度情况下的过闸流量（忽略行近流速的影响）。

闸孔开度 $e=3.5$m、4.0m、4.5m

流量 $Q=\varphi\varepsilon_1 nbe\sqrt{2g(H_0-h_c)}=744.5$m³/s、$844$m³/s、$939$m³/s

（5）所以闸门开度应为 $e=4.0$m，因此时过闸流量与要求的 $Q_0=845$m³/s 几乎一致。相应的胸墙下缘高程应为 $20.00+4.0=24.0$m。

思 考 题 8

8.1 试定性分析：在一定水头作用下，孔口的位置、孔口的大小及孔口的形状对流

量系数 μ 的影响。

8.2 试分析：在相同水头作用下，为什么实用堰的过水能力比宽顶堰的过水能力大？

8.3 堰流的流量系数与哪些因素有关？在所有堰流中，哪种堰流的流量系数最大，哪种堰流的流量系数最小？

8.4 堰流流量公式中的流量系数 m 和 m_0 有什么区别？

习 题 8

8.1 如习题图 8.1 所示，某实验室采用矩形薄壁堰测量流量，已知堰高 $P_1=0.6$m，$P_2=0.5$m，堰宽 $b=0.4$m（与渠槽同宽，即 $B_0=b$），堰上水头 $H=0.2$m，试求：

(1) 下游水深 $h_{t_1}=0.2$m 时的过堰流量。

(2) 下游水深 $h_{t_2}=0.4$m 时的过堰流量。

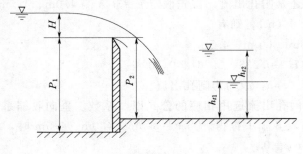

习题图 8.1

8.2 有一三角形薄壁堰，已知堰口顶角 $\theta=90°$，过堰流量 $Q=50$L/s，试求堰上水头 H。

8.3 如习题图 8.2 所示，某水库千年一遇设计洪水位为 100m，下泄的设计洪水流量 $Q_d=20000$m³/s，拟采用带胸墙的溢流孔泄流，共 14 孔，每孔净宽 $b=12$m，泄洪时闸门全开，孔高 $e=12$m，胸墙底缘为圆形。

(1) 设计水头 H_d。

(2) 堰顶高程 ∇_w。

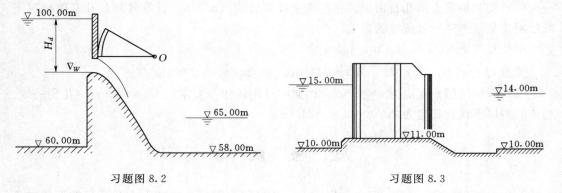

习题图 8.2　　　习题图 8.3

8.4　如习题图 8.3 所示，某宽顶堰式进水闸，共四孔，每孔宽度 $b=5\mathrm{m}$，边墩为八字形，中墩为半圆形，宽顶堰进口底坎为圆形，上游水位为 15.00m，下游水位为 14.00m，堰顶高程为 11.00m，上下游渠底高程均为 10.00m，引渠过水断面积 $A=250\mathrm{m}^2$，试求通过该闸的流量 Q。

8.5　如习题图 8.4 所示，为某灌溉干渠上的引水闸，边墩为八字形，中墩为尖角形，为防止泥沙入渠，水闸进口设置直角形闸坎，闸底板高程为 40.00m，上游河床高程为 38.50m，当通过设计流量 $Q_d=100\mathrm{m}^3/\mathrm{s}$ 时，相应上下游水位分别为 44.00m 和 43.44m，引渠流速 $v_0=1\mathrm{m}/\mathrm{s}$，取 $\varepsilon=0.904$，试在宽度为 4～5m 内选择闸孔宽度 b 及孔数 n。

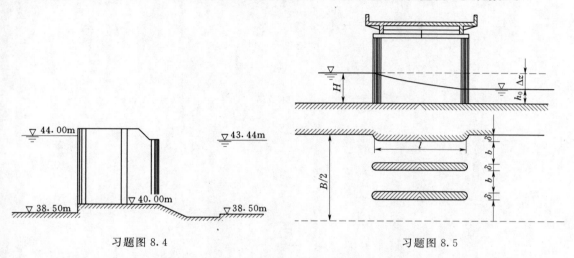

习题图 8.4　　　　　　　　　　　习题图 8.5

8.6　如习题图 8.5 所示，在一宽度 $B=21\mathrm{m}$ 的缓坡河道上建造一座桥，墩头为半圆形，桥墩厚 $d=1\mathrm{m}$，长度 $l=7\mathrm{m}$，共 5 孔，每孔净宽 $b=3\mathrm{m}$，河道中流量 $Q=64\mathrm{m}^3/\mathrm{s}$，原河道中水深 $h_0=1.6\mathrm{m}$，试求修桥后上游水面壅高值（流量系数 $m=0.385$）。

8.7　如习题图 8.6 所示，某梯形渠道上建一水闸，建闸处渠道为矩形断面，宽度 $B=12\mathrm{m}$，已知渠道底宽 $b=10\mathrm{m}$，边坡系数 $m=1.5$，粗糙系数 $n=0.0225$，底坡 $i=0.0002$，每个闸孔宽度 $b=3\mathrm{m}$，共三孔，闸前水深 $H=4\mathrm{m}$，闸前上游渠道的过水断面积 $A=64\mathrm{m}^2$，闸门开度 $e=1\mathrm{m}$，设收缩断面 $c-c$ 发生在闸墩后面，试求通过该闸的泄流量 Q。

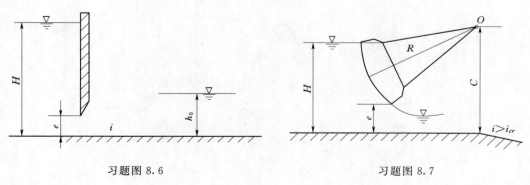

习题图 8.6　　　　　　　　　　　习题图 8.7

8.8 如习题图 8.7 所示，某矩形断面排水渠道上有一单孔弧形闸门，闸下游同一陡坡渠道相连接，已知上游水深 $H=3\text{m}$，弧形闸门门轴高 $C=4\text{m}$，闸门半径 $R=5\text{m}$，闸门开度 $e=1\text{m}$ 时，下泄流量 $Q=19.2\text{m}^3/\text{s}$，试求闸孔宽度 b。

第9章 泄水建筑物下游水流的衔接与消能

9.1 概述

9.1.1 问题的提出

一般将溢流坝、溢洪道的陡槽、水闸以及隧洞等称为泄水建筑物。泄水建筑物将上游水位抬高，势能增大，当水流下泄时，水的势能向动能转化，形成高速急流。但是天然的河道以及渠道中的水流一般为缓流，这样会引出高速水流如何与河道中的缓流较好衔接的问题。这个问题在实际工程中如果解决的不好，将会造成下游河床的冲刷、河道淤积，严重时会造成水工建筑物的失事。因此，采取有效的工程措施，人为控制泄水建筑物下游水流的衔接与消能，以确保建筑物的安全是十分必要的。

9.1.2 泄水建筑物下游水流的衔接与消能形式

根据下泄水流与尾水、河床的相对位置，主要的衔接与消能方式有以下四种。

1. 底流衔接与消能

我们知道，水跃的跃前断面是急流，跃后断面是缓流，同时水跃过程可以消除很大一部分能量。水跃的这一特点可以使水工建筑物下游水流从急流向缓流过渡，并且消除多余的能量。如图9.1.1所示，人为地修建消力池，使水跃发生在消力池内，把急流段限制在消力池中，从而实现急流与缓流的自然衔接。这种消能方式的主流在底部，故称底流衔接与消能。这种消能方式消能比较充分，消能时水流的流态比较容易控制，闸址或坝址地基受消能建筑物的保护。底流消能历史悠久，技术成熟，流态稳定，适应性强，特别是雾化影响很小。但这种消能形式在现今高坝泄洪建筑物中却应用较少，当水头和流量较大时，消力池等建筑物将过分庞大，所以底流衔接与消能多用于中低水头泄水建筑物的下游。

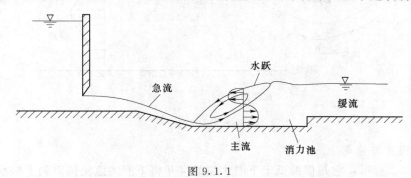

图 9.1.1

2. 挑流衔接与消能

如图9.1.2所示，在泄水建筑物的末端利用下泄水流本身的动能因势利导采用挑流坎（或称为挑流鼻坎）将水流抛射入空中，使其扩散并与空气摩擦，消除部分动能，然后水流落入下游水垫中时，又与下游水流和河床摩擦碰撞再进一步消除能量。由于这种消能方式是将高速水流抛射至远离建筑物的下游，使下落水流对河床的冲刷不危及建筑物的安全，故将这种消能和衔接方式称为挑流衔接与消能。挑流消能的优点是结构简单，投资节省，消能效果好，易于检修，特别是挑流鼻坎的体型可灵活变化，可对水舌实施有效的控制，许多工程利用表、中、底孔各自的优势，组成立体的泄洪结构，收到明显的效果。这种消能形式的缺点是水面波动大而且消能时常产生雾化现象。

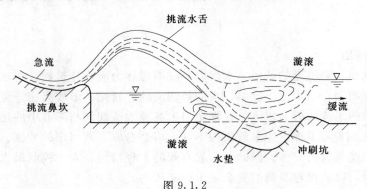

图 9.1.2

3. 面流衔接与消能

当下游河道中的水深较大且比较稳定时，如图 9.1.3 所示，用低于下游水位并有适当高度和小挑角的跌坎，将下泄的高速急流导入尾水的表面，利用尾水的顶托作用使水流扩散，以达到消能和衔接的目的。这时在跌坎后形成巨大的底部漩滚，将主流与河床分开，避免了主流冲刷河床，同时可以消除多余能量。由于衔接段的高速主流主要在下游水流的表面，故称面流衔接与消能。主要适用于单宽流量和尾水深度比较大的情况。但是影响面流流态演变过程的因素复杂，流态多变，且下游扰动传播较远，对下游河岸或护岸边坡的稳定和航运造成一定的影响。

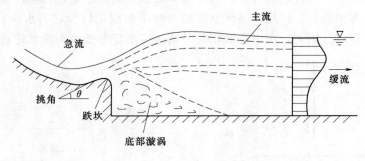

图 9.1.3

4. 戽流衔接与消能

如图 9.1.4 所示，它是借助低于下游水位的戽斗将下泄的急流挑射到下游水面形成涌浪，在涌浪上游的戽斗内形成漩滚，在涌浪下游形成表面漩滚，在主流之下形成底部漩滚，此即所谓的一浪三滚。它兼有底流和面流衔接与消能的水流特点和消能作用，故称为戽流衔接与消能。从构造上同面流跌坎相比，戽斗的跌坎低，倾角大，反弧段曲率半径小。消能效果比面流好，流态较面流易控制，其缺点是下游水面波动较大。

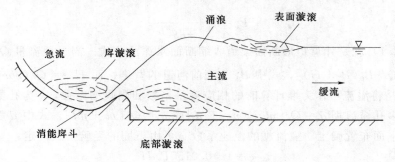

图 9.1.4

实际工程的消能方式比较复杂，可能不是单一的形式，而是几种消能方式的综合运用。如我们所介绍的戽流衔接与消能就是一个鲜明的例子。

本章将以底流和挑流衔接与消能为重点，阐述它们的水力计算方法。

9.2 底流衔接形式的判别

在底流衔接形式的判别中，泄水建筑物下游收缩断面的水深 h_c、h_c 的共轭水深 h_c'' 及下游渠道或河道中的水深 h_t 是三个重要量，必须首先确定。

1. 泄流收缩断面水深 h_c 的计算

在如图 9.2.1 所示的泄水建筑物下游坝址处，由于沿坝面下泄水流的势能转化为动能，会形成流速大和水深小的收缩断面 $c—c$。

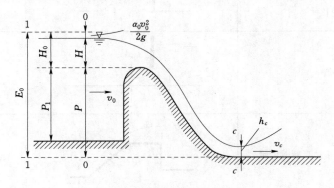

图 9.2.1

下面我们推求矩形断面河道或渠道中，溢流坝或跌坎下游收缩断面水深的计算公式。如图 9.2.1 所示，以收缩断面处河底的水平面为基准面，假设从基准面量起的坝高为 P，堰上水头为 H，行近流速为 v_0，断面 1—1 的总能量为 E_0，收缩断面处的水深、流速及单宽流量分别为 h_c、v_c 及 q_c，坝面的局部水头损失系数为 ζ，写断面 0—0 和断面 $c—c$ 的能量方程，得

$$E_0 = P + H + \frac{\alpha_0 v_0^2}{2g} = P + H_0 = h_c + \frac{\alpha_0 v_c^2}{2g} + \zeta \frac{v_c^2}{2g}$$

令 $\varphi=1/\sqrt{\alpha_c+\zeta}$，$\varphi$ 为溢流坝的流速系数，又 $v_c=q_c/h_c$，代入上式得

$$E_0=h_c+\frac{q_c{}^2}{2g\varphi^2 h_c{}^2} \tag{9.2.1}$$

式（9.2.1）就是计算矩形断面渠道收缩断面水深的公式。当过坝流量 Q 已知时，行近流速 $v_0=Q/[B_0(P_1+H)]$，式中 B_0 为坝前河道的宽度；而 $H_0=[Q/(nbm\varepsilon\sqrt{2g})]^{2/3}$，式中 m 和 ε 是将溢流坝作为堰计算时的相应流量系数和侧收缩系数，n 为孔数，b 为每孔净宽，对于多孔溢流坝 $q_c=Q/[nb+(n-1)d]$ 或 $q_c=Q/[nb+nd]$，式中 d 为闸墩厚度，这要由结构平面布置确定。溢流坝的流速系数 φ 可由下面的经验公式确定：

$$\varphi=1-0.0155P/H \tag{9.2.2}$$

其他型式的泄水建筑物的流速系数 φ 见表 9.2.1。

式（9.2.1）是关于 h_c 的一元三次方程，可以采用试算的办法求解，或者利用附图Ⅲ的图解曲线求解。

表 9.2.1　　　　泄水建筑物的流速系数 φ

	建筑物泄流方式	图　形	φ
1	堰顶有闸门的曲线实用堰		0.85～0.95
2	无闸门的曲线实用堰 1. 溢流面长度较短 2. 溢流面长度中等 3. 溢流面长度较长		1.00 0.95 0.90
3	平板闸下底孔出流		0.95～1.00
4	折线实用断面（多边形断面）堰		0.80～0.90
5	宽顶堰		0.85～0.95
6	跌水		1.00

续表

建筑物泄流方式	图　形	φ
7　末端设闸门的跌水	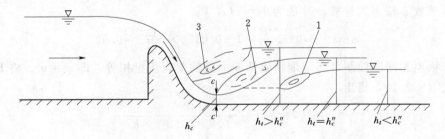	0.97~1.00

对于宽顶堰上的闸孔出流，收缩断面水深为

$$h_c = \varepsilon e \qquad (9.2.3)$$

式中：ε 为闸孔出流的铅直收缩系数；e 为闸门开度。

若收缩断面的水深为 h_c，相应的共轭水深为 h_c''，根据式（7.3.5）得

$$h_c'' = \frac{h_c}{2}\left(\sqrt{1+\frac{8q_c^2}{gh_c^3}}-1\right) \qquad (9.2.4)$$

h_c 的共轭水深 h_c'' 也可以由附图Ⅲ求得。

2. 底流衔接形式的判断

设泄水建筑物下游渠道中水深为 h_t。对于长棱柱体渠道 h_t 应是相应流量下的正常水深 h_0；若下游渠道中有建筑物，则应按非均匀流水面曲线推算出泄水建筑物下游处的水深；若为天然河道，则应按下游河道的水位流量关系曲线确定。

当泄水建筑物下游未采取工程措施时，经泄水建筑物下泄的水流将以一定形式与下游渠道中的水流衔接。以闸坝为例，一般收缩断面处为急流，而下游渠道或河道中水流为缓流，这样由急流向缓流过渡必然以水跃的形式相衔接。当下泄流量一定时，随下游水深 h_t 的变化将会产生不同的底流衔接形式。

图 9.2.2

1—远驱式水跃；2—临界式水跃；3—淹没式水跃

（1）当 $h_t < h_c''$ 时，产生远驱式水跃，如图 9.2.2 中 1 所示。这是因为跃后水深只能是 h_t，h_t 小要求的跃前水深就大，这时只有水跃前驱，在收缩断面 c—c 之后产生一段急流中的壅水曲线，当壅水深度与 h_t 共轭时才能产生水跃。

（2）当 $h_t = h_c''$ 时，产生临界式水跃，如图 9.2.2 中的 2 所示。因为这时 h_t 与 h_c 共轭，跃前断面就发生在收缩断面 c—c 处。

（3）当 $h_t > h_c''$ 时，产生淹没式水跃，如图 9.2.2 中的 3 所示。这是因为跃后水深只能是 h_t，h_t 大要求的跃前水深就小，但是跃前水深最小也只能是收缩断面水深 h_c，其结果

只能是动水压力较大的下游水体将水跃压向上游，并淹没收缩断面。

上面三种底流衔接形式虽然都是通过水跃消能，但是他们的消能效率、工程上的保护范围以及稳定性都是不相同的。远驱式水跃衔接由于急流段河渠底部需要采取工程措施，故不经济。临界式水跃虽然消能效果好，保护范围也较短，但是水跃位置不稳定。淹没式水跃衔接，当淹没度 $\sigma_j = h_t/h_c'' > 1.2$ 时，由于水跃主流扩散较慢，水跃长度较上面两种情况长，且由于表面漩滚潜入底部，紊动强度减弱，故消能效率较低。综上所述，在工程上是采用水跃淹没系数 $\sigma_j = 1.05 \sim 1.10$ 的稍许淹没的水跃衔接。这时的水跃既稳定又不太长，且消能效率较高。

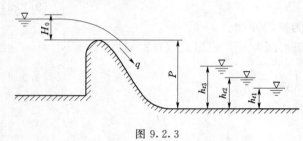

图 9.2.3

【例 9.2.1】　有一如图 9.2.3 所示的无闸门控制的克-奥 I 剖面溢流坝，坝高 $P = 13\text{m}$，当单宽流量 $q_d = 10\text{m}^2/\text{s}$ 时的流速系数 $m_d = 0.49$，若下游水深分别为 $h_{t1} = 3\text{m}$，$h_{t2} = 5.4\text{m}$，$h_{t3} = 7\text{m}$，试判别这三个下游水深时的底流衔接形式。

解：（1）收缩断面水深 h_c 的计算。公式为

$$E_0 = P + H_0 = h_c + \frac{q_c^2}{2g\varphi^2 h_c^2}$$

式中 $P = 13\text{m}$，堰上水头 H_0 由堰流公式计算，即

$$H_0 = \left(\frac{q_d}{m_d\sqrt{2g}}\right)^{2/3} = \left(\frac{10}{0.49\sqrt{2 \times 9.8}}\right)^{2/3} = 2.77(\text{m})$$

所以 $E_0 = P + H_0 = 13 + 2.77 = 15.77$（m）

流速系数 φ 按下式计算，并认为 $H \approx H_0$，则

$$\varphi = 1 - 0.0155\frac{P}{H} = 1 - 0.0155 \times \frac{13}{2.77} = 0.927$$

由于坝顶无闸门控制，所以堰顶收缩断面处的单宽流量相等，即 $q_d = q_c$。将 E_0、φ 及 q_c 代入式（9.2.1），得出

$$15.77 = h_c + \frac{10^2}{2 \times 9.8 \times 0.927^2 \times h_c^2}$$

即

$$15.77 = h_c + \frac{5.937}{h_c^2}$$

由试算得 $h_c = 0.626\text{m}$。

（2）h_c 的共轭水深 h_c'' 的计算。

$$h_c'' = \frac{h_c}{2}\left(\sqrt{1 + \frac{8q_c^2}{gh_c^3}} - 1\right) = \frac{0.626}{2} \times \left(\sqrt{1 + \frac{8 \times 10^2}{9.8 \times 0.626^3}} - 1\right) = 5.41(\text{m})$$

（3）底流衔接的判别

$h_{t1} = 3\text{m} < h_c''$　　　产生远驱式水跃；

$h_{t2} = 5.4\text{m} \approx h_c''$　　产生临界式水跃；

$h_{t3} = 7\text{m} > h_c''$　　　产生淹没式水跃。

上述 h_c 和 h_c'' 也可以由附图Ⅲ的图解曲线求得。这时临界水深为

$$h_{cr} = \sqrt[3]{\frac{\alpha q_c^2}{g}} = \sqrt[3]{\frac{1 \times 10^2}{9.8}} = 2.17(\text{m})$$

$$\zeta_0 = \frac{E_0}{h_{cr}} = \frac{15.77}{2.17} = 7.27$$

$$\varphi = 0.927$$

根据 ζ_0 和 φ 值由图中查得，$\zeta_c = h_c/h_{cr} = 0.29$，$\zeta_c'' = h_c''/h_{cr} = 2.49$，所以 $h_c = 0.629\text{m}$，$h_c'' = 5.40\text{m}$。试算结果与图解结果稍有差别，是因为作图与查图过程所引起的。

9.3　消力池的水力计算

当泄水建筑物下游发生远驱式水跃衔接时，这时可以采取工程措施使下游局部水深增加，从而形成稍许淹没的水跃。常采用的工程措施就是在泄水建筑物下游修建消力池。有三种形成消力池的方法：①降低护坦高程；②在护坦末端建造消能墙；③既降低护坦高程又修建消能墙的综合方式。消力池应该确保在池中发生稍许淹没的水跃。这样消力池除了具有一定深度外，还要有一定长度。所以消力池的水力计算任务就是确定消力池的深度 d 或消能墙的墙高 c 及消力池长度 l_B。

9.3.1　降低护坦高程形成的消力池

1. 消力池深度 d 的计算

假设溢流坝如图 9.3.1 所示，衔接形式的判别结果为 $h_c'' > h_t$，即产生远驱式水跃，需要修建消力池。设建造的消力池池深为 d，池长为 l_B，在池中恰巧产生稍许淹没的水跃，即消力池末端水深为 $h_T = \sigma_j h_{c1}''$，其中 σ_j 为水跃淹没系数，取 1.05。h_{c1}'' 是池中收缩水深 h_{c1} 的共轭水深。h_{c1} 与 h_{c1}'' 分别由下面两个公式计算：

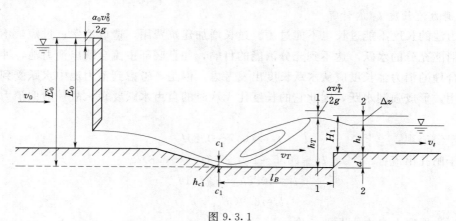

图 9.3.1

$$E_0' = E_0 + d = h_{c1} + \frac{q_c^2}{2g\varphi^2 h_{c1}^2} \tag{9.3.1}$$

$$h_{c1}'' = \frac{h_{c1}}{2}\left(\sqrt{1 + \frac{8q_c^2}{g h_{c1}^3}} - 1\right) \tag{9.3.2}$$

由消力池出口的几何关系得

$$h_T = d + h_t + \Delta z$$

或者

$$d = \sigma_j h''_{c1} - \Delta z - h_t \tag{9.3.3}$$

式中：h_t 为下游河道或渠道中的水深，一般是已知的；Δz 为消力池出口的水面落差。

消力池出口可以看作淹没宽顶堰。若以下游河床为基准面，写出图中断面 1—1 和断面 2—2 的能量方程式，令动能校正系数 $\alpha = 1$，得

$$H_1 + \frac{v_T^2}{2g} = h_t + \frac{v_t^2}{2g} + \zeta' \frac{v_t^2}{2g}$$

$$\Delta z = H_1 - h_t = (1 + \zeta') \frac{v_t^2}{2g} - \frac{v_T^2}{2g}$$

对于矩形断面渠道，$v_t = q_c / h_t$，$v_T = q_c / (\sigma_j h''_{c1})$。$\zeta'$ 为消力池出口局部水头损失系数。

令 $\varphi' = 1 / \sqrt{1 + \zeta'}$，$\varphi'$ 为宽顶堰的流速系数，一般取 $\varphi' = 0.95$。这些代入上式后，最后得出计算消力池出口水面落差公式为

$$\Delta z = \frac{q_c^2}{2g} \left[\frac{1}{(\varphi' h_t)^2} - \frac{1}{(\sigma_j h''_{c1})^2} \right] \tag{9.3.4}$$

式（9.3.1）～式（9.3.4）就是计算消力池深度 d 的基本公式。需要采用试算或者迭代法求解。试算法的步骤大致就是：首先假设一个水深 d，然后根据上面所推求的公式计算出一个池深 d_1。如果 d 与 d_1 基本相等，则认为假设的池深正确，否则重设水深 d，同上计算，直到二者基本相等为止。

当忽略式（9.3.3）中的 Δz 时，并以未挖池深时临界水跃的跃后水深 h''_c 代替 h''_{c1}，可以得出初步估计水深的近似公式：

$$d = \sigma_j h''_c - h_t \tag{9.3.5}$$

2. 消力池长度 l_B 的计算

消力池的长度不能过长也不能过短。过长增加建筑费用，造成浪费；过短，不能在池中形成消能充分的水跃，达不到充分消能的目的，并且底部主流会跳出消力池，冲刷下游河床。合理的消力池长度应从水跃长度出发考虑。但是，考虑到消力池中水跃受到升坎的阻挡作用，形成强制水跃，因此它的长度比无坎时的自由水跃要短，故一般取消力池的长度如下。

对于溢流坝：　　　　　　　　$l_B = (0.7 \sim 0.8) l_j \tag{9.3.6}$

对于闸孔出流：　　　　　　　$l_B = (0.5 \sim 1.0) e + (0.7 \sim 0.8) l_j \tag{9.3.7}$

其中：　　　　　　　　　　　$l_j = 10.8 h_{c1} (F_{r1} - 1)^{0.93}$

或者　　　　　　　　　　　　$l_j = 6.9 (h''_{c1} - h_{c1})$

式中：l_j 为平底上自由水跃的长度。

9.3.2　护坦末端建造消能墙形成的消力池

当建筑物下游产生如图 9.3.2 所示的远驱式水跃时，也可以采用修建消能墙，使墙前水位壅高，以期在池内能发生稍有淹没的水跃。其水流现象与降低护坦的消力池相比，主要区别在于消力池出口不是淹没宽顶堰流而是折线型实用堰流。水力计算的主要任务是确

定墙高 c 及池长 l_B。

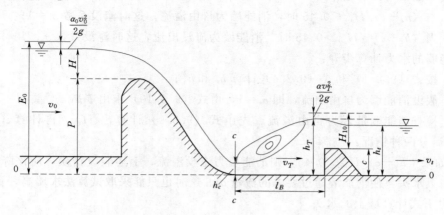

图 9.3.2

假设池中产生稍许淹没的水跃。由图中的几何关系可以得出：

$$c = \sigma_j h_c'' + \frac{q_c^2}{2g(\sigma_j h_c'')^2} - H_{10} \tag{9.3.8}$$

式中：h_c'' 为临界水跃的跃后水深；H_{10} 为折线型实用堰的堰上总水头。

折线型实用堰的堰上总水头 H_{10} 用下面的公式计算：

$$H_{10} = \left(\frac{q_c}{\sigma_s m \sqrt{2g}}\right)^{\frac{2}{3}} \tag{9.3.9}$$

式中：m 为折线型实用堰的流量系数，一般取 $m=0.42$。

将 H_0 代入式（9.3.8）后，得出：

$$c = \sigma_j h_c'' + \frac{q_c^2}{2g(\sigma_j h_c'')^2} - \left(\frac{q_c}{\sigma_s m \sqrt{2g}}\right)^{\frac{2}{3}} \tag{9.3.10}$$

式（9.3.10）是计算消能墙高度的基本公式。式中 σ_s 是消能墙的淹没系数，见表 9.3.1。

表 9.3.1 消能墙的淹没系数 σ_s 值

$\dfrac{h_s}{H_{10}}$	≤0.45	0.50	0.55	0.60	0.65	0.70	0.72	0.74	0.76	0.78
σ_s	1.00	0.990	0.985	0.975	0.960	0.940	0.930	0.915	0.900	0.885

$\dfrac{h_s}{H_{10}}$	0.80	0.82	0.84	0.86	0.88	0.90	0.92	0.95	1.00	
σ_s	0.865	0.845	0.815	0.785	0.750	0.710	0.651	0.535	0.000	

根据表 9.3.1 可拟合出下面的公式：

$$\sigma_s = 3.82 - 14.9 \frac{h_s}{H_{10}} + 25.74 \left(\frac{h_s}{H_{10}}\right)^2 - 14.66 \left(\frac{h_s}{H_{10}}\right)^3 \tag{9.3.11}$$

其中

$$h_s = h_t - c$$

式中：h_s 为消能墙上的下游水深；H_{10} 为消能墙上的总水头。

从表 9.3.1 可以看出：

(1) 当 $(h_t-c)/H_{10}\leqslant0.45$ 时，消能墙为自由溢流，这时淹没系数 $\sigma_s=1$；

(2) 当 $(h_t-c)/H_{10}>0.45$ 时，消能墙为淹没出流，这时淹没系数 $\sigma_s<1$。

消能墙的水力计算步骤：

(1) 按式 (9.2.1) 和式 (9.2.4) 计算 h_c 和 h_c''；

(2) 假设消能墙为自由出流，即 $\sigma_s=1$，由式 (9.3.10) 求出墙高 c；

(3) 检查消能墙是否为自由溢流。先由式 (9.3.9) 计算出 H_{10}，再计算 $(h_t-c)/H_{10}$，然后分两种情况：

1) 如果 $(h_t-c)/H_{10}>0.45$，则消能墙为淹没溢流，上述假设错误，应该降低墙高，以增加墙上水头，使消能墙通过要求的流量 q_c。这时也只能采取试算法求墙高，重设墙高 $c'<c$，由下式计算墙上的水头

$$H_{10}'=\sigma_j h_c''-c'+\frac{q_c^2}{2g(\sigma_j h_c'')^2}$$

再计算 $(h_t-c')/H_{10}'$，当此值大于 0.45 时由表 9.3.1 或式 (9.3.11) 求 σ_s'。最后计算墙高为 c' 的淹没溢流时通过的单宽流量

$$q=\sigma_s'm\ \sqrt{2g}\ H_{10}'^{3/2}$$

如果 $q=q_c$，则说明假设的墙高即为所求。否则重新假设墙高，当消能墙为淹没溢流时，无需再检查墙后的水流衔接形式，肯定是淹没水跃衔接。这时只设一级消能墙即可。

2) 如果 $(h_t-c)/H_{10}\leqslant0.45$，则消能墙为自由溢流，墙高计算正确，但是，这时需要检查消能墙下游的水流衔接形式。若为淹没式水跃衔接，则无需建造第二道消能墙；若为远驱式水跃衔接，还需修建第二道消能墙；如果第二道消能墙仍为自由溢流时，还需检查其后的水跃衔接形式，直到消能墙为淹没溢流或其后为淹没水跃衔接为止。一般消力池不宜超过 3 级。在检查消能墙的水流衔接形式时，可取消能墙的流速系数 $\varphi=0.9$。

9.3.3　综合式消力池

实际工程中，若单纯采取降低护坦高程的方式，开挖量太大，单纯建造消能墙，墙太高。这时可采取既降低护坦高程又加筑消能墙的综合式消力池的办法，称为综合式消力池，如图 9.3.3 所示。

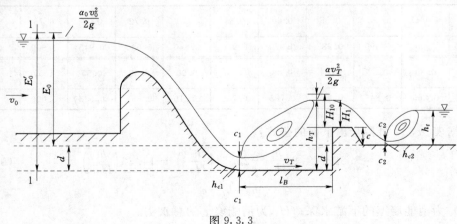

图 9.3.3

综合式消力池的水力计算分两种情况。

（1）先给定池深 d，然后计算消能墙的高度 c。这时计算消能墙墙高的方法与单独建造消能墙时的水力计算步骤基本相同，只要注意：

$$c = \sigma_j h''_{c1} + q_c^2/[2g(\sigma_j h''_{c1})^2] - d - H_{10}$$

式中：h''_{c1} 为挖池深 d 后相应的值。

（2）先求墙高 c，然后计算池深 d。这时先由墙后形成临界式水跃衔接条件求出墙高 c'，然后采用墙高 c 稍小于 c'，即墙后形成稍许淹没的水跃。再由此墙高 c 求出墙上水头 H_{10}，以后用试算法就可以求出使池中形成稍许淹没水跃的池深 d。具体步骤如下：

1）由 $H'_{10} = \left(\dfrac{q_c}{m\sqrt{2g}} \right)^{2/3}$ 求出 H'_{10}；

2）由 $\dfrac{h_t - c'}{H'_{10}} = 0.45$ 求出墙高 c'；

3）根据 c' 选取 c 值，使 c 稍小于 c'；

4）根据选取的墙高 c 求墙的淹没系数 σ_s，并由 $H_{10} = \left(\dfrac{q_c}{\sigma_s m \sqrt{2g}} \right)^{2/3}$ 求 H_{10}；

5）设一系列池深 d_1，d_2，…，d_n，求出相应的 $\sigma_j h''_{c1}$，$\sigma_j h''_{c2}$，…，$\sigma_j h''_{cn}$ 和 $q_c^2/[2g(\sigma_j h''_{c1})^2]$，$q_c^2/[2g(\sigma_j h''_{c2})^2]$，…，$q_c^2/[2g(\sigma_j h''_{cn})^2]$；

6）满足下式的 d_n 即为所求 $\sigma_j h''_{cn} + \dfrac{q_c^2}{2g(\sigma_j h''_{cn})^2} = d_n + c + H_{10}$。

为了节省计算时间，附图Ⅳ给出全套图解曲线。

9.3.4 消力池的设计流量

前面讨论消力池的水力计算是在某个给定流量及相应的下游水深条件下进行的。但建成后的消力池却要在不同的流量下运行，为了保证消力池在各个流量下都能起到控制水跃的作用，正确选择消力池的设计流量在实际工程中是十分必要的。消力池设计流量的选择要依据下述原则。

（1）对于求池深 d 的设计流量。由近似估计池深式（9.3.5）可以看出，应选择使 $h''_c - h_t$ 最大的流量作为池深的设计流量。

（2）对于求池长 l_B 的设计流量。由于池长与自由水跃长度有关，因此使自由水跃最长的流量就是池长的设计流量。由自由水跃长度 $l_j = 6.1h''$ 和 $l_j = 6.9(h'' - h')$ 可知，应选择使 $(h'' - h')$ 或使 h'' 最大的流量作为池长的设计流量。

（3）对于求消能墙高度 c 的设计流量。一般是选择使消能墙最高的流量作为墙高的设计流量。但是要注意：① 三个设计流量不一定是泄水建筑物运行时的最大流量；②三种流量不一定相等。在实际设计工程中，就存在合理选择组合设计流量的问题。

9.3.5 辅助消能工

为了提高消能效率，在消力池中设置

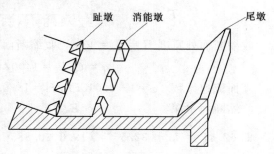

图 9.3.4

各种形式的墩或槛称为辅助消能工。辅助消能工的体型很多，下面举例说明几种辅助消能工及其作用，如图 9.3.4 所示。

（1）趾墩。设置在消力池的入口断面处，它可以分散入池水流，加剧紊动混掺作用，从而提高消能效率。

（2）消能墩。设置在池长 1/3～1/2 处，布置成一排或数排，它可以加剧池中水流的紊动混掺作用，并给水跃反作用力，从而减小水深缩短池长。

（3）尾槛。设置在消力池的出口断面处，它可以将池中具有较大流速的底部水流导向下游水体的上层，以减小对下游河床的冲刷。

根据实际工程情况，以上几种消能工既可以单独使用也可以联合使用。应注意的是：设置趾墩和消能墩处的流速不宜超过 15m/s，否则将会产生空蚀现象，使趾墩和消能墩遭到破坏。

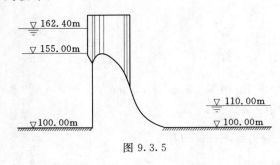

图 9.3.5

【例 9.3.1】 如图 9.3.5 所示为一 5 孔溢流坝，每孔净宽 $b=7$m，闸墩厚度 $d=2$m，上游河道宽度与下游收缩断面处河道宽度相同，即 $B_0=B_c=nb+(n-1)d$，上下游水位的高程如图所示，当每孔闸门全开时，通过的泄流量 $Q=1400$m³/s 时，试求：（1）判别底流衔接形式，如为远驱式水跃衔接，试设计消力池；（2）降低护坦高程形成消力池；（3）护坦末端建造消能墙形成消力池；（4）综合式消力池。

解：（1）底流衔接形式判别。上游水面收缩断面处河底的总能量为

$$E_0=P+H+\frac{v_0{}^2}{2g}=P+H+\frac{Q^2}{2g\left[(P_1+H)B_0\right]^2}$$

将

$$P=P_1=155-100=55(\text{m})$$
$$H=162.4-155=7.4(\text{m})$$
$$Q=1400\text{m}^3/\text{s}$$
$$B_0=nb+(n-1)d=5\times7+(5-1)\times2=43(\text{m})$$

代入上式有

$$E_0=55+7.4+\frac{1400^2}{2\times9.8\times\left[(55+7.4)\times43\right]^2}=62.41(\text{m})$$

收缩断面处宽度 $B_c=B_0=43$m，收缩断面处的单宽流量

$$q_c=Q/B_c=1400/43=32.56\text{m}^2/\text{s}$$

坝面流速系数　$\varphi=1-0.0155P/H=1-0.0155\times55/7.4=0.885$

收缩断面水深　　　　$E_0=h_c+q_c{}^2/(2g\varphi^2h_c{}^2)$

即 $62.41=h_c+32.56^2/(19.6\times0.885^2\ h_c{}^2)=h_c+\dfrac{69.06}{h_c{}^2}$

经试算得 $h_c=1.061$m。

h_c 的共轭水深

$$h''_c = \frac{h_c}{2}\left(\sqrt{1+\frac{8q_c^2}{gh_c^3}}-1\right) = \frac{1.061}{2}\times\left(\sqrt{1+\frac{8\times32.56^2}{9.8\times1.061^3}}-1\right) = 13.76(\text{m})$$

下游水深 $h_t = 110-100 = 10$ （m）。因为 $h_t < h''_c$，所以产生远驱式水跃，故要修建消力池。

（2）降低护坦高程形成的消力池。

1）池深 d 的计算。应用公式为

$$d = \sigma_j h''_{c1} - \Delta z - h_t \tag{9.3.12}$$

$$E_0 + d = h_{c1} + q_c^2/(2g\varphi^2 h_{c1}^2) \tag{9.3.13}$$

$$h''_{c1} = \frac{h_{c1}}{2}\left(\sqrt{1+\frac{8q_c^2}{gh_{c1}^3}}-1\right) \tag{9.3.14}$$

$$\Delta z = \frac{q_c^2}{2g(\varphi' h_t)^2} - \frac{q_c^2}{2g(\sigma_j h''_{c1})^2} \tag{9.3.15}$$

将式（9.3.15）代入式（9.3.12）中得

$$\sigma_j h''_{c1} + \frac{q_c^2}{2g(\sigma_j h''_{c1})^2} - d = h_t + \frac{q_c^2}{2g(\varphi' h_t)^2} \tag{9.3.16}$$

式（9.3.16）左端是池深 d 的函数，令

$$f(d) = \sigma_j h''_{c1} + \frac{q_c^2}{2g(\sigma_j h''_{c1})^2} - d \tag{9.3.17}$$

式（9.3.16）右端是某个已知常数，令

$$A = h_t + \frac{q_c^2}{2g(\varphi' h_t)^2} = 10 + \frac{32.56^2}{19.6\times0.95^2\times100} = 10.60(\text{m})$$

设一系列池深 d，然后分别由式（9.3.13）、式（9.3.14）求出相应的 h_{c1} 和 h''_{c1}，代入式（9.3.17）计算 $f(d)$，使 $f(d)$ 等于 A 值的池深即为所求。

设 $d = 4.40$m，由式（9.3.13）得

$$66.81 = h_{c1} + \frac{69.06}{h_{c1}^2}$$

解之得

$$h_{c1} = 1.025\text{m}$$

$$h''_{c1} = \frac{h_{c1}}{2}\left(\sqrt{1+\frac{8q_c^2}{gh_{c1}^3}}-1\right) = \frac{1.025}{2}\times\left(\sqrt{1+\frac{8\times32.56^2}{9.8\times1.025^3}}-1\right) = 14.0(\text{m})$$

$$f(d) = 1.05\times14 + \frac{32.56^2}{19.6\times(1.05\times14)^2} - 4.40 = 10.55(\text{m})$$

可见 $f(d) = A$，故取池深 $d = 4.40$m。

2）池长 l_B 的计算。自由水跃长度为

$$l_j = 6.9(h''_{c1} - h_{c1}) = 6.9\times(14-1.025) = 89.5(\text{m})$$

而

$$l_B = 0.75l_j = 0.75 \times 89.5 = 67.13(\text{m})$$

下面用附图 Ⅳ 的图解曲线进行计算。

$$h_{cr} = \sqrt[3]{\frac{32.56^2}{9.8}} = 4.76 \text{（m）}, \quad E_0/h_{cr} = 62.41/4.76 = 13.11, \quad h_t/h_{cr} = 10/4.76 = 2.1,$$

$\varphi = 0.885$，由此查得 $d/h_{cr} = 0.87$，所以 $d = 0.87 \times 4.76 = 4.14\text{m}$。可见两种方法计算结果近似一致。

（3）护坦末端建造消能墙形成的消力池。在消能墙计算中用到前面计算的结果有

$$q_c = 32.56\text{m}^3/\text{s}, \quad h_c = 1.061\text{m}, \quad h_c'' = 13.76\text{m}, \quad h_t = 10\text{m}, \quad h_{cr} = 4.76\text{m}, \quad E_0/h_{cr} = 13.11, \quad h_t/h_{cr} = 2.1.$$

墙高的计算，基本公式为

$$C = \sigma_j h_c'' + \frac{q_c^2}{2g(\sigma_j h_c'')^2} - \left(\frac{q_c}{\sigma_s m \sqrt{2g}}\right)^{\frac{2}{3}} \tag{9.3.18}$$

1）先假设消能墙为自由溢流。此时 $\sigma_s = 1$，又 $m = 0.42$，$\sigma_j = 1.05$，代入式（9.3.18）中得

$$C = 1.05 \times 13.76 + \frac{32.56^2}{19.6 \times (1.05 \times 13.76)^2} - \left(\frac{32.56}{1 \times 0.42 \times 4.43}\right)^{\frac{2}{3}} = 7.97(\text{m})$$

验算消能墙上的流态：

$$H_{10} = \left(\frac{q_c}{\sigma_s m \sqrt{2g}}\right)^{\frac{2}{3}} = \left(\frac{32.56}{1 \times 0.42 \times 4.43}\right)^{\frac{2}{3}} = 6.74(\text{m})$$

$$\frac{h_s}{H_{10}} = \frac{h_t - c}{H_{10}} = \frac{10 - 7.97}{6.74} = 0.301$$

由于 $h_s/H_{10} < 0.45$，假设消能墙自由溢流正确，即计算得到的墙高 c 也正确。但是，需要检查消能墙后的底流衔接形式。

2）消能墙后底流衔接形式的判别。这时消能墙前的总能量为

$$E_0' = \sigma_j h_c'' + \frac{q_c^2}{2g(\sigma_j h_c'')^2} = 1.05 \times 13.76 + \frac{32.56^2}{2 \times 9.8 \times (1.05 \times 13.76)^2} = 14.707(\text{m})$$

取消能墙的流速系数 $\varphi = 0.90$，$\zeta_0 = E_0'/h_{cr} = 14.494/4.76 = 3.04$，由此查得：$\zeta_c = h_{c1}/h_{cr} = 0.49$，$\zeta_c'' = h_{c1}''/h_{cr} = 1.76$。

所以 $h_{c1} = 0.49 \times 4.76 = 2.33$ （m），$h_{c1}'' = 1.76 \times 4.76 = 8.38$ （m）。

因为 $h_{c1}'' < h_t$，故为淹没式水跃衔接形式，不需要修建第二道消能墙。

3）池长计算。自由水跃长度为

$$l_j = 6.9(h_c'' - h_c) = 6.9 \times (13.76 - 1.061) = 87.62(\text{m})$$

消力池长度为

$$l_B = 0.75l_j = 0.75 \times 87.62 = 65.72(\text{m})$$

（4）综合式消力池。由前面的计算结果可知：只降低护坦高程需要挖深 $d = 4.40$m，只修建消能墙墙高为 $c = 7.97$m，这两个数字对于实际工程来讲都是较大的数字，尤其是墙高，故需要再设计综合式消力池，以求选择最终的设计方案。为了简便计算，全部用附图 IV 的图解曲线进行。

附图 IV 中给出不同墙高 c 与池深 d 的组合解。只要其中之一已知，就可以按图解示例方法求解。同时图中还给出了消能墙的溢流流态——自由溢流或淹没溢流，即使是自由溢流也保证墙后是稍许淹没的水跃衔接，即不需要再修建第二道消能墙。

假设取池深 $d = 2$m，求这时的墙高 c。

由

$$E_0' = E_0 + d = 62.41 + 2 = 64.41(\text{m})$$
$$E_0'/h_{cr} = 64.41/4.76 = 13.53$$
$$d/h_{cr} = 2/4.76 = 0.42$$
$$h_t/h_{cr} = 10/4.76 = 2.1$$
$$\varphi = 0.885$$

查附图 IV 有 $c/h_{cr} = 1.28$，所以 $c = 1.28 \times 4.76 = 6.10$ （m），且为淹没出流。

由图中查得 $\zeta_c = 0.218$，$\zeta_c'' = 2.9$，所以

$$h_c = 0.218 \times 4.76 = 1.038(\text{m})$$
$$h_c'' = 2.9 \times 4.76 = 13.80(\text{m})$$

自由水跃长度为

$$l_j = 6.9 \times (13.80 - 1.038) = 88.06(\text{m})$$

消力池长度为

$$l_B = 0.75 l_j = 0.75 \times 88.06 = 66.05(\text{m})$$

9.4 挑流衔接与消能

挑流消能是利用泄水建筑物下游部分的挑流鼻坎将水舌抛向空中，使其落入距离建筑物较远的下游水垫中，从而实现消能以及与下游水流的衔接。

挑流消能主要有以下两个过程。

（1）空中消能。水股从挑流鼻坎射向空中，并逐渐扩散，与空气接触面积不断扩大，在空气阻力及水股内摩擦力、掺气和相互碰撞等作用下，消耗了部分能量。水股越扩散，消能越充分。当然在这个过程中，往往会形成雾化现象。

（2）水股水下消能。扩散的水股在建筑物下游跌入河床中，仍然具有较大的动能，因此不断冲刷河床，形成冲刷坑，由于水流不断掏蚀冲刷坑，坑内水深逐渐增加，从而形成较厚的水垫，并对水股起到缓冲和消能作用。水股在冲刷坑内形成一个较大的漩滚，而漩滚产生的强烈紊动能够消耗入流水股大部分的能量。一般来说，水下消能占两者的主要部分。

挑流消能水力计算任务主要有：①确定挑流射程 L 和冲刷坑的深度 d，以及检查主体建筑物的安全；②选择合理的挑流鼻坎的尺寸（R、θ 及 α）。

9.4.1　挑流射程的计算

假设有一如图 9.4.1 所示的采用挑流消能的溢流坝。将挑流鼻坎顶端至水舌外缘到冲刷坑最深点的水平距离定义为挑距 L。由图可知，挑距 L 为挑流空中射程 L_1 和水下射程 L_2 之和，即

$$L = L_1 + L_2$$

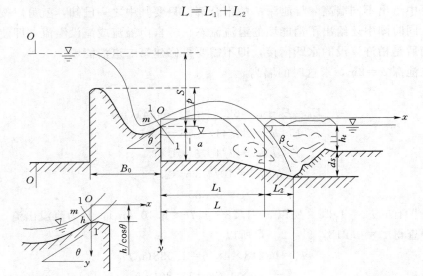

图 9.4.1

1. 空中射程 L_1

假设挑流鼻坎断面 1—1 上的流速 v 分布均匀，流速与鼻坎相切，忽略水舌的扩散、掺气、破碎与空气阻力的影响，取过鼻坎末端的铅垂线与水舌上表面的交点 O 为坐标原点，过原点取水平向右为 x 轴正向，铅直向下为 y 轴正向。由于 O 点与断面 1—1 上的 m 点很近，所以认为两点的流速相等。下面写初速度为 v 仰角为 θ 的自由抛射体参数形式的运动方程，得

$$x = v\cos\theta \cdot t \tag{9.4.1}$$

$$y = 0.5gt^2 - v\sin\theta \cdot t \tag{9.4.2}$$

由式（9.4.1）得　　　　　　　　$t = x/(v\cos\theta)$

代入式（9.4.2）得

$$y = \frac{1}{2}g\frac{1}{v^2\cos^2\theta}x^2 - \frac{\sin\theta}{\cos\theta}x$$

解之得

$$x = \frac{v^2\sin\theta\cos\theta}{g}\left(1 + \sqrt{1 + \frac{2gy}{v^2\sin^2\theta}}\right) \tag{9.4.3}$$

设鼻坎高为 a，下游水深为 h_t，出射断面水深为 h，当 $y = h/\cos\theta + a - h_t$ 时，$x = L_1$，代入式（9.4.3）得

$$L_1 = \frac{v^2\sin\theta\cos\theta}{g}\left[1 + \sqrt{1 + \frac{2g(h/\cos\theta + a - h_t)}{v^2\sin^2\theta}}\right] \tag{9.4.4}$$

式（9.4.4）中的 v 可由断面 0—0 和断面 1—1 的能量方程求得，即

$$v=\varphi\sqrt{2g(s-h/\cos\theta)}\approx\varphi\sqrt{2gs} \tag{9.4.5}$$

式中坝面的流速系数 φ 按下式计算：

$$\varphi=1-\frac{0.0077}{(q^{2/3}/s_0)^{1.15}} \tag{9.4.6}$$

其中：
$$s_0=\sqrt{p^2+B_0^2}$$

式中：s 为上游水面至鼻坎顶端的高程差；q 为坝面单宽流量；s_0 为坝面流程；p 为鼻坎顶端以上的坝高；B_0 为溢流面的水平投影长度。

式（9.4.6）适用于 $q^{2/3}/s_0=0.025\sim0.25$，当 $q^{2/3}/s_0>0.25$ 时，取 $\varphi=0.96$。

2. 水下射程 L_2

如果认为水舌射入下游水面后属于淹没出流，则水舌的外缘将沿着入水角 β 的方向直指冲刷坑的最深点，由图 9.4.1 得

$$L_2=\frac{h_t+d_s}{\tan\beta} \tag{9.4.7}$$

式中：d_s 为冲刷坑的深度。入水角 β 可由对式（9.4.3）求一阶导数得到，即

$$\frac{\mathrm{d}y}{\mathrm{d}x}=\tan\theta\sqrt{1+\frac{2gy}{v^2\sin^2\theta}}$$

当 $y=h/\cos\theta+a-h_t$ 时，水舌外缘点的 $x=L_1$，$\mathrm{d}y/\mathrm{d}x=\tan\beta$，代入上式得

$$\tan\beta=\sqrt{\tan^2\theta+\frac{2g(a-h_t+h/\cos\theta)}{v^2\cos^2\theta}} \tag{9.4.8}$$

将式（9.4.8）代入式（9.4.7），得

$$L_2=\frac{d_s+h_t}{\sqrt{\tan^2\theta+\dfrac{2g(a-h_t+h/\cos\theta)}{v^2\cos^2\theta}}} \tag{9.4.9}$$

将式（9.4.5）中的 v 代入式（9.4.4）和式（9.4.9）中，并忽略鼻坎断面的水深 $h/\cos\theta$，两式相加，最后得挑距公式为

$$L=\varphi^2s\sin2\theta\left(1+\sqrt{1+\frac{a-h_t}{\varphi^2s\sin^2\theta}}\right)+\frac{d_s+h_t}{\sqrt{\tan^2\theta+\dfrac{a-h_t}{\varphi^2s\cos^2\theta}}} \tag{9.4.10}$$

9.4.2 冲刷坑深度的计算

由于水舌在空中仅仅消除一小部分能量，大部分能量还是在水下消耗掉，所以水舌对河床的冲刷是相当严重的。当水舌的冲刷力大于河床的抗冲刷能力时，形成的冲刷坑会逐渐增大，直到冲刷坑达到一定的深度，水舌的冲刷能力降低，水舌的冲刷能力与河床的抗冲刷能力达到平衡，这时冲刷坑达到稳定。

由于中高水头挑流的冲刷坑较深，因此挑流衔接与消能一般适用于岩基上。

水流的冲刷能力一般与下泄的单宽流量 q、上下游水位差 z、下游水深 h_t、空中消能效果以及入射角 β 等因素有关。而岩石的抗冲能力一般与岩石节理的发育程度、地层的产状及胶结程度等因素有关。我国普遍采用下式估算岩基上冲刷坑的深度，即

$$d_s = kq^{0.5}z^{0.25} - h_t$$

式中：k 为岩基的挑流冲刷系数，见表 9.4.1。

表 9.4.1　　　　　　　　　　　　　**岩基挑流冲刷系数 k**

岩基类型	岩 基 构 造 特 征	挑流冲刷系数 k	
		范围	平均
Ⅳ	碎块状，节理很发育，裂隙微张或张开，部分为黏土充填	1.5～2.0	1.8
Ⅲ	碎块状，节理发育，裂隙大部分微张，部分充填	1.2～1.5	1.35
Ⅱ	大块状，节理较发育，多封闭，部分微张，少有充填	0.9～1.2	1.10
Ⅰ	巨块状，节理不发育，封闭	0.8～0.9	0.85

k 值的适用范围：$30° < \beta < 70°$。注意：只有在先算出冲刷坑的深度 d_s 以后才能计算挑流的射程 L，然后按照下式检查冲刷坑后坡是否满足坝体安全要求：

$$i = \frac{d_s}{L} < (0.2 \sim 0.4) \tag{9.4.11}$$

若此式成立，坝体安全，否则不安全。

挑流射程 L 和冲刷坑的深度 d_s 随泄水建筑物下泄的单宽流量 q 的增大而增大。一般是按设计单宽流量进行挑流计算，并检查主体建筑物的安全性，再用校核流量进行安全校核。

9.4.3　挑流鼻坎的型式与尺寸

挑流鼻坎型式有以下两种。

（1）连续型，如图 9.4.2（a）所示。其优点是施工简单，挑流射程远；缺点是消能效果不好，冲刷坑深。

（2）差动型，如图 9.4.2（b）所示。其优点是由于水舌在铅直方向上有较大的扩散，因此消能效果好，从而冲刷坑较浅；缺点是齿坎侧面易于发生空蚀破坏，且施工复杂。

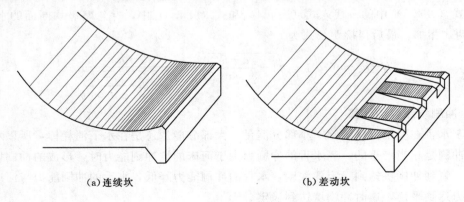

（a）连续坎　　　　　　　　　　　　（b）差动坎

图 9.4.2

在计算差动型挑坎射程 L 时，取齿坎和齿槽的平均挑角，即 $\theta = (\theta_1 + \theta_2)/2$。

对于连续型挑坎，主要尺寸有挑角 θ、反弧半径 R 及挑坎高度 a。

（1）挑角 θ。按照自由抛射体理论，当 $\theta = 45°$ 时射程最大，但这时水舌的入水角 β 增大，因而冲刷坑深度增加，水下射程 L_2 减小。另外，θ 角越大，要求的起挑流量也越大。否则将在反弧内形成横轴水滚，水流不能射出，由坎顶漫溢并跌至坎脚冲刷坝址基础。我国工程上常取 $\theta=15°\sim35°$。高挑坎时取较小值，低挑坎，大单宽流量及较小上下游水位差时取较大值。

（2）反弧半径 R。当水流在反弧段上做曲线运动时，将有部分动能转化为离心惯性能，从而使出射水流的动能减小，挑距减小。反弧半径越小离心惯性能越大，挑距越小。但是反弧半径也不能太大，否则将增加坝体的工程量。一般取 $R=(8\sim12)h$，h 为反弧最低点处水深。

（3）挑坎高度 α。挑坎高程越低出射水流的流速越大，挑距越远。但是过低的挑坎将被下游水位淹没，反而不能形成挑射，或者因为水舌下面被带走的空气得不到充分补充而造成局部负压而使射程减小。一般是使鼻坎顶端高程高出下游水面 $1\sim2m$，即

$$\alpha=h_t+(1\sim2m) \qquad (9.4.12)$$

【例 9.4.1】 有一如图 9.4.3 所示的 WES 剖面溢流坝，溢流坝共 5 孔，每孔宽度 $b=8m$，中墩厚度 $d=1.5m$，边墩及中墩均为半圆形，挑射角 $\theta=30°$，坝底宽 $B_0=35m$，上游设计水位为 90.00m，上下游河床高程均为 55.00m，下游河宽为 $nb+(n-1)d$，下游河床岩石节理较发育，且成块状，试求：（1）冲刷坑深度 d_s；（2）挑流射程 L；（3）检查冲刷坑是否危及大坝安全。

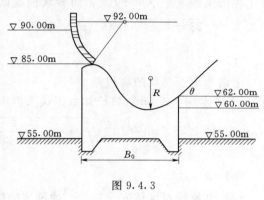

图 9.4.3

解：（1）冲刷坑深度 d_s 的计算。冲刷坑深度公式为

$$d_s=kq^{0.5}z^{0.25}-h_t$$

式中上下游水位差 $z=90-60=30$ （m），下游水深 $h_t=60-55=5$ （m），由表 9.4.1 查得岩基的挑流冲刷系数为 $k=1.35$。

下面计算鼻坎处单宽流量 q。过坝流量为

$$Q=m\varepsilon nb\sqrt{2g}H_0^{3/2}$$

在设计情况下流量系数 $m=0.502$，侧收缩系数为

$$\varepsilon=1-0.2[\xi_k+(n-1)\xi_0]\frac{H_0}{nb}$$

在非淹没情况下，边墩形状系数 $\xi_k=0.7$，中墩形状系数 $\xi_0=0.45$。坝上水头 $H_0=H_d=90-85=5$ （m），$b=8m$，$n=5$，这些数据代入上式，得：

$$\varepsilon=1-0.2\times[0.7+(5-1)\times0.45]\times\frac{5}{5\times8}=0.938$$

故

$$Q=0.502\times0.938\times5\times8\times4.43\times5^{3/2}=932.9（\text{m}^3/\text{s}）$$

单宽流量为

$$q = \frac{Q}{nb + (n-1)d} = \frac{932.9}{5 \times 8 + (5-1) \times 1.5} = 20.28(\text{m}^2/\text{s})$$

最后得冲刷坑深度为

$$d_s = 1.35 \times 20.28^{0.5} \times 30^{0.25} - 5 = 9.23(\text{m})$$

（2）挑距 L 计算。挑距公式为

$$L = \varphi^2 s \sin 2\theta \left(1 + \sqrt{1 + \frac{a - h_t}{\varphi^2 s \sin^2 \theta}} \right) + \frac{d_s + h_t}{\sqrt{\tan^2 \theta + \frac{a - h_t}{\varphi^2 s \cos^2 \theta}}}$$

式中坝面流速系数公式为

$$\varphi = 1 - \frac{0.0077}{(q^{2/3}/s_0)^{1.15}}$$

其中坝面流程 $s_0 = \sqrt{p^2 + B_0^2}$，而鼻坎顶端以上得坝高 $p = 85 - 62 = 23$ （m），$B_0 = 35\text{m}$，所以 $s_0 = \sqrt{23^2 + 35^2} = 41.88$ （m），从而

$$\varphi = 1 - \frac{0.0077}{(20.28^{2/3}/41.88)^{1.15}} = 0.944$$

上游水面至鼻坎的高程差 $s = 90 - 62 = 28$ （m），鼻坎高度 $a = 62 - 55 = 7$ （m），$\theta = 30°$，下游水深 $h_t = 5\text{m}$。将已知数据代入挑距公式有

$$L = 0.944^2 \times 28 \times \sin 60° \left(1 + \sqrt{1 + \frac{7 - 5}{0.944^2 \times 28 \times \sin^2 30°}} \right) + \frac{9.23 + 5}{\sqrt{\tan^2 30° + \frac{7 - 5}{0.944^2 \times 28 \times \cos^2 30°}}}$$

$$= 67.89(\text{m})$$

（3）冲刷坑对坝体安全检查。冲刷坑的后坡坡度为

$$i = \frac{d_s}{L} = \frac{9.23}{67.89} = 0.136$$

因为 $i < (0.2 \sim 0.4)$，所以冲刷坑对坝体的安全没有影响。

思 考 题 9

9.1　（1）泄水建筑物下游水流具有什么特点？为什么要采取工程措施消能？（2）泄水建筑物下游有几种水流衔接与消能形式？它们的消能原理是什么？各应用在什么条件下？

9.2　（1）消能墙为自由溢流时，墙后是否一定产生远驱式水跃？为什么？（2）消能墙为淹没出流时，墙后是否一定产生淹没水跃？为什么？

9.3　（1）怎样设计挑流鼻坎的尺寸？（2）挑距 L 和冲刷坑深度 d_s 与哪些因素有关？

习 　题 　9

9.1　在矩形断面河道中有一 WES 剖面溢流坝，已知设计单宽流量 $q_d = 10\text{m}^2/\text{s}$，坝高 $P_2 = 15\text{m}$，如果下游水深分别为 $h_{t1} = 4\text{m}$，$h_{t2} = 5.47\text{m}$，$h_{t3} = 6\text{m}$，试判别不同下游水

深时的底流衔接形式。

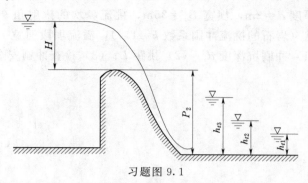

习题图 9.1

9.2 在矩形断面河道上有一平板门泄水闸，已知闸门上游水深 $H=6$m，闸门开度 e $=1.5$m，下游水深 $h_t=2.5$m，流速系数 $\varphi=0.95$，试求：（1）判别闸门下游的底流衔接形式；（2）如果产生远驱式水跃，设计一降低护坦高程式消力池。

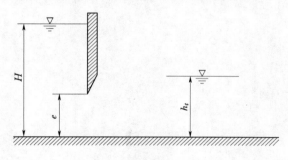

习题图 9.2

9.3 一 5 孔克－奥 II 型剖面溢流坝，每孔净宽 $b=6$m，闸墩厚度 $d=1.5$m，边墩及中墩均为半圆形，下游坝高 $P_2=20$m，在设计情况下，下泄流量 $Q_d=300\text{m}^3/\text{s}$，流量系数 $m_d=0.48$，下游水深 $h_t=3.5$m，收缩断面处河宽 $B_c=nb+nd$，试求：（1）判别坝下游的底流衔接形式；（2）如为远驱式水跃衔接，设计一消能墙式消力池。

9.4 已知数据同习题 9.3，试用图解法设计一消能墙 $c=2.0$m 的综合式消力池。

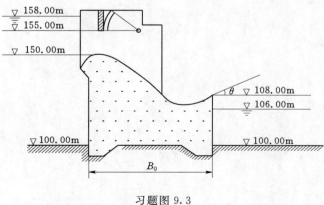

习题图 9.3

9.5　如习题图 9.3 所示某水力枢纽溢流坝，各有关高程如图中所注，共 5 孔，每孔净宽 $b=7\text{m}$，闸墩厚度 $d=2\text{m}$，坝宽 $B_0=35\text{m}$，挑流鼻坎的挑射角 $\theta=25°$，坝趾处岩石节理发育且成大块状（岩石的挑流冲刷系数 $k=1.1$），溢流坝段河宽 $B=nb+nd$，溢洪时闸门全开，试求：（1）冲刷坑深度 d_s；（2）挑距 L；（3）检查冲刷安全性。

第 10 章 液体运动的三元分析

10.1 液体微团运动的基本形式

在第 3 章中我们重点研究了液体一元运动，详细阐述了液体运动的基本原理和规律，并运用它们解决一些实际的工程问题。但是由于实际液体运动是三元流动，对于大部分的实际问题需要清楚流场中运动要素的分布规律，所以研究液体三元流动的基本原理和规律，建立相应的微分方程是十分必要的。

10.1.1 液体微团运动的基本形式

首先应该明确液体质点与液体微团的区别。液体质点是可以忽略线性尺寸效应的液体最小单元，而液体微团是液体质点组成的具有线性尺寸效应的微小液体团。

为了将液体运动加以分类和建立应力应变之间的关系，有必要研究液体微团的运动形式。根据理论力学，刚体有两种运动形式：平移和旋转。而液体运动则不同，由于液体微团在流场中各点速度不同，但又要保证液体本身的连续性，因此液体微团除有平移和旋转运动外，还有变形运动。下面将分析液体微团运动的三种形式。

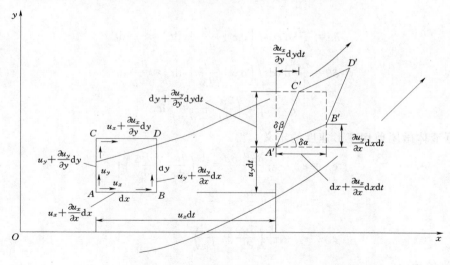

图 10.1.1

为了更清楚地说明问题，我们只研究如图 10.1.1 所示的平面运动中的液体微团。设在 t 时刻液体微团为矩形 $ABCD$，经过 dt 时段后移动到新的位置并变形为 $A'B'C'D'$。又设 t 时刻 A 点的速度为 u_x、u_y，根据泰勒级数展开，得 B、C 点的速度分别为

B 点：
$$u_x + \frac{\partial u_x}{\partial x}dx \qquad u_y + \frac{\partial u_y}{\partial x}dx$$

C 点：
$$u_x + \frac{\partial u_x}{\partial y}\mathrm{d}y \qquad u_y + \frac{\partial u_y}{\partial y}\mathrm{d}y$$

1. 平移运动

各点的速度中均包含有 u_x、u_y，由图 10.1.1 可见，u_x、u_y 是平移速度。

2. 变形运动

(1) 线变形运动。以 AB 边为例，因为角点 B 沿 x 方向的速度比角点 A 快（或慢）$\dfrac{\partial u_x}{\partial x}\mathrm{d}x$，所以经过 $\mathrm{d}t$ 时段后 AB 边在 x 方向上的伸长（或缩短）为 $\dfrac{\partial u_x}{\partial x}\mathrm{d}x\mathrm{d}t$。单位时间、单位长度的线变形称为线变形速度，并记为 $e_{ii}(i=x,\ y,\ z)$，则

$$\left.\begin{aligned} e_{xx} &= \frac{\partial u_x}{\partial x}\mathrm{d}x\mathrm{d}t/(\mathrm{d}x\mathrm{d}t)=\frac{\partial u_x}{\partial x} \\[2mm] e_{yy} &= \frac{\partial u_y}{\partial y} \\[2mm] e_{zz} &= \frac{\partial u_z}{\partial z} \end{aligned}\right\} \tag{10.1.1}$$

(2) 剪切变形运动。我们将平面上角变形速度的一半定义为液体微团的剪切变形速度，记为 e_{ij}（$i,\ j=x,\ y,\ z$，但 $i\neq j$）。由图 10.1.1 可知，A 点角速度为
$$\angle CAB - \angle C'A'B' = \delta\alpha + \delta\beta$$

而

$$\delta\alpha = \frac{\partial u_y}{\partial x}\mathrm{d}x\mathrm{d}t\Big/\left(\mathrm{d}x+\frac{\partial u_x}{\partial x}\mathrm{d}x\mathrm{d}t\right)\approx\frac{\partial u_y}{\partial x}\mathrm{d}t \tag{10.1.2}$$

$$\delta\beta = \frac{\partial u_x}{\partial y}\mathrm{d}y\mathrm{d}t\Big/\left(\mathrm{d}y+\frac{\partial u_y}{\partial y}\mathrm{d}y\mathrm{d}t\right)\approx\frac{\partial u_x}{\partial y}\mathrm{d}t \tag{10.1.3}$$

故
$$\delta\alpha + \delta\beta = \left(\frac{\partial u_y}{\partial x}+\frac{\partial u_x}{\partial y}\right)\mathrm{d}t$$

根据液体微团剪切变形速度的定义，得

$$\left.\begin{aligned} e_{xy} = e_{yx} &= \frac{1}{2}\frac{\delta\alpha+\delta\beta}{\mathrm{d}t}=\frac{1}{2}\left(\frac{\partial u_y}{\partial x}+\frac{\partial u_x}{\partial y}\right) \\[2mm] e_{yz} = e_{zy} &= \frac{1}{2}\left(\frac{\partial u_z}{\partial y}+\frac{\partial u_y}{\partial z}\right) \\[2mm] e_{zx} = e_{xz} &= \frac{1}{2}\left(\frac{\partial u_x}{\partial z}+\frac{\partial u_z}{\partial x}\right) \end{aligned}\right\} \tag{10.1.4}$$

3. 旋转运动

我们将液体微团上两条线旋转角速度的平均值定义为液体微团的旋转角速度，记为 ω_i（$i=x,\ y,\ z$）。假设直线逆时针旋转的角度为正，则由式 (10.1.2)、式 (10.1.3) 可知：单位时间内 AB 边的旋转角度为 $\dfrac{\partial u_y}{\partial x}$，如图 10.1.1 所示，单位时间内 AC 边的旋转角度为 $-\dfrac{\partial u_x}{\partial y}$，根据液体微团旋转角速度的定义，得

$$\omega_z = \frac{1}{2}\left(\frac{\partial u_y}{\partial x} - \frac{\partial u_x}{\partial y}\right)$$

$$\omega_x = \frac{1}{2}\left(\frac{\partial u_z}{\partial y} - \frac{\partial u_y}{\partial z}\right) \qquad (10.1.5)$$

$$\omega_y = \frac{1}{2}\left(\frac{\partial u_x}{\partial z} - \frac{\partial u_z}{\partial x}\right)$$

或者

$$\boldsymbol{\omega} = \omega_x \boldsymbol{i} + \omega_y \boldsymbol{j} + \omega_z \boldsymbol{k} = \frac{1}{2}\text{rot}\boldsymbol{u} \qquad (10.1.6)$$

而

$$\text{rot}\boldsymbol{u} = \begin{vmatrix} \boldsymbol{i} & \boldsymbol{j} & \boldsymbol{k} \\ \dfrac{\partial}{\partial x} & \dfrac{\partial}{\partial y} & \dfrac{\partial}{\partial z} \\ u_x & u_y & u_z \end{vmatrix} \qquad (10.1.7)$$

式中：rot$\boldsymbol{u}$ 为速度 $\boldsymbol{u}$ 的旋度。

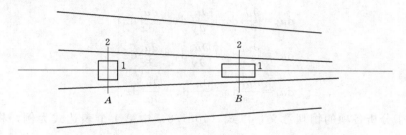

图 10.1.2

如图 10.1.2 所示一理想液体在收缩管中的流动。当液体微团由 A 移动到 B 点时，只有伸缩变形，而没有剪切变形和旋转运动，因为微团上的两条直线 1 与 2 之间的夹角及其方向没有变化。

图 10.1.3 可视为旋转水桶中的水流运动。设这时液体微团的速度 u 与旋转半径 r 成正比。若直线 1 沿流线顺时针方向旋转某一个角度 $\delta\alpha$，则由于直线 2 的外端速度大于内端速度，所以直线 2 也顺时针旋转相同的角度 $\delta\alpha$。又液体微团的旋转角速度是两条直线旋转

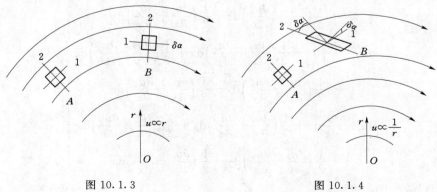

图 10.1.3   图 10.1.4

角度的平均值，所以该微团有旋转运动，但是它没有剪切变形，因为直线 1、2 始终保持垂直，即夹角没有变化。

图 10.1.4 可视为水轮机导轮中的水流运动。设这时液体微团的流速 u 与半径 r 成反比。若微团上的直线 1 沿流线顺时针方向旋转一个角度 $\delta\alpha$，则由于直线 2 的外端速度小于内端速度，所以直线 2 逆时针方向旋转相同的角度 $\delta\alpha$。根据液体微团旋转角速度的定义，最后液体微团的旋转角速度为 0，即无旋转运动。但是由于直线 1、2 间的夹角发生变化，因此有剪切变形。

10.1.2　速度分解定理

速度分解定理是用液体微团基本运动形式表示液体微团内任意相邻两点之间速度关系的定理。

设在时刻 t，某液体微团内点 $p(x,\ y,\ z)$ 的速度为 $\boldsymbol{u}(u_x,\ u_y,\ u_z)$，在同一时刻，在此液体微团上点 p 邻近点 $Q(x+\mathrm{d}x,\ y+\mathrm{d}y,\ z+\mathrm{d}z)$ 的速度为 $\boldsymbol{u}+\mathrm{d}\boldsymbol{u}(\mathrm{d}u_x,\ \mathrm{d}u_y,\ \mathrm{d}u_z)$。两点间的速度差为 $\mathrm{d}\boldsymbol{u}$，用泰勒级数展开后，并略去级数中的二阶以上各项，则两点间的速度差 $\mathrm{d}\boldsymbol{u}(\mathrm{d}u_x,\ \mathrm{d}u_y,\ \mathrm{d}u_z)$ 可近似表示为

$$\left.\begin{aligned}
\mathrm{d}u_x &= \frac{\partial u_x}{\partial x}\mathrm{d}x + \frac{\partial u_x}{\partial y}\mathrm{d}y + \frac{\partial u_x}{\partial z}\mathrm{d}z \\
\mathrm{d}u_y &= \frac{\partial u_y}{\partial x}\mathrm{d}x + \frac{\partial u_y}{\partial y}\mathrm{d}y + \frac{\partial u_y}{\partial z}\mathrm{d}z \\
\mathrm{d}u_z &= \frac{\partial u_z}{\partial x}\mathrm{d}x + \frac{\partial u_z}{\partial y}\mathrm{d}y + \frac{\partial u_z}{\partial z}\mathrm{d}z
\end{aligned}\right\} \tag{10.1.8}$$

为了便于分析各项的物理意义，以式（10.1.8）中第 1 个表达式为例，将右端第 2、第 3 项写成为

$$\frac{\partial u_x}{\partial y}\mathrm{d}y \rightarrow \frac{1}{2}\frac{\partial u_x}{\partial y}\mathrm{d}y + \frac{1}{2}\frac{\partial u_x}{\partial y}\mathrm{d}y$$

$$\frac{\partial u_x}{\partial z}\mathrm{d}z \rightarrow \frac{1}{2}\frac{\partial u_x}{\partial z}\mathrm{d}z + \frac{1}{2}\frac{\partial u_x}{\partial z}\mathrm{d}z$$

并在式（10.1.8）中第 1 个表达式中各加减一次 $\dfrac{1}{2}\dfrac{\partial u_y}{\partial x}\mathrm{d}y$、$\dfrac{1}{2}\dfrac{\partial u_z}{\partial x}\mathrm{d}z$，这样，就得到：

$$\left.\begin{aligned}
\mathrm{d}u_x &= \frac{\partial u_x}{\partial x}\mathrm{d}x + \frac{1}{2}\left(\frac{\partial u_x}{\partial y}+\frac{\partial u_y}{\partial x}\right)\mathrm{d}y + \frac{1}{2}\left(\frac{\partial u_x}{\partial z}+\frac{\partial u_z}{\partial x}\right)\mathrm{d}z \\
&\quad + \frac{1}{2}\left(\frac{\partial u_x}{\partial z}-\frac{\partial u_z}{\partial x}\right)\mathrm{d}z - \frac{1}{2}\left(\frac{\partial u_y}{\partial x}-\frac{\partial u_x}{\partial y}\right)\mathrm{d}y \\
\mathrm{d}u_y &= \frac{\partial u_y}{\partial y}\mathrm{d}y + \frac{1}{2}\left(\frac{\partial u_y}{\partial x}+\frac{\partial u_x}{\partial y}\right)\mathrm{d}x + \frac{1}{2}\left(\frac{\partial u_z}{\partial y}+\frac{\partial u_y}{\partial z}\right)\mathrm{d}z \\
&\quad + \frac{1}{2}\left(\frac{\partial u_y}{\partial x}-\frac{\partial u_x}{\partial y}\right)\mathrm{d}x - \frac{1}{2}\left(\frac{\partial u_z}{\partial y}-\frac{\partial u_y}{\partial z}\right)\mathrm{d}z \\
\mathrm{d}u_z &= \frac{\partial u_z}{\partial z}\mathrm{d}z + \frac{1}{2}\left(\frac{\partial u_z}{\partial y}+\frac{\partial u_y}{\partial z}\right)\mathrm{d}y + \frac{1}{2}\left(\frac{\partial u_x}{\partial z}+\frac{\partial u_z}{\partial x}\right)\mathrm{d}x \\
&\quad + \frac{1}{2}\left(\frac{\partial u_z}{\partial y}-\frac{\partial u_y}{\partial z}\right)\mathrm{d}y - \frac{1}{2}\left(\frac{\partial u_x}{\partial z}-\frac{\partial u_z}{\partial x}\right)\mathrm{d}x
\end{aligned}\right\} \tag{10.1.9}$$

在式（10.1.9）中令

$$e_{xx} = \frac{\partial u_x}{\partial x}, e_{yy} = \frac{\partial u_y}{\partial y}, e_{zz} = \frac{\partial u_z}{\partial z} \tag{10.1.10}$$

$$\left.\begin{aligned}
e_{xy} = e_{yx} = \frac{1}{2}\left(\frac{\partial u_y}{\partial x} + \frac{\partial u_x}{\partial y}\right) \\
e_{yz} = e_{zy} = \frac{1}{2}\left(\frac{\partial u_z}{\partial y} + \frac{\partial u_y}{\partial z}\right) \\
e_{zx} = e_{xz} = \frac{1}{2}\left(\frac{\partial u_x}{\partial z} + \frac{\partial u_z}{\partial x}\right)
\end{aligned}\right\} \tag{10.1.11}$$

$$\left.\begin{aligned}
\omega_x = \omega_{yz} = \frac{1}{2}\left(\frac{\partial u_z}{\partial y} - \frac{\partial u_y}{\partial z}\right) \\
\omega_y = \omega_{zx} = \frac{1}{2}\left(\frac{\partial u_x}{\partial z} - \frac{\partial u_z}{\partial x}\right) \\
\omega_z = \omega_{xy} = \frac{1}{2}\left(\frac{\partial u_y}{\partial x} - \frac{\partial u_x}{\partial y}\right)
\end{aligned}\right\} \tag{10.1.12}$$

将式（10.1.10）～式（10.1.12）代入式（10.1.9），并考虑到点 p 的速度为 $u_p = u$，点 Q 的速度为 $u_Q = u + \mathrm{d}u$，最后得

$$\left.\begin{aligned}
u_{xQ} = u_x + e_{xx}\mathrm{d}x + (e_{xy} - \omega_z)\mathrm{d}y + (e_{zx} + \omega_y)\mathrm{d}z \\
u_{yQ} = u_y + (e_{xy} + \omega_z)\mathrm{d}x + e_{yy}\mathrm{d}y + (e_{yz} - \omega_x)\mathrm{d}z \\
u_{zQ} = u_z + (e_{zx} - \omega_y)\mathrm{d}x + (e_{yz} + \omega_x)\mathrm{d}y + e_{zz}\mathrm{d}z
\end{aligned}\right\} \tag{10.1.13}$$

式（10.1.13）就是速度分解定理的具体表达式，也称为亥姆霍兹（Helmholtz）定理。它说明液体微团上任意一点 $p(x, y, z)$ 邻近点 $Q(x + \mathrm{d}x, y + \mathrm{d}y, z + \mathrm{d}z)$ 的速度可分解为三部分：①与 p 点相同的平移速度；②变形在 Q 点引起的速度；③绕 p 点旋转在 Q 点引起的速度。由于可以将变形运动从一般运动中分解出来，从而有可能将液体变形速度同液体的应力联系起来，这使研究实际液体的运动成为可能。又由于可以将旋转运动从一般运动中分解出来，将液体的运动可分为无涡（旋）流和有涡（旋）流，从而有可能对它们分别进行研究。因此，速度分解定理在水力学中具有重要意义。

【例 10.1.1】 已知二元平板间层流运动的流速分布为 $u_x = u_{x\max}\left(1 - \frac{y^2}{h^2}\right)$，$u_y = 0$ 其中 h 为两平板间的距离的一半。试求：该流动中液体微团所具有的运动形式。

解： 因为 $e_{xx} = \frac{\partial u_x}{\partial x} = 0$，$e_{yy} = \frac{\partial u_y}{\partial y} = 0$，所以没有伸缩变形。

因为 $e_{xy} = \frac{1}{2}\left(\frac{\partial u_y}{\partial x} + \frac{\partial u_x}{\partial y}\right) = -\frac{u_{x\max}}{h^2}y$，所以有剪切变形。

因为 $\omega_z = \frac{1}{2}\left(\frac{\partial u_y}{\partial x} - \frac{\partial u_x}{\partial y}\right) = \frac{u_{x\max}}{h^2}y$，所以有旋转变形。

如图 10.1.5 所示，当液体微团由位置 A 运动到位置 B 时，形状由正方形变为平行四边形，各边的长度没有改变。但是，直线 1 和直线 2 间夹角发生变化，即有剪切变形。同时直线 2 发生了逆时针方向的旋转，即液体微团有旋转运动。

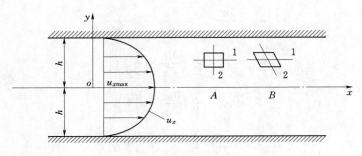

图 10.1.5

10.2　无涡流与有涡流

10.2.1　无涡流

若液体流动时每个液体微团不存在绕自身轴的旋转运动，即 $\boldsymbol{\omega}(\omega_x,\ \omega_y,\ \omega_z)=0$，则称此流动为无涡流，也称为无旋流；若液体流动时每个微团都存在着绕自身轴的旋转运动，则称此流动为有涡流。这是两种本质不同的流动。其中应该特别注意的是：涡是指液体微团绕自身轴旋转的运动，不要将涡与液体质点运动的轨迹相混淆。图 10.2.1（a）中的流动是无涡流，图 10.2.1（b）、（c）中的流动是有涡流。

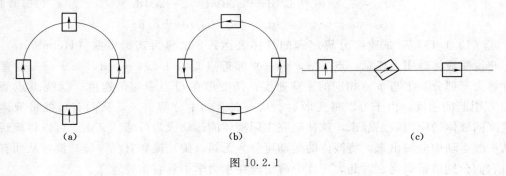

图 10.2.1

由无涡流的定义可得

$$
\left.
\begin{aligned}
\omega_x &= \frac{1}{2}\left(\frac{\partial u_z}{\partial y}-\frac{\partial u_y}{\partial z}\right)=0 \\
\omega_y &= \frac{1}{2}\left(\frac{\partial u_x}{\partial z}-\frac{\partial u_z}{\partial x}\right)=0 \\
\omega_z &= \frac{1}{2}\left(\frac{\partial u_y}{\partial x}-\frac{\partial u_x}{\partial y}\right)=0
\end{aligned}
\right\}
\tag{10.2.1}
$$

或者

$$
\frac{\partial u_z}{\partial y}=\frac{\partial u_y}{\partial z},\ \frac{\partial u_x}{\partial z}=\frac{\partial u_z}{\partial x},\ \frac{\partial u_y}{\partial x}=\frac{\partial u_x}{\partial y}
\tag{10.2.2}
$$

由高等数学可知，式（10.2.2）是 $u_x\mathrm{d}x+u_y\mathrm{d}y+u_z\mathrm{d}z$ 为某一函数 $\varphi(x,\ y,\ z;\ t)$ 的全微分的充分必要条件，其中 t 为参变量。

于是：

$$d\varphi = u_x dx + u_y dy + u_z dz \tag{10.2.3}$$

又因

$$d\varphi = \frac{\partial \varphi}{\partial x} dx + \frac{\partial \varphi}{\partial y} dy + \frac{\partial \varphi}{\partial z} dz$$

对比上面两式可知：无涡流时必然存在着函数 $\varphi(x, y, z; t)$，它与流速之间存在着下面的关系：

$$u_x = \frac{\partial \varphi}{\partial x}, u_y = \frac{\partial \varphi}{\partial y}, u_z = \frac{\partial \varphi}{\partial z} \tag{10.2.4}$$

或者写成

$$\boldsymbol{u} = \nabla \varphi = \text{grad}\varphi \tag{10.2.5}$$

即

$$u_x \boldsymbol{i} + u_y \boldsymbol{j} + u_z \boldsymbol{k} = \frac{\partial \varphi}{\partial x} \boldsymbol{i} + \frac{\partial \varphi}{\partial y} \boldsymbol{j} + \frac{\partial \varphi d}{\partial z} \boldsymbol{k}$$

仿照引力场中力势函数的概念，称 $\varphi(x, y, z; t)$ 为流速势函数，$\nabla \varphi$ 和 $\text{grad}\varphi$ 称为流速势函数 φ 的梯度。由于无涡流中存在着流速势函数，因此也称无涡流为势流。但是，流速势函数不具有势能的意义。

由式（10.2.4）可知：在指定的瞬时 t，流速势函数在某一方向的偏导数等于速度向量 u 在该方向上的投影。所以，求解势流问题就归结为求流速势函数 φ。

10.2.2 有涡流

在液体流动时，当液体微团存在着绕自身轴的旋转运动时，即 $\omega \neq 0$ 时的流动称为有涡流。与 10.1 节对比，如果说求解无涡流（即势流）的关键在于求出全流场流速势函数 φ 的分布 $\varphi(x, y, z; t)$，那么在有涡流中关键则是求出全流场各点的旋转角速度矢量 $\boldsymbol{\omega}(x, y, z; t)$，所以说有涡流可以用旋转角速度或旋涡矢量 $\boldsymbol{\omega}$ 表示。如同速度场一样存在着涡场，同时在涡场中也有涡线涡管元涡及涡量等概念。

1. 涡线、涡管、元涡及涡量

涡线是一条瞬时曲线，在同一瞬时，在这条曲线上所有空间点处的旋涡向量与该曲线相切。设旋涡向量 $\boldsymbol{\omega}(\omega_x, \omega_y, \omega_z)$，则涡线微分方程为

$$\frac{dx}{\omega_x(x,y,z;t)} = \frac{dy}{\omega_y(x,y,z;t)} = \frac{dz}{\omega_z(x,y,z;t)} \tag{10.2.6}$$

对于非恒定流上式中的 t 为参数，恒定流时则不出现 t。

在涡场中通过某一闭曲线上各点的涡线所形成的管称为涡管。

横断面面积很小的涡管内的流体称为元流或者涡束。

设元涡的横断面面积为 dA，液体微团的平均旋转角矢量或旋涡矢量 $\boldsymbol{\omega}(\omega_x, \omega_y, \omega_z)$，则我们将元流的横截面面积 dA 与 2 倍旋涡矢量 $\boldsymbol{\omega}$ 的点积定义为元涡的涡量或涡管强度，对于整个涡管横断面上的涡量或涡管强度记为 J，则

$$J = \iint_A 2\boldsymbol{\omega} \cdot d\boldsymbol{A} = \iint_A 2\omega_n dA \tag{10.2.7}$$

涡线、涡管、元涡涡量如图 10.2.2 所示。

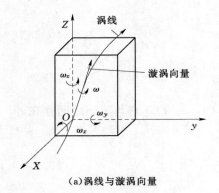 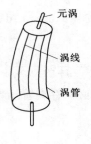 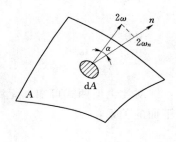

（a）涡线与漩涡向量　　　　　（b）涡管与元涡　　　　　（c）涡量

图 10.2.2

2. 速度环量

在流场中取一闭曲线 s，设线元向量为 $ds = dx\boldsymbol{i} + dy\boldsymbol{j} + dz\boldsymbol{k}$，其上速度向量为 $\boldsymbol{u} = u_x\boldsymbol{i} + u_y\boldsymbol{j} + u_z\boldsymbol{k}$，$\boldsymbol{u}$ 在 ds 方向的分量为 $u_t = |\boldsymbol{u}|\cos\theta$，如图 10.2.3 所示。我们将 u_t 与 ds 的乘积沿闭曲线 s 积分定义为速度环量，即

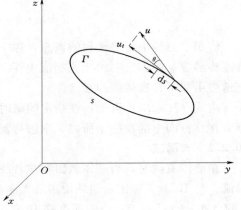

$$\Gamma = \oint_s u_t ds = \oint_s |\boldsymbol{u}|\cos\theta \cdot ds = \oint_s \boldsymbol{u} \cdot ds$$
$$= \oint_s u_x dx + u_y dy + u_z dz$$

（10.2.8）

式中：θ 为 ds 与 $\boldsymbol{u}$ 的夹角。

图 10.2.3

注意：速度环量是标量；速度方向与积分路径方向一致时 Γ 为正。一般取逆时针方向积分路径为正，即逆时针方向的速度环量为正。速度环量 Γ 具有瞬时性。

当流动为无涡流，即势流时：

$$u_x = \frac{\partial\varphi}{\partial x}, u_y = \frac{\partial\varphi}{\partial y}, u_z = \frac{\partial\varphi}{\partial z}$$

代入式（10.2.8），得

$$\Gamma = \oint_s \left(\frac{\partial\varphi}{\partial x}dx + \frac{\partial\varphi}{\partial y}dy + \frac{\partial\varphi}{\partial z}dz\right) = \oint_s d\varphi$$

当流速势函数 φ 为单值时，上面的积分为 0，则得 Γ 为 0。反之 Γ 值不为 0 时一定是有涡流，这可由下面的斯托克斯定理证明。

3. 斯托克斯定理

沿任意闭曲线 s 的速度环量 Γ，等于以此闭曲线为边界的面积 A 上的涡量 J，即

$$\Gamma = \oint_s \boldsymbol{u} \cdot ds = \iint_A 2\boldsymbol{\omega} \cdot dA = \iint_A 2\omega_n dA \qquad (10.2.9)$$

证明：取如图 10.2.4 所示的微小矩形边界，各角点的速度如图中所注，现计算速度

环量 $d\Gamma_z$。

$$d\Gamma_z = u_x \mathrm{d}x + \left(u_y + \frac{\partial u_y}{\partial x}\mathrm{d}x\right)\mathrm{d}y - \left(u_x + \frac{\partial u_x}{\partial y}\mathrm{d}y\right)\mathrm{d}x - u_y\mathrm{d}y$$

$$= \left(\frac{\partial u_y}{\partial x} - \frac{\partial u_x}{\partial y}\right)\mathrm{d}x\mathrm{d}y = 2\omega_z\mathrm{d}A$$

同理，有

$$\mathrm{d}\Gamma_y = 2\omega_y\mathrm{d}A$$

$$\mathrm{d}\Gamma_x = 2\omega_x\mathrm{d}A$$

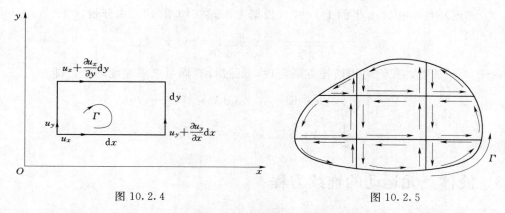

图 10.2.4   图 10.2.5

即微元环量等于微元面积上的涡量，这就是微元面积而言的斯托克斯定理。对于有限面积 A 也有同样的结论。如图 10.2.5 所示，将 A 平分成许多矩形和三角形，除面积 A 周边的速度环量外，内边界的速度环量在相加时都会抵消掉。对于曲线也可以以此类推，最后，得：

$$\Gamma = \iint_A 2\omega_n\mathrm{d}A$$

斯托克斯定理将速度环量与涡量联系起来了。这样，可以通过分析速度环量来研究有涡流。其优点主要有以下两方面：

（1）根据速度环量可以较容易地推求涡量和液体微团的旋转角速度。因为速度环量是线积分，被积函数是速度本身，而涡量是面积分，被积函数是速度的偏导数，当然计算线积分要比计算面积分容易。

（2）液体微团的速度可以测量，但是，涡量和液体微团的旋转角速度不能直接测量。只有当液体微团的旋转角速度为常数时，通过计算涡量求速度环量才更显简便，见［例 10.2.1]。

【例 10.2.1】已知某平面流动的速度场为 $u_x = 2a\sqrt{y^2+z^2}$，$u_y = 0$，其中 a 为常数。试求：（1）涡线方程式；（2）沿闭曲线 $x^2+y^2 = b^2$ 的速度环量。

解：（1）涡线方程式。

$$\omega_y = \frac{1}{2}\left(\frac{\partial u_x}{\partial z} - \frac{\partial u_z}{\partial x}\right) = \frac{az}{\sqrt{y^2+z^2}}$$

$$\omega_z = \frac{1}{2}\left(\frac{\partial u_y}{\partial x} - \frac{\partial u_x}{\partial y}\right) = -\frac{ay}{\sqrt{y^2+z^2}} \qquad (10.2.10)$$

涡线方程式为

$$\frac{\mathrm{d}y}{\omega_y}=\frac{\mathrm{d}z}{\omega_z} \quad 即 \quad \frac{\mathrm{d}y}{\dfrac{az}{\sqrt{y^2+z^2}}}=\frac{\mathrm{d}z}{\dfrac{-ay}{\sqrt{y^2+z^2}}}$$

简化为

$$\frac{\mathrm{d}y}{z}=\frac{\mathrm{d}z}{-y}$$

积分得 $\qquad y^2+z^2=C$，为 yoz 平面上得圆簇。

（2）速度环量。在 xoy 平面上 $z=0$，根据上面式（10.2.10）涡分量：

$$\omega_z=-\frac{ay}{\sqrt{y^2+z^2}}=-\frac{ay}{\sqrt{y^2+0}}=-a（常数）$$

由于 $\omega_z=$ 常数，我们应用斯托克斯定理，通过计算涡量来求速度环量，即

$$\Gamma=\oint_{x^2+y^2=b^2}\boldsymbol{u}\cdot\mathrm{d}\boldsymbol{s}=\iint_A 2\omega_z\mathrm{d}A=\iint_A 2(-a)\mathrm{d}A$$

$$=-2a\iint_A\mathrm{d}A=-2a\pi b^2=-2\pi ab^2$$

10.3　液体三元运动的连续方程

在第 3 章中应用控制体概念已经推求出一元流得连续性方程式（3.4.6）。下面将应用控制体概念根据质量守恒定律，导出液体三元运动连续方程。

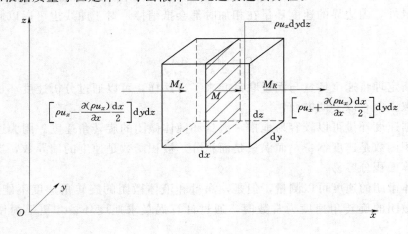

图 10.3.1

在如图 10.3.1 所示的直角坐标系中，取出边长分别为 $\mathrm{d}x$、$\mathrm{d}y$、$\mathrm{d}z$ 的微元直角六面体作为控制体。设六面体中点 $M(x,\ y,\ z)$ 处的速度为 $\boldsymbol{u}(u_x,\ u_y,\ u_z)$，密度为 ρ。

现以 x 方向为例。$\boldsymbol{u}$ 是中心点 M 的速度，u_x 是 $\boldsymbol{u}$ 在 x 方向的分速度，ρu_x 是单位时间内通过单位面积的质量，称为 M 点处的质量密度。将 ρu_x 在 M 点的邻域按泰勒级数展开，并略去二阶以上的高阶小量，则得六面体左右侧面上中心点 M_L 和 M_R 处的质量密度分别为

$$\rho u_x - \frac{\partial(\rho u_x)}{\partial x}\frac{\mathrm{d}x}{2} \text{ 和 } \rho u_x + \frac{\partial(\rho u_x)}{\partial x}\frac{\mathrm{d}x}{2}$$

假设质量密度在 M_L 和 M_R 所在的平面上均匀分布，则单位时间内流入流出这两个平面的质量分别为

$$\rho u_x - \frac{\partial(\rho u_x)}{\partial x}\frac{\mathrm{d}x}{2}\mathrm{d}y\mathrm{d}z \text{ 和 } \rho u_x + \frac{\partial(\rho u_x)}{\partial x}\frac{\mathrm{d}x}{2}\mathrm{d}y\mathrm{d}z$$

单位时间内 x 方向上流出与流入控制体的液体的质量差则为

$$\frac{\partial(\rho u_x)}{\partial x}\mathrm{d}x\mathrm{d}y\mathrm{d}z$$

同理可得单位时间内在 y、z 方向上控制体的液体质量差分别为

$$\frac{\partial(\rho u_y)}{\partial y}\mathrm{d}x\mathrm{d}y\mathrm{d}z \text{ 和 } \frac{\partial(\rho u_z)}{\partial z}\mathrm{d}x\mathrm{d}y\mathrm{d}z$$

单位时间内流出与流入控制体的液体总的质量差为

$$\left[\frac{\partial(\rho u_x)}{\partial x} + \frac{\partial(\rho u_y)}{\partial y} + \frac{\partial(\rho u_z)}{\partial z}\right]\mathrm{d}x\mathrm{d}y\mathrm{d}z \tag{10.3.1}$$

设六面体内液体原来的平均密度为 ρ，质量为 $\rho\mathrm{d}x\mathrm{d}y\mathrm{d}z$，在 $\mathrm{d}t$ 时间段后，平均密度变为 $\rho + \frac{\partial\rho}{\partial t}\mathrm{d}t$，质量变为 $\left(\rho + \frac{\partial\rho}{\partial t}\mathrm{d}t\right)\mathrm{d}x\mathrm{d}y\mathrm{d}z$。所以在 $\mathrm{d}t$ 时间内六面体内因密度的变化而引起的质量变化为 $\frac{\partial\rho}{\partial t}\mathrm{d}x\mathrm{d}y\mathrm{d}z\mathrm{d}t$，单位时间内六面体内质量变化为

$$\frac{\partial\rho}{\partial t}\mathrm{d}x\mathrm{d}y\mathrm{d}z \tag{10.3.2}$$

根据连续方程式（3.4.1）、式（10.3.1）与式（10.3.2）之和应等于零，得

$$\frac{\partial\rho}{\partial t} + \frac{\partial(\rho u_x)}{\partial x} + \frac{\partial(\rho u_y)}{\partial y} + \frac{\partial(\rho u_z)}{\partial z} = 0 \tag{10.3.3}$$

或写成

$$\frac{\partial\rho}{\partial t} + \nabla\cdot(\rho\boldsymbol{u}) = 0 \tag{10.3.4}$$

$$\frac{\partial\rho}{\partial t} + \mathrm{div}(\rho\boldsymbol{u}) = 0 \tag{10.3.5}$$

式（10.3.3）～式（10.3.5）就是液体三元运动的连续方程。

对于不可压缩液体不管是恒定流还是非恒定流，$\partial\rho/\partial t = 0$，所以连续性方程为

$$\frac{\partial u_x}{\partial x} + \frac{\partial u_y}{\partial y} + \frac{\partial u_z}{\partial z} = 0 \tag{10.3.6}$$

或者
$$\mathrm{div}\boldsymbol{u} = 0 \tag{10.3.7}$$

$\mathrm{div}\boldsymbol{u}$ 称为速度 $\boldsymbol{u}$ 的散度，它是液体的体积变化率。对于不可压缩液体，且内部没有奇点（源或者汇），速度 $\boldsymbol{u}$ 的散度一定为 0。此条件约束着微团的变形，若液体微团在一个方向上伸长，则在另外两个方向上至少有一个方向上是缩短的。若速度 u 的散度不为 0，说明流场内一定有奇点（源或者汇）存在。

【例 10.3.1】已知空间流动的速度分量分别为 $u_x = 2x+1$，$u_y = 4y+2$，$u_z = 6z+3$
试求：通过如图 10.3.2 所示的中心在坐标原点半轴长分别为 $a = 1.0\mathrm{m}$，$b = 0.8\mathrm{m}$，

$c=0.6m$ 的椭球表面的流量 Q。

解：通过整个球表面的流量可以用下面的面
积分计算，即

$$Q = \int_A \boldsymbol{u} \cdot d\boldsymbol{A}$$

根据面积分与体积分之间的关系有

$$Q = \int_A \boldsymbol{u} \cdot d\boldsymbol{A} = \int_V \nabla \cdot \boldsymbol{u} dV = \int_A \mathrm{div}\boldsymbol{u} dV$$

又　　$\mathrm{div}\boldsymbol{u} = \dfrac{\partial u_x}{\partial x} + \dfrac{\partial u_y}{\partial y} + \dfrac{\partial u_z}{\partial z} = 12$

故得

$$Q = 12\int_V dV = 12 \times \frac{4}{3}\pi abc = 24.13(\mathrm{m^3/s})$$

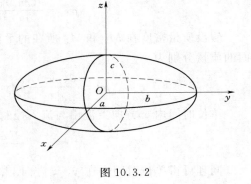

图 10.3.2

10.4　理想液体的运动微分方程

10.4.1　欧拉运动微分方程

10.3 节建立的连续性方程只反映了液体运动的运动条件，即液体质点速度之间的关系，它没有说明液体运动的动力条件，即作用力与质点速度之间的关系，而本节要建立作用在理想液体上的力与质点速度之间的关系，即建立欧拉运动微分方程。

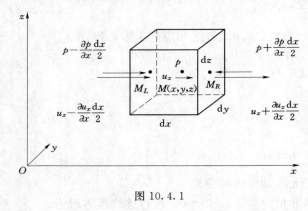

图 10.4.1

如图 10.4.1 所示，在理想液体中取出各边分别平行于各坐标轴，边长分别为 dx、dy、dz 的直角六面体作为微分控制体。设六面体中心点 $M(x, y, z)$ 处的动水压强为 p，密度为 ρ，速度的三个分量为 u_x、u_y、u_z，加速度的三个分量为 $\dfrac{Du_x}{Dt}$、$\dfrac{Du_y}{Dt}$、$\dfrac{Du_z}{Dt}$。又设在 x、y、z 轴方向上的单位质量力为 X、Y、Z。

下面对所取控制体应用动量方程式 (3.3.16)，即

$$F_{cv} = \frac{\partial}{\partial t}\int_{cv} \boldsymbol{u}\rho dV + \int_{cs} \boldsymbol{u}\rho\boldsymbol{u} \cdot d\boldsymbol{A}$$

对于 x 方向，上式变为

$$F_{cvx} = \frac{\partial}{\partial t}\int_{cv} \boldsymbol{u}_x\rho dV + \int_{cs} \boldsymbol{u}_x \cdot \rho\boldsymbol{u} \cdot d\boldsymbol{A} \qquad (10.4.1)$$

为了积分式 (10.4.1)，需要应用数学上将面积分与体积分相互转化的高斯定理。该定理表达式为

$$\int_S \boldsymbol{A} \cdot \mathrm{d}\boldsymbol{S} = \int_V (\nabla \cdot \boldsymbol{A}) \mathrm{d}V = \int_V \left(\frac{\partial A_x}{\partial x} + \frac{\partial A_y}{\partial y} + \frac{\partial A_z}{\partial z} \right) \mathrm{d}V \tag{10.4.2}$$

它说明向量 A 在闭曲面 S 上的面积分等于向量 A 的散度（$\nabla \cdot A$）在闭曲面 S 所围的体积 v 上的体积分。

作用在控制体上 x 方向上的质量力为

$$\int_{cv} \rho X \mathrm{d}V \tag{10.4.3}$$

作用在控制体上的表面力为 $\int_{cs} - p \mathrm{d}A$ ，根据高斯定理可变为

$$\int_{cs} - p \mathrm{d}A = \int_{cv} - \frac{\partial p}{\partial x} \mathrm{d}V \tag{10.4.4}$$

考虑到控制体体积上的表面力不随时间变化，式（10.4.1）右端的第一项的偏微分符号可移到积分号内，即

$$\frac{\partial}{\partial t} \int_{cv} u_x \rho \mathrm{d}V = \int_{cv} \frac{\partial (\rho u_x)}{\partial t} \mathrm{d}V \tag{10.4.5}$$

式（10.4.1）右端第二项用高斯定理变为

$$\int_{cs} u_x \rho \boldsymbol{u} \cdot \mathrm{d}\boldsymbol{A} = \int_{cv} (\nabla \cdot \rho u_x \boldsymbol{u}) \mathrm{d}V \tag{10.4.6}$$

将式（10.4.3）～式（10.4.6）代入式（10.4.1），并去掉两端的积分符号得

$$\rho X - \frac{\partial p}{\partial x} = \frac{\partial (\rho u_x)}{\partial t} + \nabla \cdot \rho u_x \boldsymbol{u}$$

$$= \frac{\partial (\rho u_x)}{\partial t} + \frac{\partial (\rho u_x u_x)}{\partial x} + \frac{\partial (\rho u_x u_y)}{\partial y} + \frac{\partial (\rho u_x u_z)}{\partial z}$$

$$= \rho \left(\frac{\partial u_x}{\partial t} + u_x \frac{\partial u_x}{\partial x} + u_y \frac{\partial u_x}{\partial y} + u_z \frac{\partial u_x}{\partial z} \right)$$

$$+ \left[\frac{\partial \rho}{\partial t} + \frac{\partial (\rho u_x)}{\partial x} + \frac{\partial (\rho u_y)}{\partial y} + \frac{\partial (\rho u_z)}{\partial z} \right] u_x$$

根据连续方程式（10.3.3），上式右端最后一项中括号内等于 0。然后将上式两端同除以 ρ，最后得 x 方向的运动微分方程为

$$\left. \begin{array}{l} X - \dfrac{1}{\rho} \dfrac{\partial p}{\partial x} = \dfrac{\partial u_x}{\partial t} + u_x \dfrac{\partial u_x}{\partial x} + u_y \dfrac{\partial u_x}{\partial y} + u_z \dfrac{\partial u_x}{\partial z} = \dfrac{\mathrm{D} u_x}{\mathrm{D} t} \\[3mm] Y - \dfrac{1}{\rho} \dfrac{\partial p}{\partial y} = \dfrac{\partial u_y}{\partial t} + u_x \dfrac{\partial u_y}{\partial x} + u_y \dfrac{\partial u_y}{\partial y} + u_z \dfrac{\partial u_y}{\partial z} = \dfrac{\mathrm{D} u_y}{\mathrm{D} t} \\[3mm] Z - \dfrac{1}{\rho} \dfrac{\partial p}{\partial z} = \dfrac{\partial u_z}{\partial t} + u_x \dfrac{\partial u_z}{\partial x} + u_y \dfrac{\partial u_z}{\partial y} + u_z \dfrac{\partial u_z}{\partial z} = \dfrac{\mathrm{D} u_z}{\mathrm{D} t} \end{array} \right\} \tag{10.4.7}$$

式（10.4.7）就是理想液体的运动微分方程，也称为欧拉运动微分方程，因为它是由欧拉在 1775 年首先导出的。

式（10.4.7）中的 x、y、z、t 是自变量，p、u_x、u_y、u_z 是 x、y、z、t 的未知函数。X、Y、Z 也是 x、y、z 的函数，一般是已知的。三个运动方程有四个未知数，为了求解还需加入一个连续方程，对于不可压缩液体为

$$\frac{\partial u_x}{\partial x} + \frac{\partial u_y}{\partial y} + \frac{\partial u_z}{\partial z} = 0$$

这样方程的数目与未知数的数目相等，由式（10.3.6）及式（10.4.7）在一定的初始条件下可以求解 p、u_x、u_y、u_z。

物体表面法线方向上的速度 u_n 等于 0 就是一种边界条件即

$$u_n\big|_{\text{在物体表面上}}=0 \tag{10.4.8}$$

初始条件和边界条件对于不同问题有不同的形式，这里不作详细论述，可参考有关著作。

10.4.2　葛罗米柯运动微分方程

为了积分液体运动的微分方程，并同有涡流和无涡流联系起来，将欧拉运动微分方程式（10.4.7）变形，从而得葛罗米柯运动微分方程。

假设液体质点的运动速度为 $\boldsymbol{u}(u_x,\ u_y,\ u_z)$，则

$$\boldsymbol{u}^2=u_x^2+u_y^2+u_z^2$$

$$\frac{\boldsymbol{u}^2}{2}=\frac{u_x^2+u_y^2+u_z^2}{2}$$

$$\frac{\partial}{\partial x}\left(\frac{\boldsymbol{u}^2}{2}\right)=\frac{\partial}{\partial x}\left(\frac{u_x^2+u_y^2+u_z^2}{2}\right)=u_x\frac{\partial u_x}{\partial x}+u_y\frac{\partial u_y}{\partial x}+u_z\frac{\partial u_z}{\partial x}$$

从而得

$$u_x\frac{\partial u_x}{\partial x}=\frac{\partial}{\partial x}\left(\frac{\boldsymbol{u}^2}{2}\right)-u_y\frac{\partial u_y}{\partial x}-u_z\frac{\partial u_z}{\partial x}$$

代入式（10.4.7）中的第 1 式，得

$$X-\frac{1}{\rho}\frac{\partial p}{\partial x}=\frac{\partial u_x}{\partial t}+\frac{\partial}{\partial x}\left(\frac{\boldsymbol{u}^2}{2}\right)-u_y\frac{\partial u_y}{\partial x}-u_z\frac{\partial u_z}{\partial x}+u_y\frac{\partial u_x}{\partial y}+u_z\frac{\partial u_x}{\partial z}$$

$$=\frac{\partial u_x}{\partial t}+\frac{\partial}{\partial x}\left(\frac{\boldsymbol{u}^2}{2}\right)+u_z\left(\frac{\partial u_x}{\partial z}-\frac{\partial u_z}{\partial x}\right)-u_y\left(\frac{\partial u_y}{\partial x}-\frac{\partial u_x}{\partial y}\right)$$

又

$$\frac{\partial u_x}{\partial z}-\frac{\partial u_z}{\partial x}=2\omega_y,\ \frac{\partial u_y}{\partial x}-\frac{\partial u_x}{\partial y}=2\omega_z$$

代入上式，得

$$\left.\begin{aligned}
X-\frac{1}{\rho}\frac{\partial p}{\partial x}-\frac{\partial}{\partial x}\left(\frac{\boldsymbol{u}^2}{2}\right)-\frac{\partial u_x}{\partial t}=2\left(u_z\omega_y-u_y\omega_z\right)\\
Y-\frac{1}{\rho}\frac{\partial p}{\partial y}-\frac{\partial}{\partial y}\left(\frac{\boldsymbol{u}^2}{2}\right)-\frac{\partial u_y}{\partial t}=2\left(u_x\omega_z-u_z\omega_x\right)\\
Z-\frac{1}{\rho}\frac{\partial p}{\partial z}-\frac{\partial}{\partial z}\left(\frac{\boldsymbol{u}^2}{2}\right)-\frac{\partial u_z}{\partial t}=2\left(u_y\omega_x-u_x\omega_y\right)
\end{aligned}\right\} \tag{10.4.9}$$

式（10.4.9）就是葛罗米柯运动微分方程。它与欧拉运动微分方程没有本质上的区别，只不过表现形式不同，但是，在某些特殊情况下，如无涡流，式（10.4.9）较为方便。

【例 10.4.1】　在水平放置的等直径管中充满不可压缩的理想流体（图 10.4.2），此液体在按单摆变化规律的压力梯度 $\partial p/\partial x=A\cos\omega t$ 作用下沿管轴方向运动，其中 A、ω 为常数，试求管中的运动速度 $u_x(t)$。

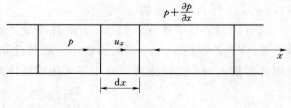

图 10.4.2

解：根据题意，管中液体只有 x 方向上的运动，外力重力在 x 方向没有分量，即单位质量力 $X=0$，又由于是等直径，所以 u_x 沿 x 轴均匀分布，即 $u_x=u_x(t)$，$\partial u_x/\partial x=0$。应用 x 方向的欧拉运动微分方程求解。即

$$X-\frac{1}{\rho}\frac{\partial p}{\partial x}=\frac{\partial u_x}{\partial x}+u_x\frac{\partial u_x}{\partial x}$$

式中 $X=0$，$\dfrac{\partial u_x}{\partial x}=0$，$\dfrac{\partial u_x}{\partial t}=\dfrac{\mathrm{d}u_x}{\mathrm{d}t}$，$\dfrac{\partial p}{\partial x}=\dfrac{\mathrm{d}p}{\mathrm{d}x}$，所以得

$$\frac{\mathrm{d}u_x}{\mathrm{d}t}=-\frac{1}{\rho}\frac{\mathrm{d}p}{\mathrm{d}x}=-\frac{1}{\rho}A\cos\omega t$$

$$\mathrm{d}u_x=-\frac{1}{\rho}A\cos\omega t\cdot\mathrm{d}t$$

积分后得

$$u_x=-\frac{A}{\rho\omega}\sin\omega t+\mathrm{const}$$

10.5 理想液体运动微分方程的积分

10.5.1 恒定流的能量方程

在葛罗米柯运动微分方程式（10.4.9）中，假设：

(1) 运动是恒定的，即 $\dfrac{\partial u_x}{\partial t}=\dfrac{\partial u_y}{\partial t}=\dfrac{\partial u_z}{\partial t}=0$。

(2) 质量力有势，设力势函数为 $\Omega(x,\ y,\ z)$，则

$$X=\frac{\partial\Omega}{\partial x},Y=\frac{\partial\Omega}{\partial y},Z=\frac{\partial\Omega}{\partial z}$$

(3) 液体不可压缩即，$\rho=$ 常数。考虑上述假设后式（10.4.9）变为

$$\left.\begin{aligned}
\frac{\partial}{\partial x}\left(\Omega-\frac{p}{\rho}-\frac{u^2}{2}\right)&=2(u_z\omega_y-u_y\omega_z)\\
\frac{\partial}{\partial y}\left(\Omega-\frac{p}{\rho}-\frac{u^2}{2}\right)&=2(u_x\omega_z-u_z\omega_x)\\
\frac{\partial}{\partial z}\left(\Omega-\frac{p}{\rho}-\frac{u^2}{2}\right)&=2(u_y\omega_x-u_x\omega_y)
\end{aligned}\right\}\tag{10.5.1}$$

将式（10.5.1）的两端分别乘以位移 $\mathrm{d}x$、$\mathrm{d}y$、$\mathrm{d}z$，然后相加，则得

$$\frac{\partial}{\partial x}\left(\Omega-\frac{p}{\rho}-\frac{u^2}{2}\right)\mathrm{d}x+\frac{\partial}{\partial y}\left(\Omega-\frac{p}{\rho}-\frac{u^2}{2}\right)\mathrm{d}y+\frac{\partial}{\partial z}\left(\Omega-\frac{p}{\rho}-\frac{u^2}{2}\right)\mathrm{d}z$$

$$=2[(u_z\omega_y-u_y\omega_z)\mathrm{d}x+(u_x\omega_z-u_z\omega_x)\mathrm{d}y+(u_y\omega_x-u_x\omega_y)\mathrm{d}z]$$

上式左端是全微分 $\mathrm{d}\left(\Omega-\dfrac{p}{\rho}-\dfrac{u^2}{2}\right)$，右端可以用行列式表示，于是：

$$\mathrm{d}\left(\Omega-\frac{p}{\rho}-\frac{u^2}{2}\right)=2\begin{vmatrix}\mathrm{d}x & \mathrm{d}y & \mathrm{d}z\\ \omega_x & \omega_y & \omega_z\\ u_x & u_y & u_z\end{vmatrix}\tag{10.5.2}$$

当式（10.5.2）右端的行列式等于 0 时，积分左端，得

$$\Omega - \frac{p}{\rho} - \frac{u^2}{2} = C_1 = 常数$$

或者
$$\frac{p}{\rho} + \frac{u^2}{2} - \Omega = C_2 = 常数 \tag{10.5.3}$$

设式（10.5.3）中的质量力只有重力，这时 $X=Y=0$，$Z=-g$

$$d\Omega = \frac{\partial \Omega}{\partial x}dx + \frac{\partial \Omega}{\partial y}dy + \frac{\partial \Omega}{\partial z}dz = Xdx + Ydy + Zdz = -gdz$$

积分得
$$\Omega = -gz + C$$

因为 $z=0$ 时，力势函数 $\Omega=0$，所以 $C=0$，故

$$\Omega = -gz \tag{10.5.4}$$

将式（10.5.4）代入式（10.5.3），则得

$$z + \frac{p}{\gamma} + \frac{u^2}{2g} = C = 常数 \tag{10.5.5}$$

式（10.5.5）就是重力作用下理想液体恒定流的能量方程。

下面讨论行列式

$$\begin{vmatrix} dx & dy & dz \\ \omega_x & \omega_y & \omega_z \\ u_x & u_y & u_z \end{vmatrix} = 0$$

的条件，有下列两种情况成立。

（1）$\dfrac{dx}{u_x} = \dfrac{dy}{u_y} = \dfrac{dz}{u_z}$，这就是流线方程，此式说明在同一条流线上上述行列式为 0 的条件成立，故式（10.5.5）只能在同一条流线上应用，这时的能量方程称为伯努力能量方程。而流动可以是有旋的，但不同流线上则有不同的常数 C。

（2）$\boldsymbol{\omega}(\omega_x, \omega_y, \omega_z) = 0$，即流动是无旋的势流，这时式（10.5.5）适用于整个流动区域，常数 C 在整个流动区域中为同一常数。这时的能量方程称为欧拉能量方程。

10.5.2 非恒定无涡流的拉格朗日能量方程

仍假设质量力有势，液体不可压缩。对于无涡流，$\boldsymbol{\omega}(\omega_x, \omega_y, \omega_z) = 0$，对于非恒定流 $\partial u/\partial t \neq 0$。于是，葛罗米柯运动微分方程式（10.4.9）变为

$$\left.\begin{array}{l} \dfrac{\partial}{\partial x}\left(\Omega - \dfrac{p}{\rho} - \dfrac{u^2}{2}\right) - \dfrac{\partial u_x}{\partial t} = 0 \\[3mm] \dfrac{\partial}{\partial y}\left(\Omega - \dfrac{p}{\rho} - \dfrac{u^2}{2}\right) - \dfrac{\partial u_y}{\partial t} = 0 \\[3mm] \dfrac{\partial}{\partial z}\left(\Omega - \dfrac{p}{\rho} - \dfrac{u^2}{2}\right) - \dfrac{\partial u_z}{\partial t} = 0 \end{array}\right\} \tag{10.5.6}$$

又在无涡运动中存在着流速势函数 $\varphi(x, y, z; t)$，它对各坐标轴方向的偏导数分别等于速度 $\boldsymbol{u}$ 在相应坐标轴方向上的投影，即

$$u_x = \frac{\partial \varphi}{\partial x}, u_y = \frac{\partial \varphi}{\partial y}, u_z = \frac{\partial \varphi}{\partial z}$$

将式（10.2.4）对时间 t 取偏导数，得

$$\left.\begin{array}{l} \dfrac{\partial u_x}{\partial t} = \dfrac{\partial}{\partial t}\left(\dfrac{\partial \varphi}{\partial x}\right) = \dfrac{\partial}{\partial x}\left(\dfrac{\partial \varphi}{\partial t}\right) \\[3mm] \dfrac{\partial u_y}{\partial t} = \dfrac{\partial}{\partial t}\left(\dfrac{\partial \varphi}{\partial y}\right) = \dfrac{\partial}{\partial y}\left(\dfrac{\partial \varphi}{\partial t}\right) \\[3mm] \dfrac{\partial u_z}{\partial t} = \dfrac{\partial}{\partial t}\left(\dfrac{\partial \varphi}{\partial z}\right) = \dfrac{\partial}{\partial z}\left(\dfrac{\partial \varphi}{\partial t}\right) \end{array}\right\}$$

又将上式代入式（10.5.6），得

$$\left.\begin{array}{l} \dfrac{\partial}{\partial x}\left(\Omega - \dfrac{p}{\rho} - \dfrac{u^2}{2} - \dfrac{\partial \varphi}{\partial t}\right) = 0 \\[3mm] \dfrac{\partial}{\partial y}\left(\Omega - \dfrac{p}{\rho} - \dfrac{u^2}{2} - \dfrac{\partial \varphi}{\partial t}\right) = 0 \\[3mm] \dfrac{\partial}{\partial z}\left(\Omega - \dfrac{p}{\rho} - \dfrac{u^2}{2} - \dfrac{\partial \varphi}{\partial t}\right) = 0 \end{array}\right\}$$

再将上式中的三个式子分别乘以位移 $\mathrm{d}x$、$\mathrm{d}y$、$\mathrm{d}z$，然后相加，得一全微分：

$$\mathrm{d}\left(\Omega - \dfrac{p}{\rho} - \dfrac{u^2}{2} - \dfrac{\partial \varphi}{\partial t}\right) = 0$$

积分上式，得

$$\Omega - \dfrac{p}{\rho} - \dfrac{u^2}{2} - \dfrac{\partial \varphi}{\partial t} = C_1(t) \tag{10.5.7}$$

式（10.5.7）就是拉格朗日积分。它说明：在理想不可压缩质量力有势的液体势流中，在某一指定时刻 t，流场中任何位置处的 $\left(\Omega - \dfrac{p}{\rho} - \dfrac{u^2}{2} - \dfrac{\partial \varphi}{\partial t}\right)$ 均相等，且等于常数 $C_1(t)$，但是，对于不同的时刻常数 $C_1(t)$ 不同，所以 $C_1(t)$ 是时间 t 的函数，具体数值由边界条件定出。

当质量力只有重力时，$\Omega = -gz$，代入上式，得

$$z + \dfrac{p}{\gamma} + \dfrac{u^2}{2g} + \dfrac{1}{g}\dfrac{\partial \varphi}{\partial t} = C(t) \tag{10.5.8}$$

式（10.5.8）称为拉格朗日能量方程。

10.6 恒定平面势流

运动要素只与两个坐标有关的流动称为平面流动。无涡（$\boldsymbol{\omega} = 0$）的平面流动称为平面势流。势流理论在研究某些工程问题时有很大好处。

10.6.1 流速势函数

由 10.2 节可知，对于恒定平面无涡流动，$\boldsymbol{\omega} = 0$，且存在着流速势函数 φ。

流速势函数具有以下性质。

（1）流速势函数 φ 在某一方向 m 上的偏导数，就等于流速 $\boldsymbol{u}$ 在该方向上的投影。即

$$u_m = \dfrac{\partial \varphi}{\partial m} \tag{10.6.1}$$

如果选定方向为直角坐标系的 x、y 轴方向，则有

$$u_x = \frac{\partial \varphi}{\partial x}, u_y = \frac{\partial \varphi}{\partial y} \tag{10.6.2}$$

（2）等势面或等势线与流线正交，等势面就是过水断面。流速势函数值相等的点组成的面称为等势面，流速势函数值相等的点组成的线称为等势线。

在等势面上：

$$\varphi(x, y, z) = C$$

在等势线上：

$$\varphi(x, y) = C$$

或者

$$\mathrm{d}\varphi = \frac{\partial \varphi}{\partial x}\mathrm{d}x + \frac{\partial \varphi}{\partial y}\mathrm{d}y + \frac{\partial \varphi}{\partial z}\mathrm{d}z = u_x\mathrm{d}x + u_y\mathrm{d}y + u_z\mathrm{d}z = 0 \tag{10.6.3}$$

如果将等势面上的微元线段 $\mathrm{d}\boldsymbol{l}(\mathrm{d}x, \mathrm{d}y, \mathrm{d}z)$ 和流速势 $\boldsymbol{u}(u_x, u_y, u_z)$ 用向量表示为

$$\mathrm{d}\boldsymbol{l} = \mathrm{d}x\boldsymbol{i} + \mathrm{d}y\boldsymbol{j} + \mathrm{d}z\boldsymbol{k}$$

$$\boldsymbol{u} = u_x\boldsymbol{i} + u_y\boldsymbol{j} + u_z\boldsymbol{k}$$

作 $\boldsymbol{u}$ 和 $\mathrm{d}\boldsymbol{l}$ 点积，则得

$$\boldsymbol{u} \cdot \mathrm{d}\boldsymbol{l} = u_x\mathrm{d}x + u_y\mathrm{d}y + u_z\mathrm{d}z$$

由式（10.6.3）可知：在等势面上 $u_x\mathrm{d}x + u_y\mathrm{d}y + u_z\mathrm{d}z = 0$。它说明流线垂直于等势面，而流线又垂直于过水断面，所以等势面就是过水断面。对于平面问题就是流线垂直于等势线。

（3）流速势函数沿流线 s 方向增大。由性质 1，得沿流线方向的流速为

$$u_s = u = \frac{\partial \varphi}{\partial s} = \frac{\mathrm{d}\varphi}{\mathrm{d}s}$$

从而得

$$\mathrm{d}\varphi = u\mathrm{d}s \tag{10.6.4}$$

沿流线方向的流速 $u > 0$，所以当 $\mathrm{d}s > 0$ 时 $\mathrm{d}\varphi > 0$，即说明 φ 值的增大方向与 s 方向相同。

（4）流速势函数是调和函数。将平面势流中的 $u_x = \partial \varphi / \partial x$，$u_y = \partial \varphi / \partial y$ 代入连续性方程中，得

$$\frac{\partial u_x}{\partial x} + \frac{\partial u_y}{\partial y} = \frac{\partial}{\partial x}\left(\frac{\partial \varphi}{\partial x}\right) + \frac{\partial}{\partial y}\left(\frac{\partial \varphi}{\partial y}\right) = 0$$

从而得

$$\frac{\partial^2 \varphi}{\partial x^2} + \frac{\partial^2 \varphi}{\partial y^2} = 0 \tag{10.6.5}$$

或写成：

$$\Delta\varphi = \nabla^2\varphi = 0 \tag{10.6.6}$$

上式说明流速势函数 φ 满足拉普拉斯方程，在数学上称为拉普拉斯方程的函数为调和函数，所以流速势函数 φ 是调和函数。只要全流场的 $\varphi(x, y)$ 值已知就可以由式（10.6.2）求出流场中任一点的流速。

10.6.2　流函数

不可压缩液体平面运动的连续方程为

$$\frac{\partial u_x}{\partial x} + \frac{\partial u_y}{\partial y} = 0$$

或者

$$\frac{\partial u_x}{\partial x} = \frac{\partial(-u_y)}{\partial y} \qquad (10.6.7)$$

又平面流动中的流线方程为

$$\frac{\mathrm{d}x}{u_x} = \frac{\mathrm{d}y}{u_y}$$

或者

$$u_x \mathrm{d}y - u_y \mathrm{d}x = 0 \qquad (10.6.8)$$

由高等数学可知，式（10.6.7）是使式（10.6.8）的左端成为某个函数全微分的充分必要条件。假设此函数为 $\psi(x, y)$，则

$$\mathrm{d}\psi = u_x \mathrm{d}y - u_y \mathrm{d}x$$

又

$$\mathrm{d}\psi = \frac{\partial \psi}{\partial x}\mathrm{d}x + \frac{\partial \psi}{\partial y}\mathrm{d}y$$

对比上面两式得

$$u_x = \frac{\partial \psi}{\partial y}, \quad u_y = -\frac{\partial \psi}{\partial x} \qquad (10.6.9)$$

函数 ψ 称为流函数。

因为流函数存在的条件是要求流动满足不可压缩液体的连续性方程，而满足连续性方程这是任何流动都必须遵循的，所以说任何平面流动中一定存在着一个流函数 ψ，这个 ψ 就描绘一种由式（10.6.9）所表示的平面流动。因此只要找到平面流动的流函数 ψ 就可以确定该平面流动的速度场 $u(u_x, u_y)$。

流函数具有下面的性质。

（1）流函数 ψ 对任意方向 m 的偏导数，等于流速 u 在 m 方向顺时针旋转 $90°$ 后 m' 方向上的流速分量 $u_{m'}$，如图 10.6.1 所示。

因为

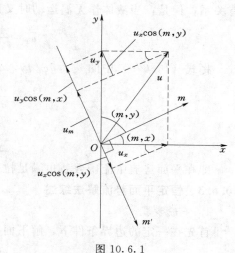

$$\frac{\partial \psi}{\partial m} = \frac{\partial \psi}{\partial x}\frac{\mathrm{d}x}{\mathrm{d}m} + \frac{\partial \psi}{\partial y}\frac{\mathrm{d}y}{\mathrm{d}m}$$

$$= -u_y \cos(m, x) + u_x \cos(m, y)$$

$$= u_{m'} \qquad (10.6.10)$$

（2）流函数为常数代表一条流线。

$$\mathrm{d}\psi = \frac{\partial \psi}{\partial x}\mathrm{d}x + \frac{\partial \psi}{\partial y}\mathrm{d}y$$

将式（10.6.9）代入上式，得

$$\mathrm{d}\psi = -u_y \mathrm{d}x + u_x \mathrm{d}y$$

图 10.6.1

当 $\psi =$ 常数时，$\mathrm{d}\psi = 0$，所以上式成为流线方程。

$$\frac{\mathrm{d}x}{u_x} = \frac{\mathrm{d}y}{u_y}$$

即 ψ 等于常数时代表一条流线，不同的常数代表不同的流线，流函数就是由此而得名的。

（3）流函数沿流线 s 方向逆时针旋转 $90°$ 后的 n 方向增大。由流函数性质（1）得

$$\frac{\partial \psi}{\partial n} = u_s = u = \frac{\mathrm{d}\psi}{-\mathrm{d}n}$$

又由流函数性质（2）得 $\partial \psi / \partial s = 0$，所以上式就可以写为

$$\mathrm{d}\psi = u\mathrm{d}n \tag{10.6.11}$$

因为式（10.6.11）中 $u > 0$，所以流函数 ψ 增值方向与 n 的增值方向相同。

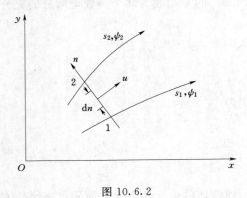

图 10.6.2

（4）通过两条流线间的单宽流量 q 等于这两条流线的流函数值之差 $\psi_2 - \psi_1$。

如图 10.6.2 所示，设在平面流场中有两条流线 s_1 与 s_2，它们的流函数值分别为 ψ_1 和 ψ_2。因为是平面流动，在 z 轴方向可取单位长度 1，所以两条流线间所通过的流量称为单宽流量，记为 q。在两条流线间取微元过水断面面积 $\mathrm{d}n \times 1$，设其上的流速为 u，则通过的流量为

$$\mathrm{d}q = u\mathrm{d}n \tag{10.6.12}$$

由式（10.6.11）知 $\mathrm{d}\psi = u\mathrm{d}n$，代入式（10.6.12）后沿过水断面 1—2 积分，得

$$q = \int_1^2 u\mathrm{d}n = \int_{\psi_1}^{\psi_2} \mathrm{d}\psi = \psi_2 - \psi_1 \tag{10.6.13}$$

（5）平面无涡运动的流函数也是调和函数。流函数的前面四个性质与流动有涡无涡没有关系，但是，当液体作无涡运动时又具有下面性质。对于 xOy 平面上的无涡运动有

$$\omega_x = \frac{1}{2}\left(\frac{\partial u_y}{\partial x} - \frac{\partial u_x}{\partial y}\right) = 0$$

将式（10.6.9）中的 $u_x = \partial \varphi / \partial y$，$u_y = -\partial \varphi / \partial x$ 代入上式，得

$$\frac{\partial^2 \psi}{\partial x^2} + \frac{\partial^2 \psi}{\partial y^2} = 0 \tag{10.6.14}$$

或

$$\Delta \psi = \nabla^2 \psi = 0 \tag{10.6.15}$$

即在平面势流中流函数 ψ 也满足拉普拉斯方程，也是调和函数。

10.6.3 恒定平面势流解法综述

1. 一般步骤

首先在一定的边界条件下，解下面关于流速势函数 φ 或流函数 ψ 得拉普拉斯方程：

$$\frac{\partial^2 \varphi}{\partial x^2} + \frac{\partial^2 \varphi}{\partial y^2} = 0$$

或者

$$\frac{\partial^2 \psi}{\partial x^2} + \frac{\partial^2 \psi}{\partial y^2} = 0$$

就可以求出 $\varphi(x, y)$ 或 $\psi(x, y)$，由上述求出的 $\varphi(x, y)$ 或 $\psi(x, y)$，根据流速 $u(u_x, u_y)$ 与流速势函数 φ 和流函数 ψ 之间的关系即可求得流速场 $\boldsymbol{u}(u_x, u_y)$，即

$$\left.\begin{aligned} u_x &= \frac{\partial \varphi}{\partial x} = \frac{\partial \psi}{\partial y} \\ u_y &= \frac{\partial \varphi}{\partial y} = -\frac{\partial \psi}{\partial x} \end{aligned}\right\} \tag{10.6.16}$$

流速势函数 φ 和流函数 ψ 具有的式（10.6.16）的关系在数学上称为柯西-黎曼条件。

最后根据上述求出的流速场 $\boldsymbol{u}(u_x, u_y)$，用欧拉能量方程可求出压力场 $p(x, y)$，即

$$z + \frac{p}{\gamma} + \frac{u_x^2 + u_y^2}{2g} = E \tag{10.6.17}$$

2. 求解 φ 和 ψ 的方法

（1）直接解析法。它是在给定边界条件下，直接求解拉普拉斯方程的方法。但是，由于边界条件的复杂性一般得不到通解，只能得到极简单边界条件下的特解。

（2）间接解析法。主要有势流叠加法，保角变换法及奇点法等。

（3）数值计算法。它是在离散了的域中，用有限差分法、有限元法或边界单元法等将拉普拉斯偏微分方程化为线形方程组，然后解此方程组求出 φ 或 ψ 离散数值的一种方法。

（4）流网法。φ 和 ψ 等于常数的线组成的网称为流网，用绘制流网的方法求解拉普拉斯方程是一种常用的图解法。

本书只介绍图解法。

10.6.4 流网法

10.6.4.1 流网及其性质

如图 10.6.3 所示一流网，其中 φ 和 ψ 值按上节讲述的法则标定，即流速势函数 φ 的增值方向与流速 u 的方向相同；流函数 ψ 值的增值方向与流速 u 逆时针旋转 $90°$ 的方向相同，此法则称为儒可夫斯基法则。这样，只要知道流速 u 的方向就可以确定中 φ 和 ψ 的增值方向。

流网具有如下两个性质。

1. 流线与等势线正交

在等势线上，下面的微分方程成立：

$$\mathrm{d}\varphi = \frac{\partial \varphi}{\partial x}\mathrm{d}x + \frac{\partial \varphi}{\partial y}\mathrm{d}y = 0$$

在流线上，下面的微分方程成立：

$$\mathrm{d}\psi = \frac{\partial \psi}{\partial x}\mathrm{d}x + \frac{\partial \psi}{\partial y}\mathrm{d}y = 0$$

从而得等势线和流线的斜率分别为

$$\left.\frac{\mathrm{d}y}{\mathrm{d}x}\right|_{\varphi} = -\frac{\partial \varphi/\partial x}{\partial \varphi/\partial y}$$

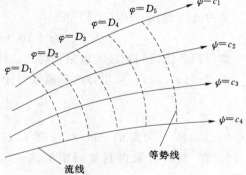

图 10.6.3

$$\frac{\mathrm{d}y}{\mathrm{d}x}\bigg|_{\psi}=-\frac{\partial\psi/\partial x}{\partial\psi/\partial y}$$

现在，作等势线和流线斜率的乘积，并利用柯西-黎曼条件，得

$$\frac{\mathrm{d}y}{\mathrm{d}x}\bigg|_{\varphi}\times\frac{\mathrm{d}y}{\mathrm{d}x}\bigg|_{\psi}=\frac{(\partial\varphi/\partial x)(\partial\psi/\partial x)}{(\partial\varphi/\partial y)(\partial\psi/\partial y)}=\frac{(u_x)(-u_y)}{(u_y)(u_x)}=-1 \tag{10.6.18}$$

由解析几何可知，等势线与流线正交。

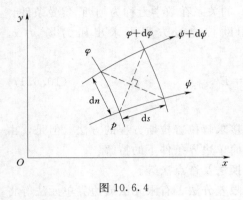

图 10.6.4

2. 当 $\mathrm{d}\varphi=\mathrm{d}\psi$ 时，流网的网眼将成曲边正方形

如图 10.6.4 所示，在平面势流场中任取一点 p，过 P 点画出一条等势线 φ 和一条流线 ψ，并画出它们相邻的等势线 $\varphi+\mathrm{d}\varphi$ 和流线 $\psi+\mathrm{d}\psi$，形成一个网眼。令两条相邻等势线之间的距离为 $\mathrm{d}s$，两条相邻流线之间的距离为 $\mathrm{d}n$。

由式（10.6.4）和式（10.6.11）得

$$\frac{\mathrm{d}\varphi}{\mathrm{d}\psi}=\frac{u\mathrm{d}s}{u\mathrm{d}n}=\frac{\mathrm{d}s}{\mathrm{d}n}=1 \tag{10.6.19}$$

故

$$\mathrm{d}s=\mathrm{d}n$$

即证明了当 $\mathrm{d}\varphi=\mathrm{d}\psi$ 时流网的网眼是曲边正方形。需要说明的是：这里所说的正方形与几何上的正方形并不完全相同，只要网眼的对角线互相垂直且相等就可以认为网眼是曲边正方形。

实际上，在平面势流的流场中，不可能绘制无限多的等势线和流线，因此式（10.6.19）应改写成差分形式，即

$$\frac{\Delta\varphi}{\Delta\psi}=\frac{\Delta s}{\Delta n}=1 \tag{10.6.20}$$

又由此式和式（10.6.11）得

$$\Delta\varphi=\Delta\psi=u\Delta n=\Delta q=常数 \tag{10.6.21}$$

即每两条流线间通过的流量相等。这样，应用起来就非常方便。

由式（10.6.21）可求得两条流线间任意两个网眼上的流速之比，即

$$\frac{u_1}{u}=\frac{\Delta n}{\Delta n_1} \tag{10.6.22}$$

当已知某个网眼的 Δn_1 和速度 u_1，并由流网图中量得其他网眼的 Δn，则由式（10.6.22）就可以求得其他网眼的流速 u，从而也就解决了平面势流场中的流速分布问题。

如果平面势流中某点（网眼中点）的位置 z_1、压强 p_1 和流速 u_1 已知，则根据欧拉能量方程就可以求得流场中任意一点的压强为

$$\frac{p}{\gamma}=(z_1-z)+\frac{p_1}{\gamma}+\frac{u_1^2-u^2}{2g} \tag{10.6.23}$$

这样平面势流中的压强分布也就求出来了。

从上述可知，如果能画出一个较为准确的流网，就相当于解一个欧拉运动微分方程组

（包括连续方程），或者解一个拉普拉斯方程。由于在一般条件下用解析法解偏微分方程在数学上存在一定困难，因此工程中许多解析法难以解决的问题常可借助流网法解决。

10.6.4.2　流网的画法

概括起来讲，绘制流网有三种方法：①解析法，它是对由数式表示的流速势函数 φ 和流函数 ψ 给以不同的常数值后，求等势线和流线的平面坐标而画出流网；②用水电比拟法画流网，详细内容见后面的第 11 章及水力学实验。下面只介绍徒手画流网的方法。

徒手画流网的方法，可以说是一种经验的方法。它是根据经验，凭借目估，按着水流流动的趋势首先画出流线，然后根据流线与等势线正交且网眼成正方形的性质画出等势线形成流网。当发现所画的流网网眼不成正方形时，需要反复地修改流线和等势。

首先我们介绍如图 10.6.5 所示的有压流动中流网的画法。图中左壁是突然收缩，而右壁是光滑而右壁是光滑收缩。一般按下述步骤画流网。

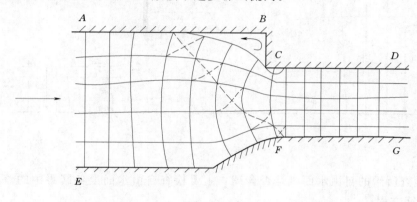

图 10.6.5

1. 找出边界流线和渐变流过水断面

右壁 EFG 是一条流线，而 $ABCD$ 不是流线，因为 B、C 是转折点，转折点处有相交的流速方向，这是不可能的。事实上液体在 B、C 点附近将产生脱体现象而形成旋涡。因此左侧流线只能凭经验预先画出，画得对否看整个流网是否复合"正交正方"条件。渐变流过水断面在远离收缩处可看作与边壁是相互垂直的。在这些部位流线是均匀分布且相互平行的。

2. 画内部流线和等势线

在画内部流线时要注意两点：①在渐变流部位流线间彼此平行或接近平行，且间距几乎相等；②越靠近边界其流线的形状越接近边界轮廓的形状。因此画法顺序是：流线应该从外向内画，而等势线应该从中间向两端画。

3. 检查流网的"正交正方"性，必要时应进行修改

对于第一次画出的流网按照"正交正方"性条件检查所有网格，并逐一修改流线和等势线。这种过程可能要进行好几遍，所画的流网才能满足要求。这取决于个人的经验和对精度的要求。顺便说明一句，网格的正交和正向是在网格无限小的条件下得出来的，而在实际绘制网格时网格不可能做到无限小，因此在边界形状急剧变化的某几个网格肯能不满足"正交正方"条件。但是这对流网的总的准确度的影响是不大的。

　　绘制有自由表面的平面势流的流网时，一般对自由表面的位置需要采用试绘法。如绘制如图 10.6.6 所示的平板闸门泄流的流网时，就需要采用试绘法。首先，根据经验先给出闸门上下游自由水面的形状。然后，根据流网"正交正方"的特点绘出流线和等势线。一般闸门上游远处来流断面的水深 h_0 和流速 v_0 是已知的。由于此处是平行流动的，因此可以认为此断面处各网眼的流速均为 $u_0 = v_0$，且各等势线之间的距离均为 Δs_0。

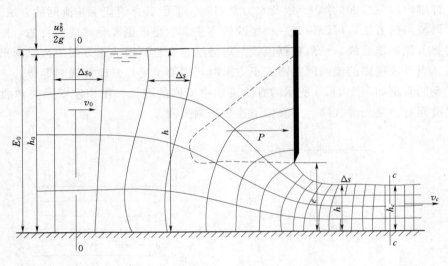

图 10.6.6

　　下面检查所给的自由水面线是否合理。主要检查自由水面上各网眼中的流速 u 是否同时满足连续方程：

$$u_0 \Delta s_0 = u \Delta s \tag{10.6.24}$$

及能量方程：

$$u = \sqrt{2g(E_0 - h)} \tag{10.6.25}$$

　　式中 Δs 和 h 是所检查的自由水面处网格的宽度和水深，$E_0 = h + \dfrac{u_0^2}{2g}$，首先自流网图中量出 Δs_0 和 Δs，并由式（10.6.24）计算速度 u，然后量出水深 h，再由式（10.6.25）计算 u。如果由两式算得的 u 相等，则说明所给的自由表面线正确。否则需要修改自由水面线，重复上面步骤，直至同时满足式（10.6.24）和式（10.6.25）为止。

　　根据闸门处各网格的流速以及各网格中点的高程，由上游已知断面写能量方程，就可以求出相应网格的动水压强。这样，就可以求得闸门上的动水压强分布，从而就可以求得作用在闸门上的动水总压力 p。它与由动量定律求得的动水总压力不同点是：由动水压力分布图可以求出压力作用点，而由动量定律求得的动水总压力只知道大小，不知道作用点的位置。

　　【例 10.6.1】　已知平面流动中的速度场为

$$\boldsymbol{u} = (x^2 - y^2)i - 2xyj$$

试求：流函数 ψ。

解：

（1）检查该流动是否存在，即是否满足连续方程。将 $u_x = x^2 - y^2$，$u_y = -2xy$ 代入平面流动的连续方程中，则得

$$\frac{\partial u_x}{\partial x} + \frac{\partial u_y}{\partial y} = \frac{\partial (x^2 - y^2)}{\partial x} + \frac{\partial (-2xy)}{\partial y} = 2x - 2x = 0$$

故满足连续方程，此流动客观上存在。

（2）求流函数 ψ。

$$\frac{\partial \psi}{\partial x} = -u_y = 2xy$$

积分得

$$\psi = x^2 y + c(y)$$

又

$$\frac{\partial \psi}{\partial y} = x^2 + \frac{\mathrm{d}c(y)}{\mathrm{d}y} = u_x = x^2 - y^2$$

故

$$\frac{\mathrm{d}c(y)}{\mathrm{d}y} = -y^2$$

积分得

$$c(y) = -\frac{y^3}{3} + \mathrm{const}$$

最后得

$$\psi = x^2 y - \frac{y^3}{3}$$

上面 ψ 表达式中的纯常数可以去掉，因为它对求流速场没有影响。

10.7　实际液体的运动微分方程

我们知道，理想液体运动时，由于没有黏性作用（$\mu = 0$），所以液体质点间没有切应力 τ 存在，只有动水压强 p。但是，当黏性液体运动时，液体质点间除去法向存在的假想的平均动力水压强 p 以外，还存在着由于液体黏性所引起的附加正应力和附加切应力。对于如图 10.7.1 所示的边长分别为 $\mathrm{d}x$、$\mathrm{d}y$、$\mathrm{d}z$ 的微元六面体，仿照材料力学，令微元体在三个坐标平面上的应力分别为 σ_x、τ_{xy}、τ_{xz}，σ_y、τ_{yx}、τ_{yz}，σ_z、τ_{zx}、τ_{zy}。其中 σ_x、σ_y、σ_z 是微元体在三个坐标平面上的正应力。它们可以用假想的平均动水压强和由于液体黏性所引起的附加正应力表示成为

$$\left. \begin{array}{l} \sigma_x = -p + \sigma'_x \\ \sigma_y = -p + \sigma'_y \\ \sigma_z = -p + \sigma'_z \end{array} \right\} \quad (10.7.1)$$

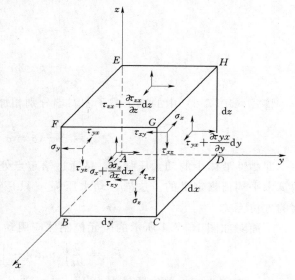

图 10.7.1

平均动水压强 p 前的负号是由于它与受力作用面的外法向方向相反而加的。其余六个是切应力。切应力中的第一个脚标表示受力面的法线方向，第二个脚标表示应力的方向。又根据材料力学中的切应力互等定理可知

$$
\left.
\begin{aligned}
\tau_{xy} &= \tau_{yx} \\
\tau_{yz} &= \tau_{zy} \\
\tau_{zx} &= \tau_{xz}
\end{aligned}
\right\}
\tag{10.7.2}
$$

在流体力学中应力与应变速度（单位时间内的变形）成比例，即正应力与伸缩变形速度有关，切应力与剪切变形速度有关，这一点与材料力学不同。根据斯托克斯定律（广义牛顿内摩擦定律），对于不可压缩液体，液体中的附加正应力和切应力与变形速度具有下述关系：

$$
\left.
\begin{aligned}
\sigma'_x &= 2\mu\,\frac{\partial u_x}{\partial x} \\
\sigma'_y &= 2\mu\,\frac{\partial u_y}{\partial y} \\
\sigma'_z &= 2\mu\,\frac{\partial u_z}{\partial z}
\end{aligned}
\right\}
\tag{10.7.3}
$$

$$
\left.
\begin{aligned}
\tau_{xy} = \tau_{yx} &= \mu\left(\frac{\partial u_y}{\partial x} + \frac{\partial u_x}{\partial y}\right) \\
\tau_{yz} = \tau_{zy} &= \mu\left(\frac{\partial u_z}{\partial y} + \frac{\partial u_y}{\partial z}\right) \\
\tau_{zx} = \tau_{xz} &= \mu\left(\frac{\partial u_x}{\partial z} + \frac{\partial u_z}{\partial x}\right)
\end{aligned}
\right\}
\tag{10.7.4}
$$

根据式（10.7.3）和式（10.7.1）可写成：

$$
\left.
\begin{aligned}
\sigma_x &= -p + 2\mu\,\frac{\partial u_x}{\partial x} \\
\sigma_y &= -p + 2\mu\,\frac{\partial u_y}{\partial y} \\
\sigma_z &= -p + 2\mu\,\frac{\partial u_z}{\partial z}
\end{aligned}
\right\}
\tag{10.7.5}
$$

将式（10.7.5）中的三个式子左右端分别相加，并注意到 $\dfrac{\partial u_x}{\partial x} + \dfrac{\partial u_y}{\partial y} + \dfrac{\partial u_z}{\partial z} = 0$，则得

$$
p = -\frac{1}{3}(\sigma_x + \sigma_y + \sigma_z)
\tag{10.7.6}
$$

即黏性液体中的动水压强 p，是通过给定点处三个相互垂直的微元面积上的法向应力的算术平均值来定义的。这样，动水压强 p 只是空间坐标和时间的函数，而与受力作用面的方位无关。

下面对如图 10.7.1 所示的微元控制体应用动量方程式（3.3.16）建立运动微分方程。

$$
F_{cv} = \frac{\partial}{\partial t}\int_{cv} \boldsymbol{u}\rho\,\mathrm{d}V + \int_{cs} \boldsymbol{u}\rho\boldsymbol{u}\cdot\mathrm{d}\boldsymbol{A}
$$

以 x 方向为例，单位质量力为 X，表面应力为 σ_x、τ_{yx}、τ_{zx}。代入作用力后 x 方向的动量方程为：

$$\int_{cv} X\rho \mathrm{d}V + \int_{cs} \sigma_x \mathrm{d}A + \int_{cs} \tau_{yx} \mathrm{d}A + \int_{cs} \tau_{zx} \mathrm{d}A = \frac{\partial}{\partial t}\int_{cv} u_x \rho \mathrm{d}V + \int_{cs} u_x \rho u_x \mathrm{d}A \quad (10.7.7)$$

对式（10.7.7）左端各面积分项应用高斯定理变成体积分，并利用式（10.7.4）和式（10.7.5）。

$$\int_{cs} \sigma_x \mathrm{d}A = \int_{cv} \frac{\partial \sigma_x}{\partial x}\mathrm{d}V = \int_{cv} \frac{\partial}{\partial x}\left(-p + 2\mu \frac{\partial u_x}{\partial x}\right)\mathrm{d}V = \int_{cv} -\frac{\partial p}{\partial x}\mathrm{d}V + \int_{cv} 2\mu \frac{\partial^2 u_x}{\partial x^2}\mathrm{d}V$$

$$\int_{cs} \tau_{yx} \mathrm{d}A = \int_{cv} \frac{\partial \tau_{yx}}{\partial y}\mathrm{d}V = \int_{cv} \frac{\partial}{\partial y}\left[\mu\left(\frac{\partial u_x}{\partial y} + \frac{\partial u_y}{\partial x}\right)\right]\mathrm{d}V = \int_{cv} \mu\left(\frac{\partial^2 u_x}{\partial y^2} + \frac{\partial^2 u_y}{\partial x \partial y}\right)\mathrm{d}V$$

$$\int_{cs} \tau_{zx} \mathrm{d}A = \int_{cv} \frac{\partial \tau_{zx}}{\partial z}\mathrm{d}V = \int_{cv} \frac{\partial}{\partial z}\left[\mu\left(\frac{\partial u_x}{\partial z} + \frac{\partial u_z}{\partial x}\right)\right]\mathrm{d}V = \int_{cv} \mu\left(\frac{\partial^2 u_x}{\partial z^2} + \frac{\partial^2 u_z}{\partial x \partial z}\right)\mathrm{d}V$$

式（10.7.7）右端项参见式（10.4.7）的推导，得：

$$\frac{\partial}{\partial t}\int_{cv} u_x \rho \mathrm{d}V + \int_{cs} u_x \rho u \mathrm{d}A = \int_{cv} \rho \frac{\mathrm{D}u_x}{\mathrm{D}t}\mathrm{d}V$$

将上面各项代入式（10.7.7）并加以整理，得

$$\int_{cv}\left(X - \frac{\partial p}{\partial x}\right)\mathrm{d}V + \int_{cv} \mu\left(\frac{\partial^2 u_x}{\partial x^2} + \frac{\partial^2 u_x}{\partial y^2} + \frac{\partial^2 u_x}{\partial z^2}\right)\mathrm{d}V$$

$$+ \int_{cv} \mu\left[\frac{\partial}{\partial x}\left(\frac{\partial u_x}{\partial x} + \frac{\partial u_y}{\partial y} + \frac{\partial u_z}{\partial z}\right)\right]\mathrm{d}V = \int_{cv} \rho \frac{\mathrm{D}u_x}{\mathrm{D}t}\mathrm{d}V \quad (10.7.8)$$

注意到上式左端第三项为 0，然后去掉两端的积分号并除以 ρ，又 $\nu = \mu/\rho$，再引入微分算子：

$$\nabla^2 = \frac{\partial^2}{\partial x^2} + \frac{\partial^2}{\partial y^2} + \frac{\partial^2}{\partial z^2}$$

最后得

$$\left.\begin{array}{l} X - \dfrac{1}{\rho}\dfrac{\partial p}{\partial x} + \nu \nabla^2 u_x = \dfrac{\mathrm{D}u_x}{\mathrm{D}t} \\[2mm] Y - \dfrac{1}{\rho}\dfrac{\partial p}{\partial y} + \nu \nabla^2 u_y = \dfrac{\mathrm{D}u_y}{\mathrm{D}t} \\[2mm] Z - \dfrac{1}{\rho}\dfrac{\partial p}{\partial z} + \nu \nabla^2 u_z = \dfrac{\mathrm{D}u_z}{\mathrm{D}t} \end{array}\right\} \quad (10.7.9)$$

式（10.7.9）的向量形式为

$$\boldsymbol{\Omega} - \frac{1}{\rho}\nabla p + \nu \nabla^2 \boldsymbol{u} = \frac{\mathrm{D}\boldsymbol{u}}{\mathrm{D}t} \quad (10.7.10)$$

式（10.7.9）和式（10.7.10）是不可压缩黏性液体的运动方程，也称为纳维-斯托克斯（Navier-Stokes）方程，以后就简称为 N−S 方程。它是二阶非线性的偏微分方程组，只有在忽略非线性项或者非线性项线性化以后才能同连续方程联立求解。

为了以后引用方便，下面给出柱坐标中的 N−S 方程和连续性方程。

在柱坐标中：

$$\Omega_r-\frac{1}{\rho}\frac{\partial p}{\partial r}+\nu\left(\nabla^2\Omega r-\frac{2}{r^2}\frac{\partial v_\theta}{\partial\theta}+\frac{v_r}{r^2}\right)=\frac{\mathrm{D}v_r}{\mathrm{D}t}-\frac{v_\theta^2}{r}$$

运动方程：
$$\Omega_\theta-\frac{1}{\rho}\frac{\partial p}{r\partial\theta}+\nu\left(\nabla^2 v_\theta+\frac{2}{r^2}\frac{\partial v_r}{\partial\theta}-\frac{v_\theta}{r^2}\right)=\frac{\mathrm{D}v_\theta}{\mathrm{D}t}+\frac{v_r v_\theta}{r}$$

$$\Omega_z-\frac{1}{\rho}\frac{\partial p}{\partial z}+\nu(\nabla^2 v_z)=\frac{\mathrm{D}v_z}{\mathrm{D}t}$$

(10.7.11)

其中：

$$\nabla^2=\frac{\partial^2}{\partial r^2}+\frac{1}{r}\frac{\partial}{\partial r}+\frac{1}{r^2}\frac{\partial^2}{\partial\theta^2}+\frac{\partial^2}{\partial z^2}$$

$$\frac{\mathrm{D}}{\mathrm{D}t}=\frac{\partial}{\partial t}+v_r\frac{\partial}{\partial r}+v_0\frac{1}{r}\frac{\partial}{\partial\theta}+\frac{\partial^2}{\partial z^2}$$

连续性方程为

$$\frac{\partial v_r}{\partial r}+\frac{v_r}{r}+\frac{1}{r}\frac{\partial v_\theta}{\partial\theta}+\frac{\partial v_z}{\partial z}=0 \tag{10.7.12}$$

N−S 方程式是不可压缩黏性液体运动的一般方程。因为当忽略黏性项 $\nu\nabla\boldsymbol{u}^2$ 就得到理想液体运动的欧拉微分方程，再忽略右端加速度项 $\mathrm{D}u/\mathrm{D}t$ 就得到静止液体的欧拉平衡微分方程。从理论上讲，N−S 方程加上连续方程共有四个方程，在给定初边值条件下解四个未知量 p、u_x、u_y 和 u_z 是可以的。但是，由于数学上的困难，目前尚难得到一般解。只是对一些简单的黏性液体的流动可以得到精确解或近似解。

【例 10.7.1】　如图 10.7.2 所示，黏性液体在较长的水平圆管中作恒定有压层流运动。已知圆管半径为 r_0。试应用 N−S 方程推求圆管层流过水断面上的流速分布式。

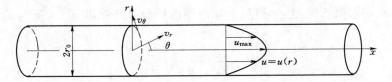

图 10.7.2

解： 为推导方便，我们采用如图 10.7.2 所示的柱坐标系统，但 z 轴用 x 轴代替。根据题意：①由于是恒定流，所以 $\partial(\ )/\partial t=0$；②由于质量力只有重力，同黏性项相比可以忽略，即 $\Omega_r=\Omega_\theta=\Omega_x=0$；③由于是轴对称流动，所以 $v_r=v_\theta=0$。又令 $v_z=u=u(r)$。将上述结果代入柱坐标的 N−S 方程式（10.7.11）和连续方程（10.7.12）后，得下面简化了的方程组：

$$-\frac{1}{\rho}\frac{\partial p}{\partial r}=0 \tag{10.7.13}$$

$$-\frac{1}{\rho}\frac{\partial p}{r\partial\theta}=0 \tag{10.7.14}$$

$$-\frac{1}{\rho}\frac{\partial p}{\partial x}+\nu\nabla^2 u=0 \tag{10.7.15}$$

$$\frac{\partial u}{\partial x}=0 \tag{10.7.16}$$

由式（10.7.13）、式（10.7.14）可知：

$$p = p(x) \text{ 或者} \frac{\partial p}{\partial x} = \frac{\mathrm{d}p}{\mathrm{d}x} \tag{10.7.17}$$

即压强在断面上没有变化，只在流动方向上变化。

又式（10.7.15）中的 $\nabla^2 u = \dfrac{\partial^2 u}{\partial r^2} + \dfrac{1}{r}\dfrac{\partial u}{\partial r} + \dfrac{1}{r^2}\dfrac{\partial^2 u}{\partial \theta^2} + \dfrac{\partial^2 u}{\partial x^2}$，由于轴对称 $\dfrac{\partial u}{\partial \theta} = 0$，根据连续性方程式（10.7.16），$\dfrac{\partial u}{\partial x} = 0$，又考虑到 $u = u(r)$ 和 $p = p(x)$，即式（10.7.15）中的偏微分可以改写为全微分，于是式（10.7.15）变为

$$\frac{\partial^2 u}{\partial r^2} + \frac{1}{r}\frac{\partial u}{\partial r} = \frac{1}{\mu}\frac{\mathrm{d}p}{\mathrm{d}x} \tag{10.7.18}$$

由于式（10.7.18）左端只是 r 的函数，右端只是 x 的函数，为了使左右两端相等，它们只能等于某个常数，即

$$\frac{\mathrm{d}p}{\mathrm{d}x} = \text{const} = \frac{p_2 - p_1}{l} < 0 \tag{10.7.19}$$

现将式（10.7.18）两端同时乘以 r，得

$$r\frac{\mathrm{d}^2 u}{\mathrm{d}r^2} + \frac{\mathrm{d}u}{\mathrm{d}r} = \frac{1}{\mu}\frac{\mathrm{d}p}{\mathrm{d}x}r$$

即

$$\frac{\mathrm{d}}{\mathrm{d}r}\left(r\frac{\mathrm{d}u}{\mathrm{d}r}\right) = \frac{1}{\mu}\frac{\mathrm{d}p}{\mathrm{d}x}r$$

对 r 积分，得

$$r\frac{\mathrm{d}u}{\mathrm{d}r} = \frac{1}{2\mu}\frac{\mathrm{d}p}{\mathrm{d}x}r^2 + c_1 \tag{10.7.20}$$

即

$$\frac{\mathrm{d}u}{\mathrm{d}r} = \frac{1}{2\mu}\frac{\mathrm{d}p}{\mathrm{d}x}r + \frac{c_1}{r}$$

再对 r 积分，得

$$u = \frac{1}{4\mu}\frac{\mathrm{d}p}{\mathrm{d}x}r^2 + c_1\ln r + c_2 \tag{10.7.21}$$

由边界条件确定式（10.7.21）中的积分常数 c_1 和 c_2。

（1）当 $r = 0$（在管轴处）时，$u = u_{\max}$，所以 $\dfrac{\mathrm{d}u}{\mathrm{d}r} = 0$，由式（10.7.20）得 $c_1 = 0$。

（2）当 $r = r_0$（在管壁处）时，$u = 0$（不滑动条件），将 $c_1 = 0$ 及此条件代入式（10.7.21），得 $c_2 = -\dfrac{1}{4\mu}\dfrac{\mathrm{d}p}{\mathrm{d}x}r_0{}^2$。

再将 c_1、c_2 代回式（10.7.21），得圆管中层流流动时的流速分布公式为

$$u = \frac{1}{4\mu}\frac{\mathrm{d}p}{\mathrm{d}x}(r^2 - r_0{}^2) \tag{10.7.22}$$

令式中 $r = 0$，则得管中的作大速度为

$$u_{\max} = -\frac{1}{4\mu}\frac{\mathrm{d}p}{\mathrm{d}x}r_0{}^2 \tag{10.7.23}$$

将式（10.7.23）代入式（10.7.22），得

$$u = u_{\max} \left(1 - \frac{r^2}{r_0{}^2} \right) \tag{10.7.24}$$

可见圆管层流中流速按抛物线分布。

有了流速分布以后就不难求出圆管中的流量 Q 和断面平均流速 u_m。

结论：在圆管恒定层流中，当不计重力作用时，①压强在横断面上均匀分布，沿管轴方向按直线规律减小；②轴向流速在横断面上按抛物线规律分布，如图 10.7.2 所示。

思 考 题 10

10.1　(1) 研究液体运动的欧拉法和拉格朗日法主要区别是什么？又有什么联系？(2) 为什么拉格朗日法中的加速度写成偏导数 $a_x = \dfrac{\partial^2 x}{\partial t^2}$，…，而在欧拉法中写成全导数 $a_x = \dfrac{\mathrm{d}u_x}{\mathrm{d}t}$，…？

10.2　(1) 迹线的微分方程式与流线的微分方程式有何区别？(2) 在什么条件下迹线和流线重合？

10.3　(1) 液体质点有哪几种运动形式？与刚体运动有何区别？(2) 作圆周运动的液体质点一定是漩涡运动吗？(3) 拉伸变形 ε、角变形 θ、角速度 ω 的量纲是什么？

10.4　(1) 何谓平面流动？为什么要引入这一概念？(2) 平面运动中存在着流函数 ψ，那么空间流动中是否也一定存在着流函数？为什么？(3) 流函数 ψ 的量纲是什么？

10.5　(1) 何谓势流？如何判断？(2) 有旋运动中不存在流速势函数 φ，那么是否存在流函数 ψ 呢？为什么？(3) 流速势函数 φ 的量纲是什么？(4) 势流为什么能够叠加？它对解决实际问题有什么好处？

10.6　欧拉运动微分方程式的伯诺里积分、拉格朗日积分，欧拉积分各自的应用条件是什么？

习　　题　　10

10.1　已知液体运动的流速场如下，试判别液体微团的运动形式。

(1) 圆管素流中：

$$\left. \begin{aligned} u_x &= u_{\max} \left(\frac{y}{r_0} \right)^n \\ u_y &= 0 \end{aligned} \right\}$$

其中 $u_{\max}$、r_0 及 n 为常数。坐标原点取在管底，水平取 x 轴，铅直取 y 轴。

(2) 强迫涡中：

$$u_x = -\omega r \sin\theta$$
$$u_y = \omega r \cos\theta$$

其中 ω 是旋转角速度，为常数。

注意：当流速分量以极坐标形式给出时，必须先转换成直角坐标形式，即 $x = r\cos\theta$，

$y=r\sin\theta$。

10.2 已知液体三元流动的流速场为

$$
\left.\begin{array}{l}
u_x=y+3z\\
u_y=z+3x\\
u_z=x+3y
\end{array}\right\}
$$

试求：（1）是否为有旋运动，如为有旋运动求涡线方程；（2）假设涡管的横断面积 $A=0.005\text{m}^2$，计算涡管强度。

10.3 如习题图 10.1 所示，在 xOy 平面上取直角三角形 ABC 为闭曲线，试证明沿曲线 ABC 的速度环量为

$$
\text{d}\varGamma_z=2\omega_z\text{d}A
$$

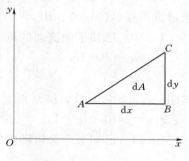

习题图 10.1

10.4 已知流动的流函数 $\psi=(x^2-y^2)t$，试求：$t=1\text{s}$ 时，沿原点 $O(0,0)$ 到点 $A(1,2)$ 连线的速度环量 $\varGamma_{O-A}$。

10.5 已知空间流动的两个流速分量为

$$
(1)\left.\begin{array}{l}u_x=7x\\u_y=-5y\end{array}\right\},\quad(2)\left.\begin{array}{l}u_x=xyzt\\u_y=-xyzt^2\end{array}\right\}
$$

试求：第三个流速分量 u_z。（假设 $z=0$ 时 $u_z=0$）

10.6 如习题图 10.2 所示，在振动台上放置一充满密度为 ρ 液体的容器。使振动台上下振动时，由基准水平面 $O\!-\!O$ 测得台高 $z=A\sin\omega t+b$，其中 A、ω、b 为常数，且 $|A\omega^2|<g$，试证明液体内部的压强分布为

$$
p=p_a+\rho(g-A\omega^2\sin\omega t)\zeta
$$

式中：ζ 为由液面测得的水深；t 为时间 。

注意：$\text{d}z=-\text{d}\zeta$。

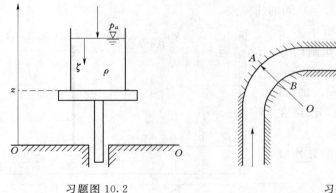

习题图 10.2   习题图 10.3

10.7 如习题图 10.3 所示为矩形断面弯道中水流，弯道中断面上的流速分布符合 $ur=C$，可以证明它是势流。已知渠宽 $b=2\text{m}$，断面平均流速 $v=1\text{m/s}$，$r_A=5\text{m}$，$r_B=3\text{m}$，试求：（1）A、B 的流速；（2）A、B 两点的水位差。

10.8 已知平面流动的流速分量为 （1） $\left.\begin{array}{l}u_x=5\\u_y=0\end{array}\right\}$，$x=y=0$ 时 $\psi=0$；（2） $\left.\begin{array}{l}u_x=-\dfrac{mx}{x^2+y^2}\\u_y=-\dfrac{my}{x^2+y^2}\end{array}\right\}$，

m 为常数，$\theta=0$ 时 $\psi=0$。

试判别上述流动中是否存在流函数 ψ，如果存在求 ψ，并划出流动图形，说明是什么流动。

10.9 一平面流动的 x 方向的流速分量 $u_x=3ax^2-3ay^2$，在点 （0，0） 处 $u_y=0$，试求通过两点 $A(0，0)$、$B(0，0)$ 连线的单宽流量。

10.10 已知平面流动的流速分量为

（1） $\left.\begin{array}{l}u_x=A+By\\u_y=0\end{array}\right\}$；（2） $\left.\begin{array}{l}u_x=Ay\\u_y=Ax\end{array}\right\}$

式中：A、B 为常数。试判别上述两种情况是否存在流速势 φ，如果存在求 φ 的表达式。（假设 $x=y=0$ 处 $\varphi=0$。）

10.11 已知平面势运动中的流函数为

（1） $\psi=Ax+By$；（2） $\psi=\dfrac{Q}{2\pi}\theta$

式中：A、B、Q 为常数。试求：相应的流速势 φ。

注意：在极坐标中柯西-黎曼条件为

$$\left.\begin{array}{l}u_r=\dfrac{\partial\varphi}{\partial r}=\dfrac{1}{r}\dfrac{\partial\psi}{\partial\theta}\\[3mm]u_\theta=\dfrac{1}{r}\dfrac{\partial\varphi}{\partial\theta}=-\dfrac{\partial\psi}{\partial r}\end{array}\right\}$$

10.12 已知平面流动的流速势函数为

$$\varphi=0.04x^3+axy^2$$

式中：x，y 单位为 m，φ 的单位为 m^2/s，液体的密度 $\rho=1000kg/m^3$，试求：（1） 常数 a；（2） 点 $A(0，0)$ 和点 $B(3，4)$ 间的压强差。

10.13 如习题图 10.4 所示为平板闸门下的泄流流网图，已知闸门开度 $e=0.3m$，上游水深 $H=0.97m$，下游均匀流处水深 $h=0.187m$，试求：（1） 过闸的单宽流量 q；（2） 作用在 1m 宽闸门上的动水总压力。

10.14 已知平面不可压缩黏性液体的流速场为

$$\left.\begin{array}{l}u_x=Ax+By\\u_y=Cx+Dy\end{array}\right\}$$

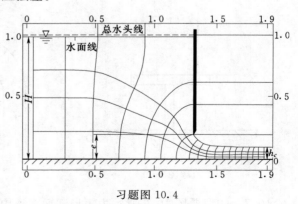

习题图 10.4

式中：A、B、C、D 为待定常数。假设忽略质量力作用，试求：（1） 各系数之间的关系；（2） 各应力分量的表达式。

10.15　已知某黏性不可压缩液体的流速场为

$$\boldsymbol{u} = 5x^2y\boldsymbol{i} + 3xyz\boldsymbol{j} - 8xz^2\boldsymbol{k}(\text{m/s})$$

又已知液体的动力黏滞系数 $\mu = 3.000 \times 10^{-3}\text{N} \cdot \text{s/m}^3$，在点（1，2，3）处的应力 σ_y $= -2\text{N/m}^2$，试求该点处其他各应力。

10.16　如习题图 10.5 所示宽浅式水槽，已知槽底与水平面成 α 角，水深为 h，在重力作用下作恒定层流运动，试求：（1）动水压强在横断面上的分布式；（2）该流动的基本微分方程式；（3）流速 $u(y)$ 的分布式；（4）单宽流量的表达式。

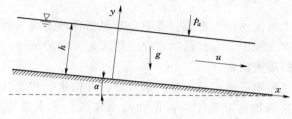

习题图 10.5

第11章 渗　流

11.1　概述

流体在孔隙介质中的流动称为渗流。孔隙介质包括各种土壤（如黏土、砂土等）及裂隙较多的岩层。在土木工程中，渗流是指水在土壤或岩层中的流动，也称为地下水运动。

11.1.1　工程中常见的渗流问题

首先，地下水和地面水一样，是重要的水资源。开挖水井和建筑集水廊道，抽取地下水灌溉农田，或者在建筑物基础施工时，用井抽水降低地下水位等。都要与地下水打交道。因此对地下水的探测、开采以及降低地下水位等都需要运用渗流方面的知识。

建筑在透水地基上的建筑物（如坝、闸、路基等），在上下游水位差作用下，水将从上游通过坝身、坝基向下游渗透，如图 11.1.1 所示。由于渗流动水压力的作用，在建筑物基底产生垂直向上的扬压力和水平方向的推力，从而影响建筑物的稳定。

土坝中的渗流表面称为浸润面，在土坝断面图中为浸润线。浸润线以下的坝体浸没在水中，因此正确确定浸润线的位置，对土坝设计是极为重要的。

无论是土坝坝身渗流或坝（闸）基渗流，当水从下游河床逸出时，若渗流流速较大，渗流能把土壤中较小的颗粒从孔隙中带走，并形成越来越大的孔隙或空洞，这种现象称为管涌，又称渗流变形。渗流变形可能会危及建筑物的安全。因此必须计算渗流流速，校核发生渗流变形的可能性。此外还要估算渗流引起的水量损失。

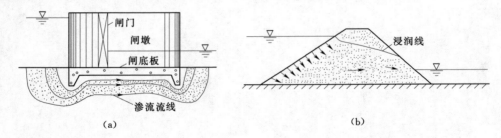

图 11.1.1

11.1.2　土壤的水力特性

孔隙介质是多孔介质和裂隙介质的总称，是指包括有互相沟通的孔隙或裂隙的一种固体。这类介质中包括有松散颗粒组成为土壤、天然或人工堆石，具有较多裂隙的岩层等。本章主要研究以土壤为代表的多孔介质中的渗流，并将多孔介质简称为"土壤"。

土壤的水力特性是指与水的储容及运移有关的土壤性质，主要有以下几项。

1. 透水性

透水性是指土壤允许水透过的性能。透水性的好坏主要决定于孔隙的大小和多少，也和孔隙的形状与分布等有关。衡量透水性的定量指标是渗透系数（也称导水率）。渗透系数越大表示透水能力越强。各处透水性能都一样的土壤称为匀质土壤，否则称为非均质土壤。各个方向透水性能都一样的土壤称为各向同性土壤，否则就是各向异性土壤。本章研究各向同性的均质土壤中的渗流问题。

2. 容水度

容水度是指土壤能容纳的最大的水体积和土壤总体积之比，在数值上与土壤的孔隙率相等，孔隙率愈大，土壤的容水性能愈好。

3. 持水度

持水度是指在重力作用下仍能保持的水的体积与土壤总体积之比。持水度反映土壤中结合水含量的多少，土壤颗粒愈细，持水度愈大。

4. 给水度

给水度是指在重力作用下能释放出来的水的体积与土壤总体积之比。给水度在数值上等于容水度减去持水度。粗颗粒松散土壤的给水度接近于容水度；而细颗粒黏土的给水度就很小。

11.1.3 水在土壤中的状态

水在土壤中的状态可分为气态水、附着水、薄膜水、毛细水和重力水等。气态水就是水蒸汽，悬浮于土壤孔隙中，数量很少，一般都不予考虑。附着水和薄膜水都是由于水分子与土壤颗粒分子的相互作用而吸附于土壤颗粒的四周，呈现出固态水的性质，也称为结合水。结合水数量很小，很难移动，在渗流运动中一般也不予考虑。毛细水由于毛细管作用而保持在土壤毛管孔隙中，也是分子力作用而形成的，往往也可忽略。当土壤含水量很大时，除少量液体吸附于颗粒四周或存在于毛细区外，大部分液体将在重力的作用下在土壤孔隙中运动，称为重力水，又称自由水。本章研究重力水在土壤孔隙中的运动规律。

重力水按其含水层的状态又可分为潜水与承压水。潜水是埋藏在第一个不透水层之上的重力水，具有自由表面。承压水是埋藏在两个不透水层之间的重力水，处于承压状态。

11.2 渗流的基本定律

11.2.1 渗流模型

渗流是水在土壤孔隙中的运动，而土壤孔隙的形状、大小和分布是极为复杂的，因此渗流水质点的运动轨迹也是很不规则的，具有随机性质。但在实际工程上，并不需要了解具体孔隙中的渗流情况，而是采用某种统计平均值来描述渗流，即用简化了的渗流模型来代替实际的渗流。为研究方便，对实际的渗流提出两点简化。其一，不考虑渗流路径的曲折迂回，只考虑它的主要流向；其二，略去渗流区的土壤颗粒，认为渗流充满全部的流动空间（包括土壤颗粒和孔隙）。但实际渗流中土壤颗粒与水之间的相互作用在渗流模型中仍然存在。为了使假想的渗流模型在水力特性方面和实际渗流相一致，它必须满足下列条件：①对于同一过水断面，渗流模型所通过的流量等于实际渗流所通过的流量；②渗流模型和实际渗流在同一流程内的水头损失相等。这样，渗流模型就可以完全模拟真实渗流。今后研究渗流都是以渗流模型作为研究对象。

由于采用了渗流模型，渗流被看作是在包括土壤骨架和孔隙在内的全部空间的连续介质的运动，因此渗流的运动要素将作为全部空间的连续函数来研究。这样，就像研究液流运动一样，可以采用有关连续函数的数学工具来研究渗流。要注意的是，渗流模型的流速和实际渗流的流速是不相等的，在渗流模型中，任一过水断面上的渗流流速定义为

$$u = \frac{\Delta Q}{\Delta A} \tag{11.2.1}$$

式中：ΔQ 为通过微小过水断面 ΔA 的渗流量；ΔA 为包括骨架在内的假想过水断面面积。

若土壤的孔隙率为 n，则真实渗流的过水断面面积应为 $n\Delta A$，这时渗流在孔隙中的统计平均流速为

$$u' = \frac{\Delta Q}{n \Delta A} \tag{11.2.2}$$

u' 为真实的渗流流速。可见真实渗流的流速比渗流模型的流速大。今后研究的渗流流速都是指渗流模型的流速。

渗流同液流运动一样，可分为恒定渗流和非恒定渗流、均匀渗流和非均匀渗流、渐变渗流和急变渗流、无压渗流和有压渗流，按空间分布可分为一元渗流、二元渗流和三元渗流。

11.2.2　渗流基本定律——达西定律

流体在孔隙介质中流动时，由于液体黏滞性的作用必然伴随着能量损失。1852—1855年，法国工程师达西（Henri Darcy）利用如图 11.2.1 所示的渗流实验装置对砂质土壤进行了大量的实验，通过实验研究总结出渗流的能量损失与渗流速度之间的基本关系，一般称之为达西定律。

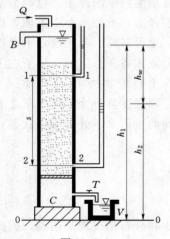

图 11.2.1

达西实验装置为一直立圆筒，筒壁装两支相距为 s 的侧压管，筒内装砂，砂层由金属细网支托。水由稳压箱经水管流入圆筒，溢水管 B 使筒内维持一个恒定水位。经过砂层渗透的水由水管 T 流入容器 V 中，并利用该容器计算渗流量。若测得经过圆筒砂层的渗流量为 Q，则该渗流断面平均流速为

$$v = \frac{Q}{A} \tag{11.2.3}$$

式中：v 为渗流模型的断面平均流速。

由于渗流中的流速极微小，所以渗流的流速水头可以忽略不计。因此渗流中的总水头 H 可用测压管水头 h 来表示，水头损失 h_w 等于水头差，即

$$H = h = z + \frac{p}{\gamma}$$

$$h_w = h_1 - h_2$$

渗流的水力坡度 J 为

$$J = \frac{h_w}{s} = \frac{h_1 - h_2}{s}$$

达西分析了大量的实验资料，实验资料表明渗流流量 Q 与圆筒面积 A 和水力坡度 J

成正比，并与土壤的透水性能有关。引入一个比例系数 k，达西所建立的基本关系式为

$$Q = kAJ \tag{11.2.4}$$

$$v = kJ \tag{11.2.5}$$

式（11.2.4）和式（11.2.5）称为达西（Darcy）公式，该公式所表达的渗流基本定律称为达西定律。

达西实验是在等直径圆筒中做的，水位保持恒定，因此所发生的渗流是恒定均匀渗流。故达西定律是在恒定均匀渗流中概括出来的。达西定律也可推广到非均匀渗流、非恒定渗流中去，但对非均匀渗流，式（11.2.5）中的 v 已不再是断面平均流速，而是渗流域中任一点的流速 u，水力坡度 J 也是随位置而变化的，故达西定律也可表示为

$$u = kJ \tag{11.2.6}$$

而

$$J = -\frac{\mathrm{d}H}{\mathrm{d}s}$$

故

$$u = kJ = -k\frac{\mathrm{d}H}{\mathrm{d}s} \tag{11.2.7}$$

对非恒定渗流，式（11.2.7）中的 u 和 H 还是时间 t 的函数。

与一般液流一样，渗流也有层流和紊流之分。达西定律表明渗流的沿程水头损失与流速的一次方成比例。故达西定律仅适用于层流渗流，而大多数细颗粒土壤中的渗流都属于层流，故达西定律是适用的。但在卵石、砾石等大颗粒土壤中的渗流可能出现紊流，这时达西定律不能适用。

目前还很难找出达西定律不能应用的明显判别式，一般来讲，达西定律能应用的上限为

$$Re = \frac{ud_{10}}{\nu} < 1 \sim 10 \tag{11.2.8}$$

式中：Re 称为雷诺数；d_{10} 为颗粒的有效粒径（超过重量10％土壤的过筛直径）；ν 为液体的运动黏度，对于水，见表1.3.1。

当渗流为紊流时，实验证明渗流流速 u 与水力坡度 J 的关系为

$$u = k_t J^n \tag{11.2.9}$$

式中：k_t 是渗流为紊流时的渗透系数，指数 $n = 0.5 \sim 1$，k_t 和 n 随雷诺数 Re 的不同而不同。

11.2.3　渗透系数及其确定方法

在达西定律中，渗透系数反映孔隙介质的渗透性能。渗透系数也称为导水率，可理解为在单位水力坡度作用下的渗流通量，即单位面积上的渗流流量；也就是单位水力坡度作用下的渗透流速，其量纲为 LT^{-1}，单位为 cm/s 或 m/d。

确定渗透系数 k 的方法大致可分为三类。

1. 实验室测定法

通常使用的实验装置如图11.2.1所示。测定水头损失和流量后，按式（11.2.4）求得渗透系数 k 值。为了使被测定的土壤能正确反映现场土壤的天然情况，应尽量选取未扰

动土样，并选取足够有代表性的土样进行实验。

2. 现场测定法

该法一般是钻井或挖试坑，采用抽水或注水的方法。测定其流量及水头等数值，再根据井的公式（见 11.4 节）计算渗透系数 k 值，该法可取得大面积的平均渗透系数，但费工费时。

3. 经验公式估算法

渗透系数的计算公式大多是经验性的，这类公式本书不做介绍。

作近似计算时，可参考表 11.2.1 中的渗透系数 k 值。

表 11.2.1　　　　　　　　渗 透 系 数 k 值

土名	渗透系数 k	
	m/d	cm/s
黏土	<0.005	$<6\times10^{-6}$
亚黏土	$0.005\sim0.1$	$6\times10^{-5}\sim1\times10^{-4}$
轻亚黏土	$0.1\sim0.5$	$1\times10^{-4}\sim6\times10^{-4}$
黄土	$0.25\sim0.5$	$3\times10^{-4}\sim6\times10^{-4}$
粉砂	$0.5\sim1.0$	$6\times10^{-4}\sim1\times10^{-3}$
细砂	$1.0\sim5.0$	$1\times10^{-3}\sim6\times10^{-3}$
中砂	$5.0\sim20.0$	$6\times10^{-3}\sim2\times10^{-2}$
均质中砂	$35\sim50$	$4\times10^{-2}\sim6\times10^{-2}$
粗砂	$20\sim50$	$2\times10^{-2}\sim6\times10^{-2}$
均质粗砂	$60\sim75$	$7\times10^{-2}\sim8\times10^{-2}$
圆砾	$50\sim100$	$6\times10^{-2}\sim1\times10^{-2}$
卵石	$100\sim500$	$1\times10^{-1}\sim6\times10^{-1}$
无填充物卵石	$500\sim1000$	$6\times10^{-1}\sim1\times10$
稍有裂隙岩石	$20\sim60$	$2\times10^{-2}\sim7\times10^{-2}$
裂隙多的岩石	>60	$>7\times10^{-2}$

注　本表资料引自中国建筑工业出版社出版的《工程地质手册》，1975 年版。

11.3　地下水的渐变渗流

位于第一个不透水层上的潜水区域内的地下水流动，具有自由表面，这种地下水流动属于无压渗流。当地层广阔时，无压渗流可简化为一元渗流来处理，这时将地下渗流过水断面按矩形断面来进行计算。运动要素沿流程不变的无压渗流为均匀渗流，运动要素沿流程变化缓慢的无压渗流为渐变渗流。地下水流动大多属于无压渐变渗流，为此先介绍一元渐变渗流的基本公式，然后用于分析地下渐变渗流。

11.3.1　一元渐变渗流的基本公式——杜比公式

杜比（DuPuit）根据一元渐变渗流的特征，在达西定律基础上建立了适用于一元渐变渗流的公式。

对于一元无压渐变渗流，如图 11.3.1 所示。可近似认为其过水断面为一平面，过水断面上的压强分布按静水压强规律分布，即过水断面上各点的测压管水头为一个常数，由于渗流流速极其微小，总水头等于测压管水头，所以渐变渗流过水断面上各点的总水头相等，因而相距 ds 的断面 1—1 和断面 2—2 之间任一流线上的水头损失也都相同，以水头差 $H_1 - H_2 = -dH$ 表示。

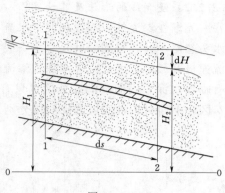

图 11.3.1

由于流线近于平行，两断面间任一流线的长度也都可以近似认为等于 ds。所以渐变渗流过水断面上各点的水力坡度也是相等的，以 $J = -dH/ds$ 表示。根据达西定律，断面上各点流速也是相等的，即

$$u = kJ = -k \frac{dH}{ds} = 常数$$

断面平均流速 v 就等于任一点的渗流流速 u，即

$$v = u = kJ = -k \frac{dH}{ds} \tag{11.3.1}$$

上式即为著名的杜比公式，它是由法国学者杜比于 1857 年首先提出来。该公式表明，在一元渐变渗流中，过水断面上各点流速相等并等于断面平均流速。杜比公式在形式上虽然和达西公式一样，但含义已不同。它表示的是一元渐变渗流过水断面上的平均流速和水力坡度的关系。

11.3.2 一元渐变渗流的浸润线

通过对一元渐变渗流浸润线的分析和计算，可以知道地下水位变化的规律、地下水的动向和补给情况，这些资料是水文地质、农业灌溉及土木工程建设所必需的。

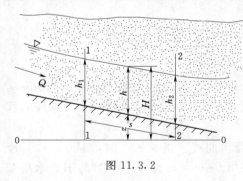

图 11.3.2

11.3.2.1 渐变渗流的基本微分方程

设潜水层下有一不透水层，底坡为 i，如图 11.3.2 所示。若无压渐变渗流的水深为 h，不透水层底高程为 z，则

$$J = -\frac{dH}{ds} = -\frac{d(z+h)}{ds} = i - \frac{dh}{ds}$$

由式（11.3.1）可知，该断面平均渗透流速为

$$v = kJ = k\left(i - \frac{dh}{ds}\right)$$

由于一元渐变渗流过水断面按矩形断面计算，所以单宽渗流量为

$$q = kh\left(i - \frac{dh}{ds}\right) \tag{11.3.2}$$

该式为一元渐变渗流的基本微分方程。利用该式可分析和计算一元渐变渗流的浸

润线。

11.3.2.2 浸润线的形状及其计算

一元渐变渗流的浸润线和明渠水流一样，也可分为降水曲线和壅水曲线。但因渗流流速水头忽略不计，浸润线就是总水头线，因此浸润线上各点高程总是沿程下降的。由于渗流流速极其微小，因此临界水深在渗流中已失去意义，故一元渐变渗流中只有正常水深，没有临界水深。因而浸润线分区也只有两个区，即 $N—N$ 线以上的 a 区和 $N—N$ 线以下的 b 区。下面对各种底坡的浸润线分别加以讨论。

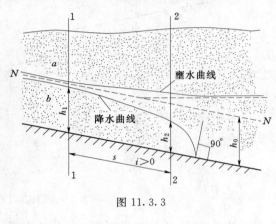

图 11.3.3

1. 正底坡（$i>0$）

如图 11.3.3 所示，对正底坡，可以发生均匀渗流。若渐变渗流为均匀流动，则水深沿程不变，即 $h=h_0$，h_0 称为均匀渗流的正常水深，由于 $dh/ds=0$，根据式（11.3.2）可知，均匀渗流的单宽渗流量为

$$q=kh_0i \qquad (11.3.3)$$

将上式代入式（11.3.2），并令 $\eta=\dfrac{h}{h_0}$，则

$$\frac{dh}{ds}=i\left(1-\frac{1}{\eta}\right) \qquad (11.3.4)$$

又因 $dh=h_0 d\eta$，则式（11.3.4）可写为

$$\frac{ids}{h_0}=d\eta+\frac{d\eta}{\eta-1}$$

把上式从断面 1—1 到断面 2—2 进行积分，得

$$\frac{is}{h_0}=\eta_2-\eta_1+\ln\frac{\eta_2-1}{\eta_1-1}=\eta_2-\eta_1+2.3\lg\frac{\eta_2-1}{\eta_1-1} \qquad (11.3.5)$$

式中：s 为断面 1—1 至断面 2—2 的距离。

该式可用来计算正底坡非均匀流时的浸润线。

正底坡渐变渗流浸润线有两种形式，如图 11.3.3 所示。

在 a 区，由于 $\eta>1$，由式（11.3.4）可知 $dh/ds>0$，浸润线为壅水曲线。当 $h\to h_0$ 时，$dh/ds\to 0$，即浸润线在上游以 $N—N$ 线为渐近线。当 $h\to\infty$ 时，$dh/ds\to i$，即浸润线在下游以水平线为渐近线。

在 b 区，由于 $\eta<1$，当 $dh/ds<0$，浸润线为降水曲线。当 $h\to h_0$ 时，$dh/ds\to 0$，浸润线在上游以 $N—N$ 线为渐近线。当 $h\to 0$ 时，$dh/ds\to -\infty$，即浸润线将与不透水层基底正交，但这时已不是渐变渗流，不能应用式（11.3.4）分析，即浸润线水深在下游不会趋于 0，而是以某一水深逸出渗流域，这个水深取决于具体边界条件。

2. 平底坡（$i=0$）

平底坡渐变渗流浸润线，如图 11.3.4 所示。此时式（11.3.2）将为

$$q = -kh \frac{\mathrm{d}h}{\mathrm{d}s} \tag{11.3.6}$$

从断面 1—1 至断面 2—2 积分，可得

$$\frac{2q}{k}s = h_1^2 - h_2^2 \tag{11.3.7}$$

利用该式可计算平底坡的浸润线，该浸润线为二次抛物线。由式 (11.3.6) 可知，平底坡浸润线只有一种形式，即降水曲线。当 $h \to 0$ 时，$\mathrm{d}h/\mathrm{d}s \to -\infty$，即浸润线将与不透水层基底正交，但这时已不是渐变渗流，式 (11.3.6) 分析的已不适用。与正底坡一样，在渗流下游浸润线是以某一水深逸出渗流域。

对于反底坡 ($i < 0$)，渐变渗流也只有一种浸润线，即降水曲线，如图 11.3.5 所示。在浸润线上游当 $h \to \infty$ 时，$\mathrm{d}h/\mathrm{d}s \to i$，即浸润线上游以水平线为渐近线。在下游，浸润线仍是以某一水深逸出渗流域。此种情况下的浸润线如下式：

$$\frac{|i|s}{h_0} = \eta_1 - \eta_2 + 2.3 \lg \frac{\eta_2 + 1}{\eta_1 + 1} \tag{11.3.8}$$

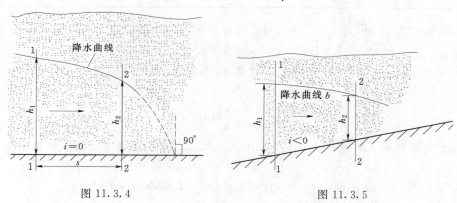

图 11.3.4　　　　　　　　　　　图 11.3.5

【例 11.3.1】　某河道左岸为一透水层，其渗透系数 $k = 2 \times 10^{-3}$ cm/s，如图 11.3.6 所示，不透水层底坡 $i = 0.002$，修建水库之前距河道 2000m 处的水深为 2.5m，河中水深为 1.5m，若在此河道下游修建水库，河中水位抬高 3m，若该断面处水深不变，试问建水库后单位宽度渗透流量将减少多少？

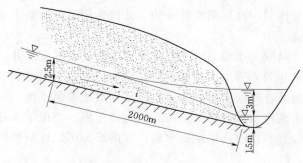

图 11.3.6

解：未建水库之前，浸润线为降水曲线，渗入河中的流量可按式 (11.3.5) 求得。将

式 (11.3.5) 两边同乘以 h_0，得

$$is = h_2 - h_1 + 2.3h_0 \lg \frac{h_2 - h_0}{h_1 - h_0}$$

代入已知数据并化简得

$$0.002 \times 2000 = 1.5 - 2.5 + 2.3h_0 \lg \frac{1.5 - h_0}{2.5 - h_0}$$

$$h_0 \lg \frac{1.5 - h_0}{2.5 - h_0} = 2.17$$

采用试算法求得渐变渗流的正常水深 h_0。

设 $h_0 \lg \frac{1.5 - h_0}{2.5 - h_0} = f(h_0)$，可绘制 $h_0 - f(h_0)$ 曲线，也可以制表 11.3.1。

表 11.3.1

h_0/m	2.65	2.66	2.67	2.68	2.69
f/h_0	2.34	2.29	2.24	2.19	2.14

内插取 $h_0 = 2.684m$，由式 (11.3.3) 可得渗入河渠中的单宽渗流量为

$$q = kh_0 i = 2 \times 10^{-5} \times 2.684 \times 0.002 = 1.07 \times 10^{-7} (m^2/s)$$

修建水库以后，下游水位壅高，浸润线为壅水曲线，$h_2 = 4.5m$，将其代入式 (11.3.5)，化简得

$$h_0 \lg \frac{4.5 - h_0}{2.5 - h_0} = 0.87$$

采用上述试算方法求得 $h_0 = 1.66m$，由式 (11.3.3) 可得壅水后渗入河渠中的单宽渗流量为

$$q = kh_0 i = 2 \times 10^{-5} \times 1.66 \times 0.002 = 0.66 \times 10^{-7} (m^2/s)$$

壅水后的渗流量较未建库前的渗流量减少了

$$\Delta q = (1.07 - 0.66) \times 10^{-7} \times 86400 = 3.54 \times 10^{-3} (m^2/d)$$

11.4 井和井群

井是在含水层中开挖的圆柱形集水建筑物。井的作用是吸取地下水，广泛用于开发地下水资源和土木工程施工中。

在地表下潜水层中吸取无压地下水的井称为普遍井，也称潜水井。当井底直达不透水层称为完全井，井底未达到不透水层则称为非完全井。穿过不透水层吸取承压地下水的井称为承压井，也称自流井。一般来说，井的渗流运动属于非恒定流。当地下水开采量较大或需要较精确地测定水文地质参数时，应按非恒定流考虑；当地下水补给来源充沛，开采量远小于补给量时，经过一段时间恒定抽水后，井的渗流可以近似按恒定流进行分析。

11.4.1 普通井

水平不透水层上的完全普通井如图 11.4.1 所示。原地下水位线如虚线所示。设原地下水深度为 H，井的半径为 r_0，当不吸取地下水时，井中水位与原地下水位齐平。当从

井中吸取流量时，井中水位下降，四周地下水汇入井中并形成漏斗形的浸润面。若吸取的流量不大且为恒定时，经过一段时间，井四周的渗流可认为达到恒定状态。井中水位下降值 s 和漏斗形浸润表面的位置均保持不变。

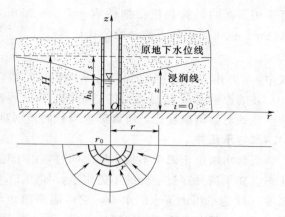

图 11.4.1

井四围的渗流运动，严格来说属于三元渗流，但这样求解相当复杂。我们可以这样简化：在均质各向同性土壤的地层中，井周围渗流的过水断面应是以井中心为圆心，r 为半径的一系列圆柱面。渗流对井中心是轴对称的，即任一径向断面上的渗流情况都是相同的，除井壁附近区域外，流线近似于平行，因此，渗流可以近似看作是一元渐变渗流，而且符合达西定律，可以运用杜比公式进行计算。

设 z 为距井中心为 r 处的浸润线高度，按一元渐变渗流的杜比公式（11.3.1），半径为 r 处的断面平均流速 v 为

$$v = -k\frac{\mathrm{d}h}{\mathrm{d}s} = k\frac{\mathrm{d}z}{\mathrm{d}r}$$

过水断面为以 r 为半径的圆柱面，即 $A = 2\pi rz$，则井的渗透流量为

$$Q = Av = 2\pi rkz\frac{\mathrm{d}z}{\mathrm{d}r}$$

分离变量并积分得

$$z^2 = \frac{Q}{\pi k}\ln r + C$$

利用 $r = r_0$ 时 $z = h_0$ 的条件，可得

$$z^2 - h_0^2 = \frac{Q}{\pi k}\ln\frac{r}{r_0} = \frac{0.73Q}{k}\lg\frac{r}{r_0} \tag{11.4.1}$$

式中：h_0 和 r_0 分别为井中水位和井的半径。

式（11.4.1）为完全普通井的浸润线方程式。利用该式可计算该井任意位置 r 处的浸润线高度 z。

浸润线在离井较远的地方，逐步接近原来地下水位。在井的渗流计算中，常引入一个假定：认为抽水的影响只限于影响半径 R 以内。在影响半径以外的区域，原地下水位不受影响。即当 $r = R$ 时，$z = H$（H 为原地下水位），则完全普通井的出水量公式为

$$Q = 1.36\frac{k(H^2 - h_0^2)}{\lg\dfrac{R}{r_0}} \tag{11.4.2}$$

从该式可看出：当 k、r_0、R、H 一定时，抽水量 Q 越大，井中水位 h_0 越低。

将水注入的井称为注水井，用于回灌地下水和测定水文地质参数，此时出水量为负值，仍可应用上式计算。井的影响半径需要用实验方法或根据经验来确定。在初步计算中

可采用下面的经验数值：细砂 $R=100\sim200$m，中砂 $R=250\sim500$m，粗砂 $R=700\sim$ 1000m。也可采用如下的经验公式计算

$$R=3000s\sqrt{k}$$

式中：s 为井中水位下降的高度；k 为渗透系数，m/s；其余均以 m 计。

井的影响半径 R 是近似的，用不同方法得出的 R 值差别也较大。但因流量与井的影响半径的对数值成反比，所以影响半径的差别对流量值的影响并不大。

11.4.2 承压井

当含水层位于两个不透水层之间时，由于地质构造关系，含水层中的地下水处于承压状态。如果凿井穿过上面的不透水层，如图 11.4.2 所示，井中水位在不抽水时上升到 H 高度，H 为承压地下水的水头，它可能高出地面，这时地下水会自动流出井外，也可能低于地面，但总大于含水层厚度 t，这种井称为承压井。

设含水层为具有同一厚度 t 的水平含水层。当抽水流量为一常量，经过一段时间以后，井的渗流可认为达到恒定状态，井中水位比原有水位下降 s 距离，地下水的水位线如图 11.4.2 虚线所示，即水位线形成一漏斗形的曲面。此时和完全普通井一样，仍可按一元渐变渗流处理。根据杜比公式，过水断面上的平均流速 v 为

$$v=-k\frac{\mathrm{d}H}{\mathrm{d}s}=k\frac{\mathrm{d}z}{\mathrm{d}r}$$

过水断面 $A=2\pi rt$，则渗流量 Q 为

$$Q=2\pi ktr\frac{\mathrm{d}z}{\mathrm{d}r}$$

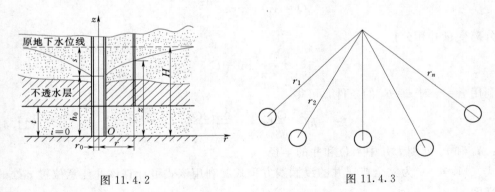

图 11.4.2　　　　　　　　　　　　　图 11.4.3

分离变量，积分得

$$z=\frac{Q}{2\pi kt}\ln r+C$$

利用 $r=r_0$ 时，$z=h_0$ 的条件，可得

$$z-h_0=\frac{Q}{2\pi kt}\ln\frac{r}{r_0}=0.37\frac{Q}{kt}\lg\frac{r}{r_0} \tag{11.4.3}$$

同样引入影响半径 R 的概念，设 $r=R$ 时，$z=H$，则得完全承压井的出水量公式为

$$Q=2.73\frac{kt(H-h_0)}{\lg\dfrac{R}{r_0}}=2.73\frac{kts}{\lg\dfrac{R}{r_0}} \tag{11.4.4}$$

影响半径 R 可仍按上面介绍过的方法确定。

11.4.3 井群

为了增大抽水量，或者为了更有效地降低地下水位，在不太大的范围内有几口井同时工作。由于各井间距不大，各井的渗流互有影响致使地下浸润面变得复杂。这些井就称为井群，如图 11.4.3 所示。

井群所形成的渗流场，可以看成每个单井所形成的渗流场的叠加。如果能够找到单井的流速势函数，根据势流叠加原理，就可以找到井群的流速势函数，从而可以解决井群的渗流计算。为此，我们首先需要求出单井的流速势函数。

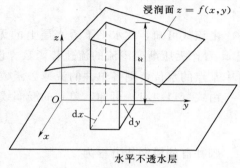

图 11.4.4

设含水层下有一水平不透水层，取 x、y 轴在水平不透水层上，z 轴垂直向上，如图 11.4.4 所示，则无压渐变渗流的浸润面方程为

$$z = f(x, y)$$

式中：z 为浸润面的高度。

根据杜比公式（11.3.1），可得无压渐变渗流的运动方程为

$$\left.\begin{aligned} v_x = u_x = -k\,\frac{\partial H}{\partial x} \\ v_y = u_y = -k\,\frac{\partial H}{\partial y} \end{aligned}\right\} \tag{11.4.5}$$

式中：u_x、u_y 为铅垂线上任一点的渗流流速在 x、y 方向的分量；v_x、v_y 为铅垂线上平均渗流流速在 x、y 方向的分量；H 为铅垂线上任一点的水头，等于浸润面高度 z。

式（11.4.5）也可写为

$$\left.\begin{aligned} v_x = -k\,\frac{\partial z}{\partial x} \\ v_y = -k\,\frac{\partial z}{\partial y} \end{aligned}\right\} \tag{11.4.6}$$

下面推导渐变渗流的连续方程。取如图 11.4.4 所示 $dxdy$ 为底面、高为 z 的柱体为控制体，对于恒定流，连续方程式（3.4.3）为

$$\int_{cs} \rho u\,dA = 0$$

上式表明单位时间内流出与流入控制体表面的质量差为零。故单位时间 x 方向通过控制体表面流出与流入的质量差为

$$-\rho v_x z\,dy + \left[\rho v_x z\,dy + \rho\,\frac{\partial(v_x z)}{\partial x}\,dxdy\right] = -\rho\,\frac{\partial(v_x z)}{\partial x}\,dxdy$$

同理，单位时间 y 方向通过控制体表面流出与流入的质量差为

$$-\rho\,\frac{\partial(v_y z)}{\partial y}\,dxdy$$

由式（3.4.3），得

$$\frac{\partial(v_x z)}{\partial x}+\frac{\partial(v_y z)}{\partial y}=0 \tag{11.4.7}$$

这就是无压渐变渗流的连续方程。

将式（11.4.6）代入该式，得

$$\frac{\partial^2 z^2}{\partial x^2}+\frac{\partial^2 z^2}{\partial y^2}=0 \tag{11.4.8}$$

由该式可知，在水平不透水层上的无压渐变渗流，z^2 满足拉普拉斯方程。因此可以把 z^2 看作无压渐变渗流的流速势函数。设 z_i 为某单井单独作用时的某点的水位，z 为井群中某点的水位，则各单井的流速势函数 z_i^2 叠加可以得到井群的流速势函数 z^2。

由式（11.4.1）可知，单井的浸润线方程为

$$z_i^2=\frac{Q_i}{\pi k}\ln\frac{r_i}{r_{0i}}+h_{0i}^2$$

则井群的浸润线方程为

$$z^2=\sum_{i=1}^{n}z_i^2=\sum_{i=1}^{n}\frac{Q_i}{\pi k}\ln\frac{r_i}{r_{0i}}+\sum_{i=1}^{n}h_{0i}^2 \tag{14.4.9}$$

若令各单井出水流量 Q_i 均相同，井群总出水流量为 Q_0，则 $Q_i=Q_0/n$，代入上式并展开得

$$z^2=\frac{Q_0}{\pi kn}\left[\ln(r_1 r_2\cdots r_n)-\ln(r_{01}r_{02}\cdots r_{0n})\right]+\sum_{i=1}^{n}h_{0i}^2 \tag{11.4.10}$$

在井群中也引入影响半径的概念，一般井群的影响半径 R 远大于井群的尺度，故可近似认为在影响半径处 $r_1\approx r_2\approx\cdots\approx r_n\approx R$，该处水位 $z=H$，则

$$H^2=\frac{Q_0}{\pi kn}\left[\ln R^n-\ln(r_{01}r_{02}\cdots r_{0n})\right]+\sum_{i=1}^{n}h_{0i}^2 \tag{11.4.11}$$

将式（11.4.11）与式（11.4.10）相减，得

$$H^2-z^2=\frac{Q_0}{\pi kn}\left[\ln R^n-\ln(r_1 r_2\cdots r_n)\right]=\frac{Q_0}{\pi k}\left[\ln R-\frac{1}{n}\ln(r_1 r_2\cdots r_n)\right]$$

经整理得完全普通井群地下水位的计算公式为

$$z^2=H^2-0.73\frac{Q_0}{k}\left[\lg R-\frac{1}{n}\lg(r_1 r_2\cdots r_n)\right] \tag{11.4.12}$$

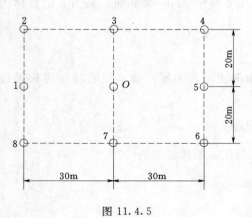

图 11.4.5

利用该式可求出井群中任一点的浸润线高度，也可反求出井群的出水流量 Q_0。

【例 11.4.1】 为了降低某建筑物基础施工场地的地下水位，在基坑现场布置了八个普通完全井，呈矩形布置如图 11.4.5 所示。已知矩形边长为 60m 和 40m，每口井抽水量为 5L/s，并群的影响半径 $R=500\text{m}$。含水层深度 $H=10\text{m}$，渗透系数 $K=0.001\text{m/s}$，试求井群中心点 O 的地下水位 z。

解： 由井群浸润线方程式（11.4.9）

$$z^2 = H^2 - 0.73 \frac{Q_0}{k} \left[\lg R - \frac{1}{n} \lg(r_1 r_2 \cdots r_n) \right]$$

计算井群中心 O 点的地下水位 Z。

已知 $H = 10\text{m}$，$Q_0 = 8 \times 5\text{L/s} = 40\text{L/s} = 0.04\text{m}^3/\text{s}$

$$R = 500\text{m}, \quad r_1 = r_5 = 30\text{m}, \quad r_3 = r_7 = 20\text{m}$$

$$r_2 = r_4 = r_6 = r_8 = \sqrt{30^2 + 20^2} = 36.1 \text{ (m)}$$

代入上式，得

$$z^2 = 10^2 - 0.73 \times \frac{0.04}{0.001} \times \left[\lg 500 - \frac{1}{8} \lg(30 \times 36.1 \times 20 \times 36.1 \times 30 \times 36.1 \times 20 \times 36.1) \right]$$

$$= 64.21$$

$$z = 8.01(\text{m})$$

井群中心 O 点的地下水位 z 为 8.01m，比原地下水位降低了将近 2m。

注：在［例 11.4.1］中，若求某单井井中水位 z_i，也可利用井群浸润方程式 (11.4.9) 计算，但这时要注意该井 $r_i = r_{0i}$，即以该井的半径 r_{0i} 代入 r_i，其他各 r_i 仍为各井中心至该井中心的距离。

11.5 均质土坝的渗流计算

土坝是水利工程中应用最广泛的建筑物之一。土坝挡水后，水从上游面渗入坝体，从土坝下游面逸出。土坝渗流具有浸润线。在浸润线以下的土体处于饱和状态，饱和区土壤抗剪强度、黏着力等均较干土减小，这些因素对坝体的稳定性将产生不利影响。此外渗流可能导致坝体发生管涌或流土甚至局部沉陷。为了分析坝体的稳定性及选择防渗排渗方案，必须研究土坝的渗流，土坝渗流的计算任务主要是确定浸润线的位置、渗透坡降和渗流量。

一般情况下，沿坝轴线土坝断面比较一致时，土坝渗流可以看做平面问题。通常只研究某几个典型剖面上的渗流情况，就可以了解整个土坝的渗流情况。

11.5.1 不透水地基上均质土坝的渗流

土坝的坝体结构型式及地基条件有多种情况，如坝体有均质的，带心墙的，带斜墙的，设排水的；地基可有透水的和不透水的等等。其中最简单的是不透水地基上的均质土坝，它的渗流情况是研究其他型式土坝渗流的基础。

凡是地基的渗透系数小于坝体土壤的渗透系数的 1% 的，都可认为是不透水地基。

设有水平不透水地基上的均质土坝，其剖面如图 11.5.1 所示。当上游水深 H_1 和下游水深 H_2 固定不变时，渗流为恒定流。水流通过上游边界 AM 渗入坝体，在坝内形成无压渗流。因克服阻力，渗流不断损失能量，水头不断下降，其自由表面 AB 即为浸润线。在下游坝坡，一部分渗流沿 BC 渗出，BC 称为逸出段，B 点称为逸出点，BC 两点之间的垂直距离以 a_0 表示，a_0 称为逸出高度。另一部分则通过 CN 流入下游。

为什么存在逸出段 BC 呢？其原因可说明如下：下游坝坡 CN 在下游水面以下，其各点总水头是个常数，故 CN 是一条等势线。若 B 点不在 C 点之上而与 C 点重合，如图

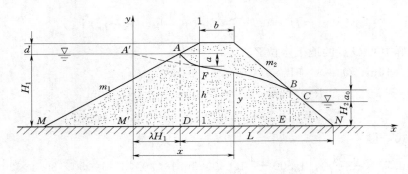

图 11.5.1

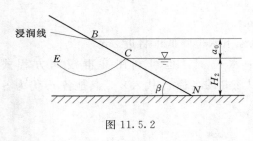

图 11.5.2

11.5.2 所示。因浸润线本身是一条流线，故必与下游坝坡 CN（等势线）正交，并形成如图 11.5.2 中 EC 所示的形状。但浸润线就是总水头线，只能沿程下降而不能上升，像 EC 那样升起是不可能的，所以 B 点的位置必然在 C 点以上，而形成逸出段。浸润线在逸出点处与下游坝坡相切。

土坝平面渗流问题，常采用分段方法进行计算。一般有三段法和两段法两种方法，下面仅对两段法详加介绍。以图 11.5.1 中的土坝渗流为例，两段法中的第一段用矩形体 $AA'M'D$ 代替三角体 AMD，该矩形体宽度 λH_1 的确定应满足下列的条件：即在相同的上游水位 H_1 和单宽渗流量 q 的情况下，通过矩形体和三角体到达通过上游坝肩的断面 1—1 时的水头损失 a 相等。根据试验研究，设等效的矩形体宽度为 λH_1，λ 值可由下式确定

$$\lambda = \frac{m_1}{1 + 2m_1} \tag{11.5.1}$$

式中：m_1 为土坝上游的边坡系数。

这样，整个渗流区就由两段组成，第一段为 $AA'M'EB$，第二段为 BEN。

1. 上游段的计算

设水流从 $A'M'$ 面入渗，将上游段看作无压渐变渗流，$A'M'$ 为入流断面，该断面上的水头为 H_1，BE 为该段最后一个过水断面，断面上的水头为 (a_0+H_2)。渗流从 $A'M'$ 断面至 BE 断面的水头差为 $H_1-(a_0+H_2)$，两断面间的渗流路径长可近似等于 $L+\lambda H_1 - m_2(a_0+H_2)$，$m_2$ 为土坝下游的边坡系数。根据平底坡渐变渗流浸润线公式（11.3.7），通过此段的单宽渗流量为

$$q = \frac{k[H_1^2 - (a_0+H_2)^2]}{2[L+\lambda H_1 - m_2(a_0+H_2)]} \tag{11.5.2}$$

由于 a_0 未确定，故不能由上式直接计算 q，还需通过对下游段的分析，再建立一个包括未知数 a_0 和 q 的方程。

2. 下游段的计算

下游段 BEN 如图 11.5.1 所示，这一段上游面 BE 的水深为 a_0+H_2，也就是 BE 上各点的水头值均为 a_0+H_2。下游边坡 BN 分为两段：BC 段在下游水位以上，CN 段在下

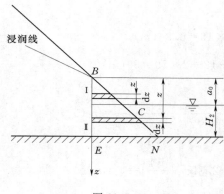

图 11.5.3

游水位以下。因此，下游段可分为两部分：下游水位以上部分为 I 区和下游水位以下部分为了 II 区，每一流区内的流线都近似地设为水平线。设 z 轴原点为 B，垂直向下为正，如图 11.5.3 所示。

在 I 区，任一水平流线的水头损失应等于该流线至浸润线末端逸出点 B 的垂直距离 z，而流线长度为 $m_2 z$，所以 I 区任一元流的单宽渗流量为

$$\mathrm{d}q_1 = kJ\mathrm{d}z = k\,\frac{z}{m_2 z}\mathrm{d}z = \frac{k}{m_2}\mathrm{d}z$$

I 区的单宽渗流量 q_1 等于 $\mathrm{d}q$ 从 $z=0$ 到 $z=a_0$ 的积分，即

$$q_1 = \int_0^{a_0} \frac{k}{m_2}\mathrm{d}z = \frac{k}{m_2}a_0$$

在 II 区，下游边坡 CN 各点水头均等于 H_2，所以任一条流线的水头损失均等于 $(a_0 + H_2) - H_2 = a_0$，流线长度则等于 $m_2 z$，故

$$\mathrm{d}q_2 = kJ\mathrm{d}z = k\,\frac{a_0}{m_2 z}\mathrm{d}z$$

所以

$$q_2 = \int_{a_0}^{a_0+H_2} k\,\frac{a_0}{m_2 z}\mathrm{d}z = \frac{ka_0}{m_2}\ln\frac{a_0+H_2}{a_0}$$

下游段的单宽渗流量为

$$q = q_1 + q_2 = \frac{k}{m_2}a_0 + \frac{ka_0}{m_2}\ln\frac{a_0+H_2}{a_0}$$

$$q = \frac{ka_0}{m_2}\left(1 + 2.3\lg\frac{a_0+H_2}{a_0}\right) \tag{11.5.3}$$

联立求解式（11.5.2）和式（11.5.3），可求得土坝的单宽渗流量 q 和逸出高度 a_0。求解时可用试算法。

土坝的浸润线方程可采用平底坡无压渐变渗流浸润线公式（11.3.7），以图 11.5.1 为例，设距假想的矩形体上游坝面为 x 处的断面水深为 y，则按式（11.3.7）可写为

$$x = \frac{k}{2q}(H_1^2 - y^2) \tag{11.5.4}$$

设一系列 y 值，即可算得一系列对应的 x 值，绘成浸润线 $A'B$。但实际浸润线应从上游坝面 A 点开始，并在 A 点垂直于坝面 AM。将 $x = \lambda H_1 + m_1 d$ 代入式（11.5.4）求得断面 1—1 处的水深为 h，并得到 F 点，然后用手描法连接 AF，使之成为一条平顺光滑曲线，这就是实际的浸润线，如图 11.5.1 所示。

【例 11.5.1】 有一水平不透水层上的均质土坝，坝高为 19m，上游水深 $H_1 = 16$m，下游水深 $H_2 = 4$m，上游边坡系数 $m_1 = 3$，下游边坡系数 $m_2 = 2$，坝顶宽度 $b = 12$m，渗透系数 $k = 2 \times 10^{-4}$ cm/s。试求土坝单宽渗流量 q，下游坝面逸出高度 a_0 及 1—1 断面处的水深 h。

解：两段法计算：矩形等效体宽度

$$\lambda H_1 = \frac{m_1}{1+2m_1}H_1 = \frac{3}{1+2\times3}\times16 = 6.86(\text{m})$$

$$L = m_1 d + b + m_2(H_1+d) = 3\times3+12+2\times19 = 59(\text{m})$$

代入式（11.5.2）得

$$\frac{q}{k} = \frac{H_1^2-(a_0+H_2)^2}{2[L+\lambda H_1-m_2(a_0+H_2)]} = \frac{16^2-(a_0+4)^2}{2[59+6.86-2(a_0+4)]} = f_1(a_0)$$

代入式（11.5.3）得

$$\frac{q}{k} = \frac{a_0}{m_2}\left(1+2.3\lg\frac{a_0+H_2}{a_0}\right) = \frac{a_0}{2}\left(1+2.3\lg\frac{a_0+4}{a_0}\right) = f_2(a_0)$$

假定一系列 a_0 值，分别求得对应的 $f_1(a_0)$、$f_2(a_0)$ 的值，见表 11.5.1。

表 11.5.1 　　　　　　**[例 11.5.1] 计算结果**

a_0/m	$16^2-(a_0+4)^2$	$2[65.86-2(a_0+4)]$	$f_1(a_0)$	$\dfrac{a_0}{2}$	$1+2.3\lg\dfrac{a_0+4}{a_0}$	$f_2(a_0)$
1.7	223.51	108.92	2.052	0.85	2.21	1.88
1.8	222.36	108.52	2.049	0.90	2.17	1.95
1.9	221.19	108.12	2.045	0.95	2.13	2.02
2.0	220	107.72	2.042	1.00	2.09	2.09
2.1	218.79	107.32	2.039	1.05	2.07	2.17
2.2	217.56	106.92	2.035	1.10	2.03	2.24

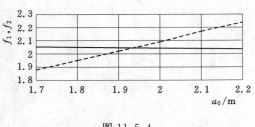

图 11.5.4

绘出 $f_1(a_0)$、$f_2(a_0)$ 与 a_0 的关系曲线，如图 11.5.4 所示。由两曲线交点得

$$a_0 = 1.935\text{m}$$

$$q = 2.043\times2\times10^{-4}\times100 = 0.0409(\text{cm}^2/\text{s})$$

由式（11.5.4）得

$$h^2-y^2 = \frac{2q}{k}x$$

1—1 断面处 x 为

$$x = \lambda H_1+m_1 d = 6.86+3\times3 = 15.86(\text{m})$$

（x 为距假想的矩形体上游坝面的距离）此例上式中 $h=H_1$。

则 $\dfrac{16^2-y^2}{2\times15.86} = 2.04$，得 $h=y=13.83$（m）。

11.6　渗流的基本微分方程

以上所研究的无压渐变渗流，如井、土坝等，是运动要素仅随一个位置坐标而变化的一元渗流，而对水工建筑物透水地基中的渗流，如图 11.6.1 所示的闸基渗流，若水闸沿轴线的长度远比垂直轴线的横向尺寸大，就可以认为地下水沿水闸轴线方向没有流动，即渗流仅在横断面（xOy 平面）内发生，而且可以认为沿轴线各个断面上的流动情况相同。在横断面 xOy 平面内渗流的运动要素是坐标 x、y 的二元函数，这种渗流称为二元渗流或平面渗流。若渗流运动要素是位置坐标 x、y、z 的三元函数，如土坝与两岸接头部分的渗流，就是三元渗流。

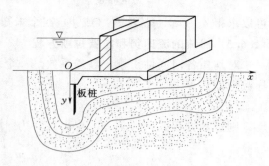

图 11.6.1

渗流问题可以归结为求解渗流区域内任一点的渗流流速 u 和渗流压强 p，即求解函数 $u=u(x,y,z)$ 及 $p=p(x,y,z)$ 或 $H=H(x,y,z)$ 因此，必须建立关于 u 和 p（或 H）的基本微分方程——渗流的连续方程、运动方程，然后根据渗流的边界条件和初始条件求解。

11.6.1 渗流的连续方程

渗流模型假想渗流区域内的全部空间都被连续的水流充满。因此，渗流的连续性和液流的连续性是一样的，渗流的连续方程，对不可压缩液体，有

$$\frac{\partial u_x}{\partial x}+\frac{\partial u_y}{\partial y}+\frac{\partial u_z}{\partial z}=0 \tag{11.6.1}$$

11.6.2 渗流的运动方程

达西定律是反映渗流运动的基本定律。因此，只需将达西定律推广到三元渗流，即可得到渗流的运动方程。假设渗流是各向异性的，三个方向的渗透系数分别为 k_x、k_y、k_z。根据达西定律，空间任一点的渗透流速为

$$u=kJ=-k\frac{\mathrm{d}H}{\mathrm{d}s}$$

渗透流速 u 在 x、y、z 方向的分量为

$$\left.\begin{aligned} u_x &= -k_x\frac{\partial H}{\partial x} \\ u_y &= -k_y\frac{\partial H}{\partial y} \\ u_z &= -k_z\frac{\partial H}{\partial z} \end{aligned}\right\} \tag{11.6.2}$$

若孔隙介质是各向同性的，即 $k_x=k_y=k_z=k$，则

$$\left.\begin{aligned} u_x &= -k\frac{\partial H}{\partial x} \\ u_y &= -k\frac{\partial H}{\partial y} \\ u_z &= -k\frac{\partial H}{\partial z} \end{aligned}\right\} \tag{11.6.3}$$

这就是渗流的运动方程。

渗流的连续方程和运动方程所组成的方程组共有四个微分方程，其中包含 u_x、u_y、u_z 和 H 四个未知函数，若在一定的边界条件和初始条件下，能够求解该微分方程组，就

可以求得 u_x、u_y、u_z 及 H （或 p）四个未知函数。

11.6.3 渗流的流速势和拉普拉斯方程

对均质各向同性土壤，渗透系数是一个常数，因此可以将式（11.6.3）中的 k 写在偏导数里面，设

$$\varphi = -kH \tag{11.6.4}$$

则运动方程式（11.6.3）也可以写为

$$\left. \begin{array}{l} u_x = \dfrac{\partial \varphi}{\partial x} \\[2mm] u_y = \dfrac{\partial \varphi}{\partial y} \\[2mm] u_z = \dfrac{\partial \varphi}{\partial z} \end{array} \right\} \tag{11.6.5}$$

上式表明 φ 就是渗流的流速势。可见，在重力作用下，对均质各向同性土壤符合达西定律的渗流运动是一种有势流动。水力学中解有势流动的各种方法都可以用来求解渗流问题。

将运动方程式（11.6.5）代入连续方程式（11.6.1），可得到渗流的拉普拉斯方程，即

$$\frac{\partial^2 \varphi}{\partial x^2} + \frac{\partial^2 \varphi}{\partial y^2} + \frac{\partial^2 \varphi}{\partial z^2} = 0 \tag{11.6.6}$$

因为 $\varphi = -kH$，故水头 H 也满足拉普拉斯方程，即

$$\frac{\partial^2 H}{\partial x^2} + \frac{\partial^2 H}{\partial y^2} + \frac{\partial^2 H}{\partial z^2} = 0 \tag{11.6.7}$$

这样，不考虑骨架变形、液体的可压缩性，并且符合达西定律的渗流，就可以不必解上述的微分方程组，而归结为求解拉普拉斯方程，即求解渗流流速势 φ（或水头函数 H）的问题。当 φ（或 H）求得后，就可以求得渗流区域内任意点的渗透流速 u 和渗透压强 p。当 φ 已知，由式（11.6.5）就可求得任意点的渗透流速 u；由式（11.6.4）就可得到 H，当 H 已知时，由 $H = z + \dfrac{p}{\gamma}$，即可求得任意点的渗透压强 p。

由于渗流流速势 $\varphi = -kH$，故等势面必然也是等水头面。因为等势面上任一点的流速矢量与等势面垂直，故流速矢量也必然与等水头面垂直。

对平面渗流，除存在流速势函数 φ 以外，如在第 10 章所论述的，还存在流函数 ψ。流函数也满足拉普拉斯方程。平面渗流中的流速势函数 φ 和流函数 ψ 是共轭函数。

11.6.4 初始条件和边界条件

应用上述的拉普拉斯方程求解渗流问题时，还需给出该问题的初始条件和边界条件。

初始条件是指初始时刻整个渗流域内各点的渗透流速和渗透压强。对于非恒定渗流才有初始条件，对恒定渗流不需要初始条件。

对于如图 11.6.2 所示的土坝，边界条件如下。

1. 不透水边界

不透水边界指不透水岩层或不透水的建筑物轮廓，如图 11.6.2 中的 MN 为不透水边

界，沿该边界法线方向的渗透流速 $u_n = 0$ 即

$$u_n = \frac{\partial \varphi}{\partial n} = \frac{\partial H}{\partial n} = 0$$

2. 透水边界

透水边界是指水流渗入和渗出的边界，如图 11.6.2 所示的 AM 和 CN。上述透水边界上各点的水头值 H 相等，是一条等水头线（或等势线）。在 AM 上，$\varphi = -kH_1$，在 CN 上，$\varphi = -kH_2$。

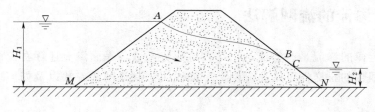

图 11.6.2

3. 浸润面边界

浸润面即是地下水的自由表面，如图 11.6.2 中的 AB 所示。浸润面上的压强等于大气压强，即 $p = 0$；其各点水头 $H = y$。不是常数，所以浸润面不是等水头面。在浸润面上，垂直于该面的渗透流速 $u_n = 0$，即

$$u_n = \frac{\partial \varphi}{\partial n} = \frac{\partial H}{\partial n} = 0$$

故浸润面是流线组成的流面，浸润线是一条流线。

4. 逸出段边界

由于浸润线出口高于下游水位，故形成逸出段，如图 11.6.2 中 BC 所示。逸出段的压强为大气压强，即 $p = 0$；逸出段各点水头 $H = y$，水头随高程而变。逸出段是流线终点的连线，它不是等势线，也不是流线。

11.6.5 渗流问题的求解方法

渗流问题的求解方法有下列四类。

1. 解析法

用数学方法求解渗流微分方程组或拉普拉斯方程定解问题的解析解。所得结果为流速和压强（或水头）的具体函数式。

严格的解析解法常很困难，且能解的空间渗流问题极为有限。当简化为平面问题后，解析法常采用复变函数理论中的保角映射法。

2. 数值解法

实际渗流运动中的边界条件是比较复杂的，若是非恒定渗流，求得解析解就更加困难。所以常采用数值解法。由于电子计算机的迅速发展，数值解法在渗流计算中应用愈来愈广。渗流计算中常用的数值解法为有限差分法和有限单元法。

3. 图解法

图解法也称为流网法。对于平面恒定渗流可绘制渗流流网。利用流网可求得渗透流速、渗流量及渗透压强等各项运动要素。该法简捷，基本能满足工程上的精度要求。绘制

流网的方法有手描法和水电比拟法。

4. 模型试验法

模型是一种工具，用来模拟经过简化的真实流动。实验方法基本上可分为两类：一类是土壤、砂石制作的模型，其中发生的仍是渗流；另一类是用相似的物理过程来比拟渗流流动，如水电比拟、热比拟等。通过对比拟模型中物理量的测定，根据模型物理过程与渗流的比拟关系得到相应的渗流要素。本章只介绍应用比较广泛的水电比拟法。

11.7 平面渗流的流网解法

符合达西定律的渗流是有势流动，存在流速势函数，平面渗流还存在流函数。利用流速势函数和流函数的正交性可绘出流网。下面说明绘制流网的方法以及如何应用流网解平面渗流问题。

11.7.1 绘制流网

绘制流网的方法有手描法及水电比拟法。

手描法是根据渗流域的边界和流网的特征直接绘出流网图。在第 10 章已经介绍了流网原理及绘制流网的方法。下面根据平面渗流的特点并结合如图 11.7.1 所示的水工建筑物透水地基的有压渗流作如下说明。

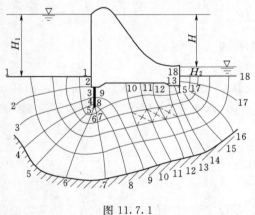

图 11.7.1

（1）水工建筑物地下轮廓和不透水边界是边界流线。如图中地下轮廓和不透水边界都是边界流线，其他流线位于两者之间。

（2）上、下游河床表面 1—1 和 18—18 分别是入渗面和逸出面，而且都是边界等势线（等水头线），其他等势线位于两者之间。如 2—2，…，17—17 等。

（3）根据流网的定义，绘制流网时要使等势线和流线正交，并使网格成曲线正方形。初绘的流网，不一定符合流网的特性，须反复修改。绘制的流网是否正确，可用网格的对角线来检验。如图 11.7.1 中虚线所示，如果每一网格的对角线都正交并相等，则流网是正确的。但是，由于边界，特别是建筑物地下轮廓形状通常是不规则的，在边界突变处很难保证网格为正方形，有时形成四边形或五边形。这就要从整个流网来看，只要绝大多数网格满足上述要求即可。因为个别网格不符合要求，对计算成果影响不大。流网的网格愈密，用以求得渗流各项运动要素的精度就愈高，可根据工程要求决定是否需要将流网全部加密或局部加密。

如果透水地基很厚，则地下轮廓以下越深处，流线的形状愈趋近于一个半圆弧，如图 11.7.2 所示。对于这种情况，最下面一条流线可画成半圆形，其圆心在建筑物地下轮廓水平投影的中点，半径 R 取地下轮廓水平投影长度的 2.0～2.5 倍，或当有板桩或帷幕时，半径 R 取为垂直尺寸的 3.0～5.0 倍。

由上述可以看出，流网的形状与上下游水位无关，对均质各向同性土壤，与渗透系数也无关，只与渗流域及其边界的形状有关。

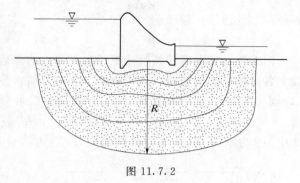

图 11.7.2

11.7.2 应用流网求解渗流

作出了流网之后，就可应用流网进行渗流计算。

设流网如图 11.7.1 所示，上下游水位差为 H。流网共有 $n+1$ 条等势线，每两条等势线之间的水头差为 ΔH，$\Delta H = H/n$。流网共有 $m+1$ 条流线，即有 m 个流层，则渗流各项运动要素可求解如下。

1. 单宽渗流量计算

由流网性质知相邻流线流函数值之差等于通过其间的单宽流量，即 $dq = d\psi$，取有限差值，则 $\Delta q = \Delta \psi$。根据流网特性，有 $\Delta \psi = \Delta \varphi$，而 $\varphi = -kH$，则 $\Delta \varphi = \Delta(-kH) = -k\Delta H$，所以

$$\Delta q = k\Delta H = k\frac{H}{n}$$

整个渗流区的单宽流量 q 为各流层流量之和，当流层总数为 m 时，则

$$q = m\Delta q = k\frac{m}{n}H \tag{11.7.1}$$

2. 水力坡度 J 和渗透流速 u 计算

流网中任一网格内的平均水力坡度为

$$J = \frac{H}{n\Delta s} \tag{11.7.2}$$

式中：Δs 为该网格的平均流线长度，可从图中直接量出，并按流网几何比尺放大。

渗流区内各点渗透流速为

$$u = kJ = \frac{kH}{n\Delta s} \tag{11.7.3}$$

3. 渗透压强计算

堰闸等水工建筑物透水地基中的渗流是有压渗流。有压渗流对建筑物基底施加渗透压力。这是一种向上的浮托力，直接影响建筑物的稳定。

为求作用于建筑物基底的渗透总压力，必须先确定地下轮廓各点的渗透压强值。

当基准面取在下游水面时，从上游入渗面算起第 i 条等势线上的水头为 h_i，则

$$h_i = H - \frac{i-1}{n}H \tag{11.7.4}$$

式中：H 为上下游水头差。

若渗流中任一点的水头为 h，由

$$h = z + \frac{p}{\gamma}$$

则任一点的渗透压强 p 为

$$p = \gamma(h-z) \tag{11.7.5}$$

因为要计算的是建筑物地下轮廓上各点的渗透压强，在以下游水位为基准面时，轮廓线上各点的 z 均为负值，为了方便，仍以下游水位为基准面，取向下为正的铅直坐标轴为 y，则 $y = -z$。于是渗流中任一点的渗透压强可写为

$$p = \gamma(h+y) \tag{11.7.6}$$

式中：γ 为水的容重；h 为该点的水头；y 为从基准面向下到该点的垂直距离。

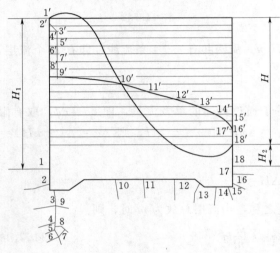

图 11.7.3

由该式可看出，建筑物地下轮廓上各点的渗透压强与该点的水头 h 和位置坐标 y 有关。

为求水工建筑物基底所受到的渗透总压力，可利用式（11.7.6）把各等势线和地下轮廓相交处的压强求出，并绘制地下轮廓的渗透压强水头分布图，由于渗透压强水头 p/γ 是由 h 和 y 两部分组成，可分别绘制地下轮廓上各点的 h 和 y 的分布图，然后叠加，如图 11.7.3 所示。

（1）h 分布图的绘制。以图 11.7.3 为例。

各等势线与地下轮廓线的交点为 1、2、…、18，将上下游水头差 H 分为 n 等分（共有 $n+1$ 条等势线），过每一等分点作一水平线；另外在等势线与地下轮廓线的交点 1、2、…、18 各点处作铅垂线，依次与通过 H 的等分点的水平线相交于 $1'$、$2'$、…、$18'$ 各点，把这些交点连成折线，即得到基底各点的 h 分布图。由图中可以看出，基底各点的水头由上游到下游逐渐减小，到达基底末端点 18 时，水头为零，即全部水头 H 消耗完毕。

（2）y 分布图的绘制。因为下游水位以下至地下轮廓各点的距离即为基底各点的 y 值，所以下游水位以下至地下轮廓 1—2—3—…—18 各图所围成的图形即是 y 分布图。

设 h 分布图和 y 分布图的面积分别为 Ω_1 和 Ω_2，总面积为 Ω，则 $\Omega = \Omega_1 + \Omega_2$，如图 11.7.4 所示。

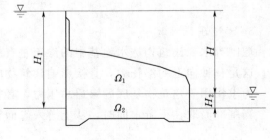

图 11.7.4

作用于单位长度闸坝基底上的渗透总压力为

$$P = \gamma\Omega_1 + \gamma\Omega_2 = \gamma\Omega \tag{11.7.7}$$

渗透总压力 P 也称为扬压力，其中 $\gamma\Omega_2$ 称为浮托力。

11.7.3 水电比拟法

由于渗流和电流符合相同的数学物理方程式，两者各物理量有着对应的关系，因此，如果使电流区域和渗流区域几何相似，边界条件也相似，就可以通过测量电流的物理量来求解渗流问题，这种方法叫做水电比拟法。

1. 水电比拟法原理

在孔隙介质中，符合达西定律的渗流运动可以用拉普拉斯方程式来描述，而导体中的电流运动也符合拉普拉斯方程式，也就是说，电流和渗流都符合同一个数学物理方程，它们的各物理量有对应的比拟关系。电流和渗流之间的比拟关系列于表11.7.1中。

表 11.7.1 电流和渗流之间的比拟关系

渗　　流	电　　流
水头 H	电位 V
水头函数的拉普拉斯方程 $$\frac{\partial^2 H}{\partial x^2} + \frac{\partial^2 H}{\partial y^2} + \frac{\partial^2 H}{\partial z^2} = 0$$	电位函数的拉普拉斯方程 $$\frac{\partial^2 V}{\partial x^2} + \frac{\partial^2 V}{\partial y^2} + \frac{\partial^2 V}{\partial z^2} = 0$$
等水头线（等势线）H＝常数	等位线 V＝常数
渗流流速 u	电流密度 i
达西定律： $$u_x = -k\frac{\partial H}{\partial x}$$ $$u_y = -k\frac{\partial H}{\partial y}$$ $$u_z = -k\frac{\partial H}{\partial z}$$	电流密度欧姆定律： $$i_x = -\sigma\frac{\partial V}{\partial x}$$ $$i_y = -\sigma\frac{\partial V}{\partial y}$$ $$i_z = -\sigma\frac{\partial V}{\partial z}$$
渗流系数 k	导电系数 σ
连续性方程（质量守恒） $$\frac{\partial u_x}{\partial x} + \frac{\partial u_y}{\partial y} + \frac{\partial u_z}{\partial z} = 0$$	克希荷夫定律（电荷守恒） $$\frac{\partial i_x}{\partial x} + \frac{\partial i_y}{\partial y} + \frac{\partial i_z}{\partial z} = 0$$
在不透水边界上 $\frac{\partial H}{\partial n} = 0$ （n 为不透水边界的法线）	在绝缘边界上 $\frac{\partial V}{\partial n} = 0$ （n 为绝缘边界的法线）

从上表可以看出：如果使电场和渗流场的边界形状几何相似，渗流场中的不透水边界在电场中用绝缘体模拟，透水边界用等电位导电板模拟，渗流域用导电液模拟，则可得到一水电比拟模型。在该模型中测得的电位分布和等电位线，就相当于在渗流场中测得渗流水头的分布和等水头线。有了等水头线，再根据流线与等水头线正交原理加绘流线，从而得到方形网格的流网。

模拟均质土壤中的渗流时，导电液的导电率必须均匀。水电比拟法也可以用来求解非均质土壤中的渗流问题，这时模型应以具有不同导电率的导电液组成，各导电液的导电率和相应的渗透系数保持同一比例关系。

2. 水电比拟法的设备及操作

模拟渗流区的导电液有食盐溶液、硫酸铜溶液等，也可用普通自来水。在用导电液时，为了使各处的导电率保持相同，导电液的厚度必须各处相同，所以模型底盘必须保持水平。导电液的厚度不宜过薄，通常采用 $1\sim2cm$。

模型的绝缘边界常用石蜡、有机玻璃等。模拟等电位的导电板常用黄铜或紫铜片制成。

模型中的电器设备包括电源和量测设备，如图 11.7.5 所示。为了防止模型中发生电解现象，多采用交流电作为电源，通过音频振荡器获得频率在 $200\sim600Hz$ 左右和电压为 $5\sim10V$ 左右的电源，接到模型的导电板上。

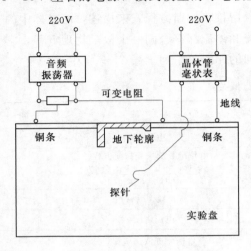

图 11.7.5

量测设备可用晶体管毫伏表，如图 11.7.5 所示。毫伏表的地线与下游导电板相连，另一端为探针。可由毫伏表上直接读得渗流区各点的电位，等电位线就是所要得到的渗流等势线或等水头线。

流线除了由已得到的等势线按流网的特性加以补绘外，也可以采用水电比拟法直接量测。这时，只要将原渗流区的透水边界改为不透水边界，不透水边界改为透水边界，也就是说原来模型中等电位的导电板改为绝缘体，原来的绝缘体改为等电位的导电板，这样测得的等势线即为所要求的流线。与已测到的等势线叠加在一起即是该渗流域的流网。有了流网，就可以求解渗流的各项运动要素。

【例 11.7.1】 某溢流坝地下轮廓及坝基渗流流网如图 11.7.6 所示，上游水位 $H_1=18m$，下游水位 $H_2=2m$，渗透系数 $k=5\times10^{-5}m/s$，试求：（1）该溢流坝坝基单宽渗流量；（2）地下轮廓上点 11 的渗透压强；（3）下游溢出点 17 处的渗透流速。

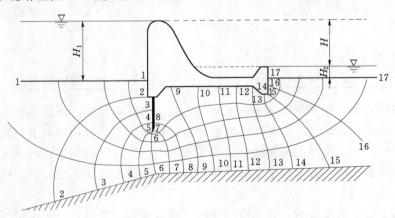

图 11.7.6

解：（1）单宽渗流量 q 计算。由图 11.7.6 的流网图，可看出，共有 6 条流线 17 条等势线，所以 $m=5$，$n=16$，代入式（11.7.1），得

$$q=kH\frac{m}{n}=5\times10^{-5}\times16\times\frac{5}{16}=2.5\times10^{-4}(\text{m}^2/\text{s})$$

（2）地下轮廓上 11 点的渗透压强计算。点 11 位于第 11 条等势线上，其水头为

$$h = H - \frac{i-1}{n}H = 16 - \frac{11-1}{16} \times 16 = 6(\text{m})$$

已知该点处基底厚度为 2m，下游水深 $H_2 = 2$m，所以该点处的 $y = 4$m，由式（11.7.6）得

$$p = \gamma(h+y) = 9.8 \times (6+4) = 98(\text{kN/m}^2)$$

（3）下游溢出点 17 的渗流流速 u 计算。由式（11.7.3）计算，其中 Δs 为流网中 16 点至 17 点的距离，由图中量出 $\Delta s = 2$m，则

$$u = k\frac{H}{n\Delta s} = 5 \times 10^{-5} \times \frac{16}{16 \times 2} = 2.5 \times 10^{-5}(\text{m/s})$$

思　考　题　11

11.1　（1）土壤的哪些性质影响渗透能力？（2）何为简化的渗流模型？为什么要引入这一概念？简化时应满足哪些条件？其渗流流速与实际流速有何关系？（3）渗流中所指的流速是什么流速？它与真实的流速有什么联系？

11.2　试比较达西定律与杜比公式的异同点及应用条件？

11.3　棱柱形正底坡渠道水面曲线有 12 条，而地下水面曲线只有 4 条，为什么？

11.4　现有两个建在不透水地基上的尺寸完全相同的均质土坝，试问：

（1）两坝的上下游水位相同，但是渗透系数不同，两者的浸润曲线是否相同？为什么？（2）如果两坝的上下游水位不同，而其他条件相同，浸润曲线是否相同？为什么？

11.5　（1）两水闸的地下轮廓线相同，渗透系数也相同的，但作用水头不同，流网是否相同？为什么？（2）两水闸的地下轮廓线相同，作用水头也相同，但渗透系数不同，流网是否相同？为什么？（3）两水闸的作用水头和渗透系数均相同，但地下轮廓线形状不同，流网是否相同？为什么？

11.6　扬压力对建筑物的稳定性有何影响？

习　题　11

11.1　在实验室中，根据达西定律测定某土壤的渗透系数时，将土样装在直径 $D = 20$cm 的圆筒中，在 40cm 的水头差作用下，经过一昼夜测得渗透水量为 15L，两测压管间的距离为 30cm，试求：（1）该土壤的渗透系数 k；（2）该土壤属于何种土壤。

11.2　如习题图 11.1 所示两水库 A、B 之间为一座山，经地质勘探查明有一个透水层，上层为细砂，渗透系数 $k_1 = 0.001$cm/s，下层为中砂，渗透系数 $k_2 = 0.01$cm/s，各层厚度 a 均为 2m，宽度 $b = 500$m，长度 $s = 2000$m，A 水库水位为 130m，B 水库水位为 100m，试求由 A 水库向 B 水库的渗透流量 Q。

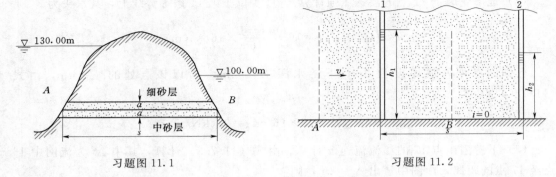

习题图 11.1

习题图 11.2

11.3 如习题图 11.2 所示在 $i=0$ 的不透水层上的土壤，其渗透系数 $k=0.001\text{cm/s}$，今在水流方向上打两个钻孔 1 和 2，测得钻孔 1 中水深 $h_1=10\text{m}$，钻孔 2 中水深 $h_2=8\text{m}$，两钻孔之间的距离 $s=1000\text{m}$，试求：（1）单宽渗透流量 q；（2）钻孔 1 左右 500m 处 A、B 点的地下水深 h_a 及 h_b。

11.4 如习题图 11.3 所示，某河道左岸为一透水层，其渗透系数 $k=2\times10^{-3}\text{cm/s}$，不透水层的底坡 $i=0.001$，修建水库之前距离河道 2000m 处的 1—1 断面的水深为 5m，河中水深为 2m，这时地下水补给河道；修建水库后将河中水位抬高了 18m，测得 1—1 断面处水深为 10m，这时水库补给地下水，试求：（1）建库前地下水补给河道的单宽流量 q 及浸润曲线；（2）建库后水补给地下水的单宽流量 q。

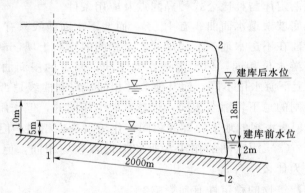

习题图 11.3

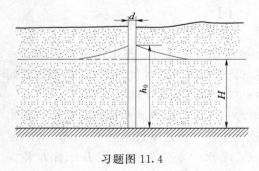

习题图 11.4

11.5 如习题图 11.4 所示，今欲测定土壤的渗透系数 k，在现场打一口直径 $d=20\text{cm}$ 的无压完全井做压水实验。向井中供给的流量 $Q=0.2\text{L/s}$，此时井中水深保持为 $h_0=5\text{m}$，测得含水层厚度 $H=3.5\text{m}$，土壤为细砂，影响半径 $R=150\text{m}$，试求该土壤的渗透系数 k。

11.6 如习题图 11.5 所示的有压完全井，已知含水层的厚度为 T，压强水头为 $\dfrac{p}{\gamma}=H$，

抽水后井中水深为 $h_0 > T$，井的半径为 r_0，试推导有压完全井的出水量公式

$$Q = 2.73 \frac{kT(H - h_0)}{1g \dfrac{R}{r_0}}$$

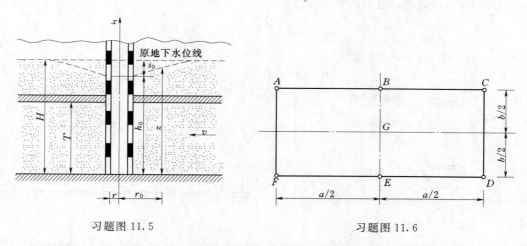

习题图 11.5　　　　　　　　　　习题图 11.6

11.7　如习题图 11.6 所示的无压完全井井群，用以降低基坑中的地下水位。已知 $a = 50$m，$b = 20$m，各井的抽水量相等，其总的抽水流量 $Q_0 = 6$L/s，各井的半径均为 $r_0 = 0.1$m，含水层厚度 $H = 10$m，土壤为粗砂，其渗透系数 $k = 0.01$cm/s，取影响半径 $R = 800$m，试求 B 和 G 的地下水位降低值 S_B 和 S_G。

11.8　如习题图 11.7 所示，一布置在半径 $r = 20$m 的圆内接六边形上的 6 个无压完全井井群，用于降低地下水位。已知含水层厚度 $H = 15$m，土壤为中砂，其渗透系数 $k = 0.01$cm/s，影响半径 $R = 500$m，若使中心 G 点的地下水位降低 5m，试求各井的抽水量（假设各井的出水流量相等）。

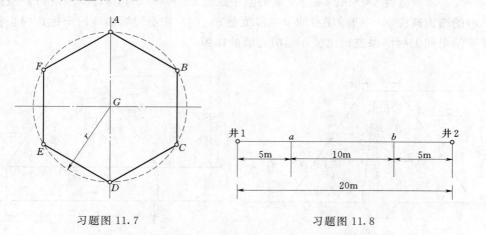

习题图 11.7　　　　　　　　　　习题图 11.8

11.9　采用如习题图 11.8 所示相距为 20m 远的两个完全井来降低地下水位，已知含水层厚度 $H = 12$m，土壤为中砂，渗透系数 $k = 0.01$cm/s，其影响半径 $R = 500$m，各井的半径 $r_0 = 0.1$m，如果欲使 a 点水位降低至 $h_a = 7$m，b 点水位降低至 $h_b = 6$m，试求两井的

抽水流量 Q_1 及 Q_2。

11.10 如习题图 11.9 所示为一亚砂土上的集水廊道，已知廊道长 $l=50\text{m}$，含水层厚度 $H=4\text{m}$，廊道中水深 $h_0=1\text{m}$，亚砂土的渗透系数 $k=5\times10^{-3}\text{cm/s}$，集水廊道的影响半径为 100m，试求廊道中的集水流量。

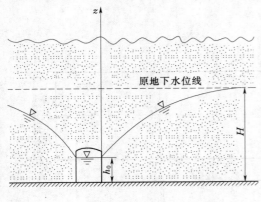

原地下水位线

习题图 11.9

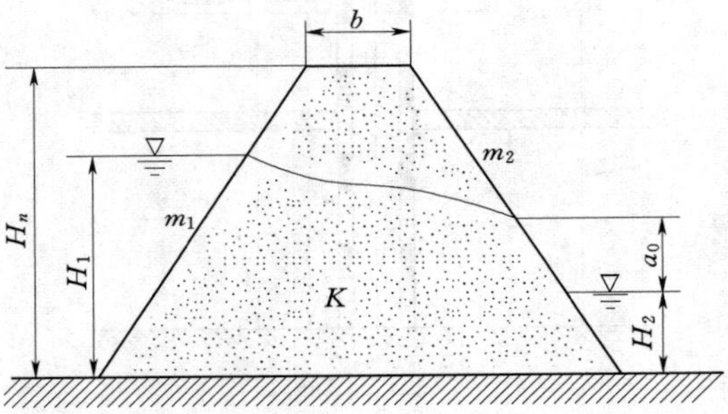

习题图 11.10

11.11 如习题图 11.10 所示为一建在不透水地基上的均质土坝，已知坝高 $H_n=17\text{m}$，上游水深 $H_1=15\text{m}$，上游边坡系数 $m_1=3$，下游水深 $H_2=2\text{m}$，下游边坡系数 $m_2=2$，坝顶宽度 $b=6\text{m}$，坝身土壤的渗透系数 $k=0.0005\text{cm/s}$，试求：（1）浸润线在下游边坡的逸出高度 a_0；（2）单宽渗流量 q；（3）坝身浸润曲线坐标。

11.12 如习题图 11.11 所示建在不透水地基上的心墙土坝，心墙平均厚度 $\bar{\delta}=\dfrac{\delta_1+\delta_2}{2}=2\text{m}$，心墙土壤的渗透系数 $k_0=0.00001\text{cm/s}$，其他已知数据同习题 11.11，即坝高 $H_n=17\text{m}$，上游水深 $H_1=15\text{m}$，上游边坡系数 $m_1=3$，下游水深 $H_2=2\text{m}$，下游边坡系数 $m_2=2$，坝顶宽度 $b=6\text{m}$，坝身土壤的渗透系数 $k=0.0005\text{cm/s}$，试求：（1）浸润曲线在下游的逸出高度 a_0；（2）坝身的单宽渗流量 q；（3）坝身浸润曲线的坐标；（4）将此题的计算结果同上题结果进行比较，说明心墙的作用。

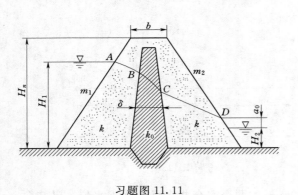

习题图 11.11

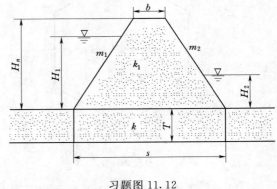

习题图 11.12

11.13 如习题图 11.12 所示一建在透水地基上的均质土坝，已知坝高 $H_n=17\text{m}$，上游水深 $H_1=15\text{mm}$，上游边坡系数 $m_1=3$，下游水深 $H_2=2\text{m}$，下游边坡系数 $m_2=2$，坝

顶宽度 $b=6\mathrm{m}$，坝身土壤的渗透系数 $k_1=0.0005\mathrm{cm/s}$，坝基透水层的厚度 $T=5\mathrm{m}$，渗透系数 $k_2=0.005\mathrm{cm/s}$，试求该坝坝身的单宽渗透流量 q（提示：可直接应用 11.11 题的结果继续做。）

11.14　如习题图 11.13 所示水闸，已知土壤的渗透系数 $k=5\times10^{-3}\mathrm{cm/s}$，各已知高程如图所注，图中比例尺为 $1:200$，试求：（1）图中影线所示闸底板所受的单宽扬压力 P。（2）闸基单宽渗流量 q。（3）下游出口处流速分布。

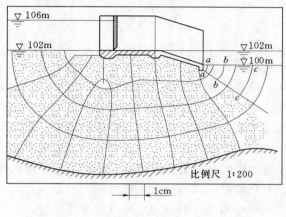

习题图 11.13

第 12 章 波 浪 理 论

12.1 概述

12.1.1 基本概念

波浪是海洋中最常见的现象之一，是岸滩演变、海港和海岸工程最重要的动力因素，其作用力是设计防波堤、码头、闸门、进水塔和采油平台等建筑物时必须考虑的外力之一。因此，研究波浪理论对国民经济许多部门都有重大意义。

波浪是一种波动现象，是一种水质点振动与传播的现象。波浪可分类如下：

（1）按水质点所受的主要恢复力可分为：重力波、表面张力波、潮汐波等。

（2）按干扰力或发生的原因可分为：风成波、地震波、船行波等。

（3）按引起波动的力在波浪形成后是否仍持续作用可分为：强迫波、自由波。

（4）按波动时水质点移动的性质可分为：振荡波和位移波。振荡波又分为推进波和立波。推进波——质点基本上围绕其静平衡位置沿着封闭的或接近封闭的轨迹运动，比如风成波；立波——原始推进波和反射波叠加后生成的波，也称为驻波。位移波——质点有明显的位移，比如潮汐波、地震波和洪水波等。

（5）按波浪在传播方向上的几何尺寸可分为：短波和长波。

（6）按水域底部是否对波浪有影响可分为：深水波与浅水波。

（7）按波浪形态及是否随时间可变可分为：规则波和不规则波。

（8）按波浪破碎与否可分为：未破碎波、破碎波、破后波。

（9）按波幅相对波长的大小以及研究波浪运动的数学力学处理方法，可分为微小振幅波和有限振幅波。

微小振幅波（简称微幅波）是指波陡（波高与波长之比）较小的波。研究微幅波时应用了线性化理论，比较简要明确。随着振幅的增加，波动的非线性效应就变得显著起来，问题也变得复杂了，因而出现了各种研究非线性有限振幅波的方法和理论，但微幅线性波仍然是研究这些有限振幅波的基础。由于微幅波得出的微分方程是线性的，有限振幅波得出的微分方程是非线性的，故有时也分别称为线性波和非线性波。

当研究波浪现象时，首先必须了解波浪的几何特征与运动特征。描述波浪运动性质及其形态的各主要物理量，如波长、波高、波速等，称为波浪要素，如图 12.1.1 所示。现将波浪的主要要素定义如下：

波峰——在静水面以上的波浪部分。

波谷——在静水面以下的波浪部分。

波峰顶——波峰的最高点。

波谷底——波谷的最低点。

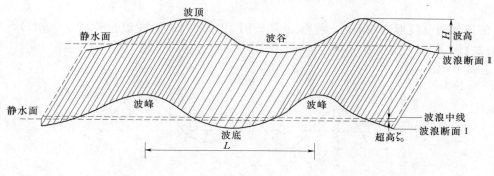

图 12.1.1

波峰线——垂直波浪传播方向上各波峰顶的连线。

波向线——与波峰线正交的线，即波浪传播方向。

波高——相邻波峰顶与波谷底间的垂直距离，通常以 H 表示，单位以 m 计。在我国台湾海峡曾记录到波高达 15m 的巨浪。

波浪中线——等分波高的水平线，此线一般在静水面以上，其超出的高度称为超高。一般由于波峰比较尖突，波谷比较平坦，静水面至波峰的距离大于静水面到波谷的距离，因此波浪中线位于静水面之上。

波长——两相邻波峰顶（或波谷底）间的水平距离，通常以 L 表示，单位以 m 计。海浪的波长可达上百米，而潮波的波长可达数千米。

波陡——波高与波长之比（H/L）。海洋上常见的波陡范围为 $1/30 \sim 1/10$ 之间。波陡的倒数称为波坦。

周期——波浪起伏一次所需的时间，或相邻两波峰顶通过空间固定点所经历的时间间隔，或波峰顶或波谷底向前推进一个波长所需要的时间。简单波波浪外形接近于正弦（余弦）曲线。因为余弦曲线可用一个点在圆周上运行而产生，这个点在圆周上转一圈所需要的时间在数值上等于波浪向前推进一个波长所需要时间，即周期，通常以 T 表示，单位以 s 计。在我国沿海，波浪周期一般为 $4 \sim 8s$，曾记录到周期为 20s 的长浪。

圆频率——表示在 T 秒内通过某空间点传播了多少个波（水质点转过的圈数，一圈对应角度为 2π），用 σ 表示，与周期的关系为

$$\sigma = 2\pi/T \tag{12.1.1}$$

波速——波形沿水平方向移动的速度，常以 m/s 计，以 c 表示，等于波长除以周期，即

$$c = L/T \tag{12.1.2}$$

波数——表示单位长度内传播了多少个波（水质点转过的圈数，一圈对应角度为 2π），用 k 表示，与波长的关系为

$$k = 2\pi/L \tag{12.1.3}$$

以 k、σ 取代 $1/L$、$1/T$ 来表示波动更为直观。本章第 12.3 节将对式（12.1.1）～式（12.1.3）进一步说明。

根据式（12.1.1）～式（12.1.3），有

$$c = \sigma / k \qquad (12.1.4)$$

波浪剖面（波形、波面）$z = f(x)$，见图 12.1.2（a）。波浪过程线 $z = f(t)$，见图 12.1.2（b）。

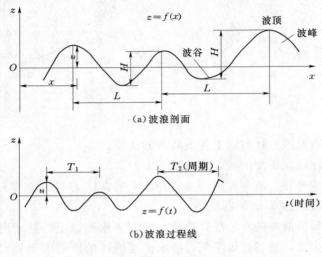

(a) 波浪剖面

(b) 波浪过程线

图 12.1.2

12.1.2 风成波的发生、发展，波浪近岸时的变化

产生波浪的原因很多，除风成波外，地震、爆炸、滑坡、行船、造波机等都会引起波，下面以风成波为例说明这一过程。

当风吹过水面时，由于摩擦力的存在，水面形成波状。最初由于风速较小，表面张力起主要作用，波浪具有涟波的性质。当风力加强时，表面张力波渐渐变成重力波，初期涟波的二维特性被破坏而形成三维不规则波。当风沿某个方向连续作用时，波峰线渐渐明显，它垂直于风的作用方向并沿着风的作用方向传播，形成如图 12.1.3 所示的强迫风成波。风成波的外形是不对称的曲线，波峰部分比较尖突，波浪的后坡也较前坡为平坦（图12.1.3），这是由于风过水面时，受波浪的影响，背风部分发生漩涡，使这里的压力降低，而向风部分则直接受到风的压力，迫使波峰向前倾斜。又由于只有波浪的后坡充分受到风的作用，所以后坡上又有造成新的波浪的可能，称为二级波。二级波浪的波高、波长都较一级波浪为小。有时二级波浪上面还能形成三级波浪，造成天然情况中所常见到的不规则的波面。这一组波浪，统称为波系。当风力加强到一定程度时，强迫风成波的波顶会被推翻，由于涡动现象而形成空气卷入的"白浪"。

图 12.1.3

图 12.1.4

当风力减小时，波浪也逐渐减小。风停之后形成了自由波，波形对于水平轴是不对称

的，波峰较陡峭而波谷较平缓，但对于铅直轴是对称的，如图 12.1.4 所示。影响风成波性质的主要因素是风和水深 d。在波浪的形成时期，风速对波高、波周期、波长及波速等有影响，风速的增强与减弱引起上述波浪要素值的增减。水深对波浪的影响主要表现在波浪向海岸推进过程中因浅水区域水的相对深度与海底地形有变化而引起的波浪变形上，其过程如图 12.1.5 所示。

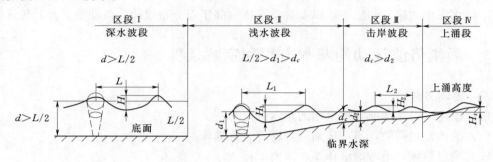

图 12.1.5

海洋中水深较大，波浪运动不受海底的影响。水质点的运动轨迹接近于圆形，其半径随水深增加而迅速减小，运动达不到海底，称为深水推进波。波浪推进到浅水地带，由于受到海底的影响，波浪的特性便会有所改变。当水深小于半个波长时（$d/L<0.5$），海底开始对波浪产生影响，水质点运动轨迹趋近扁平，接近于椭圆，近底水质点则只做前后摆动，这种波浪称为浅水推进波。水深继续减小，波陡增大到一定程度后，不能维持平衡，波峰发生破碎，发生破碎处的水深 d_c 称为临界水深。对于来自深水的不同波长和波高的波浪，其临界水深也不同。又因海面涨落等影响，临界水深的位置也有所变更。因此，岸滩波浪往往在一个相当宽的范围内破碎，称为破碎带。波浪破碎后，由于水浅，底层水体运动受到水底的摩阻影响较表层水体为大，波谷更为坦长，波峰高度显著增大，此时水质点有明显的向前推移，形成击岸波，称为击岸波带。击岸波在岸边最后一次破碎后，形成一股强烈的冲击水流，顺着岸滩上涌到一定高度后，再退回原处，在这一区域内波形已不复存在，称为上涌带。

波浪在其运动过程中会遇到各种形状的固体边界，这些边界均会使波浪的运动特性有所改变。

由实际观测，海洋中的波浪可以传播到很远的地方去，经过很长的时间也不会消失。这就可以说明水的黏滞性影响在波浪的传播过程中是很小的，波浪能量的耗损也是很缓慢的，在研究大多数波浪问题时忽略水的黏滞作用，在一定的条件下其结果不会有太大的偏差。对于这种黏滞性影响可以忽略的自由波，可以用势波理论来研究。

12.1.3　研究方法

研究波浪现象通常采用三种方法：

（1）理论方法。是在物理学和力学的一般定律的基础上寻求水质点的运动规律及波浪要素间的数学关系；基于经典流体力学理论发展了各种波动理论，例如：微幅波、斯托克斯波、孤立波、椭余波和摆线波。各种理论只是在一定的条件下，即在一定的范围内与实际较为吻合，并互为补充。

（2）原型观测法。采用在自然界中直接观察的方法。

（3）实验方法。在实验室中，按照一定的比例将自然界里的原型缩制成小的模型，用人工产生波浪现象，采用专门的仪器来量测、研究它。

显然，只有将这三种方法配合使用，才能全面认识波浪运动现象。

本章将以二维规则波作为研究对象介绍微幅波理论，探讨波浪要素之间的关系，水质点在不同水深中的速度和轨迹，以及波动水体内部压强分布规律、波动能量及其传递等。

12.2　微幅势波运动的基本方程和定解条件

12.2.1　基本方程

定量描述波浪运动前，所采用的基本假定为：

（1）流体是均质的，不可压缩的，密度 ρ 为常数。

（2）理想液体，不考虑液体黏性或内摩擦。

（3）自由水面压力是均匀的，且为常数大气压 P_0，相对压强为零。

（4）水流运动是无旋的（有势的），这样的波浪称为势波。

（5）流体上的质量力仅有重力，忽略表面张力和柯氏惯性加速度产生的惯性力。

（6）海底水平，不透水。若透水，则另有学科分支研究。

（7）仅研究 xz 平面内的规则运动。

现对边长为 dx、dy、dz 的微块控制体应用动量方程式。在运动方向上：

$$dM dv_s = \sum R \cos\alpha dt \tag{12.2.1}$$

式中：dM 为微块液体的质量，$dM = \rho dx dy dz$；dv_s 为微块液体沿运动方向在 dt 时间内速度的改变量；α 为外力作用方向与运动方向的夹角；R 为作用于微块液体上的外力。

首先写出 Ox 轴方向上的动量方程表达式。

外力在 Ox 轴上的投影包括动水压力 dP_x（表面力）与质量力 dF_x，它们分别为

$$dP_x = -\frac{\partial p}{\partial x} dx dy dz \tag{12.2.2}$$

$$dF_x = \rho dx dy dz \cdot X \tag{12.2.3}$$

式中：p、ρ 分别为作用于控制体微块液体上的动水压强、密度；X 为单位质量力在 Ox 轴上的投影。

将式（12.2.2）和式（12.2.3）代入式（12.2.1）得

$$\rho dx dy dz du_x = \left(-\frac{\partial p}{\partial x} dx dy dz + \rho X dx dy dz \right) dt$$

两边同除以 $\rho dx dy dz$ 并对上述方程进行积分：

$$\int_0^{u_x} du_x = \int_0^{\tau} -\frac{1}{\rho} \frac{\partial p}{\partial x} dt + \int_0^{\tau} X dt \tag{12.2.4}$$

式中：τ 为形成波浪时瞬时力作用的时间，一般假定为小量。

$$\int_0^{u_x} du_x = u_x - 0 = u_x \tag{12.2.5}$$

$$\int_0^{\tau} -\frac{1}{\rho} \frac{\partial p}{\partial x} dt = -\frac{1}{\rho} \frac{\partial}{\partial x} \int_0^{\tau} p dt \tag{12.2.6}$$

令
$$\varphi(x,y,z,t)=-\frac{1}{\rho}\int_0^\tau p\mathrm{d}t \tag{12.2.7}$$

则由式（12.2.4）～式（12.2.6）可得控制体微块液体沿 Ox 轴方向的速度分量为

$$u_x=\frac{\partial\varphi}{\partial x}+X\tau\approx\frac{\partial\varphi}{\partial x} \tag{12.2.8}$$

同理，可分别得到沿 Oy 轴、Oz 轴方向的速度分量为

$$u_y=\frac{\partial\varphi}{\partial y}$$

$$u_z=\frac{\partial\varphi}{\partial z}$$

可见，波浪运动过程中任一液体质点在 x、y、z 方向的速度分量等于函数 φ 对相应坐标的偏导数。所以，波浪运动是有势运动，且 φ 为流速势函数。由数学上知，流速势函数 φ 应满足拉普拉斯方程，即

$$\frac{\partial^2\varphi}{\partial x^2}+\frac{\partial^2\varphi}{\partial y^2}+\frac{\partial^2\varphi}{\partial z^2}=0 \tag{12.2.9}$$

对二维问题，则 φ 应满足二维拉普拉斯方程。假设波浪在 xOz 平面内运动，有

$$\frac{\partial^2\varphi}{\partial x^2}+\frac{\partial^2\varphi}{\partial z^2}=0 \tag{12.2.10}$$

另外，由前面可知，液体运动方程式在非恒定势流中的积分形式，即拉格朗日积分式为

$$\frac{p}{\rho}+gz+\frac{1}{2}(u_x^2+u_z^2)+\frac{\partial\varphi}{\partial t}=f(t) \tag{12.2.11}$$

其中 $f(t)$ 是 t 的任意函数。一般可在不影响速度场的情况下定义 $\varphi_0(x,z,t)$，使

$$\frac{\partial\varphi_0}{\partial t}=\frac{\partial\varphi}{\partial t}+\frac{p_0}{\rho}-f(t)$$

注意到 $\varphi_0(x,z,t)$ 仍满足拉普拉斯方程，这样拉格朗日方程可写为

$$\frac{p-p_0}{\rho}=-gz-\frac{\partial\varphi_0}{\partial t}-\frac{1}{2}(u_x^2+u_z^2) \tag{12.2.12}$$

由于所研究的是波高较小的微幅波，上式中质点速度的平方值属于小量而可忽略。另外，为书写方便去掉 φ_0 的下标，式（12.2.12）可写成如下形式：

$$\frac{p-p_0}{\rho}=-gz-\frac{\partial\varphi}{\partial t} \tag{12.2.13}$$

波浪问题的求解，可以归结为在某定解条件（边界条件和初始条件）下求解拉普拉斯方程式（12.2.9）或式（12.2.10）。求出流速势函数 φ 后，由式（12.2.8）求出各点的速度，并由式（12.2.13）求出相应点的压强。

12.2.2 定解条件

定解条件一般指边界条件和初始条件。对于离开风区以外的规则自由波动，初始条件可由周期条件代替。

1. 边界条件

对于二维规则波浪问题，求解式（12.2.10）时应考虑表面和水底处的边界条件。在

自由表面上具有动力学和运动学两类边界条件。

（1）动力学边界条件。现采用符号 $z=\eta(x,t)$ 表示任意断面上波浪表面超出静水位的高度，是时间 t 和距离 x 的函数，如图 12.1.4 所示。

在自由表面 $z=\eta(x,t)$ 上，水质点所受压强等于大气压，即 $p=p_0$。因此，由式（12.2.13）可以得到：

$$g\eta+\left(\frac{\partial\varphi}{\partial t}\right)_{z=\eta\approx0}=0 \qquad (12.2.14)$$

或

$$\eta=-\frac{1}{g}\left(\frac{\partial\varphi}{\partial t}\right)_{z=\eta\approx0}$$

（2）运动学边界条件。在自由水面上，水面高度 $z=\eta(x,t)$ 是一个随时间和空间而变的量。自由水面上各点上升（或下降）的速度为

$$\frac{\mathrm{d}z}{\mathrm{d}t}=\frac{\mathrm{d}\eta}{\mathrm{d}t}=\frac{\partial\eta}{\partial t}+\frac{\partial\eta}{\partial x}\frac{\mathrm{d}x}{\mathrm{d}t}$$

因为

$$\frac{\mathrm{d}x}{\mathrm{d}t}=u_x=\frac{\partial\varphi}{\partial x},\frac{\mathrm{d}z}{\mathrm{d}t}=u_z=\frac{\partial\varphi}{\partial z}$$

故得

$$\frac{\partial\varphi}{\partial z}=\frac{\partial\eta}{\partial t}+u_x\frac{\partial\eta}{\partial x}$$

式中 $u_x\dfrac{\partial\eta}{\partial x}$ 相对较小可以略去，则有

$$\frac{\partial\eta}{\partial t}=\frac{\partial\varphi}{\partial z} \qquad (12.2.15)$$

将式（12.2.14）对 t 求导可得到：

$$\frac{\partial\eta}{\partial t}=-\frac{1}{g}\frac{\partial^2\varphi}{\partial t^2}\bigg|_{z=\eta\approx0} \qquad (12.2.16)$$

比较式（12.2.15）、式（12.2.16），得

$$\frac{\partial^2\varphi}{\partial t^2}\bigg|_{z=\eta\approx0}+g\frac{\partial\varphi}{\partial z}\bigg|_{z=\eta\approx0}=0 \qquad (12.2.17)$$

在式（12.2.14）～式（12.2.17）中，脚标 $z=\eta\approx0$ 表示该值是自由表面处的值，即 $z=\eta$ 处应满足的条件，但由于研究的是微幅波，故 $\eta\approx0$，也即在计算中可以认为在 $z=0$（即原静水位）处满足上述条件，这就使问题简化多了。

在海底处，液体质点只有平行底面方向的速度，而法向速度为零。设位于水深 d 处的底面是水平且不透水的，则上述条件为

$$u_z=0$$

即

$$\left(\frac{\partial\varphi}{\partial z}\right)_{z=-d}=0 \qquad (12.2.18)$$

在深海情况时，$d\to\infty$，式（12.2.18）将有如下形式：

$$\left(\frac{\partial\varphi}{\partial z}\right)_{z=-\infty}=0 \qquad (12.2.19)$$

2. 初始条件

令瞬时力作用终止时的瞬间为初始时刻，设此时刻为 $t=0$。若所研究的波浪运动波高较小，在自由表面上，可认为 $z=\eta\approx0$，由于引起波浪运动的初始压力应已知，因此，

根据式（12.2.7）（假设为二维问题）

$$\varphi(x,0,0) = -\frac{1}{\rho}\int_0^\tau p\,\mathrm{d}t = f_1(x) \tag{12.2.20}$$

式中：$f_1(x)$ 为已知函数。

此外，初始压力将引起某些初始扰动，而自由表面的初始位置应与这种扰动相适应，即当 $t=0$ 时

$$\eta_{t=0} = \eta(x,0) = f_2(x)$$

由条件式（12.2.14）得

$$\left(\frac{\partial\varphi}{\partial t}\right)_{z=\eta\approx0} = -gf_2(x) \tag{12.2.21}$$

为了确定问题的解答，式（12.2.20）、式（12.2.21）中 $f_1(x)$、$f_2(x)$ 应为已知函数。

3. 周期条件

本章我们研究的波浪是自由波动，这是一种有规则的周期性运动，初始条件可不予考虑，而由周期性条件代替。

对于简单波动，可以认为在时间和空间上均呈现周期性质。从空间上看，相距一个波长 L 的同一相位点的波要素是相同的；从时间上看，一个周期 T 后的波要素也是相同的。因此

$$\varphi(x,z,t) = \varphi(x+L,z,t) = \varphi(x,z,t+T) \tag{12.2.22}$$

对于推进波，上式可写为

$$\varphi(x,z,t) = \varphi(x-ct,z)，对于任意的 \ x、z、t \tag{12.2.23}$$

式中：$x-ct$ 为波动自变量，表示波浪沿 $+x$ 向推进。下面对此予以简单解释。

若 x 和 t 分别增加一个 cT 和 T，即 $\varphi[x+cT-c(t+T)]$，我们看仍然等于 $\varphi(x-ct)$，这表明在 t 时刻存在于 x 处的扰动 $\varphi(x,z,t)$ 将毫不改动地在 $t+T$ 时刻传到 $x+cT$ 处。所以，波动是以速度 c 沿 $+x$ 向前进，但保持本身不变。$\varphi(x-ct)$ 也可写为 $\varphi(ct-x)$，同样表示扰动以速度 c 沿 $+x$ 向传播。$\varphi(x+ct)$ 则表示沿 $-x$ 向传播的扰动。

综上所述，求解二维规则波浪运动中的流速势函数 $\varphi(x,z,t)$，应当满足拉普拉斯方程（连续方程和运动方程合二为一）及相应的边界条件和周期条件，即

（1）拉普拉斯方程：

$$\frac{\partial^2\varphi}{\partial x^2} + \frac{\partial^2\varphi}{\partial z^2} = 0 \tag{12.2.24}$$

（2）边界条件。

自由表面上（对微幅波，$z=\eta\approx0$）：

$$\eta = -\frac{1}{g}\left(\frac{\partial\varphi}{\partial t}\right)_{z=0} \tag{12.2.25}$$

$$\left(\frac{\partial^2\varphi}{\partial t^2}\right)_{z=0} + g\left(\frac{\partial\varphi}{\partial z}\right)_{z=0} = 0 \tag{12.2.26}$$

在水平底面上：

$$\left(\frac{\partial\varphi}{\partial z}\right)_{z=-\infty} = 0 \ 或 \left(\frac{\partial\varphi}{\partial z}\right)_{z=-d} = 0 \tag{12.2.27}$$

（3）周期条件：

$$\varphi(x,z,t)=\varphi(x-ct,z) \tag{12.2.28}$$

求解式（12.2.24）表示的二元二阶偏微分方程，实际上是一个求积分的过程，需要 4 个积分常数，而式（12.2.25）～式（12.2.28）正好提供了 4 个条件，则问题理论上可以求解。

12.3　微幅平面势波的流速势函数

本节将根据上述波浪运动的基本方程及定解条件来探求流速势函数 φ 的解。

考虑到自由势波是调和运动，且应满足周期条件式（12.2.28），由式（12.1.4），有 $\varphi(x,z,t)=\varphi(x-ct,z)=\varphi\left(x-\dfrac{\sigma}{k}t,z\right)=\varphi(kx-\sigma t,z)$。利用分离变量法，可设流速势函数 $\varphi(x,z,t)$ 为

$$\varphi(x,z,t)=A(z)\sin(kx-\sigma t)=A(z)\sin\theta \tag{12.3.1}$$

式中 θ 定义为相位角，随 x 与 t 的变化是线性关系。

对式（12.3.1）取偏导数：

$$\left.\begin{aligned}\frac{\partial^2\varphi}{\partial x^2}&=-k^2A(z)\sin\theta\\[2mm]\frac{\partial^2\varphi}{\partial z^2}&=A''(z)\sin\theta\end{aligned}\right\} \tag{12.3.2}$$

将式（12.3.2）代入基本方程式（12.2.24）中，整理得

$$\left[-k^2A(z)+A''(z)\right]\sin\theta=0 \tag{12.3.3}$$

因为 $\sin\theta$ 一般情况下不等于零，故有

$$A''(z)-k^2A(z)=0 \tag{12.3.4}$$

此常微分方程的通解为

$$A(z)=C_1\mathrm{e}^{kz}+C_2\mathrm{e}^{-kz} \tag{12.3.5}$$

式中：C_1、C_2 为积分常数，可由边界条件来确定。

于是得

$$\varphi=(C_1\mathrm{e}^{kz}+C_2\mathrm{e}^{-kz})\sin\theta \tag{12.3.6}$$

下面分别对不同水深情况进行讨论。

12.3.1　深水推进波

对于水深为无限的情况，因为当 $z=-\infty$ 时，上式中的 $C_2\mathrm{e}^{-kz}\rightarrow+\infty$，这样 $\dfrac{\partial\varphi}{\partial z}=k(C_1\mathrm{e}^{kz}-C_2\mathrm{e}^{-kz})\sin\theta$ 就趋近 $+\infty$，显然不满足边界条件式（12.2.27）。为避免这一点，应该在方程式（12.3.6）中取 $C_2=0$，于是得到：

$$\varphi=C\mathrm{e}^{kz}\sin\theta \tag{12.3.7}$$

式中常数 C 由边界条件式（12.2.25）定出：

因

$$\left(\frac{\partial\varphi}{\partial t}\right)_{z=0}=(-\sigma C\cos\theta\mathrm{e}^{kz})_{z=0}=-\sigma C\cos\theta \tag{12.3.8}$$

令

$$h = \frac{\sigma C}{g} \qquad (12.3.9)$$

则由式（12.2.25）得

$$\eta = h\cos\theta = h\cos(kx - \sigma t) \qquad (12.3.10)$$

上式给出了自由表面的波动曲线，可以看出波浪断面是余弦曲线，而运动本身是具有振幅为 h 的调和运动。

因为余弦值变化范围 $[-1, 1]$，则 $-h \leqslant \eta \leqslant h$。当 $\eta = h$ 时出现波顶，而当 $\eta = -h$ 时为波底。显然，$2h$ 就是波高 H。故式（12.3.9）中

$$C = \frac{gh}{\sigma} = \frac{gH}{2\sigma} \qquad (12.3.11)$$

这样，将上式代入式（12.3.7）中就得到了无限水深情况下波浪的速度势函数 φ：

$$\varphi = \frac{gH}{2\sigma} e^{kz} \sin\theta \qquad (12.3.12)$$

由式（12.3.10）可见，当 t 不变而 kx 增减 2π 时，η 值不变，此时水平距离 x 的差值为 $2\pi/k$，即为波长 L；同理，在某一坐标值 x 处，σt 增减 2π 时，η 也不改变，此时时间 t 的差值为 $2\pi/\sigma$，即为一个周期 T。即当 t 不变时，使坐标值 x 增加 $\frac{2\pi}{k}$；或当 x 不变时，使时间间隔 t 增加 $\frac{2\pi}{\sigma}$，均可使 $(kx - \sigma t)$ 改变 2π。由此可见，数值 $\frac{2\pi}{k}$ 确定波浪波长 L，数值 $\frac{2\pi}{\sigma}$ 确定波浪的周期 T，即

$$L = \frac{2\pi}{k} \qquad (12.3.13)$$

$$T = \frac{2\pi}{\sigma} \qquad (12.3.14)$$

将流速势函数 φ 代入式（12.2.26）中，可以得到一个重要的关系式：

$$-\frac{H}{2}\sigma g e^{kz} \sin\theta + \frac{H}{2} \frac{kg^2}{\sigma} e^{kz} \sin\theta = 0$$

即

$$\sigma^2 = kg \qquad (12.3.15)$$

由式（12.3.15）可知，在深水推进波中，周期 T 与波长 L 之间存在着一定的关系，即

$$L = \frac{gT^2}{2\pi} \qquad (12.3.16)$$

或

$$T = \sqrt{\frac{2\pi L}{g}} \qquad (12.3.17)$$

将式（12.3.15）代入式（12.1.4），得波速：

$$c = \sqrt{\frac{g}{k}} \qquad (12.3.18)$$

另外，将式（12.3.17）代入式（12.3.18）后得

$$c = \sqrt{\frac{gL}{2\pi}} = \frac{gT}{2\pi} \qquad (12.3.19)$$

应该特别指出，波浪传播速度 c 是整个波浪形状的移动速度，不是指液体质点的运动速度。

12.3.2　浅水推进波

对于水深有限的情况，当 $z=-d$ 时，应用边界条件式（12.2.27）第二式

$$\left(\frac{\partial \varphi}{\partial z}\right)_{z=-d}=A'(z)|_{z=-d}\sin\theta=k(C_1 e^{kz}-C_2 e^{-kz})|_{z=-d}\sin\theta=0$$

可得 $C_2=C_1 e^{-2kd}$。将常数 C_2 代入流速势函数的一般表达式（12.3.6）中，则可写成：

$$\varphi=C_1 e^{-kd}[e^{k(z+d)}+e^{-k(z+d)}]\sin\theta \tag{12.3.20}$$

由于

$$e^{k(z+d)}+e^{-k(z+d)}=2\cosh[k(z+d)]$$

并令

$$C=2C_1 e^{-kd}$$

则式（12.3.20）为下列形式：

$$\varphi=C\cosh[k(z+d)]\sin\theta \tag{12.3.21}$$

在 $z=0$ 处令式（12.3.21）满足边界条件式（12.2.25），则得

$$\eta=\frac{\sigma C}{g}\cosh(kd)\cos\theta$$

令

$$h=\frac{\sigma C}{g}\cosh(kd)$$

则得

$$\eta=h\cos\theta=h\cos(kx-\sigma t)$$

与深水情况一样，令 $2h=H$，则得常数 C 为

$$C=\frac{gh}{\sigma\cosh(kd)}=\frac{gH}{2\sigma\cosh(kd)}$$

故水深为有限时，推进波的势函数 φ 应为

$$\varphi=\frac{gH}{2\sigma}\frac{\cosh[k(d+z)]}{\cosh(kd)}\sin\theta \tag{12.3.22}$$

将式（12.3.22）代入边界条件式（12.2.26）中得到：

$$-\frac{H}{2}\sigma g\sin\theta+\frac{H}{2}\frac{g^2 k}{\sigma}\frac{\sinh(kd)}{\cosh(kd)}\sin\theta=0$$

即

$$\sigma^2=gk\tanh(kd) \quad \text{或} \quad \sigma=\sqrt{gk\tanh(kd)} \tag{12.3.23}$$

由此可得到有限水深推进波的波长与周期的关系式为

$$L=\frac{gT^2}{2\pi}\tanh(kd) \tag{12.3.24}$$

显而易见，当 $d\to\infty$ 时，双曲正切 $\tanh(kd)\to 1$，式（12.3.23）、式（12.3.24）可转为深水情况时的式（12.3.15）、式（12.3.16）。

浅水情况下，波浪的传播速度为

$$c=\frac{L}{T}=\sqrt{\frac{g}{k}\tanh(kd)}=\sqrt{\frac{gL}{2\pi}\tanh(kd)}=\frac{gT}{2\pi}\tanh(kd) \tag{12.3.25}$$

12.3.3　立波（驻波）

立波是两组波浪要素完全相同而方向相反的推进波叠加后产生的波动现象，特点是水面只在原处起伏振动，波形并不向前推进。例如，当推进波遇到和前进方向正交的直立壁面而反射时，反射波与原推进波叠加即可产生立波。微幅势波既然有流速势存在，按照势

流叠加原理，产生的合成运动仍然是有势的。叠加后合成的流速势等于各个运动流速势之和，即立波的流速势函数可用两个方向相反而大小相等的推进波流速势函数叠加而得：

$$\varphi = \varphi_1 + \varphi_2$$

以有限水深推进波为例，其流速势函数 φ_1 为

$$\varphi_1 = \frac{gH}{2\sigma} \frac{\cosh[k(z+d)]}{\cosh(kd)} \sin(kx - \sigma t)$$

其反射波的流速势函数 φ_2 可设为

$$\varphi_2 = \frac{gH}{2\sigma} \frac{\cosh[k(z+d)]}{\cosh(kd)} \sin(kx + \sigma t)$$

叠加后的合成流速势函数为

$$\varphi = \varphi_1 + \varphi_2 = \frac{gH}{\sigma} \frac{\cosh[k(z+d)]}{\cosh(kd)} \sin(kx)\cos(\sigma t) \tag{12.3.26}$$

则

$$\eta = -\frac{1}{g}\left(\frac{\partial \varphi}{\partial t}\right)_{z=0} = H\sin(kx)\sin(\sigma t) \tag{12.3.27}$$

式中：H 为原推进波的波高。

对于给定时刻 t，上式可改写成为

$$\eta = A\sin(kx), A = H\sin(\sigma t) \tag{12.3.28}$$

故水面轮廓为正弦曲线。如图 12.3.1 (c) 中的实线所示，图 (c) 中所示立波是图 (a)、(b) 中所示推进波与反射波叠加的结果。$\eta = 0$ 的点相当于 $x = \frac{m\pi}{k}$（$m = 0$，± 1，± 2，$\cdots$），且对不同时间 t，这些点的 η 均等于 0，如图 12.3.1 中所示的 N_1、N_2、N_3 等，这些点称为节点。合成后的波浪，其水面只在节点之间起伏振动。在不同时间 t，波幅 A 值是变化的，最大的 A 值等于 H，因此立波的最大波高为 $H'_{max} = 2H$，等于原推进波波高的 2 倍。至于波长 L 和周期 T，仍然是 $L = 2\pi/k$ 和 $T = 2\pi/\sigma$，与原推进波的波长和周期相同。

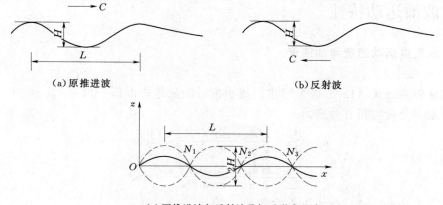

(a) 原推进波   (b) 反射波

(c) 原推进波与反射波叠加后形成立波

图 12.3.1

立波质点的运动轨迹也可由式（12.3.26）的合成流速势函数来推求，其结果为

$$z - z_0 = (x - x_0)\tanh[k(z_0 + d)]\tan(kx_0) \tag{12.3.29}$$

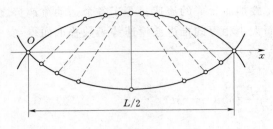

图 12.3.2

式中：x_0、z_0 为质点初始位置的坐标，故立波的质点轨迹是与 Ox 成倾角的直线，其斜率决定于质点的初始位置，如图 12.3.2 所示。在立波的节点上，水质点沿水平方向振动；在波腹中间，水质点沿垂直方向振动。

【例 12.3.1】 已知一深水推进波的速度势为 $\varphi_1 = 2\dfrac{\sigma}{k}e^{kx}\cos(\sigma t - kx)$，当遇到一与推进方向相垂直的直立墙后完全反射形成立波。试求合成波动的速度势及自由表面方程。

解： 由题意可知，反射后的波动，其波浪要素与入射波完全相同，但传播方向相反，因此速度势应为

$$\varphi_2 = 2\frac{\sigma}{k}e^{kx}\cos(\sigma t + kx)$$

由势流叠加原理得

$$\varphi = \varphi_1 + \varphi_2 = 2\frac{\sigma}{k}e^{kx}\left[\cos(\sigma t - kx) + \cos(\sigma t + kx)\right]$$

$$= 2\times 2\frac{\sigma}{k}e^{kx}\cos(kx)\cos(\sigma t) = 4\frac{\sigma}{k}e^{kx}\cos(kx)\cos(\sigma t)$$

自由表面的波动方程

$$\eta = -\frac{1}{g}\left(\frac{\partial \varphi}{\partial t}\right)_{z=0} = \frac{1}{g}\left[4\frac{\sigma^2}{k}e^{kx}\cos(kx)\sin(\sigma t)\right]_{z=0}$$

注意到 φ_1、φ_2 为深水推进波，$\sigma^2 = kg$，故有

$$\eta = 4\cos(kx)\sin(\sigma t)$$

12.4 波浪运动特性

12.4.1 水质点运动速度和加速度

1. 浅水推进波

由流速势函数式（12.3.22）可求出浅水推进波流体内部任一点（x，z）处的质点运动速度的水平分量与铅直分量为

$$\left. \begin{aligned} u_x &= \frac{\partial \varphi}{\partial x} = \frac{H}{2}\frac{kg}{\sigma}\frac{\cosh[k(d+z)]}{\cosh(kd)}\cos\theta \\ u_z &= \frac{\partial \varphi}{\partial z} = \frac{H}{2}\frac{kg}{\sigma}\frac{\sinh[k(d+z)]}{\cosh(kd)}\sin\theta \end{aligned} \right\} \tag{12.4.1}$$

液体内水质点运动的加速度为

$$\left. \begin{aligned} \frac{\mathrm{d}u_x}{\mathrm{d}t} &= \frac{\partial u_x}{\partial t} + \frac{\partial u_x}{\partial x}\frac{\mathrm{d}x}{\mathrm{d}t} + \frac{\partial u_x}{\partial z}\frac{\mathrm{d}z}{\mathrm{d}t} \approx \frac{\partial u_x}{\partial t} \\ \frac{\mathrm{d}u_z}{\mathrm{d}t} &= \frac{\partial u_z}{\partial t} + \frac{\partial u_z}{\partial x}\frac{\mathrm{d}x}{\mathrm{d}t} + \frac{\partial u_z}{\partial z}\frac{\mathrm{d}z}{\mathrm{d}t} \approx \frac{\partial u_z}{\partial t} \end{aligned} \right\}$$

故加速度分量为

$$
\left.
\begin{aligned}
a_x &= \frac{\partial u_x}{\partial t} = \frac{H}{2}kg\,\frac{\cosh[k(d+z)]}{\cosh(kd)}\sin(kx-\sigma t)\\
a_z &= \frac{\partial u_z}{\partial t} = -\frac{H}{2}kg\,\frac{\sinh[k(d+z)]}{\cosh(kd)}\cos(kx-\sigma t)
\end{aligned}
\right\}
$$
(12.4.2)

2. 深水推进波

对于深水推进波，即 $d\to\infty$ 时：

$$
\left.
\begin{aligned}
u_x &= \frac{H}{2}\sigma e^{kz}\cos(kx-\sigma t)\\
u_z &= \frac{H}{2}\sigma e^{kz}\sin(kx-\sigma t)
\end{aligned}
\right\}
$$
(12.4.3)

$$
\left.
\begin{aligned}
a_x &= \frac{H}{2}\sigma^2 e^{kz}\sin(kx-\sigma t)\\
a_z &= -\frac{H}{2}\sigma^2 e^{kz}\cos(kx-\sigma t)
\end{aligned}
\right\}
$$
(12.4.4)

12.4.2 质点运动的轨迹与流线

1. 浅水推进波

由质点运动速度方程对时间求积分可得到质点的运动轨迹。由于 $u_x=\dfrac{\mathrm{d}x}{\mathrm{d}t},u_z=\dfrac{\mathrm{d}z}{\mathrm{d}t}$

若令
$$
\left.
\begin{aligned}
a &= \frac{H}{2}\frac{\cosh[k(z+d)]}{\sinh(kd)}\\
b &= \frac{H}{2}\frac{\sinh[k(z+d)]}{\sinh(kd)}
\end{aligned}
\right\}
$$
(12.4.5)

注意到 $u_x=\dfrac{\partial \varphi}{\partial x}$，$u_z=\dfrac{\partial \varphi}{\partial z}$，将 $\sigma^2=kg\tanh(kd)$ 的关系式和上式代入式 (12.4.1) 得

$$
\left.
\begin{aligned}
\frac{\mathrm{d}x}{\mathrm{d}t} &= a\sigma\cos(kx-\sigma t)\\
\frac{\mathrm{d}z}{\mathrm{d}t} &= b\sigma\sin(kx-\sigma t)
\end{aligned}
\right\}
$$
(12.4.6)

对于微幅波，考虑到波高和质点的速度均相当小，因此，式 (12.4.6) 右边的坐标值 x、z 可近似地改用它们静止时的坐标 x_0、z_0，而不致引起双曲正弦、余弦、正切和余切等函数值较大的变化。于是，我们用下式近似代替式 (12.4.6)

$$
\left.
\begin{aligned}
\frac{\mathrm{d}x}{\mathrm{d}t} &= a\sigma\cos(kx_0-\sigma t)\\
\frac{\mathrm{d}z}{\mathrm{d}t} &= b\sigma\sin(kx_0-\sigma t)
\end{aligned}
\right\}
$$
(12.4.7)

积分上式得

$$
\left.
\begin{aligned}
x &= -a\sin(kx_0-\sigma t)+c_1\\
z &= b\cos(kx_0-\sigma t)+c_2
\end{aligned}
\right\}
$$
(12.4.8)

令 $c_1=x_0$，$c_2=z_0$，这样，质点运动的近似方程为

$$
\left.
\begin{aligned}
x &= x_0-a\sin(kx_0-\sigma t)\\
z &= z_0+b\cos(kx_0-\sigma t)
\end{aligned}
\right\}
$$
(12.4.9)

在式 (12.4.9) 中消去 t 得

$$\frac{(x-x_0)^2}{a^2}+\frac{(z-z_0)^2}{b^2}=1 \tag{12.4.10}$$

由此可见，对于浅水推进波，质点运动轨迹为一封闭椭圆。其长、短半轴分别与坐标轴平行，其值由下式计算

$$\left.\begin{array}{l} a=\dfrac{H}{2}\dfrac{\cosh[k(z_0+d)]}{\sinh(kd)} \\[3mm] b=\dfrac{H}{2}\dfrac{\sinh[k(z_0+d)]}{\sinh(kd)} \end{array}\right\} \tag{12.4.11}$$

2. 深水推进波

对深水推进波即 $d\rightarrow\infty$ 时，$a=b=\dfrac{H}{2}\mathrm{e}^{kz_0}$，显然轨迹是半径为 r 的圆，即

$$r=\frac{H}{2}\mathrm{e}^{kz_0} \tag{12.4.12}$$

从式 (12.4.11) 可见，椭圆半轴与坐标 x_0 无关，最初位于同一水平面上的各点具有同样的轨迹；质点所处的最初位置愈深，则椭圆半轴愈小。在自由表面上为

$$\left.\begin{array}{l} a_0=\dfrac{H}{2}\coth(kd) \\[3mm] b_0=\dfrac{H}{2} \end{array}\right\} \tag{12.4.13}$$

在水底处为

$$\left.\begin{array}{l} a_d=\dfrac{H}{2}\dfrac{1}{\sinh(kd)} \\[3mm] b_d=0 \end{array}\right\} \tag{12.4.14}$$

由式 (12.4.11) 可得

$$\frac{b}{a}=\tanh[k(z_0+d)]=\tanh\left[\frac{2\pi}{L}(z_0+d)\right] \tag{12.4.15}$$

可见，$\dfrac{b}{a}$ 的比值随初始位置 z_0 以及 $\dfrac{d}{L}$ 的不同而不同。

另外，由式 (12.4.11) 和式 (12.4.13) 可得

$$\frac{a}{a_0}=\frac{\cosh[k(z_0+d)]}{\cosh(kd)} \tag{12.4.16}$$

由式 (12.4.15)、式 (12.4.16) 两式可见，当 $d\rightarrow\infty$ 时，$\tanh[k(z_0+d)]\rightarrow1$，故 $b/a\rightarrow1$，轨迹为圆；而 $\dfrac{a}{a_0}\Big|_{d\rightarrow\infty}=\mathrm{e}^{kz_0}$，又 $z_0\leqslant0$，因此轨迹圆半径在自由表面 $z_0=0$ 处最大，沿水深增加而衰减。

12.4.3 波浪压强分布

由式 (12.2.13) 可知，对于微幅势波，在流体内部任一点的波浪压强为

$$\frac{p}{\rho g}=\frac{p_0}{\rho g}-z-\frac{1}{g}\frac{\partial\varphi}{\partial t} \tag{12.4.17}$$

1. 浅水推进波情况

将式（12.3.22）代入上式，有

$$\frac{p}{\rho g}=\frac{p_0}{\rho g}-z+\frac{H}{2}\frac{\cosh[k(d+z)]}{\cosh(kd)}\cos(kx-\sigma t) \qquad (12.4.18)$$

其相对压强 $p'=p-p_0$ 为

$$\frac{p'}{\rho g}=-z+\frac{H}{2}\frac{\cosh[k(d+z)]}{\cosh(kd)}\cos(kx-\sigma t)=-z+k_p\eta \qquad (12.4.19)$$

式中：$k_p=\dfrac{\cosh[k(d+z)]}{\cosh(kd)}$ 称为压强系数；$\eta=\dfrac{H}{2}\cos(kx-\sigma t)$ 为自由表面波动方程。

由上式可见，波动压强由两部分组成，第一项 $-z$ 可视为静水压强（取负号的原因是 z 轴铅直向上为正）；第二项呈周期变化，为水面波动变化引起的，称为净波压强。

2. 深水推进波情况

令式（12.4.18）中的水深 $d\to\infty$，有：

$$\frac{p}{\rho g}=\frac{p_0}{\rho g}-z+\frac{H}{2}e^{kz}\cos(kx-\sigma t) \qquad (12.4.20)$$

其相对压强 p' 为

$$\frac{p'}{\rho g}=-z+\frac{H}{2}e^{kz}\cos(kx-\sigma t) \qquad (12.4.21)$$

在应用波压强公式时应注意：①在空间的任意点，由于其上波动水位的变化，净波压强是随时间变化的；②波压强公式只适用于 $z\leqslant0$ 情况，在应用式（12.4.19）、式（12.4.21）两式绘制压强分布图时，波动自由表面上始终相对压强 $p'=0$；③驻波的压强表达式与推进波表达式一致，但此处 η 为推进波的 2 倍，可知驻波最大净波压强为推进波的 2 倍。

【例 12.4.1】 已知在水深为 6.2m 的海域中，观测波高为 1.2m，周期为 5s，试求：（1）此波浪的波长、波速；（2）海底处波浪产生的流速最大值与波动压强变动的最大值。

解： 由题已知 $d=6.2$m，$T=5$s，$H=1.2$m，因为 $c=L/T=\sqrt{\dfrac{gL}{2\pi}\tanh\dfrac{2\pi d}{L}}$，所以 $L/T^2=\dfrac{g}{2\pi}\tanh\dfrac{2\pi d}{L}$，为一关于波长 L 的超越方程。经试算，得到波长 $L=32.5$m。波速 $c=L/T=32.5/5=6.5$（m/s）。

海底流速：

$$u_b=\frac{\partial\varphi}{\partial x}\bigg|_{z=-d}=\frac{H}{2}\frac{kg}{\sigma}\frac{\cosh[k(d+z)]}{\cosh(kd)}\cos(kx-\sigma t)\bigg|_{z=-d}$$

海底速度最大值为

$$u_{b\max}=\pm\frac{H}{2}\frac{kg}{\sigma}\frac{1}{\cosh(kd)}=\pm\frac{1.2}{2}\times\frac{5\times9.8}{32.5}\times\frac{1}{\cosh\dfrac{2\pi\times6.2}{32.5}}=\pm0.5(\text{m/s})$$

下面求压强波动值。由公式 $\dfrac{\partial\varphi}{\partial t}+\dfrac{p}{\rho}+gz+v^2/2=0$，并注意到 $\dfrac{v^2}{2}=0$，故

$$p=-\rho gz-\rho\frac{\partial\varphi}{\partial t}$$

波动压强为

$$-\rho\frac{\partial\varphi}{\partial t}=\rho\frac{gH}{2}\frac{\cosh[k(d+z)]}{\cosh(kd)}\cos(kx-\sigma t)$$

海底 $z=-d$ 处，波动压强最大值：

$$p_{b\max}=\pm\rho\frac{gH}{2}\frac{\cosh[k(d-d)]}{\cosh(kd)}=\pm\rho g\frac{H}{2\cosh(kd)}$$

$$=\pm1.03\times9.8\times\frac{1.2}{2\cosh\left(\frac{2\pi\times6.2}{32.5}\right)}=\pm3.35(\text{kN/m}^2)$$

【例 12.4.2】 已知波高 $H=2\text{m}$，波长 $L=28\text{m}$，水深 $d=8\text{m}$，求出现波顶时静水位以下 $d/2$ 处及水底的净波压强，并作出铅直线上净波压强分布图（海水容重 $\gamma=10.06\text{kN/m}^3$）。

解：任一点净波压强

$$p=\gamma k_p\eta$$

在波顶处：$p=0$

在静水位处：$z=0$，出现波顶时 $\eta=\dfrac{H}{2}$，其压强系数为 $k_p=\dfrac{\cosh[k(0+d)]}{\cosh(kd)}=1$。

净波压强：

$$p=\gamma k_p\eta=10.06\times1\times\frac{2}{2}=10.06(\text{kN/m}^2)$$

在静水位以下 $d/2$ 处：$z=-8/2=-4$（m）

$$k_p=\frac{\cosh\left[\frac{2\pi}{28}(-4+8)\right]}{\cosh\left(\frac{2\pi}{28}\times8\right)}=0.462$$

净波压强

$$p_{d/2}=10.06\times0.462\times\frac{2}{2}=4.65(\text{kN/m}^2)$$

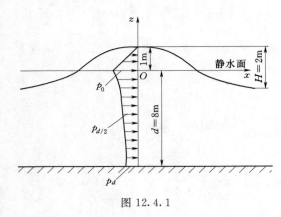

图 12.4.1

在水底处：$\qquad z=-8\text{m}$

$$k_p=\frac{\cosh[k(-8+8)]}{\cosh(k\times8)}=\frac{1}{\cosh\left(\frac{2\pi}{28}\times8\right)}$$

$$=0.323$$

净波压强：

$$p_d=10.06\times0.323\times1=3.25(\text{kN/m}^2)$$

净波压强分布图如图 12.4.1 所示。

12.4.4 波群速度

波浪叠加的结果出现由波长、波高不同的若干波合成一组向前推进的现象，如图 12.4.2 所示，称为波群。整组波向前推进的速度称为波群速。

现在用简单的例子来说明波群速。把一个推进波叠加于另一推进波之上，此二推进波的波幅相同，但它们的波长和波周期稍有差别。同时假定此二推进波朝着同一个方向移

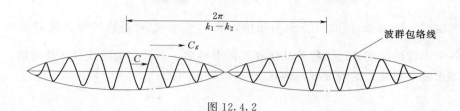

图 12.4.2

动。令此两推进波的势函数分别为

$$\varphi_1 = \frac{gH}{2\sigma_1}\frac{\cosh[k_1(z+d)]}{\cosh(k_1 d)}\sin(k_1 x - \sigma_1 t)$$

$$\varphi_2 = \frac{gH}{2\sigma_2}\frac{\cosh[k_2(z+d)]}{\cosh(k_2 d)}\sin(k_2 x - \sigma_2 t)$$

叠加后流速势函数为

$$\varphi = \varphi_1 + \varphi_2$$

其自由表面方程为

$$\eta = -\frac{1}{g}\left(\frac{\partial \varphi}{\partial t}\right)_{z \approx 0} = \frac{H}{2}\left[\cos(k_1 x - \sigma_1 t) + \cos(k_2 x - \sigma_2 t)\right]$$

或

$$\eta = H\cos\left(\frac{k_1 - k_2}{2}x - \frac{\sigma_1 - \sigma_2}{2}t\right)\cos\left(\frac{k_1 + k_2}{2}x - \frac{\sigma_1 + \sigma_2}{2}t\right) \tag{12.4.22}$$

令

$$k' = \frac{k_1 + k_2}{2}, \sigma' = \frac{\sigma_1 + \sigma_2}{2} \tag{12.4.23}$$

$$H' = H\cos\left(\frac{k_1 - k_2}{2}x - \frac{\sigma_1 - \sigma_2}{2}t\right) \tag{12.4.24}$$

于是得到：

$$\eta = H'\cos(k'x - \sigma't) \tag{12.4.25}$$

现在来考察波的传播速度。由于波速 $c = \frac{\sigma}{k}$，由式（12.4.22）可看出有两个速度，一个波速是与原始两推进波波速基本相同的：

$$c = \frac{\sigma_1 + \sigma_2}{2}\Big/\frac{k_1 + k_2}{2} \approx \frac{\sigma_1}{k_1} \approx \frac{\sigma_2}{k_2}$$

另一个波速是波群的速度，即是图 12.4.2 中包络线的行进速度，其大小为

$$c_g = \frac{\sigma_1 - \sigma_2}{k_1 - k_2} = \frac{d\sigma}{dk} \tag{12.4.26}$$

以 $\sigma = ck$ 代入上式后得

$$c_g = \frac{d(ck)}{dk} = c + k\frac{dc}{dk} \tag{12.4.27}$$

而

$$kL = 2\pi$$

微分上式得

$$Ldk + kdL = 0$$

故

$$\frac{k}{dk} = -\frac{L}{dL}$$

以上式代入式（12.4.27）得

$$c_g = c - L\frac{dc}{dL} \tag{12.4.28}$$

因为由式（12.3.25）可知 $\dfrac{\mathrm{d}c}{\mathrm{d}L}$ 永为正值，故 $c_g < c$。也就是说波群速度总是小于它所包含的各个单波的速度，这样各单波便在波群中移动，而且总是较波群移动为快。

在深水波（短波）的情况下，由式（12.3.19）可知：

$$c = \sqrt{\frac{gL}{2\pi}}$$

则

$$\frac{\mathrm{d}c}{\mathrm{d}L} = \frac{1}{2}\sqrt{\frac{g}{2\pi L}}$$

代入式（12.4.28）可得

$$c_g = c - L\left(\frac{1}{2}\sqrt{\frac{g}{2\pi L}}\right) = c - \frac{1}{2}c = \frac{1}{2}c \tag{12.4.29}$$

在这种情况下，波群速只等于原波速的一半。

12.4.5　波能量及其传播

1. 波的能量

不可压缩液体在重力作用下所产生的波浪，其能量是由各个液体质点运动时的动能及因波动而使液体重心较平衡位置升高所产生的势能而组成的。

波浪运动中任一水质点具有的合速度可用流速势函数表示为

$$u^2 = u_x^2 + u_z^2 = \left(\frac{\partial \varphi}{\partial x}\right)^2 + \left(\frac{\partial \varphi}{\partial z}\right)^2$$

那么，在一个波长范围内具有的单位宽度（液体厚度）的动能为

$$E_k = \frac{1}{2}\rho\iint_A\left[\left(\frac{\partial \varphi}{\partial x}\right)^2 + \left(\frac{\partial \varphi}{\partial z}\right)^2\right]\mathrm{d}x\mathrm{d}z = \frac{1}{2}\rho\int_l \varphi\frac{\partial \varphi}{\partial n}\mathrm{d}s \tag{12.4.30}$$

图 12.4.3

式中：l 为液体的周界；n 为周界的外法线；A 为一个波长范围内的断面面积。

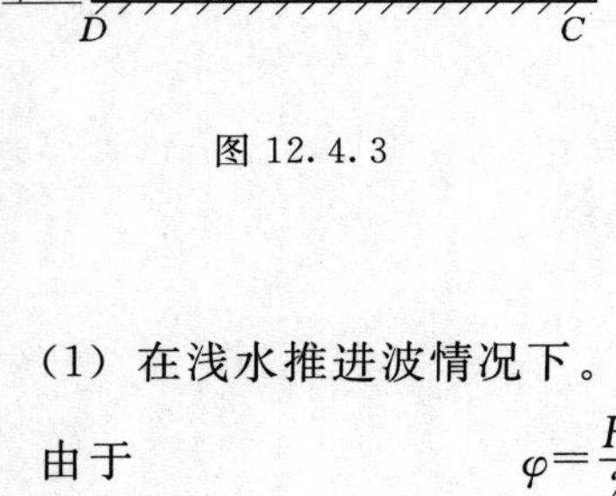

如图 12.4.3 所示，在 CD 边界上 $\dfrac{\partial \varphi}{\partial n} = 0$，故 $\int \varphi\dfrac{\partial \varphi}{\partial n}\mathrm{d}s = 0$。在 OD 与 BC 上，φ 相等而法线方向相反，故

$$\int_{OD+BC} \varphi\frac{\partial \varphi}{\partial n}\mathrm{d}s = 0$$

在 OAB 上，Oz 为外法线方向。

$$E_k = \frac{1}{2}\rho\int_0^L \varphi\frac{\partial \varphi}{\partial z}\mathrm{d}x$$

（1）在浅水推进波情况下。

由于

$$\varphi = \frac{H}{2}\frac{g}{\sigma}\frac{\cosh[k(d+z)]}{\cosh(kd)}\sin(kx - \sigma t) \tag{12.4.31}$$

所以

$$E_k = \frac{1}{16}\rho g H^2 L \tag{12.4.32}$$

（2）在无限水深情况下，可得与式（12.4.32）相同的结论。

下面考虑在一个波长之内所具有的势能。设一竖直（垂直于 Ox 轴）的、底面积为 $\mathrm{d}x \cdot 1$ 的柱体液块，它在 Ox 轴上面的体积为 $\eta \mathrm{d}x$，其质量为 $\rho \eta \mathrm{d}x$，重心高度为 $\eta/2$，故一个波长之内的势能为

$$E_p = \int_0^L \rho g \frac{\eta^2}{2} \mathrm{d}x \tag{12.4.33}$$

将 $\eta = \dfrac{H}{2}\cos(kx - \sigma t)$ 代入式（12.4.33），故

$$E_p = \frac{1}{16}\rho g H^2 L$$

这样，波浪在一个波长内具有单宽能量为

$$E = E_p + E_k = \frac{1}{8}\rho g H^2 L \tag{12.4.34}$$

2. 波能量的传递

现在来具体研究一下波能是如何传递的。推进波的水质点在波动时虽然没有向前移动，但波能却随着水质点的运动而顺着波浪传播方向向前传递，如图 12.4.4 所示。取一垂直于波浪传播方向的平面 AB，设波浪自左向右传播，每一个穿越平面 AB 的水质点在一个波周期内必将两次通过这个平面，第一次自左向右流出，第二次自右向左流入，若波浪为深水推进波，那么水质点在波动时具有的动能是常数，流出、流入 AB 平面时的动能是相等的。由于流出 AB 平面时的位置 M_1 点总是高于流入时位置 M_2，因此水质点以较大的势能流出 AB 平面而以较小的势能流入此平面。这样水质点每一个波周期内，就有一部分势能留在这个平面的右侧，波能就不断地通过水质点的运动向前传递。这种现象就叫波能传递。单位时间内波能的传递量称为波能流量，记为 Φ。设

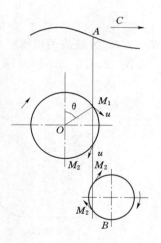

图 12.4.4

$$\Phi = \frac{E}{T}n = \frac{Ec}{L}n \tag{12.4.35}$$

式中：n 为波能传递率。

可以证明：在无限水深情况下，$n = \dfrac{1}{2}$；对于有限水深的情况，$n = \dfrac{1}{2}\left[1 + \dfrac{2kd}{\sinh(2kd)}\right]$。

利用波能流的概念，可以计算当波浪由深水向岸边浅水推进时，波浪要素因水深改变而引起的变化。如图 12.4.5 所示，深水处波长、波高分别为 L_0、H_0 的波浪向岸边传播，当到达水深 d 处时的波长、波高分别为 L、H，在深水处单位时间内流进区域 D 内的波能为

$$\Phi = E_0 n_0 / T$$

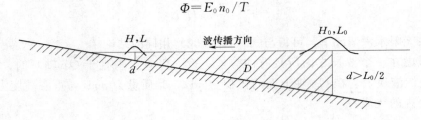

图 12.4.5

在浅水处单位时间内流出区域 D 的波能为

$$\Phi = En / T$$

假设波周期在波浪传播过程中保持不变，且不考虑波能的损失。则有

$$E_0 n_0 = En$$

又

$$E = \frac{1}{8}\rho g H^2 L ; \quad E_0 = \frac{1}{8}\rho g H_0^2 L_0$$

于是

$$\frac{H}{H_0} = \sqrt{\frac{n_0}{n}\frac{L_0}{L}} = \sqrt{\frac{2\cosh^2(kd)}{2kd + \sinh(2kd)}} = K_s$$

式中：K_s 为波高的浅水系数。

图 12.4.6 为不同水深条件下的波浪特性。

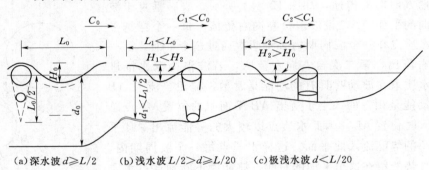

(a) 深水波 $d \geqslant L/2$ (b) 浅水波 $L/2 > d \geqslant L/20$ (c) 极浅水波 $d < L/20$

图 12.4.6

【例 12.4.3】 在例 12.4.1 的条件下，试求单位宽度水体的波能流量 Φ。

解：由例 12.4.1，解得 $c = 6.5\text{m/s}$，$L = 32.5\text{m}$，且已知 $d = 6.2\text{m}$，$H = 1.2\text{m}$，故波能流量为

$$\Phi = \frac{E}{L}nc = \frac{1}{8}\rho g H^2 \times \frac{1}{2}\left[1 + \frac{2kd}{\sinh(2kd)}\right]c = 8.27(\text{kN/s})$$

思 考 题 12

12.1 水深较大处的波浪传到水深较小处时，波高、波长、周期会不会改变？若改变，试定性分析如何改变？

12.2 （1）试说明波数 k 与圆频率 σ 的物理意义。（2）两者与波要素有什么关系？

12.3 （1）何为长波，何为短波？（2）长短波各有什么特点？如何计算它们的波速？

12.4 深水波浪和浅水波浪各有什么特点？如何判别？

12.5 以深水推进波为例试说明波浪中的能量试怎样向前传递的？向前传递的是动能、位能、还是压能？为什么？

12.6 试说明立波、群波产生的条件及它们的性质？

习 题 12

12.1 已知一波长为40m，试求当水深为30m时的波速与波周期。

12.2 已知一波面方程 $\eta = h\cos(kx + \sigma t)$，试证明波速 $c = -\sigma/k$。

12.3 已知深水推进波的流速势 $\varphi_1 = \dfrac{H\sigma}{2k}\mathrm{e}^{kz}\cos(\sigma t - kx)$，$\varphi_2 = \dfrac{H\sigma}{2k}\mathrm{e}^{kz}\cos(\sigma t + kx)$，试求：（1）合成后的流速势函数；（2）波面方程。

12.4 已知深水波波长 $L_0 = 70\mathrm{m}$，波高 $H_0 = 4\mathrm{m}$，试求波浪行进到水深 $d = 8\mathrm{m}$ 处的波浪周期 T 与波高 H。

12.5 在水深 $d = 8\mathrm{m}$ 测得波高 $H = 2.0\mathrm{m}$，周期 $T = 5\mathrm{s}$，试求波浪行进到 $d = 4\mathrm{m}$ 处的波浪要素。

12.6 在深水波区测得周期 $T = 4\mathrm{s}$，试求波长 L_0，波速 c_0 及推进到水深 $d = 8\mathrm{m}$ 处的波长与波速。

12.7 已知波动流速势为 $\varphi = 2a\dfrac{\sigma}{k}\mathrm{e}^{kz}\sin(kx)\cos(\sigma t)$，试确定波动的势能、动能和总能量。

12.8 试证明式 $\varphi_1 = \dfrac{gH}{2\sigma}\dfrac{\cosh[k(z+d)]}{\cosh(kd)}\sin(kx - \sigma t)$ 与 $\varphi_2 = \dfrac{gH}{\sigma}\dfrac{\cosh[k(z+d)]}{\cosh(kd)} \times \sin(kx)\cos(\sigma t)$ 所表示的流动为无旋流动。

12.9 已知水深 $d = 10\mathrm{m}$，波高 $H = 2\mathrm{m}$，波长 $L = 30\mathrm{m}$。试求位于静水位以下 $2\mathrm{m}$ 处，当波顶通过时质点的速度水平分量及垂直分量。

12.10 已知波高 $H = 2\mathrm{m}$，波长 $L = 30\mathrm{m}$，水深 $d = 10\mathrm{m}$，当出现波顶时，试示水下 $5\mathrm{m}$ 处及水底处的净波压强，并作出净波压强分布图。设海水的容重 $\gamma = 10.06\mathrm{kN/m^3}$。

12.11 在水深 $d = 10\mathrm{m}$ 的水域，在水深 $9\mathrm{m}$ 处设置压力式浪高仪，测得平均最大总波压强为 $10\mathrm{N/cm^2}$，周期 $8\mathrm{s}$，试求其波高与波长。

12.12 一深水波波长 $L_0 = 300\mathrm{m}$，传至某浅水域，波长变为 $180\mathrm{m}$。试求波浪的周期及浅水域的水深。

第 13 章　管 渠 非 恒 定 流

在液体流动过程中，不论是有压管流、河渠明流、堰闸流或是地下渗流，都可能由于某种原因引起局部流场或全部流场运动要素诸如流量 Q（或流速 v）、压强 p（或水位 z）等随时间不断变化，形成非恒定流。在水利工程中，非恒定流是经常发生的，例如，水电站或水泵站为了适应负荷的变化，或因事故紧急停机，都需要迅速开启或关闭阀门，这将引起有压管道中流量、流速和压强的变化，从而发生有压管道中的非恒定流。河道中洪水来临时洪水波的运行，水电站运行过程中由于流量调节而引起的上、下渠中水位的波动，溃坝后水体的突然泄放，潮汐引起的河口处水位的波动等都是河渠非恒定流的例子。在这一章中将分别介绍上述非恒定流动问题。

13.1　有压管路非恒定流

13.1.1　水击现象、水击波在管道中的传播和反射

如图 13.1.1 所示一引水系统，有压管道将水库的水引向水电站等用户并用阀门控制流量。当水库水位、阀门开度都固定不变时，有压管道中的水流是恒定流。当阀门突然改变开度如关闭时，管道中压强会骤升，随之将出现附加压强正负交替变化的现象，由于水头损失等原因，这种正负交替的附加压强会因能量耗损而逐渐变小并最终消失。这种现象称为水击或水锤，水击过程中的压强增大有时会达到很高值，常引起管道振动甚至破坏等事故，所以必须予以充分重视。当阀门突然开启时，管道中同样会发生水击现象，不同的是管道中的压强先是骤降，然后附加压强正负交替并逐渐减小。由此可见，水击实际上是一种有压管道非恒定流动现象，下面对其产生过程作一简要介绍。

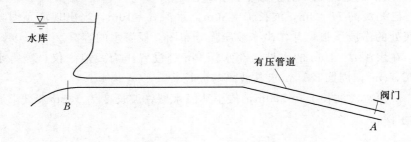

图 13.1.1

设横断面为圆形的简单管道长为 l，直径为 d，阀门关闭前管中恒定流的断面平均流速为 v_0，管中各断面压强也是恒定的。现令阀门突然关闭，这时紧靠阀门的 dx 微小管段内的水体首先受到影响而停止流动，速度由 v_0 骤降为零，如图 13.1.2 所示，根据动量定律，这层水体必然受到来自阀门的作用力，速度骤降必然伴随着压强骤升，于是在紧靠阀

门的微小管段中，压强首先骤升，设其升高值为 Δp，由于 Δp 一般较大，所以受到影响的这一微小管段中的水体会被压缩，水的密度增大，而这一微小管段的管壁也会因压强的增大而膨胀。在这一过程中，dx 管段上游的流动尚未受到阀门关闭的影响，水体仍以速度 v_0 向下游流动，只有当紧靠阀门的微小管段 dx 中因水体压缩和管壁膨胀而让出的空间被上游来水填满时，dx 管段上游的水体才受阻而停止流动，其结果如同碰到完全关闭的阀门一样，于是紧靠 dx 管段上游的微小管段中水流速度由 v_0 骤降为零，同时压强骤升 Δp，水体被压缩，管壁膨胀。这样一小段一小段地将阀门关闭的影响向上游传播，一直传到管道的进口断面处，这是水击波传播的第一阶段，如图 13.1.2（a）、（b）所示，这一阶段中，水击波所到之处压强就升高 Δp，所以称之为增压波。由以上分析可见，阀门关闭这一扰动是通过弹性介质（即水的压缩性和管壁的伸缩性）向上游传播的，有一定的

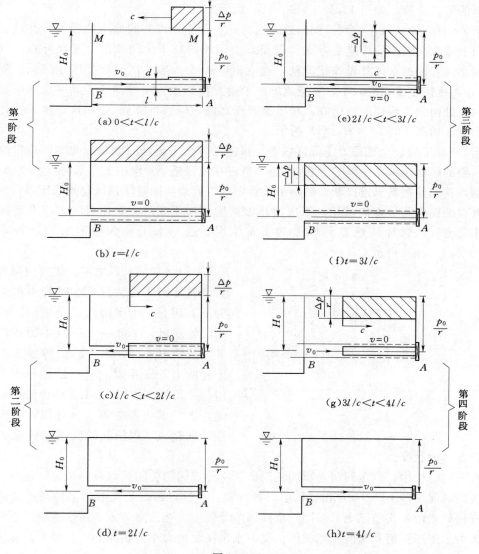

图 13.1.2

353

传播速度 c，传播速度 c 的大小和水的压缩性以及管壁的伸缩性有关，液体压缩性越大，管壁的伸缩性越大，水击的传播速度 c 就越小，反之则传播速度 c 越大。

若阀门突然关闭时间为 $t=0$，则当 $t=l/c$ 时，增压波传播到进口断面 B 处，这时，全管段的水流速度为零，压强升高为 Δp，水的密度加大，管壁处于膨胀状态。但是，由于上游水库体积很大，库中水位不变，于是有压管道进口断面 B 处压力不能平衡，B 断面的一侧是管道，压强为 $p_0+\Delta p$，另一侧是水库，压强始终保持 p_0，于是，在紧靠 B 断面的一小段管中，水体将在这一压强差 Δp 的作用下产生流动，流动方向指向水库。按照动量定律，其速度也应为 v_0。在产生速度 v_0 的同时，这一小管段将解除水击压强，水的密度和管径恢复原状，紧接着邻段水体解除水击压强，以此类推将逐段解除水击压强，形成从进口断面向阀门方向传播的减压波，减压波所到之处，压强将恢复原压强。这是水击波传播的第二阶段，如图 13.1.2 (c)、(d) 所示。

当 $t=2l/c$ 时，减压波到达阀门处，这时，全管压强恢复到原来的压强，并且全管都具有向上游方向的流动，速度为 v_0。但是，由于阀门处于全闭状况，无水补充，以致阀门处一小段管内的水体首先停止流动，速度由 $-v_0$ 变为零，同时该处压强降低，降低值仍为 Δp，水体密度相应减小，管壁收缩。紧接着相邻水体相继停止流动并压强降低，形成由阀门处向上游传播的减压波，减压波所到之处，压强将降低 Δp，这是水击波传播的第三阶段，如图 13.1.2 (e)、(f) 所示。

当 $t=3l/c$ 时，全管段处于低压状态，水体又停止了流动。但是，此刻因进口断面处管道一侧的压强比水库一侧的压强低 Δp，所以在压强差 Δp 作用下，水又以速度 v_0 向管内流动，首先是在紧靠进口断面的一小段管中产生流动，同时压强恢复到原压强，然后逐段自进口断面向阀门方向传播，形成增压波，增压波所到之处，压强降低现象解除，压强、水的密度、管径均恢复到原来的正常情况，这是水击波传播的第四阶段，如图 13.1.2 (g)、(h) 所示。

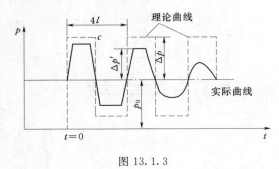

图 13.1.3

当 $t=4l/c$ 时，增压波传到阀门处，全管又恢复到正常情况，这时管中水流速度为 v_0，但是，由于阀门是全闭的，流动在阀门处受阻，于是一切和 $t=0$ 时阀门突然关闭的情况一样，水击波的传播又将重复上述四个阶段并周而复始地进行下去。阀门处的压强将如图 13.1.3 中虚线所示。但是，由于水头损失等能量耗损，水击压强会逐渐衰减，阀门处的压强应如图 13.1.3 中实线所示的状况。

在上述讨论中，假定阀门是瞬间关闭的，实际上阀门关闭，总有一个时间过程，如果阀门关闭时间 T_z 小于 $2l/c$，根据以上分析可知，从进口断面处反射回来的减压波还没有到达阀门处之前，阀门已全部关闭，也即阀门处管中流速已降为零，在这种情况下，阀门处最大的水击压强值和阀门突然关闭情况下水击压强的大小是相同的，这种水击称为直接水击。

如果阀门关闭时间，T_z 大于 $2l/c$，则阀门尚未完全关闭以前，减压波已到达阀门处，所以在这种情况下阀门处的最大水击压强比直接水击的水击压强要小，这种水击称为间接水击。

13.1.2 直接水击压强及水击波传播速度

不论直接水击还是间接水击，其过程都是非恒定流动。求解非恒定流动的基本方程都是基于质量守恒原理的连续方程和基于动量定律的运动方程，作为一个特例，下面用质量守恒原理和动量定律来推导阀门突然全闭情况下的直接水击压强和水击波传播速度。

1. 直接水击的水击压强

设有压管流在断面 m—m 处因阀门骤然全闭而造成水击，水击波的传播速度为 c，经微小时段 Δt 后水击波传至断面 n—n，如图 13.1.4 所示。m—n 段水的流速由原来的 v_0 变为零，密度由 ρ 变为 $\rho+\Delta\rho$，因管壁膨胀过水断面积由 A 变为 $A+\Delta A$（$\Delta\rho$、ΔA 为水的密度和断面面积的增量），m—n 段的长度为 $c\Delta t$。为简便起见，设 m—n 段为水平管段，且不计水击过程中的水头损失。现取 m—n 段内水体为质点系并研究其 Δt 时段中水平方向的动量变化和作用在此质点系上水平方向力的冲量变化。

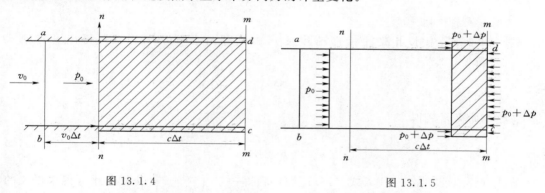

图 13.1.4   图 13.1.5

设在阀门刚开始关闭的瞬间，质点系 m—n 段水体的初始位置见图 13.1.4 中未经扰动的 $abcd$ 段水体，流速为 v_0，水的密度为 ρ，断面积为 A。经 Δt 时段后，ab 面移动到 n—n 面处，质点系为受到扰动后的 m—n 段水体，其流速为零。所以 Δt 时段内这一质点系水平方向动量的变化为

$$(\rho+\Delta\rho)(A+\Delta A)c\Delta t \cdot 0-\rho(c+v_0)\Delta t \cdot A \cdot v_0$$
$$=-\rho(c+v_0)\Delta t \cdot A \cdot v_0 \tag{13.1.1}$$

根据质量守恒原理，未经扰动的水体 $abcd$ 和扰动后的 m—n 段水体质量是守恒的，即

$$\rho(c+v_0)\Delta t \cdot A=(\rho+\Delta\rho)(A+\Delta A) \cdot c \cdot \Delta t \tag{13.1.2}$$

将式（13.1.2）代入式（13.1.1）后，得动量变化为

$$-(\rho+\Delta\rho)(A+\Delta A) \cdot c \cdot \Delta t \cdot v_0 \tag{13.1.3}$$

在 Δt 时段中，此质点系处于图 13.1.5 中虚线所示位置（忽略高阶微量），作用在这部分水体上水平方向的力为

$$p_0 A+(p_0+\Delta p)\Delta A-(p_0+\Delta p)(A+\Delta A)=-\Delta p A \tag{13.1.4}$$

相应的冲量为

$$-\Delta p \cdot A \cdot \Delta t \qquad (13.1.5)$$

根据质点系动量定律，质点系在 Δt 时段内动量的变化，等于该质点系所受外力在同一时段内的冲量，得

$$-(\rho+\Delta\rho)(A+\Delta A)c\Delta t \cdot v_0 = -\Delta p \cdot A \cdot \Delta t \qquad (13.1.6)$$

忽略高阶微量，整理后得

$$\Delta p = \rho c v_0 \left(1+\frac{\Delta\rho}{\rho}+\frac{\Delta A}{A}\right) \qquad (13.1.7)$$

考虑到一般情况下 $\dfrac{\Delta\rho}{\rho}\ll 1$，$\dfrac{\Delta A}{A}\ll 1$，所以得直接水击压强计算公式为

$$\Delta p = \rho c v_0 \qquad (13.1.8)$$

这就是儒科夫斯基在 1898 年提出的直接水击计算公式。

用压强水头表示时，直接水击压强水头为

$$\Delta H = \frac{\Delta p}{\gamma} = \frac{c v_0}{g} \qquad (13.1.9)$$

2. 水击波的传播速度

式 (13.1.8) 中水击波的传播速度 c 可由质量守恒式 (13.1.2) 得出。整理式 (13.1.2) 得

$$c+v_0 = \left(1+\frac{\Delta\rho}{\rho}\right)\left(1+\frac{\Delta A}{A}\right)c$$

忽略高阶微量后得

$$v_0 = \left(\frac{\Delta\rho}{\rho}+\frac{\Delta A}{A}\right)c \qquad (13.1.10)$$

将式 (13.1.8) 的 v_0 代入式 (13.1.10) 后得 $\dfrac{\Delta p}{\rho c}=\left(\dfrac{\Delta\rho}{\rho}+\dfrac{\Delta A}{A}\right)c$，由此可得水击波的传播速度为

$$c = 1\Big/\sqrt{\rho\left(\frac{1}{\rho}\frac{\Delta\rho}{\Delta p}+\frac{1}{A}\frac{\Delta A}{\Delta p}\right)} \qquad (13.1.11)$$

式中：$\dfrac{1}{\rho}\dfrac{\Delta\rho}{\Delta p}$、$\dfrac{1}{A}\dfrac{\Delta A}{\Delta p}$ 分别表征水（或其他液体）的压缩性和管的弹性。

取极限后水击波的传播速度可写成

$$c = 1\Big/\sqrt{\rho\left(\frac{1}{\rho}\frac{\mathrm{d}\rho}{\mathrm{d}p}+\frac{1}{A}\frac{\mathrm{d}A}{\mathrm{d}p}\right)} \qquad (13.1.12)$$

液体的压缩性和管的伸缩性越大，水击波的传播速度越小。对于直径为 D，管壁厚度为 δ 的圆管，若管材的弹性模量为 E，按照材料力学中应力与应变的关系，管壁拉应力增量 $\mathrm{d}\delta$ 应为

$$\mathrm{d}\sigma\Big/\left(\frac{\mathrm{d}D}{D}\right) = E$$

根据第 2 章求曲面静水总压力的方法，由内力和外力的平衡关系得 $\mathrm{d}\delta = \dfrac{D}{2\delta}\cdot\mathrm{d}p$，注

意到 $dA = d\left(\dfrac{\pi}{4}D^2\right) = \dfrac{\pi}{4} \cdot 2D \cdot dD$ 可得

$$\frac{dA}{A} = 2\frac{dD}{D} = 2\frac{d\sigma}{E} = \frac{D}{\delta} \cdot \frac{dp}{E} \qquad (13.1.13)$$

另外，由式（1.3.12）得

$$\frac{d\rho}{\rho} = \frac{dp}{K} \qquad (13.1.14)$$

式中：K 为液体的体积模量。

将式（13.1.13）和式（13.1.14）代入式（13.1.12）得

$$c = \sqrt{\frac{K}{\rho}} \Big/ \sqrt{1 + \frac{K}{E} \cdot \frac{D}{\delta}} \qquad (13.1.15)$$

各种管材的弹性模量 E 可见表 13.1.1。对水而言，$K = 20.6 \times 10^8 \mathrm{N/m^2}$，$\rho = 999.6 \mathrm{kg/m^3}$，故 $\sqrt{K/\rho} = 1435\mathrm{m/s}$。代入式（13.1.15）后得水击波传播速度为

$$c = 1435 \Big/ \sqrt{1 + \frac{K}{E} \cdot \frac{D}{\delta}} (\mathrm{m/s})$$

表 13.1.1 　　　　　　　　　　　各种管材的弹性模量 E

管材	铸铁管	钢管	钢筋混凝土管	石棉水泥管	木管
$E/(\mathrm{N/cm^2})$	87.3×10^5	2.06×10^7	206×10^5	32.4×10^5	0.85×10^5

对于一般钢管，若 $D/\delta \approx 100$，$K/E \approx 0.01$，代入式（13.1.15）得 $c \approx 1000\mathrm{m/s}$。如阀门关闭前管中流速 $v_0 = 1.0\mathrm{m/s}$，则阀门突然关闭引起的直接水击压强水头由式（13.1.9）可算得近似为 100m 水柱，可见直接水击压强是很大的。

13.1.3 水击基本方程

以上研究的闸门突闭情况下的水击压强计算公式，对间接水击情况并不适用，因为间接水击时存在减压波和增压波的相互作用，情况比较复杂。下面将讨论既适用于直接水击也适用于间接水击的普遍的水击压强计算公式。

由于水击是有压管道中非恒定流，所以计算水击压强的公式应从适用于非恒定流的连续方程和运动方程导出，若在产生非恒定流的有压管中取出长度为 ds 的微小管段作为控制体，利用质量守恒原理，如图 13.1.6 所示，由式（3.4.6）得非恒定流连续方程式为

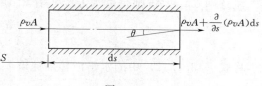

图 13.1.6

$$\frac{\partial}{\partial s}(\rho v A) + \frac{\partial}{\partial t}(\rho A) = 0 \qquad (13.1.16)$$

在不计能量损失的情况下非恒定流运动方程可由第 3 章中元流的非恒定运动方程式（3.5.10）导出，由式（3.5.10）有

$$\frac{\partial}{\partial s}\left(z + \frac{p}{\gamma} + \frac{u^2}{2g}\right) + \frac{1}{g}\frac{\partial u}{\partial t} = 0 \qquad (13.1.17)$$

式中：z、p、u 分别为任一点水体的位置高程、压强和流速；s 指沿流线方向。

注意到在渐变流中，同一过水断面上各点的 $z+\dfrac{p}{\gamma}=$ 常数，则对任一过水断面积分得

$$\int_A \left(z+\frac{p}{\gamma}+\frac{u^2}{2g}\right) \cdot \gamma u\,\mathrm{d}A = \left(z+\frac{p}{\gamma}+\frac{\alpha v^2}{2g}\right) \cdot \gamma Q \qquad (13.1.18)$$

及

$$\int_A u \cdot \gamma u\,\mathrm{d}A = \alpha_0 \cdot v \cdot \gamma Q$$

式中：v 为断面平均流速；α、α_0 分别为动能和动量修正系数。

对式（13.1.17）中各项在过水断面 A 上作积分，并将式（13.1.18）代入，取 $\alpha=1$、$\alpha_0=1$，整理后得总流在非恒定流时的运动方程：

$$\frac{\partial}{\partial s}\left(z+\frac{p}{\gamma}+\frac{v^2}{2g}\right)+\frac{1}{g}\frac{\partial v}{\partial t}=0 \qquad (13.1.19)$$

式中：s 指沿总流的流程方向。

根据非恒定流的连续方程式（13.1.16）和运动方程式（13.1.19），即可导出计算水击压强的基本方程式。

1. 水击的连续方程

注意到水击情况下水击压强 p、断面平均流速 v，流体密度 ρ 和管道断面面积 A 均为坐标 s 及时间 t 的函数。展开非恒定流连续方程式（13.1.16），并将各项同除以 $\rho A\,\mathrm{d}s\,\mathrm{d}t$ 得

$$\frac{v}{A}\frac{\partial A}{\partial s}+\frac{1}{A}\frac{\partial A}{\partial t}+\frac{v}{\rho}\frac{\partial \rho}{\partial s}+\frac{1}{\rho}\frac{\partial \rho}{\partial t}+\frac{\partial v}{\partial s}=0 \qquad (13.1.20)$$

式（13.1.20）前两项之和为 $\dfrac{1}{A}\dfrac{\mathrm{d}A}{\mathrm{d}t}$，而 $\dfrac{\mathrm{d}A}{\mathrm{d}t}$ 表示过水断面随时间的变化率，即管的弹性，而第三、第四项之和为 $\dfrac{1}{\rho}\dfrac{\mathrm{d}\rho}{\mathrm{d}t}$，而 $\dfrac{\mathrm{d}\rho}{\mathrm{d}t}$ 表示液体密度随时间的变化率，即液体的压缩性，故式（13.1.20）可写成：

$$\frac{1}{A}\frac{\mathrm{d}A}{\mathrm{d}t}+\frac{1}{\rho}\frac{\mathrm{d}\rho}{\mathrm{d}t}+\frac{\partial v}{\partial s}=0 \qquad (13.1.21)$$

注意到 $\mathrm{d}A$ 和 $\mathrm{d}\rho$ 都是由水击压强增量 $\mathrm{d}p$ 所引起的，故式（13.1.21）可写成：

$$\frac{\partial v}{\partial s}=-\left(\frac{1}{A}\frac{\mathrm{d}A}{\mathrm{d}p}+\frac{1}{\rho}\frac{\mathrm{d}\rho}{\mathrm{d}p}\right)\frac{\mathrm{d}p}{\mathrm{d}t} \qquad (13.1.22)$$

将式（13.1.12）中的水击波传播速度 c 值代入后得

$$\frac{\partial v}{\partial s}=-\frac{1}{\rho c^2}\cdot\frac{\mathrm{d}p}{\mathrm{d}t} \qquad (13.1.23)$$

若用测压管水头 H 来代替压强 p 作变量时，由于 $H=z+\dfrac{p}{\gamma}$，则 $p=\rho g(H-z)$，即

$$\frac{\mathrm{d}p}{\mathrm{d}t}=\frac{\partial p}{\partial t}+v\frac{\partial p}{\partial s}=\rho g\left(\frac{\partial H}{\partial t}-\frac{\partial z}{\partial t}\right)+\rho g v\left(\frac{\partial H}{\partial s}-\frac{\partial z}{\partial s}\right) \qquad (13.1.24)$$

由于 H 随 s 或 t 的变化远大于 ρ 或 t 的变化，故可将 ρ 视为常数。

因为管道是固定不动的，则 $\dfrac{\partial z}{\partial t}=0$，而 $\dfrac{\partial z}{\partial s}=-\sin\theta$，$\theta$ 为管轴的倾角，如图 13.1.6 所示，故式（13.1.24）可写成：

$$\frac{1}{\rho}\frac{\mathrm{d}p}{\mathrm{d}t}=vg\left(\frac{\partial H}{\partial s}+\sin\theta\right)+g\frac{\partial H}{\partial t} \tag{13.1.25}$$

将式（13.1.25）代入式（13.1.23），注意到水击过程中$\frac{\partial H}{\partial s}\ll\frac{\partial H}{\partial t}$的实际情况，并略去管轴线的倾斜影响后，得水击的连续方程：

$$\frac{\partial H}{\partial t}=-\frac{c^2}{g}\frac{\partial v}{\partial s} \tag{13.1.26}$$

2. 水击的运动方程

在非恒定流运动方程式（13.1.19）中，若采用测管水头 H 为变量，则有

$$\frac{\partial H}{\partial s}+\frac{1}{g}\left(\frac{\partial v}{\partial t}+v\frac{\partial v}{\partial s}\right)=0^* \tag{13.1.27}$$

注意到水击过程中$\frac{\partial v}{\partial s}\ll\frac{\partial v}{\partial t}$，略去$\frac{\partial v}{\partial s}$项后得水击运动方程：

$$\frac{\partial H}{\partial s}=-\frac{1}{g}\frac{\partial v}{\partial t} \tag{13.1.28}$$

利用上述水击基本方程式（13.1.26）及式（13.1.28）可求解水击问题，其主要方法如下：

（1）解析法：将式（13.1.26）及式（13.1.28）化为波动方程后求出其通解，结合初始条件、边界条件可逐步求得任意断面在任意时刻的水击压强，其特点是物理意义明确，应用简便，多适用于不计阻力的管路系统。

（2）图解法：此法以解析法导出的基本关系为理论依据进行图解。

（3）差分法：其原理是利用差商代替式（13.1.26）及式（13.1.28）中的偏导数，写出差分方程组后求近似解。

（4）特征线法：是将水击基本方程式（13.1.26）及式（13.1.28）沿特征线变为常微分方程，再变为差分方程求近似解。后两种方法在计及摩阻损失以及复杂管系情况时适用性更好些。

本书将着重介绍解析法的基本原理。

13.1.4 水击计算的解析法

水击计算的主要任务是确定管道系统中的水击压强增高或降低值。

1. 水击连锁方程

将式（13.1.26）及式（13.1.28）分别对 t 及 s、s 及 t 各进行一次微分。整理后得水击的波动方程组：

$$\frac{\partial^2 H}{\partial s^2}=\frac{1}{c^2}\frac{\partial^2 H}{\partial t^2} \tag{13.1.29}$$

$$\frac{\partial^2 v}{\partial s^2}=\frac{1}{c^2}\frac{\partial^2 v}{\partial t^2} \tag{13.1.30}$$

若改取 s 的正方向为自阀门指向上游水库，则方程组式（13.1.29）、式（13.1.30）的解可写成：

$$H-H_0=F\left(t-\frac{s}{c}\right)+f\left(t+\frac{s}{c}\right) \tag{13.1.31}$$

$$v - v_0 = -\frac{g}{c}\left[F\left(t - \frac{s}{c}\right) + f\left(t + \frac{s}{c}\right)\right] \tag{13.1.32}$$

式中：H_0、v_0 为水击发生前在恒定流时的测压管水头及断面平均流速；H、v 为水击发生后距阀门为 s 的断面在 t 时刻的测压管水头及断面平均流速；F、f 为两个未知函数，称为波函数，它们取决于管道的边界条件。

对于不计阻力的直接水击、间击水击都能用式（13.1.31）、式（13.1.32）在一定的初始条件和边界条件下求解。

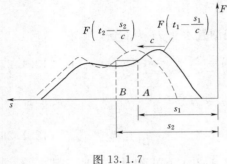

图 13.1.7

函数 F 和 f 的物理意义可说明如下：

$F\left(t - \dfrac{s}{c}\right)$ 可以看作是一个以波速 c 向上游传播的压力逆波，在传播过程中这个波并不改变波形，如图 13.1.7 所示。因为当 t_1 时刻，在距阀门为 s_1 处 A 点的 F 值为 $F(t_1 - s_1/c)$，经过 Δt 时段到了 t_2 时刻，即 $t_2 = t_1 + \Delta t$，该波传至上游某断面，其坐标位置为 $s_2 = s_1 + c\Delta t$。由于在 t_2 时刻距阀门为 s_2 处 B 点的 F 值为

$$F\left(t_2 - \frac{s_2}{c}\right) = F\left[(t_1 + \Delta t) - \left(\frac{s_1 + c\Delta t}{c}\right)\right] = F\left(t_1 - \frac{s_1}{c}\right)$$

可见其 F 值和 t_1 时刻 s_1 处的 F 值是相同的，这样，从全管段看，就如同 F 波以波速 c 向上游传播。

同理可以说明，函数 f 代表以波速 c 由水库向阀门方向传播的压力顺波，传播过程中也不改变波形，$f(t + s/c)$ 则为 t 时刻通过距阀门 s 处断面的 f 波值。

所以，方程组式（13.1.31）、式（13.1.32）的物理意义是：在水击过程中，t 时刻坐标为 s 的断面处的测压管水头增值 $\Delta H = H - H_0$ 及流速增值 $\Delta v = v - v_0$ 是同一时刻通过该断面的水击逆波和水击顺波叠加的结果。

为了得到 F 和 f 的具体表达式，使式（13.1.31）减式（13.1.32）得

$$2F\left(t - \frac{s}{c}\right) = H - H_0 - \frac{c}{g}(v - v_0) \tag{13.1.33}$$

令式（13.1.31）加式（13.1.32）得

$$2f\left(t + \frac{s}{c}\right) = H - H_0 + \frac{c}{g}(v - v_0) \tag{13.1.34}$$

在管道中选取 A、B 两断面，其坐标值分别为 s_1 和 s_2，如图 13.1.8 所示，设 A 断面在 t_1 时刻的水头流速值分别为 $H_{t_1}^A$、$v_{t_1}^A$（上角标表示位置，下角标表示时间）。则由式（13.1.33）得

$$2F\left(t_1 - \frac{s_1}{c}\right) = H_{t_1}^A - H_0 - \frac{c}{g}(v_{t_1}^A - v_0)$$

同样，将 B 断面在 t_2 时刻的水头、

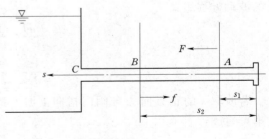

图 13.1.8

流速值记作 $H_{t_2}^B$、$v_{t_2}^B$，则

$$2F\left(t_2-\frac{s_2}{c}\right)=H_{t_2}^B-H_0-\frac{c}{g}\left(v_{t_2}^B-v_0\right)$$

因为逆波在传播过程中不改变波形，故当 $t_2=t_1+\Delta t$，$s_2=s_1+c\Delta t$ 时，有

$$F\left(t_1-\frac{s_1}{c}\right)=F\left(t_2-\frac{s_2}{c}\right)$$

即

$$\left(H_{t_1}^A-H_0\right)-\left(H_{t_2}^B-H_0\right)=\frac{c}{g}\left(v_{t_1}^A-v_{t_2}^B\right) \tag{13.1.35}$$

或

$$\Delta H_{t_1}^A-\Delta H_{t_2}^B=\frac{c}{g}\left(v_{t_1}^A-v_{t_2}^B\right) \tag{13.1.36}$$

式中：$\Delta H_{t_1}^A=H_{t_1}^A-H_0$，$\Delta H_{t_2}^B=H_{t_2}^B-H_0$。式（13.1.35）或式（13.1.36）给出了 A 断面在 t_1 时刻及 B 断面在 t_2 时刻的流速与水头间的关系。

同理，设 t_1' 时刻 B 断面的水头、流速值为 $H_{t_1}^B$ 及 $v_{t_1}^B$，则由式（13.1.34）：

$$2f\left(t_1'+\frac{s_2}{c}\right)=H_{t_1}^B-H_0+\frac{c}{g}\left(v_{t_1}^B-v_0\right)$$

A 断面在 t_2' 时刻的水头、流速值为 $H_{t_2}^A$、$v_{t_2}^A$，则有

$$2f\left(t_2'+\frac{s_1}{c}\right)=H_{t_2}^A-H_0+\frac{c}{g}\left(v_{t_2}^A-v_0\right)$$

当 $t_2'=t_1'+\Delta t$，$s_1=s_2-c\Delta t$ 时，根据顺波 f 不变波形的原理得

$$f\left(t_1'+\frac{s_2}{c}\right)=f\left(t_2'+\frac{s_1}{c}\right)$$

即

$$\left(H_{t_1}^B-H_0\right)-\left(H_{t_2}^A-H_0\right)=-\frac{c}{g}\left(v_{t_1}^B-v_{t_2}^A\right) \tag{13.1.37}$$

或

$$\Delta H_{t_1}^B-\Delta H_{t_2}^A=-\frac{c}{g}\left(v_{t_1}^B-v_{t_2}^A\right) \tag{13.1.38}$$

式中：$\Delta H_{t_1}^B=H_{t_1}^B-H_0$；$\Delta H_{t_2}^A=H_{t_2}^A-H_0$。式（13.1.37）和式（13.1.38）给出了 B 断面在 t_1' 时刻，A 断面在 t_2' 互时刻的水头与流速间的关系。

联合应用方程组式（13.1.36）及式（13.1.38），即可根据已知的某断面在特定时刻的水头及流速值，求解另一断面在水击波传到的相应时刻的水头和流速。逐步推演下去就可根据已知的边界条件和初始条件求得任意断面在任意时刻的水头值和流速值。

方程组式（13.1.36）和式（13.1.38）称为水击的连锁方程。并且连锁方程常用下列无量纲的相对值表示：

$$\zeta_{t_1}^A-\zeta_{t_2}^B=2\Phi\left(\eta_{t_1}^A-\eta_{t_2}^B\right)（逆波） \tag{13.1.39}$$

$$\zeta_{t_1}^B-\zeta_{t_2}^A=-2\Phi\left(\eta_{t_1}^B-\eta_{t_2}^A\right)（顺波） \tag{13.1.40}$$

式中：$\zeta=\dfrac{\Delta H}{H_0}$ 为水头相对增值；$\eta=\dfrac{v}{v_m}$ 为相对流速，其中 v_m 为阀门全开时管道中的

最大流速，ζ 及 η 的上标表示断面位置，下标表示时间；$\Phi = \dfrac{cv_m}{2gH_0}$ 为反映管道断面特性的无量纲数。

2. 初始条件及边界条件

应用连锁方程计算水击压强时，必须首先确定其初始条件及边界条件。

(1) 初始条件。所谓初始条件，就是指水击发生前（恒定流动时）管道中的水头 H_0 及流速 v_0。这可以通过恒定流的水力计算确定。

(2) 边界条件。对图 13.1.2 的简单管道，边界条件是指上游（管道进口断面 B）及下游（管道末端断面 A）的流动条件。

1) 管道进口断面 B 的边界条件。压力管道上游一般与水库相连。由于库容很大，库水位不会因管道流量的变化而涨落。所以，上游的边界条件是：水击波的传播过程中，进口断面 B 的水头保持为常数，即

$$\Delta H_t^B = H_t^B - H_0 = 0$$

或

$$\zeta_t^B = 0$$

2) 管道末端断面 A 的边界条件。管道末端断面与流量控制设备相连，故断面 A 的流动条件与控制设备的类型及其控制规律有关。但不同类型的水轮机，其流量控制设备也各不相同，所以边界条件往往比较复杂。在此，我们仅讨论一种比较简单的情况，即管道末端与一阀门相连，阀门出流类似于孔口出流，在初始条件下，其出流量可近似表示为

$$Q_0 = \mu \Omega_0 \sqrt{2gH_0} \tag{13.1.41}$$

相应的管道流速为

$$v_0 = \frac{Q_0}{A} \tag{13.1.42}$$

式中：Ω_0 为初始时刻阀门的开启面积；Q_0 为初始时刻通过阀门的流量；A 为管道断面积；μ 为流量系数。

假定 μ 保持为常数，在同一水头下，阀门全开（$\Omega = \Omega_m$）时通过的最大流量为

$$Q_m = \mu \Omega_m \sqrt{2gH_0} \tag{13.1.43}$$

相应的管道流速为

$$v_m = \frac{Q_m}{A} \tag{13.1.44}$$

对水击发生后的任意时刻 t，设阀门的开启面积为 Ω_t，管道末端断面 A 的水头为 H_t^A，则通过阀门的流量为

$$Q_t = \mu \Omega_t \sqrt{2gH_t^A} \tag{13.1.45}$$

A 断面的相应流速：

$$v_t^A = \frac{Q_t}{A} \tag{13.1.46}$$

因为 $H_t^A = H_0 + \Delta H_t^A = H_0 + \zeta_t^A H_0 = (1 + \zeta_t^A) H_0$，代入式（13.1.45），然后用式（13.1.43）除之即可得出：

$$\eta_t^A = \frac{v_t^A}{v_m} = \frac{\Omega_t}{\Omega_m} \sqrt{\frac{(1 + \zeta_t^A) H_0}{H_0}}$$

或

$$\eta_t^A = \tau_t \sqrt{1 + \zeta_t^A} \tag{13.1.47}$$

式中：τ_t 为相对开度，$\tau_t = \dfrac{\Omega_t}{\Omega_m}$。

上式即为管道末端断面 A 的边界条件。当已知开度随时间的变化规律 $\tau_t = f(t)$ 时，由该式即可求得任意时刻 t，A 断面的相对流速 η_t^A 与相对水头增值量 ζ_t^A 间的关系。

必须指出，末端断面 A 的边界条件式（13.1.47）主要适用于以针型阀控制流量的冲击式水轮机。对于反击式水轮机，其流速变化不仅与导水叶开度及水头有关，而且还与转速有关，其边界条件必须由水轮机特性曲线确定，故对反击式水轮机而言，式（13.1.47）只是一种粗略的近似关系。

3. 连锁方程的应用

结合初始条件和边界条件应用连锁方程式（13.1.39）和式（13.1.40）即可求解水击问题。

若以相$(t = T_r = 2l/c)$作为时间的计算单位，A 断面产生的水击波，经 l/c 即半相时间传至上游进口 B 断面处，再经过半相时间反射波又回至 A 断面处，令 $t_1 = 0$ 表示水击开始前的初始时刻，则 $t_2 = 0.5$ 相（记作 $t_2 = 0.5$）为 A 断面的水击波到达 B 断面所需的时间，根据连锁方程式（13.1.39）有

$$\zeta_0^A - \zeta_{0.5}^B = 2\Phi(\eta_0^A - \eta_{0.5}^B) \tag{13.1.48}$$

$t_1 = 0$ 时全管均保持恒定状态，故 $\zeta_0^A = 0$，B 断面根据上游边界条件，有 $\zeta_{0.5}^B = 0$，故由上式得

$$\eta_{0.5}^B = \eta_0^A = \frac{v_0}{v_m} = \tau_0$$

τ_0 为阀门初始相对开度，从 $t = 0.5$ 相开始，水击波从 B 断面向下游反射，至 $t = 1.0$ 相时到达 A 断面，应用连锁方程式（13.1.40）有

$$\zeta_{0.5}^B - \zeta_{1.0}^A = -2\Phi(\eta_{0.5}^B - \eta_{1.0}^A) \tag{13.1.49}$$

按下游边界条件将 $\eta_{1.0}^A = \tau_1 \sqrt{1 + \zeta_{1.0}^A}$ 代入式（13.1.49），注意到式中的 $\zeta_{0.5}^B = 0$ 及 $\eta_{0.5}^B = \dfrac{v_0}{v_m} = \tau_0$ 则有

$$\tau_1 \sqrt{1 + \zeta_{1.0}^A} = \tau_0 - \frac{\zeta_{1.0}^A}{2\Phi} \tag{13.1.50}$$

同理，可由式（13.1.39）求 $\eta_{1.5}^B$，再由式（13.1.40）求得 $\zeta_{2.0}^A$ 得

$$\tau_2 \sqrt{1 + \zeta_{2.0}^A} = \tau_0 - \frac{\zeta_{2.0}^A}{2\Phi} - \frac{\zeta_{1.0}^A}{\Phi} \tag{13.1.51}$$

这样连续推演下去，可求得阀门关闭完毕的第 n 相末 A 断面的水头相对增值的表示式为

$$\tau_n \sqrt{1 + \zeta_n^A} = \tau_0 - \frac{\zeta_n^A}{2\Phi} - \sum_{i=1}^{n-1} \frac{\zeta_i^A}{\Phi} \tag{13.1.52}$$

由于水击波从 A 断面发生到反射回来的时间为一相，所以一般讲 A 断面水击压强在每相之末变幅最大，因此只要算出 A 断面在各相末的水击压强值，即可求得最大水击压

强增高值及水击压强降低值。也即由式（13.1.52），令 $n=1$，2，…，则可求得 A 断面在关闭阀门过程中的最大压强增高值。

对于直接水击，式（13.1.52）仍是适用的，这时因阀门在第一相末已全部关闭，故令式（13.1.50）中的 $\tau_1=0$，得

$$\zeta_{1.0}^A = 2\Phi\tau_0$$

将 $\Phi = \dfrac{cv_m}{2gH_0}$、$\tau_0 = \dfrac{v_0}{v_m}$ 及 $\zeta_{1.0}^A = \dfrac{\Delta H_{1.0}^A}{H_0}$ 代入后得

$$\Delta H_{1.0}^A = \frac{cv_0}{g}$$

这正是直接水击的压强水头计算式（13.1.9）。

式（13.1.52）不仅对关闭阀门的情况适用，同时也适用于开启阀开的情况。不过，当开启阀门时，A 断面会产生压强降低，为方便起见，改变一下式（13.1.52）的表达方式。令 $\zeta_i^A = -\xi_i^A$，代入式（13.1.52）得

$$\tau_n \sqrt{1-\xi_n^A} = \tau_0 + \frac{\xi_n^A}{2\Phi} + \sum_{i=1}^{n-1} \frac{\xi_i^A}{\Phi} \tag{13.1.53}$$

式中：ξ_n^A 为 A 断面 n 相末时相对水击压强水头降低值，即

$$\xi_n^A = \frac{H_0 - H_n^A}{H_0} = \frac{\Delta H_n^A}{H_0}$$

【例 13.1.1】 某水电站引水钢管，管材弹性模量 E 与水的体积模量 K 之比为 100∶1，管长 $l=580\text{m}$，管径 $D=2400\text{mm}$，管壁厚度 $\delta=20\text{mm}$，作用水头 $H_0=180\text{m}$，阀门全开时管中流速 $v_m=2.8\text{m/s}$，阀后为大气压强。试求下列情况下阀门处管中第一相末时的压强水头。（1）初始开度 $\tau_0=1$，终了开度 $\tau=0$，阀门关闭时间 $T_z=1\text{s}$。（2）初始开度 $\tau_0=1$，终了开度 $\tau=0$，阀门按线性方式改变开度 $T_z=2.49\text{s}$。（3）初始开度 $\tau_0=0$，终了开度 $\tau=1$，$T_z=1\text{s}$。

解： 按薄壁钢管水击波传播速度公式：

$$c = 1435 / \sqrt{1 + \frac{K}{E}\frac{D}{\delta}} = 1435 / \sqrt{1 + 0.01 \times \frac{2.4}{0.02}} = 967\,(\text{m/s})$$

相长

$$\frac{2l}{c} = \frac{2 \times 580}{967} = 1.20\,(\text{s})$$

（1）当阀门由 $\tau_0=1$ 关至 $\tau=0$ 时，阀门关闭时间 $T_z < 2l/c$，故为直接水击，由阀门开始的水击波传到水库后反射，反射的减压波尚未到达阀门时阀门已完全关闭，因此直到第一相末减压波回到阀门处为止，水击压强一直维持不变，故可按第一相末公式计算其水击压强。

$$\tau_1 \sqrt{1+\zeta_1^A} = \tau_0 - \frac{\zeta_1^A}{2\Phi}$$

其中

$$\Phi = \frac{cv_m}{2gH_0} = \frac{967 \times 2.8}{2 \times 9.8 \times 180} = 0.767$$

因 $\tau_1=0$，$\tau_0=1$，代入上式得

$$\zeta_1^A = 1.534$$

$$\Delta H = \zeta_1^A H_0 = 1.534 \times 180 = 276.1 \text{(m)}$$

$$H = H_0 + \Delta H = 456 \text{m}$$

（2）首先应决定第一相末的阀门开度，因阀门开度是按线性变化的，故

$$\tau_1 = \frac{T_r}{T_z}(\tau_0 - \tau) = \frac{1.29}{2.49} \times (1-0) = 0.518$$

代入

$$\tau_1 \sqrt{1 + \zeta_1^A} = \tau_0 - \frac{\zeta_1^A}{2\Phi}$$

得

$$\Delta H = \zeta_1^A H_0 = 0.546 \times 180 = 98.3 \text{(m)}$$

$$H = H_0 + \Delta H = 78.3 \text{m}$$

（3）当 $\tau_0 = 0$，$\tau_1 = 1$ 时，这是阀门开启情况，可应用式（13.1.53）计算第一相末水击压强：

$$\tau_1 \sqrt{1 - \xi_1^A} = \tau_0 + \frac{\xi_1^A}{2\Phi}$$

代入 $\tau_0 = 0$，$\tau_1 = 1$ 后得

$$\tau_1 \sqrt{1 - \xi_1^A} = \frac{\xi_1^A}{2\Phi}$$

所以

$$\xi_1^A = 0.755$$

$$\Delta H = 0.755 \times 180 = 135.9 \text{(m)}$$

$$H = H_0 - \Delta H = 180 - 135.9 = 44.1 \text{(m)}$$

可见，阀门开启时的水击压强是负的。

13.1.5　停泵水击

因水泵突然停泵而引起的水击称为停泵水击。由于断电或其他故障，水泵机组突然停机，这时，水泵因失去动力而转速突降，供水量骤减，但压水管中的水流由于惯性作用仍以原来的速度流动，于是压水管在靠近水泵处首先出现压强降低或真空。与此同时，该处的流速减至零，和以上分析水击现象的过程一样，这种压强降低，流速停止的现象会自水泵处逐段向压水池传播，当这种影响传到了压水池时，全管压强降低，流速为零。这时，由于压水管上游出水口处管、池压强不平衡，具有压强差，同时压力管中水体具有很大的重力，在这压强差和水体重力的作用下，水自压力池向水泵倒流，并冲动逆止阀突然关闭，导致压强升高。这种情况对于几何给水高度大的压水管尤为严重。突然停泵后，首先出现压强降低，然后逆止阀突然关闭引起压强升高，这便是停泵水击的特点。有关停泵水击压强计算的细节问题，可参看专门的书籍和文献。

13.1.6　调压塔

从以上的讨论中可以看到，不论是水电站还是水泵站，水击压强都是巨大的，这一巨

大的压强可能导致管路变形甚至破裂。预防水击危害的措施和方法是多种多样的。例如在管路上设置消压阀。其原理是使这种阀能在压强升高时自动开启，将部分水从管中放出以降低管中流速的变化，从而降低水击增压，而当水击压强消除以后，则此阀又自动关闭起来恢复管道中水流的正常运行。此外，延长阀门的关闭时间，缩短有压管路的长度等都是减小水击压强的有效方法。设置在水电站引水系统中的调压塔就是利用缩短有压管路长度的原理来减小水击压强的一种建筑物，如图 13.1.9 所示，这是一个大容积的井型建筑物，当水击发生时，由阀门传来的增压波在此将反射回去，缩短了减压波回到阀门处的时间过程，从而减小水击压强，同时保护了调压塔上游的管道，使其不受水击压力的冲击。

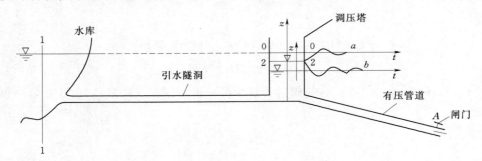

图 13.1.9

调压塔中的水位在恒定流情况下，由于引水隧洞中有水头损失，因而比水库水位低一些，但也是恒定的。当 A 处阀门突然关闭而产生水击现象时，由于调压塔容积比较大，它起着水库的作用，虽然塔中水位多少也会因流量变化而受到影响，但由于水击过程相对讲比较快，时间不太长，所以这种影响并不大。主要的是水击过程以后，由于阀门已经关闭，有压管道中流量为零（或减小流量），引水隧洞来的水流直接进入调压塔，致使塔中水位上升。与此同时，调压塔中的水位和上游库水位的差值也逐渐减小，因而引水隧洞中的水流流速也相应减小。当调压塔中水位上升到与上游库水位齐平的时候，因为惯性的缘故引水隧洞中的水流不会停止，直到调压塔中的水位高过上游库水位一定值，引水隧洞中的流速才降为零，塔中水位到达最高值。这时由于塔中水位比库水位高，所以引水隧洞中的水体将向上游倒流，塔中水位开始下降。当塔中水位降到和上游水位一样平时，由于惯性缘故这种倒流现象不会停止，直到塔水位比库水位低一定值时为止。于是产生了调压塔中水位上下波动的振荡现象。如同拉一根弹簧的过程一样。当然，由于引水隧洞及塔内水头损失等能量耗损的原因，这种振荡现象会逐渐消失，其水位变动过程如图 13.1.9 中曲线 a 所示。

以上是关闭阀门的情况，在加大阀门开度时，调压塔中水位振荡的现象也同样存在，只是塔内水体先降后升，其水位变动过程如图 13.1.9 中曲线 b 所示。

求解调压塔水面振荡的基本方程式是非恒定流连续方程和由运动方程导出的能量方程。和处理水击现象相比，不同之处是这里水的密度和引水隧洞的断面积等均作常量处理，其原因是振荡时水位变化过程比较慢而压强变化也比较小。

由连续方程得调压塔、引水隧洞、有压管道间流量关系为（图 13.1.10）

$$Q = Q_1 + Q_2$$

或 $$A v = Q_1 + \Omega v_2 \qquad (13.1.54)$$

式中：A 为引水隧洞断面面积；v 为引水隧洞断面平均流速；Ω 为调压塔的断面面积；v_2 为调压塔中的流速。

$v_2 = \mathrm{d}z/\mathrm{d}t$，代入式（13.1.54）后得

$$v = \frac{1}{A}\left(Q_1 + \Omega \frac{\mathrm{d}z}{\mathrm{d}t}\right) \quad (13.1.55)$$

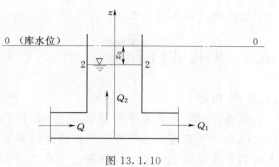

图 13.1.10

由第 3 章非恒定流能量方程式（3.6.4），取引水隧洞前水库断面为断面 1—1，调压塔水面为断面 2—2，如图 13.1.9 所示，以静水面 0—0 为基准面，忽略行近流速水头，则有

$$0 + 0 + 0 = z + 0 + \frac{\alpha_2 v_2^2}{2g} + h_i + h_w \qquad (13.1.56)$$

式中：z 为调压塔水面水位；h_i 为惯性水头；h_w 为水头损失。

由于调压塔断面面积比引水隧洞断面面积相对大很多，长度又相对短很多，所以调压塔中的速度水头、惯性水头和水头损失都可以忽略，则由式（13.1.56）得

$$z = -(h_i + h_w) = -\left(\frac{L}{g}\frac{\partial v}{\partial t} + \zeta_c \frac{v^2}{2g}\right) \qquad (13.1.57)$$

式中：L 为引水隧洞长度；ζ_c 为引水隧洞中的水头损失系数。

在式（13.1.55）和式（13.1.57）中，只有两个未知量 $z(t)$ 和 $v(t)$，在已知初始条件和边界条件下可以用差分法求出解答。

式（13.1.55）和式（13.1.57）的差分形式为

$$\Delta z = (Av - Q_1)\frac{1}{\Omega} \cdot \Delta t \qquad (13.1.58)$$

$$\Delta v = -(h_w + z)\frac{g}{L} \cdot \Delta t \qquad (13.1.59)$$

式中：A、Ω、Q_1、g、L 为已知。根据问题要求的精度确定 Δt，一般取 $\Delta t = 10 \sim 20 s$。在 $t = 0$ 时，隧洞中的流速 v_0 和调压塔中的水位 $z_0 = -h_{w0}$ 也已知。这样，可按下述步骤进行计算：

(1) 在式（13.1.58）中令 $v = v_0$ $\xrightarrow{\text{由式（13.1.58）求}}$ Δz_1

(2) 在式（13.1.59）中令 $\left. \begin{array}{l} z = z_1 = z_0 + \Delta z_1 \\ h_w = h_{w0} = \dfrac{v_0^2 L}{C^2 R} \end{array} \right\} \xrightarrow{\text{由式（13.1.59）求}} \Delta v_1$

$$v_1 = v_0 + \Delta v_1$$

z_1、v_1 即为 $t = \Delta t$ 时刻的塔中水位及隧洞中流速。

(3) $v_1 \xrightarrow{\text{由式（13.1.58）求}} \Delta z_2 \longrightarrow z_2 = z_1 + \Delta z_2 \xrightarrow{\text{由式（13.1.59）求}} \Delta v_2$

$$v_2 = v_1 + \Delta v_2$$

z_2、v_2 即为 $t = 2\Delta t$ 时刻的塔中水位及隧洞中流速。

以此类推可逐时段算出 $3\Delta t$、$4\Delta t$、⋯各时刻的塔中水位及隧洞中流速。

13.2　明渠非恒定流

13.2.1　概述

明渠非恒定流是由于河渠中某处因某种原因发生水位涨落或流量增减，从而产生一种波动向上、下游传播而形成，当波传播到某断面时，该断面的流速、水位等就发生变化。因此明渠非恒定流的基本特征是过水断面上的水力要素如流量（或流速）及水位（或水深）等既是时间 t 的函数又是流程 s 的函数。

由于波动发生过程的快慢以及波动大小和范围不同，明渠非恒定流的波有两种不同的形态，一种是连续波，另一种是非连续波，也称为断波。连续波的水面坡度较缓，瞬时流线近似平行，其水力要素随时间和距离的变化比较缓慢，可视为时间 t 和流程 s 的连续函数，因此连续波是非恒定的渐变流，如图 13.2.1（a）所示，一般河流的洪水波，水电站正常调节引起的波常为连续波。非连续波常发生在波动过程较剧烈、波高比较大的情况下，例如溃坝后下游河道中的溃坝波，水电站事故停机引起的上下渠中的波等，其波前峰呈陡峻的台阶形状并以某一波速向前推进，在波前处水力要素不能作为时间 t 和流程 s 的连续函数，所以这是非恒定急变流，但除了波前峰附近，其他部分仍可近似地当作渐变流处理，见图 13.2.1（b）。

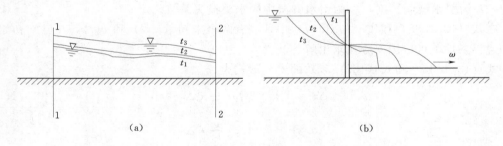

图 13.2.1

由于波动发生的起始条件和形成过程不同，所以波的传播方向和水面涨落情况也不同，按照波的传播方向和水面涨落情况，波可分为以下几种。

（1）顺涨波。顺涨波是指波的传播方向与距离轴 s 的正方向相同，且水位上涨的波。例如闸门突然开大，其下游河渠中发生的波，如图 13.2.2（a）所示。

（2）逆落波。逆落波是指波的传播方向与距离轴 s 的正方向相反，且水位下降的波，例如闸门突然开大，其上游河渠中发生的波，如图 13.2.2（a）所示。

（3）顺落波。顺落波是指波的传播方向与距离轴 s 的正方向相同，且水位下降的波。例如闸门突然关小，其下游河渠中发生的波，如图 13.2.2（b）所示。

（4）逆涨波。逆涨波是指波的传播方向与距离轴 s 的正方向相反，且水位上涨的波。例如闸门突然关小，其上游河渠中发生的波，如图 13.2.2（b）所示。

涨水波常常具有十分陡峻的波峰而呈断波形态。而落水波的波峰则较为平坦。其原因

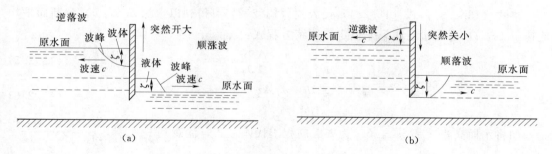

图 13.2.2

是因波峰面上各点的波速不同所致，水深越大，波速越大，反之越小。涨水波在形成过程中水面是不断增高的，峰面上高程高的水质点波速比高程低的水质点波速大，故后继波波速大于前成波的波速，前者追逐后者而形成陡峻的峰面，甚至倾倒破碎。而落水波在形成过程中则后继波波速小于前成波波速，致使落水波的波峰较为平坦。

13.2.2 明渠非恒定渐变流

13.2.2.1 基本方程

明渠非恒定渐变流的基本问题是确定水力要素如流量（或流速）、水位（或水深）随时间 t 和流程 s 的变化规律。求解明渠非恒定渐变流的基本方程式仍是连续方程和运动方程。

1. 连续方程

在河渠中任取一微小渠段 ds 并以其两端过水断面 1—1 及断面 2—2 所围水体作控制体（即取渠底为控制体下边界，自由水面以上的空间中任取一上边界），如图 13.2.3 所示，根据质量守恒原理，针对此控制体列出的明渠非恒定流连续方程为第 3 章式（3.4.7）。

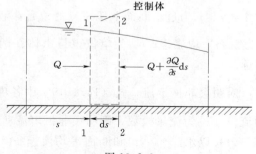

图 13.2.3

$$\frac{\partial A}{\partial t} + \frac{\partial Q}{\partial s} = 0 \qquad (13.2.1)$$

式中：$Q = Q(s,t)$ 为流量；$A = A(s,t)$ 为过水断面面积。

上述连续方程可用不同的变量来表达，例如以断面平均流速 $v(s,t)$ 和过水断面面积 $A(s,t)$ 作变量时，可以将 $Q = Av$ 代入得

$$\frac{\partial A}{\partial t} + v\frac{\partial A}{\partial s} + A\frac{\partial v}{\partial s} = 0 \qquad (13.2.2)$$

注意到对棱柱形渠道有

$$\frac{\partial A}{\partial t} = \frac{\partial A}{\partial h}\frac{\partial h}{\partial t} = B\frac{\partial h}{\partial t} \qquad (13.2.3)$$

及

$$\frac{\partial A}{\partial s} = \frac{\partial A}{\partial h}\frac{\partial h}{\partial s} = B\frac{\partial h}{\partial s} \qquad (13.2.4)$$

式中：B 为水面宽度；h 为水深。

将式 (13.2.3)，式 (13.2.4) 代入式 (13.2.2) 可得到以水深 h (s, t) 和断面平均流速 v (s, t) 为变量的明渠非恒定流连续方程式：

$$\frac{\partial h}{\partial t} + v\frac{\partial h}{\partial s} + \frac{A}{B}\frac{\partial v}{\partial s} = 0 \qquad (13.2.5)$$

或

$$B\frac{\partial h}{\partial t} + \frac{\partial (Av)}{\partial s} = 0 \qquad (13.2.6)$$

如将水面高程 $z = h + z_b$（z_b 为渠底高程）代入上式，注意到 $\frac{\partial z}{\partial t} = \frac{\partial h}{\partial t}$，$\frac{\partial z}{\partial s} = \frac{\partial h}{\partial s} + \frac{\partial z_b}{\partial s} = \frac{\partial h}{\partial s} - i$，$i$ 为渠道底坡，则得以水面高程 $z(s,t)$ 和断面平均流速 $v(s,t)$ 为变量的明渠非恒定流连续方程式：

$$\frac{\partial z}{\partial t} + v\frac{\partial z}{\partial s} + iv + \frac{A}{B}\frac{\partial v}{\partial s} = 0 \qquad (13.2.7)$$

或

$$B\frac{\partial z}{\partial t} + \frac{\partial (Av)}{\partial s} = 0 \qquad (13.2.8)$$

2. 运动方程

明渠非恒定渐变流运动方程和有压管路非恒定渐变流运动方程在形式上是一样的，都是式 (13.1.19)，在考虑水头损失时为

$$\frac{\partial}{\partial s}\left(z + \frac{p}{\gamma} + \frac{v^2}{2g}\right) + \frac{\partial h_w}{\partial s} + \frac{1}{g}\frac{\partial v}{\partial t} = 0$$

式中：z、p 为过水断面上任一点的位置高程和压强，在同一过水断面上，$z + \frac{p}{\gamma} = $ 常数；v 为断面平均流速；h_w 为单位重量水体在两过水断面间的平均水头损失；其余符号意义同前。

对明渠非恒定流，式 (13.1.19) 中各项一般讲均不宜忽略。注意到 $\frac{\partial h_w}{\partial s} = J = \frac{Q^2}{K^2}$，$Q$ 为流量，K 为流量模数，则明渠非恒定流动方程可写成：

(1) 以水深 $h(s,t)$ 和断面平均流速 $v(s,t)$ 为变量时，取渠底点为代表点，这样，式 (13.1.19) 中 $z = z_b$，相应的 $\frac{p}{\gamma} = h$，注意到 $\frac{\partial}{\partial s}\left(\frac{v^2}{2g}\right) = \frac{1}{g} \cdot v \cdot \frac{\partial v}{\partial s}$，则由式 (13.1.19) 得

$$\frac{\partial z_b}{\partial s} + \frac{\partial h}{\partial s} + \frac{1}{g} \cdot v \cdot \frac{\partial v}{\partial s} + J + \frac{1}{g}\frac{\partial v}{\partial t} = 0$$

注意到 $\frac{\partial z_b}{\partial s} = -i$

$$\frac{\partial v}{\partial t} + v\frac{\partial v}{\partial s} + g\frac{\partial h}{\partial s} = g(i - J) \qquad (13.2.9)$$

(2) 以水面高程 $z(s,t)$ 和断面平均流速 $v(s,t)$ 为变量时，取水面点为代表点，这样，式 (13.1.19) 中 $z = z_b$，相应的 $\frac{p}{\gamma} = 0$，由式 (13.1.19) 得

$$\frac{1}{g}\frac{\partial v}{\partial t} + \frac{v}{g}\frac{\partial v}{\partial s} + \frac{\partial z}{\partial s} = -J \qquad (13.2.10)$$

式中：z 为水面高程，即水位。

3. 圣维南方程组

由以上得到的以水深 h 和断面平均流速 v 为变量的连续方程式（13.2.5）与运动方程式（13.2.9）组合成：

$$\left.\begin{array}{l} \dfrac{\partial h}{\partial t}+v\dfrac{\partial h}{\partial s}+\dfrac{A}{B}\dfrac{\partial v}{\partial s}=0 \\[3mm] \dfrac{\partial v}{\partial t}+v\dfrac{\partial v}{\partial s}+g\dfrac{\partial h}{\partial s}=g(i-J) \end{array}\right\} \qquad (13.2.11)$$

以水面高程 z 及断面平均流速 v 为变量的连续方程式（13.2.8）与运动方程式（13.2.10）组合成：

$$\left.\begin{array}{l} \dfrac{\partial z}{\partial t}+v\dfrac{\partial z}{\partial s}+iv+\dfrac{A}{B}\dfrac{\partial v}{\partial s}=0 \\[3mm] \dfrac{\partial z}{\partial s}+\dfrac{v}{g}\dfrac{\partial v}{\partial s}+\dfrac{1}{g}\dfrac{\partial v}{\partial t}=-J \end{array}\right\} \qquad (13.2.12)$$

式（13.2.11）和式（13.2.12）都称为圣维南（Saint-Venant）方程组。在给定初始条件和边界条件的情况下求解圣维南方程组即式（13.2.11）或式（13.2.12），则可得出任一时刻在任一地点的渠道水探 $h(s,t)$ 和断面平均流速 $v(s,t)$ 或 $z(s,t)$ 和 $v(s,t)$。

求解圣维南方程组（13.2.11）时，给定的初始条件为 $t=0$ 时沿程各处的水深和流速。即 $h(s,0)=\bar{h}(s)$，$v(s,0)=\bar{v}(s)$，而 $\bar{h}(s)$ 和 $\bar{v}(s)$ 为已知函数。给定的边界条件一般情况下（渠中为缓流时）为上、下边界各给定一个条件，例如上游边界流速过程已知，下游边界水位过程已知，即 $v(s_1,t)=v_1(t)$，$z(s_2,t)=z_2(t)$，$v_1(t)$ 和 $z_2(t)$ 为已知函数。上、下边界条件也可改为 z 和 v 的关系式。

13.2.2.2 有限差分解法

在已给初始条件和边界条件情况下原则上是可以求得未知量 $h(s,t)$ 和 $v(s,t)$ 或 $z(s,t)$ 和 $v(s,t)$ 的解。但圣维南方程组属于一阶拟线性双曲型偏微分方程组，在一般情况下，目前还无解析解，因此常采用数值解法或作出这样或那样的简化后用解析法求其近似解，例如瞬态法在运动方程式（13.2.9）中忽略惯性 $\dfrac{\partial v}{\partial t}+v\dfrac{\partial v}{\partial s}$，微幅波法则假定各种水力要素的变化都是一些微量，它们的乘积或平方项可忽略等，至于数值解法，首先要把微分方程连续的定解域离散到定解域中的一些网格点（节点）上，亦即把偏微分方程转化为一组代数方程，然后求解这组代数方程，给出解在这些离散点上的近似值。

对圣维南方程组进行离散的方法很多。例如特征线法、有限差分法、有限单元法等。由于近年来电子计算机的广泛应用和其性能的不断提高，数值模拟和计算技术飞速进展，计算方法多种多样，读者可参阅有关文献，这里将简要介绍有限差分法。

差分法的基本思想是在空间 s 和时间 t 两个方面将本来属于连续性的问题离散化，将连续的解域离散为在网格点上求解，用数值分析中差商逼近微商的方法将连续的微分方程组离散为网格点上的差分方程组，然后求解差分方程组，以得到结点上的未知量。用有限

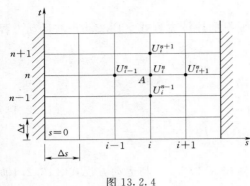

图 13.2.4

差分法求偏微分方程的数值解时，首先应将偏导项化为相应的差商形式。设人为划分的矩形网格如图 13.2.4 所示，图中 i 表示空间位置，n 表示时间。设 $u(s,t)$ 是地点 s 和时间 t 的函数，是待求的未知量，则 U_i^n 表示定义在网格点 A 处地点为 $s=i\Delta s$、时间为 $t=n\Delta t$ 的 U 值。Δs 和 Δt 分别为距离和时间的间隔，称为空间步长和时间步长。

使用有限差分法时，首先应将函数 $U(s,t)$ 在 $s=i\Delta s$、$t=n\Delta t$ 点的空间偏导数写成如下差商形式：

$$\frac{\partial U}{\partial s}\bigg|_i^n=\frac{U_{i+1}^n-U_i^n}{\Delta s}+O(\Delta s) \tag{13.2.13}$$

式中：$O(\Delta s)$ 为与 Δs 同阶的截断误差。此空间偏导数也可以写成：

$$\frac{\partial U}{\partial s}\bigg|_i^n=\frac{U_i^n-U_{i-1}^n}{\Delta s}+O(\Delta s) \tag{13.2.14}$$

或

$$\frac{\partial U}{\partial s}\bigg|_i^n=\frac{U_{i+1}^n-U_{i-1}^n}{2\Delta s}+O(\Delta s^2) \tag{13.2.15}$$

可见差商形式是多种多样的。式（13.2.13）、式（13.2.14）和式（13.2.15）分别表示前差、后差和中差。式（13.2.15）中的 $O(\Delta s^2)$ 表示与 Δs^2 同阶的截断误差。

对函数 $U(s,t)$ 在 $s=i\Delta s$、$t=n\Delta t$ 点的时间偏导数的处理方法是类同的，例如采用前差形式时为

$$\frac{\partial U}{\partial t}\bigg|_i^n=\frac{U_i^{n+1}-U_i^n}{\Delta t}+O(\Delta t) \tag{13.2.16}$$

将偏微分方程中每一项偏导数均用相应的差商代替，就能写出该微分方程在每一网格点 (i,n) $i=1,2,\cdots;n=1,2,\cdots$ 处相应的差分方程式。对一组网格点写出各点相应的差分方程时就形成了差分方程组。求解差分方程组，可解得 U 在不同位置和不同时刻的值，这就是偏微分方程的数值解。但是，由于写出差分方程时忽略了差商表达式中的截断误差项，所以解出的 U 是差分解，并非偏微分方程的微分解，而是它的近似值。

用不同形式的差商逼近圣维南方程组中的偏导数时，会得到不同的差分方程（差分格式）。被采用的差分格式应满足数值解的相容性、收敛性和稳定性。所谓相容性是指一个微分方程采用某种差分格式化为相应差分方程后，当步长 Δs 和 Δt 趋向零时，这个差分方程在任一网格点都应收敛于该微分方程。收敛性则指差分方程的解应收敛于微分方程的解。稳定性是指在逐时段进行求解时，计算中的舍入误差和初始误差（包括初始值和边界条件等的误差）被控制在一个有限的范围内，而不是无限增长。详细地讨论这一问题已超出本书范围，必要时读者可参阅有关参考书。

主要的差分格式有两大类：一种是显格式，另一种是隐格式。显格式指求时段末瞬时网格点上的未知量时可直接从时段初瞬时各网格点上的已知量推得，例如图 13.2.5 上的

未知量 U_i^{n+1} 可根据已知量 U_{i-1}^n，U_i^n，U_{i+1}^n，…直接求得。隐格式则指未知量 U_i^{n+1} 不能由已知量 U_{i-1}^n，U_i^n，U_{i+1}^n，…直接求出而必须由含有未知量 U_{i-1}^{n+1}，U_i^{n+1}，U_{i+1}^{n+1}，…组成的方程组联立求解。隐格式虽然求解过程复杂，但稳定性比显格式好，显格式受稳定性要求的约束，时间步长 Δt 不能取大。隐格式的时间步长不受这方面限制。当然 Δt 取得太大，精度会受到影响。总之，差分格式种类较多。下面介绍求解圣维南方程组比较成功的几种差分格式。

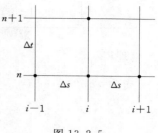

图 13.2.5

1. 显式差分格式

（1）扩散格式。在如图 13.2.5 所示的 i、n 结点上，对 s 的偏导数用中心差商：

$$\frac{\partial f}{\partial s} = \frac{f_{i+1}^n - f_{i-1}^n}{2\Delta s} \tag{13.2.17}$$

对 t 的偏导数：

$$\frac{\partial f}{\partial t} = \frac{f_i^{n+1} - \left[af_i^n + (1-a)\dfrac{f_{i+1}^n + f_{i-1}^n}{2} \right]}{\Delta t} \tag{13.2.18}$$

式中：a 为权重系数，$0 \leqslant a \leqslant 1$。当 $a=1$ 时，相当于对 t 取向前差商；当 $a=0$ 时，为纯扩散格式，此时式（13.2.18）变为

$$\frac{\partial f}{\partial t} = \frac{f_i^{n+1} - \dfrac{f_{i+1}^n + f_{i-1}^n}{2}}{\Delta t}$$

经验表明，取较小的 a 值，例如 $a=0.1$，常能得到较好的成果。

将式（13.2.17）、式（13.2.18）分别代入连续方程和运动方程可得相应的差分方程。代入连续方程式（13.2.8）得

$$B \frac{z_i^{n+1} - \left[az_i^n + (1-a)\dfrac{z_{i+1}^n + z_{i-1}^n}{2} \right]}{\Delta t} + \frac{(Av)_{i+1}^n - (Av)_{i-1}^n}{2\Delta s} = 0$$

式中：B 为河段的平均水面宽度。整理得

$$z_i^{n+1} = az_i^n + \frac{1-a}{2}(z_{i+1}^n + z_{i-1}^n) - \frac{\Delta t}{2\Delta s B}\left[(Av)_{i+1}^n - (Av)_{i-1}^n \right] \tag{13.2.19}$$

取

$$v = \frac{v_{i+1}^n + v_{i-1}^n}{2}$$

而

$$J = \overline{J} = \frac{\overline{v}^2}{\overline{C}^2 \overline{R}} = \frac{n^2 \mid \overline{v} \mid \overline{v}}{\overline{R}^{4/3}}$$

式中：n 为粗糙系数。

代入运动方程式（13.2.10），得

$$\frac{1}{g}\frac{v_i^{n+1}-\left[av_i^n+(1-a)\dfrac{v_{i+1}^n+v_{i-1}^n}{2}\right]}{\Delta t}+\frac{v_{i+1}^n+v_{i-1}^n}{2g}\cdot\frac{v_{i+1}^n-v_{i-1}^n}{2\Delta s}+\frac{z_{i+1}^n-z_{i-1}^n}{2\Delta s}+\overline{J}=0$$

整理得

$$v_i^{n+1}=av_i^n+\frac{1-a}{2}(v_{i+1}^n+v_{i-1}^n)-\frac{\Delta t}{2\Delta s}\left[g(z_{i+1}^n-z_{i-1}^n)+\frac{(v_{i+1}^n)^2-(v_{i-1}^n)^2}{2}\right]-g\overline{J}\Delta t$$

(13.2.20)

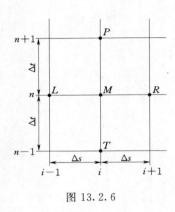

图 13.2.6

利用差分方程式（13.2.19）及式（13.2.20）求解 $n+1$ 时刻的水力要素时，n 时刻的水力要素已经求出，相当于式右端为已知，求解时自左至右取 $i=2$，3，…，可显式地求出 $n+1$ 时刻各结点上的水力要素值。

扩散格式的收敛稳定条件是（证明从略）：

$$\Delta t\leqslant\frac{\Delta s}{\left|v\pm\sqrt{g\dfrac{A}{B}}\right|_{max}}$$

（2）蛙跳格式。这种格式对时间 t 和距离 s 都用中心差商（图 13.2.6）：

$$\frac{\partial f}{\partial t}=\frac{f_i^{n+1}-f_i^{n-1}}{2\Delta t}$$

$$\frac{\partial f}{\partial s}=\frac{f_{i+1}^n-f_{i-1}^n}{2\Delta s}$$

将以上格式代入连续方程式（13.2.8）和运动方程式（13.2.10）可得相应的差分方程：

$$z_i^{n+1}=z_i^{n-1}-\frac{\Delta t}{B_i^n\Delta s}\left[(Av)_{i+1}^n-(Av)_{i-1}^n\right]$$

(13.2.21)

$$v_i^{n+1}=v_i^{n-1}-\frac{\Delta t}{\Delta s}\left[\frac{v_{i+1}^{n^2}-v_{i-1}^{n^2}}{2}+g(z_{i+1}^n-z_{i-1}^n)\right]-(G|v|v)_i^n\cdot 2\Delta t$$

(13.2.22)

式中 $G=gn^2/R^{4/3}$，利用上面两式求 $n+1$ 时刻的水力要素 z_i^{n+1}、v_i^{n+1} 时，n、$n-1$ 时刻的水力要素均已求出，因此，也可自左至右取 $i=2$，3，…，逐点显式地求出 $n+1$ 时刻的水力要素值。

蛙跳格式的收敛稳定条件也为

$$\Delta t\leqslant\frac{\Delta s}{\left|v\pm\sqrt{g\dfrac{A}{B}}\right|_{max}}$$

以上介绍的是扩散格式和蛙跳格式用于计算内点的情况。边界点的情况与内点不一样，多了一个表达边界条件的方程式。如果在边界上也像内点一样，仍由圣维南方程组建立两个相应的差分方程，则将造成方程式多于未知数的矛盾。因此，边界点的计算需另作考虑。有一种考虑是将连续方程和动量方程综合为一个偏微分方程，然后化为差分方程，这样就减少了一个差分方程，矛盾得以解决。下面以蛙跳显格式为例说明这一方法。

设上游边界条件为水位过程线：$z = z(s_0, t)$，则此时边界点只有一个未知数 v，而描述水流规律的方程式有两个，多于未知数个数，发生矛盾。斯托克（Stoker J.J.）提出把连续方程和运动方程通过统一量纲合并为一个方程式的办法解决上述矛盾。实践证明这是一个可取的处理方法。

分析上面圣维南方程组，可知连续性方程的量纲为 $L^2 T^{-1}$，运动方程的量纲为 LT^{-2}，故可将连续性方程乘以 $\sqrt{\dfrac{g}{AB}}$（其量纲为 $L^{-1} T^{-1}$），使之与运动方程的量纲取得一致，然后合并为一个方程式：

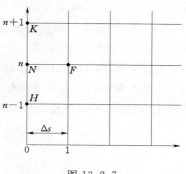

图 13.2.7

$$\frac{\partial v}{\partial t} + \frac{\partial}{\partial s}\left(\frac{v^2}{2}\right) + g\frac{\partial z}{\partial s} - \sqrt{\frac{g}{AB}}\left[B\frac{\partial z}{\partial t} + \frac{\partial(Av)}{\partial s}\right] + G|v|v = 0$$

如图 13.2.7 所示，边界点计算相当于内点计算中所取蛙跳网格点的一半，故作差商逼近时，距离偏导数只能用前差，不能用中差，其他与内点同。考虑到上述特点，经过差分逼近，上式可变换为

$$v_K = v_H - \frac{2\Delta t}{\Delta s}\frac{v_F^2 - v_N^2}{2} - g(z_F - z_N)\frac{2\Delta t}{\Delta s} - [G(v|v|)]_N \cdot 2\Delta t$$

$$+ \sqrt{\frac{g}{(AB)_N}}\left[B_N(z_K - z_H) + \frac{A_F v_F - A_N v_N}{\Delta s} \cdot 2\Delta t\right] \tag{13.2.23}$$

求得 v_K 后，如尚需求流量 Q_K，则 $Q_K = A_K(z_K)v_K$（过水断面面积用相应于 z_K 的 A_K 值）。

如上游边界条件为流量过程线 $Q = Q(s_0, t)$，则先将连续方程改写为：$\dfrac{\partial z}{\partial t} + \dfrac{1}{B}\dfrac{\partial Q}{\partial s} = 0$，因其量纲为 LT^{-1}。这样，运动方程须乘以 $\sqrt{\dfrac{A}{gB}}$（量纲为 T）才与变换后之连续方程的量纲一致，从而两者可合并为

$$\frac{\partial z}{\partial t} + \frac{1}{B}\frac{\partial(Av)}{\partial s} - \sqrt{\frac{A}{gB}}\left[\frac{\partial v}{\partial t} + \frac{\partial}{\partial s}\left(\frac{v^2}{2}\right) + g\frac{\partial z}{\partial s} + G|v|v\right] = 0$$

将上式转换为差分方程，可得

$$z_K = z_N - \frac{2\Delta t}{B_N \Delta s}(A_F v_F - A_N v_N)$$

$$+ \sqrt{\frac{A_N}{gB_N}}\left[v_K - v_H + \frac{(v_F^2 - v_N^2)\,\Delta t}{\Delta s} + \frac{g\,(z_F - z_N)\,2\Delta t}{\Delta s} + (G|v|v)_N \cdot 2\Delta t\right] \tag{13.2.24}$$

上两式中 z_K 及 v_K 都是未知数。可结合边界条件：$Q_K = A_K(z_K)v_K$ 用逐渐逼近法求解。

下游边界点的计算可仿此进行，不再重复。

2. 四点隐格式

在将微分方程的偏导项化为差商时，形式是多样的。采用不同形式的差商形成的差分方程也不同，判别差商形式好坏的标准应是解的精度、收敛性、稳定性以及计算工作量

等。用四点隐格式离散圣维南方程组，上述几方面都是比较理想的。

(1) 差分格式。四点隐格式将计算点取在时-空网格的中心点（见图 13.2.8 中 M 点），即差分方程是针对图中的点 1、2、…、M、…、$N-1$ 来建立的，但变量仍定义在网格点上，设 M 点是 $t=n\Delta t$ 到 $t=(n+1)\Delta t$、$s=i\Delta s$ 到 $s=(i+1)\Delta s$ 的网格中心点。$t=n\Delta t$ 时刻所有网格点处的参数值均为已知值，$t=(n+1)\Delta t$ 时刻所有网格点处的参数值均为待求量。若对 M 点建立差分格式时，按四点隐格式的法则，应采用如下的差分格式：

$$f(M) = \frac{1}{4}(f_i^n + f_{i+1}^n + f_i^{n+1} + f_{i+1}^{n+1}) \tag{13.2.25}$$

$$\frac{\partial f}{\partial s}(M) = \frac{1}{2\Delta s}[(f_{i+1}^n + f_{i+1}^{n+1}) - (f_i^n + f_i^{n+1})] \tag{13.2.26}$$

$$\frac{\partial f}{\partial t}(M) = \frac{1}{2\Delta t}[(f_i^{n+1} + f_{i+1}^{n+1}) - (f_i^n + f_{i+1}^n)] \tag{13.2.27}$$

式中 f 代表任一参数诸如断面平均流速 v、水深 h、断面面积 A、水面宽度 B、渠底坡 i 及摩阻坡降 J 等。f 的上标 n 表示时间，下标 i 表示距离。$\partial f/\partial s$ 和 $\partial f/\partial t$ 分别是 f 值对距离和时间的偏导数。

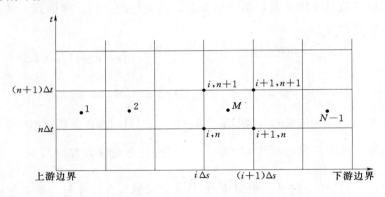

图 13.2.8

(2) 差分方程组。利用式 (13.2.25)～式 (13.2.27)，对 $t=n\Delta t$ 到 $t=(n+1)\Delta t$ 时段所有网格中心点 1、2、…、M、…、$N-1$ 写出圣维南方程组式 (13.2.11) 相应的差分方程式，对每一个网格中心点，都可得到两个差分方程组，例如对 M 点有

$$\frac{1}{2\Delta t}[(h_{i+1}^{n+1} + h_i^{n+1}) - (h_{i+1}^n + h_i^n)] + \frac{1}{2\Delta s}v_{i+\frac{1}{2}}^{n+\frac{1}{2}}[(h_{i+1}^{n+1} + h_{i+1}^n) - (h_i^{n+1} + h_i^n)]$$

$$+ \frac{1}{2\Delta s}\left(\frac{A}{B}\right)_{i+\frac{1}{2}}^{n+\frac{1}{2}}[(v_{i+1}^n + v_{i+1}^{n+1}) - (v_i^n + v_i^{n+1})] = 0 \tag{13.2.28}$$

$$\frac{1}{2\Delta t}[(v_{i+1}^{n+1} + v_i^{n+1}) - (v_{i+1}^n + v_i^n)] + \frac{g}{2\Delta s}[(h_{i+1}^{n+1} + h_{i+1}^n) - (h_i^{n+1} + h_i^n)]$$

$$+ \frac{1}{2\Delta s}v_{i+\frac{1}{2}}^{n+\frac{1}{2}}[(v_{i+1}^{n+1} + v_{i+1}^n) - (v_i^{n+1} + v_i^n)] + gJ_{i+\frac{1}{2}}^{n+\frac{1}{2}} - gi = 0 \tag{13.2.29}$$

式中：$f_{i+\frac{1}{2}}^{n+\frac{1}{2}} = \frac{1}{4}(f_{i+1}^n + f_i^n + f_{i+1}^{n+1} + f_i^{n+1})$。

上式中的摩阻坡降 J，根据谢才公式有

$$J = \frac{v^2}{C^2 R} \qquad (13.2.30)$$

式中：C 为谢才系数，$C = \frac{1}{n} R^{1/6}$；n 为粗糙系数；R 为水力半径，$R = \frac{A}{\chi} \approx \frac{A}{B}$（$\chi$ 为湿周）。

故式（13.2.30）可写成：

$$J = \frac{n^2 v |v| B^{4/3}}{A^{4/3}} \qquad (13.2.31)$$

在式（13.2.28）、式（13.2.29）中，未知量只有 h_i^{n+1}、h_{i+1}^{n+1}、v_i^{n+1} 及 v_{i+1}^{n+1} 四个，其他参数诸如 A、B 及 J 等均是 h 和 v 的函数。

设 $t = n\Delta t$ 到 $t = (n+1)\Delta t$ 时段从上游边界到下游边界共具有（$N-1$）个网格，则 $t = (n+1)\Delta t$ 横线上共有 N 个网格点，每个网格点有两个未知量，即水深 h 和断面平均流速 v，故共有待求的未知量 $2N$ 个。由（$N-1$）个网格可得出 $2(N-1)$ 个差分方程式，尚缺两个方程式，故必须由边界条件提供两个补充方程，例如：上游边界给出流量过程线，即

$$A^{n+1}(h^{n+1}) \cdot v^{n+1} = \bar{Q} \qquad (13.2.32)$$

式中：$\bar{Q}$ 为给定的已知值；A 为断面面积，是水深 h 的函数。

下游边界给出水深过程线，即

$$h_N^{n+1} = \bar{h} \qquad (13.2.33)$$

式中：$\bar{h}$ 为给定的已知值。

这样，共有 $2N$ 个差分方程式，组成差分方程组，其形式如下：

上边界条件：$G_0(h_1, v_1) = 0$

网格 1： $\left. \begin{cases} F_1(h_1, v_1, h_2, v_2) = 0 \\ G_1(h_1, v_1, h_2, v_2) = 0 \end{cases} \right.$

$\vdots \qquad \vdots$

网格 i： $\left. \begin{cases} F_i(h_i, v_i, h_{i+1}, v_{i+1}) = 0 \\ G_i(h_i, v_i, h_{i+1}, v_{i+1}) = 0 \end{cases} \right\} \qquad (13.2.34)$

$\vdots \qquad \vdots$

网格 $N-1$： $\left. \begin{cases} F_{N-1}(h_{N-1}, v_{N-1}, h_N, v_N) = 0 \\ G_{N-1}(h_{N-1}, v_{N-1}, h_N, v_N) = 0 \end{cases} \right.$

下边界条件： $\qquad F_N(h_N, v_N) = 0$

为书写简便，以上各式中变量均略去了上标 $n+1$。

根据式（13.2.32）及式（13.2.33），$G_0(h_1, v_1) = v_1 - \bar{Q}/A(h_1) = 0$，$F_N(h_N, v_N) = h_N - \bar{h} = 0$。

根据式（13.2.28）和式（13.2.29），式（13.2.34）中的函数 F 和函数 G 分别为

$$F_i(h_i, v_i, h_{i+1}, v_{i+1}) = (h_{i+1} + h_i) + a$$

$$+ \frac{1}{4} \frac{\Delta t}{\Delta s} [(h_{i+1} - h_i)(v_{i+1} + v_i + b) + c(v_{i+1} + v_i) + d]$$

$$+ \frac{1}{4} \frac{\Delta t}{\Delta s} \left[\left(\frac{A_i}{B_i} \right) + \left(\frac{A_{i+1}}{B_{i+1}} \right) + e \right] (v_{i+1} - v_i + p) = 0 \qquad (13.2.35)$$

$$G_i\ (h_i,\ v_i,\ h_{i+1},\ v_{i+1})\ =\ (h_{i+1}-h_i+a')$$

$$+\frac{\Delta s}{g\Delta t}\ (v_{i+1}+v_i+b')\ +\frac{1}{4g}\ (v_{i+1}^2+c'v_{i+1}+d'v_i-v_i^2+e')$$

$$+\frac{\Delta s}{2}\ (J_i+J_{i+1}+h')\ +K'=0 \tag{13.2.36}$$

式中：a、b、c、d、e、p、a'、b'、c'、d'、e'、h'、K' 均为与 $t=n\Delta t$ 时刻的水力参数有关的已知常数项。

其中：

$$a=-\ (h_i+h_{i+1})；\qquad b=\ (v_i+v_{i+1})；$$

$$c=\ (h_{i+1}-h_i)；\qquad d=bc；$$

$$e=\frac{A_{i+1}}{B_{i+1}}+\frac{A_i}{B_i}，\qquad p=v_{i+1}-v_i$$

$$a'=c；\ b'=-b；\ c'=2v_{i+1}；\ d'=-2v_i；$$

$$e'=v_{i+1}^2-v_i^2；\ h'=J_{i+1}+J_i；\ K'=-2i\Delta s$$

为书写方便，以上常数项中的水力参数均略去了上标 n。

由差分方程组式（13.2.34）即可求解 $2N$ 个未知量，它们是 h_1^{n+1}、v_1^{n+1}、h_2^{n+1}、v_2^{n+1}、$\cdots$、h_{N-1}^{n+1}、v_{N-1}^{n+1}、h_N^{n+1}、v_N^{n+1}。在求解过程中，由于形成的差分方程式不是线性方程，所以还要涉及解非线性代数方程组的问题。求解非线性代数方程组的方法很多，其中牛顿-拉普逊法（Newton-Rapson）就是方法之一。

计算自 $n=0$（即 $t=0\cdot\Delta t=0$）开始，这时已知的是给定的初始条件 h_1^0、v_1^0、h_2^0、v_2^0、$\cdots$、h_{N-1}^0、v_{N-1}^0、h_N^0、v_N^0。待求的未知量则是第一时段末 $n=1$（即 $t=1\cdot\Delta t=\Delta t$）时沿流程各断面的水深 h 和断面平均流速 v，它们是 h_1^1、v_1^1、h_2^1、v_2^1、$\cdots$、h_{N-1}^1、v_{N-1}^1、h_N^1、v_N^1。当这些数值求出后，这些值就是求第二时段末 $n=2$（即 $t=2\Delta t$）时沿流程各断面 h 和 v 时的初始值，以类同的方法逐时段求下去，就得到了明渠非恒定渐变流的数值解。

（3）牛顿-拉普逊法。当用牛顿-拉普逊法迭代求解差分方程组式（13.2.34）时，先假定 h_i、v_i（$i=1$，2，$\cdots$，N）初值，由于这些假定的初值不是真解，故代入式（13.2.34）～式（13.2.36）左端项时，不能为零而有余量 R，故式（13.2.34）将成为

$$\left.\begin{aligned}
&G_0(h_1^k,v_1^k)=R_{2,0}^k\\
&F_1(h_1^k,v_1^k,h_2^k,v_2^k)=R_{1,1}^k\\
&G_1(h_1^k,v_1^k,h_2^k,v_2^k)=R_{2,1}^k\\
&\qquad\qquad\vdots\\
&F_i(h_i^k,v_i^k,h_{i+1}^k,v_{i+1}^k)=R_{1,i}^k\\
&G_i(h_i^k,v_i^k,h_{i+1}^k,v_{i+1}^k)=R_{2,i}^k\\
&\qquad\qquad\vdots\\
&F_{N-1}(h_{N-1}^k,v_{N-1}^k,h_N^k,v_N^k)=R_{1,N-1}^k\\
&G_{N-1}(h_{N-1}^k,v_{N-1}^k,h_N^k,v_N^k)=R_{2,N-1}^k\\
&F_N(h_N^k,v_N^k)=R_{1,N}^k
\end{aligned}\right\} \tag{13.2.37}$$

式中上标 k 表示第 k 次迭代值，k 自 1 起始，$k=1$ 时的 h_i^1，v_i^1 由最初假定的 h_i，v_i 初值

求解，$k=2$ 时的 h_i^2，v_i^2 则由 h_i^1，v_i^1 求得，依此类推。余量 R 的下标（1，i）及（2，i），其中前标"1"表示 F 式余量，"2"表示 G 式余量。后标 i 表示第 i 网格。

根据牛顿-拉普逊迭代法，上述余量应为

$$
\left.
\begin{aligned}
&\frac{\partial G_0}{\partial h_1}\mathrm{d}h_1 + \frac{\partial G_0}{\partial v_1}\mathrm{d}v_1 = -R_{2,0}^k \\[2mm]
&\frac{\partial F_1}{\partial h_1}\mathrm{d}h_1 + \frac{\partial F_1}{\partial v_1}\mathrm{d}v_1 + \frac{\partial F_1}{\partial h_2}\mathrm{d}h_2 + \frac{\partial F_1}{\partial v_2}\mathrm{d}v_2 = -R_{1,1}^k \\[2mm]
&\frac{\partial G_1}{\partial h_1}\mathrm{d}h_1 + \frac{\partial G_1}{\partial v_1}\mathrm{d}v_1 + \frac{\partial G_1}{\partial h_2}\mathrm{d}h_2 + \frac{\partial G_1}{\partial v_2}\mathrm{d}v_2 = -R_{2,1}^k \\[1mm]
&\qquad\qquad\qquad\qquad\vdots \\[1mm]
&\frac{\partial F_i}{\partial h_i}\mathrm{d}h_i + \frac{\partial F_i}{\partial v_i}\mathrm{d}v_i + \frac{\partial F_i}{\partial h_{i+1}}\mathrm{d}h_{i+1} + \frac{\partial F_i}{\partial v_{i+1}}\mathrm{d}v_{i+1} = -R_{1,i}^k \\[2mm]
&\frac{\partial G_i}{\partial h_i}\mathrm{d}h_i + \frac{\partial G_i}{\partial v_i}\mathrm{d}v_i + \frac{\partial G_i}{\partial h_{i+1}}\mathrm{d}h_{i+1} + \frac{\partial G_i}{\partial v_{i+1}}\mathrm{d}v_{i+1} = -R_{2,i}^k \\[1mm]
&\qquad\qquad\qquad\qquad\vdots \\[1mm]
&\frac{\partial F_{N-1}}{\partial h_{N-1}}\mathrm{d}h_{N-1} + \frac{\partial F_{N-1}}{\partial v_{N-1}}\mathrm{d}v_{N-1} + \frac{\partial F_{N-1}}{\partial h_N}\mathrm{d}h_N + \frac{\partial F_{N-1}}{\partial v_N}\mathrm{d}v_N = -R_{1,N-1}^k \\[2mm]
&\frac{\partial G_{N-1}}{\partial h_{N-1}}\mathrm{d}h_{N-1} + \frac{\partial G_{N-1}}{\partial v_{N-1}}\mathrm{d}v_{N-1} + \frac{\partial G_{N-1}}{\partial h_N}\mathrm{d}h_N + \frac{\partial G_{N-1}}{\partial v_N}\mathrm{d}v_N = -R_{1,N-1}^k \\[1mm]
&\qquad\qquad\qquad\qquad\vdots \\[1mm]
&\frac{\partial F_N}{\partial h_N}\mathrm{d}h_N + \frac{\partial F_N}{\partial v_N}\mathrm{d}v_N = -R_{1,N}^k
\end{aligned}
\right\}
\tag{13.2.38}
$$

式中：

$$
\begin{aligned}
&\mathrm{d}h_1 = h_1^{k+1} - h_1^k \qquad \mathrm{d}v_1 = v_1^{k+1} - v_1^k \\
&\mathrm{d}h_i = h_i^{k+1} - h_i^k \qquad \mathrm{d}v_i = v_i^{k+1} - v_i^k \\
&\quad\vdots \qquad\qquad\qquad\quad \vdots \\
&\mathrm{d}h_N = h_N^{k+1} - h_N^k \qquad \mathrm{d}v_N = v_N^{k+1} - v_N^k
\end{aligned}
$$

根据式（13.2.35）、式（13.2.36）可求得式（13.2.37）中各项偏导数如下：

$$
\left.
\begin{aligned}
&\frac{\partial F_i}{\partial h_i} = 1 - \frac{\Delta t}{4\Delta s}(v_i + v_{i+1} + b) + \frac{\Delta t}{4\Delta s}\left[1 - \left(\frac{A_i}{B_i^2}\right)\left(\frac{\mathrm{d}B_i}{\mathrm{d}h_i}\right)\right](v_{i+1} - v_i + p) \\[2mm]
&\frac{\partial F_i}{\partial h_{i+1}} = 1 + \frac{\Delta t}{4\Delta s}(v_i + v_{i+1} + b) + \frac{\Delta t}{4\Delta s}\left[1 - \left(\frac{A_{i+1}}{B_{i+1}^2}\right)\left(\frac{\mathrm{d}B_{i+1}}{\mathrm{d}h_{i+1}}\right)\right](v_{i+1} - v_i + p) \\[2mm]
&\frac{\partial F_i}{\partial v_i} = \frac{\Delta t}{4\Delta s}\left[(h_{i+1} - h_i) + c\right] - \frac{\Delta t}{4\Delta s}\left[\left(\frac{A_i}{B_i}\right) + \left(\frac{A_{i+1}}{B_{i+1}}\right) + e\right] \\[2mm]
&\frac{\partial F_i}{\partial v_{i+1}} = \frac{\Delta t}{4\Delta s}\left[(h_{i+1} - h_i) + c\right] + \frac{\Delta t}{4\Delta s}\left[\left(\frac{A_i}{B_i}\right) + \left(\frac{A_{i+1}}{B_{i+1}}\right) + e\right] \\[2mm]
&\frac{\partial G_i}{\partial h_i} = -1 + \frac{2}{3}(\Delta s)J_i\left[\frac{1}{B_i}\left(\frac{\mathrm{d}B}{\mathrm{d}h}\right)_i - \frac{B_i}{A_i}\right] \\[2mm]
&\frac{\partial G_i}{\partial h_{i+1}} = 1 + \frac{2}{3}(\Delta s)J_{i+1}\left[\frac{1}{B_{i+1}}\left(\frac{\mathrm{d}B}{\mathrm{d}h}\right)_{i+1} - \frac{B_{i+1}}{A_{i+1}}\right] \\[2mm]
&\frac{\partial G_i}{\partial v_i} = \frac{\Delta s}{g\Delta t} - \frac{1}{2g}\left(v_i - \frac{d'}{2}\right) + \frac{\Delta s}{v_i}J_i \\[2mm]
&\frac{\partial G_i}{\partial v_{i+1}} = \frac{\Delta s}{g\Delta t} - \frac{1}{2g}\left(v_{i+1} - \frac{d'}{2}\right) + \frac{\Delta s}{v_{i+1}}J_{i+1}
\end{aligned}
\right\}
\tag{13.2.39}
$$

现在把牛顿-拉普逊迭代法的步骤说明如下：

1）假定初值 h_i^k（水深），v_i^k（流速）。

2）将初值 h_i^k，$v_i^k (i=1，2，\cdots，N)$ 代入式（13.2.35）、式（13.2.36），求出这些式子相应的余量 $R_{2,0}^k$，$R_{2,1}^k$，$\cdots$，$R_{2,i-1}^k$，$R_{2,i}^k$，$\cdots$，$R_{1,N}^k$。

3）用 k 次迭代值 h_i^k，$v_i^k (i=1，2，\cdots，N)$ 代入式（13.2.39）求解系数 $\dfrac{\partial F_i}{\partial h_i}$、$\dfrac{\partial F_i}{\partial h_{i+1}}$、$\cdots$、$\dfrac{\partial G_i}{\partial v_{i+1}}$，形成关于"增量"的方程组。

4）将上述余量及偏导数结果代入式（13.2.38）求出 dh_i、$dv_i (i=1,2,\cdots N)$。

5）计算 $k+1$ 次迭代值 h_i^{k+1}，v_i^{k+1} 值。

$$h_i^{k+1}=h_i^k+dh_i$$
$$v_i^{k+1}=v_i^k+dv_i$$

6）用同样方法可得第 $k+2$ 次、$k+3$ 次迭代结果，直到前后两次的迭代值之差小于允许误差，即

$$|h^{(q+1)}-h^{(q)}|\leqslant \eta \text{ 及 } |v^{(q+1)}-v^{(q)}|\leqslant \varepsilon$$

式中 η 及 ε 为允许误差，这时的 $h_i^{(q)}$ 及 $v_i^{(q)} (i=1,2,\cdots,N)$ 即为所求。

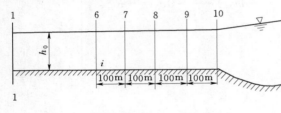

图 13.2.9

【例 13.2.1】 如图 13.2.9 所示，为一梯形断面渠道，已知渠道全长 $l=900\text{m}$，底宽 $b=10\text{m}$，边坡系数 $m=1.5$，底坡 $i=0.001$，粗糙系数 $n=0.025$。初始时渠道中为均匀流，各断面水深均为 $h_0=4.0\text{m}$，流速均为 $v_0=0.93\text{m/s}$。设下游末端断面的水深 h_e 连续地下降，其下降规律为 $h_e=4-0.01t$（单位：m，s），试求：第 100s 时渠中各断面处的水深和流速值。

解： 求解的结果如表 13.2.1 所示。

表 13.2.1

断面号	6	7	8	9	10
水深/m	3.988	3.869	3.712	3.514	3.000
流速/(m/s)	1.641	1.854	2.122	2.449	3.338

13.2.3 明渠非恒定急变流

明渠非恒定急变流主要指非连续波区的流动。这种非位定流的特征是波的前锋陡峻，水面不连续且常形成台阶状断波，如图 13.2.10 所示。断波波峰向前移动的速度称为波速，以 ω_1 表示。断波波峰到达某断面时，立即扰动该断面的水情，使水深、流速等发生变化。从计算角度讲，波峰未到时的水流可视作未扰动的原有恒定流，波峰经过后的非恒定流主体部分则可近似地认为是明渠非恒定渐变流，波峰处则是急变流，所以水力计算的基本问题是要确定断波波速 ω_1 与波峰处其他水力参数的关系以及波峰前水深 h 和流速 v

之间的关系。前者决定了非恒定流的影响范围,后者则是非恒定渐变流段(非恒定流主体部分)计算时的边界条件。

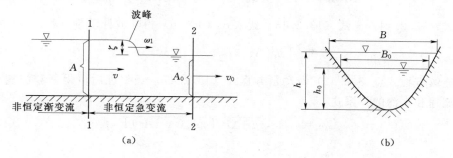

图 13.2.10

计算上述问题的基本方程是在断波处(急变流段)列出的连续方程和动量方程。

取图 13.2.10 中断面 1—1、断面 2—2 间的空间为控制体,由第 3 章质量守恒式:

$$\frac{\partial}{\partial t}\int_{cv}\rho dV + \int_{cs}\rho u \cdot dA = 0$$

式中第一项为控制体内水体质量的变化率,即单位时间内控制体中水体质量的增量,故

$$\frac{\partial}{\partial t}\int_{cv}\rho dV = \rho\omega_1(A - A_0) = \rho\omega_1 \cdot \frac{1}{2}\zeta(B + B_0) \tag{13.2.40}$$

式中:ω_1 为断波波速;A、B 和 A_0、B_0 分别为断波前后断面 1—1、断面 2—2 的面积和水面宽度;ζ 为断波高度。质量守恒式中第二项为单位时间内通过控制体表面的水体质量,即

$$\int_{cs}\rho u \cdot dA = \rho(Av - A_0 v_0) \tag{13.2.41}$$

式中:v、v_0 分别为断面 1—1、断面 2—2 的平均流速。

将式(13.2.40)、式(13.2.41)代入质量守恒式得

$$Av - v_0 A_0 = \omega_1(A - A_0) \tag{13.2.42}$$

同时可写出断波波高的表达式为

$$\zeta = 2(Av - A_0 v_0)/[(B + B_0) \cdot \omega_1] = (Q - Q_0)/(B'\omega_1) \tag{13.2.43}$$

式中:B' 为平均水面宽度。

动量定律可由式(3.3.6)得出:

$$F = \frac{\partial}{\partial t}\int_{cv}u \cdot \rho dV + \int_{cs}u \cdot \rho u dA$$

仍取图 13.2.10 中断面 1—1、断面 2—2 间的空间为控制体,列其沿水流方向的动量方程,在忽略壁面摩擦力及底坡影响时,式(3.3.6)中左端项为

$$F = P - P_0 = \Delta P \tag{13.2.44}$$

式中:P、P_0 为作用在断面 1—1、断面 2—2 上的动水压力。式(3.3.6)右端第一项为控制体内水体动量变化率,即

$$\frac{\partial}{\partial t}\int_{cv}u \cdot \rho dV = \rho\omega_1(Av - A_0 v_0) \tag{13.2.45}$$

第二项为单位时间内通过控制体表面流出流进水体所具动量之差，即

$$\int_{cs} u \cdot \rho u \cdot dA = \rho(Q_0 v_0 - Qv) = \rho(A_0 v_0^2 - Av^2) \tag{13.2.46}$$

将式 (13.2.44) ～式 (13.2.46) 代入式 (3.3.6) 得断波处动量方程：

$$\Delta P = \frac{\gamma}{g}[\omega_1(Av - A_0 v_0) + A_0 v_0^2 - Av^2] \tag{13.2.47}$$

由连续方程式 (13.2.42) 及动量方程式 (13.2.47) 经整理后可得断波波速 ω_1 及断波前后流速和水深的关系式：

$$\omega_1 = v_0 \pm \sqrt{gA\Delta P/[\gamma A_0(A - A_0)]} \tag{13.2.48}$$

及

$$v = v_0 \pm \sqrt{g\Delta P(A - A_0)/(\gamma AA_0)} \tag{13.2.49}$$

以上式中根号前"＋"号相应于顺波情况，"－"号相应于逆波情况。由于断面面积 A 和动水压力 P 均是水深 h 的函数，而 A_0 和 v_0 均为已知的初始值，所以式 (13.2.49) 就是断波处水深和流速的关系式。

存在明渠非恒定急变流段的仍可采用有限差分法逐时段地进行计算。对每一时段，可由时段初瞬时的水力要素按断波波速公式 (13.2.48) 求出波速 ω_1，并由此求小时段末瞬时的断波位置。由断波区水深和断面平均流速的关系式 (13.2.49) 作为边界条件推求该时段末瞬时非恒定渐变流段（波动的主体部分）的水力要素，由此也可得出断波区的水力要素，并由此推求下一时段的断波波速。详细过程这里不再赘述，读者可参阅有关文献。

【例 13.2.2】 有一矩形渠道，底宽 $B = 4.0$m，自闸下泄出的流量为 4.4m³/s，闸下游水深为 0.6m，如将闸门突然开大，流量增至 6.7m³/s，试求波速 ω_1 及波高 ζ。

解：增大的流量为

$$Q - Q_0 = 6.7 - 4.4 = 2.3 \text{(m}^3\text{/s)}$$

应用式 (13.2.43)，$Q - Q_0 = B'\zeta\omega_1$，代入具体数值，得

$$\zeta\omega_1 = 2.3/4.0 = 0.575$$

应用式 (13.2.48)，将矩形渠道 $A = B \cdot h = B(h_0 + \zeta)$，$A_0 = B \cdot h_0$，$\Delta P = \frac{B}{g}\gamma[(h_0 + \zeta)^2 - h_0^2]$ 代入并整理得

$$\omega_1 = v_0 + \sqrt{g\left(h_0 + \frac{3}{2}\zeta + \frac{\zeta^2}{2h_0}\right)}$$

将 $\zeta\omega_1 = 0.575$ 及 $v_0 = Q_0/A_0 = 4.4/(4 \times 0.6) = 1.84$(m/s) 代入后得

$$0.575 = 1.84\zeta + \zeta\sqrt{9.8\left(0.6 + 1.5\zeta + \frac{\zeta^2}{1.2}\right)}$$

用谋算法求得 $\zeta = 0.125$m，代入 $\zeta\omega_1 = 0.575$ 中，可求出 $\omega_1 = 4.6$m/s。

思 考 题 13

13.1　何谓水击现象？产生水击现象的物理本质是什么？试举出工程中产生水击现象

的实例。

13.2　(1) 水击波与振动波（如波浪）、变位波（如洪水波）有何区别？(2) 水库水位变动时，是否会在压力管道中产生水击波的传播现象？

13.3　水击波速 c 与下列哪些因素有关？是什么关系？

(1) 管壁材料；(2) 阀门开启速度；(3) 水的压缩性；(4) 管中初始流速；(5) 管径；(6) 静水头；(7) 管壁厚度；(8) 水击的类型。

13.4　(1) 阀门突然关闭产生直接水击，那么，阀门逐渐关闭时能否也产生直接水击？为什么？(2) 在相同条件下为什么说间接水击压强一定比直接水击压强小？

习　题　　13

13.1　设有一引水钢管，钢管末端装有阀门，阀门开度按直线变化规律启闭。钢管长 $l=500\text{m}$，阀全开时管中水流速度 $v_m=2\text{m/s}$，水击波传播速度 $c=1000\text{m/s}$，水库最高水位与阀门处断面的高差为 100m，若阀门从全开到全闭的关闭时间为 $T_z=2.0\text{s}$，试计算阀门处断面在阀门开始关闭后 1.5s 时的压强值。

13.2　按上题，如开启时间和关闭时间相同，当阀门由全关情况到全开情况，求开始开启后 0.5s 时阀门断面处的压强值。

13.3　水沿长度 $L=1200\text{m}$、直径 $d=2\text{m}$ 的隧洞进入调压塔中，流量 $Q=12\text{m}^3/\text{s}$，隧洞中谢才系数 $c=74.7\text{m}^{1/2}/\text{s}$，当水流突然停止自调压塔向外流动时（即 $Q \rightarrow 0$），塔内水面必产生波动。设调压塔的横断面面积为 1000m^2，试绘出调压塔内液面的波动过程线（习题图 13.1）。

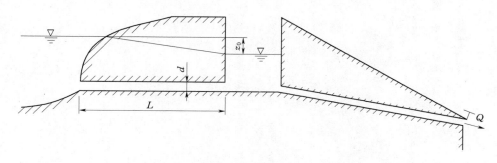

习题图 13.1

13.4　某混凝土衬砌渠道受潮汐影响产生非恒定流，渠道断面近似矩形，底坡 $i=0.0001$，糙率 $n=0.014$，初始恒定流时各断面水位如习题表 13.1 所示（四个断面）。

习题表 13.1

初始水位/m	7.81	7.62	7.43	7.24
距离/m	0.0	12000	24000	48000

各断面初始恒定流流量均为 $5000\text{m}^3/\text{s}$，上边界（距离为 0.0m 处）渠底高程为 3.81m。

试求当下边界处（距离为 48000m 处）水位以 $h_下(t) = 7.24 + 1.575\sin(2\pi t/43200)$ 变化（式中 $h_下(t)$ 的单位为 m，t 的单位为 s），上边界处流量始终为 5000m³/s 情况下，距上游边界 16000m 处在 $t = 57600$s 时的水面高程及流量。

13.5　有一底坡较平缓的矩形渠道，宽度 $B = 3$m，恒定流量为 20m³/s 时，水深为 2m，如下游闸门突然关小，流量由 20m³/s 减至 10m³/s，试求波速 ω_1 及波高 ξ。

第14章 挟沙水流理论基础

14.1 概述

前面几章所研究的河渠中水流流动的特点是：河床或渠床的形状不变，水流是清水。在水流作用下不变形的河床或渠床称为定床。研究定床中水流运动规律的是定床水力学。但是，许多天然河道和不衬砌的人工渠道，在水流的作用下，河床或渠床常发生不同程度的变形，而河道或渠道中流动的水流是挟带泥沙的浑水。在水流作用下变形的河床或渠床称为动床。研究动床中水流运动规律的是动床水力学。定床水力学主要研究河渠中阻力或水头损失、过水能力及水面线等问题，而动床水力学主要研究河渠中泥沙的运动规律、泥沙的输运及由此而引起河渠的冲刷与淤积问题。

河渠中泥沙的运动是由水流的拖曳力和紊流的脉动而引起的。港湾中的泥沙运动是由波浪和潮流而引起的。可以将水流搬运的泥沙分成两大类：推移质和悬移质。在近床底处作滑动、滚动或跳跃前进的泥沙称为推移质。推移质泥沙的粒径较大，它的沉降速度远大于水流的上下脉动速度。由于水流的脉动作用，河床或渠床上细颗粒的泥沙首先上浮，然后，随水流浮游前进，这种泥沙称为悬移质。一般天然河道上游的泥沙多以推移质的形式运动，而天然河道下游的泥沙多以悬移质的形式运动。

泥沙的运动与水利工程的设计及运转密切相关。如河渠中由于泥沙的运动可能引起某段河道或渠道的冲刷，在另一段河道或渠道将引起淤积，河道或渠道的冲刷将破坏护岸工程，河道或渠道淤积后将减小过水能力，影响航运的正常运行，并增加引水的困难。水库中淤积泥沙后将减小水库的有效库容，延长上游的回水，增加淹没损失；含沙水流经过水轮机时，将引起水轮机叶片的磨损，降低水轮机的效率，减小出力。当泥沙在水电站的尾水池淤积时，将抬高下游尾水位，减小水电站的有效水头，同样也将减小电站的出力。港湾内发生淤积后将减小进港船舶的吨位，冲刷后将影响防波堤、码头及护岸建筑物的安全。上面介绍的是泥沙对工程的不利一面。当然泥沙也有对工程有利的一面，如用含沙水流进行水力冲填筑坝，用含沙水流放淤肥田及用沙子作为建筑材料等。我们只有掌握了泥沙的运动规律后，才能够在水利工程设计中充分地利用泥沙的积极方面，减小或消除其消极方面。

本章主要介绍泥沙的基本特性、泥沙的起动、推移质输沙量和悬移质输沙量的计算。

14.2 泥沙的基本特性

挟沙水流属于二相流动，它包含液相（水）流动和固相（泥沙）运动。在研究二相流动之前，首先必须知道它们的特性。至于水的主要特性在前面各章中已讲述过了，下面只简单介绍泥沙的一些基本特性，以便在后面应用。

14.2.1　几何特性

泥沙的几何特征是用它的颗粒直径即粒径来表述的。天然泥沙是以混合状态出现的，粗细不均，形状各异。因此相应的就有不同的测量和表述泥沙颗粒粒径的方法。

1. 等容粒径

对于单颗粒的卵石和砾石可以用等容粒径来表示。所谓等容粒径，就是与实际泥沙颗粒体积相等的球体的直径。设泥沙颗粒的体积为 V，等容粒径为 d，则

$$d = \left(\frac{6V}{\pi}\right)^{1/3} \tag{14.2.1}$$

式中体积 V 可以通过对单颗粒泥沙称重后除以容重得到。

2. 筛孔粒径

对于粒径大于 0.05mm 的泥沙可以用筛孔粒径表示。我们是以沙粒刚好能够通过的筛孔的边长定义为沙粒的筛孔粒径。

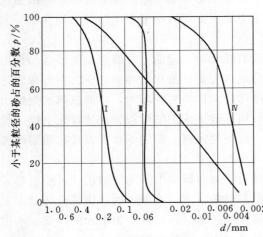

图 14.2.1　泥沙粒径级配曲线

筛孔粒径在绘制表征泥沙组成特性（不同粒径的分布情况）的粒径级配曲线时得到具体的应用。粒径级配曲线按下述方法绘制。通过颗粒分析（筛分法和水析法，水析法后面介绍）求出沙样中各种粒径级的重量，算出小于各种粒径级的泥沙总重量，然后在半对数纸上以横坐标（对数分格）表示泥沙的粒径 d，纵坐标（普通分格）表示小于该粒径的泥沙在沙样中所占重量的百分比 p，这样就可以点绘出混合泥沙的粒径级配曲线 p-d，如图 14.2.1 所示。图中Ⅰ、Ⅲ及Ⅱ曲线的前半部分是通过筛分法得到的，Ⅱ线的后半部分和Ⅳ曲线是通过水析法得到的。

从泥沙的粒径级配曲线上，不仅可以知道沙样中泥沙粒径的大小及其变化范围，而且还可以了解到沙样组成的均匀程度。曲线Ⅰ表示沙样中粗颗粒较多，且也比较均匀；曲线Ⅱ表示各种粒径的泥沙含量几乎相等，即沙样组成不均匀；曲线Ⅲ表示沙样组成均匀，且粗颗粒比较多，当然较曲线Ⅰ中的粗颗粒细；曲线Ⅳ表示沙样中细颗粒较多且比较均匀。

从上面的粒径级配曲线上可以求得下面各统计特征值。

（1）算术平均粒径。

$$d_{算} = \frac{1}{2}(d_{\max} + d_{\min}) \tag{14.2.2}$$

（2）几何平均粒径。

$$d_{几} = \sqrt{d_{\max} \cdot d_{\min}} \tag{14.2.3}$$

式中：$d_{\max}$、$d_{\min}$ 分别为粒径级配曲线中的最大和最小粒径。

（3）加权平均粒径。加权平均粒径也称总体平均粒径，记为 d_m，由下式计算：

$$d_m = \frac{\sum_{i=1}^{n} \Delta p_i d_i}{100} \tag{14.2.4}$$

式中：d_i 为第 i 粒径组的泥沙平均粒径，它可以是算术平均粒径，也可以是几何平均粒径；Δp_i 为第 i 粒径组颗粒重量占沙样总重量的百分数；n 为粒径的组数。

（4）中值粒径。在粒径级配曲线上与纵坐标 $p=50\%$ 相应的粒径，即在沙样中有 50% 重量的沙粒大于这个直径，还有 50% 重量的沙粒小于这个直径。中值粒径用 d_{50} 表示。

（5）其他特征粒径。不同学者常用不同 p 值的粒径作为代表粒径，例如 d_{65}、d_{90} 就分别表示粒径级配曲线上 $p=65\%$ 及 $p=90\%$ 相应的粒径。

3. 沉降粒径

如果与泥沙容重相同的已知直径的圆球在相同的液体中与沙粒的沉降速度相等，则以此小圆球的直径定义为该沙粒的沉降直径。一般用此法测直径小于 0.05mm 的泥沙颗粒直径。沙粒的沉降粒径可以由下面讲述的泥沙沉速公式计算出来。

14.2.2　重力特性

我们将泥沙颗粒实有重量与实有体积之比值定义为泥沙的容重，记为 γ_s。由于构成泥沙颗粒母岩成分不同，因此泥沙的容重也各有不同，大致在 $25\sim27\mathrm{kN/m^3}$（$2.55\sim2.75\mathrm{t/m^3}$）范围内变化。一般取标准沙的容重 $\gamma_s=26\mathrm{kN/m^3}$（$2.65\mathrm{t/m^3}$），标准沙在水中的比重为 $s=\gamma_s/\gamma-1=\rho_s/\rho-1=1.65$，其中 γ_s 和 γ 分别为泥沙和水的容重，ρ_s 和 ρ 分别为泥沙和水的密度。

14.2.3　水力特性

静水中的泥沙颗粒在重力作用下将会下沉，又在泥沙下沉的过程中将引起水流的阻力，当水中泥沙颗粒的有效重力（泥沙颗粒的干重量减去浮力）与作用在泥沙颗粒上的阻力相平衡时，泥沙颗粒将匀速下沉。我们将泥沙颗粒在静止清水中匀速下沉的速度定义为泥沙的沉降速度，记为 ω，单位为 cm/s。由于泥沙颗粒越粗沉降速度越大，即沉降速度反映了泥沙颗粒的粗细，因此泥沙的沉降速度又叫做泥沙的水力粗度。泥沙的沉降速度或水力粗度综合地反映了泥沙颗粒形状、大小、比重及水流阻力的物理量，是研究泥沙运动时经常用到的一个重要参数。

泥沙颗粒在水中的有效重力为

$$G = (\gamma_s - \gamma) \frac{1}{6}\pi d^3 \tag{14.2.5}$$

泥沙颗粒在水中所受的绕流阻力，一般可以表示成为

$$D = C_D A \frac{\rho^2}{2} = C_D A \frac{\gamma \omega^2}{2g} \tag{14.2.6}$$

式（12.2.6）中的 C_D 是绕流阻力系数，它与流态有关，即与雷诺数 $Re=\omega d/\nu$ 有关，ω、d 和 ν 分别是沙粒的沉降速度、沙粒直径和水的运动黏度。对于圆球绕流问题，早在 1851 年，斯托克斯就总结出了阻力系数 C_D 随雷诺数 Re 的变化规律。如图 14.2.2 所示。从图中可见，当雷诺数 $Re<0.5$ 时，绕流阻力系数 C_D 呈直线变化，且随 Re 增大而减小，即服从斯托克斯定律，为层流绕流，即有：

$$C_D = \frac{24}{Re} \qquad (14.2.7)$$

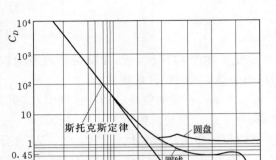

图 14.2.2

当雷诺数 $Re > 1000$ 以后，为紊流绕流，绕流阻力系数大致可以看作为常数，其范围在 $0.43 \sim 0.45$ 之间。在从层流向紊流绕流的过渡区，绕流阻力系数没有理论公式，一般都是实验公式，且各家不一。

根据作用在球形泥沙颗粒上的有效重力与阻力平衡可以求出泥沙颗粒的沉降速度 ω。

1. 层流绕流

注意到 $Re = \omega d/\nu$，$A = \pi d^2/4$。先将式 (14.2.7) 代入式 (14.2.6)，然后令式 (14.2.6) 等于式 (14.2.5)，则得：

$$\frac{24}{\omega d/\nu} \frac{\pi}{4} d^2 \frac{\gamma \omega^2}{2g} = (\gamma_s - \gamma) \frac{\pi d^3}{6} \qquad (14.2.8)$$

整理后得

$$\omega = \frac{1}{18} \frac{\gamma_s - \gamma}{\gamma} g \frac{d^2}{\nu} \qquad (14.2.9)$$

2. 紊流绕流

首先将 $C_D = 0.45$ 代入式 (14.2.6)，然后令式 (14.2.6) 等于式 (14.2.5)，得

$$0.45 \frac{\pi d^2}{4} \frac{\gamma \omega^2}{2g} = (\gamma_s - \gamma) \frac{\pi d^3}{6}$$

故

$$\omega = 1.72 \sqrt{\frac{\gamma_s - \gamma}{\gamma} g d} \qquad (14.2.10)$$

请注意：上面计算泥沙沉速的公式是对圆球状颗粒而言的。事实上，自然泥沙颗粒不可能是圆球状的，形状是不规则的。因此绕流阻力系数均比按式 (14.2.7) 计算的大或比 0.45 大，于是沉降速度较按式 (14.2.9) 和式 (14.2.10) 计算的小。

根据张瑞瑾的研究，给出下面适用于自然泥沙的沉降速度公式。

(1) 层流绕流。适用条件：$Re < 0.5$，常温下 $(15 \sim 25℃)$，$d < 0.1$mm。

$$\omega = \frac{1}{25.6} \frac{\gamma_s - \gamma}{\gamma} g \frac{d^2}{\nu} \qquad (14.2.11)$$

(2) 过渡区。适用条件：$0.5 < Re < 1000$。

$$\omega = \sqrt{\left(13.95 \frac{\nu}{d}\right)^2 + 1.09 \frac{\gamma_s - \gamma}{\gamma} g d} - 13.95 \frac{\nu}{d} \qquad (14.2.12)$$

(3) 紊流绕流。适用条件：$Re > 1000$，常温下，$d > 4$mm。

$$\omega = 1.044 \sqrt{\frac{\gamma_s - \gamma}{\gamma} g d} \qquad (14.2.13)$$

事实证明：式（14.2.12）不仅适用于过渡区，而且对层流区和紊流区均适用。因此说，式（14.2.12）是计算自然泥沙沉降速度的一般公式。

另外，还常用鲁比（Rubey）公式计算泥沙的沉降速度，即

$$\frac{\omega}{\sqrt{sgd}} = \sqrt{\frac{2}{3} + \frac{36\nu^2}{sgd^3}} - \sqrt{\frac{36\nu^2}{sgd^3}} \qquad (14.2.14)$$

式中：$s = (\gamma_s - \gamma)/\gamma$，泥沙沉速公式的单位均为 cm/s。

【例 14.2.1】 已知某标准沙的直径 $d = 0.30$mm，在水中的比重 $s = 1.65$，水温为 20℃，试分别用张瑞瑾公式和鲁比公式计算该标准沙在水中的沉降速度 ω。

解：（1）张瑞瑾公式。已知该沙直径大于 0.1mm，但是小于 4mm，因此在沉降过程中处于过渡区，按式（14.2.12）计算。20℃时水的运动黏度 $\nu = 0.01$cm^2/s。式中 $(\gamma_s - \gamma)/\gamma = s = 1.65$，$d = 0.03$cm，将这些已知数据代入式（14.2.12）得

$$\omega = \sqrt{\left(13.95 \times \frac{0.01}{0.03}\right)^2 + 1.09 \times 1.65 \times 980 \times 0.03} - 13.95 \times \frac{0.01}{0.03}$$

$$= 3.98(\text{cm/s})$$

（2）鲁比公式。按式（14.2.14）计算：

$$\frac{\omega}{\sqrt{1.65 \times 980 \times 0.03}} = \sqrt{\frac{2}{3} + \frac{36 \times 0.01^2}{1.65 \times 980 \times 0.03^3}} - \sqrt{\frac{36 \times 0.01^2}{1.65 \times 980 \times 0.03^3}}$$

$$\frac{\omega}{6.97} = 0.866 - 0.287 = 0.579$$

得

$$\omega = 4.03(\text{cm/s})$$

上面两式计算的结果相当一致，彼此的相对差值只有 1.2%。

14.3 泥沙的起动

在水流的作用下，什么时候泥沙开始从静止状态进入运动状态，这是一个十分重要的临界条件。早在 1753 年，布朗姆斯（A. Brahms）就提出泥沙的起动流速与泥沙的重量的六分之一次方成正比。1914 年，福煦海默尔（P. Forch-heimer）在他的《水力学》一书中讨论了颗粒级配、分选及粗化对起动的影响。1936 年，希尔兹把量纲分析方法应用到泥沙运动中，提出了著名的希尔兹曲线，该曲线至今仍广泛为人们所引用。

14.3.1 水流的推力

河底或渠底上的泥沙起动，是由于水流作用在河底或渠底上的切应力 τ_0 而引起的，τ_0 称为水流推力。

下面我们推求在均匀流和非均匀流情况下水流推力 τ_0 的计算方法。如图 14.3.1 所示，为一长为 s 的均匀流渠段。设渠道底坡为 $i = \sin\theta$，过水断面积为 A，湿周为 χ，水力半径为 $R = A/\chi$，水的密度为 ρ。若设该渠段的水体的重量为 G，则 $G = \rho g A s$，重力在水流方向上的分量为 $G\sin\theta = Gi$，设渠道边壁上的切应力为 τ_0，则整个渠道壁面上的切力为 $\tau_0 \chi s$。在均匀流时，水流运动无加速度，因此上面两力应该平衡，即

$$\tau_0 \chi s = Gi = \rho g A s i$$

$$\tau_0 = \rho g \frac{A}{\chi} i$$

即

$$\tau_0 = \rho g R i \qquad\qquad (14.3.1)$$

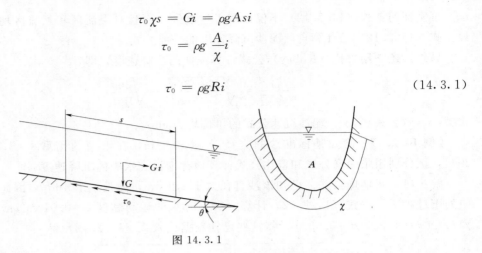

图 14.3.1

对于非均匀流，式（14.3.1）中的底坡 i 用水力坡度 J 置换，因为水头 $H = z + h + a v^2 / 2g$，则

$$J = -\frac{\mathrm{d}H}{\mathrm{d}s} = -\left[\frac{\mathrm{d}z}{\mathrm{d}s} + \frac{\mathrm{d}h}{\mathrm{d}s} + \frac{a}{2g}\frac{\mathrm{d}(v^2)}{\mathrm{d}s}\right] = i - \frac{\mathrm{d}h}{\mathrm{d}s} - \frac{a}{2g}\frac{\mathrm{d}(v^2)}{\mathrm{d}s} \qquad (14.3.2)$$

于是非均匀流时的边壁切应力可表示为

$$\tau_0 = \rho g R J = \rho g R\left[i - \frac{\mathrm{d}h}{\mathrm{d}s} - \frac{a}{2g}\frac{\mathrm{d}(v^2)}{\mathrm{d}s}\right] \qquad (14.3.3)$$

注意到

$$u_* = \sqrt{\frac{\tau_0}{\rho}} \qquad\qquad (14.3.4)$$

式中：u_* 为水流的摩阻流速。于是 τ_0 可表示为

$$\tau_0 = \rho g R J = \rho u_*^2 \qquad\qquad (14.3.5)$$

14.3.2　临界推力

在沙床的河道或渠道中，当水流的推力超过某一数值时，河道或渠道中的泥沙将开始移动。这时的推力称为临界推力。为了计算临界推力，长期以来，许多研究者从理论方面和试验方面做了大量工作。各位研究者基于不同的理论结合试验成果提出了不同类型的半理论半经验公式。下面只介绍希尔兹（A. F. Shields）的理论和结果及岩垣的结果。

希尔兹认为作用在泥沙颗粒上的主要作用力为重力、水平推力和铅直上举力。而水平推力和上举力主要与床面附近的流动和泥沙颗粒的形状有关。床面附近的流动用摩阻雷诺数 $Re_* = u_* d / \nu$ 表征。颗粒形状用沙粒迎流面积系数 a_2 和水平投影面积系数 a_3 表征。设水平推力为 F_x，上举力为 F_y，则有

$$F_x = \varphi_1(Re_*) a_2 d^2 \frac{\rho u_*^2}{2} = \varphi_1(Re_*) a_2 \frac{\tau_0 d^2}{2}$$

$$F_y = \varphi_2(Re_*) a_3 d^2 \frac{\rho u_*^2}{2} = \varphi_2(Re_*) a_3 \frac{\tau_0 d^2}{2}$$

泥沙颗粒的水下重量可表示为

$$G = a_1 d^3 (\gamma_s - \gamma)$$

式中：a_1 为泥沙颗粒的体积系数。

设泥沙颗粒滑动平衡时的 τ_0 为 τ_c，床面摩擦系数为 f，当 F_x、F_y 及 G 处于滑动平衡时，有

$$f\left[a_1 d^3(\gamma_s - \gamma) - \varphi_2(Re_*)a_3\frac{\tau_c d^2}{2}\right] = \varphi_1(Re_*)a_2\frac{\tau_c d^2}{2}$$

整理后得

$$\frac{\tau_c}{(\gamma_s - \gamma)d} = \frac{2fa_1}{a_2\varphi_1(Re_*) + fa_3\varphi_2(Re_*)} = \varphi(Re_*)$$

即

$$\frac{\tau_c}{(\gamma_s - \gamma)d} = \frac{u_{*c}^2}{sgd} = \varphi\left(\frac{u_* d}{\nu}\right) \tag{14.3.6}$$

式中：φ 是摩阻雷诺数 $Re_* = u_* d/\nu$ 的函数，其具体函数形式由试验资料确定。

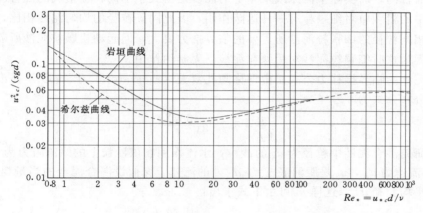

图 14.3.2

希尔兹的试验资料如图 14.3.2 中的虚线所示。该曲线称为希尔兹临界推力曲线。意罗（ILO，C. G.）将它分成四段用下面关系式分段拟合。

当 $\dfrac{u_* d_{50}}{\nu} < 2$ 时

$$\frac{\tau_c}{(\gamma_s - \gamma)d_{50}} = 0.11\left(\frac{u_* d_{50}}{\nu}\right)^{-4.0}$$

当 $\dfrac{u_* d_{50}}{\nu} = 2 \sim 10$ 时

$$\frac{\tau_c}{(\gamma_s - \gamma)d_{50}} = 0.0715\left(\frac{u_* d_{50}}{\nu}\right)^{-0.337}$$

当 $\dfrac{u_* d_{50}}{\nu} = 10 \sim 500$ 时

$$\frac{\tau_c}{(\gamma_s - \gamma)d_{50}} = 0.02\left(\frac{u_* d_{50}}{\nu}\right)^{0.175}$$

当 $\dfrac{u_* d_{50}}{\nu} > 500$ 时

$$\frac{\tau_c}{(\gamma_s - \gamma)d_{50}} = 0.06$$

$$\tag{14.3.7}$$

岩垣从理论和实验上验证了希尔兹公式。岩垣的临界推力曲线如图 14.3.2 中的点划

线所示。当泥沙的比重 $\gamma_s/\gamma = 2.65$，$v = 0.01\text{cm}^2/\text{s}$（20.3℃），$g = 980\text{cm/s}^2$ 时，岩垣的临界推力曲线分五段拟合如下：

$$
\left.
\begin{array}{ll}
d \geqslant 0.303\text{cm} & \tau_c/\rho = 80.9d \\
0.118\text{cm} \leqslant d \leqslant 0.303\text{cm} & \tau_c/\rho = 134.6d^{31/22} \\
0.0565\text{cm} \leqslant d \leqslant 0.118\text{cm} & \tau_c/\rho = 55.0d \\
0.0065\text{cm} \leqslant d \leqslant 0.0565\text{cm} & \tau_c/\rho = 8.41d^{11/32} \\
d \leqslant 0.0065\text{cm} & \tau_c/\rho = 226d
\end{array}
\right\}
\tag{14.3.8}
$$

式中：d 的单位是 cm。

14.3.3 混合泥沙的临界推力

前面介绍的希尔兹和岩垣的临界推力公式（14.3.7）和式（14.3.8）都是对单一的等粒径泥沙而言的，而实际中河床或渠床上的泥沙是由大小不同粒径组成的混合泥沙。由于混合泥沙中的粗颗粒对细颗粒有一种遮蔽作用，因此同等粒径的均匀泥沙相比，要起动混合泥沙中相同粒径的细颗粒泥沙所需要的临界推力要大，但起动粗颗粒泥沙所需的临界推力要小，因为这时细颗粒泥沙对粗颗粒泥沙已无制约作用。

混合泥沙的临界推移力公式是由耶格阿扎罗夫（Egiazaroff）于 1965 年提出的。河渠中的流速分布公式为

$$
\frac{u}{u_*} = 5.75\lg\left(\frac{30.2y}{k_s}\right)
\tag{14.3.9}
$$

假设研究混合泥沙中粒径为 d_i 的沙粒，水流作用在该沙粒上的绕流阻力为 R_{Ti}，表示 R_{Ti} 的代表流速为 u_{bi}，u_{bi} 是距河底 $y = a_i d_i$ 处的流速。又假设混合泥沙的当量粗糙度 k_s 近似地等于平均粒径 d_m，这样 u_{bi} 可由下式求出：

$$
\frac{u_{bi}}{u_*} = 5.75\lg\left(\frac{30.2a_i d_i}{d_m}\right)
\tag{14.3.10}
$$

水流作用在泥沙颗粒上的绕流阻力 R_{Ti} 可以表示为

$$
R_{Ti} = C_{Di}\frac{\pi d_i^2}{4}\frac{\rho u_{bi}^2}{2}
\tag{14.3.11}
$$

河床作用在泥沙颗粒上的摩擦力 F_i 可以表示为

$$
F_i = (\rho_s - \rho)g\frac{\pi d_i^3}{6}\tan\varphi
\tag{14.3.12}
$$

式中：φ 为泥沙的自然摩擦角。

在临界起动条件下 $R_{Ti} = F_i$，于是得

$$
\frac{u_{bi}^2}{(\rho_s/\rho - 1)gd_i} = \frac{4}{3C_{Di}}\tan\varphi
\tag{14.3.13}
$$

将式（14.3.10）代入式（14.3.13），根据实验 $a_i = 0.63$，$\tan\varphi = 1$，令 $u_* = u_{*c}$，则得

$$
\frac{u_{*ci}^2}{(\rho_s/\rho - 1)gd_i} = \frac{4}{3C_{Di}}\frac{1}{[5.75\lg(19d_i/d_m)]^2}
\tag{14.3.14}
$$

又根据实验 $C_{Di} = 0.4$，代入上式后，得耶格阿扎罗夫公式为

$$
\frac{u_{*ci}^2}{(\rho_s/\rho - 1)gd_i} = \frac{0.1}{[\lg(19d_i/d_m)]^2}
\tag{14.3.15}
$$

当 $d_i = d_m$ 时上式变为

$$\frac{u_{*cm}^2}{(\rho_s/\rho-1)gd_m} = \frac{0.1}{(\lg 19)^2} = 0.06 \tag{14.3.16}$$

由式 (14.3.15) 和式 (14.3.16) 得

$$\frac{u_{*ci}^2}{u_{*cm}^2} = \frac{\tau_{ci}}{\tau_{cm}} = \left[\frac{\lg 19}{\lg 19(d_i/d_m)}\right]^2 \left(\frac{d_i}{d_m}\right) \tag{14.3.17}$$

式 (14.3.17) 表示混合泥沙中每个粒径的临界推移力与平均粒径 d_m 的临界推移力之比。实验资料证明:在 $d_i/d_m > 0.4$ 的范围内,上式与实验资料非常吻合,然而在 $d_i/d_m \leqslant 0.4$ 的范围内,上式与实验资料偏差较大。为此,平野、芦田、道上对 $d_i/d_m \leqslant 0.4$ 提出下式:

$$\frac{d_i}{d_m} < 0.4, \quad \frac{u_{*ci}^2}{u_{*cm}^2} = \frac{\tau_{ci}}{\tau_{cm}} = 0.85$$

归纳前述,得计算混合泥沙各不同粒径临界推移力的公式为

$$\frac{d_i}{d_m} > 0.4, \quad \frac{u_{*ci}^2}{u_{*cm}^2} = \frac{\tau_{ci}}{\tau_{cm}} = \left[\frac{\lg 19}{\lg 19(d_i/d_m)}\right]^2 \left(\frac{d_i}{d_m}\right) \tag{14.3.18}$$

$$\frac{d_i}{d_m} \leqslant 0.4, \quad \frac{u_{*ci}^2}{u_{*cm}^2} = \frac{\tau_{ci}}{\tau_{cm}} = 0.85 \tag{14.3.19}$$

上两式中对于平均粒径 d_m 的临界推移力 τ_{cm} 可以按希尔兹公式 (14.3.7) 或岩垣公式 (14.3.8) 计算。

【例 14.3.1】 有一河流,构成河床泥沙的粒径范围和级配如表 14.3.1 中①、②列所给,该河道中水深 $h = 2.0$m,水力坡度 $J = 1/1500$,试检查该河床中泥沙的起动情况。

解: 下面以粒径组 $d = 0.01 \sim 0.04$cm 为例说明计算步骤。

(1) ①、②列为已知数据。

(2) ③列是各粒径组的平均粒径,这里是采用几何平均粒径,即

$$d_i = \sqrt{ab} = \sqrt{0.01 \times 0.04} = 0.02 \, (\text{cm})$$

表 14.3.1 各种粒径泥沙临界摩阻流速的计算

①	②	③	④	⑤	⑥	⑦	⑧
粒径范围 /cm	Δp_i /%	d_i/cm	$\Delta p_i d_i$	$\dfrac{d_i}{d_m}$	$\dfrac{u_{*ci}^2}{u_{*cm}^2}$	混合沙各粒径组的 u_{*ci} /(cm/s)	均一沙的 u_{*ci} /(cm/s)
0.01~0.04	4.0	0.020	0.08	0.022	0.85	7.89	1.48
0.04~0.16	17.6	0.080	1.41	0.088	0.85	7.89	2.10
0.16~0.32	20.0	0.226	4.52	0.249	0.85	7.89	4.07
0.32~0.64	21.0	0.453	9.51	0.500	0.85	7.89	6.05
0.64~1.00	15.8	0.800	12.64	0.883	0.96	8.39	8.04
1.00~3.00	13.2	1.732	22.86	1.911	1.28	9.68	11.84
3.00~5.00	6.4	3.873	24.79	4.275	1.91	11.83	17.70
5.00~11.0	2.0	7.416	14.83	8.185	2.78	14.27	24.49
总计	$\Sigma = 100.0$		$\Sigma = 90.64$	$d_m = 0.906$cm, $u_{*cm} = 8.56$cm/s			

（3）④列是各粒径组的几何平均粒径与该粒径组泥沙重量占混合泥沙总重量百分比的乘积，由式（14.2.4）得总体平均粒径为

$$d_m = \frac{\sum_1^n \Delta p_i d_i}{100} = \frac{90.64}{100} = 0.906(\text{cm})$$

（4）⑤列是各粒径组的几何平均粒径与总体平均粒径之比，即 $\dfrac{d_i}{d_m} = \dfrac{0.02}{0.906} = 0.022$。

（5）⑥列是各粒径组几何平均粒径泥沙的临界推移力与总体平均粒径泥沙的临界推移力之比 $\dfrac{u_{*ci}}{u_{*cm}}$，当 $\dfrac{d_i}{d_m} > 0.4$ 时用式（14.3.18）计算；当 $\dfrac{d_i}{d_m} \leqslant 0.4$ 时用式（14.3.19）计算。因为 $\dfrac{d_i}{d_m} = 0.022 < 0.4$，由式（14.3.19）得

$$\frac{u_{*ci}^2}{u_{*cm}^2} = \frac{\tau_{ci}}{\tau_{cm}} = 0.85$$

（6）根据 $d_m = 0.906\text{cm}$ 用岩垣公式（14.3.8）先计算总体平均粒径的摩阻流速 u_{*cm}。因为 $d_m > 0.303\text{cm}$，所以

$$u_{*cm} = \sqrt{\frac{\tau_c}{\rho}} = \sqrt{80.9d} = \sqrt{80.9 \times 0.906} = 8.56(\text{cm/s})$$

⑥列的数据开方后乘 $u_{*cm} = 8.56\text{cm/s}$ 得 u_{*ci}。对于 $d = 0.01 \sim 0.04\text{cm}$ 的粒径组得 $u_{*ci} = u_{*cm}\sqrt{0.85} = 8.56 \times \sqrt{0.85} = 7.89(\text{cm/s})$。

另外，水流的摩阻流速为

$$u_* = \sqrt{ghJ} = \sqrt{980 \times 200 \times \frac{1}{1500}} = 11.43(\text{cm/s})$$

（7）将表 14.3.1 第⑦列中各粒径组的 u_{*ci} 与水流摩阻流速相比较，可见在混合沙中，前 6 个粒径组的泥沙将被起动，后 2 个粒径组的泥沙则不被起动。

（8）在⑧列中也给出了将各粒径组作为均一泥沙时由岩垣公式算得的 u_{*ci}。以此与考虑组合粒径计算的 u_{*ci} 相对照可以看出，两者的 u_{*ci} 值在细粒径侧和粗粒径侧相差较大。细粒径侧混合泥沙的 u_{*ci} 大，这是由于混合泥沙中的细粒径泥沙在起动时受到周围粗粒径泥沙的牵制作用的结果；粒径偏粗的混合泥沙的 u_{*ci} 小，这是由于当混合泥沙中的细粒径泥沙起动后，粗粒径泥沙彼此之间很少再有牵制作用的结果。从第⑧列中可见，作为均一泥沙，当水流的摩阻流速 $u_* = 11.43\text{cm/s}$ 时，前 5 个粒径组的泥沙将被起动，后 3 个粒径组的泥沙则不被起动。

14.4　推移质运动

河流水流挟带的泥沙包括推移质和悬移质。因此河流水流的挟沙能力也分为挟带推移质的能力和挟带悬移质的能力。一般是用输沙率表示水流挟带泥沙的能力。在单位时间内通过单位河床宽度的泥沙重量定义为输沙率。若用 q_b 表示推移质输沙率，用 q_s 表示悬移质输沙率，用 q_T 表示水流的总输沙率，则有

$$q_T = q_b + q_s \tag{14.4.1}$$

将输沙率乘上河道的宽度就可以得到单位时间内通过整个河道断面的泥沙重量,将此重量称为输沙量,分别记为 Q_b、Q_s 及 Q_T。

在本节我们先介绍推移质输沙率的计算。由于目前对推移质的运动规律了解的还不够透彻,因此尚没有一个统一的计算方法。各研究者提出的半理论半经验的公式甚多,下面我们只介绍其中的两个。

14.4.1 爱因斯坦公式

爱因斯坦根据水槽试验中长期观测,注意到床面泥沙颗粒的运动具有随机性,在推移质与床沙之间存在着不断地变换。他应用概率论理论,经过数理推导,把推移质理论与悬移质扩散理论联系起来,于 1950 年提出了一个床沙质挟沙能力的计算方法。这个方法虽然比较繁琐,有些环节也还有待于进一步改进,但就现阶段来说,仍不失为考虑最为全面、处理比较完整的一个方法。

爱因斯坦公式用无量纲的推移质运动强度函数 Φ 表示,即

$$\Phi = \frac{q_b}{\rho_s g}\left(\frac{\rho}{\rho_s - \rho}\right)^{1/2}\left(\frac{1}{g d_m^3}\right)^{1/2} \tag{14.4.2}$$

又推移质输沙率与水流条件有关,水流条件可以用水流强度函数 ψ' 表示,则

$$\psi' = \frac{\rho_s - \rho}{\rho}\frac{d_m}{R_b' J} \tag{14.4.3}$$

式中:R_b' 为河渠的水力半径;J 为河渠的水力坡度;d_m 为床沙的平均粒径,m。

R_b' 可用谢才公式反算,而谢才公式中的床面粗糙系数用下式计算:

$$n_b' = \frac{d_{65}^{1/6}}{24} \tag{14.4.4}$$

其中 d_{65} 的单位为 m。

推移质运动强度函数 Φ 与水流强度函数 ψ' 之间存在下面函数关系:

$$1 - \frac{1}{\pi}\int_{-\beta_* \frac{\psi'}{\eta_0} - \frac{1}{\eta_0}}^{\beta_* \frac{\psi'}{\eta_0} - \frac{1}{\eta_0}} e^{-t^2} dt = \frac{A_* \Phi}{1 + A_* \Phi} \tag{14.4.5}$$

式中 $A_* = 1/0.023$,$\beta_* = 1/7$,$1/\eta_0 = 2.0$,即均为常数,因此可以绘出 Φ 与 ψ' 的关系曲线,如图 14.4.1 所示,其上也给出了与实验资料的比较。

14.4.2 梅叶-彼得公式

梅叶-彼得从事推移质输沙试验研究达 20 年之久。他所做的试验精度高,因此所提出的公式得到广泛的应用。梅叶-彼得首先根据初步的试验资料,从相似律的概念出发,得出一个推移质运动的经验公式,在这个公式里只包含了几个简单的因子。然后把这样的结果应用到更为复杂的情况

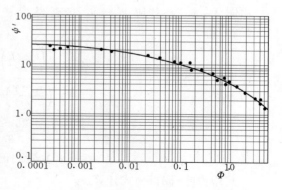

图 14.4.1 推移质运动强度函数 Φ 与水流强度函数 ψ' 曲线

中去，找出偏差所在以及产生偏差的原因，并进一步把引起偏差的因素孤立起来，研究对推移质运动的影响。像这样，梅叶-彼得一步一步地依次考虑了泥沙的比重、组成以及床面形态等因素对泥沙运动的影响，最后求出了一个比较完整的推移质公式。其公式为

$$q_b = \frac{8\left[\left(\frac{n_s}{n}\right)^{3/2}\gamma hJ - 0.047(\gamma_s - \gamma)d_m\right]^{3/2}}{(\gamma/g)^{1/2}\left(\frac{\gamma_s - \gamma}{\gamma_s}\right)} \tag{14.4.6}$$

式中：n 为河床的粗糙系数，$n = R^{2/3}J^{1/2}/v$；n_s 为河床平整情况下沙粒的粗糙系数，$n_s = d_{90}^{1/6}/26$。

该公式的试验范围为：水深 $h = 1 \sim 120\text{cm}$，水力坡度 $J = 0.0004 \sim 0.020$，流量 $Q = 0.0002 \sim 4\text{m}^3/\text{s}$，泥沙的中值粒径 $d_{50} = 0.4 \sim 28.65\text{mm}$，泥沙的容重 $\gamma_s = 12.25 \sim 42\text{kN/m}^3$。

【例 41.4.1】 某河道宽度 $B = 100\text{m}$，流量 $Q = 500\text{m}^3/\text{s}$，水深 $h = 3.0\text{m}$，水力坡度 $J = 0.0006$。河床沙具有下列特征：$d_m = 0.45\text{cm}$，$d_{65} = 0.5\text{cm}$，$d_{90} = 1.0\text{cm}$。沙的容重 $\gamma_s = 26.00\text{kN/m}^3$。试分别用爱因斯坦公式和梅叶-彼得公式计算推移质输沙率。

解：（1）用爱因斯坦公式计算。

河道的断面平均流速： $v = \dfrac{Q}{Bh} = \dfrac{500}{100 \times 3} = 1.67\,(\text{m/s})$

床面粗糙系数： $n_b' = d_{65}^{1/6}/24 = 0.005^{1/6}/24 = 0.0172$

河道的水力半径用曼宁公式计算，即

$$R_b' = \left(\frac{vn_b'}{J^{\frac{1}{2}}}\right)^{3/2} = \left(\frac{1.67 \times 0.0172}{0.0006^{0.5}}\right)^{1.5} = 1.27\,(\text{m})$$

水流强度函数：

$$\psi' = \frac{\rho_s - \rho}{\rho}\frac{d_m}{R_b'J} = \frac{\gamma_s - \gamma}{\gamma}\frac{d_m}{R_b'J}$$

$$= \frac{26 - 9.8}{9.8} \times \frac{0.0045}{1.27 \times 0.0006} = 9.76$$

由图 14.4.1，对应 $\psi' = 9.76$ 查得推移质运动强度函数 $\Phi = 0.13$。最后根据式 (14.4.2) 得

$$q_b = \rho_s g \left(\frac{\rho_s - \rho}{\rho}\right)^{1/2}(gd_m^3)^{1/2}\Phi$$

$$= \gamma_s \left(\frac{\gamma_s - \gamma}{\gamma}\right)^{1/2}(gd_m^3)^{1/2}\Phi$$

$$= 26 \times \left(\frac{26 - 9.8}{9.8}\right)^{1/2} \times (9.8 \times 0.0045^3)^{1/2} \times 0.13$$

$$= 4.107 \times 10^{-3}[\text{kN/(s} \cdot \text{m)}] = 4.107[\text{N/(s} \cdot \text{m)}]$$

（2）用梅叶-彼得公式计算。

$$q_b = \frac{8\left[\left(\frac{n_s}{n}\right)^{3/2}\gamma hJ - 0.047(\gamma_s - \gamma)d_m\right]^{3/2}}{\left(\frac{\gamma}{g}\right)^{1/2}\left(\frac{\gamma_s - \gamma}{\gamma_s}\right)}$$

其中
$$n_s = \frac{1}{26}d_{90}^{1/6} = \frac{1}{26} \times 0.01^{1/6} = 0.0179$$

$$n = \frac{h^{2/3}J^{1/2}}{v} = \frac{3^{2/3} \times 0.0006^{1/2}}{1.67} = 0.0305$$

$$\left(\frac{n_s}{n}\right)^{3/2} = \left(\frac{0.0179}{0.0305}\right)^{3/2} = 0.4496$$

故
$$q_b = \frac{8 \times [0.4496 \times 9800 \times 3 \times 0.0006 - 0.047 \times (26000 - 9800) \times 0.0045]^{3/2}}{\left(\frac{9800}{9.8}\right)^{1/2} \times \left(\frac{26 - 9.8}{26}\right)}$$
$$= 3.88[\mathrm{N}/(\mathrm{s} \cdot \mathrm{m})]$$

14.5　悬移质运动

14.5.1　泥沙悬浮的原因

一般河渠中的水流均为紊流。因此河渠中的泥沙除受重力作用外还同时受水流的紊动混掺作用。重力作用使悬移质下沉，而紊动混掺作用使泥沙上浮。为什么紊动混掺作用能使泥沙上浮呢？对于清水一元恒定流，就时均而言，由于垂直流向方向的脉动流速的作用，向上的流量与向下的流量一定相等，这样才能维持水流的连续性。但是，对于挟沙水流，因为下层水流中的含沙量大于上层水流中的含沙量，所以由向上脉动水量带到上层的沙量总多于由向下脉动的水量带到下层的沙量。这就是由于紊动混掺作用使泥沙上浮的原因。

悬移质的运动过程取决于重力作用与紊流扩散（混掺）作用的相对关系。当前者的作用大于后者时，下沉的泥沙多于悬浮的泥沙，则整个过程表现为淤积；当前者的作用小于后者时，下沉的泥沙少于悬浮的泥沙，则整个过程表现为冲刷；当两者的作用相等时，下沉的泥沙与悬浮的泥沙大致相等，则整个过程表现为不淤不冲的相对平衡状态。

14.5.2　含悬移质水流的特征

（1）与清水相比，含沙水流的卡门常数 k 减小，小于 0.4，但是有使黏滞系数增大的趋势。

（2）与清水相比，含沙水流中的流速梯度 $\mathrm{d}u/\mathrm{d}y$ 增大，其原因是含沙水流中紊动减弱，动量传递作用减小。

（3）与清水相比，含沙水流中摩擦阻力减小，其原因是含沙水流中紊动减弱，紊动能量损失减小。

（4）与清水相比，含沙水流的紊流结构发生变化，即混合长度和紊动尺度减小。

14.5.3　悬移质浓度沿铅垂线的分布

工程上是用含沙浓度 S 表示水流中沙量的多少。含沙浓度常用下面三种表示方法。

$$\text{体积百分比浓度 } S_v = \frac{\text{泥沙所占体积}}{\text{浑水体积}} \times 100\%$$

$$\text{重量百分比浓度 } S_G = \frac{\text{泥沙所占重量}}{\text{浑水重量}} \times 100\%$$

$$混合浓度\ S=\frac{泥沙所占重量}{浑水体积}$$

上面三种浓度之间存在如下关系：

$$S=\gamma_s S_v \times 100\%$$

$$S_G=\frac{S}{\left(\gamma-\dfrac{\gamma S}{\gamma_s}\right)+S}\times 100\%$$

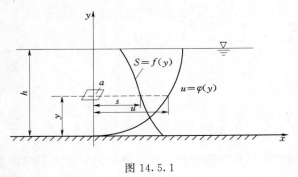

图 14.5.1

1. 劳斯泥沙浓度分布

下面我们根据紊流扩散理论推求含沙浓度在铅垂线上分布的表达式。如图 14.5.1 所示，给出了恒定二元浑水中某铅垂线上时均含沙浓度分布及时均流速分布。在此铅垂线上取一与流向平行的单位面积 a，此处的含沙浓度为 S，则在重力作用下，由于沉速 ω 在单位时间内通过单位横截面积 a 下沉的悬移质数量为

$$q_1=\omega S \tag{14.5.1}$$

又由于紊动作用泥沙从下层向上层扩散现象与液体的分子扩散现象相类似，两者规律相同。分子扩散理论的费克（A. Fick）第一定律为

$$F=-D_m\frac{\partial c}{\partial n} \tag{14.5.2}$$

式中：c 为扩散物质的质量浓度，量纲为 ML^{-3}；D_m 为扩散物质在水中的扩散系数，量纲为 $L^2 T^{-1}$；F 为单位时间内，通过垂直于 n 方向的单位面积的扩散物质量，称为扩散物质输送率，量纲为 $MT^{-1}L^{-2}$。

式（14.5.2）说明：扩散物质在某个方向上的输送率与该方向上的浓度梯度成正比。式中的负号表示物质的扩散方向与浓度增加方向相反。

将费克第一定律应用于泥沙扩散问题，则有

$$q_2=-\varepsilon_s\frac{\mathrm{d}S}{\mathrm{d}y} \tag{14.5.3}$$

式中：ε_s 为悬移质的扩散系数；$\mathrm{d}S/\mathrm{d}y$ 为含沙浓度梯度；q_2 为由于紊动扩散作用单位时间内通过单位横截面积 a 上升的泥沙量。

在不冲不淤的相对平衡状态下，重力使泥沙下沉的沙量 q_1 应该等于紊动使泥沙向上层扩散的沙量 q_2，于是得

$$\omega S=-\varepsilon_s\frac{\mathrm{d}S}{\mathrm{d}y}$$

或

$$\omega S+\varepsilon_s\frac{\mathrm{d}S}{\mathrm{d}y}=0 \tag{14.5.4}$$

下面确定泥沙的扩散系数 ε_s。我们是将紊流中的泥沙扩散现象同紊流中的动量交换（扩散）现象进行比较来确定泥沙的扩散系数 ε_s 的。描述两种现象的公式分别为

$$q_2 = -\varepsilon_s \frac{\mathrm{d}S}{\mathrm{d}y}$$

$$\tau = \varepsilon \frac{\mathrm{d}(\rho u)}{\mathrm{d}y} \qquad (14.5.5)$$

式（14.5.3）表示具有不同含沙量的涡体因紊动混掺进行泥沙交换从而在单位截面积上产生泥沙扩散现象。式（14.5.5）表示具有不同动量的涡体因紊动混掺进行动量交换，从而在单位截面积上产生紊流附加切应力。式中 S 是单位浑水中的含沙量，而 ρu 是单位水流体积中具有的动量。ε_s 是泥沙的扩散系数，ε 是紊动运动黏度。从上述对比中可以看出：该两种现象是极其相似的，因此式中的系数 ε_s 同 ε 也是极其相似的，它们都是紊动涡体所含的特征量泥沙或动量的扩散系数，故劳斯（Rouse）假设 $\varepsilon_s = \varepsilon$。

由式（14.5.5）得

$$\varepsilon = \frac{\tau}{\rho \dfrac{\mathrm{d}u}{\mathrm{d}y}} \qquad (14.5.6)$$

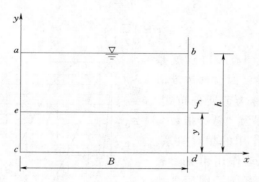

图 14.5.2

又对于如图 14.5.2 所示的二元水流，因为流速 u 只是水深 y 的函数，所以认为在边壁 ac 和 bd 上不存在切应力，只在 ef 和 cd 周界上存在切应力。故图中 $abfe$ 的水力半径为

$$R' = \frac{A'}{\chi'} = \frac{B(h-y)}{B} = h - y$$

而 $abdc$ 的水力半径为 $R = A/\chi = Bh/B = h$。所以 ef 和 cd 边壁上的切应力 τ 和 τ_0 分别为

$$\tau = \gamma R' J = \gamma (h-y) J$$

$$\tau_0 = \gamma R J = \gamma h J$$

最后得

$$\frac{\tau}{\tau_0} = 1 - \frac{y}{h}$$

或

$$\tau = \tau_0 (1 - y/h) \qquad (14.5.7)$$

又

$$\mathrm{d}u/\mathrm{d}y = \frac{u_*}{\kappa y} \qquad (14.5.8)$$

将式（14.5.7）、式（14.5.8）代入式（14.5.6），并注意到 $\tau_0/\rho = u_*^2$，则得

$$\varepsilon = u_* \kappa y \left(1 - \frac{y}{h}\right)$$

即
$$\varepsilon_s = \varepsilon = u_* \kappa y \left(1 - \frac{y}{h}\right) \tag{14.5.9}$$

将式（14.5.9）代入式（14.5.4），得

$$\omega S + \kappa u_* \left(1 - \frac{y}{h}\right) y \frac{\mathrm{d}S}{\mathrm{d}y} = 0$$

或
$$\frac{\mathrm{d}S}{S} = -\frac{\omega}{\kappa u_*} \frac{\mathrm{d}y}{(1 - y/h)y} = -\frac{\omega}{\kappa u_*} \left(\frac{1}{1 - y/h} + \frac{1}{y/h}\right) \frac{\mathrm{d}y}{h}$$

将上式从 a 到 y 的范围内积分，并令 S_a 为 $y = a$ 处的时均含沙浓度，也称为基点浓度，一般取 $a = 0.05h$，h 为渠中水深，积分得

$$\ln \frac{S}{S_a} = \frac{\omega}{\kappa u_*} \ln \left(\frac{h - y}{y} \frac{a}{h - a}\right)$$

即
$$\frac{S}{S_a} = \left(\frac{h - y}{y} \frac{a}{h - a}\right)^{\omega/\kappa u_*} \tag{14.5.10}$$

或
$$\frac{S}{S_a} = \left(\frac{h/y - 1}{h/a - 1}\right)^{\omega/\kappa u_*} \tag{14.5.11}$$

式（14.5.10）、式（14.5.11）就是二元恒定均匀流在平衡输沙时含沙浓度沿铅垂线的分布公式，也称为劳斯分布式。式中指数 $z = \omega/(\kappa u_*)$ 称为"悬浮指数"，它表示重力作用与紊动作用的相对关系。重力作用由 ω 表示，紊动作用由 κu_* 表示。z 越大表明重力作用越强，因而含沙浓度沿铅垂线分布越不均匀；反之如果 z 越小，则表明紊动作用强，因而分布就越均匀。图 14.5.3 给出了不同 z 值时由式（14.5.7）画出的泥沙沿铅垂线的分布曲线。从图中看出：当泥沙颗粒大到使 $z \geqslant$ 1.5 时泥沙就悬浮不到水面；当 $z \geqslant 5$ 以后，悬浮形式运动的泥沙微乎其微，因此以 $z = 5$ 作为泥沙是否进入悬浮状态的判别标准。

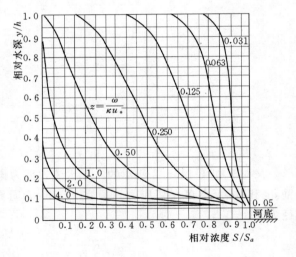

图 14.5.3

2. 莱恩-卡林斯基泥沙浓度分布

泥沙的扩散系数 ε_s 沿水深 h 是变化的，而莱恩-卡林斯基（Lane - Kalinske）是取水深 h 上的平均泥沙扩散系数 ε_m 代替变化的 ε_s，并令 $\kappa = 0.4$，由式（14.5.9）得

$$\varepsilon_m = \frac{u_* \kappa}{h} \int_0^h y \left(1 - \frac{y}{h}\right) \mathrm{d}y = \frac{u_* \kappa h}{6} = \frac{u_* h}{15} \tag{14.5.12}$$

将式（14.5.12）代入式（14.5.4）积分，积分限仍然是 a 到 h，且 $y = a$ 时 $S = S_a$，于是得

$$\frac{S}{S_a} = \exp\left[-\int_a^h \left(\frac{\omega}{\varepsilon_m}\right)\mathrm{d}y\right] = \exp\left[-15\left(\frac{y-a}{h}\right)\left(\frac{\omega}{u_*}\right)\right] \tag{14.5.13}$$

式（14.5.13）称为莱恩-卡林斯基泥沙浓度分布式，也称为劳斯泥沙浓度分布简式。

14.5.4 悬移质输沙率

悬移质输沙率等于悬移质浓度与流速的乘积从河床附近泥沙以悬浮形式运动的分界点起至水面为止的积分，得

$$q_s = \int_a^h uS\mathrm{d}y \tag{14.5.14}$$

式中泥沙浓度 S 的分布采用莱恩-卡林斯基公式（14.5.13），即

$$\frac{S}{S_a} = \exp\left[-15\left(\frac{y-a}{h}\right)\left(\frac{\omega}{u_*}\right)\right]$$

而流速 u 的分布采用对数公式，即

$$\frac{u}{u_m} = 1 + \frac{2.5}{\varphi}\left(1 + \ln\frac{y}{h}\right) \tag{14.5.15}$$

式中：$\varphi = u_m/u_*$；u_m 为河道中的断面平均流速。

当将泥沙的悬浮分界点取在河床（$y=0$）处时，及将式（14.5.13）和式（14.5.15）代入式（14.5.14）后，得悬移质输沙率公式为

$$\left.\begin{array}{l} q_s = \displaystyle\int_0^h uS\mathrm{d}y = qS_aP\mathrm{e}^{\frac{15\omega}{u_*}\frac{a}{h}} \\[2mm] P = \displaystyle\int_0^1 \left[1 + \frac{2.5}{\varphi}(1+\ln\eta)\right]\mathrm{e}^{-\frac{15\omega}{u_*}\eta}\mathrm{d}\eta \end{array}\right\} \tag{14.5.16}$$

式中：$\eta = y/h$；q 为单宽流量；系数 P 是 ω/u_* 和 φ 的函数，可由图14.5.4中求得。

当不知道悬移质悬浮分界点时，可近似取 $a=0$，这时莱恩-卡林斯基认为河床上的泥沙通过铅直方向的脉动流速 v' 向上悬起的沙量等于由于沉降速度而落到床面上的沙量，进而对美国河流的实测结果修正其理论，最后提出下面计算河床上含沙浓度 S_0 的公式为

$$\left.\begin{array}{l} \dfrac{S_0}{\Delta F(\omega)} = 5.55P_*^{1.61} \\[2mm] P_* = \dfrac{1}{2}\dfrac{u_*}{\omega}\mathrm{e}^{-(\omega/u_*)^2} \end{array}\right\} \tag{14.5.17}$$

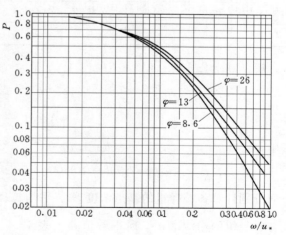

图 14.5.4

式（14.5.17）中 S_0 的单位为 $\mathrm{g/m^3}$，$\Delta F(\omega)$ 是沉降速度为 ω 的沙粒在床沙中所占的百分比。这样，由式（14.5.12）悬移质输沙率公式可以简化为

$$q_s = qS_0P \tag{14.5.18}$$

最后说明下面三点：

（1）当以上各式中的基点泥沙浓度 S_a 或 S_0 是体积百分比浓度时，则求得的输沙率 q_s

的单位为 $m^3/(m \cdot s)$；当 S_a 或 S_0 是重量百分比浓度时，则求得的输沙率 q_s 的单位为 $kN/(m \cdot s)$。

（2）当求混合泥沙的输沙率时，需要先将混合泥沙分成不同的粒径组，并求出各粒径组泥沙占整个泥沙的百分比 $\Delta F(\omega)$，当然基点浓度 S_a 或 S_0 也按此比例分配。然后求出各粒径组泥沙的输沙率，最后将它们相加，就可以得到混合泥沙的输沙率。

（3）如果欲求全河道的输沙量时，还需要将输沙率 q_s 乘以全河道的宽度 B。

【例 14.5.1】 已知某矩形断面河道的底宽 $B=100m$，水深 $h=2.5m$，流速 $v=1.7m/s$，水力坡度 $J=0.0006$，泥沙在水中的比重 $s=1.65$，水的运动黏度 $\nu=1.0\times10^{-6}\,m^2/s$（20℃时），床沙组成如表 14.5.1 中所给。其中①列中为粒径范围，②列中为各粒径组泥沙的重量与混合泥沙总重量百分比 Δp，试求当基点高度 $a=0.4m$，基点的质量浓度 $S_a=0.3g/L$ 时，该河道的输沙量。

表 14.5.1

①	②	③	④	⑤	⑥	⑦	⑧	⑨	⑩
粒径范围 /mm	组成 Δp /%	各粒径组基点浓度 S_a /(g/L)	平均粒径 d_i /mm	沉降速度 ω /(cm/s)	ω/u_*	P	$A=15\dfrac{\omega}{u_*}\dfrac{a}{h}$	e^A	$q_s/$ [g/(m·s)]
$d<0.02$	1								
$0.02\sim0.06$	18.5	0.0555	0.0346	0.108	0.0089	0.95	0.021	1.021	228.8
$0.06\sim0.12$	45.7	0.1371	0.0848	0.618	0.0510	0.65	0.122	1.130	428.0
$0.12\sim0.24$	26.3	0.0789	0.170	2.02	0.167	0.31	0.401	1.493	155.2
$0.24\sim0.48$	6.0	0.0180	0.339	4.53	0.374	0.125	0.898	2.455	23.5
$d>0.48$	2.5								

解： 基本公式为

$$q_s=qS_aPe^{15\frac{\omega}{u_*}\frac{a}{h}}$$

令

$$A=15\frac{\omega}{u_*}\frac{a}{h}$$

其中

$$q=vh=1.7\times2.5=4.25[m^3/(m \cdot s)]$$

$$u_*=\sqrt{ghJ}=\sqrt{980\times250\times0.0006}=12.12(cm/s)$$

下面分别计算各粒径组的基点浓度 S_a、平均粒径 d_i、沉降速度 ω、比值 $\dfrac{\omega}{u_*}$、P 值、A 值及各粒径组的输沙率 q_s。所得数值列于表 14.5.1 中。下面就粒径组 $d=0.02\sim0.06mm$ 对表中数值加以说明。

（1）①、②列为已知数据。

（2）③列是各粒径组基点浓度，对于粒径组 $d=0.02\sim0.06mm$ 在基点浓度 $0.3g/L$ 中占的浓度 $0.3\times(18.5/100)=0.0555(g/L)$。

（3）④列是各粒径组的几何平均粒径 $d_i=\sqrt{0.02\times0.06}=0.0346(mm)$。

（4）⑤列是用鲁比公式计算的沉降速度 ω。

$$\frac{\omega}{\sqrt{sgd}}=\sqrt{\frac{2}{3}+\frac{36v^2}{sgd^3}}-\sqrt{\frac{36v^2}{sgd^3}}\times\frac{\omega}{\sqrt{1.65\times980\times0.00346}}$$

$$=\sqrt{\frac{2}{3}+\frac{36\times0.01^2}{1.65\times980\times0.00346^3}}-\sqrt{\frac{36\times0.01^2}{1.65\times980\times0.00346^3}}\times\frac{\omega}{2.365}$$

$$=0.0456$$

故 $$\omega=2.365\times0.0456=0.108\ (\text{cm/s})$$

（5）⑥列为比值 $\dfrac{\omega}{u_*}$，$0.108/12.12=0.0089$。

（6）⑦列 P 的计算：$\varphi=\dfrac{v}{u_*}=\dfrac{170}{12.12}=14$，$\dfrac{\omega}{u_*}=0.0089$，由图 14.5.4 查得 $P=0.95$。

（7）⑧列指数 A 计算：

$$A=15\frac{\omega}{u_*}\frac{a}{h}=15\times0.0089\times\frac{0.4}{2.5}=0.021$$

（8）⑨列 e^A 计算：$e^{0.021}=1.021$。

（9）⑩列各粒径组的 q_s 计算：

$$q_s=qS_aPe^A=4.25\times55.5\times0.95\times1.021=228.8[\text{g/(m·s)}]$$

悬移质输沙率为各粒径组的之和 q_s，即

$$\sum_1^4 q_s=835.5[\text{g/(m·s)}]$$

整个河道的输沙量，并用重量表示时为

$$Q_s=B(\sum_1^4 q_s)\frac{9.8}{1000}=100\times835.5\times\frac{9.8}{1000}=818.79[\text{N/(m·s)}]$$

请注意：这里忽略了粒径 $d<0.02$mm 和 $d>0.48$mm 的悬移质输沙量。

思　考　题　14

14.1　挟沙水流中的泥沙和水流各有什么特征？

14.2　何谓推移质和悬移质？为什么说在河流泥沙问题研究中推移质和悬移质同样重要？

14.3　何谓水流的挟沙能力？它对于研究河道的冲刷与淤积有何重要意义？影响挟沙能力的因素大致有哪些？

习　　题　　14

14.1　有如习题图 14.1 所示的两种沙样的粒径级配曲线，曲线纵坐标为泥沙颗粒直径小于相应粒径的重量百分比，横坐标为泥沙粒径 d（mm），试求：（1）Ⅰ、Ⅱ曲线所示沙样的算术平均粒径、几何平均粒径及中值粒径；（2）若将曲线Ⅰ及Ⅱ所示沙样各均匀分成 5 组，用加权平均法计算两种沙样的平均粒径。

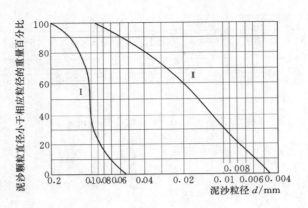

习题图 14.1

14.2　试计算下面三种标准粒径泥沙在 20℃的静水中的沉降速度。$d_1 = 0.05$mm，$d_2 = 0.5$mm，$d_3 = 5$mm。

14.3　一天然河道，水深 $h = 2$m，底宽 $B = 50$m，水力坡度 $J = 0.0005$，试检查该河道中粒径 $d = 2$mm 的泥沙能否被起动。

14.4　一河道底宽 $B = 100$m，水深 $h = 4$m，流量 $Q = 500$m³/s，水力坡度 $J = 0.0004$，床沙组成为 $d_m = 4.5$mm，$d_{65} = 5$mm，$d_{90} = 10$mm，泥沙的容重 $\gamma_s = 26$kN/m³，试分别用爱因斯坦公式和梅叶-彼得公式计算该河道的推移质输沙量。

14.5　在一宽矩形断面河道中，水深 $h = 2$m，水力坡度 $J = 0.001$，流速 $v = 1.5$m/s，悬移质泥沙的平均粒径 $d_m = 0.15$mm，泥沙的容重 $\gamma_s = 26$kN/m³，水温 $T = 20$℃，卡门常数 $\kappa = 0.4$，基点泥沙的体积百分比浓度 $S_{Va} = 88 \times 10^{-4}$，$a/h = 0.04$，试求：（1）用劳斯公式绘制该河道泥沙的相对浓度分布曲线。（2）水深 1m 处的泥沙体积比浓度 S_V，混合浓度 S 及重量比浓度 S_G。

14.6　试根据 14.5 题已知数据，用莱恩-卡林斯基公式计算该河道的悬移质输沙率，用 N/(s·m) 表示。

习 题 参 考 答 案

习题 1

1.1　$\mu = 2.885 \times 10^{-3} \mathrm{Pa \cdot s}$

1.2　$T = 184\mathrm{N}$

1.3　(1) $K = 1.96 \times 10^9 \mathrm{Pa}$；(2) $\Delta p = 1.96 \times 10^6 \mathrm{Pa}$

1.4　(1) 低 2.36mm；(2) $d \approx 10\mathrm{mm}$

1.5　$X = \omega^2 x$, $Y = \omega^2 y$, $Z = -g$

习题 2

2.1　略

2.2　略

2.3

基准点	物 理 量	A	B	C	D
D	位置水头 z	3	2	1	0
	压强水头 $\dfrac{p}{\gamma}$	2	3	4	5
	测压管水头 $z + \dfrac{p}{\gamma}$	5	5	5	5
A	位置水头 z	0	-1	-2	-3
	压强水头 $\dfrac{p}{\gamma}$	2	3	4	5
	测压管水头 $z + \dfrac{p}{\gamma}$	2	2	2	2

2.4　略

2.5　$x = 0.5\mathrm{m}$，$y = 1.11\mathrm{m}$

2.6　$p_G = 90.65 \mathrm{kN/m^2}$

2.7　$p_2 = -56.64 \mathrm{kN/m^2}$，$p_{ab2} = 43.36 \mathrm{kN/m^2}$

2.8　四氯化碳比重 $s = 1.6$

2.9　$h = 2\mathrm{m}$

2.10　$P_x = 1960 \mathrm{kN/m}$，$P_z = 367.5 \mathrm{kN/m}$

2.11　$T = 76.38 \mathrm{kN}$

2.12　$h = 2.42\mathrm{m}$

2.13　洞内无水时 $P = 19.2\mathrm{kN}$，$y_D = 2.52\mathrm{m}$；洞内充满水时；$P = 15.4\mathrm{kN}$，$y_D = 2.5\mathrm{m}$

2.14　略

2.15　$p_x = 19.6\text{kN}$，$p_z = 11.17\text{kN}$，$a = 30°$

2.16　$p_x = 19.6\text{kN/m}$，$p_z = 15.4\text{kN/m}$，$\alpha = 38.16°$

2.17　$T = 8.66\text{kN}$

2.18　$\gamma_{液} = 0.0216\text{N/cm}^3$

2.19　$h_C = 2.35\text{m}$，$h_D = 1.95\text{m}$，$\rho = 1.368\text{m}$；沉箱是稳定的

2.20　$V = 16\text{m}^3$，$G = 68.6\text{kN}$，$\rho = 2.67\text{m}$

2.21　(1) $\alpha = 1.03\text{m/s}^2$；(2) $p_{rA} = 9.8\text{kN/m}^2$，$p_{rB} = 12.38\text{kN/m}^2$

2.22　$\omega = 6.28\text{rad/s}$

习题3

3.1　(1) $Q = 0.212\text{L/s}$；(2) $v = 7.5\text{cm/s}$

3.2　$a = 0.2\text{m/s}^2$

3.3　$a = 7.2\text{m/s}^2$

3.4　$a_A^{20} = -0.14\text{m/s}$，$a_B^{20} = 13.83\text{m/s}^2$

3.5　(1) (a) $y = \dfrac{x^2}{2}$，(b) $x^2 = \dfrac{2y}{a}\left(1 + \dfrac{y}{3}\right)^2$；(2) (a) $y = tx$，(b) $y^2 + 2y - 2axt = 0$

3.6　(1) $Q = 0.75\text{m}^3/\text{s}$；(2) $v_2 = 25\text{m/s}$

3.7　(1) $Q_3 = 0.0785\text{m}^3/\text{s}$，$Q_2 = 0.1\text{m}^3/\text{s}$，$Q_1 = 0.15\text{m}^3/\text{s}$

　　　(2) $v_2 = 3.18\text{m/s}$，$v_1 = 2.12\text{m/s}$

3.8　由 A 流向 B

3.9　$Q = 33\text{L/s}$

3.10　$\mu = 0.974$

3.11　(1) $\mu = 0.61$；(2) $\varphi = 0.97$；(3) $\varepsilon = 0.63$；(4) $\xi = 0.063$

3.12　(1) $Q_0 = 1.22\text{L/s}$；(2) $Q_n = 1.614\text{L/s}$；(3) $h_v = 1.50\text{m}$ 水柱

3.13　$Q = 153\text{m}^3/\text{s}$

3.14　(1) $Q = 70.5\text{L/s}$；(2) $p_{r1}/\gamma = 1.05\text{m}$ 水柱

3.15　(1) 有限制；$Q = 23.5\text{L/s}$；(2) 有限制；$h = 5.45\text{m}$

3.16　(1) $v = 15.63\text{m/s}$；(2) $h = 1.6\text{m}$

3.17　(1) $Q = 9.27 \times 10^{-3}\text{m}^3/\text{s}$；(2) $\dfrac{p_A^+}{\gamma} = 1.45\text{m}$；$\dfrac{p_B^+}{\gamma} = -6.52\text{m}$；$\dfrac{p_C^+}{\gamma} = -0.26\text{m}$

3.18　$R_x' = 382\text{kN}(\rightarrow)$

3.19　$R_x' = 6.03\text{kN}(\rightarrow)$，$R_y' = 5.07\text{kN}(\uparrow)$

3.20　$R_x' = 0.142\text{kN}(\rightarrow)$，$R_y' = 0.221\text{kN}(\uparrow)$

3.21　$R_x' = 120.5\text{kN}(\rightarrow)$

3.22　(1) $R_x' = 0.173\text{kN}(\searrow)$；(2) $Q_1 : Q_2 = 3 : 1$

3.23　(1) $R_x' = 5.25\text{kN}(\rightarrow)$；(2) $R_x' = 0.815\text{kN}(\rightarrow)$

3.24　$n = 44.9\text{rpm}$

3.25　(1) $M_p = 953\text{N} \cdot \text{m}$；(2) $H_p = 61.5\text{m}$；(3) $N_p = 145\text{kW}$

习题 4

4.1 （1）$H_m = 0.2$m；（2）$Q_p = 80.5$m³/s；（3）$P_p = 628$kN

4.2 （1）$\lambda_1 = 25$；（2）最低应力 1.36m

4.3 $Q_m = 0.8485$m³/s，$v_p = 8.485$m/s

4.4 $v_m = 2.3$m/s

4.5 $Q_m = 0.018$m³/s；$\left(\dfrac{p}{\gamma}\right)_{100} = 60$m 油柱

4.6 $\nu_m = 4.13$m/s；$(\Delta p)_m = 5.9$kN/m²

4.7 （1）1125kN；（2）9N；（3）450N

4.8 $N = C\gamma HQ$

4.9 $f\left(\dfrac{Q}{d_2^2 \Delta p^{1/2} \rho^{-1/2}}, \dfrac{d_1}{d_2}, \dfrac{\mu}{d_2 \Delta p^{1/2} \rho^{1/2}}\right) = 0$ 或

$$Q = \mu \dfrac{1}{\sqrt{\left(\dfrac{d_1}{d_2}\right)^4 - 1}} \dfrac{\pi d_2^2}{4} \sqrt{2g \dfrac{\Delta p}{\gamma}}$$

4.10 $f\left(\dfrac{F}{\rho v^2 d^2}, \dfrac{\mu}{\rho v d}\right) = 0$ 或 $\dfrac{F}{\rho v^2 d^2} = f_1\left(\dfrac{\mu}{\rho v d}\right)$

4.11 $\dfrac{\Delta h}{D} = f\left(\dfrac{\sigma}{D^2 \gamma}\right)$

习题 5

5.1 （1）$\tau_0 = 3.92$N/m²；（2）$h_f = 0.8$m

5.2 （1）紊流；（2）层流

5.3 $\lambda = 0.02$

5.4 （1）1：0.887：0.836；（2）1：0.941：0.914

5.5 $0.707r_0$ 处

5.6 （1）层流；（2）$\lambda = 0.038$；（3）$h_f = 1.5$cm；（4）$(p_1 - p_2)/\gamma = 2$cm

5.7 （1）$\overline{u}_x = 2.02$m/s，$\overline{u}_y = 0.007$m/s；　（2）$\sigma_x = 0.225$m/s，$\sigma_y = 0.14$m/s；
（3）$\tau' = 27.45$N/m²；（4）$l = 0.637$m；（5）$\varepsilon = 0.106$m²/s，$\eta = 106$N·s/m²

5.8 $Re_* = 41.87$；紊流过渡区

5.9 （1）$Re = 33953$；紊流 （2）$\lambda = 0.023$；（3）$\delta_1 = 0.191$cm；（4）$\tau_0 = 4.9$N/m²

5.10 （1）$\lambda = 0.0217$；（2）$k_s = 0.298$mm

5.11 （1）$Q = 10$L/s；（2）$Q = 135$L/s

5.12 （1）查图法 $h_f = 10.1$m；（2）公式法 $h_f = 9.97$m 或 $h_f = 12.78$m

5.13 $h_f = 0.148$m

5.14 $Q = 5.97$m³/s

5.15 （1）$v = \dfrac{v_1 + v_2}{2}$；（2）$\dfrac{1}{2}$

5.16 （1）$Q = 0.159$m³/s；（2）$h_1 = 2.92$m，$h_2 = 7.08$m

5.17 $Q = 27.2$L/s

5.18 $\bigtriangledown_1 = 71.6\text{m}$

习题 6

6.1 （1） $Q = 2.09\text{m}^3/\text{s}$；（2） $\dfrac{p_2}{\gamma} = 2.32\text{m}$ 水柱

6.2 $d = 1.0\text{m}$

6.3 （1） $Q = 0.0708\text{m}^3/\text{s}$；（2） $h_v = 2.9\text{m}$ 水柱

6.4 $\dfrac{p_A}{\gamma} = 23.55\text{m}$ 水柱

6.5 $H = 6.86\text{m}$

6.6 （1） $Q_{\max} = 0.0316\text{m}^3/\text{s}$；（2） $z = 1.10\text{m}$

6.7 （1） $Q = 6.40\text{m}^3/\text{s}$；（2） $N_{\max} = 6623\text{kW}$

6.8 $x = 42.2\text{m}$

6.9 $Q = 9.2\text{m}^3/\text{s}$， $\dfrac{p_4}{\gamma} = -6\text{m}$ 水柱

6.10 $H = 24.90\text{m}$

6.11 $d_{A-B} = 225\text{mm}$， $d_{B-C} = 175\text{mm}$， $d_{C-D} = 125\text{mm}$

6.12 $\dfrac{Q_2}{Q_1} = \sqrt{\dfrac{8}{5}} = 1.26$

6.13 （1） $Q_1 = 70\text{L/s}$， $Q_2 = 30\text{L/s}$；（2） $\bigtriangledown_2 = 18\text{m}$

6.14 $\dfrac{p_A}{\gamma} = 38.87\text{m}$ 水柱

6.15 （1） $d_{0-1} = 400\text{mm}$， $d_{1-2} = 350\text{mm}$， $d_{2-3} = 250\text{mm}$，

　　　 $d_{1-4} = 250\text{mm}$， $d_{4-6} = 200\text{mm}$；

　　（2） $H = 18.93\text{m}$

6.16 $Q_1 = 65.5\text{L/s}$， $Q_2 = 5.5\text{L/s}$， $Q_3 = 34.5\text{L/s}$

习题 7

7.1 $Q_{\max} = 1091\text{m}^3/\text{s}$ 或 $1085\text{m}^3/\text{s}$

7.2 $h_0 = 1.48\text{m}$

7.3 $h_0 = 1.41\text{m}$， $b = 7.03\text{m}$

7.4 $h_0 = 1.5\text{m}$， $b = 3\text{m}$

7.5 （1） $h_0 = 1.5\text{m}$；（2） $i = 0.00023$

7.6 $h_0 = 0.84\text{m}$

7.7 缓流

7.8 （1） $h'' = 2.33\text{m}$；（2） $l_j = 14.02\text{m}$；

　　（3） $\Delta E_j = 2.99\text{m}$， $K_j = 55.4\%$；

　　（4） $N_j = 440\text{kW}$

7.9 略

7.10 略

7.11 略

7.12 略

7.13 略

7.14 略

7.15 $s=500m$ 处水深 $h=1.04m$

7.16 $h_b=1.54m$，$h_c=1.10m$；a_1 曲线

7.17 $z_3=187.94m$

习题 8

8.1 (1) $Q=68.6L/s$；(2) $Q=68.6L/s$

8.2 $H=0.26m$

8.3 (1) $H_d=16.4m$；(2) $\nabla_w=82m$

8.4 $Q=250m^3/s$（第二次近似）

8.5 $b=4.5m$，$n=2$

8.6 $\Delta z=0.19m$

8.7 $Q=28.89m^3/s$

8.8 $b=3.92m$（第二次近似）

习题 9

9.1 下游水深为 h_{t1} 时产生远驱式水跃；h_{t2} 时产生临界式水跃；h_{t3} 时产生淹没式水跃。

9.2 (1) 产生远驱式水跃；(2) $d=1.25m$，$l_B\approx20m$

9.3 (1) 为远驱式水跃衔接；(2) $c=2.97m$，$l_B\approx26m$

9.4 $d=1.0m$

9.5 (1) $d_s=9.51m$；(2) $L=100m$；(3) $i=0.0875$；安全

习题 10

10.1 (1) $e_{xx}=e_{yy}=0$，$e_{xy}=\dfrac{nu_{\max}}{2r_0}\left(\dfrac{y}{r_0}\right)^{n-1}$，$\omega_z=-\dfrac{nu_{\max}}{2r_0}\left(\dfrac{y}{r_0}\right)^{n-1}$；

   (2) $e_{xx}=e_{yy}=0$，$e_{xy}=0$，$\omega_z=\omega$

10.2 (1) 有旋；$\left.\begin{array}{l}x=y+C_1\\y=z+C_2\end{array}\right\}$；(2) $J=0.0173m^2/s$

10.3 略

10.4 $\Gamma_{O-A}=-4$

10.5 (1) $u_z=-2z$；(2) $u_z=z^2t(xt-y)/2$

10.6 略

10.7 (1) $u_A=0.78m/s$，$u_B=1.31m/s$；

   (2) $\Delta h_{A-B}=0.06m$

10.8 (1) $\psi=5y$；平行于 x 轴的均匀流动；

   (2) $\psi=-m\theta$；汇

10.9 $\Delta q_{A-B}=2am^2/s$

10.10 (1) 不存在；(2) $\varphi=Axy$

10.11 (1) $\varphi = Bx - Ay + c$；(2) $\varphi = \dfrac{Q}{2\pi} \ln r + C$

10.12 (1) $a = -0.12$；(2) $p_{(0,0)} - p_{(3,4)} = 4.5 \mathrm{kN/m^2}$

10.13 (1) $q = 0.74 \mathrm{m^2/s}$；(2) $p \approx 2100 \mathrm{N}$

10.14 (1) $A + D = 0$；

(2) $\sigma_x = \dfrac{\rho}{2}(A^2 + BC)(x^2 + y^2) + 2\mu A$

$\sigma_y = \dfrac{\rho}{2}(A^2 + BC)(x^2 + y^2) - 2\mu A$

$\tau_{xy} = \tau_{yx} = \mu(B + C)$

10.15 $\sigma_x = -1.934 \mathrm{N/m^2}$, $\sigma_z = -2.342 \mathrm{N/m^2}$, $\tau_{xy} = 0.069 \mathrm{N/m^2}$；

$\tau_{yz} = 0.018 \mathrm{N/m^2}$, $\tau_{xz} = -0.216 \mathrm{N/m^2}$

10.16 (1) $p = p_a + \gamma(h - y)\cos\alpha$；

(2) $\dfrac{\mathrm{d}^2 u}{\mathrm{d}y^2} = -\dfrac{\gamma\sin\alpha}{\mu}$, $\dfrac{\mathrm{d}p}{\mathrm{d}y} = -\gamma\cos\alpha$；

(3) $u(y) = \dfrac{\gamma\sin\alpha}{2\mu}(2h - y)$；

(4) $q = \dfrac{\gamma\sin\alpha}{3\mu}h^3$

习题 11

11.1 (1) $k = 4.15 \times 10^{-4} \mathrm{cm/s}$；(2) 黄土

11.2 $Q = 1.65 \times 10^{-3} \mathrm{m^3/s}$

11.3 (1) $q = 1.8 \times 10^{-7} \mathrm{m^2/s}$；(2) $h_a = 10.86 \mathrm{m}$, $h_b = 9.06 \mathrm{m}$

11.4 (1) $q = 1.8 \times 10^{-7} \mathrm{m^2/s}$, $h = 3 \mathrm{m}$ 时, $s = 1638 \mathrm{m}$；

(2) $q = 1.2 \times 10^{-6} \mathrm{m^2/s}$

11.5 $k = 0.00366 \mathrm{cm/s}$

11.6 略

11.7 $S_B = 5.83 \mathrm{m}$, $S_G = 4.60 \mathrm{m}$

11.8 $Q_i = 2.04 \times 10^{-3} \mathrm{m^3/s}$

11.9 $Q_1 = 0.22 \times 10^{-2} \mathrm{m^3/s}$, $Q_2 = 0.57 \times 10^{-2} \mathrm{m^3/s}$

11.10 $Q = 3.75 \times 10^{-4} \mathrm{m^3/s}$

11.11 (1) $a_0 = 3.15 \mathrm{m}$；(2) $q = 1.176 \times 10^{-5} \mathrm{m^2/s}$；

(3) $x = 30 \mathrm{m}$ 处 $y = 9.17 \mathrm{m}$

11.12 (1) $a_0 = 0.62 \mathrm{m}$；(2) $q = 3.755 \times 10^{-6} \mathrm{m^2/s}$；

(3) B 点 $y_B = 14.26 \mathrm{m}$, C 点 $y_C = 7.29 \mathrm{m}$

11.13 $q = 4.75 \times 10^{-5} \mathrm{m^2/s}$

11.14 (1) $P \approx 221 \mathrm{kN}$；(2) $q = 8 \times 10^{-5} \mathrm{m^2/s}$；

(3) $u_a = 2 \times 10^{-5} \mathrm{m/s}$, $u_b = 0.9 \times 10^{-5} \mathrm{m/s}$, $u_c = 0.5 \times 10^{-5} \mathrm{m/s}$

习题 12

12.1 $c=7.9\text{m/s}$, $T=5.06\text{s}$

12.2 略

12.3 (1) $\varphi=H\dfrac{\sigma}{k}\text{e}^{kz}\cos(kx)\cos(\sigma t)$; (2) $\eta=H\cos(kx)\sin(\sigma t)$

12.4 $T=6.7\text{s}$, $H=3.73\text{m}$

12.5 波高 $H=2.02\text{m}$；波长 $L=27.9\text{m}$

12.6 $L_0=24.96\text{m}$, $c_0=6.24\text{m/s}$; $L=24.19\text{m}$, $c=6.05\text{m/s}$

12.7 $E_p=\gamma a^2 L\sin^2(\sigma t)$, $E_k=\gamma a^2 L\cos^2(\sigma t)$, $E=\gamma a^2 L$

12.8 略

12.9 $u_x=0.975\text{m/s}$, $u_z=0$

12.10 $p=3.91\text{kN/m}^2$, $p_d=2.44\text{kN/m}^2$

12.11 $H=2.67\text{m}$, $L=70.88\text{m}$

12.12 $T=13.87\text{s}$, $d=19.85\text{m}$

习题 13

13.1 $H_{1.5s}=176\text{m}$ 水柱，即 $p_{1.5s}=1724.8(\text{kN/m}^2)$

13.2 $H_{0.5s}=60\text{m}$ 水柱，即 $p_{0.5s}=588(\text{kN/m}^2)$

13.3 略

13.4 水位 9.998m，流量 $4794.6\text{m}^3/\text{s}$

13.5 $\xi=0.175\text{m}$, $\omega_1=-3.8\text{m/s}$

习题 14

14.1 (1) 沙样 I：$d_算=0.125\text{mm}$, $d_几=0.1\text{mm}$, $d_{50}=0.1\text{mm}$

　　　沙样 II：$d_算=0.0523\text{mm}$, $d_几=0.0212\text{mm}$, $d_{50}=0.016\text{mm}$

　　(2) $d_{m\,\text{I}}=0.108\text{mm}$, $d_{m\,\text{II}}=0.0232\text{mm}$

14.2 根据张瑞瑾公式：$\omega_1=0.1579\text{cm/s}$, $\omega_2=7.003\text{cm/s}$, $\omega_3=29.69\text{cm/s}$

14.3 被起动

14.4 $Q_{b爱}=37.9\text{N/s}$, $Q_{b梅}=53.5\text{N/s}$

14.5 (1) 略；(2) $S_V=32.56\times10^{-4}$, $S=8.63\text{kgf/m}^3$, $S_G=8.58\times10^{-3}$

14.6 $q_s=334.2\text{N/(m·s)}$

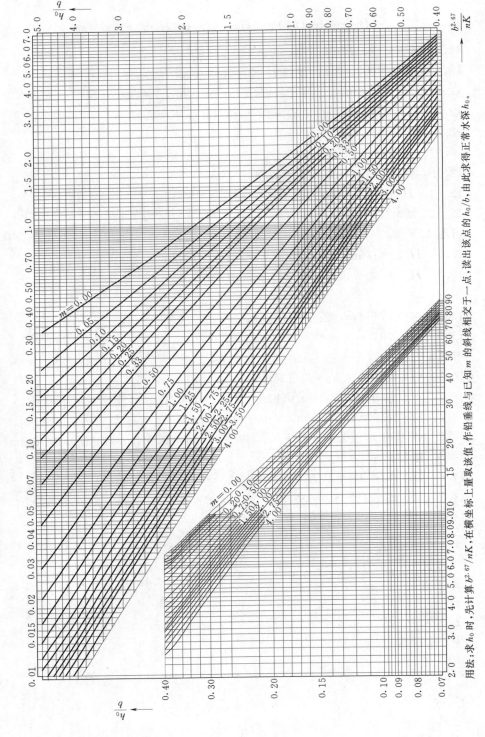

附图 I 梯形、矩形断面明渠的正常水深 h_0 求解图

用法:求 h_0 时,先计算 $b^{2.67}/nK$,在横坐标上量取该值,作铅垂线与已知 m 的斜线相交于一点,读出该点的 h_0/b,由此求得正常水深 h_0。

412

附图Ⅱ 梯形、矩形、圆形断面明渠的临界水深 h_{cr} 求解图

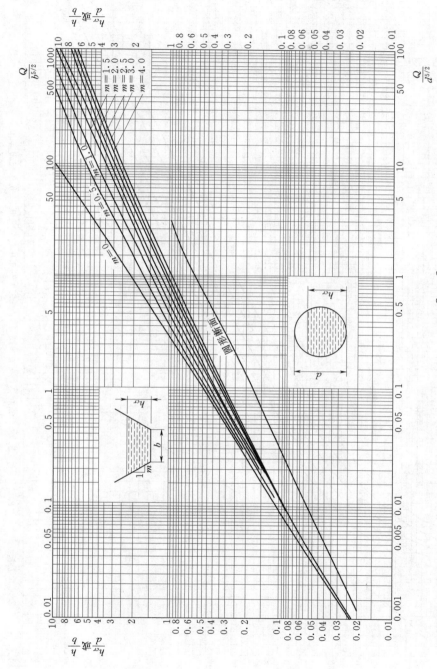

长度以 m 计,流量以 m³/s 计。用法:求临界水深 h_{cr} 时,先在横坐标上量取 $\dfrac{Q}{b^{5/2}}$ 或 $\dfrac{Q}{d^{5/2}}$,引铅垂线交已知 m 对应的曲线于一点,该交点的纵坐标

为 $\dfrac{h_{cr}}{d}$ 或 $\dfrac{h}{b}$。从而可求得 h_{cr}。

附图Ⅲ 矩形断面渠道收缩断面水深及水跃共轭水深的求解图

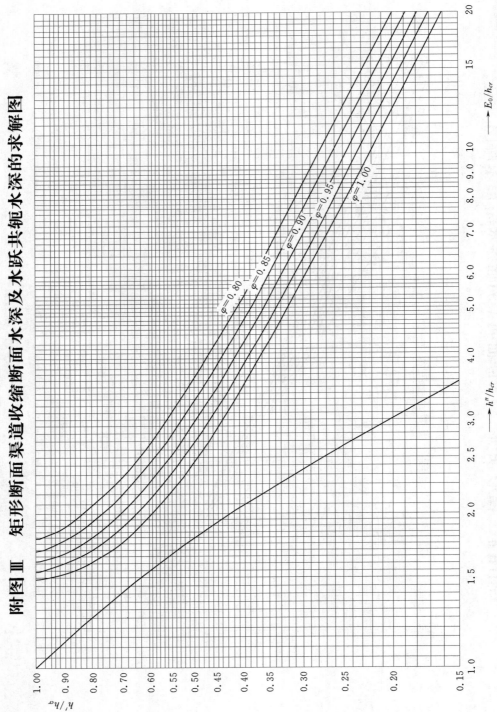

用法：由已知的 E_0 及 q 求出 h_{cr} 及 E_0/h_{cr}，然后通过横轴 E_0/h_{cr} 处作垂线，交已知 φ 值之曲线于一点，该点的纵坐标即为 h'/h_{cr} 值，将此值乘 h_{cr} 得 h'，自上述 E_0/h_{cr} 处的垂线与 φ 曲线之交点引平行于横轴的直线，并交左边曲线于某点，该点的横坐标即为 h''/h_{cr} 值。将此值乘 h_{cr} 得 h'' 的共轭水深 h' 的共轭水深 h'' 值。

附图Ⅳ　矩形断面渠道的收缩断面水深、共轭水深、消能池深度和长度、消能墙高度及综合式消能池的求解图

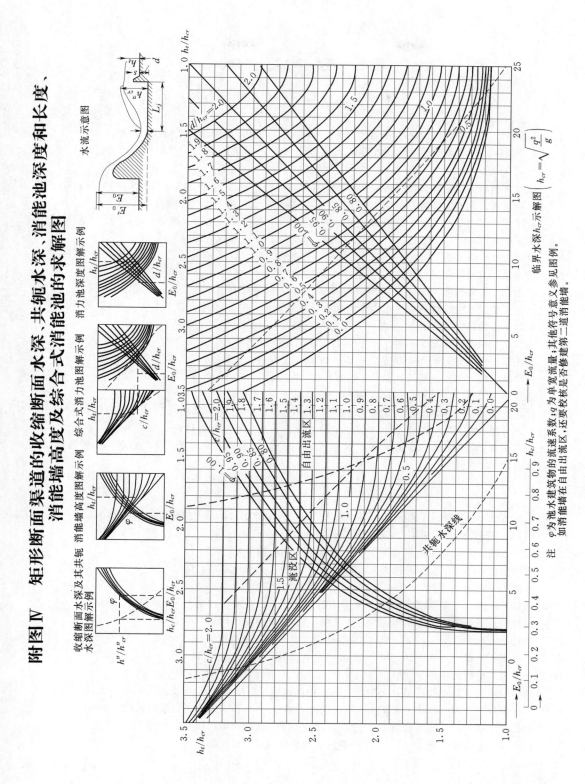

收缩断面水深及其共轭　消能墙高度图解示例　综合式消力池深度图解示例　消力池深度图解示例
水深图解示例

水流示意图

$$h_{cr} = \sqrt[3]{\frac{q^2}{g}}$$

临界水深 h_{cr} 示解图

注　φ 为池水建筑物的流速系数；q 为单宽流量，其他符号意义参见消能墙。

如消能墙在自由出流区，还要校核是否修建第二道消能墙。

415

参 考 文 献

［1］ 清华大学水力学教研组．水力学（上、下册）［M］．北京：高等教育出版社，1983．

［2］ 成都科学技术大学水力学教研室．水力学（上、下册）［M］．2版．北京：高等教育出版社，1983．

［3］ 武汉水利电力学院水力学教研室．水力学（上、下册）［M］．北京：高等教育出版社，1987．

［4］ 西南交通大学水力学教研室．水力学［M］．3版．北京：高等教育出版社，1983．

［5］ 天津大学水力学及水文学教研室．水力学（上、下册）［M］．北京：高等教育出版社，1983．

［6］ 华东水利学院．水力学（上、下册）［M］．北京：科学出版社，1984．

［7］ 夏震寰．现代水力学（一）［M］．北京：高等教育出版社，1990．

［8］ 周善生．水力学［M］．北京：人民教育出版社，1980．

［9］ 闻德荪．工程流体力学（上、下册）［M］．北京：高等教育出版社，1991．

［10］ 大连工学院水力学教研室．水力学解题指导及习题集［M］．北京：高等教育出版社，1984．

［11］ 杨景芳．微机计算水力学［M］．大连：大连理工大学出版社，1991．

［12］ 尚全夫，崔莉．水力学实验［M］．大连：大连工学院出版社，1988．

［13］ 左东启．模型试验的理论和方法［M］．北京：水利电力出版社，1984．

［14］ 苟渊博．流体因次分析及张量分析［M］．台北：台北世界书局，1968．

［15］ 张也影．流体力学［M］．北京：高等教育出版社，1986．

［16］ 徐重光，徐华．流体力学解题指南［M］．杭州：浙江大学出版社，1987．

［17］ 椿东一郎．水力学（Ⅰ）［M］．杨景芳，译．北京：高等教育出版社，1982．

［18］ 椿东一郎，荒木正夫．水力学解题指导（上、下册）［M］．杨景芳，译．北京：高等教育出版社，1983．

［19］ ［美］Herbert F. Wang，Mary P. Anderson．渗流数值模拟导论［M］．赵君，译．大连：大连理工大学出版社，1989．

［20］ Jack B. Evett，Ph. D，Cheng Liu，Ph. D. 2500 solved problems in fluid mechanics and hydraulics ［M］．NEW York：McGraw‐Hill Publishing Company，1989．

［21］ 岩佐義朗，金丸昭治．水力学Ⅰ［M］．朝仓书店，昭和62年．

［22］ 郝中堂，周均长．应用流体力学［M］．杭州：浙江大学出版社，1991．

［23］ 刘润生．水力学（上册）［M］．南京：河海大学出版社，1993．

［24］ 杨景芳．流体力学基础［M］．大连：大连理工大学出版社，1994．

［25］ 倪汉根．高效消能工［M］．大连：大连理工大学出版社，2000．

［26］ 吴持恭．水力学（上、下册）［M］．3版．北京：高等教育出版社，2004．

［27］ 赵振兴，何建京．水力学［M］．北京：清华大学出版社，2005．

［28］ 毛根海．应用流体力学［M］．北京：高等教育出版社，2006．

［29］ 李炜．水力计算手册［M］．2版．北京：中国水利水电出版社，2006．

［30］ 倪汉根，刘亚坤．击波·水跃·跌水·消能［M］．大连：大连理工大学出版社，2009．

［31］ 王世夏．水工设计的理论和方法［M］．北京：中国水利水电出版社，2000．

［32］ 林继镛．水工建筑物［M］．北京：中国水利水电出版社，2006．